U0240748

主编简介

张启堂，研究员，重庆市作物育种学科学术带头人，先后担任重庆市甘薯研究中心主任、西南大学重庆市甘薯工程技术研究中心主任、中国遗传学会理事、中国作物学会甘薯专业委员会常务理事、重庆市遗传学会常务副理事长兼秘书长（法人）、重庆市作物学会常务理事、重庆市农学会理事、国家甘薯品种鉴定委员会委员、四川省农作物品种审定委员会薯类专委会委员、重庆市农作物品种审定委员会委员、《中国甘薯》和《杂粮作物》杂志编委，获国务院政府特殊津贴专家、四川省首届青年科技奖和重庆市"八五立功奖章"荣誉称号。

从事甘薯科技40余年，在其遗传育种、栽培繁殖、病虫防治、生殖发育、生理生化、环境生态、储藏保鲜、产后加工等方向均有研究。1978年以来承担国家部委、省市级科研项目42项，育成渝薯34、渝苏303等15个甘薯新品种，36项成果通过省市级以上鉴定，10项成果获部委、省市科技进步奖，发表研究论文75篇，出版著作、译作5部，发表译文24篇。

重庆市出版专项资金资助项目

Sweet Potato
in Western China

张启堂／主编

中国西部

甘薯

西南师范大学出版社

国家一级出版社　全国百佳图书出版单位

图书在版编目(CIP)数据

　中国西部甘薯 / 张启堂主编. — 重庆：西南师范
大学出版社，2014.9
　ISBN 978-7-5621-7042-6

　Ⅰ.①中… Ⅱ.①张… Ⅲ.①甘薯－栽培技术－中国
Ⅳ.①S531

中国版本图书馆 CIP 数据核字(2014)第 193605 号

重庆市出版专项资金资助项目

中国西部甘薯

ZHONGGUO XIBU GANSHU

主　编：张启堂

副主编：李育明　袁天泽　傅玉凡　李　云　刘明慧　陈天渊

责任编辑：杜珍辉　刘　平
书籍设计：尚品视觉 Edit.designs@163.com 周　娟　尹　恒
排　　版：重庆大雅数码印刷有限公司·夏洁
出版发行：西南师范大学出版社
　　　　　地址：重庆市北碚区天生路 1 号
　　　　　邮编：400715　市场营销部电话：023-68868624
　　　　　http：//www.xscbs.com
经　　销：新华书店
印　　刷：重庆荟文印务有限公司
开　　本：889mm×1194mm　1/16
印　　张：27
字　　数：710 千字
版　　次：2015 年 6 月　第 1 版
印　　次：2015 年 6 月　第 1 次印刷
书　　号：ISBN 978-7-5621-7042-6

定　　价：150.00 元

「中国西部甘薯」/ 编委会

出版说明

  中国是甘薯[*Ipomoea batatas* (L.) Lam.]生产大国,种植面积和总产量在全球均居首位。我国的甘薯生产、科研水平在世界上名列前茅,这在国内有关学者出版的著作中已有诸多介绍。在这些著作中主要反映的是我国华北、华东、华南、华中的甘薯生产、科研情况,而介绍我国西部省、市、自治区的却很少,且不系统。笔者很早以来就萌生有整理介绍我国西部甘薯生产、科研资料的想法。1999年9月,中共十五届四中全会通过的《中共中央关于国有企业改革和发展若干重大问题的决定》明确提出了国家要实施西部大开发发展战略,包括2000年10月中共十五届五中全会通过的《中共中央关于制定国民经济和社会发展第十个五年计划的建议》和2001年3月第九届全国人大四次会议通过的《中华人民共和国国民经济和社会发展第十个五年计划纲要》,为广西、云南、贵州、重庆、四川、西藏、陕西、青海、甘肃、宁夏、新疆、内蒙古12个省、市、自治区的经济、社会大发展带来了难得的发展机遇。这些文件的制定也促进了西部12个省、市、自治区甘薯产业的发展,更加增强了笔者组织撰写出版《中国西部甘薯》的欲望。我的这些想法也得到了西部有关省、市、自治区同行的积极响应。在此背景下,笔者于2011年12月在西南大学组织召开了《中国西部甘薯》撰写人员会议,组建了编委会。

  《中国西部甘薯》以国家确定的我国西部12个省、市、自治区独立成“章”,每章均较系统地介绍了该省、市、自治区的甘薯栽培历史、生产利用和科学研究等内容。其内容既有西部各省、市、自治区甘薯生产、利用的系统技术和部分甘薯产业化企业、加工机械生产企业产品等的介绍,又或多或少有“志”的风格,内容丰富且较系统,其中很多资料从未公开发表。该书不但可作为从事甘薯科研、教学人员和涉农大专院校学生的参考书,还是广大农技推广技术人员和从事甘薯种植、加工的企业及专业户等的必读书籍。撰写人员在编写过程中查阅、整理、归纳了大量的资料,也收录了撰写者自己的科研成果。各章编写人员分别为:张启堂(引言),陈天渊、黄咏梅、李彦青、李慧峰、卢森权(第一章),李云、张明生、宋吉轩、李丽(第二章),李育明、赵海、何素兰、余金龙、周全卢、谭文芳(第三章),李明福、徐宁生(第四章),刘明慧、王钊、高文川(第五章),闫涛(第六章),温学飞、左忠(第七章),吴昆仑、曾令江(第八章),金平、刘恩良(第九章),兰小中、权红、卢杰、关法春(第十章),张启堂、傅玉凡、袁天泽、王良平、杨春贤、张菡(第十一章),张志荣、曾令江(第十二章)。编写人员完成相关章节的初稿后,由各章定稿人定稿,在此基础上全书由张启堂统稿,2014年4月9～10日在广西南宁完成定稿。

《中国西部甘薯》的出版,得到了国家甘薯产业技术体系首席科学家马代夫研究员和其研发中心的长江中下游栽培、能源化利用、长江中下游育种等岗位科学家及下属南充综合试验站、绵阳综合试验站、重庆综合试验站、万州综合试验站、贵州综合试验站、宝鸡综合试验站、南宁综合试验站负责人的关心和支持,马代夫研究员还为该书特别作序;所有编者单位的领导均给予了高度的重视和支持;西南大学重庆市甘薯工程技术研究中心、四川省南充市农业科学院、重庆三峡农业科学院、贵州省生物技术研究所、宝鸡市农业科学研究所和广西壮族自治区农业科学院玉米研究所等单位对该书的出版给予了大量支持,在此一并致谢!

此书在编写过程中,由于时间仓促、收集资料有限,书中错误和遗漏之处在所难免,恳请广大读者批评、指正。同时因成稿较早,少量数据未来得及更新,请读者谅解。

张启堂

2014 年 4 月于重庆北碚

序

　　我国是世界甘薯生产大国，近年种植面积在 4.6×10^6 hm² 左右，占世界甘薯种植面积的 45％ 左右，鲜薯总产超过 1.0×10^8 t，占世界总产的 75％ 左右。

　　甘薯具有超高产能力，增产潜力大，2013 年我们组织全国高产竞赛，多点薯干产量超过 15.0 t/hm²，个别点次达到 22.5 t/hm²；适应性广泛，适宜边际土地种植，相对贫困的丘陵山区也多有种植。据统计，我国 592 个国家级贫困县中有 426 个县种植甘薯；加工用途多，除淀粉、粉丝等大宗加工产品外，近年来以紫薯为原料的产品市场开发较好，加工产品琳琅满目；特殊的救灾功能已被历史所证明，甘薯易恢复生长，无明显的生育期和种植期，地上地下部分均可食用。2013 年 11 月，中共中央总书记、国家主席、中央军委主席习近平在山东考察时指出，保障粮食安全是一个永恒的课题，任何时候都不能放松。解决 13 亿人吃饭问题，要坚持立足国内。据国际卫生组织研究，甘薯的防癌保健作用名列所有作物之首；甘薯还是潜力最大的生物能源原料作物。发展甘薯产业对于保证我国粮食安全、能源安全、增加农民收入、改善人们的膳食结构和提高健康水平等具有重大意义。

　　我与甘薯相识是在儿提时代，那时正值"三年困难"时期，粮食奇缺，甘薯伴随着我和很多人度过了饥荒，度过了童年；"一年甘薯半年粮"和"甘薯救活了一代人"的说法至今记忆犹新。改革开放以来，历史赋予甘薯新的使命。随着现代农业的产业调整，甘薯高产高效、适应性广、健康保健的特有功能，使这一传统作物正在转变为经济作物。让种植甘薯者致富,加工甘薯者发财,食用甘薯者长寿,这是我们每一位甘薯科技工作者的梦想!

　　我与启堂先生1980年相识于农业部举办的首届全国甘薯遗传育种培训班。他严谨治学、刻苦钻研、为人谦和、乐于助人的作风深深感动了我,风风雨雨30余年我们结下了深厚的甘薯情,我一直视启堂先生为兄长。2007年我当选国家甘薯产业技术体系首席科学家,启堂先生给了我巨大的支持,他不计较个人在产业技术体系的位置,踏踏实实、任劳任怨地工作,赢得了体系人员和产业界的好评,堪称甘薯界的"老大哥",他所领导的重庆综合试验站在体系考评工作中连年获得优秀。

　　两年前启堂先生告诉我,他计划撰写一部反映我国西部甘薯的书籍,服务于西部大开发总体战略目标,从不同的层面改变西部地区相对落后的面貌,为建成一个经济繁荣、社会进步、生活安定、民族团结、山川秀美、人民富裕的新西部贡献一点力量。了解西部、支援西部,我们甘薯农业科技工作者责无旁贷,能为之做点贡献也是我梦寐以求的事。对于邀我作序,本人历来反对为了个人的一己私利而浪费笔墨纸张,但近日通读书稿后,感慨万分,全书较系统地介绍了国家确定的西部12个省、市、自治区的甘薯栽培历史、生产利用和科学研究等内容,内容丰富、理论实践兼顾,既系统又实用,同时又蕴含着"志"的风格,其中很多资料从未公开发表,对于指导西部甘薯产业发展大有裨益,特别适合从事甘薯科研、教学人员和农业经济合作组织的管理者参考阅读。《中国西部甘薯》的编写,满足了科技工作者的期盼,也完成了我的夙愿。我愿为此作序,期盼着更多的人关注西部、关注甘薯。

马代夫

2013年12月于江苏徐州

目 录
CONTENTS

绪论／XULUN

甘薯[*Ipomoea batatas* (L.)Lam.]隶属于旋花科(Convolvulaceae)的甘薯属(*Ipomoea*),是粮食、饲料和工业原料兼用作物。

关于甘薯的地理起源,《栽培植物的起源》(Candolle,1882)中介绍过亚洲说、非洲说和美洲说。目前公认的美洲说,得到植物学、考古学、语言年代学的支持。研究结果表明,大多数 *Ipomoea* 属植物自然地生长在热带美洲,并在该地驯化出许多栽培品种,大约在公元前 2500 年该地的秘鲁、厄瓜多尔、墨西哥一带开始种植甘薯。甘薯的传播途径,Barrau(1957)认为存在三条不同路线,后来 Yen(1974)又根据甘薯的地方变异性,对这三条路线做了一点修改。即:Kumara 路线,指史前的迁移,从秘鲁、厄瓜多尔、哥伦比亚→波里尼西亚(努库希瓦岛→复活节岛)、社会群岛、夏威夷→库克群岛→西萨摩亚群岛、汤加→新西兰;Batata 路线,指 15～16 世纪后期,通过葡萄牙船只运输,从加勒比海群岛→欧洲→非洲→印度→印度尼西亚→新几内亚→拉美尼西亚(新不列颠、所罗门群岛、新赫布里底群岛、新苏格兰、斐济群岛)→菲律宾群岛→中国→日本;Kamote 路线,指 16 世纪通过西班牙船只运输,从墨西哥→密克罗西尼亚→菲律宾群岛→中国→日本。而且,甘薯从中国还传到了朝鲜、俄国、德国等。

目前,甘薯广泛栽培于世界上热带以及亚热带地区,但主要分布于 40°N 以南,全球有 100 多个国家种植甘薯。在世界粮食生产中甘薯总产量排名第七位。据 FAO 统计(2002),世界甘薯种植面积为 9.765×10^6 hm²,鲜薯总产量为 $1.361\ 3 \times 10^8$ t,平均单位面积产量为 13 941 kg/hm²。

一、甘薯在中国的栽培历史及其生产发展概况

明朝万历年间甘薯传入中国,至今有 400 多年的种植历史。甘薯在我国分布很广,南起海南诸岛,北至内蒙古,西北达陕西、陇南甚至新疆,东北经过辽宁、吉林延伸到黑龙江南部,西南抵云贵高原和藏南。其中四川盆地、黄淮海流域、长江流域和东南沿海各省是主产区。根据 2000 年中国农业年鉴数据,全国甘薯种植面积达

5.815×10^6 hm²，单位面积产量 20 288 kg/hm²，总产量 1.180×10^8 t。我国甘薯种植面积占世界的 62%，总产量占世界的 84%（FAO，2002）。进入 21 世纪，我国甘薯常年种植面积在 5×10^6 hm² 左右，约占世界总面积的 60%，总产量为 1.06×10^8 t，相当于世界总产的 85% 左右。

就全国范围而言，我国甘薯种植面积 1950 年为 5.811×10^6 hm²，以后逐年上升，到 1962 年达到最高峰，为 1.089×10^7 hm²，当时平均单位面积产量为 7 628 kg/hm²，总产量为 8.307×10^7 t。20 世纪 60～70 年代，种植面积下降到 $(8\sim9) \times 10^6$ hm²，80～90 年代基本上稳定在 $(6\sim7) \times 10^6$ hm²。种植面积下降的原因是我国经济发展、膳食结构改变，以甘薯为主食的农民日益减少，饲料甘薯也逐渐为饲料玉米所替代。虽然种植面积下降，但是平均单位面积产量因生产条件的改善、栽培技术的改进和良种的推广而显著提高，如 1999 年单位面积产量为 21 215 kg/hm²，比 1962 年提高 178%，1999 年总产量为 $1.261\ 43 \times 10^8$ t，比 1962 年增加 52%。

二、中国西部大开发发展战略的提出及其内涵

西部大开发是中共中央贯彻邓小平关于我国现代化建设"两个大局"战略思想、面向新世纪作出的重大战略决策，是全面推进社会主义现代化建设的一个重大战略部署。

1999 年 9 月，中共十五届四中全会通过的《中共中央关于国有企业改革和发展若干重大问题的决定》明确提出了国家要实施西部大开发的发展战略。1999 年 11 月，中共中央、国务院召开经济工作会议，部署 2000 年工作时把实施西部大开发战略作为一个重要方面。2000 年 1 月，国务院西部地区开发领导小组召开西部地区开发会议，研究加快西部地区发展的基本思路和战略任务，部署实施西部大开发的重点工作。2000 年 10 月，中共十五届五中全会通过的《中共中央关于制定国民经济和社会发展第十个五年计划的建议》，把实施西部大开发、促进地区协调发展作为一项战略任务，强调："实施西部大开发战略、加快中西部地区发展，关系经济发展、民族团结、社会稳定，关系地区协调发展和最终实现共同富裕，是实现第三步战略目标的重大举措。"2001 年 3 月，第九届全国人大四次会议通过的《中华人民共和国国民经济和社会发展第十个五年计划纲要》对实施西部大开发战略再次进行了具体部署。实施西部大开发，就是要依托亚欧大陆桥、长江水道、西南出海通道等交通干线，发挥中心城市作用，以线串点，以点带面，逐步形成我国西部有特色的西陇海兰新线、长江上游、南（宁）贵、成昆（明）等跨行政区域的经济带，带动其他地区发展，有步骤、有重点地推进西部大开发。2006 年 12 月 8 日，国务院常务会议审议并原则通过《西部大开发"十一五"规划》，努力实现西部地区经济又好又快发展，人民生活水平持续稳定提高，基础设施和生态环境建设取得新突破，重点区域和重点产业的发展达到

新水平,教育、卫生等基本公共服务均取得新成效,为构建社会主义和谐社会打下了基础。

西部大开发总的战略目标是:经过几代人的艰苦奋斗,到21世纪中叶全国基本实现现代化,从根本上改变西部地区相对落后的面貌,建成一个经济繁荣、社会进步、生活安定、民族团结、山川秀美、人民富裕的新西部。

西部大开发总体规划可分为三个阶段:从2001年到2010年为奠定基础阶段,重点是调整结构,搞好基础设施、生态环境、科技教育等基础建设,建立和完善市场体制,培育特色产业增长点,使西部地区投资环境初步改善,生态和环境恶化得到初步遏制,经济运行步入良性循环,增长速度达到全国平均增长水平;从2011年到2030年为加速发展阶段,在前段基础设施改善、结构战略性调整和制度建设的基础上,进入西部开发的冲刺阶段,巩固提高基础,培育特色产业,实施经济产业化、市场化、生态化和实现专业区域布局的全面升级,实现经济增长的跃进;从2031年到2050年为全面推进现代化阶段,增强一部分率先发展地区的实力,在融入国内国际现代化经济体系自我发展的基础上,着力加快边远山区、落后农牧区开发,普遍提高西部人民的生产、生活水平,全面缩小差距。

2003年10月,中共十六届三中全会再次强调"要加强对区域发展的协调和指导,积极推进西部大开发,有效发挥中部地区综合优势,支持中西部地区加快改革发展"。

西部地区特指陕西、甘肃、宁夏、青海、新疆、四川、重庆、云南、贵州、西藏、广西、内蒙古12个省、市、自治区。

三、西部12个省(市、自治区)甘薯生产在我国甘薯区划中的地位

(一)地理气候概况

西部12个省、市、自治区的地理位置最东为125°92′的内蒙古自治区鄂伦春自治旗,最西为73°46′的新疆维吾尔自治区乌恰县,最南为21°87′的云南省勐蜡县,最北为52°64′的内蒙古自治区根河市。区域东西跨度为52°46′,南北跨度为30°77′,海拔高度为76.4～8 844 m,年均气温为−6～23.1 ℃,年降水量为50～2 160 mm。

(二)甘薯区划位置

据不完全统计,近年国家确定西部大开发的陕西、甘肃、宁夏、青海、新疆、四川、重庆、云南、贵州、西藏、广西、内蒙古12个省、市、自治区甘薯年种植面积为1.863×10^6 hm²,年总产量$3.952\ 2 \times 10^7$ t。

依据自然条件的差异和栽培制度、耕作特点、品种类型、栽培管理、贮藏技术等方

面的不同,我国甘薯区大致可划分为五个区。西部12个省、市、自治区依照上述区划,宁夏、内蒙古、甘肃(东南地区)、青海、陕西(秦岭以北)5省、自治区应为北方春薯区;陕西秦岭以南以及甘肃武都地区应为黄淮流域春夏薯区;贵州、重庆、云南北部以及除川西北高原以外的全部四川盆地地区和藏南河谷地带应为长江流域夏薯区;广西的北部、云南省中部和贵州省南部的一部分地区应为南方夏秋薯区;广西、云南南部的小部分地区应为南方秋冬薯区。

(三)甘薯生产特点

西部12省、市、自治区的区域南北、东西跨度大,加之这一区域海拔差异大,形成的立体气候差别大,年均气温、年降水量、年日照数、日照强度以及日内温差等均差异很大。上述这些因素形成了这12个省、市、自治区之间甘薯生产对其品种的要求不同,采用的育苗、栽培、贮藏等方法也各异,品种的生理、生态类型差异大,单位面积产量相差较大,并且其利用的侧重点也不同。这些差别,不但体现在省、市、自治区之间,而且也表现在同一省、市、自治区的不同地区。这就是西部甘薯产业的现状和发展的特殊性。

四、西部地区发展甘薯生产的有利条件

(一)国家西部大开发发展战略的政策优势

根据国家西部大开发战略"三步走"方案,提出在调整结构,搞好基础建设,建立和完善市场体制,培育特色产业增长点,使西部地区投资环境初步改善等基础上,进入西部开发的冲刺阶段,巩固提高基础,培育特色产业,实施经济产业化、市场化、生态化和实现专业区域布局的全面升级,实现经济增长的跃进,步入全面推进现代化阶段,普遍提高西部人民的生产、生活水平,全面缩小差距。国家制定的西部大开发系列战略措施,集中反映出国家对西部12个省、市、自治区的政策优先、注资力度加大。这必将同时带动12个省、市、自治区甘薯生产、科技的发展。

(二)国家生物质能源发展推动了西部甘薯产业发展

生物质能源是国际上关注的可再生新型能源,引领着能源发展的方向与国家战略的实施。随着我国社会经济的快速发展和随之而来的汽车保有量的增加,石油消费快速递增,进口依赖度日益增加,已经对我国能源安全和经济发展形成了巨大影响和制约。从国家能源安全角度考虑,寻找替代能源是当务之急,其中燃料乙醇是目前世界上使用量最大、最现实可靠的替代石油的生物燃料。四川、重庆等省、市有关政府主管部门及企业通过充分论证,把甘薯列为该地区生产燃料乙醇的首选原料。该计划方案得到了国务院主管部门的初步首肯,这为西部有关省市甘薯产业的发展带来契机。

(三)农业生产新技术的推广带动了西部甘薯产业发展

我国西部地区的西藏、青海、新疆、甘肃、陕西、宁夏以及云贵高原和四川盆周高海拔地区,按照原有传统栽培技术不能种植甘薯,由于温室、塑料大棚以及保护地栽培技术的不断推广应用,带动了这些地区甘薯生产的发展。

(四)西部农副产品加工产业的发展拉动了西部甘薯产业发展

国家农业产业化项目鼓励政策的贯彻执行,激励了我国东部沿海地区的有关企业前往新疆、宁夏、陕西、云南等省、市、自治区从事甘薯产前、产中、产后系统产业化开发,拉动了这些地区甘薯产业的发展。

(五)西部部分地区优越的自然条件促进了该地区甘薯产业的发展

我国西部地区新疆、西藏日照强、昼夜温差大,甘薯病虫害不易发生;广西以及云南、贵州南部地区,一年四季气候温暖,甘薯田间生产期长,川、渝两地无霜期长,适宜甘薯生长,且种植甘薯不与其他作物争地。这些有利条件促进了该地区甘薯产业的发展。

第一章　广西壮族自治区甘薯

1.1 广西甘薯种植历史

1.1.1 广西甘薯栽培历史及生产概况

甘薯早在明代中后期已传入我国，但清代初才开始传入广西，而且传入初期的种植面积很小，一直到了清代中期才出现较大的发展。民国时期，广西甘薯栽培面积进一步扩大，产量仅次于水稻，居粮食作物的第二位，以后略有发展。

1940 年后，由于抗日战争的影响，种植面积逐年减少，产量也随之降低。新中国成立前后，国家为了解决温饱问题，提倡发展薯类等高产作物，广西的甘薯因此得到了较大的发展，种植面积逐年增加，至 1958 年，甘薯种植达到鼎盛时期，面积达 7.359×10^5 hm²，比 1950 年(种植面积为 $2.464\,5 \times 10^5$ hm²)增长 199%。之后，由于农业生产条件的改善，稻谷生产迅速发展，粮食危机逐渐缓和，甘薯种植面积逐年减少，尤其是 1959 年下降最急剧，种植面积仅为 3.796×10^5 hm²，比上一年减少了 48.4%，之后种植面积呈缓慢的下降趋势，至 1980 年降到了最低谷，种植面积仅为 1.642×10^5 hm²，比 1958 年降低了 77.7%。

1981 年后，随着世界各地对甘薯研究的进一步深入，甘薯很多新的用途被发现，与此同时，广西也开始重视甘薯的科研工作，1984 年广西壮族自治区农业厅批准重新启动广西甘薯新品种区域试验，并加大对甘薯新用途的宣传，甘薯被视为营养丰富、抗癌防癌的保健食品而重新得到人们的认可，市场需求越来越大，甘薯的种植面积有所回升，到 1987 年，种植面积达到了 80 年代的最高峰，达 2.578×10^5 hm²，比 1980 年增加 57%。

1990 年后，随着人们生活水平进一步提高及食品加工技术日新月异，以甘薯为原料的产品增多，甘薯的需求量越来越大，因而种植面积逐年增加。这期间，广西各地区的农业部门也非常重视甘薯新品种的推广工作，桂林地区 1997～1998 年进行了以推广甘薯新品种桂薯 1 号和桂薯 2 号为主的丰收计划项目；1999～2000 年区农业厅也启动了丰收计划项目，两年(四县)共种植甘薯 5.57×10^4 hm²，完成计划的 104.4%，其中桂薯 1 号和桂薯 2 号就有 3.43×10^4 hm²。另外，都安县、来宾县、灌阳县等许多县市先后都启动了丰收计划项目和新品种试验示范，以上项目的实施极大地促进了广西甘薯的发展，到 1998 年，种植面积上升到 3.456×10^4 hm²，随后几年，该地区种植面积一直稳定在此水平。

2002 年后，由于种植结构的调整，甘蔗、玉米种植面积及桑蚕养殖规模的扩大，甘薯的种植受到影响，种植面积呈缓慢的下降趋势，2008 年种植面积为 2.051×10^5 hm²，比 1998 年减少 40.7%，2009 年及 2010 年，种植面积分别为 2.180×10^5 hm² 和 2.135×10^5 hm²，到 2011 年种植面积继续减少，仅为 1.852×10^5 hm²(图 1-1)。

1.1.2 广西甘薯产量

广西甘薯的产量受多方面的影响,如良种覆盖率低、栽培技术落后、插植方法古老及施肥水平低等,所以单产水平一直较低。1933 年,甘薯种植面积为 255.3 万亩(1 亩≈667m²),总产量为 1 327.7 万担,占全国总产量的 4%,居全国第 11 位,之后略有发展,1938 年产量为 1 459.6 万担,1939 年为 1 420.7 万担。抗日战争期间,种植面积减少,产量也逐年减少,到 1945 年仅有 743.8 万担(见表 1-1)。

1950~1990 年这段时期,广西甘薯的产量都比较低,单产徘徊在 1 t/hm² 左右(见图 1-1,图中甘薯的产量为折粮后的产量,每 5 kg 鲜薯折算 1 kg 稻谷)。1990 年后,由于甘薯具有特殊保健功能得到人们的重视,特别得到区农业厅种子总站及各地农业部门的重视,在项目的支持及农业部门的积极宣传下,优良品种及高产栽培技术得到了普及,施肥水平也得到了提高,单产和总产比 1980 年大幅度地提高,呈现直线上升的趋势。2007 年单产为 2.61 t/hm²,总产 $7.312×10^5$ t,分别比 1989 年(单产 0.93 t/hm²,总产 $2.329×10^5$ t)增长 180.6% 和 214%。近年来,由于种植结构的调整,甘薯种植受到减压,面积呈现下降的趋势,但甘薯单产仍呈现稳中有升的趋势。

造成广西甘薯产量长期以来一直低于全国平均水平有多方面的原因,主要有良种覆盖率低、高产栽培技术没有普及以及生育期短等。为此,2012 年国家甘薯产业技术体系南宁综合试验站曾进行过甘薯生育期试验,采用广西农业科学院玉米研究所育成的甘薯品种桂薯96-8、桂粉2号、桂薯131、桂薯6号及农家品种官薯1号共5个品种进行试验,不同的栽插期,统一时间收获,生育期分别是:150 d、135 d、120 d、105 d、90 d 和 75 d,结果表明,官薯1号在生育期为 150 d 时产量达到最高,产量可达 50 135.9 kg/hm²,随着生育期的减少,产量也随着降低,生育期为 75 d 时,产量最低,仅有 8 200.4 kg/hm²;桂薯96-8在生育期为 150 d 时产量也是最高的,达 45 068.9 kg/hm²,但是桂薯6号、桂粉2号和桂薯131这3个品种产量最高是在生育期为 135 d 期间,以后随着生育期的缩短产量也随着降低(见表 1-2)。本试验说明,适当延长生育期可提高产量,生育期的长短是限制甘薯产量的重要原因。广西甘薯生产中,生育期普遍较短,一般达到 120 d 左右就收获,有的甚至是 100 d 就收获,这是长期以来广西甘薯产量低于全国平均水平的重要原因之一。

表 1-1　新中国成立以前广西甘薯的产量表

年份	产量(万担)	面积(万亩)	单产(斤)(1 斤=0.5 kg)
1933	1 327.7	255.3	520
1937	1 374.6	—	—
1938	1 459.6	—	—
1939	1 420.7	—	—
1940	786.7	—	—
1941	705.1	—	—
1942	743.4	—	—
1943	1 131.9	357.5	—
1944	905.7	—	—
1945	743.8	—	—
1946	781.0	311.9	—
1947	669.3	174.8	—

引自:1991 年《广西通志》(农业志部分)

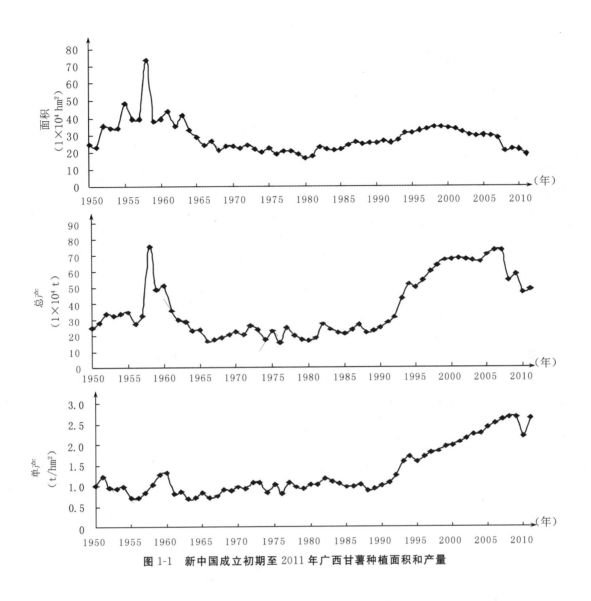

图 1-1　新中国成立初期至 2011 年广西甘薯种植面积和产量

表 1-2　不同甘薯品种不同栽插期鲜薯的产量表现

品种名称	鲜薯产量（kg/hm²）					
	7 月 1 日	7 月 16 日	7 月 31 日	8 月 15 日	8 月 30 日	9 月 14 日
官薯 1 号	50 135.9	30 401.6	25 134.6	21 667.8	14 800.8	8 200.4
桂薯 96-8	45 068.9	33 201.6	35 868.5	25 868.0	20 934.5	10 200.5
桂薯 6 号	29 268.2	33 735.0	27 401.4	19 601.0	22 534.5	13 000.7
桂粉 2 号	37 068.5	41 468.7	31 001.6	28 401.5	19 601.0	15 400.8
桂薯 131	43 868.9	49 869.2	39 868.7	34 335.0	22 467.8	13 200.6

1.1.3 广西甘薯产区分布

甘薯在广西各地均有种植，分布比较广。20 世纪 80 年代以前，以南宁、桂林、柳州、贺州、梧州、玉林、钦州、河池八个地区种植较多,常年在 $3.3×10^4$ hm² 左右;种植较多的地方:邕宁、横县、宾阳、天等、全州、灌阳、柳江、忻城、来宾、贺县、钟山、桂平、贵县、博白、平南、靖西、宜山、罗城、都安、防城港、钦州、合浦、北海 23 个市区县,常年种植面积在 $(0.27～1.33)×10^4$ hm²,其中面积最大的是合浦县和都安县,每年不少于 $1.33×10^4$ hm²,合浦县种植甘薯最多的是 1957 年,面积达 $2.77×10^4$ hm²,都安县 1972 年甘薯种植面积达 $2.64×10^4$ hm²。

现阶段甘薯是广西第三大粮食作物,近年来种植面积稳定在 $3×10^5$ hm² 左右。已形成以桂林、玉林、贵港、钦州、北海、防城港、梧州、贺州、河池等市为主的甘薯产业带。在种植面积较大的区域形成了具有地方特色的甘薯产业。

防城港市的"红姑娘"甘薯,常年种植面积就有 $0.47×10^4$ hm²,主要种植秋、冬薯,"红姑娘"鲜薯口感好,甜、松软,具有特别浓郁的香味,因此,"红姑娘"甘薯与红花生、红八角一样,成为防城港市打造红色系列特色农业产品品牌之一,产品除了在广西销售外,还打入了日本,中国香港等市场,已成为防城港市的一大产业。

武鸣县两江镇、玉林市玉州区仁厚镇的甘薯产业也以发展鲜食甘薯为主,近几年来,从广西农业科学院玉米研究所引进了优质鲜食紫色甘薯品种桂薯 131 到当地种植,由于该品种商品率高,可达 95% 以上,商品薯产量可达 27 000 kg/hm²,甘薯销售商直接到田间以 1.8～2.2 元/kg 的价格收购,销售收入达 48 000 元/hm² 以上,种甘薯已成为当地农户增加收入的重要来源之一。

桂平市的平南县官城镇,常年甘薯种植面积达 466.7 hm² 以上,品种是当地农家种——外婆藤,该品种鲜薯产量高,一般可达 30 000～37 500 kg/hm²,薯肉黄色,干物率(也称干率)26% 左右。据平南县农业产业化办公室的负责人介绍,用该品种制成的甘薯果脯品质好,薯条色泽鲜艳,肉质甜、松软、不黏牙,甘薯薯脯初加工已成为该镇的一大产业,制成的甘薯果脯初产品,收购价达 12～19 元/kg,产值可达 90 000 元/hm² 以上,当地农户种甘薯的积极性很高,在该镇的辐射带动下,周边几个镇的甘薯面积有扩大的趋势。

1.2 广西甘薯生产情况

1.2.1 广西甘薯的种植生境

广西地处亚热带气候区,年平均气温在 17～22 ℃,温、光、水、热等气候条件好,南北各地气候差异较大,各地无霜期差异也较大,一般 287～365 d,自北向南,自东向西,自山区向河谷平原无霜期逐渐增多。

桂林、河池、柳州、梧州、贺州和百色等市,无霜期 287～299 d,可种夏薯和秋薯,属于夏秋薯区;南宁、崇左、桂平、贵港等市,无霜期达 300～360 d,可种春薯、夏薯和秋薯;而北海、钦州、防城港三市以及玉林市南部各县无霜期长达 360 d 以上,基本上终年无霜,一年四季均可种植甘薯。在广西由于春季和夏季雨水较多,甘薯薯苗易徒长,甘薯结薯膨大期昼夜温差小,品质欠佳,同时受当地种植习惯的影响,广西的甘薯主要以秋、冬薯为主。

1.2.2 广西甘薯育苗

甘薯育苗是甘薯生产过程中的首要环节,适时培育出壮苗,才能实现早种早收的目的。由于广西大部分地区甘薯一年可两熟,即春薯和秋薯,少部分地区一年四季均可种植,所以育苗时间及方式略有不同,主要育苗方式有温棚育苗、露地育苗及越冬繁苗等。

一、温棚育苗

温棚育苗主要提供甘薯春种和夏种的种苗供应,广西春薯一般是3～4月种植,夏薯为5～6月种植,育苗时间一般要提前70 d左右。早春低温天气持续时间较长,为了加快育苗的进程,需搭建温棚育苗。

一般在1月中下旬进行薯块育苗,选择土壤肥沃、排水良好、交通便利和管理方便的旱地或菜园地,严禁选择上年种植过甘薯的土地作育苗地。在翻犁、碎土、平整土地后,起成0.8～1.0 m宽的平畦,有条件的可施入腐熟的农家肥做基肥后再起垄,每平方米混施土杂肥8～10 kg,开沟种植,选择雨后土壤湿度较大时种,排种时大小薯分开排种,沟深视薯块大小而定,大薯的种植沟开深一些,反之,则沟浅一些,覆土厚度5 cm左右为宜,然后盖上地膜(排种时,若土壤太干燥,可在排种沟内浇足水,待土壤吸收后再排种,然后覆膜),为了加速薯块的萌芽速度,可在床面上再搭小拱棚,并盖上棚膜,棚膜四周要用泥土压实,不能透风,每两垄苗床可搭一个小拱棚(图1-2)。排种后30～40 d出苗,待苗长出第8～9张新叶时,揭膜施肥,每亩施尿素5 kg、复合肥15 kg。第一次采苗时间在3月下旬至4月上旬,此时刚好可以供应广西春薯的种植。第一次剪苗后,每亩施复合肥25 kg,同时对苗床进行灌溉,保持苗床湿润,20～30 d后可以第二次剪苗,恰好可供应5～6月的夏薯种植。

图1-2　简易小拱棚

二、露地育苗

一般在3月下旬至4月下旬进行薯块育苗,苗床的选择与起垄方式同温棚育苗,气温稳定在15 ℃以上即可播种,排种后30 d左右(5月上旬左右)出苗,6月底可第一次剪苗。若种苗需求量大,可剪苗进行第二次扩繁、第三次扩繁等,扩繁时剪取苗长15～25 cm,节数为5～7节为宜,一般苗龄为45～50 d即可供大田种植。剪苗后苗床的管理方法同温棚育苗。

三、越冬繁苗

一般在十月下旬进行,育苗地的选择与起垄方式同温棚育苗。种苗主要剪取当年种植的秋薯而获得,选择地上部分长势较好的地块,每株剪苗3～4根,苗长25 cm左右,采用斜插法种植,浇足定根水,栽后20 d左右施肥,每亩施复合肥30 kg,到12月霜降前,搭建简单的小拱棚覆盖薄膜(见图 1-2),以防薯苗被冻。而在北海、东兴等无霜地区,可露天保存过冬。在冬季低温期,薯苗停止生长,所以无需特殊的管理,只需保持床土湿润,保证薯苗活力即可。到次年开春,气温稳定在 15 ℃以上时,揭膜施肥结合除草及培土,每亩施尿素 5 kg、复合肥 15 kg,如气候较干旱,需喷水保持苗床湿润,充足的水分可促进薯苗快发,一般揭膜 30 d 左右即可剪苗栽插。采用该方法育苗时,春薯插植期可比薯块育苗提前 15～20 d。

这种方法只适用于南部冬季霜期较短或无霜降的桂南部分地区,对于桂中和桂北等地,冬季气温低于 10 ℃的时间较长,不宜采用该方法进行育苗。

四、酿热物温床育苗

具体做法是,挖宽 2 m,长 1.2 m,深 60 cm 的种植穴,下放鸡、牛、羊或马粪等堆肥,厚 30～35 cm,表面覆盖 10 cm 左右的细泥,把种薯整齐排放后用细泥覆盖表面,厚约 5 cm,然后再用稻草或塑料薄膜保温,一般三月中下旬下种薯,可供应五月中下旬夏薯种苗,这种方式是 20 世纪 80 年代前后广西的桂北及高寒山区常用的育苗法,现在已被温室大棚育苗所代替。

1.2.3 广西甘薯的栽培季节

广西温、光、水、热充足,一年四季均可种植甘薯,春薯一般于 3～4 月种植,6～7 月收获;夏薯 5～6 月种植,8～9 月收获;秋薯为 7 月底至 8 月上旬种植,11 月底至 12 月上旬收获;冬薯 10 月至 11 月上旬种植,次年 3～4 月收获。通常春、夏、秋薯的生育期为 120 d 左右,冬薯生育期较长,通常为 150 d 以上。虽然广西一年四季均可种植甘薯,但由于夏季气温高,昼夜温差小,不利于甘薯的生长,而且品质及风味均不及秋、冬薯,同时夏季雨水较多,易造成藤蔓长势过旺,影响甘薯产量,所以长期以来主要以秋薯及冬薯为主。近年来,随着人们生活水平的提高,甘薯的保健作用被越来越多的人所认识,市场需求量增加,为了避开北方夏薯上市的高峰季节,部分薯农或商家利用广西的气候优势,大力发展春薯和夏薯,使甘薯提前上市,获得了较高的经济效益,目前,广西春薯及夏薯的栽培面积有扩大的趋势。

1.2.4 广西甘薯的栽培制度

广西甘薯的种植有连作、轮作、间作和套作等种植制度。由于连作会破坏土壤理化性状,同时连作还会使土壤中病虫害增多,所以现阶段广西甘薯连作的现象较少见。

轮作主要有水旱轮作和旱地轮作两大形式。水旱轮作以水稻—甘薯轮作的方式为主,即早稻—秋薯或春薯—晚稻的轮作方式,主要分布在武鸣、玉林、平南、藤县等地。钦州、合浦、北海等南部地区主要是早稻—晚稻—冬薯的轮作方式。

旱地轮作方式如春玉米—秋甘薯或春甘薯—秋玉米,春西瓜—秋甘薯,春花生(或黄豆)—秋甘薯,黄(红)麻—秋薯等。

间套作的方式主要有木薯间种春甘薯,冬甘薯间种蔬菜,幼龄果树间种甘薯,玉米、甘蔗套种甘薯等,常见的间套作模式见图 1-3。

图 1-3　甘薯间套种植模式

　　木薯间种春甘薯和幼龄果树间种甘薯的间种方法较常见,这是由于甘薯匍匐于地面,利用的是低位空间,而木薯及果树利用的是高位空间,在幼苗期,其株型矮小且较紧凑,对其周围遮蔽作用小,在此期间间种甘薯不会影响双方的生长,对果农而言不仅节约防除杂草的成本,还可增加额外的收入,但此栽培模式在木薯和果树长大后就不适用。

　　甘蔗或玉米间套种甘薯的种植方式在民间也比较常见,这种种植方式主要用于育苗或用薯藤作为饲料,一般较少收获薯块,这是由于甘薯只能利用玉米和甘蔗生长前期光照及生长空间,一旦玉米和甘蔗长高后,其茂盛的叶片就会产生荫蔽作用,不利于薯块的膨大,导致甘薯的薯块产量很低。

　　冬甘薯间作蔬菜的种植模式主要分布在广西南部的北海、防城港、东兴等地,该地区冬薯一般 10 月下旬栽插,次年的 3 月收获,生育期长达 150 d 以上,甘薯封垄前期,间种葱、蒜等短时间可收获的蔬菜,这些蔬菜生育期为 50 d 左右,此时甘薯刚好到了封垄期,这期间收获蔬菜,不仅不会影响甘薯的生长,还省去了前期除草和松土的成本,提高了复种指数,节省劳动力和成本,每亩可增收 1 000 元左右。

　　为了探明玉米间套种甘薯的经济效益,广西农业科学院玉米研究所(即广西壮族自治区农业科学院玉米研究所)2011 年进行了玉米甘薯间套作不同模式效益研究试验,各处理如图 1-4 所示,起垄种植,对照是单作甘薯和单作玉米,垄距1.2 m,甘薯单行种植,行距 1.2 m,单作玉米单垄双行种植,行距 30 cm,株距 30 cm,密度为 56 700 株/hm²;模式 1(MS1)至模式 3(MS3)为玉米间作甘薯,玉米与甘薯行比分别为 2∶1,2∶2 和 2∶3,模式 4(MS4)和模式 5(MS5)为玉米套种甘薯,甘薯种植于两行玉米中间,甘薯种植带与玉米种植带平行,模式 4 中甘薯株距 19 cm,密度为 52 500 株/hm²;模式 5 中甘薯株距 30 cm,密度为30 015株/hm²;模式 6(MS6)和模式 7(MS7)也为玉米套种甘薯,甘薯种植于玉米的两侧,模式 6(MS6)中每株玉米两侧均种甘薯,基本苗为 53 355 株/hm²;模式 7(MS7)中每两株玉米两侧种甘薯,基本苗为 26 678 株/hm²。各模式玉米的种植方式及密度同单作玉米。

　　试验结果表明,玉米间种甘薯所获得的效益比玉米套种甘薯及单作玉米高得多,而在玉米间种甘薯的 3 个模式中,又以模式 3(玉米与甘薯行比 2∶3)的种植模式效益最好。虽然单作甘薯的总产值最高,但从发展生物质能源的角度出发,生产上若大面积采用该种植模式,则与"不与人争粮,不与粮争地"存在矛盾,模式 3 的种植模式既保证了人们的粮食安全,又能使人民获得较高的经济效益,是值得推广的种植模式。

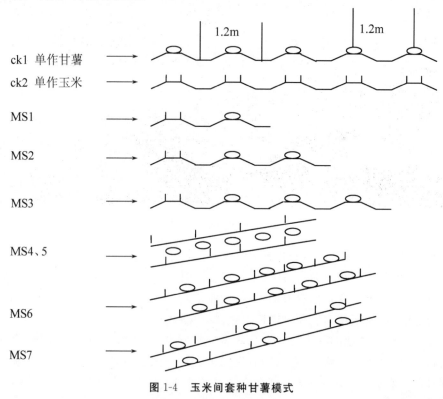

图 1-4　玉米间套种甘薯模式

1.2.5 广西甘薯的收获与贮藏

一、甘薯的收获

甘薯没有明显的成熟期,在适宜的条件下,薯块随着生育期的延长而不断膨大,产量也会不断地增加。但在广西,根据当地气候条件和多年的种植经验,一般生育期满 120 d 可收获,此时收获,甘薯的食用品质、风味及营养成分的积累已达到了高峰,如收获时间太迟,则易遭受蚁象的危害,造成减产甚至绝收,即使有的薯块没有虫害,也会由于发芽而糠心,造成产量低的现象,而且薯块发芽后会消耗其贮藏的养分而造成品质下降;如过早收获,薯块还处于膨大的旺盛期,影响甘薯的最终产量及薯块的品质和风味。在广西,冬薯在当年 9 月底至 10 月中旬种植,次年 3~4 月收获;春薯在 3~4 月种植,7~8 月收获;夏薯在 6 月种植,10 月收获;秋薯在 7~8 月种植,11~12 月收获。

二、甘薯的贮藏

甘薯含水分多,薯皮薄,易碰伤和受冻,每年贮藏期一般损失达 15% 以上,广西各地贮藏方法主要有鲜贮法和干贮法。

（一）鲜贮法

1.常温室内贮藏

广西气候条件优越,低温天气维持时间短,很多地方采取常温室内贮藏的方法就能较好地保存甘薯。通常的做法是,选择通风透气的房屋,清洁后先撒少量石灰,铺上一层草木灰,然后将表皮完好、表面干燥,无虫孔及无病烂的甘薯直接堆放好,再用沙子、草木灰或谷壳等覆盖表面,冬季气温低时关好门窗保温,气温较高时打开门窗通风散热。该方法成本低,无需特殊的设备,取、放方便,是广西桂南地区甘薯种植地农户普遍采用的甘薯贮藏方法。

对于品种数较多的甘薯资源的保存,可把2～5 kg不等的种薯放入35 cm×40 cm或40 cm×45 cm等规格的棉布袋中保存,再将装有甘薯的棉布袋放在木架上。在桂南的气候条件下,这种方法能较好地保存种薯,而在桂中、桂北地区,冬季气温如长时间低于10 ℃,则需要增温设备才能较好地保存。

2.常温混泥贮藏

属于棚窖贮藏的一种,是20世纪五六十年代广西桂中、桂北及高寒山区等地普遍采用的一种甘薯过冬保存方法。当时农民的房子是木材搭建的两层木屋结构,第二层供人居住,第一层主要用来放置牲口、堆放农具及其他杂物等,所以当地农民一般选择在第一层挖坑贮藏甘薯,坑的深度一般为2 m左右,长度和宽度视甘薯储藏的数量及房子的大小来决定。入窖时选择无病、无伤、表皮完整且干燥的甘薯整齐地叠放,叠满一层后,将干燥的细泥(相对湿度80%左右)均匀覆盖在表面,厚度约2 cm,接着再叠放一层甘薯,如此反复,在最后一层甘薯的表面覆盖细泥,厚度比之前的厚一些,4～5 cm为宜,然后在表面覆盖薄膜等覆盖物。如果在室外贮藏,还需搭建简易棚,防止雨水滴漏到坑内,同时还要在坑的周围挖好排水设施。

用该方法保存甘薯,由于有了泥土的保护,不仅有保温、保湿的作用,还使甘薯出窖时保持表皮鲜亮。与其他地窖贮藏方法比较,具有操作简便,取放自如的优点。但需注意覆盖甘薯表面的细泥不能过于干燥,否则会引起甘薯表皮失水皱缩。

3.种植地就地贮藏

指在甘薯适宜收获期间,市场上鲜薯价格低迷的情况下,有些农户不愿意低价销售甘薯产品,而直接将甘薯保留在种植地进行贮藏保存,待鲜薯价格回升后再收获上市的一种保存方式。这种方式还可分为露天保存和覆膜保存。广西可利用露天方法保存甘薯的只有靠近南部的北海、东兴和合浦等少数地区,中部及偏南的南宁、崇左附近等有短期霜降的地区,则需在种植地表面覆盖薄膜,以防止霜降对甘薯造成的冻害。该方法具有一定的局限性,只适用于无霜或有短期霜降,且温度不低于10 ℃的地区,如低温天气持续时间过长,易冻伤薯块,但气温也不能太高,如长期高于15 ℃,薯块则容易发芽,降低薯块的品质及商品性,影响其经济价值,为此,采用该方法贮藏甘薯时,要密切关注当地的天气状况,一般适宜在温度低于15 ℃的早春前收获完毕。

（二）干贮法

将鲜薯刨丝或切成片晒干后贮藏,薯片晒干后,体积变小,便于贮藏和运输,可减少鲜薯贮藏时发生的损失,但如贮藏不当,干燥的薯片很容易吸收了空气的水分而发生霉烂,所以贮藏薯片的环境必须密封干燥。当地农户的做法是,选择晴好天气,将收获的甘薯洗干净,刨成细丝或切成薄片,直接铺放在晒场上晾晒干燥后,用薄膜包装后密封保存,作为饲料备用。如果数量较多,可在密封干燥的仓库内保存。

1.3 广西甘薯利用情况

1.3.1 广西甘薯利用概况

20 世纪 60 年代以前,广西生产的甘薯主要是作为粮食食用,余下的多作饲料。60 年代中期以后,随着农业生产条件的改善,水稻成为主食,甘薯只用作饲料和补充食粮,少数用来酿酒,做粉丝、粉片和薯干等,甘薯的综合利用开展不多。80 年代起,广西开始利用甘薯制作果脯、薯干,如灌阳食品厂生产的"长寿脯",富川糖厂加工的"金蜜条红薯脯"和南宁糖果食品二厂加工的"甘薯果脯"已远销国内外市场。至 90 年代以后,广西壮族自治区农业技术推广总站非常重视甘薯新品种的推广和利用,多次进行以推广甘薯新品种为主的丰收计划,这时期广西甘薯加工业逐步兴起,主要是加工甘薯蜜片(甘薯干),其次是酿酒和粉丝加工等简单的初级加工,没有深加工。进入 21 世纪,随着经济的发展,甘薯已转变成为重要的经济作物,产后加工的比例不断提高,甘薯生产与综合利用成为能够横跨种植业、养殖业和加工业等多行业的新兴产业,受到广泛的关注。广西甘薯利用也发生了根本性的变化:鲜食,包括烘烤、蒸煮;甘薯茎叶作为新鲜蔬菜食用;可用于加工淀粉、粉丝、酒精、全粉、紫色素、薯脯等;可用于饲料生产发展畜牧业。随着广西选育和引进的优质、高产、专用型甘薯新品种的推广种植,区内甘薯加工企业大批涌现,如河池市罗城县的广西罗城科潮基业科技发展有限公司,建设了广西首家以甘薯为原料的淀粉、酒精生产线,其控股子公司广西罗城中科嘉业农业发展有限公司,目前正在投资开发甘薯生物质循环经济产业项目,生产淀粉、酒精、甘薯饮料、粉条,同时将产生的废渣用于生产生物有机肥,发展高产甘薯及有机大米种植,用甘薯藤、甘薯渣生产青贮饲料,发展有机生态猪养殖,将生猪养殖场产生的粪便用于生物有机肥料生产等循环生态经济。桂林市灌阳县建有三家龙头企业,其生产加工情况如下:桂林梁华生物科技有限公司,主要以紫薯为原料加工色素、全粉、粉丝;桂林天然食品有限公司和桂林新宇葛业有限公司主要以薯类为原料加工淀粉、粉丝。广西北海市合浦县卫生保健食品厂是广西最大日加工鲜甘薯超 10 t 的综合性生产企业,主要产品有维他红心薯脯、紫红薯果脯等。初步形成了"公司+基地+农户"的经营模式。但广西各甘薯加工企业的终端产品多为淀粉、粉丝、薯脯等初级产品,深加工产品很少。

1.3.2 食用

甘薯富含淀粉,曾一度被看作是粗粮或用作救荒救灾食物。由于甘薯营养价值地位不断被提升,鲜食甘薯作为一种保健食品,人们现在已逐渐认识到它的保健作用。甘薯用于鲜食,可直接蒸煮或烘烤食用,用于蒸煮和烘烤的甘薯肉色一般有橘红、橘黄、蛋黄、深紫、紫、花心等,味道纯正,粉质适中,口感香、甜、糯、软,或呈栗子口味,纤维细腻等。尤其是紫色甘薯在广西已成为了人们的新宠,身价倍增。甘薯叶及其嫩芽是富含营养的特殊菜肴,在广西习惯将甘薯幼嫩茎叶作为蔬菜食用,特别是在夏季绿叶蔬菜淡季,甘薯茎尖嫩叶在蔬菜市场上属畅销的营养保健蔬菜。

1.3.3 甘薯淀粉产品加工

一、甘薯淀粉

甘薯块根中淀粉含量较高,一般含量为10%～30%,淀粉不仅是食品加工的原料,而且还应用于其他工业。目前,广西甘薯加工产品较少,特别是精深加工的产品很少,工业加工主要以鲜薯或薯干提取淀粉,可加工为淀粉产品如粉丝、粉条,还可利用曲霉发酵使淀粉糖化生产酒精。甘薯淀粉生产在桂林市灌阳县及河池市的罗城、都安较多,但以个体私营企业加工为主,规模小而分散,绝大多数停留在农户水平。2010年在广西罗城县建设了广西首家以甘薯为原料的淀粉、酒精生产线,具备年产优级食用淀粉$1.2×10^4$ t,酒精$3×10^4$ t产能的广西罗城科潮基业科技发展有限公司,形成"公司＋基地＋农户＋科技"的产业模式。

二、甘薯粉丝(条)

在广西甘薯主产区,利用甘薯淀粉加工制成粉丝(条)有着悠久的历史,粉丝(条)加工已成为广大薯区农民脱贫致富的一条新途径。如桂林市灌阳县素有将甘薯淀粉加工成甘薯粉丝的传统,生产的甘薯粉丝采用传统的加工工艺精制而成,所加工的粉丝不添加任何防腐剂,色泽透明光亮,久煮不糊,味道鲜美滑腻。灌阳县甘薯粉丝在省内外享有一定的声誉,深受区内外消费者的青睐,临近春节时,区内外客商云集灌阳采购,而且价格看好,达5～6元/kg,本地人也将甘薯粉丝作为馈赠亲友的佳品。灌阳县的优质甘薯粉丝,已成为灌阳的一大支柱产业。灌阳县甘薯粉丝加工主要以新街乡为主,其中新街乡青箱村,家家都加工甘薯粉丝,成了远近闻名的甘薯粉丝加工专业村,每年生产甘薯粉丝达300 t,行销全国各地。还有桂林天然食品有限公司、桂林新宇葛业有限公司和桂林梁华生物科技有限公司三家企业也加工生产甘薯粉丝。灌阳县鲜薯年产量达$10×10^4$ t,约有10%以上的鲜薯被加工成甘薯粉丝。河池市都安县也是传统的甘薯粉丝加工县,特别是都安县的板岭乡,其乌心甘薯粉丝远近闻名。都安县板岭乡每年种植红薯面积约573.33 hm²,其中以乌心甘薯品种居多。种植的乌心甘薯因淀粉含量较高,所以主要用于加工甘薯粉丝上市销售。一般每公顷可收获甘薯15 000～22 500 kg,可加工乌心甘薯粉丝1 950～2 700 kg,按市场售价12～16元/kg计算,平均产值30 000元/hm²左右。此外柳州市、来宾市、南宁市、贺州市等地也建有甘薯粉丝加工企业。

三、甘薯制酒精和酿酒

发展可再生能源是解决未来能源问题的一条重要出路,生物质能源技术的研究与开发已成为世界重大热门课题之一。甘薯生物产量高,淀粉产量高,是生产燃料乙醇的理想原料。广西具有优越的自然条件及独特的区位优势,是中国与东盟的桥头堡。国务院已批准的《广西北部湾经济区发展规划》中,已明确要把石油化工产业作为这一区域的重点发展产业之一,其中最引人注目的就是生物质乙醇能源产业。广西甘薯生长周期短,生产成本低,产量高,可以与玉米、花生、黄豆等作物轮作,在桂南地区、沿海地区可周年种植甘薯,复种指数高。随着可再生能源作物的大力发展,甘薯产业越显重要,因此广西甘薯产业的发展具有得天独厚的条件。例如,广西罗城科潮基业科技发展有限公司建设了广西首家以甘薯为原料生产淀粉、酒精的生产线,具备年产优级食用淀粉$1.2×10^4$ t,酒精$3×10^4$ t的产能。

在广西桂林、河池等地,除用甘薯加工粉丝、薯脯外,还以甘薯为原料酿酒,酒糟作饲料,如灌阳县有 60% 以上甘薯主要用于酿酒和饲用,所占的比例较大。但酿制甘薯酒大多为家庭小作坊,缺乏龙头企业的带动,规模小,效益不高。

1.3.4 甘薯全粉及紫色天然色素开发

甘薯全粉是甘薯脱水制品中的一种,它是以新鲜甘薯为原料,经清洗、去皮、切片、护色、蒸煮、冷却、捣泥等工艺过程,脱水干燥而得到细颗粒状、片屑状或粉末状产品。甘薯全粉包含了新鲜甘薯中除薯皮以外的淀粉、蛋白质、糖、脂肪、纤维、灰分、维生素、矿物质等全部干物质。甘薯全粉能够很好地保持其原有的营养素及风味,是制造婴儿营养食品、老年健康食品的天然添加成分。紫甘薯天然食用色素广泛用于饮料、糖果、医药、化妆品等多个领域,紫甘薯中的花青素是以黄酮核为基础的糖苷,对人体肝功能障碍具有缓解作用,能降低血清中的转氨酶,对高血压等心血管疾病有很好的预防作用,可防癌抗癌。紫甘薯全粉和紫甘薯粉丝是新型保健食品。目前,广西桂林灌阳县梁华生物科技有限公司拥有紫甘薯全粉生产线,年产紫甘薯全粉 3 000 t,公司建设的《紫甘薯等纯化提取天然色素建设项目》2011 年被列入广西重点扶持项目,是广西首家甘薯纯化提取天然色素建设项目,年产紫甘薯色素 100 t,主要出口欧、美、日、韩等地。

1.3.5 甘薯脯

甘薯脯是多以红心甘薯为原料加工而成的蜜饯食品,其营养丰富,风味佳,色泽好。近年来广西薯脯加工有较大发展,产品畅销国内外。广西平南县是种植甘薯和加工果脯的大县,在平南县官成镇形成规模化种植甘薯,主栽品种为当地农家种外婆藤,这里的农户主要依靠种植甘薯和加工果脯来发家致富,产品主要销往广东等地,一般鲜薯产量可达 30 000~37 500 kg/hm²,加工成果脯后,果脯售价 12~19 元/kg,产值可达 90 000~150 000 元/hm²,但多为农户自产自销,缺少企业的带动,不能作为品牌产品售卖,质量、卫生安全也得不到保障。目前,广西合浦县卫生保健食品厂是广西最大的日加工鲜甘薯超 10 t 的综合性生产企业,主要产品有:维他红心薯脯、紫红薯果脯等。产品广受国内外消费者欢迎,先后进入国内知名连锁超市,远销港、澳、台等地区。广西横县良圻太平食品厂年生产甘薯蜜片 100 t,获得广西优质食品称号,主要在本地销售,产品畅销不衰。

1.3.6 甘薯饲用及加工

利用甘薯的块根、茎叶、薯干或加工后的薯渣等副产品,通过青贮、发酵等简单工艺制成各种牲畜的饲料,不但能提高饲料的营养价值,还可缩短饲料的供应期,节省精料的喂量。也可用鲜薯、茎叶、薯干配合其他农副产品制成混合饲料。在广西甘薯主产区,一般利用甘薯的块根、茎叶通过青贮、发酵等作牲畜上好的饲料,如广西的灌阳县、都安县当地农户都习惯将甘薯酿酒制造酒糟用作饲料。广西罗城中科嘉业农业发展有限公司,目前正在投资开发甘薯生物质循环经济产业项目:用甘薯藤、甘薯渣生产青贮饲料发展有机生态猪养殖。一些饲料加工厂、奶牛喂养厂等利用鲜薯、茎叶、薯干配合其他农副产品制成混合饲料。

1.4 广西甘薯科研概况

1.4.1 广西甘薯科研概况

新中国成立前,广西已开始进行甘薯的科学研究,据《广西年鉴》第三回(民国 33 年,即公元

1944年)记载,广西农事试验场于民国24年的业务计划中已有甘薯杂交育种的记述。这个时期还通过各种渠道引进了美国、日本等国的一些甘薯新品种。新中国成立以后,广西各地区农业试验站设有旱粮组,从事甘薯等旱地粮食作物的研究,各农业院校也结合教学开展了甘薯的研究工作,在甘薯良种的引进和培育、甘薯品种资源的研究与利用及高产栽培技术及其规律的研究等方面开展了研究工作,取得了一定的成绩。20世纪50年代末,由于农业生产条件的改善,稻谷生产迅速发展,粮食危机逐渐缓和,甘薯种植面积逐年下降,甘薯的科研工作因此也受到影响,20世纪70年代末,广西各地区农业试验站及农业院校纷纷放弃了甘薯的科研工作,1980年,广西农业科学院经济作物研究所也由于经费紧缺确定了甘薯科研转由玉米研究所承担,设立了甘薯研究室。在科研经费极度缺乏、技术力量薄弱的情况下,科技人员一直坚持不懈地开展甘薯科研工作,主要开展甘薯种质资源收集、保存及创新利用,甘薯良种选育、栽培技术及推广等方面的研究工作。2004年后,广西农业部门加大对甘薯科研的经费投入,2011年,广西甘薯研究团队进入了国家甘薯产业技术体系行列,甘薯南宁综合试验站由广西农业科学院玉米研究所承担,至此,广西甘薯的研究有了相对稳定的科研经费支持。经过30多年的发展,至今已形成了甘薯种质资源研究利用、新品种选育与开发、甘薯高产栽培技术与示范、甘薯栽培与生理、甘薯脱毒技术、甘薯分子标记技术等研究门类较全、覆盖面宽、层次较高的甘薯研究体系,取得了一批科技成果,为广西甘薯科研、生产做出了一定贡献。

1.4.2 甘薯品种引进和选育研究

在甘薯生产中,选用良种是一项经济有效的增产措施。新中国成立以来,广西的科技工作者,在甘薯良种的引进和培育方面,做了大量工作。新中国成立初期,为了适应广西甘薯生产发展的需要,各地农试站、农业院校和一些县农场,陆续引进了一批新品种,如胜利百号、南瑞苕、华北48、湘农黄皮、高农选3等。1955年广西全省进行品种鉴定评选工作,推广了高产的甘薯农家品种"无忧饥"。20世纪50年代末期,广西农学院黄亮、王作杰两位教授利用自然开花的甘薯品种,进行有性杂交育种,育成抗薯瘟病品种桂农1号,经过鉴定于60年代进行了推广。与此同时,钦州农校、合浦农科所也采用有性杂交育成了钦农2号、合浦67等品种。70年代广西农业科学院经作所用嫁接、短日照处理等方法,促使不能自然开花的品种开花,有计划地开展了甘薯有性杂交育种工作,育出了一批有希望的优良品系,如桂72-105、桂74-362等。从1980年开始,广西甘薯科研主要由广西农业科学院玉米研究所承担,且该所从1981年起承担国家甘薯区试试验工作,从1984年开始该所又搭建了全自治区甘薯新品种区域性试验协作网络。甘薯育种在80~90年代,主要开展以高产、优质、食饲兼用、抗病等新品种选育为目的的甘薯杂交育种,2000年以后,专用型甘薯品种成为甘薯育种的主攻方向,并紧跟时代步伐,逐步调整新品种选育目标,致力于特用型甘薯新品种的选育,如能源甘薯、紫色甘薯、类胡萝卜甘薯、菜用甘薯新品种的选育等。甘薯杂交育种着重于定向杂交、计划集团杂交或自然杂交法。经过三十多年的育种研究,广西农业科学院玉米研究所选育出了高产、稳产、抗病、高淀粉、紫色、高类胡萝卜素、优质食用等各种类型的甘薯品种共24个,其中有10个甘薯新品种获得广西农作物品种登记证书,14个甘薯品种通过广西区农作物品种审定,有3个甘薯品种通过了国家鉴定。如在80年代选育出的桂薯2号,20多年来一直是广西的主栽品种,是广西推广种植面积最大的甘薯品种,创造了巨大的经济和社会效益。适于加工和食饲兼用型甘薯新品种桂薯96-8的培育成功(2005年通过国家农作物新品种鉴定)标志着广西的甘薯育种技术进入了国家的行列。培育出的高淀粉甘薯新品种桂粉2号(2009年通过广西农作物新品种审定,2011年通过国家农作物新品种鉴定),淀粉含量高达

27.4%,桂粉 3 号(2009 年通过广西审定,2012 年通过国家农作物新品种鉴定),淀粉含量达 24.7%,为广西生物质能源的开发和利用储备了品种。近十年来,广西新育成的且正在推广应用的品种主要有桂薯 96-8、富硒 11 选、桂薯 131、桂粉 2 号、桂粉 3 号、桂薯 6 号、桂紫薯 1 号、桂紫薯 3 号等十多个甘薯品种。

1.4.3 甘薯种质资源研究

广西甘薯的种质资源非常丰富,甘薯种质资源的征集是甘薯育种的基础工作。为了保存各种类型甘薯的种质资源,在 1955～1958 年间,广西农业科技部门及农业院校在广西各地征集了一批优良农家品种,进行研究、鉴定和利用,其中编入《广西农家品种目录汇编》(1959.10,广西农业厅编辑出版)的甘薯品种有 77 个,编入《广西壮族自治区农作物优良品种志》(1959.7,广西农业厅编辑出版)的甘薯品种有 14 个。1983～1985 年,广西农业科学院玉米研究所在全自治区 8 个地区 63 个县开展了甘薯品种资源补充征集工作,共收集到甘薯品种 439 份,经过整理鉴定后,有 38 份甘薯品种(包括农家品种无忧饥、姑娘薯、满村香等 31 份及育成品种合浦 67、钦农 2 号、桂农 1 号、桂薯 1 号等 7 份)一起编入了 1984 年出版的《全国甘薯品种资源目录》。1990 年广西的姑娘薯、满村香、无忧饥、香薯、桂薯 1 号 5 个具有代表性的甘薯品种编入了《中国甘薯品种志》。为了全面掌握广西的甘薯品种资源,1991 年广西农业科学院玉米研究所将 1983～1985 年收集到的 439 份甘薯品种,经过整理鉴定,合并了重征品种和引进品种,保留广西农家品种 347 份,育成品种 9 份,编写了《广西甘薯品种资源目录》(1991 年广西农业科学院玉米研究所编印),而引进国外材料 18 份和区外品种 189 份未编入《广西甘薯品种资源目录》。此后,由于自然灾害、种性退化、病毒侵害等原因,导致一些种质资源缺失严重,到 2008 年初广西保存的国内外甘薯种质资源仅剩 269 份。2008～2009 年,广西农业科学院玉米研究所再次从自治区各市、县(乡、镇)、村屯补充收集本地当家品种及农家品种 145 份,2010 年引进和收集省内外甘薯种质资源 89 份,截至 2010 年,收集保存的甘薯种质资源基本维持在 530 多份,因每年都有甘薯品种资源在补充和更换,数据一直处于动态变化中。利用优异的种质资源组配杂交组合,获得了一大批杂交种子,通过筛选鉴定出很多优良品系。如 2007 年有 10 个甘薯新品种获得了广西农作物品种登记证书,在 2009～2012 年间又有 11 个甘薯品种通过广西农作物品种审定,品种类型包括了高淀粉型、高花青素型、兼用型、食用型、高类胡萝卜素型等。同时,在 2005～2012 年间共有 3 个甘薯新品种通过了全国甘薯委员会鉴定。

广西保存的甘薯种质资源包括地方品种、育成品种、高世代品系等,品种主要有本地的当家品种或农家品种,广西及全国其他各省的原产或育成品种,部分国外的原产或育成品种,基本覆盖了甘薯的各种类型。保存方法由传统的“双轨制”保存方法加以改进形成“双保险保存方式”:1～3 月为薯块贮藏保存期;4～7 月为大田育苗期,将种薯块或薯苗消毒,育苗后经过 2～3 次的复育提壮,于 7 月底至 8 月中旬大田种植;在收获前 1～2 月选取一些优质薯苗种植于温棚中过冬;12 月中下旬从大田收获薯块,选好种薯晾干放入恒温仓库保存,来年结合温棚种苗进行互补种苗,达到双保险保存的目的。这种“双保险保存方式”不仅经济、科学、实用,而且经过提纯复壮,可有效减少甘薯受病毒的侵害,是目前广西最常用的保存甘薯种质资源的方法。

在国家科技条件平台项目“热带作物种质资源标准化整理、整合及共享试点”的支持下,2006～2008 年广西科研机构参照国家“甘薯种质资源描述规范和数据标准”对广西甘薯种质资源进行种质性状描述、鉴定及评价,培养了一批品种资源保存和管理的专业人员,甘薯种质资源的保存重新得到重视,并使资源得到较为系统的描述和评价。但由于人力、物力的限制,大都仅限于生物学性状的观察和评价,大量的种质资源特征尚未进行更深入的鉴定评价。

2008～2011年,又依据"甘薯种质资源描述规范和数据标准",对广西地方甘薯种质资源进行形态标记聚类分析,选择33项性状指标作为形态鉴定参数,从形态标记水平了解广西地方甘薯种质资源的遗传关系,消除同名异物和同物异名的现象,对收集的136个地方甘薯种质资源进行性状测量及鉴定,利用DPS软件对数据进行聚类分析。结果显示:136份广西地方甘薯种质资源可被分为4类:第Ⅰ类包括7份材料,第Ⅱ类包括2份材料,第Ⅲ类包括60份材料,第Ⅳ类包括67份材料,其中包括24对同物异名和3对同名异物的材料。通过对广西地方甘薯种质资源的形态标记聚类分析,认为广西地方甘薯种质资源间存在较大的遗传差异,选择与甘薯的特征特性密切相关的形态标记作为鉴定参数对甘薯种质资源进行初步的分类鉴定和筛选是可行的。这一分析研究结果为广西甘薯种质资源的有效开发和利用提供了理论依据。

近年来,DNA分子标记(DNA molecular markers)技术在甘薯的分类学研究、品种鉴定、系谱分析、遗传作图、基因标签等方面均得到应用。由于DNA分子标记技术直接显示物种DNA水平上的差异,比形态学水平、细胞学水平和生化水平更能准确地揭示植物的遗传多样性,所以在甘薯资源遗传多样性的研究中得到了较为广泛的应用。现阶段,广西也正在开展甘薯DNA分子标记技术的研究,主要研究利用RAPD和ISSR分子标记技术对广西甘薯种质资源进行遗传多样性分析研究,并在此基础上构建广西核心种质资源库。

1.4.4 甘薯栽培研究

一、甘薯高产栽培技术研究

广西种植甘薯的耕地多是丘陵山坡贫瘠的红壤旱地,栽培管理粗放,低畦疏植,苗数不足,迟种早收,施肥少,因而单产低,远低于全国平均水平。

广西各地从70年代开始甘薯高产栽培试验,出现了一批高产典型案例,创造了亩产万斤薯的丰产纪录,如:1972年灌阳县仁合大队种植甘薯面积1.18 hm²,平均鲜薯产量78 337.5 kg/hm²,最高110 201.3 kg/hm²;1974年,该大队种植甘薯面积1.13 hm²,平均产量75 075 kg/hm²,还创单株栽培收鲜薯121.5 kg的高产纪录;1979年,北海市农科所种植甘薯面积0.078 hm²,平均鲜薯产量80 647.5 kg/hm²,岑溪县农科所种植甘薯面积0.071 hm²,平均鲜薯产量78 900 kg/hm²;1980年,合浦县山口公社高坡大队种植秋甘薯面积0.07 hm²,平均鲜薯产量79 972.5 kg/hm²。这些高产典型案例,为进一步发展广西甘薯生产提供了宝贵的经验。各地在开展创高产的同时,还从甘薯生长动态变化过程中,明确了万斤薯的合理长相,长势指标,以及相应的综合栽培技术措施,并对甘薯高产的土壤条件、需肥特性和施肥技术进行了研究,取得了一定的进展。

1990年以后,针对广西甘薯生产用种古老退化,缺乏高产优质的甘薯良种,栽培技术落后和单产低下的落后局面,广西农科院玉米研究所启动了"广西甘薯良种试验示范与开发"项目,在全区科学布局试点,把承担单位育成或引进的甘薯良种进行试验鉴定,筛选出适合各地种植的甘薯良种,并进行甘薯高产栽培技术研究,配套高产栽培技术进行试验示范、推广,并撰稿录制了《南方甘薯高产栽培技术》录像制品(广西音像出版社出版)。项目实施至2006年,主要推广的栽培技术有:选用良种培育壮苗(薯块育苗),包心起垄(垄中施放作物秸秆或土杂肥),大垄高垄栽培(垄距1 m,垄高33 cm左右),水平浅插植,适时早栽(立秋前后栽插),合理密植(52 500～60 000株/hm²),防晒保苗(还苗前3天),早施攻苗肥(还苗后及时追施速效肥促苗),适施攻薯肥(插后35～40 d主要施钾肥作结薯肥),中耕施肥除草培土2次以上及物理防虫(盖裂缝防虫4次)。

2007～2010 年,广西承担了国家公益性行业(农业)科研专项"甘薯标准化栽培技术研究",制定了"广西甘薯栽培综合技术措施"和"广西武鸣县甘薯高产种植模式",大力推广了甘薯起垄栽培,采用了无病虫的嫩壮苗并水平垄向栽插、甘薯配方施肥(重点强调增施钾肥)和病虫害防治等技术。在"广西甘薯栽培综合技术措施"的指导下,试验示范的单位面积产量显著提高,增产幅度达 11%～46.6%,给农户带来了经济效益。

二、甘薯品种专项施肥、栽培方法研究

近年来,国内外很多学者研究了甘薯的不同施肥水平、密度等对产量和品质的影响,以及不同品种间的产量差异,认为针对不同的甘薯品种应该摸索与之配套的高产栽培技术,才能有效促进甘薯新品种的大面积推广应用。为加快高产粮用和能源型甘薯新品种"桂粉 2 号"的推广应用,通过广西科技成果转化项目"高产粮用和能源甘薯新品种'桂粉 2 号'的中试与示范"的实施,研究人员采用 4 因子 5 水平 2 次通用回归旋转试验设计,研究"桂粉 2 号"产量与栽插密度及氮、磷、钾肥施用量之间的关系,得出最佳的种植密度和氮、磷、钾肥施用量的配套高产栽培技术。

刘义明等在沿海淡酸田速效磷含量高、速效钾含量低的沙壤土上,进行甘薯品种红姑娘缺素和氮、磷、钾肥配合施用试验,通过对广西沿海高磷低钾沙壤土种植甘薯氮、磷、钾施肥效果分析,提出防城港市沿海淡酸田沙壤土"稻—薯"轮作种植"红姑娘"甘薯品种的推荐施肥配方为氮 75 kg/hm²、五氧化二磷 45 kg/hm²、氧化钾 270 kg/hm²,磷不宜多施,土壤的速效磷接近 100 mg/kg 时不必施磷肥,氮肥和磷肥宜在前期施,钾肥宜在甘薯中期大培土时施。另外,通过稻草夹心栽培方法、稻草起垄免耕栽培方法和常耕栽培方法处理,与冬种红姑娘甘薯进行了对比试验,结果表明,三种方法处理后甘薯的产量、质量以及经济效益对比情况为:稻草起垄免耕栽培处理>稻草夹心栽培处理>常耕处理。

三、甘薯栽培与生理研究

为了了解甘薯生长过程中干物质积累的规律性及甘薯品种光合特性的差异,广西农业科学院玉米研究所科技人员以干物率及产量差异较大的甘薯品种为材料,进行了甘薯不同时期干物质积累及光合特性研究,研究结果表明:不同时期两个甘薯品种干物率的变化与光合速率的变化趋势一致,各时期高淀粉品种"桂粉 2 号"的光合速率始终高于低淀粉型品种本地薯,薯干产量与光合速率存在一定的相关性;引起两品种光合速率变化的因素不同,"桂粉 2 号"光合速率变化的因素为气孔因素和非气孔因素共同作用,而本地薯光合速率变化的因素为气孔因素。

广西大学康轩等进行了免耕覆盖对甘薯生长发育特性及土壤养分的影响研究:以桂薯 131 为试验材料,进行甘薯 3 种不同栽培方式的比较试验,研究免耕稻草覆盖模式对甘薯农艺性状、生理性状、产量、品质以及土壤肥力的影响。试验结果表明:在甘薯农艺性状方面,除活苗率外,免耕稻草覆盖的两个处理的蔓长、主茎叶片数、分枝数比传统栽培处理高;在生理性状方面,免耕稻草覆盖的两个处理的根系活力、叶绿素含量、SOD 活性、CAT 活性比传统栽培处理高;免耕稻草覆盖的两个处理与传统栽培处理相比,能增加土壤肥力;在产量与品质方面,以免耕稻草覆盖处理的产量最高、大中薯率最高,还原糖含量、可溶性糖含量也均比对照有一定程度的提高。

四、甘薯间套作栽培技术研究

近年来,广西甘蔗、木薯等大宗作物的发展导致甘薯种植面积有所下降。目前,各作物争地的矛盾比较突出。间套作是一种能集约利用光、热、肥、水等自然资源的种植方式。今后广西甘薯生产要稳定发展,在提高单产的同时,应大力发展与玉米等高秆作物间套种。为制定适宜广西甘薯与玉米作物间套种高产栽培技术,广西农业科学院玉米研究所科技人员进行了玉米与甘薯间套作种植模式效益研究,以单作玉米和单作甘薯为对照,研究玉米与甘薯间作或套作的多种种植模式,结果表明,各类型种植模式中产值高低顺序为:单作甘薯>间作>单作玉米>套作,在间作模式中,以玉米与甘薯行比为 2:3 的间作种植模式产值最高,是值得推广的种植模式。

1.4.5 甘薯脱毒技术研究

甘薯病毒病已是世界性的病害,其危害有不断加剧的趋势。目前世界上甘薯病毒病尚无有效的药剂可供防治。实践证明,防治甘薯病毒病最经济有效的方法就是采用茎尖分生组织培养技术去除病毒生产脱毒苗,只有通过茎尖分生组织培养这项生物技术,才能将病毒彻底去除。甘薯脱毒苗具有移栽后返苗快,生长旺盛,结薯早,薯块均匀,薯皮颜色鲜艳,薯块大,产量高,品质好等优点,可大幅度提高产量和质量。近年,广西农业科学院玉米研究所从江苏徐淮地区徐州农业科学研究所引进了高成活率甘薯的脱毒快繁技术,正在开展甘薯茎尖培养与脱毒技术研究,目前已筛选出适合广西主栽甘薯品种的培养基和培养条件,为今后开展规模化甘薯脱毒苗的生产奠定了基础。

何新民等以红姑娘 2 号甘薯为材料,开展了甘薯茎尖培养与脱毒技术研究。研究结果表明,培养基中的 6-BA、NAA、GA$_3$ 以不同浓度配比对红姑娘 2 号甘薯茎尖不定芽、不定根的诱导有明显的影响。在诱导产生愈伤组织和丛芽阶段,培养基 MS + 6-BA (1.0 mg/L) + NAA (0.01 mg/L) + GA$_3$(0.1 mg/L)效果较好。而 1/2MS + NAA (0.2 mg/L)是红姑娘 2 号试管苗的适宜生根培养基。通过裂叶牵牛指示植物检测 90 个无性系,平均脱毒率为 96.7%。

1.5 广西甘薯发展战略

1.5.1 广西甘薯产业的优势和存在的问题

一、广西甘薯产业的现状

甘薯是广西第三大粮食作物,也是重要的饲料作物,主要分布于北海、防城港、南宁、来宾、河池、贵港、玉林、贺州、桂林等市。甘薯在历史上为解决广西人民粮食不足和促进国计民生发挥过重要的作用,正因为这一特殊的作用,现阶段甘薯作为粮食安全保障底线作物,在广西年种植面积仍然保持在 $2.0×10^5$ hm^2 左右,鲜薯总产量在 $2.60×10^6$ t 左右,但甘薯种植面积有下降的趋势,主要原因是甘蔗、木薯等作物种植面积的不断扩大。经济作物和粮食作物的"争地"日益凸现。事实上在有限的耕地条件下已不能单靠增加种植面积来提高作物的总产量,只有依靠提高单产水平或者提高复种指数,其中科技投入的重要性不言而喻。

现阶段广西甘薯种植分布呈自发式零星种植,较大规模种植不多,良种覆盖率低,一些老品种农民还在继续延用,甘薯的良种覆盖率不到 50%。消费状态主要是以自给自足为主,约有75%作饲料或食用,约 10%用于种薯和因贮藏不当而损耗,用于商品的仅有 15%左右,商品率不高。产后加工产业化程度低,加工技术多停留在家庭作坊式,机械化程度低,以初级产品进入市场为主,缺乏深加工。

广西甘薯鲜薯平均单产水平较低,只有 13 t/hm^2(按折粮后产量计算),不仅远远落后于发达国家的生产水平,而且与全国平均水平有着很大差距。造成这种差距的原因包括自然地理条件限制、生产投入不足和栽培管理粗放,另外优良品种的潜力未能被充分挖掘、缺乏配套技术也是造成差距的重要因素。同时甘薯产业支撑体系过于薄弱,目前广西甘薯科技团队的公益性育种单位仅有广西农业科学院玉米研究所和广西农业科学院经济作物研究所。广西农业科学院玉米研究所从事甘薯科研至今已有三十多年历史,现收集保存有甘薯种质资源近 470 份,在甘薯种质资源收集、引进、改良及创新利用、甘薯良种选育和推广等方面做了大量研究工作,先后获广西科技进步三等奖两项,广西农业科学院科技进步一等奖一项,广西农业厅科技改进三等奖两项。虽然广西甘薯的科研取得了一定的成绩,特别是近年来随着国家对科研投入力度的加大,甘薯科研力量也得到不断充实,但整体上还是显得十分薄弱,广西从事甘薯研究的科技人员不足 20 人。2011 年国家甘薯产业技术体系南宁综合试验站落户广西农业科学院玉米研究所以及 2013 年国家现代农业产业技术体系广西薯类创新团队的组建,在解决研究资源分散、学术保守、单打独斗、低水平重复研究等问题上取得了实质性进展,对提升广西甘薯科技创新整体实力有着十分重要的意义。

二、广西甘薯产业的优势

广西光、温、水、土资源丰富,被誉为"天然大温室"。甘薯在广西大部分地区一年四季均可种植,更具优势的是一年可两熟,年产量潜力在 6 t/亩左右,生产成本低,具有明显的自然条件优势和市场竞争优势。

广西具有独特的气候和区位优势,是中国与东盟的桥头堡,北部湾经济区是生物质乙醇能源产业重点发展的新兴区域。广西甘薯生产能稳定有效地发展,对减轻主要粮食作物供给的压力和确保粮食安全有着重大意义。大力发展广西甘薯产业,推进甘薯产业化,变资源优势为商品优势,变产业优势为经济优势,有利于促进农业结构调整,有利于增加农民收入,实现甘薯产业数量型向质量效益型转变,形成广西农业发展的新亮点。

三、广西甘薯发展存在的问题

现阶段甘薯作为粮食安全保障底线作物,在广西年种植面积仍然保持在2.0×10^5 hm^2 左右。然而,广西甘薯产业的发展和国内外相比差距还很大,存在很多问题,严重制约着甘薯产业的健康发展,主要表现在:一是支撑体系过于薄弱,力量过于分散;二是大宗品种居多,专用品种较为缺乏;三是种植技术较为落后,管理粗放;四是信息渠道不畅通,品种和技术的推广、普及不到位;五是甘薯病毒病危害严重,健康种苗供应能力低;六是产后处理和贮藏技术手段落后;七是规模化、标准化种植技术体系有待建立;八是品种退化,产量和质量下降;九是深加工技术落后,缺乏先进的科学技术与加工设备,产品质量及安全隐患较多。

1.5.2 加速广西甘薯产业发展的战略措施

一、扶持甘薯加工企业,提高甘薯效益

早在 20 世纪 60 年代中期,广西就有利用薯块来酿酒,做粉丝、粉片和薯干等的历史。20 世纪 80 年代起,各甘薯主产区出现利用薯块制作果脯、薯干等小型企业。至 20 世纪 90 年代以后,广西甘薯加工业逐步兴起,主要是加工甘薯蜜片(甘薯干),其次是酿酒和制作粉丝等简单的初级加工。进入 21 世纪,随着经济的发展,甘薯产后加工的比例不断提高,广西甘薯的利用也发生了根本性的变化。据统计,广西在甘薯加工方面的"企业"较多,但大多数仍停留在农户水平,以家庭作坊式的手工形式为主,机械化程度低,缺乏先进的科学技术与加工设备,规模小而分散,产品类型单一,经营模式落后,甘薯产业的带动能力低,龙头企业和知名品牌仍然较少,未能发挥广西自然条件优势和市场优势。当地政府应当高度重视,为加快广西甘薯产业化进程,打造甘薯产业新亮点,必须大力扶持甘薯加工企业,培育龙头企业,提升甘薯产业化水平,提高甘薯的效益。

二、加速甘薯专用型品种的选育与产业化

当前,特色甘薯及其保健作用在人们的生活中逐渐起到重要的作用,另外,随着淀粉工业的迅速发展,甘薯作为新兴淀粉工业的重要原料已成为人们看好的一个优势作物。市场对各种专用型甘薯品种的需求也越来越严格,如淀粉型品种不仅要求淀粉含量高,而且要求淀粉洁白、加工品质好。食用型品种对产量、食味、薯形、耐贮性都有较高的要求。建议政府加大对不同专用型甘薯研发投入的力度,充分利用保存丰富的品种资源,以传统育种方法为主,分子标记辅助等生物技术手段为辅,加快专用型新品种选育步伐,另外积极培养并支持"龙头"企业的成长和壮大,以企业为主线,走带动农民致富的农业产业化经营的道路,使企业增效、农民增收。

三、重视甘薯栽培机械的研制和推广

随着农村劳动力的转移,留守农村人口老幼比例增大,年轻劳动力缺乏,劳工日工资不断提高,甘薯生产对机械化的需求也显得更为迫切。北方薯区,甘薯生产机械化基本实现,大型机械操作适宜北方薯区地块大而平整的特点。广西应根据小型地块的特点,加快小型机械的研制和引进推广,以适应当前农村形势的要求。

四、进一步开展高产栽培技术集成与推广

广西经济作物和粮食作物的"争地"矛盾日益凸现,甘薯种植面积有被迫减小的趋势。但事实上在有限的耕地条件下已不能单靠增加种植面积来提高作物的总产量,而只能依靠提高单产水平或者提高复种指数。为此,在稳定的种植面积下不断提高单产水平是一项长期而艰巨的任务。

五、开展甘薯深度加工,综合利用技术研发

目前,国内的多数甘薯淀粉生产企业仍以提取甘薯中的淀粉为唯一目标,广西也不例外。据统计,在广西甘薯主产区甘薯淀粉加工的小型企业居多,各地生产的地方特色甘薯粉丝历史悠久,甘薯淀粉也由各地的专业大户或农户自行生产,原料是鲜甘薯块根,绝大多数采用传统的单一加工方法,机械化程度低,缺乏先进的科学技术指导与加工设备,规模小而分散,产品类型单一,附加值低,既浪费了资源,又污染环境。甘薯块根中除含有大量淀粉、可溶性糖、多种维生素和多种氨基酸外,还含有蛋白质、脂肪、食物纤维以及钙、铁等矿物质。何胜生以甘薯为原料,采用综合加工利用的技术,开发出甘薯淀粉、甘薯膳食纤维奶粉、甘薯保健饮料三种产品,使甘薯的利用率高达90%,大大提高了甘薯加工的经济效益。为此,建议各级政府部门重视甘薯深度加工及综合利用技术研发,加强甘薯综合利用。如:淀粉精深加工无废料生产工艺,新技术、新设备的研究;从甘薯废液、废渣中提取蛋白质及功能物质(果胶、膳食纤维、黄酮类、花青素、类胡萝卜素等)的技术研究等,以充分利用甘薯资源,提高甘薯的附加值,稳定或提高产值收入。

1.6 广西主要甘薯科研成果

1.6.1 承担的各类科研项目

表 1-3 承担部委、省、市级科研项目

项目(课题)名称	项目承担单位	项目来源与类别	主持人	起止时间
国家甘薯产业技术体系——甘薯南宁综合试验站	广西农业科学院玉米研究所	国家甘薯产业技术体系	陈天渊	2011.01~2015.12
主要粮油作物新品种选育——食用型紫薯新品种选育及繁育技术研究	广西农业科学院玉米研究所	广西科技攻关与新产品试制	吴翠荣	2012.01~2014.12
主要粮油作物新品种选育——食用保健型香薯新品种选育及绿色食品种植技术研究	防城港市农业技术推广服务中心、广西农业科学院经济作物研究所	广西科技攻关与新产品试制	刘义明	2012.01~2014.12
广西甘薯种质资源整理、保存与维护	广西农业科学院玉米研究所	广西农业科学院基本科研业务专项项目	李彦青	2012.01~2013.12
红薯优良新品种筛选及配套栽培技术在越南集成示范推广	广西农业科学院经济作物研究所，广西亿豪商贸有限公司	南宁市科技局	谭冠宁	2011.01~2013.12
能源型专用甘薯种质材料引进与合作研究	广西农业科学院玉米研究所	广西科技合作与交流项目	陈天渊	2011.03~2013.12
广西甘薯种质资源鉴定评价与创新利用	广西农业科学院玉米研究所	广西农业科学院基本科研业务专项项目	陈天渊	2011.01~2012.12
甘薯间套作玉米的技术与模式研究示范	广西农业科学院玉米研究所	广西自然科学基金项目	吴翠荣	2011.03~2014.3
甘薯干物质积累与其生理代谢的相关性研究与调控	广西农业科学院玉米研究所	广西农业科学院科技发展基金项目	黄咏梅	2011.01~2012.12
脆片加工型紫薯新品种筛选和栽培技术研究	广西农业科学院经济作物研究所	广西农业科学院基本科研业务专项项目	王晖	2011.01~2012.12
高粉和能源型甘薯优良品种引进筛选与试验示范	广西农业科学院经济作物研究所	广西科技合作与交流	唐秀桦	2011.03~2013.12
高成活率甘薯的脱毒快繁技术引进和利用	广西农业科学院玉米研究所	广西科技攻关与新产品试制	陈天渊	2010.01~2012.12
甘薯核心种质资源库的初步构建与评价	广西农业科学院玉米研究所	广西农业科学院科技发展基金	李慧峰	2010.01~2012.12
紫甘薯新品种的繁育与推广	广西农业科学院经济作物研究所、天等县农业局	崇左市财政局	谭冠宁	2010.01~2011.12

项目(课题)名称	项目承担单位	项目来源与类别	主持人	起止时间
红薯产业化开发与示范	灌阳县科技局、灌阳县农业局、广西农业科学院经济作物研究所、桂林梁华生物科技有限公司	国家科技部	沈荔芳	2010.01～2012.12
弱感光红薯品种筛选及示范	广西农业科学院经济作物研究所	广西农业厅	甘秀芹	2010.01～2010.12
高胡萝卜素甘薯品种的选育与示范推广	广西农业科学院玉米研究所	中国农业科学院	卢森权	2010.07～2011.06
高产粮用和能源型甘薯新品种桂粉2号中试与示范	广西农业科学院玉米研究所	广西科技成果转化与应用	陈天渊	2009.06～2011.12
能源甘薯淀粉积累的生理生化特性研究	广西农业科学院玉米研究所	广西自然科学青年基金项目	黄咏梅	2009.03～2012.03
甘薯新品种选育及繁育技术研究与示范——能源型甘薯新品种	广西农业科学院经济作物研究所	广西科技攻关与新产品试制	韦本辉	2009.01～2011.12
能源型高淀粉红薯种质资源的引进、鉴定和筛选研究	广西农业科学院经济作物研究所	广西农业科学院科技发展基金项目	唐秀桦	2009.01～2011.12
能源型甘薯新品种选育	广西农业科学院玉米研究所	广西农业科学院玉米研究所基本科研业务项目	李彦青	2009.01～2011.12
广西甘薯种质资源的收集、整理和保存的研究	广西农业科学院玉米研究所	广西农业科学院基本科研业务专项项目	吴翠荣	2008.07～2011.07
广西甘薯品种资源的遗传多样性分析	广西农业科学院玉米研究所	广西农业科学院玉米研究所基本科研业务项目	李慧峰	2008.10～2011.12
红薯新品种选育及繁育技术研究与示范——"红姑娘"红薯种质改良	防城港市农业技术推广服务中心、广西农业科学院经济作物研究所等	广西科学研究与技术开发计划项目	刘义明	2008.01～2012.06
能源甘薯种质资源的改良与创新	广西农业科学院玉米研究所	广西农业科学院科技发展基金项目	黄咏梅	2007.10～2010.12
甘薯标准化栽培技术研究	广西农业科学院玉米研究所	农业部科教司	卢森权	2007.01～2010.12
国家科技基础条件平台重点项目——甘薯种质资源标准化整理、整合	广西农业科学院玉米研究所	中国热带农业科学院	卢森权	2005.01～2008.12
富硒甘薯新品种的选育	广西农业科学院玉米研究所	广西农业科学院	李彦青	2004.01～2007.12

项目(课题)名称	项目承担单位	项目来源与类别	主持人	起止时间
富硒红薯品种的引进、筛选与改良	广西农业科学院玉米研究所	广西科技攻关与新产品试制	卢森权	2002.01~2005.12
适于加工高产优质的甘薯新品种选育	广西农业科学院玉米研究所	广西科技攻关与新产品试制	卢森权	2001.01~2003.12
永福县花心红薯脱毒及种质改良	广西农业科学院经济作物研究所	桂林市财政项目	谭冠宁	2003.01~2007.12
国家甘薯新品种(南方区)区域试验	广西农业科学院玉米研究所	全国农业技术推广服务中心	陈天渊	2012.01~2013.12
国家甘薯新品种(南方区)区域试验	广西农业科学院玉米研究所	全国农业技术推广服务中心	卢森权	1981.01~2010.12
广西甘薯新品种区域试验	广西农业科学院玉米研究所	广西农业厅种子总站	陈天渊	2011.01~2012.12
广西甘薯新品种区域试验	广西农业科学院玉米研究所	广西农业厅种子总站	卢森权	2009.01~2010.12
广西甘薯新品种生产试验	广西农业科学院玉米研究所	广西农业厅种子总站	卢森权	2002.01~2008.12
广西甘薯新品种区域试验第1~6周期	广西农业科学院玉米研究所	广西农业厅种子总站	卢森权	1984.01~2001.12

1.6.2 鉴定成果

一、甘薯品种桂薯2号的选育

登记号:9845014

完成单位:广西壮族自治区农业科学院玉米研究所

完成人员:卢森权、梁柱材、黄盛明、刘文波、雷锦芬、黄雪梅

任务来源:广西壮族自治区科学技术委员会

登记日期:1998年02月18日

成果简介:

本项目为广西壮族自治区直属科研单位科技发展基金项目"高产优质多抗红薯新品种选育",项目合同编号为(基)910112,由广西壮族自治区农业科学院玉米研究所承担。项目研究起止年限为1991年1月至1995年12月。主要利用不同遗传来源的和性状表现差异的国外、区外

和区内品种作材料,通过短日照处理、嫁接蒙导等方法诱导开花,然后进行杂交获得杂交种子,杂交后代的实生苗通过无性繁殖后进行产量比较试验、区域试验及生产上的试种与示范,选育出适应广西地区旱地种植,产量比现有的推广品种"桂薯1号"增产5%以上或产量相当,农艺性状、抗逆性(抗旱、抗虫、耐寒性)品质等某一方面显著优于对照种的品种1~2个,生产潜力达30 000 kg/hm²。

项目选育出1个红薯新品种"桂薯2号"。该项目实施采取"组配—选育—品比试验—区试—多点示范"和"生产力鉴定—审定—推广"的技术路线是正确的,组织措施有利可行。项目覆盖范围广,布点多,规模大,代表性强。实施结果:1991~1995年,项目完成种植面积1.07×10⁵ hm²以上,超合同面积6.67×10³ hm²的15倍,中试平均亩产比对照种"桂薯1号"增产13.97%,超合同任务(5%)8.97%,抗逆性(特别是耐贮性)等指标也超合同任务。

在课题实施过程中,课题组采用高产、品质中上等的品种桂薯74-362与抗逆性强品质优的野生红薯K123进行杂交获得杂交后代,又以20世纪50~70年代在全区推广面积最大、适应性广的高产品种无忧饥作父本再进行杂交,获得高产、优质、多抗的红薯杂交后代。1981年,获得杂交种子,1982年种下实生苗,选出一株,编号为82-51,即后来的"桂薯2号"。1983~1984年进行品系鉴定试验,1985~1986年进行产量比较试验,1987~1989年参加广西甘薯区域化试验,1990年参加国家南方甘薯优质组区域试验,1991~1992年在合浦、都安、来宾、灌阳、贺县进行生产试验,并大力推广新选育"桂薯2号"红薯品种。据大面积种植结果,一般每亩比本地农家种增产250~1 000 kg,按0.4元/kg计算,至1995年止全区已推广1.07×10⁵ hm²以上,总增值可达2.5亿元以上。

二、广西甘薯良种选育与示范开发

登记号:200775094
完成单位:广西壮族自治区农业科学院玉米研究所
完成人员:卢森权、谭仕彦、李彦青、黄咏梅、唐忠平、覃永辉、黄珍太、冯兰舒、李家文、杨庆聪
任务来源:自选课题
登记日期:2007年03月15日
成果简介:

针对广西甘薯生产用种古老退化、缺乏高产优质的甘薯良种、栽培技术落后和单产低下的落后局面,广西玉米研究所启动了"广西甘薯良种试验示范与开发"项目,在全区科学布局试点,把承担单位育成或引进的甘薯良种进行试验鉴定,筛选出适应各地种植的甘薯良种,并进行甘薯高产栽培技术研究使品种与高产栽培技术配套,进行试验示范、推广。项目对44个甘薯品种进行鉴定,评选出18个适应于广西种植的专用型甘薯良种。入选的品种除广薯79外,都是承担单位育成的,其中桂薯96-8通过国家甘薯品种鉴定;富硒11选薯块硒含量高达0.092 mg/kg。有12个品种鲜、干薯产量比国家甘薯区试对照种广薯111增产,增产幅度为7.06%~71.76%,这些品种薯形美观,品质优良,为本区甘薯生产提供了优质高产的品种结构。该项目在甘薯高产栽培技术研究中总结出一套适合广西甘薯的高产栽培技术。

项目采用良种与高产栽培技术配套,通过审定和登记的品种推广种植面积达到1.45×10⁶ hm²,一般鲜薯比本地主栽品种增产3 750~15 000 kg/hm²,新增产值达42.52亿元,为增加农民收入做出了显著的贡献。

本项目选育出了18个甘薯新品种,类型多样,有利于广西甘薯生产上多样化利用。其中桂薯96-8、桂粉1号、桂薯16、桂薯89和桂薯140等属于高干、高淀粉品种,可作为生物质能源品种进行开发利用,应用前景广阔。

三、甘薯新品种的引进筛选及示范

登记号:201191666

完成单位:武鸣县科学技术局

完成人员:李兆贵、马汉宝、黄冬娇、吴英林、黄敏才

任务来源:南宁市科学技术局

推荐部门:南宁市科学技术局

登记日期:2011 年 4 月 29 日

成果简介:

该项目由南宁市科学技术局下达,由武鸣县科学技术局承担。考核指标:建立甘薯新品种引进示范基地 1 个,面积 1.33 hm²;引进国内外优良品种 40 个,从中筛选出 3 个以上产量达 37 500 kg/hm² 的高产优质甘薯新品种进行示范推广;建立甘薯高产示范基地 1 个,面积 13.3 hm²;示范种植 133 hm²,项目区平均产量 27 000 kg/hm²,比传统栽培增产 15％以上,预计新增产值 160 万元。

项目取得成效:2008～2010 年共引进国内外优质甘薯新品种 43 个进行试种和观察,从中选出 8 个适应本地种植的高产优质甘薯新品种进行了大面积示范和推广,建立新品种试种基地 2 hm²,示范推广种植基地 142 hm²。两年中项目平均鲜薯产量 27 915 kg/hm²,传统栽培平均产量 14 013 kg/hm²,项目区比传统栽培增产 13 902 kg/hm²,增产率达 99.2％;项目总增鲜薯产量 1.974×10⁶ kg,按每公斤 1.8 元计算,新增产值达 355.3 万元。项目区比传统栽培增加纯收入 21 832.5 元/hm²,总计增加纯收入 310 万元。

项目筛选出了 8 个综合性状优良的甘薯新品种进行大面积推广应用,研究总结出高垄水平浅插、合理的种植规格和密度、实行轮作、综合防治病虫害等甘薯高产栽培技术措施,先进适用,具有创新性,达到国内同类项目先进水平。

项目通过建立甘薯新品种新技术示范基地,组织农民开展技术培训,使广大农民掌握并应用了这些先进实用技术,进一步提高了示范片区农民种植技术水平和投入水平,并辐射带动周边地区的群众。

四、红薯新品种选育及繁育技术研究与示范——"红姑娘"红薯种质改良

登记号:201292410

完成单位:防城港市农业技术推广服务中心、广西壮族自治区农业科学院经济作物研究所、东兴市种子管理站、东兴市农业技术推广中心、东兴市万丰实业有限公司、防城港市港口区农业技术推广站、钦州市农业技术推广中心

完成人员:刘义明、谭冠宁、何新民、刘颂东、凌钊、唐洲萍、唐新海、唐家文、杨桂梅、成美华、赵有胜、项志勇、陈耀邦、颜循辉、何大福、韩玉芬、刘冠明、梁春红、曾新武、林海源

任务来源:广西壮族自治区科学技术厅

推荐部门:防城港市科学技术局

登记时间:2012 年 11 月 20 日

成果简介:

(一)课题来源

此课题为桂科计字〔2009〕92 号文件下达的广西科学研究与技术开发计划项目"广西粮食安全生产科技研究与示范"所属课题"红薯新品种选育及繁育技术研究与示范——'红姑娘'红薯种

质改良",课题合同编号为桂科攻 0992016-5B,由防城港市农业技术推广服务中心承担。课题研究起止年限为 2008 年 1 月至 2012 年 6 月。

（二）技术思路

课题拟在调查、收集、化验和品味红薯食味质量指标的基础上对东兴市传统种植的"姑娘薯"群体种进行单株选育,引进和研究适合"红姑娘"红薯的茎尖脱毒组培技术,进行茎尖脱毒组培繁殖,同时进行品试和小面积示范,申报品种登记,研发水稻（玉米）－"红姑娘"红薯水旱轮作生态循环利用秸秆（稻草、玉米秆或花生藤）夹心栽培技术,综合集成制订"红姑娘"红薯无公害生产技术规程,建立新选品种脱毒无公害示范片区,加强宣传培训与技术推广力度,大面积推广新品种和无公害生产技术规程。

（三）技术的创造性与先进性

1.系统选育出"红姑娘 1 号"、"红姑娘 2 号"、"红姑娘 3 号"3 个红薯新品种。

2.首次研究"红姑娘"红薯茎尖脱毒组培技术和健康种苗繁殖技术。

3.独创红薯秸秆（稻草、玉米秆或花生藤）夹心栽培技术。

4.首次获得"红姑娘"红薯无公害农产品证书。

5.首次制定出《"红姑娘"红薯生产技术规程》（无公害标准要求以上）广西地方标准（省级）。

6.首次制定出《"红姑娘"红薯质量安全要求》广西地方标准（省级）。

（四）技术的研究情况

在课题实施过程中,课题组在充分调查东兴市"姑娘薯"种质资源的基础上,对地方传统"姑娘薯"红薯群体种进行筛选,选育出"红姑娘 1 号"、"红姑娘 2 号"、"红姑娘 3 号"3 个品种;研究应用茎尖脱毒组培苗及繁育技术、无公害生产技术、秸秆夹心栽培技术等多项技术;制订了《东兴市"红姑娘"红薯无公害生产技术规程》,并获得"红姑娘"红薯无公害农产品证书和"红姑娘"红薯地理标志认证;制订并评审通过了《"红姑娘"红薯生产技术规程》和《"红姑娘"红薯质量安全》广西地方标准。

（五）应用情况

课题组大力推广新选育的"红姑娘"红薯品种、茎尖脱毒组培苗和无公害栽培技术,2008 年至 2011 年推广应用 1.35×10^4 hm²,经有关专家进行现场验收测试,商品薯平均产量 20 617.1 kg/hm²。

1.6.3 获奖成果

表 1-4　获奖成果表

序号	成果名称	获奖时间(年)	等级	完成单位
1	甘薯新品种的引进筛选及示范	2011	南宁市科学技术进步三等奖	武鸣县科学技术服务中心
2	广西甘薯良种选育与示范开发	2007	广西科学技术进步三等奖 广西农业科学院科技进步一等奖	广西农业科学院玉米研究所
3	甘薯品种桂薯 2 号的选育	1998	广西科学技术进步三等奖 广西农业科学院科技进步二等奖	广西农业科学院玉米研究所

续表

序号	成果名称	获奖时间(年)	等级	完成单位
4	广西甘薯良种区域试验(1984～1989年)	1998	广西农业科学院科技进步二等奖	广西农业科学院玉米研究所
5	广西甘薯良种区域试验(1984～1989年)	1991	广西农业厅科技改进三等奖	广西农业科学院玉米研究所
6	桂薯1号的选育及应用	1991	广西农业厅科技改进三等奖	广西农业科学院玉米研究所
7	甘薯病原及其综合防治	1978	广西科学大会科技成果	广西农学院植保系甘薯瘟研究小组

1.6.4 育成新品种

一、食饲兼用型

(一)桂薯1号 (桂审证字第060号)

品种来源:广西农业科学院和下属的玉米研究所于1972年用华北48与韭菜薯进行有性杂交选育而成,原系号为72-105,于1988年12月通过广西农作物品种审定委员会审定。

特征特性:株型半直立,顶叶绿色,叶心形带齿。茎绿色,蔓长100～150 cm,分枝8～10个。薯块长纺锤形或圆筒形,薯皮紫红色较光滑,薯肉淡黄色,熟食味甜,有香味,纤维少。种薯萌发性中等,幼苗生长势旺,插后发根缓慢,苗期短生长快,25 d左右开始结薯,薯块膨大快,100 d鲜薯产量22 500 kg/hm² 以上,大中薯在80％以上。耐旱力强,较抗薯瘟病,耐寒性中上,但对象鼻虫抗性较差,不耐湿,种在低湿地,薯形及产量均不理想,单株结薯数较少,若用老藤作种苗或种植过迟常会出现空株现象。

(二)桂薯2号 (桂审证字第110号)

品种来源:广西农业科学院玉米研究所以桂薯74-362与野红薯K123无忧饥杂交选育而成,于1994年3月通过广西农作物品种审定委员会审定。

特征特性:株型半直立,顶叶色、叶柄色、叶脉、蔓色均为绿色。茎端无茸毛,藤长为120～150 cm,茎粗0.6 cm,分枝数为5～10个,叶心形带齿,叶层高度为18～20 cm,叶片长为11.6 cm,宽为11.2 cm。单株结薯数为3～6个,薯块长筒形或长纺锤形,薯皮紫红色,薯肉浅黄色;结薯早,薯块膨大快,品质优良,鲜藤产量高,生长势旺盛;抗薯瘟病强。

(三)桂薯96-8 (桂登薯2005001号、国鉴甘薯2005004)

品种来源:广西农业科学院玉米研究所以优良甘薯品种"青头不论春"为母本,以桂薯2号、丰薯2号等8个品种为父本,集团杂交选育而成,于2005年3月通过全国甘薯品种鉴定委员会鉴定。

特征特性:株型匍匐,顶叶绿色,叶心形带齿,叶脉紫红色,茎为绿色。蔓长约2.2 m,薯形下膨或中纺锤形,薯皮浅红色,薯肉黄色,薯形美观,特耐贮藏,萌芽性好,中后期长势旺。结薯性好,一般单株结薯3～6个,大中薯率70％以上,平均干物率为28.6％,平均淀粉率为17.71％,Vc

含量 27.97 mg/100 g 鲜薯。蒸熟食味粉香,肉细,口感好。田间抗薯瘟鉴定为感病,室内抗性鉴定为中感Ⅰ群薯瘟病菌株、中抗Ⅱ群薯瘟病菌株和高抗蔓割病。

（四）桂薯 3 号　（桂审薯 2009003 号）

品种来源:广西农业科学院玉米研究所以广薯 104 与金山 57 杂交选育而成,于 2009 年 5 月通过广西农作物品种审定委员会审定。

特征特性:株型匍匐,蔓长为 200 cm 左右,分枝数为 6.7 个,叶尖心形带齿,顶叶褐色,叶绿色,叶脉基紫色,茎绿色。薯呈纺锤形,薯皮土红色,薯肉浅黄色。结薯性好,大薯率高,食味稍香、稍甜、稍黏、稍细,属优质食用型品种。

（五）桂薯 6 号　（桂审薯 2011001 号）

品种来源:广西农业科学院玉米研究所以徐薯 55-2 开放授粉自然杂交选育而成,于 2011 年 6 月通过广西农作物品种审定委员会审定。

特征特性:株型匍匐,最长蔓长为 98.8 cm 左右,分枝数为 8.6 个,叶形深裂复缺刻,顶叶色和叶片色均为绿色,叶脉色为浅紫色,茎色绿色,薯呈中短纺锤形,薯皮土红色,薯肉黄色。鲜薯产量高、熟食味好、薯形美观、商品率高、耐贮藏、萌发性好、适应性广。平均干物率为 26.8%。熟食味细、软、滑。

（六）桂薯 8 号　（桂审薯 2011002 号）

品种来源:广西农业科学院玉米研究所以广薯 104 与姑娘薯杂交选育而成,于 2011 年 6 月通过广西农作物品种审定委员会审定。

特征特性:株型匍匐,蔓长为 139.3 cm,分枝数为 4.8 个,叶形深裂多缺刻,顶叶褐色,叶深绿色、叶脉基部紫色,茎绿带紫色。薯形有短纺锤形和中纺锤形,薯皮紫色,薯肉紫带白色(白紫花)。鲜薯产量高、耐贮藏、萌发性好、适应性广。平均干物率为 27.4%。熟食味稍甜、黏细、粉。

（七）桂薯 07-98　（桂审薯 2012001 号）

品种来源:广西农业科学院玉米研究所以广薯 104 与姑娘薯杂交选育而成,于 2012 年 6 月通过广西农作物品种审定委员会审定。

特征特性:株型匍匐,蔓长 175.7 cm,分枝数为 3.7 个,叶心形带齿或浅裂复缺刻,顶叶绿色,叶色深绿色、叶脉紫色,茎绿色,薯呈中纺锤形,薯皮白色,薯肉浅黄色。平均干物率为 32.8%。

（八）桂薯 02-119　（桂审薯 2012002 号）

品种来源:广西农业科学院玉米研究所以徐薯 55-2 开放授粉自然杂交选育而成,于 2012 年 6 月通过广西农作物品种审定委员会审定。

特征特性:株型匍匐,蔓长 104.8 cm,分枝数为 5.9 个,叶心形,顶叶褐色,叶色绿色、叶脉紫色,茎绿色,薯形有短纺锤形、纺锤形或下膨,薯皮浅粉红色,薯肉黄色。平均干物率为 32.9%。

二、高淀粉型

（一）桂粉 1 号　（桂登薯 2007001 号）

品种来源:广西农业科学院玉米研究所以徐薯 55-2 为母本,以 AB940781、鄂薯 2 号、皖薯 1 号、都安本地黄皮薯、阜 24-2、阜 7-3、绵薯 6 号、绵薯 7 号、桂薯 2 号等品种为父本,集团杂交选育而成,于 2007 年 2 月在广西种子总站登记。

特征特性:植株匍匐,顶叶绿色,叶心形近三角,叶脉基紫色,茎为绿色,薯呈中短纺锤形,薯皮红色,薯肉黄色,薯形美观,商品率高,特耐贮藏,萌芽性好。平均干物率高达 31.58%,淀粉率高达 27.8%。植株稳定,结薯性好,一般单株结薯 3～6 个,中薯率高,食味稍甜、香、粉、稍黏,评为优等。

(二)桂粉 2 号 (桂审薯 2009001 号、国鉴甘薯 2011010)

品种来源:广西农业科学院玉米研究所以富硒 11 选为母本,桂薯 2 号等 8 个甘薯品种为父本,集团杂交选育而成,于 2009 年 5 月通过广西农作物品种审定委员会审定,于 2011 年 3 月通过全国甘薯品种鉴定委员会鉴定。

特征特性:植株匍匐,顶叶色、叶脉色、叶柄色和茎色均为绿色,叶尖心形或带齿,茎粗为中细,叶片中等大,分枝数为 20 个左右,中长蔓,最长蔓 190 cm 左右。薯形美观,紫红皮,中短纺锤形,黄肉。结薯性好,一般单株结薯 4 个左右,中薯率高,大薯率少。蒸熟品尝,食味香、甜、粉、肉细腻。干物率高,平均干物率可达 36% 以上,淀粉率高达 27.4%。

(三)桂粉 3 号 (桂审薯 2009002 号、国鉴甘薯 2012006)

品种来源:广西农业科学院玉米研究所以广薯 87 与金山 57 杂交选育而成,于 2009 年 5 月通过广西农作物品种审定委员会审定,于 2012 年 3 月通过全国甘薯品种鉴定委员会鉴定。

特征特性:株型匍匐,蔓长为 121 cm 左右,分枝数为 6.4 个,叶心形带齿,顶叶绿色,叶绿色,叶脉基紫色,茎绿色,薯呈短纺锤形,薯皮粉红色,薯肉黄色,结薯整齐集中。蒸熟品尝,食味香、甜、粉,属优质种。干物率高,平均干物率可达 33% 以上,淀粉率高达 24.7%。

三、高花青素型

(一)桂紫薯 1 号 (桂审薯 2010002 号)

品种来源:广西农业科学院玉米研究所以徐薯 55-2 与 Aymurasky(日本黑薯)杂交后代开放授粉选育而成,于 2010 年 5 月通过广西农作物品种审定委员会审定。

特征特性:株型匍匐,蔓长 180 cm,分枝数 5 个,茎粗较粗,叶尖心形,顶叶绿色,边缘呈褐色,叶片色为紫绿色,叶脉色绿色,茎色绿色,薯呈短纺锤形,薯皮紫色,薯肉紫色。熟食味清甜、黏、细、香、粉,食味平均评分 79 分,品质优良。花青素含量高,达 18.8 mg/100 g 鲜薯。平均干物率高达 30% 以上。耐贮藏,萌发性好,适应性广。

(二)桂紫薯 2 号 (桂审薯 2010003 号)

品种来源:广西农业科学院玉米研究所以徐薯 55-2 与 Aymurasky 杂交后代开放授粉选育而成,于 2010 年 5 月通过广西农作物品种审定委员会审定。

特征特性:株型匍匐,蔓长为 165 cm,茎粗中等,分枝数为 7～8 条,叶尖心形带齿,顶叶褐绿色,叶色为深绿色,叶脉绿色,茎绿色。薯形有短纺锤形和纺锤形,薯皮为紫红色,薯肉为紫色。熟食味稍甜、黏细、淡、粉,平均评分为 77 分,品质中等。干物率高,一般达 37.75% 以上,最高可达 38.4%。花青素含量 10.5 mg/100 g 鲜薯。

(三)桂紫薯 3 号 (桂审薯 2011002 号)

品种来源:广西农业科学院玉米研究所以桂薯 107 为母本开放授粉选育而成,于 2011 年 5 月通过广西农作物品种审定委员会审定。

特征特性:株型匍匐,蔓长为 144.5 cm 左右,分枝数为 4.5 个,叶尖心形带齿或呈三角形,顶叶绿色,叶深绿色,叶脉绿色,茎绿色,薯形有纺锤形和长纺锤形,薯皮和薯肉均为紫色。干物率高,平均干物率高达 33.6%。食味好、耐贮藏,萌发性好。

四、高类胡萝卜素型

桂薯 5 号 （桂审薯 2010004 号）

品种来源：广西农业科学院玉米研究所以广薯 155 为母本开放授粉选育而成，于 2010 年 5 月通过广西农作物品种审定委员会审定。

特征特性：株型匍匐，蔓长 142 cm，属中蔓型，分枝数中等，5～6 个，茎粗中等，叶尖心形，顶叶绿色，叶色深绿色，叶脉浅紫色，茎紫色，结薯位置集中，整齐适中，薯呈中长纺锤形，薯皮黄色，薯肉橘黄带红色。蒸熟品尝，食味香、甜、粉、肉细腻。干物率高，平均干物率可达 35％以上。类胡萝卜素含量高，达 35.2 mg/100 g 鲜薯。

五、富硒型

富硒 11 选 （桂登薯 2007001 号）

品种来源：广西农业科学院玉米研究所 1991 年从广薯 85-111 中选育出的优良变异株，于 2007 年 2 月在广西种子总站登记。

特征特性：株型半直立，顶叶绿色，叶脉色和茎色均为绿色，叶形深裂复缺刻，茎端茸毛多，短蔓型，最长蔓长为 150 cm 左右。薯形中纺锤形，薯皮黄色，薯肉橘黄色，薯形美观，商品率高。结薯性很好，结薯多，集中，一般单株结薯 6 个左右，多的达 11 个，中薯率高，最适于蒸煮食用。萌芽性好，生育期中植株稳长，利于大面积推广种植。蒸熟食味甜、黏、稍粉、香、细腻、口感上乘。平均干物率在 30.86％以上，硒含量为 0.092 mg/kg，比一般品种高 5～12 倍以上。耐贮藏，利于保存。较抗病毒病，中抗薯瘟病，小象鼻虫感染比一般品种少。在广西甘薯生产中是硒含量较高的品种之一，是目前广西甘薯品种中食味较好的品种之一。

六、鲜食型

（一）**桂薯 131** （桂登薯 2010012 号）

品种来源：广西农业科学院玉米研究所以糊薯 1 号与广薯 104 杂交选育而成，于 2007 年 2 月在广西种子总站登记。

特征特性：株型蔓生，顶叶绿色，叶绿色，叶脉绿色，茎紫色，叶呈三角形，中短蔓，分枝数中等（6～8 条），单株结薯 5 个以上。薯皮紫红色，薯呈中短纺锤形，很美观，薯肉白紫花，蒸熟品尝，食味香、甜、黏、细，达到优质水平。平均干物率为 27.8％。

（二）**红姑娘 1 号** （桂登薯 2010012 号）

品种来源：利用东兴市地方传统群体种姑娘薯选育而成。

特征特性：茎蔓长约 1.6 m，茎绿色，茎中等，茎节间较短；叶形为微小半圆形，叶中等，叶绿色，叶脉基部着紫红色，叶柄绿色，但近叶处着紫红色；花瓣辐射状，萼片披针形急尖，萼片绿带紫。块根极分散，薯块长椭圆形、纺锤形，中等细长，薯皮紫红色，薯肉奶油色。生育期：秋植生育期为 150～160 d，冬植生育期为 180～200 d。

（三）**红姑娘 2 号** （桂登薯 2010013 号）

品种来源：利用东兴市地方传统群体种姑娘薯选育而成。

特征特性：茎蔓长约 1.5 m，茎绿色，茎中等，茎节间较短。叶形为微小半圆形，叶中等大小，叶绿色，叶脉基部着紫红色，叶柄绿色，但近叶处着紫红色。花瓣五边形，萼片披针形渐尖，萼片绿色。块根分散，薯块呈卵圆形、长椭圆形，相对较粗短，薯皮紫红色，薯肉奶油色。生育期：秋植生育期 150～160 d,冬植生育期 180～200 d。

(四)红姑娘 3 号　(桂登薯 2010014 号)

品种来源:利用东兴市地方传统群体种姑娘薯选育而成。

特征特性:茎蔓细长,茎绿色,茎细,茎节间中等长度。叶形为半椭圆形,叶小,叶绿色,叶脉基部着紫红色,叶柄绿色,但近叶处着紫红色。块根分散,薯块长不规则形,形状细长均匀,薯皮紫红色,薯肉奶油色。

(五)桂引薯 9 号　(桂登薯 2010001 号)

品种来源:由广西农业科学院经济作物研究所从浙江省农业科学院作物与核技术利用研究所引进。原名心香(浙 1257-5),是以金玉(浙 1257)为母本,浙薯 2 号为父本杂交选育而成的。

特征特性:株型半直立,中短蔓,一般主蔓长 1～2 m,分枝 7～12 个。顶芽绿色凹陷,叶片心形,叶脉绿色,脉基紫色,叶柄绿色,茎绿色中粗,薯皮紫色,薯肉黄色,薯呈纺锤形。

1.6.5 出版著作

颜兴平.红薯加工实用技术[M].南宁:广西科学技术出版社,1998,第 2 版.丛书:三农工程书库,农家致富丛书.ISBN:978-7-80565-969-5。

第二章 贵州省甘薯

2.1 贵州省甘薯种植历史

甘薯又称红苕、红薯、番薯及地瓜等,属于喜温作物。明末清初由云南传入贵州,现已有300多年的种植历史。古书记载:"民家以二月种,十月收之,其根似芋,亦有巨魁。大者如鹅卵,小者如鸡、鸭卵";《遵义府志·物产》记载"苕有红白两种,山农广种,收多至三四十石"。民国27年(1938年)《贵州农业概况调查》记载:"以成片丛林垦荒种植甘薯"。《贵州近代经济史资料选辑》(第一卷)记载:"1931年甘薯种植面积16 500 hm²,总产量达12 500 t",到"1947年发展到27 600 hm²,总产量达23 500 t"。

1949年新中国成立后,贵州省人民委员会农林厅从省外引进优良甘薯品种进行繁殖试验示范,发动群众选种、留种、串换良种,总结推广玉米与甘薯间套作技术经验。1953年贵州省农林厅制定的《贵州省1953年农业生产措施意见》指出,对于甘薯种植"提倡温室育苗"、"提倡早栽苕蔓"、"大力推广南瑞苕"等,从1950年到1958年甘薯种植面积和产量持续上升。1953年至1957年贵州省国民经济第一个五年计划中指出,要"增加稻谷、玉米、薯类等高产作物种植面积",1950年甘薯种植面积和总产量分别为3.81×10^4 hm²和59 000 t;1956年种植面积和总产量分别为7.38×10^4 hm²和183 600 t;1958年种植面积和总产量分别达到1.851×10^5 hm²和442 000 t,创历史最高水平。然而,由于"大跃进""人民公社化"影响和"文化大革命"的干扰,甘薯生产受到严重挫折,种植面积和产量急剧下降,1959年种值面积和总产量下降到1.32×10^4 hm²和234 600 t,直至1987年面积仍只有1.12×10^4 hm²,产量313 000 t。其间,1975年至1977年贵州省农林局为了解决烂苕和培育壮苗问题,先后在桐梓召开高湿大屋窖贮藏红苕现场会,在思南召开红苕藤尖越冬留种现场会,但仍未能扭转甘薯种植面积下降的局面。

1990年至1999年贵州省甘薯种植面积稳定在2.6×10^5 hm²左右,其中遵义地区种植面积均在1.13×10^5 hm²以上,铜仁地区5.35×10^4 hm²左右,黔东南州2×10^4 hm²左右,其他地区约4.2×10^4 hm²。平均单产约12 000 kg/hm²,以遵义地区最高,达16 500 kg/hm²。

21世纪以来,贵州省甘薯种植面积维持在2.63×10^5 hm²以上,主要分布在遵义、铜仁及黔东南地区,平均产量约13 500 kg/hm²。近年来,贵州省扶贫开发办公室和农业科学院从国内甘薯相关研发单位引进一批新育成的甘薯品种进行试验示范与推广种植,2010年贵州省农业科学院获批成立国家甘薯产业技术体系贵阳试验站,进行国家甘薯区域试验和贵州省甘薯区域试验,对推动贵州省甘薯产业持续快速健康发展具有重要意义。

2.2 贵州省甘薯生产条件

2.2.1 贵州甘薯生产环境

贵州省简称"黔"或"贵",位于中国西南地区的东南部,介于东经103°36′~109°35′和北纬24°37′~29°13′,东毗湖南、南邻广西、西连云南、北接四川和重庆。全省东西长约595 km,南北相距约509 km,面积约176 000 km²,占全国国土面积的1.8%。地处低纬山区,地势高低悬殊(173~2 997 m),气候特点在垂直方向差异较大,立体气候明显,有"一山分四季,十里不同天"的多样性气候特点;境内山脉众多,山高谷深,岩溶分布范围广泛,形态类型齐全,地域分异凸现,构成一种特殊的岩溶生态系统。

贵州省位于副热带东亚大陆的季风区内,气候类型属中国亚热带高原季风湿润气候。全省大部分地区气候温和,冬无严寒,夏无酷暑,四季分明。年平均气温在14~16 ℃,7月平均气温为22~25 ℃,1月平均气温为4~6 ℃,全年极端最高气温34~36 ℃,极端最低气温−6.0~9.0 ℃;年平均降水量在1 100~1 300 mm,相对湿度高达82%;年日照时数1 200~1 600 h,是全国日照最少的地区之一。

上述多元化的生态环境和气候条件,可满足不同类型的甘薯生产需求。

2.2.2 贵州甘薯种质资源

贵州独特的生态环境,孕育了丰富的甘薯地方种质资源。长期以来,贵州因交通不便和文化欠发达,与内地的甘薯品种交换很少,原始的地方品种经受改良品种的冲击极小,至今仍保留较多的珍贵种质资源,是我国甘薯种质资源的重要基因库之一。根据国家科技攻关计划和国际马铃薯中心科技合作计划,1988年徐州甘薯研究中心考察了贵州甘薯地方种质资源,1989年12月至1990年2月收集贵州甘薯地方种质资源96份,经整理、鉴定、归结为46个品种。

近年来,贵州有关甘薯研究和生产单位收集的地方种质有上百份,其中一些优异种质已被用于育种与推广应用,如凯里"板栗薯"、紫云"红心薯"、遵义"红皮苕"、道真"白皮苕"、瓮安"黄皮苕"、贵阳"水果苕"、桐梓"花生苕"、水城"奶浆苕"、惠水"乌苕"、独山"独山苕"等。紫云红心薯商品性优、口感好,经济价值较高;凯里板栗薯属于焙烤型红薯;道真白皮苕是较好的兼用型甘薯。其他种质多具有独特的优良性状,可作杂交亲本之用。同时,贵州也加强了与国内其他地区在甘薯品种方面的交流合作,引进了豫薯王、苏薯8号、徐薯22、徐薯24、济薯18、南薯88等通过国家审定的甘薯新品种,对丰富贵州甘薯种质资源、推动甘薯产业发展起到了积极作用。目前,通过与重庆市甘薯研究中心等单位合作,贵州省已成功选育出黔薯1号、黔薯2号、黔薯3号、黔紫薯1号等品种。

2.3 贵州省甘薯生产技术

2.3.1 甘薯育苗技术

贵州省甘薯生产上采用的育苗方式主要有露地育苗、地膜覆盖育苗、小拱棚加地膜育苗和大棚育苗等常规育苗方法以及通过茎尖脱毒的健康育苗。长期以来,露地育苗所占比重较大。随着甘薯生产水平提高和生产规模增大,以及甘薯生产合作社和加工企业的增多,地膜覆盖育苗、大棚育苗和脱毒种苗培育的比例也正在逐年递增。同时,建设专用型甘薯商品化育苗基地已势在必行。

一、常规育苗

(一)露地育苗

露地育苗又称冷床育苗,温暖地区或扦插较晚的夏薯可用此法。在气温回暖之后,利用自然温度进行育苗,不需另行加温,故简单易行,省工省料,管理方便,培育的薯苗比较健壮。露地育苗出苗较缓、较少,成苗较晚,故用种量大,且因大田扦插晚而病虫害严重。

(二)小拱棚加地膜育苗

除了出苗前在苗床上搭小拱棚并覆盖一层塑料薄膜外,床面上还需盖一层地膜或常用膜,以增加苗床温度。应用这种方法时应注意三点:一是在苗床四周将地膜压紧以保温,但不宜压实,以免缺氧烂种;二是在齐苗后及时揭去地膜,以防烧芽;三是拱棚两端适时通风,棚内气温不宜超过 35 ℃。此法也适于在塑料大棚内应用,一般提早出苗 3~5 d,可增加 20%~30% 的出苗量。

(三)大棚育苗

大棚育苗适于商品苗基地专业户,为节省用工,也可利用塑料大棚结构,不建加温设施,直接利用大棚的保温效果进行育苗。此外,还可采用大棚加地膜式,或在大棚内地面上架设小拱棚再加上地膜覆盖,形成大棚加小拱棚加地膜式,以提前育苗,实现早栽。

(四)地膜覆盖育苗

与小拱棚加地膜育苗和大棚育苗相比,只是少了小拱棚或大棚。要注意及时破膜,以防膜内温度高导致烧苗。

生产上可根据当年当地育苗时气温高低灵活选用上述育苗方法,并配合低温炼苗,以早出壮苗。

二、脱毒种苗繁育

甘薯是一种杂种优势作物,但长期采用营养繁殖导致其病毒病蔓延,致使产量和质量降低,无药可治且潜在威胁很大,已成为我国甘薯生产的最大障碍之一。侵染甘薯的病毒有 10 余种,受侵染的植株表现出叶皱卷、花叶、黄花、羽状斑驳或环斑、长势弱、结薯少、薯块小、皮色淡、表皮粗糙并龟裂、种性退化、产量低而品质差等病征。茎尖脱毒繁育种苗是目前防治甘薯病毒病的最有效方法,也是甘薯育苗的发展方向。与同品种普通甘薯苗相比,脱毒甘薯苗表现出萌发性好、出苗早、长势旺、结薯早、膨大快、抗性强等很多优点,从而为甘薯优质高产规模化种植提供可靠保障。

甘薯脱毒种苗繁育的基本程序:优良品种母株选择→材料消毒→茎尖剥离→茎尖培养→茎尖苗初级快繁→脱毒鉴定→脱毒苗快繁→原原种繁育→原种繁育→优良种薯繁育。

2.3.2 甘薯种植技术

一、种植模式

贵州的甘薯种植主要有两种模式,即套作和净作。套作的作物主要是玉米、烤烟及高粱等;净作在贵州的面积不大。

（一）套作

甘薯—玉米套作：这是甘薯套作最经典、最普遍的一种种植模式。3～4月播种玉米，待5～6月玉米根系发育良好、地上部分生长旺盛时即可在其行间套种甘薯；7～8月收获玉米，10～11月收获甘薯。开厢规格、种植密度可根据品种特性、土壤肥力、施肥水平及各地种植习惯等确定。

玉米—烤烟套作：这种模式的主要优点在于，烤烟需肥量大，后期成熟时需要脱肥，套作的甘薯正好可以吸收烟垄中的部分肥料，使烤烟烟叶自然变黄，有利于提高烟叶等级，同时也节省了种植甘薯的生产成本；烤烟是垄作作物，套作甘薯时可免除起垄，从而节省种植甘薯的人工成本；烤烟种植密度较稀，一般每公顷16 500～18 000株，下部烟叶采收后可直接在烟株之间套作甘薯，不需预留行间，以充分利用温、光、地等资源；茬口衔接好，贵州一般在4月移栽烟苗，6月开始采收烟叶，此时在烟地套作甘薯，借助烟叶遮阴以提高甘薯苗的成活率，烟叶采收结束时正值甘薯发根、开始分枝阶段，此时可接受充足的光照。

甘薯—其他作物套作：主要有甘薯—高粱、甘薯—西瓜、甘薯—油葵、甘薯—大豆、甘薯—芝麻、甘薯—辣椒等。总之，甘薯因伏地生长，且无明显成熟期，使其几乎能与其他所有作物套作。

（二）净作

即在甘薯整个生育期中只种植甘薯一种作物。随着农村劳动力的减少，此种模式有一定增加。

二、大田种植技术

（一）整地与起垄

甘薯定植前7～10 d，深耕土地25～30 cm，单垄种植，做到垄形肥胖、垄沟深窄、垄面平整、垄心耕透无硬心。起垄时土壤宁干勿湿，垄距一般为80～90 cm，垄高为25～30 cm，株距为30 cm。

（二）栽插方法

甘薯苗栽插方法较多，主要有水平栽插法、船底形栽插法、斜插法、直插法及压藤插法5种。贵州多用坡地种植甘薯，土壤比较贫瘠浅薄，一般以斜插法为主。此法特点是栽插简单，薯苗入土的上层节位结薯较多且大，下层节位结薯较少而小，结薯大小不太均匀；优点是抗旱性较好，成活率高，单株结薯少而集中，适宜山地和缺水源的旱地，可通过适当密植并加强肥水管理以获得高产。

（三）种植密度

根据不同品种的生物学特性，选择适合的种植密度，一般为45 000～60 000 株/hm²。在一定密度范围内，产量一般随着密植程度提高而增加，而大中薯率则随着密植程度提高而下降。如果以食用为目的，不需要大薯，则可适当密植，以收获中小薯，容易销售。通常以垄宽80 cm、垄高25～30 cm为宜，栽插株距要一致，若株距不匀，则容易造成靠在一起的两株成为弱势植株。

（四）除草

出苗后，可用50％乙草胺乳油、24％乙氧氟草醚乳油、5％精喹禾灵乳油进行苗期除草，用量为900～1 200 mL/hm²，兑水900～1 125 kg，均匀喷雾。

（五）施肥

施肥是甘薯丰产的重要条件。试验表明，生产1 000 kg薯块，需用氮4～5 kg、五氧化二磷3～4 kg、氧化钾7～8 kg。生产上采用施足基肥、早施提苗肥、重施夹边肥、补施壮尾肥的施肥原则，以达到前期促旺苗、中期控苗不徒长、后期防早衰的效果。按产鲜薯45 000 kg/hm²计，每公顷应施用尿素315 kg、过磷酸钙495 kg、氯化钾或硫酸钾480～630 kg、硫酸镁75 kg、硼砂22.5 kg。

（六）中耕

中耕对甘薯根系、茎叶和块根生长以及产量形成有很大影响。中耕深度,原则上是前深后浅、上浅腰深。即第一次中耕,因根系不发达,中耕可深些;随着甘薯的生长,根系逐渐发达,且薯块已形成并逐渐膨大,中耕要浅些,否则易伤根。垄上部根系多,中耕要浅;垄头附近只需刮破地皮,以免伤根;垄腰和垄脚土壤环境差,根少,中耕可以深一些,以改善中下部土壤环境,促进根系发育。一般是垄面浅锄,垄脚重挖 15 cm 深、18 cm 宽,挖后培成原状。

（七）提蔓

进入雨季后,甘薯茎叶生长茂盛,易滋生茎节根,分散养分,不利于光合产物向块根输送。过去普遍采用翻蔓以防止茎节根发生和降低土壤湿度,提高地温。但翻蔓对茎叶损伤严重,后来改翻蔓为提蔓,避免了茎叶损伤,不破坏叶片分布,故有利于高产。一般在 5~6 月进行 1~2 次提蔓即可。

（八）化控抑旺

若因薯田肥水过猛、氮素过多而造成茎叶旺长、影响块根膨大,则可在茎叶喷洒多效唑,以起到控上促下的作用,从而提高薯块产量。一般于 5 月初雨季来临前喷洒第 1 次,以后每隔 10~15 d 喷洒 1 次,连喷 2~3 次即可。用药量为 15％多效唑 750~1 500 g/hm²,兑水 750~1 125 kg,均匀喷洒。

（九）病虫害防治

常见的甘薯病害有细菌性基腐病、黑斑病及病毒病等;虫害主要有卷叶蛾、地老虎、蛴螬、天蛾和叶甲等。应根据不同时期,采用不同措施防治病虫害。生产上主要通过轮作、选用抗病良种、种薯和秧苗消毒、喷施农药等措施进行防治。

（十）适时收获

甘薯无明显成熟期,在适合甘薯生长条件下,生长期越长,产量越高;但收获过迟,薯块内淀粉可水解转化为糖和水分,降低其品质。因此,春薯一般在种后 120~130 d 适时收获,收获时应轻挖、轻装、轻运、轻放,并剔除病烂薯。

2.4 贵州省甘薯贮藏保鲜

甘薯由于体积大、含水量高、组织细嫩、皮薄,容易破皮受伤,又易受冷、怕热、怕干、怕湿、怕闷,如果收获贮藏管理不当,很容易出现烂种现象。

2.4.1 贮藏保鲜条件

适宜的温度和湿度是确保甘薯种薯贮藏保鲜不腐烂变质的前提条件。一般采用地下窖、大棚等贮藏,随收随藏。入窖前需对薯窖进行彻底清扫、消毒、灭菌。适时收获,严格选薯,剔除破皮、断伤、带病、经霜和水渍的薯块。适宜贮藏量通常为贮藏窖容量的 80％,适宜温度应保持在 10~14 ℃,相对湿度为 85％~90％。窖池温度超过 15 ℃时薯块容易发芽,贮藏期间温度长期低于 9 ℃容易发生冷害而引起薯块内部变褐发黑、发生硬心、蒸煮不烂且有异味,还可能遭受低温性病菌入侵而腐烂。湿度过大达到饱和时(薯块上出现水滴)易发生黑斑病和软腐病;湿度低于 80％时薯块开始失水,薯皮颜色发暗,出现干缩糠心。长期通风不良时,因湿度升高、水滴掉在薯块上而引起薯块腐烂。

2.4.2 贮藏保鲜技术

一、适时收获

甘薯适宜收获时期应根据气候条件、安全贮藏时间、下茬作物茬口等综合确定,收获过早产量较低,收获过晚易受冷冻而影响贮藏。一般选择晴天收获,霜降前收获完毕。收获时尽量带茎,尤其要带茎留种,挑选 150～200 g 无病、无伤、无虫眼的薯块作种薯,以期收到多出苗、出壮苗和降低成本的效果。收获和运输过程中不要损伤薯块,以防细菌、病毒感染。

二、窖址选择

选择背风向阳、地势干燥、地下水位低、土质坚实且运输和管理方便的地方建窖。

三、贮藏方式及窖池大小

主要有集中贮藏和农户分散贮藏两种方式。分散贮藏根据农户薯块贮藏数量决定,一般 3～5 m³。集中贮藏采用塑料温室(大棚)修建窖池贮藏,窖池长 5.2 m、宽 1.5 m、深(高)1.0 m,窖池四周安排 4～6 个直径为 10 cm 的通风口,窖池底部中间设置一条长 5.2 m、宽 10 cm、深 20 cm 的长沟,沟上铺长竹编,中间安放 4 个竹编空笼,以利通风透气、保温保湿。

四、薯窖消毒

一般按每立方米体积用硫黄 50 g,点燃,熏蒸(封闭薯窖门窗);也可在入窖前用 2% 福尔马林或 1%～2% 硫酸铜喷洒消毒;或用 50% 代森铵 200～300 倍液,或 50% 甲基托布津,或 25% 多菌灵 500～1 000 倍液浸泡薯块 10 min,晾干入窖,可防黑斑病。

五、适时入窖

甘薯入窖前,窖底填干净沙土厚 10 cm,窖的四周用麦秸或谷草围好,以防潮、保湿、保温。一般应随收获随入窖,如不能及时入窖,则需用柴草或薯蔓覆盖薯块,以防冷害。入窖前应精选薯块,彻底剔除创伤薯、虫伤薯、霉烂薯、病薯、冻薯,防止病害在窖内扩大蔓延引起腐烂。入窖时必须轻拿轻放,尽量不伤薯皮。采取分层贮藏,每放置一层薯块,可用"红薯保鲜剂"稀释液均匀喷洒一遍,或用薄层稻草、干石粉相隔。贮藏量一般占薯窖空间的 2/3 为宜,以利通风排湿,防止"闷窖"。

六、薯窖管理

甘薯贮藏期间主要应控制温度、湿度和通风透气等条件。贮藏前期(贮藏期的前 20 d)也称"发汗期",因外界气温高及薯块自身生理活动旺盛等特点,呼吸散发出大量水分,管理应以通风散湿为主。贮藏中期(贮藏 20 d 以后至次年 2 月)是管理的关键时期,最适温度应保持在 10～14 ℃(低于 9 ℃易发生冷害),相对湿度为 85%～90%(湿度过大易染病,湿度低则易失水),长期通风不良易发生腐烂。贮藏后期(次年 3 月以后至出窖播种),外界气温逐渐升高,管理重点是通风降温(不超过 15 ℃)。薯窖不同位置应分别放置温度计、湿度计,定期观察,及时采取措施(可通过打开门窗、窖口和气眼来通风降温散湿;通过窖外培土或增加秸秆柴草等覆盖物实现保温),以确保安全贮藏。

2.5 贵州省甘薯加工利用

2.5.1 甘薯产品加工现状

贵州的甘薯主要分布在遵义、铜仁、黔东南等地区,加工企业也主要分布在这几个地区。近年来,随着贵州"工业强省"战略的实施,甘薯加工企业越来越多,对贵州经济发展和农民增收的贡献率也越来越大。贵州省甘薯加工企业主要有以下几类:

一、淀粉、粉丝类

主要分布在遵义、铜仁、黔东南等地区,规模较大的企业有近 10 家。其中,贵州华力农化工程有限公司年产红薯精制淀粉约 10 000 t、红薯—葛根方便粉丝 5 000 t、变性淀粉 5 000 t、红薯全粉 3 000 t。该公司发展目标是精制加工红薯淀粉 20 000 t/年、红薯-葛根方便粉丝 10 000 t/年、变性淀粉 10 000 t/年,建设 6 667 hm² 红薯和葛根优质原料生产基地,直接带动农户 10 万户,年产值超过 5 亿元,完成各项利税 5 000 万元以上。

二、色素类

遵义市田野紫旭食品有限责任公司专门以紫心甘薯为原料生产天然色素,计划年生产甘薯色素 50 t。

三、蜜饯类

目前,贵州省有蜜饯企业 3 家,主要产品有糖甘薯、薯脯、红心薯干等。

四、糕点类

这类以甘薯为原料的小作坊、小企业很多,产品主要有面包、面条等。

此外,甘薯的茎叶、薯块或工业加工后的副产品(如粉渣、酒糟、糖渣等),可通过简单加工制成各种优质饲料。

2.5.2 甘薯产品加工产业存在的问题

一、专用甘薯原料生产发展滞后

长期以来,贵州大部分甘薯产区种植所用薯种几乎一直为传统品种,品种更新换代速度缓慢,致使可用于不同加工用途的甘薯品种少、品质差。根据加工用途(产品目标)的不同,所用甘薯品种差异极大。例如,用作加工淀粉的甘薯品种要求淀粉含量高而可溶性糖含量低;用于食品加工的甘薯品种,则要求维生素和可溶性糖含量高,淀粉含量适中。由于甘薯发展规划、引种、育种等方面存在诸多问题,导致贵州专用型甘薯生产发展滞后。

二、甘薯产品加工体系不完善

目前,贵州省的甘薯产品加工企业生产规模小,加工技术和设施落后,产品单一且深度开发不够,企业间缺乏沟通、联合致使产品互补性差,环保措施不力(废水废渣随意排放),这一切仍有待进一步完善。

三、产品销售网络不健全

随着网络信息时代的到来,信息资源已成为影响企业发展的重要资源。目前,贵州不少甘薯产品生产企业的信息化意识淡薄,接受信息和技术服务的基础较差,加之对其产品的策划、宣传等方面存在问题,严重制约了产品销售市场网络的拓展,企业效益和利税仍有较大的增值空间。

2.5.3 甘薯产品加工产业发展对策

一、加强专用型甘薯品种选育和推广种植

结合甘薯系列产品开发所需原料,加强专用型甘薯品种的引进和选育,大力推广专用型甘薯品种的规模化种植。努力抓好专用型甘薯产业化系统工程,逐步实现专用型甘薯布局区域化、种植规范化、生产规模化、种繁程序化、管理现代化。

二、合理构建产品开发经营模式

以企业为主体、市场为导向、科技为支撑、基地为依托、产品为核心、专业合作社为纽带,构建"企业＋基地＋农户＋客户"的经营模式,实行生产、加工、销售一体化经营。发展集约化、规模化生产,把千家万户的小生产组织起来,建基地、连市场、下订单、创品牌、搞配送,建立甘薯产销网络,全面提高甘薯生产的组织化程度,推进产业化进程。

三、加大产品综合研发力度

科学规划甘薯产业布局,重点培植龙头企业,大力推进甘薯系列产品的精深加工,以延长产业链,增加附加值。结合市场需求,及时开展甘薯新产品研发,尤其是高附加值产品研发(如方便食品、速冻食品、营养保健食品等),打造贵州甘薯产品特色知名品牌。例如,生产销售 1 t 粗制淀粉,售价 1 700 元,仅获利 100 元;生产 1 t 精制淀粉,售价 4 000 元,获利 400 元;而用淀粉生产 1 t 营养粉丝,售价 8 000 元,获利 2 000 元;生产 1 t 方便粉丝,售价高达 1.5 万元,可获利 6 000 元。此外,还应做好薯藤、薯叶和薯渣等的综合利用。

2.6 贵州省甘薯科研概况

2.6.1 甘薯抗旱生理机理及抗旱适应性综合评价研究

地球上限制农作物产量的诸多环境因素中,最重要的是水资源的供应条件。据统计,全球1/3 的可耕地处于供水不足(干旱或半干旱)状态,其他耕地也常受到周期性或难以预期的干旱而减产。干旱是目前世界上一种最严重的自然灾害,是干旱和半干旱地区粮食生产的主要障碍之一,由此导致的粮食减产,可超过其他因素所造成减产的总和。由于不同种类的作物对干旱或水分亏缺表现出不同的抗性,同一作物的不同品种也表现出不同的抗旱性,因此,对作物的抗旱性进行系统、科学的鉴定就可以确定不同作物品种的干旱适应能力,从而为抗旱育种提供优异种质。

有关作物品种抗旱性鉴定与评价的研究,国内外学者已做了大量工作。但多数是通过干旱(水分胁迫)条件的作用确定生理过程的变化,根据这种变化的差异确定品种的抗旱性。由于对

各种生理生化变化过程之间的内在联系缺乏深入研究,因此很难确定对抗旱性形成起主导作用的变化过程是什么,哪种生理反应最先开始,并由这种生理反应导致了哪些其他的生理变化。尽管甘薯具有很强的抗逆性,曾一度被称为"抗灾救荒作物",但是甘薯不同品种间在抗逆性上有很大差异,和其他作物一样,水分不足同样是限制甘薯产量最为重要的单一因素。鉴于此,1997年以来,张明生等人与重庆市甘薯研究中心合作,以甘薯为试验材料,以西南喀斯特山区为研究重点,采用土壤干旱(室外)和模拟干旱(室内)相结合的方法,系统地研究了干旱(水分胁迫)条件下甘薯植株形态、生长势、生理生化及产量性状等众多指标之间的内在联系及其与品种抗旱性的关系,阐明了甘薯抗旱性形成的生理机理,并建立了甘薯品种抗旱性的综合评价体系及室内快速鉴定方法。这一研究成果不仅为作物抗旱(抗逆)生理机理的系统研究提供了理论参考,而且可为作物抗旱种质资源的鉴定、筛选及抗旱新品种的培育提供实践指导,对充分挖掘干旱、半干旱地区农业生产潜力具有重要意义。主要研究结果如下:

(1)水分胁迫条件下,不同甘薯品种叶片厚度、藤叶和块根烘干率比对照均有所增加,叶片大小、叶面积指数、比叶面积、主蔓长、主蔓粗、节间长、藤叶和块根重量(鲜、干重)均不同程度减小。

(2)水分胁迫下不同甘薯品种离体叶片失水速率比对照均明显减慢;叶片中可溶性糖含量和游离氨基酸总量比对照均明显增加,K^+含量明显下降,游离脯氨酸含量有不同程度的增加。

(3)水分胁迫下不同甘薯品种叶片的质膜相对透性和水分饱和亏均明显增大,叶片相对含水量、自由水与束缚水含量比值及藤叶与块根含水量比对照均不同程度下降。

(4)水分胁迫下叶片中可溶性蛋白含量明显增加,叶绿素a、叶绿素b、总叶绿素含量及叶绿素a/b比值比对照均有所下降;ATP含量有增有减,但品种抗旱性愈强,ATP含量愈高。叶片中可溶性蛋白含量、叶绿素a/b比值、ATP含量的相对值与品种抗旱性间的相关系数r分别为0.896 8、-0.850 9和0.820 0,$P<0.01$。

(5)水分胁迫下不同甘薯品种叶片中$O_2^{\cdot-}$产生速率、MDA含量、SOD和POD活性、Vc含量比对照均有明显增加;除少数抗旱性较强的品种外,其余品种CAT活性比对照均有不同程度下降,但品种抗旱性愈强,其CAT活性下降幅度愈小。

(6)水分胁迫下甘薯各品种中IAA、GA_3、iPA及ZR含量均有所下降,ABA含量却显著增加,且品种抗旱性愈强,IAA、GA_3、iPA和ZR水平下降幅度愈大,ABA水平增加幅度愈小。

(7)用不同浓度PEG对甘薯幼苗进行根际水分胁迫处理,由于25%PEG浓度下叶片RWC、MDA和SOD与品种抗旱系数均有极显著相关性(r分别为0.783、-0.848和0.777,$P<0.01$),因此,通过测定25%PEG溶液处理下甘薯幼苗叶片的这些生理指标可实现品种抗旱性的室内快速鉴定。

(8)对水分胁迫下植株形态、生长势、生理生化和产量性状等与品种抗旱性关系密切的指标进行综合评价的结果表明,甘薯品种抗旱适应性的形成,一是体内各生理生化指标(包括内源激素水平、渗透调节物质水平、水分状况、质膜相对透性、膜脂过氧化程度、同化力等)间的协调变化,使各项代谢活动得以顺利进行;二是借助于植株形态、生长势和抗脱水能力等的变化,实现其同化产物的正常积累。

2.6.2 甘薯种质资源研究

李云等收集56份甘薯地方品种资源材料,经过整理归纳为18个地方品种,并在其中筛选出紫云红心薯、凯里板栗薯和道真白皮苕等优良地方品种。

李云等通过对18份贵州甘薯种质资源进行抗病性的调查,筛选出高抗黑斑病的材料两份,高抗根腐病的材料两份，对黑斑病和根腐病"高抗"的材料 1 份，对黑斑病"高抗"而对根腐病"抗病"的材料 1 份，对两种病害都达到抗病水平的材料 1 份。

宋吉轩等对贵州部分甘薯种质资源进行形态、产量、品质等农艺性状及 ISSR 遗传多样性初步研究，主要结果如下：

贵州甘薯种质资源基因组 DNA 其 OD_{260}/OD_{280} 在 1.8～2.1 之间；琼脂糖凝胶电泳结果表明，所提 DNA 条带单一、整齐，DNA 完整性较好，能达到 ISSR 分子标记的要求。针对影响 ISSR－PCR 反应体系的 5 个影响因子进行甘薯 ISSR－PCR 体系优化的正交试验设计研究，结果表明，在 20 μL 反应体系中，含稀释浓度为 10 倍的 DNA 模板、0.30 mmol/L dNTP、1.00 μmol/L 引物、1.00 U Taq 酶、0.5% 去离子甲酰胺比较适合于甘薯 DNA 特异扩增。利用 7 个引物共扩增出 52 个条带，平均每个引物扩增出 7.4 个条带，其中多态性带 49 个，多态位点达 94.2%。

ISSR 分子标记聚类结果显示，贵州甘薯种质资源的变异系数在 0.07～0.81，平均为 0.4，表明贵州甘薯种质资源的亲缘关系较近。ISSR 标记产生的聚类图将 56 份甘薯品种分为 5 大类：第一类为莆薯 53、徐薯 22、徐薯 25 等 35 个品种；第二类为独山紫心苕、黄平紫皮黄心苕、独山红皮黄心苕等 6 个品种；第三类为天柱黄心和贵州白皮苕两个品种；凯里紫红皮红心和石阡紫皮黄心分别为第四和第五类。

2.6.3 甘薯品种筛选和新品种培育研究

一、高肥力条件下品种筛选

为了筛选适宜本区域高产田块的优良甘薯品种，2011 年李云等从徐州甘薯研究中心、重庆甘薯研究中心及南充市农科所等单位引进甘薯新品种或材料渝苏 303、苏薯 8 号、绵粉 1 号、徐薯 24、南薯 99、徐薯 22、徐薯 25、渝苏 8 号、豫薯王、豫薯 10、南薯 88 等为试验材料，在贵阳、仁怀和织金布局试验。通过对品种的产量、适应性和综合性状分析，筛选出徐薯 22、渝苏 8 号、豫薯王等高淀粉品种。

2012 年，在品种筛选的基础上继续进行研究。在贵阳肥力较好的土壤上选用了 14 个品种进行筛选鉴定，筛选出高产抗病的品种两个（徐薯 22、黔薯 2 号），这两个品种可作为淀粉用品种推广。

2013 年，选择黔薯 2 号、绵薯 6 号、徐薯 22、西成薯 007、黔 1025、商薯 19、万薯 5 号、宁 51-5 等八个品种分别在贵阳、仁怀中高肥地块进行多点鉴定，最终筛选出徐薯 22、黔薯 2 号 2 个品种，其薯干平均亩产分别达到 1 093 kg 和 1 045 kg，分居第一、二位。

综合 3 年的筛选结果，徐薯 22 号和黔薯 2 号在贵州表现好，增产潜力大，有较大的推广应用前景。

二、丘陵薄地种植的甘薯品种筛选

2011 年，李云等在长顺县试验点和凯里市试验点筛选出苏薯 8 号、福 215、徐薯 22 和渝苏 303，这四个品种产量相对较高，适应贵州山区、半山区和陡坡薄地。

2012 年，对长顺县种植的 12 个品种进行鉴定比较，筛选出适宜贵州的高产耐瘠品种苏薯 8 号、龙薯 601。

2013 年，选择红香蕉、苏薯 8 号、苏薯 16、龙薯 601、南薯 99、宁 51-5、泉薯 9 号、黔 F10-4、黔薯 1 号九个品种分别在贵阳、长顺、松桃中下等地块进行多点鉴定，最终筛选出龙薯 601、黔薯

1号两个品种,其鲜薯平均亩产量分别为 2 538.6 kg 和 2 419.3 kg,干物率为 29.3％和 30.1％,薯干平均亩产分别达到 743.8 kg 和 728.2 kg,分居第一、二位。

综合几年的试验结果看,龙薯 601 和黔薯 1 号表现较好。

三、新品种培育

李云等在外省和贵州省地方品种中选择 19 个核心亲本进行集团杂交,获得实生籽 3.6 万粒,同时从重庆市甘薯工程技术研究中心引种实生籽 1.9 万粒,初步筛选出 13-4-5、13-2-8、13-2-12 等 26 份材料。同时李云等还培育出"黔紫薯 1 号"、"黔薯 1 号"、"黔薯 2 号"、"黔薯 3 号"4 个新品种(其中"黔紫薯 1 号"、"黔薯 2 号"和"黔薯 3 号"与重庆市甘薯研究中心合作选育),这些品种经过 2013 年贵州省农作物品种审定委员会审定通过,证书号分别为黔薯审 2013001、黔薯审 2013002、黔薯审 2013003、黔薯审 2013004。

通过对育苗方法、育苗技术、育苗效果以及整地作床、苗床与温室消毒、光温管理、水肥管理、采苗等方面的研究和总结,制定了贵州省甘薯壮苗标准。

2.6.4 甘薯栽培技术研究

一、地膜覆盖研究

2011 年,李云等在贵阳和松桃都进行了地膜覆盖试验研究,试验品种为渝 7-19-5。试验表明,两个试验点覆黑膜和白膜的效果有差异,贵阳试验点白膜产量略高于黑膜,但是幅度不大,松桃点黑膜的增产幅度比白膜高 29.4％;而且,覆膜后地下部分增产 49％。

2012 年,李云等又继续进行该项研究,在贵阳金竹镇进行,试验品种为徐薯 22,覆盖黑膜鲜薯亩产 2 575.7 kg,比未覆膜增产 28.3％;覆盖白膜鲜薯亩产 2 351.2 kg,比未覆膜增产 17.1％。在紫云县,试验品种为当地主栽种紫云红心薯,覆盖黑膜鲜薯亩产 1 932.8 kg,比未覆膜增产 24.0％;覆盖白膜鲜薯亩产 1 763.5 kg,比未覆膜增产 13.1％。

综合看来,采用黑膜覆盖,在贵州省增产效果明显,增产幅度达 24％以上。

二、化学除草剂的筛选

李云等在贵阳和紫云进行化学除草剂的筛选,试验表明 50％乙草胺 300 mL/亩的效果为最好,乙草胺 200 mL＋二甲戊灵 20 mL/亩与其效果相当。

三、化学调控试验研究

李云等在贵阳市进行了赤霉素的化学调控试验,试验品种为黔紫薯 1 号。试验结果表明,黔紫薯 1 号喷施赤霉素后对植株具有明显促进作用,地上部分长势较旺,地下部分块根也比对照增产,尤其喷施 30 g/hm² 赤霉素的处理表现较好。收获后调查发现,15 g/hm² 赤霉素喷施后茎叶鲜重增产 21.7％,30 g/hm² 的茎叶鲜重增产 20.8％。对地下部生长量有很大影响,收获测产喷赤霉素 30 g/hm² 比不喷药 CK 的鲜薯产量增产 20.1％,薯干产量增产 19.3％,喷赤霉素 7.5 g/hm² 增产 10.6％,薯干产量增产 12.4％。

四、甘薯养分高效利用研究

李云等对甘薯氮、磷、钾肥施用量和施用技术进行研究,认为在贵州每亩施用钾肥 10～15 kg

效果最好,施用氮肥 6～9 kg 的效果最好,施用磷肥 15～20 kg 效果最好。同时多点进行了肥料效应试验,试验表明施用量分别为氮 10 kg、磷 6 kg、钾 15 kg 的处理产量最高,鲜薯亩产量为 1 761.99 kg,施肥主要以底肥为主、追肥为辅。

2.7 贵州省甘薯科研成果

2.7.1 科研项目

表 2-1　科研项目统计表

项目(课题)名称	项目承担单位	项目来源与类别	主持人	起止年限
国家甘薯体系贵阳试验站	贵州省农业科学院生物技术研究所	农业部	李云	2011～2015
甘薯育种亲本材料的筛选利用与创新	贵州省农业科学院生物技术研究所	贵州省农业委员会	李云	2009～2011
紫心甘薯产业化关键技术研究与示范	贵州省农业科学院生物技术研究所	贵阳市科技厅	李云	2010～2012
贵州甘薯种质资源的创新与利用研究	贵州省农业科学院生物技术研究所	贵州省科技厅	李云	2010～2012
甘薯新品种选育研究	贵州省农业科学院生物技术研究所	贵州省农业科学院	李云	2011～2014
紫心甘薯种质资源的鉴选与创新利用	贵州省农业科学院生物技术研究所	贵州省科技厅	宋吉轩	2013～2016
优质特色甘薯高产栽培技术研究与产业化示范	贵州省农业科学院生物技术研究所	贵州省科技厅	夏锦慧	2011～2015
甘薯干物质积累与分配规律研究	贵州省农业科学院生物技术研究所	贵州省农业科学院	宋吉轩	2008～2011
克服甘薯品种间杂交不亲和性研究	贵州省农业科学院生物技术研究所	贵州省农业科学院	宋吉轩	2011～2015
甘薯游离小孢子诱导胚状体发育技术研究	贵州省农业科学院生物技术研究所	贵州省科技厅	丁海兵	2011～2015
贵州甘薯地方品种 ISSR 遗传多样性分析	贵州省农业科学院生物技术研究所	贵州省科技厅	宋吉轩	2009～2012
紫肉甘薯花色素苷生物合成途径上的关键酶基因克隆和功能分析	安顺学院	贵州省教育厅	黄元射	2010～2013

2.7.2 制定的标准

已经制定并且发布的省级标准有：
甘薯脱毒试管苗生产技术规程(DB52/T594－2010,黄萍等)；
绿色食品紫心甘薯生产技术规程(DB52/T856－2013,李云等)；
甘薯主要地下害虫综合防治技术规程(DB52/T857－2013,李云等)；
甘薯脱毒原原种(苗)生产技术规程(DB52/T854－2013,颜谦等)；
甘薯育苗技术规程(DB52/T855－2013,宋吉轩等)。

2.7.3 鉴定成果与获奖

成果名称:西南山区甘薯抗旱种质系统评价及应用。
鉴定等级:省级。
鉴定结果:总体达到国内同类研究先进水平,其中"甘薯品种抗旱性的室内快速鉴定技术"、"甘薯品种抗旱适应性综合评价体系"达到国内领先水平。
鉴定时间:2013 年 6 月。
奖励名称:贵州省科学技术进步奖。
获奖等级:三等奖。
授予单位:贵州省人民政府。
获奖时间:2013 年 11 月。
获奖人员:张明生、张启堂、李云、宋吉轩、周良兴。
获奖单位:贵州大学、西南大学、贵州省农业科学院。

2.7.4 申请和获得授权的专利

申请专利 5 项,获得授权 2 项。
中海拔地区甘薯贮藏露地窖(发明人:李云,卢杨,专利号:ZL 201320610522.4)。
甘薯储藏大棚窖(发明人:涂刚,专利号:ZL 200820096410.0)。

第三章 四川省甘薯

四川省地处东经 $97°21'\sim108°31'$,北纬 $26°03'\sim34°19'$,气候属中亚热带湿润气候区。全年温暖湿润,年均 $16\sim18\ ℃$,日温 $\geqslant10\ ℃$ 的持续期为 $240\sim280$ d,积温为 $4\ 000\sim6\ 000\ ℃$,气温日较差小,年较差大,冬暖夏热,无霜期为 $230\sim340$ d。盆地云量多,晴天少,全年日照时间较短,仅为 $1\ 000\sim1\ 400$ h,比同纬度的长江流域下游地区少 $600\sim800$ h。雨量充沛,年降水量达 $1\ 000\sim1\ 200$ mm。山地和高原占 78.8%,土质主要为紫红色岩层上发育的紫色土,有机质含量为1.0% 左右,pH 为 $7.5\sim8.5$,肥力水平中等。

3.1 四川省甘薯种植历史

3.1.1 甘薯传入四川的时间

甘薯,四川人习惯称红苕、红薯。据《四川总(通)志》卷 38 中(1733 年)记载,学术界普遍认为,甘薯最早于清雍正年间(1723~1733 年)传入四川。当时德阳、罗江、成都等地的地方志中都出现了甘薯的记载,认为此物"或生食,或熟食,或磨为粉,味甘适口,老少皆宜……其物易蓄而不费力,种之以佐五谷,是亦治生之一端也"。

但是周原孙等提出,甘薯等作物在记载传播时,往往发生缺漏和推迟现象,综合考虑当时的历史背景和文献记载的特点,四川省很可能在明末(16 世纪后期至 17 世纪前期)就已经引种甘薯。据雍正年间《四川通志》所记载,四川引种甘薯,是在清代(前期)。何炳棣指出,甘薯由印度、缅甸进入云南比由海路传入福建要早,甘薯由海道自吕宋传到福建约在 16 世纪七八十年代,而西南的甘薯约在 16 世纪三四十年代即已传入云南。但在中国西南诸省早期的传播,从文献上很难追溯,这可能与明清六版(含雍正版)《四川总(通)志》中的"物产"部分总是不谈粮食,而专注于记载特产有关。这很有可能影响到明清时期四川若干府、州、县志书的编纂。据陈树平揣测,早在明万历年间,四川的西南地区人民就很有可能从云南姚安府等地引入甘薯。明末清初四川旷日持久的战乱,也很可能导致甘薯种植时间的文献记载不准确,所以,四川省很可能在明末(16 世纪后期至 17 世纪前期)就已经引种甘薯。

3.1.2 甘薯传入四川的主要路径

目前,学界普遍认为甘薯由福建、广东东南沿海地区经湖广传入四川。但部分学者的研究表明,甘薯可能在不同时期由多条途径传入四川。李文治等学者研究认为云南早在明朝嘉靖、万历年间已有甘薯种植,四川的甘薯可能是从云南传入的。陈树平认为,甘薯经川西南传入成都平原,再逐渐向川东其他地区传播。郭声波等认为甘薯传入四川的途径大概有两条,即云南、东南两路。周原孙等指出,四川甘薯种植是清代直接由闽、粤、两湖等地移民引入的。

综合各学者之前的研究,推测不同品种的甘薯可能在不同时期由多条途径传入四川。第一条途径为明末清初经由云南,通过气候温润的茶马交通线(由兰州、巩昌向南越过岷山,顺着四川盆地西缘进入云南)北向进入四川盆地西南部,但四川与云南接邻之地均为峻岭深峡,"横断山,路难行",这里又是少数民族地区,生产技术和文化也比较落后,甘薯传播到四川西南地区后,因为种植技术落后,交通不便,在四川的推广较慢,同时可能存在品种不适应、产量较低、明末清初连年战乱、人口锐减等问题,所以这个时期经云南传入的甘薯没能在四川推广开来,是次要的途径;第二条途径是清初经鄂、湘、粤等省由川东、川南传入四川,其有长江水道之便,又是经济和文化繁荣地区,"湖广填川"的移民潮带来了充足的劳动力、更先进的农业生产技术和适应四川气候的优良的甘薯品种,使甘薯在四川得以稳产高产,所以随着清代乾隆年间政治的稳定和生产的发展,甘薯的种植随之而被推广普及。

3.1.3 清代甘薯在四川的传播情况及主要动因

一、种植情况

康熙帝于康熙二十九年(1690年)、五十年(1711年)多次颁示招民入川垦殖优惠政策,"将地亩永给为业""开垦地亩,准其五年起科""准其子弟在川一体考试"。在清政府优惠政策下,各省平民携妻带子,呼亲偕友,纷纷入蜀垦殖。于是,四川人口迅速增加,康熙十年(1671年)全省约9万人,雍正二年(1724年)增至200多万人,至乾隆四十一年(1776年)达到779万人。在清代乾隆年间,随着四川人口的快速增长,甘薯的种植面积也迅速增加。至道光年间甘薯在四川的种植已极为普遍。在四川劝业道署1910年编印的《四川第四次劝业统计表》中可以看出,在清末142个厅州县中,有127个厅州县记载了甘薯的种植情况,全川共栽培甘薯605万亩,总产量达到3950.6万担。据1910年3月劝业会的调查显示,在成都的外来农业陈列产品中,什邡县、井研县、梁山县、泸州、乐至县、双流县、眉州(今四川眉山市)、华阳、蒲江县、奉节县、马边厅、通江县、射洪县、广元县、巴州、合江县、黔江县、巴县18个地区均陈列了当地出产的品质优良的甘薯品种,且有白红苕、红皮红苕、红心红苕、牛奶红苕子等多个品种,内江、万县、大足、简州(今简阳市)等多个地区还陈列了当地生产的甘薯粉。

由于政府和有识之士的推广、移民的传播以及甘薯自身的优点,甘薯在四川的种植得到了快速的推广。由于清代四川各地地理条件、农业发展水平和劳动力状况相差较大,同时文献资料表明,四川各地甘薯种植发展的状况存在明显的差异,故将四川甘薯种植区域分为川东、川南、川西、川北、川中五个区域来研究。

(一)川东

清时川东地区属今重庆市辖地。川东各地原无红薯,清初后开始种植。

民国《江津县志》载:"甘薯,虽初无是种","清初邑令曾公受一,粤籍,将此种来,亲偕夫人到民间教栽种之法"。曾受一,字正万,广东东安人,乾隆三十年(1765年)任江津县令。道光二十四年(1844年)《江北厅志》载:"又有红薯,种出交广"。交广,历史上指今广东、广西及越南北部部分地区,清代四川人用此词主要指广东,或广东、广西、福建等南方沿海省区。黔江县的甘薯,最初是乾隆年间的知县翁若梅(福建闽县人)从故乡引种而来的。翁氏得到故交陈士元所辑《金薯传习录》一书,乃邀县内部分年高德劭的农民到县署衙门,"告以种植之法与种植之利",动员百姓种植甘薯。光绪二十年(1894年),福建人张九章任黔江县令,又提倡种植甘薯。乾隆之时,涪州地区一些农民在边远硗瘠之地引种甘薯等旱粮作物。奉节县古书在以前不曾记载甘薯,直到乾嘉之际农民才开始引种。光绪年间甘薯在奉节县"栽种遍野"。同时,巫山县所产甘薯等旱粮"数倍于稻谷",大宁县山区农民也遍种之(甘薯)以为粮。同治年间,西阳直隶州志书纂修人员回忆说,早在乾隆时期,朝廷就特令"直隶广劝栽种甘薯,以为救荒之备"。对于甘薯,乾隆时代的西阳部分民众并不陌生,但栽培较少。清后期,在武隆县,甘薯有较多种植,"贫民资以食焉"。

潼南、盐亭、中江、资中、资阳一带地区的红薯种植,也是广东、福建人的功劳。乾隆《潼川府志》载:"薯蓣……瘠土沙土皆可种,皮紫肌白,生熟皆可食,蒸食尤甘甜。潼民之由闽粤来者多嗜之,曰红薯"。嘉庆《资州直隶州志》载:"薯蓣,有红白二色","先是资民自闽粤来者始嗜之,今则土人多种以备荒"。四川东北最偏远的大巴山中的城口厅,"民少土著,五方杂处",薯蓣种植也是"出交广"。道光《忠州直隶州志》载:"红薯,种出交广,近处处有之"。

(二)川南

川南地区为今泸州、宜宾、内江、乐山和自贡地区。宜宾地区的珙县,乾隆《珙县志》载:"红薯传自番地,闽广之人一家收数石者,虽饥岁恃无恐"。乾隆八至十三年(1743～1748年),广东、湖南由黔赴川移民达24.3万余人。由贵州入川一路移民,首入川南地区散居。珙县的福建、广东移民首种甘薯,一家一年收获几百至上千斤,在灾荒年间也不会缺少粮食,无疑使土著川人极为羡慕,该地区汉族农民也渐有栽培者,但面积不大。同时,有人将薯种从广东带到江津,但是该地区仅有个别农家种植甘薯,远未推广。在四川西南,特别是宁远府属安宁河流域,乾隆中期以前关于引种甘薯的记述迄今尚未发现。但是,乾隆中期,黔江县令翁若梅曾谈道:"即以蜀中论,子不见西南诸壤,翠叶紫茎、累累而秋实者,非薯乎?"这种兴盛的景象,说明四川西南诸地栽培甘薯已经有相当长的时间和规模了。

(三)川西

川西地区指的是四川盆地西部边缘地带,即川西平原及附近丘陵地区,今日的成都和绵阳一带。早在雍正时期,成都府崇宁县即出产甘薯。乾隆初年,德阳县令阙昌言指出:"先是,闽人商于西洋来……种之(甘薯)以佐五谷,是亦治生之一端也"。德阳县的甘薯品种,是在乾隆时期从福建等省引进的。到同治年间,该县东部山区农民种植甘薯特别多。如果遇上干旱年景,平坝地区农民也在田地里大量栽插。一到甘薯收获季节,市场上的稻米价格就会下降。邻近德阳的罗江县,在乾隆时也种有甘薯。嘉庆年间,眉州、邛州、华阳诸州县部分农民也将甘薯引入种植。在双流县,乾、嘉时期所修志书不曾记载甘薯。光绪年间,该县牧马山出产甘薯,红、白两种皆有。清末,温江县一些农民利用沙地栽培甘薯的也较多。成都东山、金堂、新都、华阳等地的客家人,大多数于康熙三十年(1691年)后,至乾隆二十年(1755年)从广东、福建的客家乡来川,所以该地区的甘薯种植,无疑也来自福建和广东。

(四)川北

川北即四川省北部地区,即今南充、广元、达州、广安、巴中、德阳和绵阳、重庆、陕西的少部地区。早在雍正年间,江油县即有甘薯种植。乾隆之时,安县志书写道:"薯,有红、白二种,俗曰荛。"显然,当时甘薯已经在该地种植了相当长的时间。直到乾隆中期,石泉县部分农民已经种植甘薯,并且较为熟练地掌握了栽培方法。道光时期,城口厅土著居民非常少,实际上就是来自各省的移民聚居的地方,该厅农民开垦山地,种植甘薯。志称:甘薯"出交广",即由广东移民再传入城口厅一带。咸丰之时,在保宁府阆中县,农民将甘薯视为必须种植的作物之一。甘薯收获很多的农家,都将其作为一家人越冬的口粮。光绪年间,甘薯进入南部县的大宗粮食作物之列。

(五)川中

川中是四川盆地中部腹心地带的简称,一般包括遂宁、南充和安岳的部分地区。乾隆时期,在川中偏北的潼川府,甘薯"种来自南夷",而闽粤移民"多嗜之"。当时,垫江、岳池、合州、蓬溪、安岳、乐至诸县都已引种一定数量的甘薯。在后三县志书中,甘薯又名玉延、山药。在南充,甘薯有江南薯、内江薯等品种。内江薯是清中叶之后(当为道光时期)输入的新品种。江南薯是一个老品种,进入南充的时间自然更早,应该在清中叶(乾嘉年间)。一些农民将甘薯作为主要粮食。嘉庆年间,彭山县有农民从事甘薯栽培。道光时期,乐至县早"有番薯,县自中人产,无不种植"。咸丰年间,在资阳,甘薯几乎成了"农家之半年粮"。光绪年间,简州甘薯有红、白两个品种,而"州土硗瘠,民恒资以为生"。

上述资料显示,大体上从乾隆年间开始,特别是嘉庆和道光时期及其以后,甘薯在四川境内逐步得到广泛传播。道光之时,甘薯在四川已普遍种植,盆地内及长江、嘉陵江、沱江、岷江沿岸各县都有分布。据清末调查统计,全省142厅州县都出产甘薯,其中有甘薯种植文字记载的县接近90%。但甘薯的分布并不平衡,在四川的平原地区、盆周山区和川西高原地区很少栽培,而在盆地中部海拔800 m以下的丘陵、低山地区极为兴盛。嘉庆年间,甘薯在成都仍然荣居"特产"榜上。成都平原之类地区最便于进行水田农业生产,农民从事水稻、棉花、桑蚕、园艺等方面的经营活动,更容易取得可观的经济效益。甘薯毕竟是粗粮,并且商品附加值甚低。它们在平原地区的社会经济舞台上,不可能大面积地获得比较优势。至于盆周山地和川西高原那些高寒之地,甘薯很难正常生长。晚清时期,魏源了解到,川西南高原的凉山彝族地区出产青稞、玉米、油麦、苦荞、萝卜、红稻。显然,当地作物中并无甘薯的位置。到20世纪后期,彝区等少数民族地区还是不出产甘薯。历史证明,和玉米比较,甘薯更为明显地受到地理环境的制约,它在清代四川的传播,基本上达到了空间上的极限,只能相对集中于盆地、丘陵及低山适宜之区。

二、主要动因

清代,甘薯在四川的传播非常迅速猛烈,其动因是多方面的。

(一)自然因素

四川境内(特别是盆地)拥有良好的自然基础,有利于农业生产。美国学者格雷西指出:"四川盆地气候是适宜的,土壤是肥沃的。"该省主要农耕区地处亚热带,光热充足,雨量适度。省内有较大面积的平原与河谷沙土地带,土壤比较肥沃。尤其是盆地的丘陵、低山分布比较广,多为紫色砂页岩风化土。其通透性好,肥力较高,磷、钾含量相当丰富,为甘薯的正常生长提供了优越的先决条件。

(二)交通因素

历史上,特别是盛唐诗仙李白之后,很多人对蜀道之难感叹不已,常常不假思索地将到四川旅行视作畏途。这种认识,主要是建立在四川盆地周边与相邻省份(尤其是川陕两省)的旅途联系之上的。它具有一定的合理性,但也容易引起片面性的误解。古代四川处于茶马交通线的中段,而这条交通线又将南北丝绸之路对接起来。如此看来,四川与外省的交通联系,并非如很多人所想象的那样困难。清末民初,德国学者瓦格勒指出:"就交通状况讲,四川盆地也处于一种优越的地位,因为几乎所有穿过盆地的河流,一直达到它的边界,都可航行,故在此范围可获得廉价的水运。"四川盆地相对便利的水路,与陆地上的官道和无数乡间小路相连,足以为甘薯等外来作物的传播创造必要的交通条件。况且,在平原、河谷、丘陵、低山地带,交通条件更为便捷,更有利于运输。

(三)人口因素

明末清初,四川遭遇长期的战乱,加上瘟疫等自然灾害的沉重打击,许多地方人烟灭绝,导致全省人口急剧减少。当时的清朝政局鼓励人民入川垦殖,逐步掀起了大规模的移民浪潮,促使四川人口高速增长。从顺治末年、康熙初年到清末，四川人口起码增加了44倍。这在整个四川，乃至全国人口史上，都是罕见的人口增长倍数。如此高速增长的人口，势必会对农业，特别是粮食生产提出相应的要求，从而加速高产作物的传播与种植。甘薯的高产性能非常突出，大大超过普通粮食作物。因此，它能够在很大程度上满足迫在眉睫的生存需要，成为广大入川移民的首选。

3.1.4 甘薯传播入川对清代四川农业生产的影响

清代甘薯在四川的推广种植，最显著的影响是带来了粮食作物种植换代的变化，甘薯适应性广、对土壤要求低、需肥量小、产量高、易贮藏，为人们提供了大量的粮食、手工业原料和市场商品。

一、甘薯的大面积种植改变了农业种植结构与人民的饮食习惯

清代，随"湖广填川"而来的甘薯对四川的气候特别适应，甘薯的大面积种植丰富了四川农作物种植业的产业结构。乾隆、嘉庆时期，甘薯引入中江县一些土壤瘠薄的山区。后来，在这些地方，大约一半民食要依靠甘薯。清末民初，甘薯在丰都县成为普通物产，甚至被有些人视为"贱品"。不过，广大农民相当珍视此物，将其当作半年口粮来源。民谚云："翻苕熟，民果腹；翻苕稀，民受饥"。在该县民食中，甘薯的作用几乎与水稻不相上下。20世纪中期，四川薯类作物种植面积将近90%为甘薯。其论述位次紧跟稻麦之后，而在玉米之前。那时，在旱作乃至整个种植业结构和民食结构中，甘薯已然取得比较突出的地位。

二、甘薯成为灾荒年间重要的粮食作物，为四川人口的稳定增长做出了巨大的贡献

"先是资民自闽粤来者始嗜之，今则土人多种以备荒""土人谓之红苕，县自中人产无不栽种，冬藏于窖，足供数月之食""邑人于沃土种百谷，瘠土则以种苕，无处不宜，可生啖，可煮，可蒸，可作粥，可磨粉，可熬糖，可酿酒，诚为备荒第一物也""番薯，县多种，土人谓之红苕，民食与稻并重，足供数月之食""红薯传至番地，闽广之人一家收数石者，虽饥岁恃无恐"均突出表现了甘薯的救荒功能。

乾隆时期，张宗法《三农纪》引《群芳谱》云："凡人家有隙地，但只数米，仰见天日，便可种得石许。此救荒第一义也，人不忽诸耳。"张氏认为，那些高爽之地，可以适当种些甘薯。若遇自然灾害，则甘薯可以帮助人们进行有效的抵御。一家数口，若种上一亩甘薯，干旱年份汲水灌溉，蝗害之时用土埋种，一到甘薯长大成熟，足够全家之食。清后期，甘薯的地位明显提高。尤其是丘陵、低山地区志书谈及此物时，往往带有浓墨重彩。如光绪《井研县志》称：该县"杂粮充食，甘薯尤夥，其种贱易植""人垦掘荒坡、峻坡，遍种之，以担量，有收至数百担者""此物丰，虽歉岁不为害"。由此可见，在一些山区，甘薯作为备荒之物已经得到广泛的认可，在极度困难的时期，除了甘薯的块根可食用外，粗老的甘薯叶、甘薯藤也可食用。以前四川的山民、丘陵贫民很难吃到一顿饱饭，而甘薯传入后就容易多了。清末和民国年间，川南山区因缺水，水稻产量少，因此人们难得吃到一顿大米饭。但因为盛产甘薯，使得他们的生存才不是那么困难。可见，正是甘薯的大量种植，才使四川人民的救荒能力得到加强。

三、甘薯是著名的高产作物之一，有助于提高粮食生产水平

在饥饱问题突出的清代，甘薯高产的特点，是它能在四川快速发展的重要原因。乾隆年间，张宗法强调，甘薯亩产可达数十石，比豆类等作物的产量高得多。嘉庆时期，有学者指出，甘薯单

产经常可达 20 余石/亩(1 石＝50 kg)。宣统二年(1910 年)统计显示,在四川境内,从甘薯的总产量来看,泸州最高,有 299.0 万石;其次,云阳有 229.3 万石,南部有 156.6 万石,江津有 114.9 万石;再次,简州、宜宾、南充、中江、巴县、江北、万县都在 50 万石以上。从甘薯的平均单位面积产量看,以云阳为最高,有 12.1 石/亩;其次,江北有 11.2 石/亩,巴县有 10.6 石/亩,宜宾有 8.2 石/亩,三台有 8.0 石/亩;再次,罗江、南部、中江、江津都在 5 石/亩以上;而古蔺、开县不到 1 石/亩。是年,全省共种甘薯 605 万亩,总产量为 3 950.6 万石。

根据赵冈等学者的说法,清代中国农民引种甘薯,可使粮食亩产增加 9.69 市斤。乾嘉拓殖时期,四川农民新开发利用的边际土地,其自然肥力较高;后来,随着土壤肥力的损耗,加上甘薯等粮食作物种植面积甚大,肥料供应不足,因而甘薯亩产量有降低之势。不过,清中后期以来,四川一直是全国重要的甘薯生产区。鉴于该区比较优越的农业生产条件,再加上广大农民的勤劳品格,甘薯亩产达到全国平均水平,是无可争议的。按清末四川耕地 9 500 万亩计算,参照赵冈等学者的测算数字,单单依靠甘薯的推广种植,便可使全省粮食增加92 055万市斤。

四、促进了新耕地的开发,提高了土地利用率

清代建立后,楚、闽、粤等地移民相继大规模地进入四川,甘薯的种植范围逐渐扩大。甘薯对土壤的适应性非常强,比如,四川东北部与陕西、湖北交界一带,大多“石杂土中,无不可种之山”。以前很多不能用来耕种的坡地、贫瘠地都可以用来栽培红薯。

这个时期的四川人口构成中,清代以前的原住民大约十分之一二,湖广等省客籍约占一半,粤、徽、赣等省约有十分之三四。移民从故乡带来甘薯种,同时也带来勤劳刻苦的精神。他们不断开垦新的土地,努力提高甘薯产量,为甘薯种植技术进步和栽培面积的扩大做出了突出的贡献。20 世纪,甘薯在四川(含重庆)主要分布在三大区域:盆中(盆西浅丘区、盆东)、盆南丘陵区、盆周边缘山区。该地区的农民习惯于将甘薯与麦子、蚕豆、油菜等作物套(轮)作,这样的土地利用方式,不仅避免了连作障碍,实现了甘薯的稳产高产,而且同时也提高了土地的利用效率,形成了稳定高效的栽培制度。

五、推动了四川畜牧业的发展,为四川发展成为生猪养殖大省奠定了基础

甘薯的高产带来了粮食的剩余,清代南溪县农民就常以甘薯等杂粮喂敝猪、敝禽。光绪年间,四川总督丁宝桢奏称:“川省宰猪实较他省特多,每年共宰杀生猪约 300 万头”。自清中后期开始,四川一直是全国生猪业发展最好的省区之一。这种格局,在很大程度上得力于甘薯种植所提供的大量生猪饲料。

六、甘薯的高产增加了四川粮食的剩余,增加了全国的商品粮供给

乾隆时期,四川农业取得了巨大的发展,不少农民“多种薯以为食,省谷出粜”,四川成为廉价商品粮的供应地,这当中甘薯扮演了重要的角色。大量粮食(特别是稻米)沿长江而下,维持长江中下游的粮食供给。有人估计,18 世纪中叶,四川每年外运的米粮在 100 万 ～ 200 万石 $[(5\sim10)\times10^4 \text{ t}]$。甘薯尽管是粗粮,但在口粮方面可以发挥替代功能,所以巴蜀境内很多城镇的粮食市场,甘薯都是不可或缺的粮食作物。在甘薯高产的基础上,在那个粮食欠缺的年代,农民才有可能腾出细粮,输送到市场上去,转化成商品粮。

七、初步奠定了甘薯的基本栽培技术和栽培制度

在长期的甘薯种植实践活动中,勤劳的四川人民总结出了一整套比较成熟的甘薯栽培技术和栽培制度,同时培育了很多各具特色的地方品种。

甘薯为旱地作物,适应性广,耐旱,用肥少,省人工,产量却高于四川传统旱地作物高粱、豆菽、荞麦、鹅掌稗、青稞等。甘薯的种植,给四川农业技术带来了新变化,即近代农业、立体农业生产现象产生。甘薯与高粱、粟、荞、豆的栽种与收获期不同,可以间种、套种。小麦地,行间种苞谷,小麦收割栽甘薯;高粱地,行间栽甘薯。苞谷农历五六月收获,高粱七八月收获,甘薯九、十月收获。一亩旱地,上有高粱、玉米、饭豆,下有甘薯,如此立体生产,增加了单位面积的农业产量。

以这些甘薯生产技术作为基础性、先导性的学术资源,为新中国成立后甘薯育种和栽培技术的快速发展奠定了坚实的基础。

3.1.5 民国时期四川甘薯的发展情况

新中国成立前,由于帝国主义、封建主义和官僚资本主义的残酷压迫,使甘薯生产遭到了严重摧残,农业科学工作者历尽磨难,在四川地区进行了甘薯品种、栽培和贮藏等方面的研究工作。

20 世纪 30 年代,前四川省农业改进所在成都开展了甘薯品种研究工作,自美国引进了南瑞苕,连同一些地方品种一起进行鉴定,并开始应用洛夫的田间设计进行甘薯品种试验,提高了试验的准确性。抗日战争期间,我国甘薯科研遭到严重破坏,仅少数科研单位和高校仍坚持甘薯品种研究工作。前中央农业实验所迁至四川北碚,同前四川省农业改进所合作开展试验,征集了四川省主要地区的农家品种,并从国外引进一些良种和实生苗进行鉴定。前四川省农业改进所再次引种南瑞苕,并肯定其在四川省的应用价值,随即大面积推广。同时,四川省在甘薯贮藏方面也取得了一些进展。前四川省农业改进所通过调查总结,证明川北地区甘薯在贮藏期的腐烂原因主要是由于低温导致的生理性的软腐病。

3.1.6 新中国四川甘薯产业的发展情况

新中国成立以后,四川地区甘薯生产取得了较大的发展,甘薯种植面积逐年扩大,单位面积产量和总产量均有较大幅度的增长。20 世纪 50 年代,多次出版了甘薯增产栽培技术方面的书籍,及时总结和推广增产的经验。20 世纪 70 年代以后,随着水肥条件的改善、良种的推广、栽培技术的革新,甘薯的亩产显著提高。改革开放之后,对外交流加速,甘薯作为多功能用途原料的作用更加凸显,新品种和新技术也不断引进,四川地区甘薯的产量和质量都有了质的飞跃。

甘薯产业在四川的发展,主要表现在以下几个方面:

一、种植面积不断扩大

四川省是国内较早种植甘薯的地区,也是种植面积最大的省份,甘薯在省内是仅次于玉米、水稻、小麦的粮食作物。由于甘薯耐旱耐瘠、适应性广、高产稳产,除甘孜、阿坝州外,其余 19 个市(州)均有种植,常年种植面积在 83.3 万~100 万公顷,主要集中在南充、内江、达州、遂宁和成都等 10 市。甘薯净作,单产在 22.5 t/hm^2 以上。目前,甘薯大多与玉米间种,单产在 62.5 t/hm^2 左右;全省甘薯种植面积约为 80 万公顷,鲜薯产量为 22.5 t/hm^2,总产量约为 1.8×10^7 t。

二、新品种的不断选育

从"六五"计划开始,甘薯新品种的选育被列入四川省重点科技攻关项目。育成食用为主的"胜南"新品种,它是继川薯27等品种之后又一优秀品种,从此四川省甘薯生产用种开始走上自育自繁自用的道路。

"七五"计划期间,四川省首先育成在全国具有突破性意义的广谱性新品种"南薯88",该品种1995年种植面积为 $6.373×10^5\ hm^2$,覆盖率为45.1%,成为全省的当家品种,并跨越四川推广到全国10多个省、市。同时期,还育成达到国内先进水平的高淀粉品种"绵粉1号",淀粉率为29.23%,在省内外推广,成效显著。这两个品种的育成,使四川省甘薯育种研究登上一个新台阶,赶上全国先进水平。同期内,还对常用育种亲本103~200份进行淀粉与维生素C、可溶性糖、抗黑斑病等的分析鉴定,筛选出高干材料10余份,如绵粉1号、8410-843等;食味好,维生素C、类胡萝卜素含量较高的材料10余份,如8129-4、AIS0122-2等;抗黑斑病和根腐病的材料1423、晋专7号、C16、9102-24等。

"八五"计划期间,四川省育成几个新品种,即川薯1774、南薯95、绵薯3号等,属兼用或饲用型,生物产量大都超过南薯88,综合性状较好,有助于养猪业的发展。"绵薯早秋"是一个可供发展秋薯生产的新品种。

"九五"计划期间,又有南薯99、绵薯4号、绵薯5号、川薯101号、渝苏303、万薯1号等多个新品种,通过省级品种审定,并进行示范推广。

"十五"计划期间,兼用型甘薯新品种"南薯99"通过国家审定。同期优良新品种南薯28、南薯97、川薯3号、川薯168号、绵薯6号、绵薯7号都通过了省级品种审定,并进行示范推广。

"十一五"规划时期,四川省育成通过审定的甘薯新品种9个,其中,燃料乙醇和加工专用甘薯"西成薯007"通过了国家鉴定,这是四川省第一个通过国家鉴定的甘薯新品种,还育成了首个紫色甘薯品种"南紫薯008"、首个高胡萝卜素甘薯新品种"南薯010"。"西成薯007"和"南紫薯008"被确认为2013年四川省主导品种。

"十二五"规划项目启动至今,高淀粉型甘薯新品种"川薯217"通过国家鉴定;高淀粉型甘薯新品种"南薯011"(2-507)及"川薯218"通过四川省品种审定;高胡萝卜素甘薯新品种"南薯012"(5-155)通过四川省品种审定;特用紫色甘薯新品种"绵紫薯9号"和"川紫薯1号"通过四川省品种审定。

四川省一直将甘薯育种列为六大作物育种攻关项目之一,这对于四川甘薯育种和甘薯产业的发展有着积极的推动作用。同时,为了不断拓展育种领域,四川省农业科学院和各市级农业科学院先后从国际马铃薯中心(CIP)以及荷兰、英国、阿根廷等国家引进马铃薯和甘薯种质资源5 000余份,拓宽了四川薯类的基因资源。

三、甘薯高产栽培技术和栽培模式不断发展

四川省甘薯过去的栽培模式主要以"麦/玉/薯"旱三熟栽培模式为主,但此种模式存在以下突出问题:一是预留空行狭窄,使增种作物田间布局和田间操作受到极大的限制,空行实际利用面积不足30%,增种难保增产增收;二是土壤营养不协调,因气候原因年产量低,稳定性差,限制了旱地生产能力;三是不同丘陵坡台耕地条件差异极大。栽培模式规划布局不合理、模式不规范是该栽培模式发展以及持续增粮的主要限制因素。

近年来,大面积的"麦/玉/薯"旱三熟改窄行带状为"麦/玉/薯"宽行多熟高效栽培模式,形成了以麦、玉、薯为主的粮、经、饲、肥相结合的三熟四作或三熟五作多熟栽培模式。该模式增种作物布局以及田间操作方便,便于机械化,旱地光热资源得到充分利用,用地养地协调,增产效果显著,在旱地发挥潜力、平衡增产和持续增产方面取得了重大突破。

最近几年研究推广的"麦/玉/薯+豆"四熟耕作制,不调整"麦/玉/薯"三熟制种植技术,在"双六尺"规格中的双垄红薯带的垄沟间种一季大豆或在四行玉米种植带内增种一季秋大豆。大豆不仅可以固定氮素,减少肥料施用,降低投入成本,而且大豆的枝叶返土,还可增加土壤有机质,提高土壤肥力,改良土壤结构,经济和生态效益突出,为促进农业可持续发展开辟了新路子。

四、四川省甘薯推广应用中存在的问题

近年来,四川省甘薯种植业及其相关产业取得了快速发展,但是也存在许多问题:

第一,生产上栽培的甘薯品种较多,部分品种的栽培时间较长,已表现出明显的混杂、退化现象,而且感染病毒病也较严重,致使产量下降、品质变劣。需要大力推广新品种并建立留种基地,采用"三去一选"(去杂、去劣、去病和选优留种),并结合优良的栽培技术,或采用生物脱毒技术,以保持和恢复种性,发挥良种的增产潜力,同时应根据种植用途选择相应类型的品种。

第二,农村青壮年劳动力缺乏、劳动力成本逐年增加是影响甘薯播种面积的重要因素。相对玉米、水稻等作物来说,甘薯生产,特别是采收时,需要的劳动力较多。很多农村家庭由于缺乏青壮年劳动力,而选择播种玉米等基本不需要额外管理和只要求轻体力劳动的作物,一定程度影响了甘薯的播种面积和产量。

第三,在甘薯贮藏方面,目前主要以农户简易贮藏为主,采用井窖、岩窖、地沟贮藏等方式。在四川中部丘陵的主产区,甘薯在 10 月下旬到 11 月上旬收获,由于甘薯不耐贮藏,设施不规范,许多农户对适时收获、预贮消毒、通风换气、控温控湿等技术措施不能实施到位,一般只能贮藏3～4个月,贮藏腐烂损失率达 10% 以上,是制约甘薯加工产业发展和农民增收的主要因素之一。

第四,在加工鲜薯原料需求方面,由于甘薯粗淀粉加工需要的原料量大,甘薯采收后淀粉容易分解转化等原因,目前淀粉加工通常都在采收后立即进行,在采收季节的 1～1.5 个月内完成。而小食品和全粉新产品则可在淀粉的基础上延长加工到采收后的 5～6 个月,这就需要相应的贮藏技术和贮藏设施来保证加工原料的供应,需要在产区示范和推广先进的中、小规模的实用贮藏设施及其配套保鲜储藏技术。

3.1.7 甘薯的推广种植对人民生活的影响

甘薯和其他传入中国的美洲粮食作物相比,同样具有高产、易种等特点,但是最关键的还在于甘薯作为一种食物原料的适口性。宋代的苏易简曾说过:"物无定味,适口者珍"。而人类天性对甜味食物的接受度较高一些,正是因为甘薯天然具有的甜味使它具备了很强的适口性,从而使它在世界的传播更为顺畅。如在西班牙,因为甘薯味甜,受到了整个国家人民的喜爱。甘薯非常符合欧洲人的口味,由于上流社会的推崇,使它很快在食物体系中拥有了一席之地,人们认为它是"珍奇且能食用的块茎"。与此相似,甘薯自传入四川地区之后,由于它的适口性,很快被人们接受。在长期的饮食实践中,四川人运用各种方法和手段,使甘薯演变为四川人的重要食物,并在现代四川人民生活的各个方面产生了重要的影响。

一、改善了四川民众的饮食结构，丰富了人民群众的食物选择

甘薯作为四川人民饮食结构中最重要的薯类作物，是对主食的重要补充。中国人的传统饮食结构讲究"五谷为养"，位于营养学膳食宝塔底层的薯类，是改善现代人高脂肪、高蛋白食谱的重要食物。目前，既有富硒甘薯，同时又有富含类胡萝卜素、花青素等特用甘薯品种，这些甘薯具有抗癌、抗衰老等保健作用，还具有补脾胃、养心神等食疗功效。

长期以来，中国百姓特别是广大农村地区的民众，由于政治、自然灾害、生产力水平低下等各方面原因，一直存在着"民艰于食"的状况，甚至在新中国成立后的三年自然灾害期间，普通民众最基本的饮食需求也没有得到满足，粮食保障一直是人民最关心的问题之一。可以说，四川人口从明末只有9万人发展到四川人口现仅八千余万，甘薯的大范围种植对此做出了很大的贡献。目前，在市场经济条件下，甘薯甘甜的口感和突出的保健作用是它最大的优势。

现在，人们常将甘薯洗净切块同米煮成粥，或将甘薯去皮切丁，再与滤去米汤的煮米饭同入铁锅中焖成红苕饭。这些甘薯馔品充分发挥了甘薯本身自然的甘美，同时营养丰富，还具有补脾胃、养心神等食疗功效。

在充分满足民食的需求下，甘薯改善和丰富了人们的饮食生活和经济活动，促进了商业市场的繁荣。四川地区多山且以旱地为主，甘薯的种植使土地得到了更大限度的利用，扩大了粮食的种植面积，提高了粮食总产量，使农民挪出部分耕地种植经济作物。农民们把价廉、量多的甘薯留为自己食用，多余的还可出售，也把商品经济价值更高的一部分稻米出售，这样可换取其他生活、生产必需物质或金钱。甘薯可制成甘薯粉、甘薯片、甘薯酒，这些都是可供出售的商品。甘薯藤、甘薯蒂、甘薯渣、甘薯皮可作为牲畜的饲料，保障了生产上的畜力，同时向集市和农家提供了质优的肉制品。

二、甘薯美食丰富了四川饮食文化

甘薯全身都是宝，甘薯叶是营养丰富的蔬菜，鲜嫩的甘薯藤叶可做羹汤、炒菜等，而甘薯块根的烹制方法极多，四川饮食文化以"和、廉、变、通、美"的精神而著称，各种甘薯美食或充分展示了甘薯的甜味，或发挥了甘薯可塑性强的特点，淋漓尽致地诠释了四川饮食文化的这一精神。

甘薯价廉、量大、易得，若保存得当，一年四季均可食用。人们珍视甘薯的甜味，因此在四川很多地方的小吃、点心和菜肴中，人们发挥创意，充分展示甘薯的甜蜜滋味，烹制出许多特色美食。据《成都通览》记载，清末成都街市的普通食品有虾羹汤、荞面、凉粉、糖豆腐脑、糍粑、天鹅蛋等，其中有"烘苕"一物，书中特别标注此物"秋冬方有"。"烘苕"即烤红苕，现在仍然是秋冬季节街头的畅销美食。

甘薯的可塑性强，使它在调味多变的川菜体系中得到充分发挥，四川名菜"灯影苕片"就是一道经典的味型丰富的甘薯菜品。此外，四川还有很多以甘薯粉为原料的风味小吃，如酸辣粉、肥肠粉、牛肉粉、梓潼片粉等。甘薯还兼具美化菜点的功能，它质地细腻，可刻制成各种花卉和人物，用以装饰、美化餐桌，在现代四川宴席中，还常用炸苕丝来显示刀工技术和作为色彩的点缀。

三、升级为工业化食品，丰富了民众的饮食生活

甘薯类食品加工业的发展，形成了丰富多样的甘薯类休闲和方便食品，为现代人的快节奏生活提供了便捷、营养的饮食。流行全国的红薯方便粉丝就是四川人智慧的结晶，红薯方便粉丝具有非油炸、热量低、柔韧滑爽、营养丰富等优点。四川省甘薯食品加工行业还开发出一系列甘薯

加工产品,主要包括以薯条、薯脯、薯羹、蛋苕酥为主的甘薯方便小食品,以甘薯全粉为原料的复合型营养粉、营养糊、即食营养麦片、膨化方便小食品等。由于以甘薯为原料加工而成的休闲、方便食物深受顾客喜爱,极具发展潜力,因此四川还出现了专门经营甘薯类食品的专卖店。

在社会经济快速发展的当代中国,人民更加注意饮食的合理结构,过去曾作为粗粮的甘薯逐渐受到人们更多的重视,而随着甘薯的新品种和新技术的不断出现,甘薯将更加丰富中国的饮食文化。

3.2 四川省甘薯生产情况

3.2.1 四川省甘薯生产概况

四川省是我国主要的甘薯产区之一,甘薯种植面积居全国第一位。近年来全省栽培面积为 8.67×10^5 hm² 左右,栽培面积和总产仅次于水稻、小麦和玉米,居第四位。除四川省西北高原地带以外全省各地、市均有种植。主栽品种为:徐薯 18、南薯 88、南薯 99、川薯 101 等,近年来高淀粉型新品种西成薯 007(南薯 007)、徐薯 22、川薯 34 和食用紫薯南紫薯 008、济薯 18、宁紫薯 1 号等推广速度较快。栽培面积较大的有内江、南充、遂宁、绵阳、巴中等地。受种植制度、生产条件和栽培技术水平的影响,甘薯单产低于全国水平,且年度之间很不稳定。

四川省甘薯栽培的主要模式以"麦/玉/苕"旱三熟栽培模式为主,约占甘薯面积的 80% 以上,另外还有"麦/玉/苕+豆"和"玉/苕"等多种间套作方式,有少部分净作和秋甘薯种植。

一、甘薯在全省农业中所处的地位与作用

甘薯是四川省继水稻、小麦和玉米之后的第四大粮食作物。甘薯产量高,增产潜力大,在较好的栽培条件下,能够获得 22 500 kg/hm² 以上的高产。此外,甘薯适应性强,抗旱、耐瘠、抗逆性强,在土质差、施肥水平低的情况下,也能获得较高的产量。因此,甘薯是一种高产、稳产作物。

甘薯具有较高的营养价值。甘薯的主要可食用部分是块根,甘薯块根营养丰富,除含有淀粉和可溶性糖外,还富含人体必需的氨基酸、蛋白质、脂肪、纤维素以及钙、铁等矿质元素和多种维生素,维生素 A 含量尤其丰富。甘薯属"生理碱性"食物,食用甘薯可中和体内因常吃肉、蛋、米、面等食品而产生的过多的酸,保持人体的酸碱平衡。

甘薯是四川省重要的轻工业原料。甘薯能加工成多种副食品,如粉条、粉丝、粉带等。在工业上,甘薯是制造酒精和淀粉的主要原料,100 kg 鲜薯可制造淀粉 15～20 kg 或酒精 6～7 kg。利用甘薯进行精深加工还可制造葡萄糖、柠檬酸、人造丝、味精、饴糖和塑料等,大大增加其加工的附加值。

长期以来甘薯是四川省发展畜牧业的好饲料。甘薯茎叶含蛋白质为 1.62%,脂肪为 0.46%,碳水化合物为 7.33%,灰分为 1.65%,纤维为 2.04%,其营养价值与一般豆科牧草相当,是良好的鲜饲料和青贮饲料。甘薯块根加工后的粉渣等也有很高的饲用价值。因此,种植甘薯对促进畜牧业发展有很大作用。

二、全省甘薯生产发展的现状

四川省是全国甘薯种植面积最大的省份,除甘孜、阿坝州外,其余 19 个市(州)均有种植,常年种植面积为 8.67×10^5 hm² 左右,总产量为 1.8×10^7 t,在全省主要农作物中种植面积仅次于水

稻、小麦、玉米,是四川省的主要旱地农作物之一。其主要集中在南充、资阳、内江、宜宾、遂宁、泸州、眉山、绵阳、广安和德阳 10 个市,占全省甘薯种植面积 70%以上。

四川省甘薯大多数种植在丘陵低山区比较瘠薄的坡台地,灌溉困难,种植粗放,加之甘薯鲜薯产量受气候变化的影响较大,生产效益普遍偏低,一般每亩甘薯鲜薯和藤叶的产值仅有 430 元左右,收成好的年份每亩鲜薯和藤叶的产值也只有近 500 元。虽然目前种植效益低,但有种植的必要性,因甘薯是四川省丘陵低山区坡瘠地、河滩地首选的保收旱地作物,其藤叶和薯块又是四川农民养猪的重要饲料。四川省甘薯消费与全国有所不同,长期以来就有红薯薯块和茎叶饲喂畜禽的习惯,广大农户将收获的茎叶鲜喂、熟喂、晒干贮藏或作青贮饲料,经常在甘薯生长期内进行刈割,既保证了一定的块根产量,又大幅度增加青饲料产出。

3.2.2 四川省甘薯生产研究进展

全省甘薯分布范围广泛,各薯区气候条件、土壤类型、耕作制度和病虫害等都有较大差异,对甘薯产品的要求也不尽相同。因此,在新品种选育工作中,必须因地制宜地制定明确的育种目标。从农业生产发展情况来看,具有高产、优质、抗病虫、早熟、抗逆性强和适应性广等综合性状的品种,是甘薯选育的主攻方向。

为了使甘薯高产,就要因地制宜,选用良种,综合运用科学的栽培技术,构成合理的群体结构,不断调节地上部分与地下部分生长,协调个体与群体生长,充分发挥群体的生产力,使单位面积产量大幅超过一般产量水平。研究甘薯高产栽培,目的是掌握甘薯的生长规律,为看苗诊断和栽培措施的合理运用提供可靠依据。在栽培过程中,应了解甘薯生长的各个过程对土、肥、水、温、光、气等条件的要求,以及这些条件与甘薯各器官形成的关系,以便采取相应的促、控措施,使其沿着高产的方向发展。而只有良种和良法结合起来才能够不断创造高产。

一、高淀粉型甘薯生产情况

随着我国经济持续、快速发展,能源供需矛盾日趋突出,为了增加能源供给,国家已把可再生能源燃料乙醇规划为发展替代能源的重点,并在河南、吉林、黑龙江等省建立了数套以玉米、陈化粮等为原料的大型燃料乙醇生产装置。虽然增加了能源供给,亦耗费大量粮食,并且因原料成本过高,生产企业出现亏损,仍需要国家大量补贴。国家有关部门已将甘薯和早稻规划为长江中下游地区发展燃料乙醇的主要原料。四川省甘薯种植面积常年保持在 8.67×10^5 hm² 左右,居全国第一位,多集中在贫困丘陵低山区,以自给性生产为主,产量低,产后加工滞后,效益差。四川省丘陵低山区劳动力丰富,但难以选到适宜的增收致富项目,广大农民急盼增收致富专用型品种及配套高产技术的引进。

四川省大面积种植的甘薯多为食饲兼用型品种,淀粉含量较低,一般仅为 12%～18%,并由于换种频率慢,长期以商品薯代替种薯,品种混杂,再加上甘薯是无性繁殖作物,病毒随种植年代的增加不断积累,最终导致甘薯种性退化,产量降低,品质变劣,致使大面积鲜薯单产和淀粉产量均很低。为了促进淀粉产业和燃料乙醇项目发展,加快甘薯产业化进程,增加薯区农民收入,选用和种植高淀粉甘薯品种既是大势所趋,也是人心所向。

绵阳市农科所强化资源的创新,筛选出我国第一个高淀粉甘薯品种"绵粉 1 号",淀粉率高达 29.23%,在省内外推广,成效显著。后来育成的"绵薯 5 号""绵薯 6 号"在绵阳地区的种植也有非常不错的推广成效。

在新形势下,高淀粉含量的甘薯"西成薯 007"应运而生。"西成薯 007"(原系号南 2-473)是南充农业科学院于 2002 年从 BB18-152 与 9014-3 杂交后代材料中选育而成的燃料乙醇专用及高淀粉加工型甘薯新品种。该品种产量可达 28 635 kg/hm²，干物率为 32.81%，淀粉率为 22.47%。作为淀粉加工新材料，具有相当大的应用前景，且 2013 年已作为四川省甘薯主导品种进行推广应用。四川省农业科学院育成的"川薯 34"，南充市农业科学院和西南大学联合育成的"渝薯 33"也有非常好的效益，对于四川省燃料乙醇的发展具有推动作用。

二、食用型甘薯生产情况

20 世纪 80 年代以食用为主的"胜南"，原系谱号为"7753-5"，由四川省农业科学院作物所以"南瑞苕"作母本，"胜利百号"作父本杂交，经多代选育而成。1981 年参加省区试预备试验，1982 年起正式参加省区试，同时被推荐越级参加了长江中下游大区区试，两年试验结果均名列前茅。1983 年和 1984 年，在省内外进行了较大面积的多点试验示范，该品种仍表现较好。1985 年，经四川省农作物品种审定委员会审定，并被列为四川省当前生产上的推广良种之一。主要在南充、内江等地区推广种植，种植面积约 1.4×10⁴ hm²；在湖南、山东、浙江、河南等省种植，增产效果也很显著。它是继"川薯 27"等品种之后，使全省甘薯生产用种走上自育自繁自用道路的新跨越。

到了"七五"计划期间，由南充市农科所选育的食、饲、食品加工兼用型品种，在全国具有突破性意义的广谱性新品种"南薯 88"，1988 年通过四川省审定，1990 年通过国家鉴定，净作鲜薯产量达 30 000 kg/hm² 以上，比对照徐薯 18 增产 20% 以上，累计推广面积达到 1.33×10⁷ hm²，创造的社会效益达 60 多亿元，获得国家科技进步一等奖。后来育成的"南薯 99""川薯 73"，在四川省也有非常大的推广面积，在四川省甘薯饲用、食用中占有相当大的比例。

三、特用型甘薯生产情况

（一）紫薯的生产情况

紫薯是一类薯皮呈紫色，肉质呈紫色至深紫色的甘薯新品种。20 世纪 90 年代我国红薯研究人员从日本成功引进山川紫和日本紫薯。因其含有十分丰富的花青素类色素、硒、多糖、植物蛋白、维生素和矿物质等多种营养成分，而成为当前农产品研发人员研究和开发的热点。紫薯在各大农贸市场和超市已成为热销的健康食品，尽管其单价要高出普通红薯 3～4 倍，但是依然畅销，其原因在于人们已逐渐认识到紫薯的营养价值与保健作用。

南充市农科所在育种方法的探索上，采用集团杂交和基因聚合育种，培育出了四川省第一个紫薯新品种"南紫薯 008"。它实现了紫薯丰产性育种、优质育种与抗病性育种的有机结合。在省区试中鲜薯产量达 21 096 kg/hm²，最高产量达 34 110 kg/hm²，在高产示范区，平均产量可达 35 352 kg/hm²。该品种每 100 g 鲜薯含花青素 15.106 mg，且熟食品质优，抗黑斑病，耐旱、耐瘠性强，贮藏性好，外观商品性佳。"南紫薯 008"及系列紫色甘薯新品系的育成克服了甘薯丰产性育种与优质育种之间的矛盾，有效地将丰产性与优质育种相结合，获得了丰产性突出、综合品质优的紫色甘薯新品种，使四川省紫色甘薯育种获得了突破。同时实现了甘薯内在品质与外观商品性育种的有机结合，有利于开展甘薯深加工和产品的包装升级换代，可投资建立全粉加工、色素提取、蔬菜加工等企业，提高现有产品档次，增加附加值和市场竞争能力。"南紫薯 008"也作为 2013 年四川省甘薯主导品种进行了推广种植，2007～2012 年，"南紫薯 008"在四川省累计推广应用 1.25×10⁵ hm²，新增产值 526 088.56 万元，经济效益和社会效益显著。

绵阳市农业科学院的"绵紫薯 9 号"、南充市农业科学院的"南紫薯 014"和四川省农业科学院育成的"川紫薯 1 号"也相继育成应用，生产效益逐步体现。

紫薯是近几年发展起来的新兴产业,发展时间短,种植规模小,培育的品种数量有限,没有形成完整的高产栽培技术体系,产量不高,商品率较低,研究投入少,从事紫薯研究的科研人员和深加工企业较少,研究深度、广度不够。因此,要重点发挥科研单位和龙头企业的骨干作用,对紫薯开发利用采取初加工与深加工相结合的方式,龙头企业连基地、带农户,以市场为导向,形成紫薯生产的产业链,并且增加市场的占有额,提高效益,增强农民种植紫薯的积极性。紫薯花青素等功能因子高效提取分离,相关产品研制,理化特性和生理功能的研究,生产加工过程中副产品的综合利用和紫薯茎叶新产品的开发,紫薯贮藏保鲜、加工技术体系的建立,以及在食品、医药、工业等领域的应用等将是今后紫薯产业发展的热点和难点。

(二)高类胡萝卜素甘薯的生产情况

维生素 A 在人体抗氧化、防衰老、保护心脑血管、维持正常视力、预防夜盲症和干眼病方面具有非常重要的功能,植物中的类胡萝卜素被人体吸收后可以转化成维生素 A。2002 年中国营养调查结果显示,营养不良、缺铁性贫血、维生素 A 缺乏病等是我国农村(尤其是经济落后地区)居民的常见病。四川省居民维生素 A 摄入缺乏,每日摄入量只达到国际卫生组织(WHO)和世界粮农组织(FAO)推荐标准的 57%,维生素 A 缺乏症发病率为 7.4%,其中农村发病率为 11.2%。目前在四川大面积种植和食用的甘薯品种主要是"南薯 99""南薯 88"和"徐薯 18",其中"南薯 88"每 100 g 鲜薯仅含 β-胡萝卜素 0.1 mg,而"南薯 99"和"徐薯 18"中的类胡萝卜素含量几乎为零。在以甘薯为主要食用粮的农村人口中,这是类胡萝卜素缺乏导致维生素 A 缺乏的一个重要原因。

"南薯 010"是由南充市农业科学院选育的一个高类胡萝卜素食用及食品加工用甘薯新品种,其鲜薯产量和类胡萝卜素含量都较高,每 100 g 鲜薯含类胡萝卜素 10～13 mg;人体食用后可以有效防治夜盲症,通过在四川省蓬溪县进行的人体实验结果表明,"南薯 010"对于维生素 A 缺乏人群具有良好的预防作用;同时,通过生产上的推广应用,社会经济效益都较好。该品种于 2010 年 4 月通过四川省农作物品种审定委员会审定。后来育成的"南薯 012"也可作为一个新的食用品种予以推广种植。

此外,在四川种植的类胡萝卜素品种还有"岩薯 5 号""香薯"等。这些品种的加入,对四川甘薯品种多样性的丰富具有重要意义。

(三)菜用甘薯的生产情况

菜用甘薯一般是指生长点以下长 12 cm 左右的鲜嫩茎叶作蔬菜用的甘薯,甘薯嫩茎叶含有丰富的维生素 C、膳食纤维、粗蛋白、多种矿物质以及一些特殊的营养物质,叶菜用甘薯以其保健功能和无公害生产方式深受消费者欢迎。

"川菜薯 211"是四川省农业科学院作物研究所于 2007 年以"广薯菜 2 号"作亲本,经开放授粉得甘薯实生种子,2008～2012 年,经各级试验、多点鉴定而成的菜用甘薯品种,2013 年通过国家鉴定,是四川省第一个自育菜用甘薯品种。表现为株型半直立,茎尖生长速度快,再生能力强。顶叶片心形带齿,分枝中等,顶叶色、叶基色、茎色均为绿色,薯形纺锤形,薯皮淡红色。茎尖无茸毛,烫后颜色呈翠绿至深绿色,有甜味,有滑腻感,略有香味,无苦涩味。食味鉴定综合评分为 74.11 分,高于对照"福薯 7-6"。高抗蔓割病。地上部茎叶细小,呈浅绿色,植株上翘挺立,节间长,分枝多,地下部基本不结薯。可食茎尖长为 10～15 cm,包括茎尖及 1～3 片展开叶,含水率为 83%～89%,单株鲜重为 2～5 g。经四川省农业科学院测试中心检测:每 100 克鲜茎尖中含蛋白质为 3.7 g,维生素 C 为 33.8 mg,氨基酸为 2.6 g,粗纤维为 1.47 g。

3.2.3 四川甘薯主要种植模式

随着种植业的结构调整,四川省的甘薯种植模式主要有"麦/玉/苕""麦/玉/苕＋豆"和"玉/苕"等多种套作方式,净作和秋甘薯种植面积很小。

一、旱地"麦/玉/苕"宽带多熟栽培模式

"麦/玉/苕"旱三熟是四川盆地旱地粮食生产的主体栽培模式,约占旱三熟面积的60％以上。长期以来,"麦/玉/苕"旱三熟模式的具体做法是,采用带状1.67 m(2 m)宽开厢模式,0.835 m(或1 m)种5行小麦,0.835 m(或1 m)种两行玉米,小麦收获后种2行甘薯,第二年换茬轮作。此种模式存在以下突出问题:一是预留空行狭窄(≤0.183 m),使增种作物布局及田间操作受到极大限制,空行实际利用面积不足30％,增种难保增产、增收;二是土壤用养不协调,立体气候复杂,冬干,春夏伏旱出现频繁,周年产量低,稳定性差,限制了旱地生产能力;三是不同丘陵坡台耕地条件差异极大。栽培模式规划布局不合理、模式不规范是该栽培模式发展以及持续增粮的主要限制因素。

近年来大面积"麦/玉/苕"旱三熟改窄行带状为"麦/玉/苕"宽行多熟高效栽培模式,具体做法是规范开厢、分带轮作,采用宽带带状3.34 m(4 m)宽开厢,即:1.67 m(或2 m)种8行小麦,1.67 m(或2 m)种4行玉米,小麦收后种两垄4行甘薯,第二年换茬轮作;充分合理利用冬、秋季预留行,在小麦预留行上种胡豆、豌豆、大麦、油菜等,在玉米收获后空行或行间至小麦播前种植早熟秋大豆、迟熟大豆(冬豆)、夏(秋)玉米、秋豌豆、秋菜等。形成了以麦、玉、薯为主的粮、经、饲、肥相结合的三熟四作或三熟五作多熟栽培模式。该模式增种作物布局以及田间操作方便,便于机械化,旱地光热资源得到充分利用,用地养地协调,增产效果显著,在旱地发挥潜力、平衡增产和持续增产方面取得了重大突破。

采用"麦/玉/苕"宽带多熟栽培模式,一般小麦为3 900 kg/hm²,按1.90 元/kg计算,每公顷可收入7 410 元;玉米为6 450 kg/hm²,按1.80 元/kg计算,每公顷可收入11 610 元;甘薯为21 750 kg/hm²,按0.8 元/kg计算,每公顷可收入17 400 元,一年产值可达36 420 元,扣除生产成本(育苗、肥料、农药、人工等)16 710 元,纯收入在19 710 kg/hm² 元以上。

二、四川盆地旱地"麦/玉/苕＋豆"种养结合高效栽培模式

近年来研究推广的"麦/玉/苕＋豆"四熟耕作制,不调整"麦/玉/苕"三熟制种植技术,在"双六尺"规格中的双垄红薯带的垄沟间种一季大豆或在四行玉米种植带内增种一季秋大豆。大豆不仅可以固定氮素,减少肥料施用,降低投入成本,而且大豆的枝叶还土,还可增加土壤有机质,提高土壤肥力,改良土壤结构,经济和生态效益突出,为促进农业可持续发展开辟了新途径。

采用"麦/玉/苕＋豆"栽培模式,一般小麦产量达3 900 kg/hm²,按1.90 元/kg计算,每公顷可收入7 410 元;玉米为6 450 kg/hm²,按1.80 元/kg计算,每公顷可收入11 610 元;甘薯为21 750 kg/hm²,按0.8 元/kg计算,每公顷可收入17 400 元;在"双六尺"规格中的双垄红薯带的垄沟间种一季大豆,一般增收大豆450 kg/hm²左右,在四行玉米种植带内增种一季秋大豆增收大豆1 500 kg/hm²左右,共计1 950 kg/hm²,按市场大豆价格7.00 元/kg计算,每公顷可收入13 650元,一年产值可达50 070元,扣除生产成本(育苗、肥料、农药、人工等)19 500元,纯收入在30 570 元以上。

三、"玉/苕"套作模式

由于四川是劳动力输出大省,大部分的青壮年都外出务工,留下一些年长的老人及妇女在家里务农。劳动力严重不足,让很多复杂的种植模式得到精简,从以前的"麦/玉/苕"逐渐转变为"玉/苕"套作模式。这种种植方式,以宽条带间作较好,有利于两种作物通风透光。同时玉米配置比例,应依土、肥、水的条件而异,地力好、施肥多的玉米比例可大一些,反之比例要小一些。

甘薯套作玉米,玉米要选用矮秆、高产、早熟、抗病的品种,甘薯要选耐阴、高产、结薯早且膨大快的品种。留苗 45 000 株/hm² 左右,间作玉米的垄沟,要增肥、深刨,搞成丰产沟,生长期适时追肥。两种作物都要适期播种或栽培。这种种植模式主要应用在黄淮、长江流域薯区,从各地的试验和实践来看,甘薯和玉米套作有一定的增产效果。

3.2.4 四川甘薯生产推广机制

优良品种是进行农业生产的物质基础。保证良种纯度,防止良种退化,促使良种面积迅速扩大,都是经济有效的增产措施。甘薯种薯的生产,和其他作物一样对农业生产具有重要作用,由于甘薯用种有它的特殊性,如它比种子作物需要量大,薯种、薯苗贮藏调运困难,同时生产上甘薯品种"多、乱、杂"现象比较普遍,因而种薯生产的主要任务是要有计划、系统地进行品种的防杂保纯,保持品种的遗传特性,延长良种在生产上的利用年限。同时也要在良好的农业技术条件下,加速繁育新良种的薯种薯苗,并且宣传普及推广,以发挥良种的作用,遵循市场经济规律,以价格调控为杠杆。

在政府的主导下,采取"企业＋核心基地""企业＋基地＋农户""企业＋专业化种植公司(种植大户)＋基地＋农户""企业＋协会＋基地＋农户"和"企业＋科研推广部门＋基地＋农户"等推广模式,并由企业和政府发展甘薯种植协会这一专业组织,分级建立市、县(区)、乡(镇)、村四级协会组织,通过协会培养种植大户,由大户对种植甘薯的分散农户进行组织和发动,实现与企业的有机对接。同时协会统一推广甘薯新品种和种植技术,带动农户整体种植,公司按照订单进行收购,保证原料供应。推广体系坚持市场引导、政府主导、企业主体、分步实施的方式,各司其职,依托各级政府和农业部门建立市、县(区)、乡(镇)三级推广体系,大力推广甘薯新品种,共同加速甘薯新品种、新技术的推广应用,强化基地建设,并通过契约的形式,把种植基地所在区域内外的各种生产力要素整合起来形成利益共同体,全程参与甘薯新品种培育、推广、新技术示范、质量控制、合同种植和产品收购、运输、加工等环节,实行种植、加工、研发,内外结合、相互支撑的甘薯产业化开发运行模式,实现基地建设经济效益、社会效益和生态效益的统一。

3.2.5 四川甘薯生产的继承与发展

一、四川甘薯生产存在的主要问题

(一)大面积应用的甘薯品种混杂、退化严重,新品种推广应用覆盖率较低

大面积使用的主要是食用和饲用品种,由于栽培时间较长,没有采取有效措施保持和恢复种性,已表现出明显的混杂、退化现象,而且感染病毒也较严重,致使产量下降,品质变劣,品种产量潜力未能充分发挥出来,甘薯高产新品种推广应用速度较慢,覆盖率较低。

(二)甘薯生长期管理粗放,产出少

由于农民从甘薯种植中获得更多收入的意识比较淡薄,生长期的管理较对水稻、玉米的重视

程度远远不够，必要的物质和劳动力投入相对较少，高产配套栽培技术贯彻落实到位率低，从而单产不高，产出少。

（三）高淀粉加工型品种种植面积少

由于国家"九五"和"十五"规划限于当时的条件和认识对甘薯新品种选育的方向和目标没有清晰的认识，对高淀粉加工型品种的选育重视程度不够，高淀粉加工型品种育种相对滞后，加上加工型企业未能及时跟上，农业生产上高淀粉加工型品种应用少，种植面积小，特别是对以高淀粉品种为原料综合开发利用的价值认识有待加强。

（四）以自给性生产为目的，商品率低，鲜薯贮藏过程损耗大

据调查统计，四川省鲜薯收获后，只有10％左右用于提取淀粉、精深加工或出售，鲜薯贮藏损耗率在15％左右。只有甘薯转化成工业产品，加工成市场需要的产品时，甘薯才能发挥它的作用，目前已通过企业＋合作社＋生产大户等多种模式，逐步使自给性生产转换为市场导向性生产，大力开发甘薯的市场应用价值，不断满足各类人群对甘薯的需求，提高甘薯的商品率，减少鲜薯的储藏损耗，从而增加农民的收入。

二、四川甘薯生产发展的建议

（一）加大对甘薯高产栽培技术研究

气候干旱和土壤瘠薄一直是四川省甘薯高产的限制性因素。应加大对抗旱性和耐瘠高产栽培的试验研究，最大限度地保证甘薯种植在干旱条件不减产，贫瘠区域不减收。

瘠薄地的高产栽培研究主要是在甘薯栽培过程中如何进行肥料的统筹，抓住甘薯生长的需肥关键期，保证植株的正常生长，增强其同化能力和干物质的转运，从而提高块根产量和质量。及时追肥，适时增施壮薯肥，这是促进甘薯植株生长发育抗逆制胜的一个关键技术。

（二）大力推广脱毒种薯

甘薯病毒病早在20世纪70年代就在田间被发现，也观察到优良品种的种性退化现象。四川省农业科学院于1983年开始甘薯茎尖脱毒的试验研究，发现在四川甘薯主产区的主要病毒种类是甘薯羽状斑驳病毒（Sweet Potato Feathery Mottle Virus，SPFMV），且首次分离鉴定出了病原。在此基础上开展了利用茎尖组培技术进行甘薯脱毒快繁的研究工作，逐步建立了脱毒甘薯种苗的生产技术规程及扩繁体系，为脱毒甘薯苗的工厂化生产打下了基础。

近年来，甘薯病毒病（SPVD）成为世界范围内制约甘薯生产的最具毁灭性的病害之一，发病薯苗通常表现为叶片褪绿、皱缩等症状。它是由蚜虫传播的甘薯羽状斑驳病毒和烟粉虱传播的甘薯褪绿矮化病毒双重感染引起的，我国于2009年首先在广东省发现该病毒病症状，随后陆续在山东、江苏、安徽、四川等省发现，成为影响产区甘薯生产的主要障碍和我国甘薯产业发展的潜在威胁。我们可以通过甘薯脱毒处理，从而防治该病害的传播。

脱毒甘薯还表现出营养生长健壮、发苗快、商品率高、病害发病率低等特点。由于增产幅度大，解决了优良甘薯的种性退化问题，脱毒甘薯现已成为甘薯增产的一个重要途径。现四川省已正式立项开展脱毒甘薯种苗工厂化生产及脱毒甘薯的大面积示范推广工作。

四川省南充市农业科学院于1997年进行甘薯脱毒研究，对南薯88、南薯99、徐薯18、鲁薯8号、绵粉1号脱毒薯进行了丰产性、抗逆性和适应性鉴定，认为原种苗结薯早、膨大快，且各项产量指标均比对照高，增产效果明显。南薯99脱毒后可增产21％，其他品种增产10％左右。但随着种植年代的增加，产量很快下降，在生产上应用三年基本就恢复到脱毒前的水平。

随着2005年分中心的建设成功，四川省南充市农业科学院已建成甘薯生物技术室，年生产

甘薯脱毒苗可达 20 万株,原原种隔繁温网室 4 800 m^2。1998～2013 年共计推广脱毒甘薯"南薯99"1×10^6 hm^2,"南薯88"1.33×10^6 hm^2,"西成薯007"1×10^6 hm^2,"南紫薯008"7.33×10^5 hm^2,"徐薯18"8×10^5 hm^2,"鲁薯8号"20 hm^2;"南薯012"10 hm^2。这为该地区甘薯品种的更新换代和种性复壮提供了有力保障,促进了甘薯产业的发展。

(三)机制带动甘薯产业发展

(1)加强宣传,发展带动。一是要向有关县(乡)领导和职能部门宣传甘薯生产以自给性生产为目的转变为以商品性生产,延长产业链为目的的作用和意义;二是要通过各种途径和方法向广大薯农宣传种植甘薯将带来多方面增产增收的益处,达到更新观念的目的,使广大农民群众积极参与甘薯商业化生产,从而有力地推动淀粉甘薯种植业战略的实施。

(2)加强研发,示范带动。加强甘薯品种及配套栽培技术、贮藏技术、加工技术的科研与示范,为确保甘薯种植业战略实施能获得先进、高水平和高效益的技术支撑,第一,必须进一步加强四川省甘薯品种选(引)育及配套栽培技术的研究,提高鲜薯产量和薯块品质,一方面让薯农从种植甘薯中增加收入,另一方面也让加工企业降低成本,增加产品竞争力;第二,加强贮藏技术、加工技术及工艺的研究引进,努力降低甘薯的损耗率,提高加工企业设备年加工量的使用率,提高淀粉、植物蛋白质、花青素、黄酮类化合物等附加产物的提取率,获得更多利润。

(3)政府引导,研发联动。加强市、县、乡政府的引导作用,同时开展政府相关部门与研发机构的联动,建设标准化原料生产基地,在甘薯基地建设中,各级政府在规划、培训、种子补贴、宣传动员、组织生产、运输等方面给予有力支持,有关支农资金进行倾斜性投入。各级技术部门应建立健全服务体系,搞好技术培训和技术指导,实施标准化生产,确保甘薯种植业效益的提高。

(4)扶持企业,辐射带动。在甘薯主产区建立龙头加工企业或薯业协会,增强辐射带动作用,实施甘薯种植业战略转变。建立甘薯龙头加工企业或薯业协会能有效地促进甘薯专用品种种植面积扩大,起到辐射带动作用,同时为薯农销售鲜薯产品提供保障,消除薯农种植甘薯的疑惑与后顾之忧,充分调动广大薯农种植专用甘薯品种的积极性。

(5)种销结合,实现双赢。建立完善甘薯加工企业或薯业协会与薯农合理利益机制,实现种植和销售的双赢。四川省一些地方,利用甘薯或马铃薯加工提取淀粉等产品的企业,由于价格因素原料供给严重不足,造成工厂设备闲置期过长,加工产品规模过小,效益受到极大影响。如四川省昭觉县马铃薯种植面积达 0.9×10^4 hm^2,年产量达 2.6×10^5 t 以上,该县引进一家淀粉加工厂,由于缺乏合理价格机制,马铃薯外销价要比当地加工企业收购价高出 50%,农民认为企业压价太厉害,宁愿将马铃薯喂猪、喂牛,也不愿出售给加工企业,致使实际加工能力有 2×10^6 t 的工厂,2005 年仅加工 2.7×10^5 t 马铃薯,一年中仅有两个月在生产,加工企业"闹饥荒"。而四川省南充市嘉陵区白家乡薯业协会开展淀粉和粉丝加工,因较好地考虑了薯农的利益,并提供市场信息、技术服务及销售服务,逐步发展到有 342 户农户自愿参加薯业经济协会,产品供不应求,走出了一条以农户为主的鲜薯生产、淀粉提取、粉丝加工和协会营销相配套的新路子,该乡已基本实现了甘薯商品生产的战略转变。

由此可见,建立完善甘薯加工企业或薯业协会与薯农合理利益机制是发展高淀粉甘薯种植业战略转变的又一重要环节。从种植户的角度来看,成立区域甘薯专业经济合作组织,提高其组织化程度,对增强抵御市场风险能力,维护自身应得的利益和权利也是非常必要的。

3.3 四川省甘薯综合利用情况

目前,甘薯大多与玉米套种,四川省甘薯主要用作鲜食商品薯销售,其次为饲料和加工,少部分作种薯用。四川省甘薯薯块用于饲料和鲜食的约占70％，用于加工的约占15％。

从20世纪80年代中期以来，四川省安岳、宜宾、资阳等主要产区在传统淀粉粉条加工的基础上大力发展了甘薯加工产业，通过多年来用现代加工技术改造传统产业，形成了淀粉初加工与精深加工有机结合的产业化加工技术与设备体系，加工产品主要有淀粉粉条和方便小食品两大系列。这种"粗淀粉加工—精制淀粉加工—粉丝和快餐粉丝加工"的模式，使得大宗鲜薯原料的初加工产地化，淀粉在产区就地加工成粉条或由大的加工企业集中收购，生产精制淀粉和快餐粉丝，质量得到统一规范。目前，四川省的甘薯粉丝和快餐粉丝年加工量达1×10^5 t以上，是一种非常成功的薯类产业化加工模式，社会效益和经济效益都十分显著。

3.4 四川省甘薯科研概况

3.4.1 四川省农业科学院甘薯科研情况

一、甘薯研究的历史

四川省农业科学院甘薯研究始于20世纪30年代，四川省农业改进所在成都开展甘薯品种研究工作，最初引种筛选，示范推广了一些地方品种，后来自美国引种驯化、鉴定和推广了甘薯品种"南瑞苕"，逐步过渡到甘薯的育种栽培研究。

栽培方面，在甘薯脱毒、育苗、密度、施肥、田间管理、收获贮藏、加工利用等方面做了一系列的研究工作，利用洛夫的田间设计进行甘薯品种试验，提高了试验的准确性，同时证明川北地区甘薯在贮藏期的腐烂原因主要是由于低温导致的生理性的软腐病，对自育的主要甘薯品种川薯27、川薯34、川薯217、川菜薯211等进行了高产高效栽培试验，对新品种的利用和推广具有重大的指导意义。

育种方面，早在1940年，四川农业科学院率先把人工促进甘薯开花结实技术用于育种实践并获得了成功，完成论文《促进甘薯开花结实之初步报告》，这是中国第一篇关于甘薯有性杂交的论文，为国内早期开展甘薯有性杂交育种提供了理论基础。

中国薯类育种的开拓者杨鸿祖首先从美国引进了甘薯品种"南瑞苕"，并进行了驯化栽培和鉴定比较。经1941～1943年在成都、绵阳、泸州、合川、达县等地试验，该品种表现最好，比当地对照品种增产一倍左右。1944年起即在全省示范、推广。1950年在西南农业部的宣传、组织下，"南瑞苕"种植面积迅速扩大，成为20世纪50年代四川甘薯生产上栽培面积最大的主栽品种，在西南各省和长江下游地区也有一定的分布。育种实践证明，"南瑞苕"还是一个品质优异的种质资源。全国各育种单位育成的品种，如"华北52-45""华北166""华东51-93""粟子香""59-811""川薯27""胜南""川薯73"等40余个品种是其子代成员；"济南红""绵粉1号""浙薯1号""遗字67-8""准薯3号"以及闻名全国的高抗根腐病的"徐薯18"等30余个品种则是其"孙辈"。它是全国甘薯育种专家公认的最佳杂交亲本之一，中国引种"南瑞苕"的成就在世界作物引种史上是罕见的。此外，还通过引种鉴定推广了"胜利百号""五魁好""华北52-45""湘农黄皮""58-811"等品种，均投放生产应用。

20世纪50年代以来，育成了"红旗4号""胜南""川薯27""川薯101""川薯34""川紫薯1号""川菜薯211"等20多个甘薯新品种。

二、甘薯研究的基本情况

（一）人员情况

20世纪70年代末至20世纪80年代初,甘薯课题组成员达20余人。目前有科研人员10人,其中博士3人、硕士7人,研究员2人、副研4人、助研4人。

（二）科研条件情况

四川省农业科学院作物所拥有排灌良好的试验地50多亩,温室500多平方米,抗旱大棚300多平方米;在四川省主要薯区和海南岛等地有良好的繁(制)种基地。建有科研楼、图书馆、温网室、挂藏室、种质资源库、薯类加工及产品加工等科研、科技产业设施面积8 000 ㎡;购置了大型精密科研仪器设备:如 ABI 梯度 PCR 仪、Bio-Rad 电泳及成像设备、Nikon 研究级显微镜、高速冷冻离心机、超低温冰箱、植物无菌操作系统、紫外扫描成像仪、高压灭菌锅、生长箱等,具备植物细胞工程和分子育种的实验平台;还具有气相色谱、液相色谱、自动定氮仪、Buchi 近红外光谱仪、紫外分光光度计、磁共振仪、Pocket PEA 植物效率分析仪、土壤养分测试仪、7.5 kW 大功率烘箱等品质测试成套设备,能够满足植物和土壤主要营养物质的分析、光合效率分析。

四川省农业科学院生核所拥有生物技术育种开放实验室,配备了价值500多万元、用于分子生物学研究的进口仪器设备,如 Beckman 高速冷冻大容量离心机、大型振荡培养箱、植物生长箱、Eppendorf 高速微量离心机、Hariss 超低温冰箱、Beckman 紫外分光光度仪、Bio-Rad 水平和垂直电泳仪及其配套设备、Bio-Rad 凝胶成像系统、Biometra 梯度 PCR 仪以及专用于 AFLP 和 SRAP 电泳的 Bio-Rad 测序电泳仪等。"十一五"期间国家发改委投资建设了能源专用甘薯组培与转基因实验综合实验楼2 000 ㎡;装备了一批专用于甘薯分子生物学研究的设备,可以保证甘薯组培快繁、提取甘薯 DNA 和 mRNA、分子标记、基因克隆与遗传转化试验等任务的完成。

三、主要研究方向

（一）新材料的引进、创制和研究利用

广泛从国内外引进优质、抗病、抗逆的甘薯育成新品种、中间材料及特殊材料,并对其进行深度评价,鉴定筛选出抗旱、耐盐、高淀粉、抗黑斑病等优良种质,利用这些优良种质创制了一批高产、抗逆的甘薯品种或育种中间材料可供生产和育种单位利用。

（二）育种方法的创新

在常规育种的基础上,开展了生物技术育种:研究高淀粉基因、抗病基因的分子标记和基因克隆技术,同时探索抗衰老基因、抗病虫基因等有益基因的分子标记和遗传转化方法,以创造新的育种材料。

（三）新品种的选育

四川省农业科学院已经育成了高产、优质、高淀粉、高花青素、菜用等类型丰富的"川薯27""胜南""川薯101""川薯34""川紫薯1号""川菜薯211"等"川薯系列"甘薯品种22个。

（四）高产高效栽培技术及种薯生产

针对品种特性,集成了"川薯27""川薯101""川薯34""川薯217""川菜薯211"等的高产高效配套栽培技术并进行示范推广。为加快脱毒甘薯技术的推广应用,建成了三级种薯生产基地,其主要运行模式为:科研院所＋种薯繁殖生产企业＋当地农技推广部门。

四、近年来主要承担的甘薯类科研项目

近几年来,四川省农业科学院作物所承担的主要甘薯类科研项目有:甘薯国家科技支撑计划项目、国家自然科学基金项目、国家甘薯产业技术体系长江中下游薯区品种选育岗位、四川省甘薯育种攻关(主持单位)项目,其中"甘薯淀粉分子标记图谱研究"被列入2003年国家自然科学基金项目,"甘薯高淀粉分子标记研究与高淀粉品种的创制"被列入2003年国家科技部"863"项目等。

近年来主要承担的甘薯类科研项目:

(1)四川省甘薯育种攻关(2011～2015)项目:突破性薯类专用新品种选育;

(2)国家产业体系(2011～2015):长江中下游薯区品种选育岗位;

(3)国家自然科学基金(2012～2014):新型根系分离技术培育空中甘薯及其源库关系研究;

(4)国家"863"课题(2006～2009):甘薯高淀粉分子标记研究与高淀粉品种的创制;

(5)省攻关课题(2006～2010):燃料乙醇专用甘薯新品种及粮饲兼用甘薯新品种的选育;

(6)农业部"948"项目(2006～2009):引进国际先进农业科学技术计划;

(7)农业部公益性行业专项(2008～2010):甘薯标准化栽培技术研究;

(8)国家科技支撑计划项目(2007～2010):西南地区甘薯燃料乙醇产业化关键技术研究与示范;

(9)长江中下游流域区试及生产试验及菜用甘薯的国家区试及生产试验(2011～2015);

(10)四川省育种攻关课题(2011～2015):薯类基因资源收集、保存与重要基因发掘;

(11)四川省财政基因工程专项(2011～2015):特色薯类新品种的选育和简化丰产栽培关键技术研究;

(12)四川省财政厅中试熟化项目(2010):优质食用甘薯新品种川薯20高产示范;

(13)四川省甘薯区试及生产试验(2011～2015);

(14)富民强县项目(2012～2014):安岳红薯种植与加工关键技术集成示范与产业化。

五、甘薯相关研究的主要成绩

(一)甘薯品种资源引进、材料筛选与利用

(1)优良品种(系)的引进及鉴定。作物品种资源是作物品种改良的物质基础与保证。为了丰富四川省的甘薯种质基因库,四川省农业科学院一直非常重视甘薯种质的搜集整理与保存工作。1988～1997年,共搜集甘薯新种质150份,编入全国品种志3份。更新翻种甘薯资源110万余份(次),其中包括川西北农作物品种资源考察搜集的柴桂莙、60日早、白莙等地方品种15份;从广东农业科学院国家甘薯种质资源圃引进80余份材料;从江苏农业科学院、徐州甘薯研究中心引进高代育种材料徐25-2、徐377-3等11份。之后,不断进行国内外各类型优异品种(系)资源的引进和鉴定。目前,现有甘薯种质资源已达400余份,对其中250份种质材料进行了各种性状特性的观察和描述,并建立了总数据项达5 000条的甘薯种质资源数据库。四川省农业科学院还对搜集的优质品种资源开展品质分析鉴定,其中测定了300份(次)品种资源的干物质含量与淀粉含量,筛选出干物率在37%以上的高干材料绵粉1号、410-843等10余份;测定了30份品种资源的营养成分,筛选出食味好、维生素C含量与类胡萝卜素含量较高的川薯27、川薯294、胜南等10余份材料。

(2)抗黑斑病和抗根腐病的抗性材料鉴定。筛选出了绵粉1号、川薯294、I423、C16、晋专7

号、9102-14 等抗病材料。1989～1992 年间,承担的国际马铃薯中心合作项目还对广东农业科学院国家甘薯种质资源圃引进的 473 份材料进行了抗黑斑病性鉴定,筛选出了 19 份抗病材料。为了了解不同甘薯品种(系)的遗传背景,还采用 RAPD 分子标记技术,在国内首次对 22 个常用的品种资源及育种材料进行了 DNA 水平的聚类分析及遗传背景分析,该技术的应用,为甘薯种质资源的深入研究及遗传育种中的亲本选配提供了先进的技术手段。此外,还加强了对品种资源的引进、创新、利用,如选育了具有高产、优质、早熟性状的材料 8129-4,引进了含有野生种血缘的南丰及美国红等品种资源,获得了地方品种江津乌尖苔及杂交后代材料 8410-788 等。由于品质优秀、配合力强,均广泛用作亲本材料,其后代中已陆续筛选出具优异性状的材料。其中,在育成的甘薯特优材料川薯 294 上发现的花器子房三室现象对旋花科植物划分甘薯属及牵牛属的原有分类特征提出了一个值得补充及可进一步研究的例证,引起了甘薯界同行的关注。

(3)结合分子育种,创制抗病、耐旱、高淀粉育种材料。从自育材料中选出高淀粉及抗黑斑病材料 3-8-3、5-7-33、9-19-26、10-8-11 四份,干物率分别为 36.7%、37.0%、41.67%、39.7%;耐旱材料两份:6-11-17、9-9-17,耐旱系数分别为 0.95、0.70;高抗蔓割病的材料川菜薯 211。以筛选材料为主建立了核心亲本,人工控制授粉,在成都收获优质杂交种子 15 000 余粒。2012 年进行后代实生苗培育,并对其遗传特性进行研究。同时反复应用核心亲本在海南进行杂交制种,对实生种子进行培育和鉴定,可望创制出抗病、耐旱、高淀粉材料。

(二)甘薯新品种选育

20 世纪 50 年代至 20 世纪 70 年代,育成了红旗 4 号、573-13、红皮早、早丰、618-25 等品种;80 年代以来,育成了胜南、川薯 27、川薯 1774、川薯 101、川薯 34、川薯 294、川薯 383、川薯 168、川薯 164、川薯 73、川薯 59、川薯 20、川薯 217、川薯 218、川薯 219、川紫薯 1 号、川菜薯 211 等 20 多个甘薯新品种。其中尤以川薯 27、胜南、川薯 34 表现最为突出,川薯 27 获得 1983 年四川省重大科技成果二等奖,胜南获得 1988 年四川省科技进步三等奖。

1995 年 5 月,育成的甘薯新品种川薯 1774 在抗病性、耐贮性上比对照南薯 88 有了显著改进,但鲜薯产量比对照南薯 88 没有明显增加,突破性新品种的选育已成为迫切需要解决的问题。经过几年徘徊与艰苦努力,选育的高产抗病兼用型甘薯新品种川薯 101,于 1997 年通过了四川省品种审定委员会的审定,该品种在 1994 年、1995 年省区试 16 个试点中,鲜薯较对照南薯 88 平均增产 15.4%,薯干与生物产量亦明显超过对照,黑斑病抗性与耐贮性也得到显著改善。1996 年大区生产试验中在省内成都、绵阳、万县、内江等 6 个试点的结果表明,鲜薯平均产量为 22 381.5 kg/hm²,较对照增产 12.8%。1996 年 11 月资阳现场验收结果表明,一台土鲜薯产量达 27 006 kg/hm²,比对照增产 52.2%;二台土鲜薯产量为 17 352 kg/hm²,较对照增产 56.3%。1997 年 11 月资阳现场验收结果表明,间、套田及净作的高产示范田的鲜薯产量分别达到 28 854 kg/hm²、37 884 kg/hm² 及 44 605.5 kg/hm²。川薯 101 在 1997 年中后期持续高温干旱危害条件下,仍获得较高产量,比南薯 88 显著增产。在省科委连续两年组织的现场验收中,川薯 101 获得了省内领导、专家的一致好评,省科委正式将川薯 101 列为突破性品种给予大力推广。经两年努力,已使各地甘薯主产区将川薯 101 列为生产上主栽换代品种,现正在四川省各地大力推广。

近年来还育成一系列高产抗病甘薯新品系,其中比较突出的有早熟鲜食品种川薯 294,高产抗病兼用型新品种川薯 383 及川薯 164。川薯 294 于 1997 年通过大区生产试验,推荐审定,其鲜薯平均产量为 16 560 kg/hm²,较对照南薯 88 增产 17.3%,由于早熟、熟食味好、类胡萝卜素含量高、提早上市,具有较高商品价值,适宜城郊地区进行夏、秋季早市甘薯栽培;川薯 383 于 1997 年通过省区试,1996年和1997年两年平均产鲜薯33 700.5 kg/hm²,较对照南薯88增产22.6%,生物干产增产6.3%,生物鲜产增产13.4%;9101-394经多年多点试验产量稳定,生物鲜产、生物干产及薯干都比对照南薯88显著增加,由于其淀粉含量较高,稳产性好,被推荐参加1998年四川省正季组区试,是一个很有希望的新品系。此外,经多年品比、鉴定与实生苗培育筛选,已鉴定出一批鲜薯、薯干、生物干产较对照南薯88增产的后备品系。

在加强高淀粉甘薯亲本集团杂交育种的基础上,建立了高淀粉甘薯分子标记辅助育种体系,选育出以川薯34为代表的一批高产、高淀粉新品种(系),并针对四川省甘薯主产区干旱频繁、多雨寡照、土层瘠薄等不利的生态条件,重点围绕高淀粉专用型甘薯新品种的生长发育特性开展高产高效栽培技术研究与示范,提出了适宜四川省主产区的高淀粉专用型甘薯新品种调优高产高效栽培技术模式。四川省农业科学院和四川省农技推广总站等单位通过产学研结合建立了高淀粉甘薯脱毒种薯三级繁育体系与新技术示范推广体系,实现了高淀粉甘薯新品种的产业化。2009年,四川省科技管理部门进行了成果鉴定,专家组鉴定该成果在甘薯分子标记辅助育种体系、加工专用型高淀粉甘薯新品种选育和调优高产高效栽培技术模式方面领先于国内同领域研究,总体技术水平达到国内领先。该成果获得2010年四川省科技进步二等奖。利用分子标记辅助育种体系,选育甘薯新品种(系),保持了四川省农业科学院甘薯育种在全国的优势地位。

四川省农业科学院作物研究所育成并审定的部分甘薯品种如下:

(1)胜南:亲本来源南瑞苕×胜利百号,1985年审定。鲜薯产量为25 996.5 kg/hm²,较对照徐薯18减产4%;薯干产量为8 711.4 kg/hm²,较对照增产0.17%。并获得1988年四川省科技进步三等奖。

(2)川薯27:亲本来源南瑞苕×美国红,1980年认定,该品种获得1983年四川省重大科技成果二等奖。每年栽培面积均在1.33×10^5 hm²以上,1988年高达3.09×10^5 hm²,十年累计种植1.6×10^6 hm²左右,增产原粮5.75亿千克。

(3)川薯1774:亲本来源南丰×徐薯18,1994年审定。鲜薯产量为22 582.5 kg/hm²,较对照减产15.62%;干物率为31.29%;薯干产量为6 160.5 kg/hm²,较对照减产7.74%;淀粉产量为3 963.3 kg/hm²,较对照减产0.87%。

(4)川薯101:亲本来源绵粉1号×潮薯1号,1997年审定。鲜薯产量为33 453.7 kg/hm²,较对照增产15.1%;干物率26.86%;薯干产量为8 985.8 kg/hm²,较对照增产8.7%;淀粉产量为4 797 kg/hm²,较对照增产6.8%。

(5)川薯294:亲本来源江津乌尖苕×内源,1999年审定。鲜薯产量为20 638.5 kg/hm²,较对照增产2.2%;干物率26.5%。

(6)川薯383:亲本来源绵粉1号×徐薯18,1999年审定。鲜薯产量为33 700.5 kg/hm²,较对照增产22.6%;干物率为26.04%;薯干产量为8 872.5 kg/hm²,较对照增产8.1%;淀粉产量为3 954.0 kg/hm²,较对照增产0.06%。

(7)川薯168:亲本来源川薯294×绵粉1号,2003年审定。鲜薯产量为33 922.5 kg/hm²,较对照南薯88增产12.2%;薯干产量为9 889.5 kg/hm²,较对照南薯88增产12.93%;淀粉产量为5 175 kg/hm²,较对照南薯88增产25.78%;干物率29.03%以上;淀粉率20%以上。

(8)川薯164:亲本来源渝苏303×川薯294,2006年审定,超高产兼用型,鲜薯产量为38 715 kg/hm²,较对照南薯88增产14.9%。

(9)川薯73:亲本来源岩薯5号×南瑞苕,2006年审定,优质食用型,鲜薯产量为39 696 kg/hm²,较对照南薯88增产22.8%。

(10)川薯 59：亲本来源徐薯 18×川薯 101，2007 年审定，食用型，鲜薯产量为 35 814 kg/hm²，较对照南薯 88 增产 10.8%。

(11)川薯 20：亲本来源岩薯 5 号×红旗 4 号，2008 年审定，优质食用型，鲜薯产量为 34 818 kg/hm²，较对照南薯 88 增产 10.1%。

(12)川薯 217：亲本来源冀薯 98×力源 1 号，高淀粉品种，2011 年国家鉴定。鲜薯产量为 32 400 kg/hm²，淀粉产量为 6 695.3 kg/hm²，比对照增产 18.75%，平均淀粉率 20.58%，抗黑斑病，贮藏性好。抗病性好，淀粉产量高、稳产，在长江流域区试品种中淀粉产量和增产幅度均为第一。

(13)川薯 34：亲本来源南丰×徐薯 18，2003 年审定。鲜薯产量为 27 178 kg/hm²，较对照南薯 88 减产 2.4%；薯干产量为 8 742 kg/hm²，较对照南薯 88 增产 10.8%；淀粉产量为 4 507.5 kg/hm²，较对照南薯 88 增产 17.3%；干物率达 30% 以上；淀粉率达 20% 以上。

(14)川薯 218：亲本来源绵粉 1 号×BB30-224，2012 年审定。平均淀粉产量为 6 139.5 kg/hm²，较对照南薯 88 增产 17.2%。

(15)川紫薯 1 号：亲本来源浙薯 132×宁紫薯 1 号，2012 年审定。鲜薯平均产量为 23 040 kg/hm²，花青素含量 45.97 mg/100 g，抗黑斑病性和耐贮藏性明显优于对照南薯 88。

(16)川菜薯 211：亲本来源广薯菜 2 号，2013 年通过国家鉴定。茎尖产量为 25 919 kg/hm²，与对照南薯 88 相比平均减产 12.66%，味评分较对照高 4.11%，高抗蔓割病，填补了四川省无自育菜用甘薯品种的空白。

(三)新材料创制和育种新方法的研究

(1)抗黑斑病材料选育：对 200 余份资源进行抗黑斑病性鉴定，以期筛选出专用及抗病材料；从四川外育种单位引进抗黑斑病材料 3 份，已于 2007 年进行鉴定并用于杂交制种。

(2)优异材料的引选及利用：2006 年引进四川省南充市农业科学所的高淀粉亲本材料南 D01414、徐 781 等对其开花性及杂交亲和性进行了研究。试验证明，徐 781 开花性好，杂交结实率高，之后对其后代进行培育；对 BB30-224 产量、淀粉率、配合力、抗病性等性状进行综合评价。

(3)分子标记辅助选择育种：在国内率先构建了甘薯的 AFLP 和 SRAP 分子标记体系，绘制了国内第一张甘薯淀粉性状遗传连锁图谱，获得了可以直接用于甘薯高淀粉辅助育种的多个 QTLs 分子标记。

与农业科学院生物技术核技术研究所联合，完成了高淀粉基因的分子标记。①高低淀粉材料分离群体的构建：构建了高淀粉甘薯品种绵粉 1 号×低淀粉甘薯品种红旗 4 号杂交 F₁ 代分离群体和高淀粉甘薯品种绵粉 1 号×低淀粉甘薯品种潮薯 1 号杂交 F₁ 代分离群体，分别测定干物率和淀粉含量，从后代中获得高淀粉甘薯姊妹材料 20 份(淀粉含量大于 25%)、低淀粉甘薯品种姊妹材料 15 份(淀粉含量小于 12%)，从中筛选出第二批不同组合用于基础群体研究；②完成 AFLP 及 SRAP 引物筛选，建立了与甘薯淀粉相关的分子标记：分别采用 AFLP、SRAP 和 SSRs 等分子标记方法，从绵粉 1 号(高淀粉)×红旗 4 号(低淀粉)的杂交后代中选取了 46 个株系，其中 19 个为高淀粉株系，8 个为低淀粉株系，其余为中间淀粉株系，完成了 AFLP、SRAP 和 SSRs 引物的筛选，构建了 AFLP 分子标记体系和 SRAP 分子标记体系，建立了与甘薯淀粉相关的若干分子标记。

(4)辐射诱变辅助育种：在常规育种的基础上，辅以辐射育种技术，用 ⁶⁰Co-γ 射线辐射 8 个紫薯薯苗，引起变异，从中筛选出 5 个优良变异材料，丰富和创新甘薯种质资源，并对低剂量辐射对 8 个紫色甘薯的产量做了初步探讨，并著成论文《低剂量 ⁶⁰Co-γ 辐射对紫色甘薯块根产量的影响》

在核农学会上交流。

（四）新品种推广应用及产业化情况

根据四川省甘薯生产情况进行品种布局，建立试验示范基地。推广"川薯系列"新品种，在成都、宜宾、乐山、重庆永川、重庆石柱等地推广川薯34、川薯217、川薯218、川薯219等高淀粉品种，在遂宁"524"合作社、仁寿、井研推广川薯294、川薯20、川薯73、川紫薯1号等优质食用品种。据不完全统计，川薯101累计推广5×10^5 hm²，川薯294累计推广2.7×10^5 hm²，川薯34累计推广2.0×10^5 hm²，川薯383、川薯168以及川薯217等累计推广1.0×10^5 hm²，创造了很高的经济价值和较大社会效益。

（五）甘薯高产栽培技术研究

干旱一直是四川省甘薯高产的限制性因素。甘薯在芒种前栽插是以早制灾的关键措施，要抓好早栽多栽，就应该切实抓好地膜育苗技术。近年来，四川省农业科学院根据多年试验及生产实践，研究总结出了"一二一二地膜一段育苗技术"及"地膜两段育苗技术"。采取以上两种地膜育苗技术还可以实现商品化育苗，做到早产苗、多产苗、产壮苗，保证甘薯早栽多栽和增大种植密度的需要。

增大种植密度，依靠群体增产，这是克灾制胜的一个关键技术。现有推广品种在间套作下栽培密度要求在52 500株/hm²以上，而生产上大面积种植密度一般只有39 000～40 500株/hm²，密度低的主要原因除育苗技术不成熟外，主要是改制不规范，近年四川省农业科学院坚持的167～310 cm中厢带植解决了"麦/玉/苕"三熟制中的共生矛盾，同时也能实现增密增产。及时施用穿林肥，适时增施壮薯肥，这是促进甘薯生长发育克灾制胜的另一关键技术。经四川省农业科学院研究，在中厢带植下的甘薯，在春玉米收前20～30 d及时施用一次农家肥，兑施含适量氮素化肥的穿林肥，既不影响玉米产量，又能促进甘薯地上部分藤叶生长和满足块根膨大的需要，增强甘薯耐旱能力，获得薯块、藤叶双丰收；同时在薯块膨大期可增施1次500倍液的KH_2PO_4叶面肥或叶面喷施600～800倍液的薯块专用维他灵，可促进地下部分的生长，加速同化物向块根转移，增产幅度可达10%。

（六）甘薯脱毒快繁研究

杨鸿祖、刘国仕等早在20世纪70年代就在田间发现了典型甘薯病毒病的症状，也观察到优良品种的种性退化现象，但由于未分离鉴定出病原，一直将其笼统地称为甘薯病毒病。1983年起四川省农业科学院开始进行甘薯茎尖脱毒的试验研究，1988年起承担国际马铃薯中心研究项目，历时4年，对成都、绵阳、南充、内江等甘薯主产区甘薯病毒病发病情况进行了田间发病调查，先后采集了675份具有典型明脉、花叶、皱缩卷叶等症状的样品，进行了指示植物接种与电镜浸渍负染观察。表现明脉花叶及叶皱缩畸形的病株在与指示植物巴西牵牛嫁接成活后，巴西牵牛表现出典型掌状沿叶脉黄化现象，对明脉花叶的甘薯叶片及巴西牵牛叶片进行浸渍负染观察，可在病株叶汁中观察到典型线状病毒颗粒，长度约850nm，以上指示植物症状与电镜观察结果与已报道的甘薯羽状斑驳病毒完全相同，同时运用国际马铃薯中心提供的可检测5种甘薯病毒的血清检测试剂盒，采用DAS-ELISA与NCM-ELISA方法对感病甘薯叶片及巴西牵牛叶片进行了血清检测，结果罹病样品只对SPFMV及SPLV（甘薯隐潜病毒）呈阳性反应，证明了在四川省甘薯主产区的主要病毒种类是甘薯羽状斑驳病毒，从而在四川省首次分离鉴定出了多年未能查出的病原。

在分离鉴定出省内甘薯病毒的基础上，四川省农业科学院从20世纪90年代初期开展了利用茎尖组培技术进行甘薯脱毒快繁的研究工作，经过多年的努力，完善了甘薯茎尖脱毒技术体系,筛选出了最佳茎尖消毒方法、培养基配方及培养条件,提高了脱毒苗的成活率及脱毒率,建立了脱毒甘薯种苗的生产技术规程及三级扩繁体系,为脱毒甘薯苗的工厂化生产打下了基础。现已在四川省农业科学院生物技术核技术研究所内组培室基础上更新扩建了年繁殖10万试管苗的脱毒苗工厂化生产基地,对生产上主栽优良品种徐薯18、南薯88及川薯101,开展了脱毒快繁工作及田间产量对比试验。1997年10月,该院在成都进行脱毒甘薯产量对比试验时现场收挖,脱毒徐薯18产量为25 575 kg/hm²,未脱毒对照为14 475 kg/hm²,增产幅度为76.68%。1997年还在简阳、青神、仁寿、乐至等地进行了多点田间对比试验,增产幅度均为25%以上,脱毒甘薯还表现出营养生长健壮、发苗快、商品率高、病害发病率低等特点。由于增产幅度大,解决了优良甘薯的种性退化问题,脱毒甘薯现已成为甘薯增产的一个重要途径。现四川省已正式立项开展脱毒甘薯种苗工厂化生产及脱毒甘薯的大面积示范推广工作。

(七)甘薯加工利用研究

20世纪80年代初期,由四川省农业科学院作物研究所与国际马铃薯中心(CIP)合作,在四川安岳、三台等地开展淀粉加工技术推广与合作,积极推广了机械化、半机械化的中、小型淀粉粉条加工设备及其加工技术,极大地促进了这一传统加工产业向高质量、产业化加工方向发展,形成了产地农户淀粉初加工和企业集中精加工成粉条和快餐粉条的产业化加工局面。

2010年,在四川省农业科学院成立了专业的农产品加工研究所,在加工所内设立了薯类加工研究室,承担了农业部惠民工程农产品产地初加工项目,并加强了对甘薯贮藏技术、贮藏设施与甘薯加工新技术的研究与推广,在甘薯淀粉、粉条的基础上,积极与产区和加工企业合作,加强了对甘薯全粉加工技术和贮藏原料的研究。到2014年2月,由四川省农业科学院农产品加工研究所主持完成了"甘薯全粉加工新技术研究与应用"项目,获得2014年四川省科技进步三等奖。该成果通过创新研究,首创了以"无回填闪蒸干燥""连续螺旋挤压"等系列新技术集成的甘薯全粉加工技术和工艺体系,提供了配套设备,使每吨产品大幅度降低生产成本1 500元以上,节能30%以上,建成了高品质专用加工原料基地,获得了"薯类全粉的加工方法""连续螺旋挤压机"等5个国家专利以及"紫薯全粉""紫薯糊"等5个企业产品标准,开发了"紫薯颗粒全粉""紫薯糊""紫薯饮料""紫薯饼干""紫薯月饼""紫薯面粉""紫薯挂面""紫薯圆"等13个系列应用新产品,填补了国内外在该类产品上的空白。该技术是长期以来我国薯类加工在传统淀粉粉条基础上开拓的一个全新领域,甘薯全粉在营养保健、风味特色和主食食品加工方面有着广阔的发展前景,经国内外查新和鉴定达到"国际先进、国内领先水平",是甘薯加工下一步重点发展的方向,对推动四川省薯类产业结构调整和改善居民的营养保健膳食结构都具有重要意义。从2010年的研究实施以来,与加工企业进行技术合作,建立生产线,形成了甘薯全粉与应用产品示范加工体系,开发生产全粉系列产品,带动生产原料基地种植,实现年增加产值6.88亿元,盈利1.02亿元。带动原料种植推广面积不断扩大,每年提供加工紫薯原料12 400 t,给紫薯种植户带来1 860万元的经济效益,实现了良好的社会经济效益。

六、甘薯国际合作研究

四川省农业科学院开展薯类国际科技合作与交流的历史可追溯到20世纪40年代,作为中国薯类事业开拓者之一的杨鸿祖先生留美归来,率先在全国开展薯类的科研工作。"八五"计划以来,四川省农业科学院先后承担了国家、部、省级的薯类科研项目40余项。从1986年开始,先后与国际马铃薯中心及10多个国家开展薯类国际科技合作与交流,主要包括薯类种质资源的引进和利用、脱毒种薯生产繁殖技术、综合高产栽培技术、病虫害防治技术、产后加工技术和人员培训等方面。育成了 10 多个优良的马铃薯和甘薯新品种。通过国际合作,不仅提高了四川省农业科学院的科研水平,而且还为我国和四川省培养出一批优秀的科研、管理和企业人才,为促进四川薯类产业的发展提供了强有力的科技支撑。

中国各级政府对薯类产业发展高度重视,特别是近几年来,四川省政府及其相关部门加大了对甘薯产业开发的支持力度;四川省农业科学院加强了薯类的科技育种攻关和国际科技合作与交流,着力加强了资源引进、良种选育、脱毒种薯快繁技术等的研究。在四川省农业科学院建立了国家薯类加工分中心,并由四川省农业科学院牵头联合省内外科研院校及企业组建了四川薯类科技创新联盟,形成产、学、研紧密结合的薯类产业支撑网络体系,大大促进了四川薯类产业的发展。

四川省农业科学院在 20 世纪 80 年代初与国际马铃薯中心的国际科技合作,取得显著成效,共同承担了"甘薯种质资源的引进、评价和利用以及新品种选育"研究项目;同时先后从国际马铃薯中心引进 5 000 余份甘薯种质资源,以丰富四川的薯类基因库。通过国际与国内项目的结合实施,对引进种质资源农艺性状、抗病性和加工性状进行了评价鉴定,选育出适合四川省乃至我国种植的川薯 294 等"川薯系列"甘薯新品种,这些品种在生产上可增产 10%～30% 以上,包括加工专用型甘薯新品种淀粉型川薯 1774、川薯 34 和川薯 101,全粉型川薯 294。这些品种的育成,奠定了四川省薯类加工业的原料基础。

四川省农业科学院与 CIP 进行了"薯类加工技术及其设备的研究与开发"研究,在甘薯提取淀粉的基础理论、工艺技术和加工设备的选型、改进等方面开展了薯类加工合作研究、示范和推广,在四川实现了甘薯加工从手工操作向半机械化生产方式的转变,并研制出适合农户和中、小型企业采用的薯类全营养粉、淀粉、粉条、快餐粉丝、真空油炸技术及其配套的中、小型系列加工设备等。其中,被国家和四川省列为重点科技成果推广项目的"薯类初加工技术及小型系列配套加工设备的开发"国际合作项目,获四川省星火科技成果二等奖。"薯类快餐营养粉丝的加工方法""甘薯全营养粉的制备方法"和"涂布成型法快餐粉丝加工技术"等获 5 项国家专利和 3 项省级以上科技成果奖。通过转让专利、销售加工设备和技术培训等各种形式的科技服务,宣传推广新的加工技术。先后举办培训班 100 多次,培训人员 5 000 多人次,发放技术资料 50 万份,播放录像 5 000 多次。中央电视台曾经以"红薯登天梯"专题片向全国播放 12 次,宣传薯类加工技术对四川农民增产增收所起到的重要作用,在国内影响很大,推动了全国薯类产业化的发展,其技术资料录像经联合国粮农组织向 28 个发展中国家推荐发放,研制出的加工技术和成套设备不仅在全国 20 多个省 100 多个县、市推广,而且远销海外。

3.4.2 中国科学院成都生物研究所甘薯科研情况

一、甘薯研究的历史

中国科学院成都生物研究所甘薯燃料乙醇研究始于 2003 年,当时国内生物燃料乙醇研究已经很热,国家也已经开始大力发展燃料乙醇产业,但批准研发的项目基本上是以生产陈化粮(或玉米)为原料。在这种情况下,中国科学院成都生物研究所的研究团队清晰地认识到,我国人口众多,粮食供应安全问题长期存在,不能以食用粮为原料发展燃料乙醇。因此,我国燃料乙醇的发展必须研究新的发展思路和模式,不能影响我国的粮食安全,必须解决生物质液体燃料原料资源长期稳定经济地供应和高效转化利用方面的关键技术问题,实现经济、高效、环境友好地开发利用生物质液体燃料。因此,研究团队定位生物能源产业要立足特色,立足当地资源,要兼顾安全性和生态风险。在通过对国内主要非粮能源植物进行全面考察和分析后,最终认定以甘薯为原料生产燃料乙醇经济性强,能耗低,资源丰富,符合能量产出最大化原则,尤其对于四川省具有绝对的资源优势。同时,其他薯类植物如芭蕉芋、葛根、菊芋等也存在与甘薯类似的黏度高、渣处理难等共性问题,乙醇发酵关键技术的研究具有广泛的适用性和技术移植潜力。

研究团队紧抓国家的战略需求,定位甘薯为战略性粮能兼用作物,提前进行全面布局。到2006年,国家发改委和财政部发出通知,明确提出要"因地制宜,非粮为主"地发展生物燃料乙醇,并重点支持以薯类、甜高粱等非粮原料发展燃料乙醇产业。2007年,农业部在《农业生物质能产业发展规划》中也指出,目前我国"适宜开发用于生产燃料乙醇的农作物主要有甘蔗、甜高粱、木薯、甘薯等"。而此时,研究团队在甘薯燃料乙醇的研究上已经初步具备了扎实的工作基础,并已提出要通过各单元技术的创新与系统的集成,形成具有我国特色的燃料乙醇发展新模式——能源甘薯燃料乙醇模式,实现燃料乙醇从"跟踪"—玉米乙醇、甘蔗乙醇、木薯乙醇到"自主创新"—甘薯乙醇的新跨越。

二、甘薯研究团队基本情况

(一)人员情况

拥有一批实力雄厚、专业结构和年龄结构合理的高水平研究队伍,包括微生物学、环境科学、发酵工程、化工、分子生物学专业领域的10多位年富力强的固定研究人员和10余位思维活跃、创新能力强的博士、硕士研究生队伍。

(二)科研条件情况

中国科学院成都生物研究所(以下简称成都生物所)成立于1958年,是以一级学科建所的中国科学院直属科研事业单位,也是中国科学院知识创新工程首批试点单位之一。拥有较为完善的实验条件和设备配置,有环境微生物与乙醇转化等生物质能实验室6个,拥有从微生物分离、筛选、生长特性与性能测试、作用机理、功能菌组建、乙醇发酵工艺、反应器设计与优化、模型实验到现场中试生物调试的系统研究方法和手段。近年来建立的生物质能研究实验室,拥有甘薯乙醇转化研究所需的仪器设备,包括进口气相色谱、液相色谱、紫外分光光度仪、发酵罐及微生物培养箱和大型分析仪器600 MHz超导磁共振仪、液相色谱/质谱联机分析仪等,此外,还有中国科学院目前唯一实行大型精密仪器集中管理,实力雄厚的分析测试机构——中国科学院成都分院分析测试中心。

三、近几年来主要承担的甘薯科研项目

近几年来主要承担的甘薯科研项目见表3-1。

表 3-1　中国科学院成都生物所近年承担的甘薯科研项目

项目类别	项目名称	起止时间(年)
国家甘薯产业技术体系能源化利用岗位项目	甘薯能源化利用	2008～2015
中国科学院知识创新工程重要方向项目课题	利用高黏度薯类原料生产高浓度燃料乙醇关键技术研究	2011～2013
"十一五"及"863"计划项目课题	高黏度快速发酵生产燃料乙醇技术研究	2010～2011

项目类别	项目名称	起止时间(年)
四川省国际合作项目	能源甘薯燃料乙醇生产相关性状与评价体系研究	2008～2010
"十一五"国家科技支撑项目课题	以甘薯为原料的燃料乙醇生产关键技术研究	2007～2010
四川省发改委项目	能源甘薯燃料乙醇生产相关性状与综合评价技术体系工程	2008～2009
国家科技攻关计划项目	甘薯高效低能耗贮存技术与高效燃料乙醇转化技术研究	2005～2009
中国科学院"西部之光"人才培养一般项目	红薯高效储藏和高效燃料乙醇转化技术	2005～2009

四、甘薯相关研究的主要成绩

(一)建立能源甘薯乙醇的相关性状与评价体系

对不同种植模式下不同品种的甘薯系统地进行了乙醇发酵相关指标的研究,从甘薯的燃料乙醇产出水平、污染物排放、土地占用等角度考虑,系统地考察了可发酵糖、淀粉、可溶性糖、纤维、果胶、多酚、氮、磷、钾等指标对不同品种甘薯燃料乙醇生产潜力的影响,通过将上述品种参数与乙醇浓度、发酵效率、发酵时间、发酵废渣排放量、原料消耗、原料土地占用面积等乙醇发酵相关参数进行相关性分析,建立了一套适合燃料乙醇生产用甘薯品种评价指标:高可发酵糖含量、高单位面积鲜薯产量、低纤维含量。以此评价指标指导育种工作的开展,有助于选育出原料消耗少、土地占用面积小、能量产出水平高、发酵废渣排放量少、发酵醪黏度低的燃料乙醇专用能源甘薯。

甘薯是无性繁殖作物,以收获营养器官块根为目的,所以长期以来被认为不存在成熟期,生长期越长则鲜薯产量越高。按照传统耕作习惯,甘薯的成熟期通常被定为160 d左右。但是经中国科学院成都生物研究所研究,随着生长期延长,单位土地上的乙醇产量并没有显著地增加。在大多数品种中,生育期130 d时的单位面积乙醇产出水平比生育期100 d的有明显的增加,但是160 d时的单位面积乙醇产出水平比130 d的增加不多,在有些品种中甚至减少,大多数品种生长到130 d时的乙醇产出速度最快。这主要是因为在温室或者热带地区,甘薯可以不停生长,但是在中国甘薯会因为温度、水分、营养等不利条件而停止生长,所以随着生长期延长,单位面积甘薯的乙醇产量并没有相应地增加。因此,对于燃料乙醇专用甘薯来说,在生长130 d后即可收获,可提高复种指数,增加土地的利用率;可提早上市或错季供应,延长鲜原料供应时间;也可提前收获,减少受自然灾害的影响。

(二)甘薯原料的经济高效低能耗储藏技术

针对甘薯腐烂变质的两大主要因素——外源微生物污染和自身酶系降解,应以保藏甘薯淀粉、可溶性糖等可被乙醇发酵微生物代谢生产乙醇的可发酵糖为主要目标而不是整个薯块。将鲜薯打浆后,添加保藏剂,通过抑制外源微生物生长和自身酶系活动来防止甘薯淀粉的破坏,并设计了一种拮抗技术来解除上述抑制过程,为下一步的酵母发酵提供良好的条件。该技术操作工序简单,且对原料无特殊要求,新鲜甘薯无论外观是否完整、是否腐烂、薯块是否足够大均可贮藏。具体如下:

（1）在小试水平上研究了开发的保藏剂对鲜薯浆的保藏效果

根据致甘薯腐烂外源微生物和甘薯自身酶系的特征，有针对性地开发多种保藏剂，比较了保藏剂保藏成本、操作简便性和可发酵糖的保藏率，将开发的保藏剂应用于鲜薯浆，保藏17个月后，总可发酵糖的保存率高于94％。对于生产燃料乙醇用甘薯，要求保藏剂在保存总糖的同时不影响后续乙醇发酵效果，为评价保藏剂对甘薯乙醇发酵的影响，用保存17个月后的甘薯浆进行了乙醇发酵，发酵24 h，乙醇浓度可达11.21％，发酵率达90.29％，全年可以满足以甘薯为原料生产燃料乙醇的需求。

（2）研究了开发的鲜薯浆保藏技术对不同甘薯的适应性

为适应工业化生产时甘薯原料来源广、品种杂、品质不一的特点，中国科学院成都生物研究所研究了开发出的保藏技术对不同产地不同品种甘薯的适应性，原料分别为目前西南地区的主栽品种和适于西南地区种植的南薯88、徐薯18、渝紫263、南薯009、南薯007、200730、商薯19、万薯34、2-12-8、徐薯22、南薯99、绵粉1这12个品种的甘薯。至保藏9个月时，可发酵糖保藏率为91.77％～98.98％，且保藏9个月后均能正常进行乙醇发酵，乙醇浓度可达12.49％(V/V)，发酵率可达92％。结果表明开发的鲜薯浆保藏技术适应性广，可应用于不同来源、不同品种的甘薯原料，从而适应大规模工业生产对原料的需求。

（3）利用不同贮藏设备开展了1 t级的放大研究

为了适应农户或专业甘薯收购户自行贮藏薯浆时，贮藏设备可能出现的多样性，先后用不锈钢罐和塑料袋配合自行建造的半地下窖的形式，进行了1号级的鲜甘薯浆保藏实验。甘薯浆保藏10个月后，可发酵糖保藏率仍可达97.92％，且均能正常进行乙醇发酵，乙醇浓度大于10％，发酵率达90.2％。开发的鲜薯浆保藏技术对设备要求不高，且具有放大应用的潜力。

（4）开展了7.7 t级甘薯浆保藏的中试放大研究

为进一步研究该保藏技术在规模化放大应用时的效果，中国科学院成都生物研究所建造了容积6 m³的隔水式半地下贮藏窖，并开展了7.7 t级甘薯浆保藏研究。保藏9个月后，可发酵糖保藏率为96.75％，保藏后的甘薯可正常进行乙醇发酵，乙醇浓度达11.09％，发酵率达90.12％。

（三）薯类原料的高浓度乙醇发酵菌种与控制技术

（1）耐高浓度乙醇菌株选育

菌种是乙醇发酵的动力工厂，优良的菌种是高效发酵产乙醇的必要因素，提高菌株对胁迫条件的耐受性是工业菌株改良的重要目标之一。在乙醇生产过程中蒸馏能耗占全部生产能耗的60％以上，为了降低蒸馏费用，需提高发酵醪中乙醇浓度，但是乙醇是酵母菌的代谢产物，它会对酵母产生毒害作用，抑制细胞生长、存活和发酵。一般情况下，当乙醇浓度低于3.8％时，它对酵母菌的抑制作用才可忽略不计。当发酵醪液中的乙醇浓度达10％～11％(V/V)时便会对酵母的生长和发酵产生抑制，当含量达23％时，酵母菌细胞不再生长，也不产生乙醇。随着发酵醪液中乙醇浓度的增加，乙醇可以进入细胞膜的疏水区，降低疏水相互作用力（这种作用力对维持细胞膜的完整性非常重要）。另外，乙醇在疏水区的存在还会降低范德华力的相互作用，增加细胞膜的运动性和疏水区的极性，使细胞膜减弱对极性分子自由交换的疏水性障碍作用。不同的酵母菌株耐乙醇能力是不同的，而且在不同培养条件下同一株酵母菌对一定浓度的乙醇也有不同的耐受性。

因此，中国科学院成都生物研究所以乙醇浓度、发酵时间、发酵效率为评价指标，通过驯化与胁迫结合筛选技术，选育到8株高浓度乙醇发酵酵母（比考核指标多3株），测定了其胞外酶表达情况，确定了其特征性胞外酶表达谱，利用基因芯片技术考察了关键基因的变化，发现其热休克蛋白(Hsp)26表达量比对照高84倍。配合开发的高浓度乙醇发酵技术,以葡萄糖为底物,乙醇的发酵率已达理论值的92%,发酵时间为55 h左右,残葡萄糖小于0.3%,乙醇浓度可达18%。

(2)甘薯高浓度乙醇发酵技术

目前薯类乙醇行业的整体技术水平还较低,主要原因是新鲜薯类原料含水量均大于60%,在大部分主产区无法自然干燥,需要切片耗能干燥或直接以鲜原料发酵。切片耗能干燥会不可避免地额外增加乙醇生产的成本,而以鲜原料发酵时,因鲜薯是黏度大于40 000 MPa·s、呈半固体状、完全没有流动性的非牛顿流体,传质、传热能力非常差,所以在预处理过程中会因无法与液化酶或糖化酶有效接触而严重影响其液化、糖化效果,使淀粉无法充分转化为可供菌种代谢产乙醇的可发酵糖类;在发酵过程中会因无法与菌种有效接触而造成有效发酵体积的大幅度减少;发酵过程伴随乙醇产生的副产物CO_2也会因排出不畅而积累,抑制产物生产;连同传热不均造成的局部温度过高,使菌种代谢活性急剧下降,从而影响发酵效率、延长发酵时间、影响最终乙醇浓度。另外,高黏度的醪液还易于堵塞输送管道,增加设备的死体积,提高后期固液分离的处理难度和设备清理维护的难度。为了解决上述问题,目前乙醇生产企业只能采用加水稀释原料来降低黏度、增加其流动性的方法,一般添加与原料1∶1(V/V)的水。但是甘薯的可发酵糖含量一般在20%左右,经1∶1(V/V)加水稀释后,会不可避免地将可发酵糖浓度降低至10%左右,从而造成发酵醪液中乙醇浓度只有5%~6%(V/V),在乙醇生产过程中,蒸馏过程的能源消耗占整个生产过程能耗的60%以上,乙醇浓度越低,蒸馏能耗和废液排放量越高,不但增加了生产成本,也不符合清洁生产的要求。综上所述,原料的高黏度造成的流动性差、传质传热困难和高压等大体系工程问题导致的菌种代谢活力差已成为限制薯类乙醇行业发展的技术瓶颈问题,如何解决以上问题已成为薯类乙醇产业高值化的关键。

但目前甘薯黏度研究中对黏度产生机制不清楚(没有靶点)、不能获得目标样品(即与黏度相关的多糖),所以还是"黑箱"筛选,效果差。针对这一问题,中国科学院成都生物研究所利用以"黏度变化+糖芯片"为核心的精确定向降黏酶筛选技术,阐明了黏度产生机制,发现了降黏酶靶点,找到了薯类原料黏度共性。根据多糖单克隆抗体芯片分析结果(靶点),有针对性地以降黏效果为考核指标利用商品化酶复配出多组复合降黏酶系,并最终确定了降黏效果好、成本低、操作简便、适应性强、普适性好的预处理降黏酶系和预处理工艺,可以使甘薯黏度降低90%以上。对十余个品种甘薯及木薯和芭蕉芋的降黏测试结果表明,该技术具有普适性,可以适应工业生产中原料来源广、品种杂、品质不一的现状。为了进一步降低成本,同时获得具有自主知识产权的降黏酶系,研究团队还开展了降黏酶产生菌的筛选工作,从300多株菌中筛选到3株可产生降黏酶的菌株:CMC-37、XYL-1、S-1,并通过响应面法优化了其生产降黏酶的条件,在最优的产酶条件下,将上述3株菌所产粗酶液作用于甘薯,黏度下降率均超过90%。

(四)鲜薯原料的高效快速发酵技术

甘薯季节性强,收获季节价格最为低廉,原料因含水量较大,易腐烂,保存成本高,因此在收获季节及时快速地利用原料进行乙醇生产最具经济性。而为实现快速乙醇发酵,首先需要具备快速乙醇代谢能力的菌株。

中国科学院成都生物研究所选育到3株快速乙醇发酵酵母,通过对发酵方式、蒸煮温度、料水比、糖化酶用量、接种量等因素的优化,确定酵母菌快速生产燃料乙醇的条件,配合开发的代谢促进剂,以甘薯为原料经24 h左右发酵乙醇浓度均可达12.35%,发酵率为92%,发酵强度为4.06 g/(kg·h)。

（五）薯类原料乙醇发酵废渣液的综合利用技术

一般而言，薯类乙醇生产过程中，每生产 1 t 乙醇，就会产生 1 t 干渣，发酵渣的处理效率和处理成本严重影响到了薯类乙醇的产业化进程。从目前对薯类发酵残渣的成分分析来看，残糖占干渣总质量的近 1/3，其中含有大量的多糖、戊糖、己糖。而乙醇的常用生产菌——酵母通常不能利用戊糖，糖化酶活力也不高，也无法充分利用一些多糖。丁醇生产菌——丙酮丁醇梭菌（*Clostridium acetobutylicum*）对葡萄糖和木糖却都有较高的利用效率，其糖化酶活力也很强，故燃料乙醇和丁醇的生产菌株具有极强的互补性，也符合国家的能源政策。同时，一般乙醇生产废液的COD 浓度高达 50 000 mg/L 以上，总糖含量超过 10 g/L，不能作为一般的工业废水处理，但如果稍经浓缩就是极好的丁醇发酵原料，达到了节能减排，建立环境友好型生产方式的目的。但目前国内外关于利用燃料乙醇生产废弃物进行丁醇（ABE）生产的报道几乎没有。

为了达到资源利用最大化的原则，中国科学院成都生物研究所主要研究了甘薯燃料乙醇生产废渣的预处理工艺，以及利用丙酮丁醇梭菌生产燃料丁醇的流程，以期能为合理利用原料和扩大企业经济效益提供科学依据。研究结果表明，2.5%（V/V）盐酸 121 ℃酸水解 30 min，利用 $Ca(OH)_2$ 过中和酸水解液脱毒，发酵 72 h，最终 ABE 总溶剂量达 8.92 g/L，较未处理提高 37.67%，残糖浓度为 4.46 g/L，较未处理下降 33.53%。

（六）腐烂甘薯为原料的乙醇发酵技术

鲜薯含水量高，皮薄易破损，且收获季节在初冬，如果贮存不当，易受冷害和感染病害而发生腐烂。西南地区气候潮湿，每年腐烂的甘薯为 15%～30%，造成了严重的经济损失和面源污染，如能利用腐烂甘薯进行燃料乙醇生产，可将农村的面源污染物转化为高品质的清洁能源，既扩大甘薯乙醇原料来源，又变废为宝，减少经济损失。造成甘薯腐烂的病原微生物种类众多，甘薯被其感染后产生植物抗毒素——甘薯酮、甘薯宁、甘薯醇等，这些植物保护素可通过抑制病原菌生长来对抗感染。因此，腐烂甘薯由于含有植物保护素会对菌株生长产生抑制，一般菌株很难在其中正常进行乙醇代谢。

针对这一问题，中国科学院成都生物研究所通过出发菌株对腐烂甘薯的多轮钝化，选育出 3 株酵母，4 株运动发酵单胞菌，可以耐受腐烂甘薯产生的毒素，配合预处理工艺及发酵工艺的优化，以不同病原微生物所致不同腐烂类型的甘薯为原料，发酵 24 h，乙醇浓度可达 12%，发酵率高于 90%。

3.4.3 南充市农业科学院甘薯科研情况

一、甘薯研究的历史

甘薯是南充市农业生产四大粮食作物（水稻、小麦、玉米、甘薯）之一，历来种植面积大，总产量高，是川北人民的主粮，在西充县素有"红苕半年粮"之称。南充市农业科学院的甘薯栽培研究始于 20 世纪 50 年代初，在半个多世纪中，农业科学院的甘薯研究先后经历了四个时期：一是成长时期（1951～1965 年），以栽培研究为主，结合引种试验；二是开拓时期（1966～1980 年），栽培育种研究并重；三是攻关时期（1981～1993 年），以自育品种为主，栽培研究为辅；四是发展时期（1994 年至今），以自育品种的集成技术研发为主，深入开展育种方式的探索。

栽培方面，围绕育苗、早栽、密植、施肥、田间管理、收获贮藏等过程进行全面系统的试验，并集成或引进新技术，经过试验，取得成效，再示范推广。育种方面，以高产优质、抗病、耐旱、耐贮等作为主要目标，努力取代南瑞苕、胜利百号，赶超徐薯18；通过先引种，促进生产发展，再引育结合更新换代,直到形成自育品种。

20 世纪 50 年代以来,先后引育成功 30 多个甘薯新品种,其中自育的有南薯 12、744-91、南薯88、南薯 97、南薯 28、南薯 99、南薯 6 号、西成薯 007、南紫薯 008、渝薯 33(南薯 009)、南薯 010、南薯 011、南薯 012、南薯 014 等。尤以南薯 88、南薯 99、西成薯 007 和南紫薯 008 表现最为突出,并研究示范了一大批先进的高产栽培技术,获得国家、部、省及市 10 多项重大科技成果奖。最突出的是自力更生选育成功的"高产优质甘薯新品种南薯 88"获得国家科技进步一等奖,"高产新品种南薯 88 及其栽培技术研究"获得四川省科技进步一等奖;"红苕高产一条龙的综合技术和推广应用"获省科委一等奖;主持研究的"四川省甘薯综合标准"和"基于集团杂交基因聚合的紫色甘薯选育与应用"获得四川省科技进步三等奖,"基于集团杂交基因聚合的紫色甘薯选育与应用"获得南充市科技进步二等奖。撰写并发表《对四川甘薯育种攻关目标的评价与分析》《甘薯蔓尖越冬做种种性变异研究》《水培甘薯的光合研究》《秋甘薯干物质积累与产量形成》《不同钾肥处理对秋甘薯性状产量的影响》《甘薯病毒病复合体(SPVD)对甘薯产量形成的影响》等论文 40 余篇,被国家"七五"农业科技攻关领导小组评为先进课题组,授予一等奖。主研人员谭民化被评为"全国先进工作者",南充市"十大科技功臣",被四川省委、省政府授予"四川省重大贡献科技工作者"称号。李育明博士先后荣获市学术和技术带头人、省学术和技术带头人后备人选、全国优秀特派员、南充市中青年拔尖人才、四川省农业科技先进工作者、南充市十大杰出青年等称号,还获得了"全国五一劳动奖章"。

二、甘薯研究基础条件

(一)人员情况

在新中国成立前,科技人员较少。1955 年,南充农业试验站成立后,甘薯被列为重点研究作物之一,配备了专业研究人员谭民化、技工王家成。之后周裕书、曾孝平、邓世枢等也相继参加了甘薯研究工作,长期保持的科研人员有 2～3 人。随着政府农业政策的改变和研究的发展,甘薯研究力量不断壮大,"十五"计划后甘薯科研人员稳定在 11～13 人,现科研团队中有研究员 2 人,中级职称 7 人;博士 2 人,硕士 4 人,成员以中青年为主,具有较强的技术力量。

(二)科研条件情况

已建成并启动使用"国家甘薯改良中心南充分中心",由国家投资 700 万元,地方和单位自筹300 万元,以改造和完善试验基地的基础条件,保持可供甘薯试验研究的坡台地 10 余亩,开阔坝地 50 余亩,防蚜网室、温室 4 800 m²,海南甘薯杂交圃 3 亩;新购置先进仪器设备 100 余台(套),新建或扩建细胞操作室、分子操作室、生物工程室等各类实验室 5 个,设有品种资源、遗传育种、栽培加工利用、生物工程等研究室,使甘薯试验研究条件有了极大提高,为进一步开展甘薯遗传育种、组织培养、薯类脱毒、分子辅助育种、转基因研究等科研项目提供了基本的设施及设备条件,有助于现代生物技术与传统育种的紧密结合,对继续保持甘薯育种在全国的优势地位具有重大意义。

三、主要甘薯研究方向

(一)新品种新材料的引进和利用

广泛收集省内外及国内外的各种类型甘薯基因资源,扩大甘薯育种的遗传背景,发掘其高产、优质、抗逆等优良基因,为新品种的选育和新材料的创制提供基础。到目前为止,从国内外及省内外科研院所共引进各类甘薯品种(材料)800 多份,实生种子 1.6 万多粒,大大丰富了南充市农业科学院甘薯遗传育种的基因库。

（二）育种新方法的探索

在常规育种的基础上，利用集团杂交、回交以及近缘野生种等，加快了甘薯有利基因的聚集；分子辅助育种和转基因研究为优质、多抗、广适甘薯新材料的选育提供了保障。

（三）新品种的选育

新品种的选育是南充市农业科学院甘薯研究的根本，以引进的新品种新材料为基础，辅以新育种方法的运用，最终育成高产、优质的甘薯新品种，目前已育成"南薯系列"品牌的甘薯品种：南薯88、南薯99、南薯6号、南薯95、南薯28、南薯97、西成薯007、南紫薯008、渝薯33（南薯009）、南薯010、南薯011、南薯012、南薯014等，为甘薯产业的发展提供了有力的品种保障。

（四）高产高效栽培技术的集成与示范

依据品种特性和区域特色，南充市农业科学院总结出一大批甘薯高产高效栽培技术，并进行了示范推广，为该地区促粮增收，促进甘薯产业发展起到了积极的推动作用。据不完全统计，到2013年，共推广自育新品种 6.85×10^6 hm^2。

四、近几年来主要承担的甘薯科研项目

甘薯研究室先后承担了"八五"至"十二五"甘薯育种攻关项目和农业重点科研项目，承担"八五""九五"国家甘薯攻关项目，"十五"国家"863"计划项目以及四川省杰出青年学科带头人基金项目。

（1）Breeding and Application of Carotenoid Rich Sweet Potato——2006~2012年

（2）燃料乙醇专用高淀粉甘薯新品种选育——2007~2010年

（3）高产优质专用甘薯育种技术研究及新品种选育——2006~2010年

（4）甘薯标准化栽培技术研究——2010年

（5）甘薯平衡增产技术科学家岗位——2008~2010年

（6）长江中下游栽培科学家岗位——2011~2015年

（7）国家甘薯产业技术体系南充甘薯综合试验站——2008~2015年

（8）甘薯高淀粉轮回选择群体的改良效果及遗传多样性评估——2004~2007年

（9）乙醇原料（能源专用）用甘薯新品种选育甘薯——2005~2010年

（10）鲜食及食品加工型甘薯新品种及新材料选育——2005~2010年

（11）超高产薯类新品种联合育种——2005~2010年

（12）生物质产业原料生产基地建设研究与示范——2009年

（13）燃料乙醇高淀粉甘薯新品种选育及配套技术研究——2006~2010年

（14）农业部川渝薯类与大豆观测试验站——2011年启动

五、甘薯研究的主要成绩

（一）甘薯品种资源引进、材料筛选与利用

品种筛选的主要目标是引选出产量高、品质好、适应性广且抗黑斑病的新品种。20世纪50年代初南充市农业科学院向四川省农科所，江苏、山东、河北、河南、浙江、广东等省农科所、遗传所，徐州、万州、湛江等专区农科所引种，广集资源，建立原始材料圃。对征集来的80多个品种（系）进行了物候期及农艺性状观察。后又引进种子及杂交后代，经不断鉴定和品种比较，挑选出鲜薯产量高、品质较好的可取代南瑞苕的品种红旗4号、早丰、超南573-13、里外黄、51-93、湖南苕、宁远30日早等。从华北农科所"48-284"中选育的"南选1号",鲜薯产量达33 750～48 318.75 kg/hm²,比南瑞苕增产60%以上,但高感黑斑病。1960年从中国农业科学院作物所引进杂交种子中选育出的"021"(细皮白×胜利百号)鲜薯产量达24 750～32 250 kg/hm²,比南瑞苕增产26.6%～34.7%,品质好,较抗病。这些品种都先后提供给西充县、南部县、阆中市、蓬安县、营山县、岳池县、武胜县农场或农户种植。

1958年黑斑病被发现后,品种资源损失殆尽,之后新征集保存100余份,90%以上为省外资源,国外品种很少。而省外资源多为新选育的品种材料,其遗传背景较狭窄。经整理淘汰了生长发育差且用途不大的材料,对符合育种目标要求的材料择优作为杂交亲本。

1966～1972年,谭民化等从引入的一批新品种中通过鉴定比较,筛选出短秧红、栗子香、59-811、农大红、河北351、59-784、选14、河北79、选57、一窝红、遗字138、台农3号、湘薯9号、湘182、丰收白、标心红、68-21、晋专7号等,这些品种(系)的经济性状表现优于南瑞苕或胜利百号。在此期间,不间断地通过繁殖供给南充地区各县农场及少数社队。据统计,这一时期共推广品种25个,提供种薯143 500 kg。

南充市农业科学院在对国内外育种资源引进的同时对其特征特性和农艺性状等进行鉴定,并对部分较好材料进行遗传参数分析,供进一步育种参考。

实践研究表明,从长江流域以北引进的品种,一般长势较好,株型扩散,产量品质较优,所以当时南充市农业科学院(所)[简称南充市农业科学院(所)]的引种主要以长江以北为主,同时兼顾沿海和南方的新品种新材料。引种需经过严格检疫,严格消毒处理,严格隔离种植,确认无病虫害后才能进行大田试验。

(二)甘薯新品种选育

(1)甘薯育种成就

"七五"开始,南充市农业科学院(所)承担了国家甘薯育种攻关项目,其育种目标是兼用型与专用型品种研究并进,食用品种的干物质含量需要达26%以上。与此同时南充市农业科学院(所)还承担了四川省农业厅组织的地、市、州农科所甘薯联合育种任务,任组长单位,谭民化任组长。经过8年的辛勤选育,1988年南充市农业科学院(所)甘薯研究终于取得大突破,甘薯新品种南薯88选育成功。

南充市农业科学院(所)甘薯课题组利用国内外优异甘薯品种(材料),进行品种间有性杂交,采取单交、复交和集团杂交,并用甘薯品种(材料)与近缘野生种进行种间杂交,通过精心培育、严格筛选、比较鉴定出符合要求的各类型品种,成功育成了"南薯系列"甘薯品种。

南充市农业科学院(所)从国际马铃薯中心分别引进高淀粉BB系列和优质食用PC系列集团杂交实生种子1.5万粒,从中筛选出了BB3-26、BB18-152、BB20-162、BB2-285、200730(PC99-1)、200834(PC99-1)和200819(PC99-1)等20余份高淀粉、高类胡萝卜素材料,作为亲本或直接选育应用于育种,拓展了甘薯育种的遗传基础,取得了极好的效果。

通过开展甘薯轮回群体改良的研究,近系育种和近缘野生种的研究,筛选出一批高淀粉材料,如D-5-084(绵粉1号集团后代)、D-1-018(83-1229集团后代)等,其干物率均在40%以上,综合性状良好;筛选出一批优质食用材料,如S-22-302(徐43-12集团后代)、S-24-325(早熟红集团后代)等。近交系选育筛选出了各类型材料20余份。从近缘野生种及其种间杂交后代筛选、鉴定出不同特性的材料10余份,不同材料的特性已逐步应用于育种。

通过鉴定筛选出高产抗性材料潮薯1号、晋专7号,高淀粉材料84-2315、84-2915,高类胡萝卜素材料PR-S-9-12,高产多抗亲本农林10号等,并对这些材料进行了不完全双列杂交试验、开花结实调查等，以对其亲本进行评价。其中，甘薯育种亲本材料"潮薯 1 号"的研究于 2000 年 11 月 19 日通过省级专家技术鉴定；84-2315、84-2915 和 PR-S-9-12 于 2000 年 9 月 27 日通过"九五"国家农作物育种攻关子专题"甘薯品质育种材料的筛选和创新"专家组验收，被认为达到国内先进水平。

随着新形势下甘薯产业发展的需要，采取多种杂交方式结合，定向选育、筛选出适宜于淀粉加工用能源甘薯品种西成薯 007（南薯 007）、南薯 011，四川省第一个食用型紫色甘薯品种南紫薯 008，高产优质紫色甘薯品种南薯 014，高类胡萝卜素专用甘薯品种南薯 010 和南薯 012，都通过四川省审定。其中西成薯 007 于 2010 年通过国家鉴定。西成薯 007 和南紫薯 008 于 2013 年作为四川省主导品种进行全省推广。

（2）育成品种

南薯 88（原系号 81-88）是 1980 年用晋专 7 号作母本，美国红作父本进行有性杂交后培育选择而成的。1988 年通过四川省审定，1992 年通过国家鉴定。

特征特性：南薯 88 株型匍匐，叶片心脏形，顶叶绿色，叶、叶基与柄基部、叶柄均为绿色；蔓绿色，茸毛少，蔓长为 170～250 cm，粗细中等，基部分枝 3～5 个，节间较长；薯块下膨纺锤形，薯皮淡红色，薯肉黄红色，薯皮较薄、光滑，萌芽性中等，烘干率为 29% 左右，出淀粉率为 15.0% 以上；适应性强，早熟抗病性优于徐薯 18，熟食品质优。总糖含量为 14.6%，维生素 C 含量为 20.5 mg/100 g 鲜薯，维生素 B_2 含量为 7.2 μg/100 g 鲜薯，氨基酸含量为 812.25 mg/100 g 鲜薯。大中薯多，商品价值高，适合于淀粉加工、小食品（如薯条、薯脯等）加工及食用、饲用。

产量表现：1983～1988 年，六年试验南薯 88 平均鲜薯产量达 30 000 kg/hm² 以上，比徐薯 18 增产 20% 以上。薯干、淀粉比徐薯 18 增产 10% 以上，藤叶比徐薯 18 增产 10%～20%。

南薯 99（原系号 94-276）是 1993 年用潮薯 1 号作母本，红皮早作父本，进行有性杂交后培育选择而成的。1997 年参加省区域试验，1999 年 5 月通过省审定，2001 年通过国家鉴定。

特征特性：南薯 99 顶叶色绿边带褐，尖心形；成熟叶绿色，尖心形，大小中等；叶脉、脉基色紫色。蔓为绿色，蔓尖茸毛中，蔓长中等，粗细中等，基部分枝数 3～5 个，株型匍匐，无自然开花习性；薯块长纺锤形，皮色紫红，薯肉淡黄色；熟食品质中等，香味较浓，味甜，纤维含量中等；烘干率为 28.13%～29.67%，淀粉率为 13.8%～15.44%；萌芽性好，出苗早而整齐，单薯萌芽数为 12～15 个，出苗率达 95% 以上，幼苗生长势中等；结薯早，整齐集中，易于收获，大中薯率 90% 以上，单株结薯为 3～5 个；抗黑斑病，耐旱、耐瘠、耐肥性强，耐贮藏。

产量表现：1996 年品比试验，南薯 99 平均鲜薯产量为 41 413.5 kg/hm²，比对照南薯 88 增产 21.86%；藤叶为 18 619.5 kg/hm²，增产 5.87%；薯干 12 519 kg/hm²，增产 19.76%；1997～1998 年省区试 15 点次结果，平均鲜薯产量达 34 953 kg/hm²，比对照南薯 88 增产 22.7%；藤叶 24 493.5 kg/hm²，增产 9.3%；薯干为 10 015.5 kg/hm²，增产 20.3%；淀粉为 5 127 kg/hm²，增产 10.8%；生物鲜产、生物干产分别为 59 446.5 kg/hm²、13 000.5 kg/hm²，分别增产 16.8%、17.9%；1998 年全省生产试验六点结果，平均鲜薯产量达 26 875.5 kg/hm²，比对照南薯 88 增产 22.8%；藤叶为 23 364 kg/hm²，增产 13.3%。

西成薯 007（南薯 007）（原系号 2-473）是 2002 年从 BB18-152 与 9014-3 杂交后代材料中选育而成的高淀粉甘薯新品种。

特征特性：该品系叶形浅单，顶叶绿边褐，叶脉绿，柄基绿，叶色绿，叶片中等大小；蔓色绿、较粗、中长，分枝 3～4 个，茸毛少，株型匍匐；萌芽性好，出苗较早，单株幼苗数 12.8 株，大田长势强，结薯集中，大中薯率 85% 左右；鲜薯纺锤形，薯形外观好，红皮黄肉，熟食品质优；烘干率为

32.33％～37.97％,淀粉率为20.15％～21.80％;抗黑斑病。

产量表现:2006年省区试六点试验结果显示,除平均鲜薯产量31 211.1 kg/hm²,比对照略减产(−0.69％)外,其余产量性状均超过对照,且全部居参试品系第一位,增产均达极显著;藤叶31 844.4 kg/hm²,比对照增产19.49％;薯干为10 037.55 kg/hm²,比对照增产11.26％;淀粉6 776.4 kg/hm²,比对照增产15.38％。

南紫薯008(原系号南紫−8)是2002年从日本紫薯集团杂交后代材料中选育而成的食用型、加工型、叶菜型兼用紫色甘薯新品种。

特征特性:中熟、长蔓食用型、加工型、叶菜型兼用紫色甘薯品种。顶叶紫红色,成熟叶绿色,心脏形,大小中等,叶脉绿色,柄基绿色;蔓绿带褐色、茸毛少、中粗、中长,茎基部分枝3～4个,株型匍匐,无自然开花习性;薯块长纺锤形,皮色紫,肉色紫,薯皮光滑,薯形外观好,熟食品质优,烘干率为23.86％,淀粉率为13.84％;可溶性总糖为7.95％,粗蛋白为0.722％,维生素C为21.4 mg/100 g鲜薯,β-胡萝卜素为0.031 9 mg/100 g鲜薯,花青素为15.106 mg/100 g鲜薯,藤叶粗蛋白含量为1.38％;萌芽性好,单株幼苗数15.8株,幼苗生长势强;结薯整齐集中,易于收获,单株结薯2～3个;抗黑斑病,耐旱、耐瘠性较强,贮藏性特好。

紫色甘薯的作用:紫色甘薯具有营养、着色、保健等多重作用。长期食用有降压、补血、益气、润肺、养颜、减肥之功效;能有效预防动脉粥样硬化,尤其是抗癌物质碘、硒的含量比其他甘薯高20倍以上;同时茎叶也是营养丰富的蔬菜,维生素C、维生素B_2、钙、铁、镁、蛋白质的含量高于其他蔬菜,被称为长寿菜、保健菜;紫色甘薯花青素含量高,可以加工提取天然色素作为食品添加剂或制成饮料。花青素对人体相当有益,它可以有效抑制诱癌物质的产生、减少基因突变,还能降低血清中的转氨酶含量,对高血压等心血管疾病有很好的预防作用。

产量表现:2005～2006年两年省区试汇总结果鲜薯产量为21 096 kg/hm²,藤叶产量为30 411.45 kg/hm²。

南薯010(原系号200730)是2000年从国际马铃薯中心引进"PC99-1"集团杂交种子,经培育选择、鉴定比较选育而成的一个高胡萝卜素食用及食品加工用甘薯新品种。2010年3月通过四川省农作物品种审定委员会审定。

特征特性:该品种顶叶色绿,叶形浅裂复缺,叶脉紫,柄基紫,叶色绿,叶片大小中;蔓色绿,蔓粗细中等,蔓长中等,基部分枝6～8个,茎尖茸毛多,株型匍匐,自然开花;薯块长纺锤形,皮黄色,薯形美观,薯肉橘红,烘干率为20.98％,淀粉率为11.89％,可溶性总糖为7.29％,粗蛋白为0.556％,维生素C为20.1 mg/100 g鲜薯,类胡萝卜素含量为9.3 mg/100 g鲜薯,藤叶粗蛋白含量为1.44％;甜味中等,纤维含量少,熟食品质优;单株结薯为5～6个,结薯整齐集中,易于收获。萌芽性较好,出苗早、整齐,单薯萌芽数为10～14个,幼苗生长势较强;抗黑斑病,耐旱、耐瘠性较强,贮藏性略优于对照南薯88。

产量表现:2007～2008年省区试结果,平均鲜薯产量为33 527.7 kg/hm²,比对照增产5.14％;藤叶为91 902.3 kg/hm²,减产2.29％。烘干率为20.98％,淀粉率为11.89％。2009年大区生产试验,鲜薯产量达33 165 kg/hm²,较对照南薯88增产8.4％;藤叶平均产量为30 180 kg/hm²,较对照减产14.8％。

南薯011(原系号2-507)由南充市农业科学院于2001～2007年从浙13集团杂交后代材料中经过培育鉴定、比较、选育成功的一个淀粉加工专用型甘薯新品种。2008～2009年参加四川省区域试验,2010～2011年进行大区生产试验和示范。

特征特性:顶叶色绿边褐,叶片心形带齿,叶脉紫色,叶柄绿色,叶色绿,叶片大小中;蔓色绿带紫色,蔓较长、粗细中等,基部分枝5~6个,株型匍匐;薯块纺锤形,薯皮紫红色,薯肉淡黄色,熟食品质优;烘干率33.55%;萌芽性较好,出苗早、整齐,幼苗生长势较强,结薯整齐集中,易于收获,单株结薯3~4个;抗黑斑病,耐旱、耐瘠性强,贮藏性优于对照南薯88。

产量表现:2008~2009年省区试,薯干产量9 553.5 kg/hm²,比对照增产6.9%;淀粉6 526.5 kg/hm²,比对照增产13.8%;鲜薯亩产1 868 kg,比对照减产11.9%;藤叶26 985 kg/hm²,比对照减产10.4%。2010年生产试验,薯干产量10 003.5 kg/hm²,比对照增产7.9%;淀粉7 315.5 kg/hm²,比对照增产15.2%;鲜薯31 305 kg/hm²,比对照减产13%;藤叶25 620 kg/hm²,比对照减产1%。

南薯012(原系号5-155)是2005年用食用品种"跛嘎×三合薯"杂交选育而成的高类胡萝卜素甘薯新品种。

特征特性:该品种叶形心脏形,顶叶紫色,叶脉浅紫色,柄基绿色,叶浓绿色,叶片较大,生长势较强;蔓色绿、粗细中等、较长,分枝2~3个,无茸毛;株型匍匐;薯块短纺锤形,皮色紫红,肉色橘红,类胡萝卜素含量5.13 mg/100 g鲜薯,烘干率24.71%~26.15%;萌芽性中等,单株结薯3~4个,结薯整齐集中;熟食品质优,高抗黑斑病,耐贮藏。

产量表现:2007~2008年品种比较试验结果,平均鲜薯42 355.8 kg/hm²,与对照南薯88相当。2009年省区试,平均鲜薯产量达24 810 kg/hm²,比对照减产15.9%;藤叶25 440 kg/hm²,比对照减产10.4%。2009~2010年省区试结果,鲜薯为30 154.5 kg/hm²;烘干率、淀粉率分别为26.07%和16.35%;薯干、淀粉分别为7 161 kg/hm²、4 989 kg/hm²;藤叶为23 634 kg/hm²。

南薯014(原系号6-24)是2005年用食用品种"2-565×渝紫263"获得的种子,2006~2009年进行鉴定、选择和比较试验,2010~2011年参加四川省区域试验,2012年进行生产试验。

特征特性:薯块长纺锤形,薯块深紫红色;薯肉紫红色;花青素含量20 mg/100 g鲜薯左右,熟食品质优,萌芽性好,幼苗生长势强,结薯整齐集中,易于收获,单株结薯4~5个;叶形心齿形,顶叶色绿边褐,叶脉紫,柄基紫,叶色绿,叶片大小中等;茎蔓绿紫,中等粗,中偏长,分枝5~8个,蔓茸毛多,株型半直立;中抗黑斑病,耐旱、耐瘠性强,贮藏性明显优于对照南薯88。

产量表现:2010~2011年平均鲜薯产量为17 040 kg/hm²;薯干为5 308.5 kg/hm²;淀粉为3 540 kg/hm²;薯块干率为30.89%,较对照高4.25%;淀粉率为20.52%,较对照高3.05%;大中薯率60%。

(三)新材料创制和育种新方法的研究

(1)杂交育种探索

1958年,南充市农业科学院(所)发现四川省首例黑斑病。该病被发现后,全省注意监测,并先后在省内其他各处发现此病。从此,在甘薯育种上将黑斑病列入重点研究对象。

1959年,南充市农业科学院(所)开始探索促进甘薯现蕾开花的方法。以月光花、牵牛花作砧木,嫁接南瑞苕、胜利百号、南选一号,再用黑纸做的竹笼做遮光处理8~10 h,结果因未开花而失败。1960年用蕹菜作砧木嫁接南瑞苕、胜利百号、48-117、竹头红等品种,并做短日照处理,仍以失败告终。

1970年,南充市农业科学院(所)进行了结籽红苕研究,选择了能自然开花的品种农大红、河北351,在该所基地进行放任授粉,并人为进行正反交,结果收获农大红放任授粉种子12 191粒、河北351放任授粉种子30 106粒。1971~1972年增加自然开花品系676-1、6240-52、672-6,将5份材料种在一起,任其自然授粉,收获种子98 676粒,先后提供给大竹、宜宾、合川、盐亭、渠县、乐山、蓬安县、西充县、阆中市、仪陇县、苍溪县、南部县、营山县、岳池县、武胜县、广安等123处试种,结果表明甘薯实生种子不能用于生产,而只能用于育种。

后来,课题组采用月光花、牵牛花作砧木,盆栽嫁接自然开花品种河北351、不易开花品种红皮早、胜利百号、美国红、68-21、南瑞苕等共99盆,加上搭架短日照处理,促进甘薯开花,结果仍不理想。当时甘薯新品种选育工作主要依靠实生苗培育,1966～1976年10年间共收到江苏、徐州等地放任授粉与杂交种子4 000多粒,所内放任杂交种子5 000～6 000粒。这些种子的亲本主要是南瑞苕、胜利百号、美国红、68-21及其近亲52-45、栗子香等,掺混地方品种夹沟大紫、恒进。经过培育获得碎66-12(碎叶子放)为青饲材料;获得的材料702-20(6240-5×57-54)鲜薯产量高;食用品系704-98-2与704-98-3(胜利百号×南瑞苕)综合性状好;744-89和744-91(栗子香×美国红)前者中干中产饲用,后者高干中产较抗黑斑病。

(2)海南杂交育种

为扩大育种规模,充分利用海南有利于甘薯孕蕾开花结籽的自然条件,1976年冬开始在海南陵水县进行杂交制种,选择27个亲本(5个为自然开花品种)在海南栽植,并组配成功。1977年收回杂交组合64个,种子700多粒,加上21个品种的放任授粉种子400多粒,合计1 100多粒,自此开始了自育新品(种)系的选育。同年,在海南加大亲本群体,1978年杂交组合116个,收回种子2 466粒,放任品种6个,种子243粒。之后每年在海南进行杂交育种,1980年的制种结果为自育品系的选育奠定了技术基础。在海南制种的同时,1978年在所内采用嫁接蒙导、整枝搭架、短日照割蔓处理等方法也取得了一定的成效。另外用自然开花品种万育53、88-3、农大红、河北351等开始进行集团杂交探索,获得了一定量的杂交种子。

海南制种是南充市农业科学院(所)获得大量杂交种子的途径,因此在那里长期租用了试验地,建设了必要的基础设施。从1981年起每年在海南的制种亲本保持在30个左右,杂交组合100～200个,收获种子3 000～5 000粒,有时达上万粒。为了改变多组合小群体的状况,采取小群体大组合的方法,对于后代群体表现好的组合,在重复制种时扩大制种量,即尽量控制组合总量而增加每个组合的种子数量。

2000年后,因定向选择的需要,组合配置开始细化。除一般性的高淀粉、食用和单交组合外增加了食用淀粉、紫薯等组合,年收获杂交种达到3万粒以上,除大部分自用外,还提供给西南大学、贵州省农业科学院、绵阳市农业科学院等单位进行新材料选育。2011年承担国家甘薯产业体系统一制种,配制组合181个,收获实生种9.7万多粒,并提供给徐州甘薯研究中心统一分配到全国各甘薯育种单位。

(3)甘薯轮回群体改良的研究

鉴于我国甘薯育种材料亲缘关系近、遗传基础狭窄的背景,南充市农业科学院在国内率先开展了集团杂交轮回选择群体改良工作,并取得明显进展。

1997年,用高淀粉型、优质食用型筛选出了不同来源的材料各10余份,进行人工混粉杂交获得杂交种子。经实生苗培育及二代鉴定,筛选出了一批高淀粉材料和优质食用材料,分别选择了20个材料组建下一轮集团杂交群体,并获得种子。然后进行了高淀粉甘薯轮回选择群体改良研究,得到轮回选择群体C1(13份)、C2(25份)和C3(30份),并研究评价了在轮回选择作用下甘薯淀粉产量及主要农艺性状的改良效果和采用RAPD等分子标记对C0、C1和C2群体的遗传多样性进行评估,为进一步开展轮回选择提供参考,筛选出D01414、D01304、D01545等10余份高淀粉材料,烘干率达35%以上,淀粉率达24%以上,综合性状好。

(4)近交系育种

筛选出自交亲和性较好的品种徐薯18、潮薯1号、绵粉1号、晋专7号等进行自交,再用其后代进行兄妹交或回交,以期通过近亲杂交积累有利基因,然后选择配合力高的,淀粉含量、胡萝卜素含量高的,高抗的近交系作为亲本材料,然后再利用其他品种(系)与近亲系杂交产生杂种优势,以恢复近交衰退的薯块产量,进而培育新品种。

(5)近缘野生种的利用

利用近缘野生种三浅裂野牵牛($I.trifida$)($6\times$、$4\times$)等分别与甘薯品种进行正反交,获得杂交种子,从种间杂交后代 F_1 中选择品系,进一步鉴定出不同倍性、不同特性的新的种质材料,以丰富甘薯种质的基因库,再通过选择轮回杂交亲本,回交 $1\sim3$ 次,从回交后代中选育出优质、抗病、抗逆、高产的优良亲本和新品种。

(四)新品种推广应用及产业化情况

经过 60 余年的选育研究,南充市农业科学院(所)已形成"南薯系列"甘薯新品种,并依据品种特性研制了一大批甘薯高产高效栽培技术,并进行了示范推广,成效显著,推动了甘薯产业的发展。据不完全统计,到 2013 年,共推广自育新品种 6.85×10^6 hm²,其中"南薯 88"为 4.67×10^6 hm²,"南薯 99"为 1.67×10^6 hm²,"西成薯 007"为 1.2×10^5 hm²,"南紫薯 008"为 1.67×10^5 hm²,"南薯 95""南薯 28""南薯 97"和"南薯 6 号"等为 2.33×10^5 hm²。

(五)甘薯高产栽培技术研究

南充市农业科学院(所)从 20 世纪 50 年代开始进行甘薯的栽培研究,通过 60 多年的努力,栽培技术已涉及甘薯的育苗、栽插、施肥、间套作栽培、贮藏、藤蔓越冬、干物质积累及分配等各个方面,形成了规范的甘薯高产栽培技术,为甘薯产业的发展提供了技术保障。

(1)甘薯育苗技术研究

以苗早、苗多、苗壮,满足早栽密植对薯苗的需要为目标,开展了以下研究试验:温床育苗方法试验,分为草团酿热温床,地上式、地下式、半坑式酿热温床,火坑温床,冷床,露地育苗等;经济用种试验,包括切块育苗,大中小薯作种,薯鼻藤叶作种试验。播期试验主要是露地育苗,从雨水节气开始,每隔 5 d 一播,春分后结束,共 7 期;瘗种方法试验,分窝播、条播、平植、切块,外加催芽瘗种;苗床施肥催苗试验:研究从苗床施底肥、灌底水起,到基肥追肥的施用时间次数方法,肥料种类用量。此外,还做了一些摘尖出苗壮苗的辅助试验及调查研究。最后发现半坑式酿热温床,既省料、保温,还方便管理,出苗早,产苗多。

①甘薯塑料薄膜育苗综合技术研究

1965 年,南充市农业科学院(所)引用新材料塑料薄膜用于甘薯育苗,效果良好。第二年,引进 9 种规格的塑料薄膜,开展了露地育苗与盖膜,不同瘗种期盖膜,灌水加盖膜,盖膜方式以及用于连续繁苗的比较,结果显示塑料薄膜的整体效果良好。同期播种盖膜土温可提高 $2.2\sim7.0$ ℃,防止土壤水分蒸发。

②甘薯高效育苗技术研究

以西成薯 007、南紫薯 008 和南薯 012 为试验材料,进行了露地育苗,平盖育苗一膜到底,平盖育苗 70% 出苗后揭膜,"平盖＋拱盖"出苗 70% 后揭拱膜。2010 年 2 月 10 日开始第 1 期,以后每相隔 10 d 播 1 期,共 4 期。研究结果表明,盖膜能显著提高土温,播种后 14 d 平均增加 $3.0\sim5.0$ ℃,促使提早出苗 $8\sim16$ d。以 2 月下旬到 3 月上旬,"平盖＋拱盖出苗 70% 后,揭拱膜",双膜盖,在出苗 70% 后,揭拱膜的育苗方式最佳。

(2)甘薯深耕、壮苗、早栽研究

深耕采用深挖套犁等方法,使耕作层加厚到 100 cm、50 cm、35 cm、25 cm、18 cm,试验结果耕深仍然是 $18\sim25$ cm 最好。壮苗与弱苗栽植试验的结果显示,一般壮苗比弱苗鲜薯增产

6.51%~19.9%；栽植期从 5 月中旬到 6 月下旬。一般以小满到芒种为宜,早栽增产。

（3）甘薯密植程度、方式试验

单位面积上的合理群体结构是促成甘薯多、薯大,达到增产目的的最有效技术措施之一。30 000~150 000 株/hm² 的多次试验结果显示 60 000~75 000 株/hm² 比 30 000~45 000 株/hm² 的鲜薯增产 6.8%~48.9%,而大中薯率减少 6% 左右;比 90 000 株/hm² 以上的鲜薯减产 16.4%~33.2%,大中薯率多 10% 以上。表明密植增产与作厢大小有一定关系,在 45 000 株/hm² 的情况下,大厢 0.93 m,栽双行,比小厢 0.8 m 栽单行的鲜薯增产 7.6%,在 60 000~75 000 株/hm² 时,大厢 1.0 m 栽双行比同密度小厢栽单行的效果好,大厢 1.67 m 栽 3~4 行,尽管可提高单位植株数,但效果不佳,小薯率高。采用不同部位薯苗栽植的结果:顶端一般比中部节位好,中部节位又比基部藤蔓好。从南紫薯 008 不同节位栽插试验甘薯产量来看,尖节苗小区鲜薯产量为 16 125 kg/hm²,高于其他节位薯苗产量,居第一位,比二节苗增产 9.30%,较三节苗和弱苗增产幅度较大,分别增产 30.23% 和 39.53%。栽植方法与密度有关,但斜插与直插并不太明显,在干旱不严重地区,斜插更有利于增加结薯数与产量。

（4）甘薯中耕除草与提蔓翻藤试验

中耕除草试验:甘薯栽后 30 d 中耕一次,鲜薯产量为 31 381.5 kg/hm²,比不中耕增产 5.64%;栽插后 15 d 中耕一次,隔 20 d 再中耕一次,鲜薯比不中耕的增产 8.15%。

提蔓翻藤试验:在丘陵沙砾地提蔓翻藤比不提蔓翻藤鲜薯每亩减产 17.6%~30%。黏重土上提蔓翻藤比不提蔓翻藤鲜薯每亩减产 7.61%~15.82%,壤土上提蔓翻藤比不提蔓翻藤鲜薯(228 654.5 kg/hm²)减产 6.27%~7.22%。

（5）甘薯贮藏的综合技术研究

在窖形上有坛子窖、岩窖、敞口平窖等,贮藏量与窖形大小、深浅有关。窖贮量少则贮薯 500 kg,窖大则可贮薯多达 50 000 kg,一般为 1 000~2 000 kg,既贮薯块,又贮薯鼻、藤蔓,结果显示甘薯安全贮藏与窖形关系不突出,与贮藏量、烂薯率的关系也不十分显著,反而与收获期关系较密切。从甘薯收获期试验看,霜降至立冬后几天,气温不低于 12 ℃收挖的鲜薯贮藏效果好,这个时段收获的鲜薯产量达到24 684~24 867 kg/hm²,比霜降前 8 d 收获的鲜薯产量高 10% 以上。入窖贮藏158~170 d,出窖时好薯率为 81.5%~93.3%,烂薯率平均为 6.12%,水分损失为 5.98%~8.02%,比早收入窖贮藏 180 d 的好薯率高 5.5%~17.3%,烂薯率低 8.14%,水分损失少 3.3%~5.4%。

（6）秋甘薯与窝子薯栽培技术试验

在 34 个材料中,秋薯品种菠国、48-169、51-20-2、52-6-1、胜利百号等表现较好,栽插期 8 月中旬为宜,密度为 105 000 株/hm²。窝子薯栽培是 1958 年的主要试验项目之一,栽植窝薯每公顷 12 000 窝、15 000 窝、18 000 窝、21 000 窝,栽植深度 3 cm、6 cm、9 cm、12 cm、15 cm。压藤次数试验因供试田块较低,生长期中被洪水淹没,未达到预期效果,但为后续研究积累了资料。

（7）甘薯间套作玉米试验

在大厢为 0.93 m、株距为 0.27 m,栽双行甘薯(80 400 株/hm²)的基础上,再间作两季玉米。玉米窝距增加到 0.53 m、0.8 m 或1.07 m,种植 2~3 株,在肥料缺乏的情况下都不可能达到提高复种指数增产的目的。以甘薯为主,间作一季玉米,即玉米行距 0.93 m,窝距1.07 m,种植 3 株,种植密度为 30 150 株/hm²,这种方式甘薯与玉米二者产量可达 7 894.5~7 977 kg/hm²,比净作甘薯增产原粮 621~793.5 kg/hm²。

（8）甘薯藤蔓越冬作种研究

20 世纪 70 年代由于自然灾害,造成甘薯大面积减产,甘薯育苗普遍缺种的局面。针对这一问题,南充市农业科学院(所)派专家到巫山县学习甘薯蔓尖越冬作种技术,之后进行试验示范推广,以尽快解决当时出现的甘薯缺种问题。

1975 年冬,对蔓尖越冬作种进行了比较全面系统的试验,包括不同苗床形式试验,分地上式床、地下式床、半坑式床、冷床、太阳贮温床等;不同插期,品种,薯苗(壮、弱)尖、中、基部苗,秋薯蔓尖越冬试验。试验结果表明半坑式苗床最好。在蔓尖越冬期,绝大多数时间苗床床温在 10 ℃以上,成活率达 96％,比地上式床高 30.8％,比太阳贮温床高 46％;蔓尖栽插期以霜降至立冬为好,平均成活率为 65.4％,不同品种成活率不同,最高的可达 98.1％;绿蔓品种高于红蔓,壮苗蔓尖越冬成活率高,弱苗成活率低,中基部蔓越冬差,秋薯蔓尖栽插越冬好。覆盖保温物,塑料薄膜必不可少。以白天盖膜晚间加草帘最好,常温可保持在 11～14.8 ℃。蔓尖连续越冬做种,经过5～6个世代,生产潜力不会降低,品质不会劣变,种性不会退化,关键是保温、透光和排湿,三者相辅相成、缺一不可。

这项技术在南充地区开展了大规模的推广宣传,全地区共推广 61 万多床,全省 200 多万床,第二年栽插 3.33×10^4 hm²,节约种薯 5 000 多万千克。这项技术可节约种薯、保证早栽、防病增产、加速良种繁育,先后获中共四川省委、中共南充地委及行署奖励,并被编入《中国甘薯栽培学》,撰写的《科学实验闯新路、苔尖越冬谱新篇》——南充地区红苔藤尖越冬作种技术经验总结被载入《南充科技》。《甘薯蔓尖越冬做种》幻灯片提供给徐州甘薯研究中心,促进了国内交流。

（9）甘薯施肥技术研究

①经济用肥的探索

将农家堆肥作底肥、包厢施,用量 7 500～30 000 kg/hm²,结果是施堆肥比不施堆肥的鲜薯产量增产 4.7％～25.8％,多施比少施增产 10％以上。若施堆肥 1 995 kg/hm²,磷矿粉或骨粉 199.5 kg/hm²,然后草木灰或石灰混合后作底肥施用,再追肥一次,施畜粪水 15 000 kg/hm²,比不施肥的增产 21％;当缺底肥或底肥施用量过少时,采取夹边施肥法可补偿,使底肥追肥量达到 7 500 kg/hm² 以上,比相同用量包厢施肥的增产 2.5％以上,比不施肥的增产 19％左右,甚至达到 30％～35％。

②氮肥施用期和施用量试验

以西成薯 007 为试验材料,以施用期(全部底施、底追各半、全部追施)为主区,纯氮亩用量(0 kg/亩、3 kg/亩、6 kg/亩、9 kg/亩、12 kg/亩、18 kg/亩)为副区进行裂区试验,结果如下:鲜薯产量在不同施肥时期间存在显著差异,底追各半最有利于增产(37 958.4 kg/hm²),而全部追施产量最低(33 874.95 kg/hm²),全部作为底肥(36 250.05 kg/hm²)的产量介于两者之间;不同施用时期以及与施用量的交互作用对薯干亩产不存在显著性差异,但施用量间存在显著性差异,用纯氮 135 kg/hm² 的薯干产量最高,达到 11 728.5 kg/hm²;而超过 135 kg/hm² 后的亩产薯干量均比不施氮低,用 270 kg/hm² 纯氮时薯干产量只有 10 083.45 kg/hm²;不同施氮时期、不同施氮量以及两者的交互作用对大中薯率均没有显著差异。

③钾肥施用期与施用量试验

以施用期(全部底施、底追各半、全部追施)为主区,纯钾亩用量(0 kg/亩、5 kg/亩、10 kg/亩、15 kg/亩、20 kg/亩、30 kg/亩)为副区进行裂区试验设计,对西成薯 007 的钾肥需求进行了试验,结果如下:不同施用时期及与其施用量的交互作用间未达到显著水平,而不同施用量间的差异极显著。用纯钾 450 kg/hm² 的鲜薯产量最高,达到 36 266.7 kg/hm²;而用纯钾 150 kg/hm² 的产量最低,只有 30 000 kg/hm²;不同施用时期以及与施用量的交互作用对薯干亩产的差异不显著,而不同施钾量间存在极显著差异;进一步进行多重比较得出用纯钾为 300 kg/hm² 的薯干亩产最高,达到 11 332.5 kg/hm²,施纯钾为 150 kg/hm² 的薯干亩产最低;不同施用时期以及与施用量的交互作用对大中薯率的效应不显著,而不同施钾量间存在极显著差异,进一步进行多重试验得出施用 450 kg/hm² 纯钾的大中薯率最高,达到 80%;施用 150 kg/hm² 纯钾的大中薯率最低,只有 55.85%。

④栽培密度与氮磷钾优化配置研究

试验结果表明,4 种栽培因子对鲜薯产量的影响程度为:氮用量＞密度＞钾用量＞磷用量;对藤叶产量的影响程度为:氮用量＞密度＞磷用量＞钾用量;施氮、钾对鲜薯和藤叶产量的影响较大,少氮多钾有利于鲜薯高产,反之有利于藤叶高产。根据计算机模拟寻优和生产实际,提出高产栽培农艺方案为:60 000～67 500 株/hm²,尿素为 105～135 kg/hm²(追肥,40～70 d 施用),过磷酸钙为 210～255 kg/hm²(基肥),硫酸钾为 195～225 kg/hm²(基肥或追肥)。

⑤钾肥施量与秋甘薯产量关系试验

试验结果表明,施钾有利于提高秋甘薯植株的同化能力,在一定程度上抑制茎叶徒长,增加干物质积累。施钾肥能增强地上部同化产物向地下块根运输的能力,从而降低 T/R 值,提高经济产量。块根干物率和茎粗是由甘薯品种特性决定的,施钾与否对其影响不大。低钾能提高秋甘薯的大中薯率,增加秋甘薯的最长茎长和基部分枝数。而施钾后其干物率较不施肥明显下降;只施氮和磷的叶绿素含量高于施钾处理,同时均显著高于不施肥处理。秋甘薯在低钾水平土壤中以薯干和淀粉为目标时的最佳施肥量在 253.05～262.5 kg/hm²,而以粮饲型生物产量和鲜薯产量为目标时的最佳施肥量在 316.05～321.6 kg/hm²。虽然使用钾肥能有效提高其生物产量和块根产量,但其对薯干的贡献在低钾和高钾水平是没有差异的。

(10)生长调节剂处理试验

以生长调节剂类型(多效唑、赤霉素、"矮如意")、剂量(半量、常量、倍量)、施药次数[1 次、2 次(与第一次喷施隔 7 d)、3 次(与第二次喷施隔 7 d)]三个处理,对甘薯施用生长调节剂进行正交试验。结果表明:施用半量的多效唑最有利于块根的形成和膨大,降低地上茎叶的干物质分配。半量的矮如意或多效唑最有利于甘薯干物质的积累。生长调节剂类型与剂量处理各水平均达到极显著差异,施药次数对鲜薯产量的影响达到显著差异。施药次数为影响鲜薯产量的最关键因素,其次是生长调节剂类型,最后是剂量。

(11)水培甘薯的光合试验

对不同类型(食用型南薯 88、兼用型徐薯 18 和特用型南紫薯 008)的甘薯在水培下的光合作用进行了测定分析,利用非直角双曲线模型对三种甘薯品种的光合作用生理参数进行拟合。结果表明:不同类型甘薯品种的光响应曲线的特征参数存在着差异,食用品种南薯 88 的光合潜力最强,可在高密度栽培下发挥群体优势达到高产;兼用型品种徐薯 18 对光的适应性次之,在较高密度栽培下能发挥群体优势;特用型品种南紫薯 008 的光合潜力和对光的适应性均最弱,但对弱光的利用率最高,最适合于间套作。不同类型甘薯品种间的生理指标存在相似的变化,气孔导度和蒸腾速率对净光合速率的影响达极显著正相关,胞间 CO_2 浓度对甘薯净光合速率的影响呈极显著负相关,揭示了不同类型甘薯品种在光能利用上的差异。南紫薯 008 在较低光强下能快速打开气孔,蒸腾速率快速增加,从而使光合速度也加快。在高光强下,南薯 88 的气孔导度、胞间 CO_2 浓度值最大,这可能是南薯 88 光合速率高的原因,为田间甘薯的共性和特异性研究提供了一定的理论基础。

（12）甘薯干物质积累试验

以西成薯007、南薯99、泉薯9号和徐薯22为试验材料研究了甘薯的干物质积累过程及其影响因素。从生物学指标：LAI、茎粗、茎长、基部分枝等，生理指标：叶绿素含量、净光合速率、叶片及块根的MDA、SOD、POD、GA、ABA、IAA等的变化综合分析了其对甘薯植株干物质积累和分配的作用过程，为"源"强、"流"畅、"库"大的甘薯品种选育提供了技术支撑，为合理地进行甘薯栽培，发挥甘薯植株的最大潜力提供了理论基础。

（六）甘薯脱毒快繁研究

南充市农业科学院1997年开始进行甘薯脱毒技术的研究，筛选出了南薯88、南薯99、徐薯18、胜利百号、鲁薯8号、绵粉1号等甘薯品种的分生组织培养基及组培快繁培养基。在当时国内外无血清的情况下，病毒检测主要利用指示植物巴西牵牛进行嫁接检测，这种方法可同时检测甘薯上的多种病毒。

南充市农业科学院对南薯88、南薯99、徐薯18、鲁薯8号、绵粉1号脱毒薯进行了丰产性、抗逆性和适应性鉴定，认为原原种苗结薯早、膨大快，且各项产量指标均比对照高，增产效果明显。南薯99脱毒后可增产21%，其他品种增产10%左右。随着种植年代的增加，甘薯产量很快下降，在生产上应用3年产量基本恢复到脱毒前的水平。

1998～2013年共计推广脱毒甘薯"南薯99"1×10^6 hm^2，"南薯88"1.33×10^6 hm^2，"西成薯007"1×10^6 hm^2，"南紫薯008"7.33×10^5 hm^2，"徐薯18"8×10^5 hm^2，"鲁薯8号"为20 hm^2，"南薯012"10 hm^2。为本地区甘薯品种的更新换代和种性复壮提供了有力保障，促进了甘薯产业的发展。

四川省甘薯的主要病毒是羽状斑驳病毒和甘薯潜隐病毒，2011年开始出现一定范围的SPVD复合病毒。对新型病毒SPVD的研究认为，这种病毒可导致甘薯地上部分丛生和矮化，叶片变小而导致有效叶面积减小，叶绿素含量降低；"源"变小，使植株同化能力和光合能力降低；"流"变小，最终导致生物产量降低；而除掉SPVD可增大叶"源"和叶绿素含量，提高植株的光合能力和"流"的通畅性，从而增加产量。SPVD可使甘薯植株的SOD、POD和CAT活性降低，MDA含量上升，抗氧化活性降低，使细胞膜受到伤害，最终导致产量降低，而脱除SPVD可增加SOD、POD和CAT在植株体内的活性，从而降低MDA对植株的危害。SPVD的脱除可增加3.4%的茎叶产量和2.9%的鲜薯产量，而SPVD浸染可使茎叶和鲜薯产量分别降低69.9%和49.1%。

3.4.4 绵阳市农业科学院甘薯科研情况

一、甘薯研究的历史

绵阳市农业科学院甘薯研究始于20世纪70年代，从最初的引种筛选、示范推广，逐步开展了甘薯栽培与育种研究。

二、甘薯研究基本情况

目前，绵阳市农业科学院有甘薯研究人员5名。其中硕士研究生4名，包括研究员1名，农艺师3名，科普工1名。

绵阳市农业科学院甘薯研究课题组有固定的研究用地3.33 hm^2，有温室大棚400多平方米，拥有干率、淀粉、糖分等测试所需要的各类仪器设备及实验条件，为确保研究任务的完成提供了必要的保证条件。

三、主要甘薯研究方向

甘薯研究主要集中在专用甘薯新品种选育及其配套栽培技术研究方面,包括淀粉型品种、饲用品种、食用及加工类品种。先后育成了我国第一个通过国家审定的高淀粉甘薯品种绵粉1号;育成了作为四川省主栽品种的饲食兼用型品种绵薯4号、淀粉型品种绵薯6号;育成了四川省花青素含量最高的紫薯品种绵紫薯9号等代表性品种。

四、近五年来主要承担的甘薯类科研项目

近5年来,绵阳市农业科学院承担的主要甘薯类科研项目有国家甘薯产业技术体系绵阳综合试验站、四川省甘薯育种攻关和四川省甘薯联合育种等项目。

五、甘薯相关研究的主要成绩

(一)甘薯新品种选育(品种简介)
(1)高淀粉甘薯品种绵粉1号
品种来源:绵粉1号是绵阳市农业科学院(所)1982年用自育品系79-14和79-96杂交选育而成的。1985～1986年参加四川省区试,1986～1987年参加涪城区试,1988年通过四川省品种审定,1990年通过全国品种审定。审定号:GS05002-1990。

特征特性:顶叶紫色,叶绿色,叶心形带齿,叶片大小中等,叶脉绿色,茎色绿带紫,茎粗为0.7 cm左右,最长蔓长为150 cm左右,基部分枝8个左右;薯皮黄褐色,薯肉白黄色,薯形下膨纺锤形,薯块烘干率为39.1%,淀粉率为29.5%,萌芽性好;出苗早、早熟、耐肥,抗黑斑病与线虫病;贮藏性佳。

产量表现:在1986～1987年的省区江流域品种预试、区试和全国品种联合鉴定以及四川省生产试验结果显示,62点次综合平均产鲜薯25 101 kg/hm²,薯干9 813 kg/hm²,淀粉6 526.5 kg/hm²,分别比对照徐薯18减少8.7%,增长14.85%,增长28.12%。

栽培技术要点:密植增肥是获得高产的关键措施。每公顷植株数:大肥土45 000株、肥土60 000株、中肥土75 000株、瘦土90 000株。以土定肥,大肥土每公顷施草木灰1 500 kg;肥土每公顷施草木灰1 500 kg,追苗肥猪粪水450担;中肥土每公顷施草木灰2 250 kg,渣肥15 000 kg作包厢肥,提苗施猪粪水450担;瘦土在中肥土施肥的基础上,提苗肥与裂口肥每公顷增施纯氮37.5～67.5 kg。加强田管,做到田间无杂草,无渍水,并适时收获。

(2)优质早熟食用甘薯新品种绵薯早秋
品种来源:绵薯早秋(原代号81-13)是1981年用79-75和早熟红杂交选育而成的。1985～1986年通过四川省正季苕区试,1990～1991年通过四川省秋苕品种联试,1992年完成秋苕生产试验,1994年通过四川省品种审定。审定号:川审薯7号。

特征特性:早熟,90 d收获鲜薯占全生产的81.65%。薯块纺锤形,薯皮呈紫色,薯肉橙红色;烘干率28.31%,淀粉为15.37%,薯块粗蛋白含量为2.02%,可溶性糖含量5.18%,类胡萝卜素含量0.75 mg/100 g鲜薯,熟食品质优良;单株结薯3～5个,叶形浅单缺刻、心脏形,叶脉紫色;株型匍匐,平均藤长150 cm左右,茎部分枝4～7个;抗黑斑病,高抗根腐病。

产量表现:正季苕区试平均产鲜薯为31 914 kg/hm²,薯干为8 972.1 kg/hm²,淀粉为5 417.1 kg/hm²,分别比对照徐薯18增长12.0%、3.42%、9.54%。秋苕品种联试平均亩产鲜薯为13 769.25 kg/hm²,藤叶17 985 kg/hm²,薯干为3 863.85 kg/hm²,淀粉为2 118.9 kg/hm²,分

别比对照宿芋 1 号增长 1.99％、3.43％、32.03％、33.36％。秋薯生产试验平均产鲜薯为 13 362 kg/hm²，生物产量为 33 034.5 kg/hm²，分别比对照宿芋 1 号增长 22.71％和 17.08％。

栽培要点：该品种耐肥，宜在肥力条件较好的低台位种植。正季最适密度 60 000 株/hm² 左右，随台位增高应适当增加；秋季最适密度为 90 000 株/hm² 左右，应在水稻收后及时早栽，力争生育期在 70 d 以上，生物产量达到 30 000 kg/hm² 以上。

（3）食饲兼用型甘薯品种绵薯 3 号

品种来源：1987 年用"绵粉 1 号和徐薯 18"杂交选育而成。1991～1992 年通过省区试，1993 年完成生产试验，1994 年通过四川省品种审定。审定号：川审薯 8 号。

特征特性：晚熟中蔓型，薯块纺锤形略带腹沟；薯皮黄白色，薯肉白略带紫环；烘干率为 29.83％，淀粉率为 17.6％，结薯集中，单株结薯 3～4 个，大中薯率达 90％以上，叶片心脏形，顶叶紫色，叶色深绿，叶脉紫色，匍匐株型；平均藤长 150 cm，茎部分枝 5～7 个；抗根腐病，中感黑斑病；耐贮藏性较佳。

产量表现：四川省区试两年平均产藤叶为 23 664 kg/hm²，鲜薯为 26 677.5 kg/hm²，生物干产 10 663.8 kg/hm²，分别比对照南薯 88 增产 27.8％、减产 4.9％、增产 2.4％；内江地区区试（1991 年）亩产鲜薯 2 326.7 kg，薯干 773.3 kg，生物干产 886.4 kg，分别比对照南薯 88 增产 6.57％、20.8％和 15.01％；生产试验产鲜薯 27 122.1 kg/hm²，藤叶 30 108.75 kg/hm²，薯干 7 807.5 kg/hm²，生物鲜产 57 230.85 kg/hm²，生物干产 11 421.45 kg/hm²，分别比对照南薯 88 增产 9.17％、24.92％、8.36％、15.23％、13.0％。

栽培要点：该品种耐瘠耐旱，适宜在较高台位种植，最适密度 60 000～67 500 株/hm²。低台位种植时应注意排水良好，控制用肥量，最适密度 45 000～60 000 株/hm²；该品种迟熟，应适时早栽；其他措施与一般品种相同。

（4）高产甘薯新品种绵薯 4 号

品种来源：绵薯 4 号是绵阳市农业科学院 1988 年用徐薯 18 和绵粉 1 号杂交选育而成的，1994 年通过了四川省甘薯新品种区域试验，1996 年 4 月通过四川省农作物品种审定委员会审定。审定号：川审薯 11 号。

特征特性：薯块纺锤形、薯皮淡黄、表皮光滑、薯肉淡黄；薯块平均烘干率为 27％左右，出粉率为 14％～15％；结薯集中，单株结薯 2～3 个，大中薯率达 95％以上；薯块萌芽性好，苗期长势强；叶心形带齿，顶叶紫色，老叶略泛紫；株型匍匐，中等蔓长，茎粗中等。据四川省农业科学院测试中心测定，绵薯 4 号薯块粗蛋白含量为 1.62％，类胡萝卜素为 2.92 mg/g，藤叶纤维含量少，脆嫩，耐瘠、耐旱、适应性广；越是在瘠薄干旱条件下，薯块比对照南薯 88 增产越显著；中抗黑斑病（综合病斑直径 10.78 mm），抗病性强于对照南薯 88（综合病斑直径 16.70 mm），贮藏性较好，适宜四川省甘薯产区种植。

产量表现：省区试平均产鲜薯为 31 314.75 kg/hm²，藤叶为 24 142.2 kg/hm²，生物鲜产为 55 582.5 kg/hm²，分别比对照南薯 88 增产 7.76％、20.25％和 13.1％。1995 年生产试验（与玉米间作）平均鲜薯、藤叶、生物鲜产，分别比对照南薯 88 增产 16.92％、35.5％和 24.37％。

栽培技术要点：该品种茎叶长势旺，应注意控氮增钾，切忌偏施氮肥，以免发生徒长；最适密度为 60 000 株/hm²，间套作 52 500 株/hm²；本地最适栽插期为 6 月 10 日左右。其他措施与一般品种相同。

(5)高淀粉甘薯新品种绵薯5号

品种来源:绵薯5号由四川省绵阳市农业科学院在1989年用"浙舟84-64"和"绵粉1号"杂交育成。1995年通过四川省甘薯新品种区域试验,1996年进行生产试验,1997年4月通过四川省农作物品种审定委员会审定。审定号:川审薯16号。

特征特性:薯块下膨纺锤形,皮土黄带淡红色,肉白色,叶心形带齿,顶叶绿色,叶脉紫色,薯块萌芽性好,茎叶长势强,烘干率为33.6%~39.0%,出粉率为19.29%~22.09%,淀粉洁白度好,粒径大,结薯习性好,集中,单株结薯3~4个,商品薯率达84%以上;薯皮光滑,根眼少,利于收获加工,该品种适应性较好;在不同台位,不同土壤条件下藤叶、淀粉均比南薯88增产,表现出较好的适应能力。作为高淀粉品种,其耐瘠能力、薯块产量以及藤叶产量均优于"绵粉1号"。高抗根腐病,抗黑斑病明显优于南薯88,薯块耐贮性好。

产量表现:1994~1995年省区试平均产鲜薯为25 525.5 kg/hm²,产藤叶为21 955.5 kg/hm²,淀粉为5 189.55 kg/hm²,分别比对照南薯88减产11.8%、增产19.95%、增产16.2%。1996年全省五试点生产试验平均产鲜薯、淀粉、藤叶分别比对照南薯88减产8.1%、增产24.8%、增产24.6%。

栽培技术要点:绵薯5号藤叶长势旺,栽培上应注意控氮增钾,切忌偏施氮肥和在渍水地种植,以免茎叶徒长。净作最适密度60 000株/hm²,间作52 500株/hm²,瘠薄高台位密度适当增加,肥土低台位应适当减少,适时早栽以保证足够的薯块膨大期。

(6)高淀粉甘薯新品种绵薯6号

品种来源:绵薯6号是绵阳市农业科学院在1991年用自育品系"88-1447"和"83-1229"杂交选育而成的高淀粉甘薯新品种,1998年通过省区试,1999年进行生产试验,2000年通过四川省品种审定。审定号:川审薯24号。

特征特性:顶叶绿色,叶脉紫色,藤色绿带紫,叶心形带齿;薯块纺锤形,表皮光滑,皮色紫,肉色白略带紫环;薯块烘干率为32.23%~34.1%,出粉率为20.39%,抗黑斑病,耐贮藏。

产量表现:四川省区试两年平均产鲜薯为28 431 kg/hm²,藤叶为22 591.5 kg/hm²,亩产淀粉为5 442 kg/hm²,分别比南薯88减产0.2%、增产0.7%、增产28.5%。1999年生产试验平均产鲜薯、淀粉分别比南88增产7.3%和22.03%。适宜四川省薯区种植,最适宜用于淀粉加工利用。

栽培要点:稀排种薯,地膜育苗,培育壮苗,适时早栽。小春作物收后10 d左右抢时早栽,最迟栽插期应在6月15日前。合理密植,最适密度60 000株/hm²,肥力较好的低台位间套作52 500株/hm²,高台位种植67 500株/hm²左右。该品种较早熟,适应性强,高台位瘠薄地应施用底肥和早追肥,底肥以农家肥为主,追肥以磷、钾肥为主,适当辅以氮肥。

(7)高干型甘薯新品种绵薯7号

品种来源:绵薯7号系绵阳市农业科学院1992年用"徐薯18"和"8410-788"杂交选育而成,1999年通过四川省甘薯区域试验,2000年进行生产试验,2001年通过四川省品种审定。审定号:川审薯26号。

特征特性:该品种属中熟中蔓型,薯块纺锤形,薯皮紫红,薯肉浅淡黄;烘干率28.4%,出粉率14.15%;单株结薯3~5个,结薯集中,大中薯率达89%以上,萌芽性好,长势中等;顶叶绿色,叶脉紫色,叶心形带浅单缺刻,藤色绿带紫,藤粗中等偏细。

产量表现:1998~1999年四川省区试平均产鲜薯32 526 kg/hm²,较对照南薯88增产12.6%;藤叶26 997 kg/hm²,增产8.1%;生物鲜产量59 523 kg/hm²,增产10.6%;生物干产12 270 kg/hm²,增产10.8%;淀粉为4 245 kg/hm²,增产1.9%。该品种抗黑斑病,耐贮藏,耐瘠耐旱,适宜全省范围内种植。

栽培技术要点:使用中等肥力栽培,最适密度 60 000 株/hm²,高台位密度可适当增加,其他栽培措施同一般品种。

(8)食用型甘薯新品种绵薯 8 号

品种来源:绵薯 8 号是绵阳市农业科学院 2000 年用"浙 13"作母本,自育新品系"92-1229(绵薯 7 号)"作父本配制组合杂交授粉获得种子,经逐级试验选育而成,2006 年通过四川省品种审定。审定号:川审薯[2006]005 号。

特征特性:该品种顶叶、叶脉、藤色均为绿色,叶基浅紫色,叶片心形,株型葡匐,藤长中等(1.1~1.7 m),基部分枝 5~7 个,藤粗中等略偏细;薯块纺锤形,表皮光滑,薯皮紫色,薯肉黄红;薯块烘干率为 27.47%~30%,出粉率为 13.26%~15%;萌芽性好,单块萌芽为 18~20 个;结薯习性好,单株结薯为 3~4 个;大中薯率达 83%~90%以上,熟食品质较好;抗黑斑病,耐贮藏。

产量表现:2003~2004 年省区域试验两年平均鲜薯产量 36 059.25 kg/hm²,较对照种南薯 88 增产 11.57%;藤叶为 11 760.55 kg/hm²,增产 2.30%;薯干产量 9 361.5 kg/hm²,增产 5.68%;淀粉产量 4 741.5 kg/hm²,减产 4.4%;生物干产量 62 463.75 kg/hm²,增产 7.43%;生物鲜产 12 190.5 kg/hm²,增产 4.9%。烘干率为 27.47%,出粉率为 13.26%,大中薯率为 83.56%。

栽培技术要点:绵薯 8 号适应性好,适合四川省主要薯区种植。栽培措施与一般甘薯品种相同。稀播种薯、培育壮苗、适时早栽(6 月 15 日前);合理密植,中等肥力土壤 60 000 株/hm²,瘠薄地 67 500~75 000 株/hm²;加强田间管理,注意除草、排渍,及时防治病虫害。安全贮藏,薯块储藏期间的窖温应控制在 10~13 ℃。

(9)紫色甘薯新品种绵紫薯 9 号

品种来源:绵紫薯 9 号是绵阳市农业科学院于 2006 年从西南大学甘薯研究中心引进的"4-4-259"(亲本:浙 13×浙 78)的集团杂交组合中选育而成的。2010~2011 年参加四川省甘薯特用组区域试验,2011 年同时参加生产试验,2012 年通过四川省品种审定。审定号:川审薯[2012]009 号。

特征特性:该品种株型葡匐,中长蔓,叶形属掌状形,顶叶紫绿色,叶脉绿色,叶片大小中等;蔓色绿带紫色,有茸毛;单株分枝为 4~6 个,单株结薯数 5 个左右,大中薯率较高,薯块大小均匀、整齐,薯块纺锤形,结薯集中,薯皮紫色,肉色紫色;熟食品质较好;中抗黑斑病,耐贮藏。

产量表现:绵紫薯 9 号于 2010~2011 年参加了四川省甘薯特用组区域试验。两年 12 个试点平均鲜薯产量 26 683.5 kg/hm²,比对照减产 11.0%;薯干产量 7 849.5 kg/hm²,比对照减产 5.5%;淀粉产量 5 059.5 kg/hm²,比对照减产 4.0%;薯块干率为 29.18%,较对照增长 2.54%;淀粉率为 19.03%,较对照增长 1.56%;大中薯率为 77%。

2011 年 5 个试点生产试验,鲜薯产量为 28 515 kg/hm²,较对照减产 18%;薯干产量为 8 797.5 kg/hm²,较对照减产 12.36%;淀粉产量为 5 748 kg/hm²,较对照减产 10.6%;薯块干率为 29.49%,较对照增长 1.5%;淀粉率为 19.29%,较对照增长 1.3%。

栽培技术要点:绵紫薯 9 号适应性好,适合四川省主要薯区种植。栽培措施与一般甘薯品种相同。稀播种薯、培育壮苗、适时早栽(6 月 15 日前);合理密植,中等肥力土壤 60 000 株/hm²,瘠薄地 67 500~75 000 株/hm²;加强田间管理,注意除草、排渍,及时防治病虫害。安全贮藏,薯块储藏期间的窖温应控制在 10~13 ℃。

(10)高淀粉甘薯新品种绵南薯 10 号

品种来源:绵南薯 10 号系绵阳市农业科学院于 2006 年从南充市农业科学院甘薯研究中心

引进的"浙13"×"南薯99"杂交组合实生苗,经实生苗鉴定、复选、品比等逐级试验选育而成的。2010~2011年参加四川省甘薯特用组区域试验,2012年同时参加生产试验,2013年通过四川省品种审定。审定号:川审薯[2013]004号。

特征特性:该品种株型匍匐,中长蔓,顶叶绿色,成熟叶心齿形,叶脉绿色,叶片大小中等;蔓色绿带紫色,有茸毛;单株分枝4~6个,单株结薯数4~7个;大中薯率为77.7%,薯块大小均匀、整齐,薯块纺锤形,结薯集中,薯皮紫色,肉色紫色。熟食品质较好;中抗黑斑病,耐贮藏。

产量表现:绵南薯10号于2010~2011年参加了四川省甘薯特用组区域试验。两年12点次平均鲜薯产量为29 509.5 kg/hm²,比对照减产11.1%;藤叶产量为27 127.5 kg/hm²,比对照减产15.8%;薯干产量为9 400.5 kg/hm²,比对照增产5.2%;淀粉产量为6 298.5 kg/hm²,比对照增产10.1%;薯块干率为31.76%,比对照增长5.12%;淀粉率为21.27%,较对照增长3.8%;大中薯率为77.7%。

2012年5个试点生产试验,平均鲜薯产量为29 070 kg/hm²,较对照减产5.9%;藤叶产量为24 847.5 kg/hm²,比对照增产13.7%;薯干产量为10 476 kg/hm²,比对照增产5.8%;淀粉产量为6 960 kg/hm²,比对照增产15.0%,5个试点均增产。平均薯块干率为30.95%,较对照增长3.5%;淀粉率为20.58%,较对照增长3.1%。

栽培技术要点:绵南薯10号适应性好,适合四川省主要薯区种植。栽培措施与一般甘薯品种相同。稀播种薯、培育壮苗、适时早栽(6月15日前);合理密植,中等肥力土壤60 000株/hm²,瘠薄地67 500~75 000株/hm²;加强田间管理,注意除草、排渍,及时防治病虫害。安全贮藏,薯块储藏期间的窖温应控制在10~13 ℃。

(二)新材料创制和育种新方法的利用

绵粉1号作为高淀粉育种亲本材料,在全国育种界得到广泛应用,育成甘薯新品种10多个。

(三)新品种推广应用及种业产业化情况

截至1992年,育成的高淀粉品种绵粉1号累计推广3.33×10⁴ hm²以上,创社会经济效益400亿;截至1997年,育成的早熟食用甘薯品种绵薯早秋累计推广3.23×10⁵ hm²,创社会经济效益1.7亿元;育成的饲食兼用型品种绵薯4号是四川省的主推品种,截至2000年累计推广7.09×10⁵ hm²,创社会经济效益4.8亿元。高淀粉甘薯品种绵薯5号、绵薯6号作为绵阳市"10万亩高淀粉红薯生产基地建设"的主推品种,在生产基地大面积应用,为推动绵阳市农业产业化的发展发挥了积极的作用。根据农业主管部门统计,从2001~2012年,绵薯5号、绵薯6号、绵薯7号、绵薯8号、绵紫薯9号五个品种累计推广面积达4.33×10⁵ hm²,按照农业科技成果经济效益计算方法计算,共新增鲜薯9.92×10⁵万吨,新增收益15.5亿元。

(四)甘薯高产栽培技术研究

为了解决西南山区甘薯栽插后浇水难的问题,在总结多年甘薯栽培实践经验的基础上,集成创新了"甘薯早育早栽、蘸根免浇"轻简化栽培技术。该技术通过生根剂处理薯苗,栽插后不用浇水,从而达到节水、省工、降低劳动强度的目的;通过近几年的推广应用,节本增效的效果显著。

早育早栽、蘸根免浇甘薯轻简化栽培技术规程:

(1)"大棚+小拱棚"双膜壮苗培育技术

①种薯选择

选用皮色鲜明、生命力强、大小适中(0.15~0.5 kg/个)的健康种薯,严格剔除带病的,皮色发暗、受过冷害、薯块萎软、失水过多以及破伤的薯块,在播种前用70%甲基托布津300倍液浸种10 min消毒,效果更好。

②苗床准备

苗床选择背风向阳、土壤肥沃、排灌良好、管理方便的田块，最好是新苗床，旧苗床需要更换床土，进行床体消毒。排种薯前将育苗地犁翻一次，做到土粒细碎、土壤疏松、耕作层深厚，并耙平开厢起垄，一般每亩苗床用腐熟猪牛栏粪 1 000 kg，45%复合肥 20 kg。

③用种量

一般栽插一亩甘薯需种量 80～100 kg，需苗床 110 m² 左右。

④双膜覆盖育苗

双膜覆盖育苗在 12 月底至 2 月下旬均可进行，一般以 1 月育苗为宜。

苗床长度可根据地形及需要而定，一般长 500～700 cm。垄宽为 150～160 cm，垄深为 20 cm 左右，采取小拱棚覆盖，然后两垄搭建 1 个大棚，大棚间距为 3.5 m 左右，高度为 2 m 左右。

殡种时种薯头部应朝上，尾部朝下；大薯排深些、小薯排浅些，做到"上齐下不齐"以保证覆土厚度一致，出苗整齐。

⑤苗床地的管理

殡种后 3 月上中旬甘薯陆续开始出苗，当气温较高时，可以揭开大棚两头，适当降温，下午气温开始下降后，盖膜保温。当 3 月中旬甘薯齐苗后，去除小拱棚，用清粪水兑少量尿素浇灌 1 次，一般 4 月 10 日左右，当苗高 6 寸以上具有 7～8 个节时，即可剪苗栽插。

（2）蘸根免浇栽培

①深耕作垄

甘薯是块根作物，要求土层深厚、疏松，在耕地时应尽量深耕，加厚耕作层。一般在 3 月中旬选晴好天气用起垄机作垄；一般垄距为 70～75 cm，垄高为 25～30 cm，株距为 23.3 cm 左右。

②生根剂的配制

生根剂选用山东寿光市沃野化工有限责任公司生产的"强力牌"生根壮秧移栽旺。

水剂蘸根：每袋生根剂兑水 4 kg，将剪好的薯苗蘸根 2～3 min，然后移栽，最后提垄覆土。

泥浆蘸根：每袋"强力牌"生根壮秧移栽旺加 5 kg 左右的细土，再加适量水，搅拌均匀，呈稀泥状，将剪好的薯苗蘸根 2～3 min，然后栽插，最后提垄覆土。

③剪苗蘸根栽插

剪取适当长度的甘薯薯苗，先在配好的生根粉水剂或泥浆中蘸根 2～3 min，然后直接移栽、覆土，不用浇水。种植面积较大的农户可以提前一天剪苗，在有生根粉的泥浆中蘸根，放置一晚后第二天栽插；面积较小的农户可以蘸根 2～3 min 后直接栽插。

（3）适宜地区

川西北浅丘地区。

（4）注意事项

①施用时间最迟应在 6 月 10 日以前。

②一般应提前 1 月作垄，确保薯垄有较好的墒情。

③确保薯苗根部一定要蘸到水剂或泥浆。

3.5 四川省甘薯发展战略

3.5.1 四川省甘薯发展现状

近年来，四川省甘薯的栽培面积有所减小，目前基本稳定在 8×10^5 hm² 左右。随着养殖业的集中,一家一户种植甘薯作为猪饲料的产业模式已大大减弱,甘薯的产业化将以鲜销和加工进行带动的产业模式为主;但加工企业的生产要求持续、稳定,就需要品质一致的鲜薯总量保证。甘薯的总产量和商品薯的供应量取决于甘薯栽培面积和单产水平。

一、四川甘薯发展所面临的问题

（一）种植面积波动

按照最低原料需求计算,1年加工 5×10^4 t 燃料乙醇的加工厂约需要建设 3.33×10^4 hm² 的原料基地,而 1 年产 5×10^4 t 全粉粉丝的加工厂需要建设 1×10^4 hm² 的原料基地。从四川省及其主产区 10 个城市的现有甘薯栽培面积看,现有甘薯基地足以保证原料的供应,但实际上近年来农村劳力外出务工造成部分栽培甘薯的贫瘠坡地被弃耕,加上农村产业结构调整,一些旱坡地用来种植蔬菜、果树和大豆等;尤其是近年来传统的"麦/玉/苕"三熟模式正部分被新兴的旱地新三熟"麦/玉/豆"模式所取代,甘薯种植面积在年度间发生了一定的波动。

（二）管理粗放,生产水平低

四川省甘薯种植区域大多是交通不便,经济欠发达的丘陵山区乡镇,甘薯又大多种植在土层比较贫瘠的坡地上,灌溉困难,加上种植方式为一家一户间套种植,产量大多较低。据统计,1981~2000 年间四川省平均甘薯鲜薯产量仅为 16 455 kg/hm²,产量最高的 2000 年也只有 20 850 kg/hm²。扣除种薯费用、人工费用及农资,纯收入只有 2 250~3 000 元/hm²。由于种植甘薯产出较少,比较效益低,农民不愿投工投钱进行栽培管理,管理粗放使得甘薯生产水平受到严重制约。

（三）种薯繁育体系不健全

目前,四川省甘薯种薯繁育体系不健全,相关法规不完善。甘薯种薯繁育仍以农户自繁自育为主,多年来依靠县乡农技站进行甘薯新品种示范和种薯繁育的推广模式正在不断弱化,生产上品种多乱杂,而新育成的品种推广速度慢,传统优良品种退化严重,造成商品薯产量水平低,优良品种潜在的产出优势远没有发挥出来,难以满足产业发展的需要。

（四）鲜薯贮藏方式落后

四川甘薯由于长期以自给性生产为目的,商品率低,质量参差不齐,而不同类型的鲜薯贮藏方式有所不同。现在鲜薯以农民地窖贮藏为主,很难达到贮藏的最佳条件,造成窖贮鲜薯的大量腐烂,每年腐烂率可高达 30%、损耗在 5×10^6 t 左右,经济损失达 18 亿元左右,造成极大的资源浪费,同时又影响原料安全供应。

（五）品种单一,加工落后,生产效益低下

20 世纪曾作为主要旱粮的甘薯,其地位和作用发生了显著的变化。现在甘薯在四川省虽有较大种植面积,但品种单一,大都是徐薯 18、南薯 88 等老品种,且品种不断退化,品质变劣,这些品种的加工品质不及新育成的专用型甘薯品种。另外加工落后,加工设备陈旧,技术停留在农户水平,而大型的甘薯加工企业如"光友""白家"等因缺乏专用甘薯的供给而导致产量低,生产效率低下。

（六）机械化程度低

四川省虽是甘薯生产大国,但其机械化生产技术却十分落后。目前四川省丘陵地区甘薯生产机械化水平严重落后于平原坝区的生产应用水平,甘薯生产用工量最大的育苗、移栽、收获等环节仍主要依靠人工完成。采用人工收获存在着劳动强度大、效率低、损失大、作业成本高、综合效益低下等问题。随着大量农村劳动力转移至城市及其他行业,甘薯种植面临着劳动力缺乏以及用工成本高的问题,因此对甘薯生产机械的需求越来越迫切。

二、四川甘薯利用的多元化

(一)食用甘薯的利用

随着人们膳食结构的多元化和保健化,鲜食甘薯市场日趋看好。优质鲜食甘薯物美价廉,可用于蒸、烤、炸、熬、煮等,做成蒸薯、烤薯、炸薯、薯饭、薯粥、点心、菜肴等食物,味道香甜可口。还可以选择几个皮色不同、肉色各异、品质上等的甘薯搭配装入特制包装箱内,做成独具特色的馈赠礼品。用于蒸煮和烘烤的甘薯有一定的标准,即要求蒸煮和烘烤后色、香、味俱全,肉色一般以橘红、橘黄、蛋黄、深紫、紫、花心等为好;味道纯正,粉质适中,口感香、甜、糯、软,或栗子口味,纤维细腻等。除了用于蒸煮和烘烤外,目前甘薯作为水果已成为人们的一种消费时尚品。水果甘薯是近几年新开发的一种特用甘薯类型,一般要求薯肉橙色(以橘红、橘黄、乳白色等为佳)、鲜食甜脆嫩、水分充足,酚类物质含量少,不易变色,干率和纤维素含量较低,薯形小巧美观,皮薄,有清香味等。

典型的品种(系)有南充市农业科学院育成的"南薯88""南薯012"以及四川省农业科学院的"8129-4"等。有些甘薯品种富含花青素,其具有良好的抗氧化功能,可保护组织免受某些有毒物质如砷、镉和汞的毒害。典型的富含花青素品种有:南充市农业科学院育成的南紫薯008(花青素含量为15.106 mg/100 g鲜薯)、南薯014(花青素含量为14.590 mg/100 g鲜薯),绵阳市农业科学院选育的绵紫薯9号(花青素含量为16.786 mg/100 g鲜薯)。此外,有些甘薯品种富含类胡萝卜素,而类胡萝卜素是维生素A的合成前体,可减少夜盲症在维生素A缺乏人群中的发生。典型的富含类胡萝卜素品种有:南充市农业科学院育成的南薯010(类胡萝卜素含量为10~13 mg/100 g鲜薯)、南薯012(类胡萝卜素含量为5 mg/100 g鲜薯)。

(二)叶菜甘薯的利用

甘薯薯蔓顶端10~15 cm幼嫩部分(包括茎、顶叶和叶柄),称为甘薯茎尖蔬菜,富含维生素、蛋白质、微量元素、可食性纤维和可溶性无氧化物质,是人们喜食的高档蔬菜。甘薯抗逆性强,产量高,生长或恢复生长快。据研究,甘薯顶端15 cm的鲜茎叶蛋白质含量为2.74%,类胡萝卜素为5 580 IU/100 g,维生素B_2为3.15 mg/kg,维生素C为41.07 mg/kg,铁为3.94 mg/kg,钙为74.4 mg/kg,草酸为5.1% DW,其蛋白质、胡萝卜素、维生素B_2的含量均比蕹菜、绿苋菜、莴苣、甘蓝、菠菜等高,维生素C的含量也比苋菜、莴苣丰富,但草酸含量比菠菜、苋菜均低1/2,因而不易形成草酸钙结石。甘薯茎尖还含有丰富的氨基酸,且包括人体必需的18种氨基酸种类,与21种常见蔬菜相比,其氨基酸总量位居第一,是空心菜、油菜、小白菜、大白菜、甘蓝的2~3倍,胡萝卜、茄子、丝瓜、芹菜、生菜、番茄、黄瓜的4~5倍,南瓜、冬瓜的6~9倍。美国把甘薯茎叶列为"航天食品",日本尊甘薯茎尖为"长寿菜",香港则称薯叶为"蔬菜皇后"。可见菜用甘薯在国际、国内市场十分走俏,其开发前景广阔。但并非所有甘薯品种的嫩梢都可作菜,有的嫩梢食味苦涩、粗糙,适口性差。嫩梢适于菜用的甘薯品种应具备以下基本特性:嫩梢柔嫩,煮熟后色泽鲜艳、翠绿,不易变色,食味清甜,适口性好,无茸毛,腋芽再生能力强,植株生长旺盛,分枝多,嫩梢产量高。现在四川仅育成"川菜薯211"一个菜用甘薯新品种,主要是引种推广福薯7-6等。

(三)加工专用甘薯的利用

甘薯在淀粉加工业中的作用尤为巨大。近年来,四川省已把"三粉"(淀粉、粉丝、粉皮)加工列入农业产业化的重要日程,并把它打造成引导农民奔小康的富民工程。高淀粉甘薯不但可以加工成深受消费者喜爱的粉丝、粉条、粉皮等,其深加工产品也十分丰富;如加工成附加值更高的变性淀粉、蛋白质粉、类胡萝卜素、丙烯酸、超强吸水树脂等，这些产品用途十分广泛，除作为工业添加剂用于制造可降解薄膜、纤维等产品及各种冷热餐具外，还大量用于食品、日化、酿酒、医药、制革、纺织等行业，具有极大的开发空间。用甘薯淀粉作基料，可制成全降解、无毒无害的绿色包装材料和农用薄膜；用全降解淀粉发泡技术生产一次性餐具，回收后可制成肥料或饲料，丢弃后60 d内完全降解。因此，这是当前消除"白色污染"而受到环保支持的大有前途的绿色环保产业。甘薯淀粉的初加工在我国已有较大的发展。绵阳光有特产有限公司生产的快餐粉丝畅销全国，该公司拥有年产 $1×10^4$ t 的粉丝生产线。四川生产的各种风味薯片、薯条，已大量投放国内外市场。四川省安岳县周礼镇在开展淀粉和传统粉条加工方面具有代表性地位，对发展产地初加工有示范带动作用。多年来，周礼镇成功地发展了甘薯淀粉粉条初加工技术，把"先成型，后熟化"的传统手工粉丝制作技术发展成机械化规模化加工，杜绝硫黄烟熏，禁止明矾添加的先进生产技术，保证了食品安全。目前，周礼镇30％以上的农户都从事淀粉粉条加工，全镇甘薯粉条加工户合计达到 3 260 多户；其中，年加工量达到 100 t 以上的加工大户有 228 户，形成了淀粉粉条系列产品的规模化常年化加工。

能源问题是当今世界面临的首要问题。由于化石能源的日趋枯竭以及使用化石能源必然会产生一系列环境污染问题，因此发展生物能源是解决未来能源问题的一条重要出路。而燃料乙醇作为一种可再生能源，因对缓解能源危机、减少环境污染有利而备受关注，已成为各国竞相研发的重要课题之一。甘薯的生物产量和淀粉产量均较高，是生产燃料乙醇的理想原料，而且甘薯具有良好的抗旱性和耐瘠性，在荒山、荒坡、荒滩上均可种植，不存在"与人争粮、与粮争地"的问题，因此甘薯作为一种新型能源作物理应受到重视。按照四川省发展与改革委员会组织编制的《四川省生物能源——燃料乙醇发展专项规划（2008～2012 年）》，到 2012 年要在南充、资阳、内江、宜宾、遂宁、泸州、眉山、绵阳、广安和德阳 10 个城市布局建设 $4×10^5$ hm² 高淀粉品种原料基地和 10 家 5 万～8 万吨甘薯燃料乙醇生产线，使全省达到年产 60 万吨甘薯燃料乙醇的生产规模。在今后的 5～10 年内，四川省将会成为中国最重要的甘薯燃料乙醇加工生产基地，甘薯燃料乙醇产业的形成将会开辟四川省新能源产业。目前四川省大面积推广种植的高淀粉类甘薯品种为南充市农业科学院选育的西成薯 007（产量为 28 636.5 kg/hm²，干率为 32.81％，淀粉率为22.47％）、川薯 34（产量为 27 178.5 kg/hm²，干率为 30％～34％，淀粉率为 18％～22％）和徐薯18（产量为 37 500 kg/hm²，干率为 28.1％，淀粉率为 18.7％）等。

（四）其他方面的开发利用

甘薯除了食用及淀粉加工外，还有很多方面的用途。如观赏类，主要分为观叶甘薯、观花甘薯、观赏药用甘薯和观赏菜用甘薯 4 类。各种休闲食品如薯脯、薯条、紫薯奶等，既保证甘薯原汁原味和营养价值，又保证常年供应市场。通过综合加工利用，还可制糖、淀粉、酒和酒精、味精、赖氨酸、柠檬酸、胶水等。经过深加工，其经济效益可增长几倍至几十倍，从而提高了甘薯的利用价值和经济效益；但四川省在这方面的开发利用还处于起步阶段。

3.5.2 四川省甘薯发展的优势

一、甘薯资源十分丰富

甘薯是四川省主要的旱地作物，鲜薯常年产量为 1 700 万～1 800 万吨，约占全国总产量的16％，产量居全国第一。甘薯主产区为南充、宜宾、资阳、内江、泸州、遂宁、广安、绵阳、眉山、德阳10 市，产量占 70％以上。

二、土地资源保障充分

四川甘薯常年种植面积在 8.67×10^5 hm² 左右,约占全国甘薯种植面积的13%,居全国第一。四川甘薯种植采取同玉米等其他作物套种模式,同时可供发展甘薯种植的秋、冬闲地和各种作物间空行间套作耕作面积有 $(3.33 \sim 5.33) \times 10^5$ hm²。因此,在不新增种植面积前提下,通过提高甘薯单产,四川甘薯种植可以不与人争粮、不与粮争地、不与猪争饲料。

三、品种选育和配套栽培技术领先

四川省甘薯品种选育单位有四川省农业科学院作物所、南充市农业科学院和绵阳市农业科学院,目前已选育出高淀粉类型甘薯"西成薯007""川薯34""南薯011""绵粉1号""绵薯5号"和"绵薯6号",食用型甘薯"南薯88""绵薯8号"等,特用型甘薯"南薯010""南紫薯008""绵紫薯9号"和"南012"等。新品种配合相应的高产栽培技术亩产达2 t左右,优化栽培亩产量可达3 t,这些品种已推广到四川省甘薯种植的各个区域。

3.5.3 四川省甘薯产业发展的建议

一、加强领导、切实编制和落实基地建设规划

要加强政府的宏观指导和管理,制定相应的产业政策,逐步建立和发展以燃料乙醇加工企业或食品加工企业为龙头的"企业+核心基地""企业+基地+农户""企业+专业化种植公司(种植大户)+基地+农户""企业+协会+基地+农户""企业+科研推广部门+基地+农户"等模式建设原料基地。建议政府有关部门与加工企业加强组织协调,在加工项目完成选址和可行性研究之后,尽快制订并落实甘薯基地建设与生产发展规划,甘薯基地分层次、分批实施建设;甘薯种植计划要尽快落实到乡镇村组,要采取一切手段通过稳定甘薯栽培面积提高单产,以最终解决项目原料供应问题。建立专用型加工企业,通过投资建设高产示范片区和承包建设670~1 340 hm²原料基地的方式,重点解决鲜薯的生产、贮运和均衡供应的技术瓶颈问题,带动周边农户推广良种良法种植,达到既有示范带动作用,又控制一部分种薯和商品薯的目的。

统筹考虑原料基地布局、原料合理运输半径和消费市场等因素,选择原料供应具有比较优势和接近产品销售的地点,进行合理布局。南充、资阳、德阳、宜宾、眉山、内江、泸州、遂宁、广安、绵阳10市是四川省甘薯主产区,同时位于成都经济区、川东北经济区、川南经济区。这三大经济区,尤其是成都经济区,是四川省消费量最大的区域。因此在这些地区布点建设,可满足所覆盖区域市场的甘薯加工产品需求。

二、加速甘薯新品种新技术开发,多渠道并举,提高甘薯总产值

以适宜四川省各地栽培的甘薯作为重点,引进、收集和评价一批专用型甘薯资源,发掘几个相关性状基因,选育几个专用甘薯新品种,通过推广优良品种、建立脱毒种薯生产体系、改进栽培管理措施,从而提高甘薯总产量和商品薯的供应量,是解决薯块供应的唯一现实途径。建议政府有关部门与加工企业要加大科技投入,整合四川省的优势科技力量,建立甘薯加工的相关技术标准与规范,逐步建立起甘薯新品种三级种薯繁育体系。采用组培苗快繁、病毒检测、温室育苗、加温床繁苗、适时早播早栽和加强肥水管理等措施以提高繁殖系数和种薯产量,达到年扩繁50 t甘薯新品种脱毒原原种薯和2 000 t原种薯以上的生产能力;并重点开展加温床育苗、适时早播早

栽、合理密植、加强肥水管理等单项技术组装配套与专用品种配套的高产、高效栽培模式的示范与推广。

随着科技的发展，人们对甘薯的认识越来越深入，对甘薯食品和甘薯品种的要求越来越高，专用甘薯越来越受薯农的欢迎。在四川省可调整甘薯种植结构，合理布局，使多种专用甘薯协同种植。在城郊和交通发达的地方，宜种植蔬菜型甘薯，生产甘薯茎尖及其脱水菜和制品。较好的菜用甘薯品种，再加上合理的栽培方法，每公顷可产鲜甘薯茎尖 2 250 t 以上。甘薯茎尖国际市场售价较高，在香港菜薯嫩叶达 100 港元/kg，在四川及周边省市为 6 元/kg 左右，效益可观。较边远地区可规模化种植高淀粉型甘薯，重点生产甘薯淀粉及其制品，余下粉渣酿酒，地上部分作饲料，形成综合开发利用的格局。营养保健型甘薯是近几年国内外研究的热点，提取的功能性物质及制品是市场的畅销产品，市场潜力大，发展前景好。

三、培育精深加工企业，建立新型利益联合机制，确保农户利益

为尽快提高四川甘薯深加工的科技创新能力，要立足于甘薯产业化的实际需要，坚持"重点突破，带动发展"的原则，重点扶持几个甘薯生产和深加工的重点企业，建立以企业投入为主体的多渠道、多层次的投融资体系和机制，大幅度增加甘薯深加工领域的科技投入。

加工企业要与基地内的农民建立稳定的利益联结机制，与农户和薯业合作社签订内容规范的订单种植协议，免费向农户提供优质种薯和技术资料，免费进行培训和指导；通过补助地方农田水利建设和机耕路建设等方式引导农户种植甘薯新品种，并提高当地甘薯栽培水平和总产量。甘薯基地可以通过制订优惠收购政策和提供补贴的方式鼓励农户、专业生产大户和协会建设"安全地窖""新式竹林窖"，采用"库房贮藏与大棚贮藏技术"，通过推广应用农户甘薯贮存技术和就地加工技术减少薯块的腐烂与浪费，在距离加工企业较远的原料基地可以重点推广薯干片加工、粗淀粉加工、淀粉浓浆低温贮藏技术。加工企业要严格执行甘薯收购保护价，保障种植户的最大利益。

甘薯收获季节在深秋和初冬，鲜薯水分含 60% 以上，易腐烂、不易贮藏。为保证加工企业常年稳定均衡生产，必须采取有效措施解决原料均衡供应问题。研究认为可选择可靠的鲜薯贮藏方式，形成鲜薯 4 个月、储藏甘薯 4 个月、薯干（或干薯饼）2 个月的均衡生产原料保障方案。

四、建立商品薯收购网络，保证供应

为降低运输成本，应以就近采购为主，采购半径依据用途进行限制，加工企业应建设以甘薯原料基地为依托、逐步覆盖周边地区的甘薯收购网络，可采用面向农民按挂牌敞开收购、企业定点采购、委托中介机构代收等方式，制订对营销大户和广大农户有吸引力和有竞争力的收购价格，要对鲜薯短缺和价格上涨的趋势有充分的认识，可以根据市场情况使收购价略高于当地加工厂收购价。

五、重视副产物综合利用

甘薯燃料乙醇生产过程将产生薯渣、CO_2、酒糟废液等副产物。必须循环综合利用，"吃干榨尽"，实现以"副"补"主"，同时减少环境污染。甘薯藤叶（相当于鲜薯产量 80%～150%）是优质青饲料，甘薯打浆后的部分薯渣可供农户作饲料使用；根据市场需求制备饮料级食品二氧化碳（每生产 1 t 燃料乙醇可回收 0.6 t CO_2 气体，可增加收入 240 元），应研究怎样以二氧化碳为原料生产聚碳酸丙烯酯等可降解塑料等化工产品；利用酒糟废液进行厌氧发酵制沼气，沼气中甲烷气体含量占 60%，

可直接作为锅炉或发电的燃料。如用于发电,每吨燃料乙醇产生的沼气可发电 $250\sim290$ kW·h^{-1},实现燃料乙醇生产不需要另外购电,可降低生产成本。利用沼泥为原料,生产优质有机肥料,以改善土质,提高农作物产量。

因甘薯皮中的主要成分是黄酮类化合物,大量加工后的甘薯皮也具有很高的回收利用价值。现代医学研究表明,黄酮类化合物具有多种生物活性和药理作用,它可以降低心肌耗氧量,使冠脉、脑血管流量增加,抗心律失常,提高机体免疫力等。同样,紫色甘薯的薯皮也可用作花青素的提取原料而加以利用,从而提高甘薯加工的附加值,降低甘薯加工企业的相对生产成本。

六、创立品牌,提高市场竞争力

在激烈的市场竞争中,产品在市场中所占有的份额主要依赖于产品的品牌和产品质量。产品品牌既是一种无形资产,也是一种经济资源。目前,我们面对的是国内外市场,实施甘薯品牌战略不仅是市场的要求,更是薯类企业自身发展的需要。甘薯生产加工企业要尽快从资源型经营转变到品牌型经营上来,从质量、价格、服务、宣传等方面努力,像肯德基、麦当劳等一样树立国际品牌,参与市场竞争。

七、推广甘薯种植机械化,促进产业发展

(一)分步推进,先易后难,先大户后散户

四川省甘薯生产机械化整体发展还处于起步阶段。由于种植条件复杂多样,研发制造力量薄弱,供需矛盾突出,丘陵地区机械应用很少,因此应先易后难、分步推进,集中有限力量,先解决丘陵地地势相对平缓、土壤条件较好、机耕道等基础建设较好地区的生产需要,再逐步解决地形复杂、坡度较大、田块碎小、土壤黏重地区的生产需要;先满足规模化种植经营、经济基础较好的种植大户的需求,再逐步满足种植散户的需求,最终实现共同发展。

(二)农机农艺融合

以利于机械作业为目标进行品种选育,改进和规范栽培技术。借鉴美、日等国先进经验,将利于机械化作业作为甘薯育种、栽培研究的重要指标之一。在育种上,可选育薯形为球形或短纺锤形、结薯集中、生长浅、不易破皮、薯蔓粗细适中的品种;在栽培上,应种植密度适宜、垄距适中、垄体紧实、简化栽插模式(多采用斜插法、水平栽插法、直插法)、区域化统一种植规格,尽量净作,若进行间套作种植,行带应利于拖拉机行走。通过研究制订规模化、标准化的适宜机械化作业的甘薯生产农艺技术规程,提高农机与农艺的适配性,为研制和推广甘薯生产机具创造有利的先决条件。

(三)分地域进行农机的适配

由于我国丘陵地甘薯的区域分布和种植规模差异较大,地形、土壤条件复杂,且不同地区的社会、经济、自然条件不同,其对生产机械的应用可采取不同的发展模式。丘陵缓坡大块地的种植大户或专业生产合作社等可采用大型机具作业;丘陵缓坡或坡度较大的中型地块或顺坡方向长度较短的大块地可采用中型机具作业;丘陵山地坡度较大、机耕道条件较差、田块碎小或顺坡方向长度很短的地块宜用微小型机具作业。

(四)结合种植大户,推进机械化

随着农村土地流转政策的推进,甘薯种植大户不断涌现,其对甘薯机械化生产的需求和愿望更为迫切。研发生产单位应加强与之合作,通过理论与实践充分结合,研发生产与示范应用有效结合,进而加快新技术、新机型的研发推广进程。

（五）积极推进土地流转进程，鼓励适度规模经营

丘陵地因田块小、机耕道差、土壤黏重、种植经营较分散，而严重制约其机械发展，应积极推进"土地流转政策"，对细碎不平整、缺少机耕道等种植区进行农地重划组合，加强机耕道等基础建设，鼓励适度规模经营，并对黏重土壤种植区进行土壤改良，使之较适宜先进机具的作业。

3.6 四川省部分甘薯科研成果目录和节录

3.6.1 四川省农业科学院获得成果及专利

一、获得成果

（1）"高产、适应广的红苕新品种川薯 27"，获得 1983 年四川省重大科技成果二等奖。

（2）"质优、抗病、高产红苕新品种胜南"，获得 1989 年四川省科技进步三等奖。

（3）"薯类初加工技术及小型系列配套加工设备的开发"，获得 1994 年四川省星火科技成果二等奖。

（4）"甘薯育种新材料 8129-4"于 1995 年 12 月完成四川省科技成果登记。

（5）"甘薯分子标记育种体系创建与高淀粉品种川薯 34 选育及应用"，获得 2010 年四川省科技进步二等奖。

（6）"甘薯全粉加工新技术研究与应用"，获得 2013 年四川省科技进步三等奖。

二、获得的部分授权专利

申请国家专利 6 项，已授权 6 项。

（1）洞道式内热旋流干燥器，专利号：ZL98204541.7，已授权。

（2）一种实现块根植物根系功能分离的栽培方法，专利号：ZL201010136704.3，已授权。

（3）一种用于植物空中倒立栽培的培养基，专利号：ZL201120037083.3，已授权。

（4）连续螺旋挤压机，专利号：ZL201220203777.4，已授权。

（5）薯类全营养粉的加工方法，专利号：ZL201210140461.X，已授权。

（6）块根特异启动子 SpoA-p，专利号：ZL201310026289.X，已授权。

3.6.2 中国科学院成都生物研究所获得成果及专利

一、申请国家发明专利 8 项，已授权 5 项

（1）一种工业用红薯原料的保藏方法，专利号：ZL200610021316.4（已授权）。

（2）一种快速发酵生产乙醇的方法，专利号：ZL200710049077.8（已授权）。

（3）一种高浓度酒精发酵的方法，专利号：ZL200610022209.3（已授权）。

（4）一种快速降低薯类粘度的方法，专利号：ZL201110165042.7（已授权）。

（5）一种检测薯类总糖含量的方法，专利号：ZL201110213410.0（已授权）。

（6）以甘薯为原料发酵生产高浓度乙醇的方法，公告号：CN101892269A。

（7）运动发酵单胞菌快速生产乙醇的方法，公告号：CN102337304A。

（8）一种以芭蕉芋为原料生产燃料乙醇的方法，公告号：CN102311976A。

二、撰写专著 1 部

阎文昭,赵海.能源专用甘薯与燃料乙醇转化[M].成都:四川科学技术出版社,2010.

三、鉴定成果 2 项

(1)甘薯高效乙醇生产技术(成果鉴定号:[2010]444,成果登记号:2010Y0570)。

(2)能源专用甘薯原料贮藏新技术研究与应用(第二完成单位,成果鉴定号:[2010]443,成果登记号:2010Y0624)。

四、获奖 3 项

(1)"高效非粮块根原料燃料乙醇转化技术"获 2011 年"国家能源科技进步三等奖"。

(2)"高粘度块根类非粮原料高效乙醇转化技术"获 2011 年"中国可再生能源学会科学技术二等奖"。

(3)"薯类原料高效乙醇转化技术"获 2012 年"四川省科技进步一等奖"。

3.6.3 南充市农业科学院获得成果及专利

(1)红苕藤尖越冬作种技术,1974 年至 1976 年由南充市农业科学研究所主持完成,主研人员:谭民化、邓世枢、雍华、蒋世龙。该成果于 1978 年获四川省科学大会重大科技成果奖。

(2)甘薯华叶虫的预测预报及防治技术,1955 年至 1960 年由南充市农业科学研究所主持完成,主研人员:熊道稚、吴春。该成果于 1978 年获省委、省政府、地委及行署重大科技成果奖。

(3)"南薯 88"种苕基地建立及快速繁殖,1988 年至 1990 年由南充市农业科学研究所主持完成,由曾文才主持,主研人员有廖乾仁、胡昌川、兰坤碧、曹小菊、邓世枢、欧国富、罗明生。该成果 1991 年获省农牧厅科技进步二等奖。

(4)高产优质甘薯新品种南薯 88,于 1992 年获得国家科技进步一等奖。

(5)红苕综合技术标准,1988 年至 1991 年由南充市农业科学研究所主持完成,由曾文才、谭民化主持,主研人员:邓世枢、李育明、雷彰珍。该成果于 1993 年获四川省政府科技进步三等奖。

(6)甘薯新品种"南薯 88"及高产配套应用技术推广,1988～1996 年由南充市农科所与四川省农业厅粮油处共同完成,主研人员有李育明等。该成果 1997 年获四川省政府科技进步二等奖。

(7)高产甘薯新品种"南薯 99"的选育与应用研究,于 1993～2001 年由南充市农科所主持完成,主研人员有李育明、何素兰、雍华、杨洪康、苏春华、吴小平、谭民化、邓世枢、朱实祥、邓虹、周佳明等。该成果 2003 年获四川省政府科技进步三等奖,南充市政府科技进步一等奖。

(8)红苕良种 52-45 引种鉴定,主研人员有谭民化、曾孝平、王家成。该成果 1978 年获得地委、行署重大科技成果奖。

(9)高温岩窖防治甘薯窖藏期黑斑病的技术研究,主研人员有熊道稚、魏德全、吴春、张顺兴。该成果 1978 年获得地委、行署重大科技成果奖。

(10)红苕新品种"胜南"繁殖及贮藏保鲜技术推广,主研人员有谭民化、何明瑞、周殿伟、魏德全、李锦贵、曾文才、邓世枢。该成果 1988 年获得地区科技进步三等奖。

(11)基于集团杂交基因聚合的紫色甘薯选育与应用,主研人员有何素兰、苏春华、王宏、李育明、杨洪康、周全卢、黄迎冬。该成果 2010 年获得南充市科技进步二等奖。

（12）基于集团杂交基因聚合的紫色甘薯选育与应用，主研人员有何素兰、苏春华、王宏、李育明、周全卢、黄迎冬、杨洪康、王梅、张玉娟。该成果2013年获得四川省科技进步三等奖。

3.6.4 绵阳市农业科学院获得成果及专利

（1）四川省旱地麦、玉、苕三熟制新技术，1983年农牧渔业部技术改进一等奖（协作）。

（2）徐薯18的推广，1984年农牧渔业部技术改进一等奖（协作）。

（3）高淀粉红苕新品种"绵粉1号"的选育，1991年绵阳市科技进步一等奖。

（4）红苕"绵粉1号"、南薯88良种繁殖及高产示范，1991年绵阳市科技进步三等奖。

（5）甘薯新品种"绵粉1号"，1991年国家计委、国家科委、财政部国家"七五"科技攻关重大成果奖。

（6）高淀粉红苕新品种"绵粉1号"，1992年四川省科技进步三等奖；

（7）甘薯蔓割病发生危害损失及控制对策研究，1993年绵阳市科技进步二等奖（协作）。

（8）优质食用型甘薯新品种绵薯早秋的选育，1997年四川省农业厅科技进步二等奖。

（9）优质食用型甘薯新品种绵薯早秋研究与应用，1998年绵阳市科技进步三等奖。

（10）高产优质广适兼用型甘薯新品种绵薯4号，1999年绵阳市科技进步一等奖。

（11）丰产耐旱优质饲食兼用型甘薯新品种绵薯4号，2000年四川省科技进步三等奖。

第四章 云南省甘薯

4.1 云南省甘薯种植历史

4.1.1 云南农业生产概况

云南简称"云"或"滇",地处中国西南边陲,地处北纬 $21°9'\sim29°15'$ 和东经 $97°39'\sim106°12'$,北回归线横贯南部。总面积 39.4 万平方千米,占全国总面积的 4.1%,居全国第八。东与广西壮族自治区和贵州省毗邻,北以金沙江为界,与四川省隔江相望,西北隅与西藏自治区相连,西部与缅甸唇齿相依,南部和东南部分别与老挝、越南接壤,共有我国陆地边境线 4 060 km。

地势北高南低,海拔相差大。海拔一般在 $1\,000\sim2\,500$ m,以 $2\,000$ m 左右的地区居多,也有一部分地区海拔在 $1\,000$ m 以下,主要为滇西南和滇南的坝区;另一部分地区为 $3\,000$ m 以上,主要为滇西北的高山地区,全省最高点为迪庆藏族自治州德钦县梅里雪山的卡格博峰,海拔 6 740 m,最低点为红河州河口县城,海拔 76.4 m。

云南省目前辖 16 个州、市,129 个县级行政单位,2011 年末全省总人口 4 631 万人,居全国第12 位。少数民族占 38.07%,彝族、白族、哈尼族、壮族、傣族、苗族、傈僳族、回族、拉祜族、佤族、纳西族、瑶族、藏族、景颇族、布朗族、普米族、怒族、阿昌族、基诺族、蒙古族、独龙族、满族、水族、布依族等 20 多个民族的人口都超过 8 000 人。

云南拥有丰富的自然资源,素有"植物王国""动物王国""有色金属王国""药材之乡"的美誉。云南是全国植物种类最多的省份,不仅有热带、亚热带、温带、寒温带植物种类,而且还有许多古老的、衍生的、特有的以及从国外引种的植物,在全国近 3 万种高等植物中,云南就有 1.8 万种,占全国总数的一半多。

土壤类型多种多样,具有垂直分布特点。全省有 16 个土类,其中黄土壤占全省面积的 20%,红壤占全省面积的一半,故云南有"红土高原"之称。云南稻田土壤细分有 50 多种,成土母质为冲积物和湖积物,部分为红壤和紫色土,pH 大部分呈中性和微酸性,有机质含量在 1.5% $\sim$ 3.0%,氮磷养分含量比旱地高。山区旱地土壤约占全省的 64%,坝区旱地约占 17%。

云南省 8 万平方千米左右的热区,具备不同类型热带植物生长的生态环境。新中国成立后,已从 30 多个国家引进了 1 200 种热带植物,大多数生长良好,有的已广为栽培,其中最成功的是巴西三叶橡胶。

云南省主要的农作物有玉米、水稻、马铃薯、小麦、油菜等,甘薯也有一定的种植面积;经济作物中,烟草、甘蔗、橡胶、花卉近年来发展较快,在全国有一定的地位。

4.1.2 云南省甘薯栽培历史

云南省种植甘薯的历史比较悠久,有学者认为云南是中国最先种植甘薯的地方。学者何炳棣在 20 世纪 50 年代中期提出，依据《云南通志》的记载，1576 年在临安、姚安、景东、顺宁四府已种植了红薯，该四府离缅甸较近，有的就在中缅边境上，所以可能由缅甸传入。如果该说法成立，有史可考的传入时间就可以上溯至 1516 年，分别早于广东说和福建说中的 1580 年和 1584 年，成为甘薯在中国的滥觞。陈树平在《玉米和番薯在中国传播情况研究》(《中国社会科学》1980 年第 3 期)中指出，万历八年(1580 年)广东东莞人陈益从安南已引进番薯，他又根据《云南通志》推断，云南引进番薯，比福建早 10～20 年，比广东也早 7～8 年，并认为云南番薯由缅甸传入。陈益的观点颇有影响力，以致不少论著皆从此说，如 1983 年出版的《古代经济专题史话》(中华书局版)，即是其例。

云南的地方志也有记载，如《蒙自县志》曾记载，甘薯是云南蒙自人王琼由缅甸携回种植的，该志还说，"无论地之肥硗，无往不利，合县种植。"也有云南从越南引进甘薯的记载，推测从越南传入的时间为 1563～1594 年。

当然也有学者持不同的意见。学者万国鼎提出清代乾隆以前的地方志，各地最早的甘薯记载如下：台湾，1717 年；四川，1733 年；云南，1735 年；广西，1736 年；江西，1736 年；湖北，1740 年；河南，1743 年；湖南，1746 年；陕西，1749 年；贵州，1752 年；山东，1752 年；河北，1758 年；安徽，1768 年；此外，山西、甘肃两省尚未看到记载。万国鼎认为，这些记载未必能代表实际的先后次序，因为常有漏载、晚载。根据已记载的来看，福建、广东、江苏、浙江四省在明代已有栽培，其他关内各省，除山西、甘肃二省外，都在清朝的一百余年间，亦即 1768 年以前，先后引种甘薯。大体说来，台湾、广西、江西可能引种稍早；安徽、湖南紧接在江西、广西之后；云南、四川、贵州、湖北也不晚，山东、河南、河北、陕西或者稍晚，但相差不会太久。传入和推广的途径是错综复杂的，以后仍在继续发展。

总之，云南种植甘薯的历史比较悠久，得到大家的共识。

甘薯是单位面积产量特别高的粮食作物，亩产上千斤很普遍。而且甘薯适应性很强，能耐旱、耐瘠、耐风雨，病虫害也较少，收成比较有把握，适宜于山地、坡地和新垦地栽培，不和稻麦争地。这些优点，强烈地吸引着人们去发展甘薯栽培。甘薯先后在云南不少地区发展成为主粮之一，成为云南重要的粮食作物，所以有"红薯半年粮"的谚语。

由于过去的文人对农业生产的轻视，因此我们无法在云南的地方文献中，找到更多的甘薯的记载和叙述；只有进入近代，才开始有了较多的记叙。

20 世纪 30 年代末从越南引进洋红、洋白甘薯品种；20 世纪 50 年代从四川、广西引入的南瑞苕和胜利百号(原日本品种"冲绳百号")，到现在仍有大面积种植，这两个品种产量高、粮饲兼用，深受农民欢迎，对云南的甘薯生产起到重要的作用。20 世纪 80 年代引进的徐薯 18，有效地控制了甘薯根腐病，90 年代又引入南薯 88 等品种。在各地的文献中，对甘薯也有不少记录。

4.1.3 云南省甘薯种植面积和产量

云南记载有甘薯种植面积和产量的统计数字是在 1935 年，这一年的甘薯种植面积是 $2.47 \times 10^4 \ hm^2$，产量为 $1.87 \times 10^5 \ t$，单产为 $7.57 \ t/hm^2$。从我们能收集到的 7 个年份的数字看，云南的甘薯生产在过去的 80 多年里，有三次大的发展，分别是 20 世纪 60、90 年代和本世纪初，种植面积和单产都有大幅度的上升(见表 4-1)。

表 4-1 云南省多年的甘薯种植面积和产量

年份(年)	面积(1×10³ hm²)	总产(1×10⁴ t)	单产(t/hm²)
1935	24.7	18.7	7.57
1946	24.3	16.55	6.81
1963	47.8	28.65	5.99
1984	42.4	26	6.13
1996	83.0	96.7	11.65
2000	90.0	87	9.67
2006	100.1	169.6*	16.94

＊为估计数,表中产量数据统一为鲜薯。

2000 年,云南省甘薯种植面积居全国 18 位,面积为 9 万公顷,总产量为 87 万吨,居全国 19 位,单产为 9.67 t/hm²,居全国 22 位;近年来这种状况没有发生大的变化。据云南省农业技术推广总站统计,2006 年,云南省的甘薯播种面积为 10.01 万 hm²(尚不包括普洱、西双版纳、大理、怒江 4 个州市的种植面积),占粮食播种面积的 2.37%,薯类播种面积的 13.96%,单产为 16.94 t/hm²;总产为 169.6×10⁴ t,占粮食总产的 2.2%,薯类总产的 16.55%;近年来有所发展。

4.2 云南省甘薯生产情况

4.2.1 云南省甘薯种植生境

云南省的 16 个州市都有甘薯种植。即使是以高海拔著称的迪庆藏族自治州(该州最低海拔为澜沧江河谷,海拔 1 480 m,也有海拔 2 000 m 以下的河谷地区),或多或少都有甘薯种植。虽然在全省大部分地区都有分布,但在昭通市、文山州、红河州的种植面积较大一些。

甘薯在温带为一年生植物,在热带为多年生植物,性喜高温,不耐寒冷。地温在 12 ℃ 以上才可育苗,生长期的较适地温为 15～35 ℃,在 38 ℃ 以上生长缓慢,15 ℃ 以下生长停止,24 ℃ 结薯最多,22～23 ℃ 块根发育良好,昼夜温差大有利于养分向块根输送和积累。土壤以含水量 60%～70%、排水通气状况良好为宜,酸、碱土壤均可种植,虽耐瘠薄,但以富含钙、钾和有机质的土壤为最好,施肥应以钾肥为主。甘薯要求光照充足,块根形成时最适宜的日照长度为 12.4～13 h。

从上述甘薯的生长条件看,云南种植甘薯的限制因素主要是热量。因此,多种植在光、热条件较充足的滇南低海拔丘陵地带和金沙江河谷地带。大部分地区是春末夏初种植,晚秋收获;在滇南、滇西南冬季无霜地区,亦可作为越冬作物栽培,越冬栽培既能繁殖春季栽植所需的薯苗,又可获得一定的块根产量。

根据甘薯生长发育对环境条件的要求,海拔 1 400 m 以下,年均温＞18 ℃,最热月均温＞23 ℃ 的地区为适宜区;海拔 1 400～1 900 m,年均温 15～18 ℃,最热月均温为 20～23 ℃ 的地区为次适宜区;海拔＞1 900 m,年均温＜15 ℃,最热月均温＜20 ℃ 的地区为不适宜地区。云南地形复杂,个别海拔为 2 000 m 左右的小气候地区,也有单产 75 t/hm² 的情况。按照上述区划指标,云南的甘薯生产可分为四个区域,即金沙江河谷甘薯适宜区、滇南低地甘薯适宜区、滇中山地甘薯次适宜区和滇西北高山甘薯不适宜区(图 4-1)。

一、金沙江河谷甘薯适宜区

该区位置局限于云南北部的金沙江河谷地区,西自宾川、东至盐津,包括有宾川、永胜、华坪、永仁、元谋、禄劝、东川、巧家、永善、大关、绥江、水富、盐津共13县(市)。由于云南地形复杂,一县范围内既有高寒山区,适宜种马铃薯,又有低热河谷区,适宜种甘薯,所以禄劝、东川、巧家、永善、大关等县,既是种植一季大春马铃薯的适宜区,又是种植甘薯的适宜区。

该区的热量条件适合于甘薯生长,唯水分条件略嫌不足。1998年全区约有甘薯面积$2.4×10^4$ hm²,占区内耕地面积的5%,占全省甘薯面积的27%,平均单产10.2 t/hm²,总产约$2.5×10^5$ t。种植面积最大的是东川、宾川、华坪、元谋、巧家、永善、大关、盐津等地。

二、滇南低地甘薯适宜区

该区大部分位于云南省北纬24°以南,包括马铃薯不大适宜区的46县(市),加上紧邻的新平、弥勒、施甸、龙陵4县,共50县(市)。该区海拔较低、气候比较炎热,比较适宜甘薯生长。

1998年,该区共有甘薯面积$5.3×10^4$ hm²,占该区耕地面积的4%,占全省甘薯面积的59%,呈零星分散分布。种植较多的是建水、西畴、蒙自、普洱、广南、马关、砚山等地。种植较集中的建水县,耕作栽培技术较好,平均单产15 t/hm²。其他各县,除小面积作蔬菜栽培外,一般栽培都很粗放,单产很低,仅7.5~10.5 t/hm²,远低于全国甘薯单产水平。

三、滇中山地甘薯次适宜区

该区位于云南省北纬25°附近的广大中部地带,包括滇东高原的大部分地区,西自腾冲、保山,东至镇雄、威信,共51县(市)。该区立体地形的特点比较突出,大部分地区由于海拔较高,种植甘薯热量略嫌不足,但局部地区由于海拔较低,仍然比较适宜甘薯的生长。

该区甘薯面积约为$1.17×10^4$ hm²(1998年),占区内耕地面积的0.8%,占全省甘薯面积的13%,呈零星分散分布,种植较多的保山、富源、会泽3县达666.7 hm²以上,平均单产15 t/hm²,高于全省平均水平。

该区夏季较凉爽,适宜甘薯生长的温热条件不足,甘薯虽然可以获得一定的产量,但薯块含糖量往往不如适宜地区。该区甘薯丰产的关键在于提早扦插,充分利用高温月的光、热资源,并适当延长生育时期。要提早扦插,就必须采取加温育苗和在大田浇水抗旱保苗的措施,或采用地膜覆盖栽培,这在多数缺水的山区不容易做到。

四、滇西北高山甘薯不适宜区

该区基本上属于滇西北高山一季春播马铃薯适宜区的范围,只除去位于金沙江河谷的永胜县。区内地形崎岖,大多数耕地海拔位于2 000 m以上,气候寒冷,热量不足,5~9月≥15 ℃的活动积温不足3 000 ℃,一般不适宜种植甘薯。

全区共有甘薯面积约$1.33×10^3$ hm²,占区内耕地面积的0.7%,占全省甘薯面积的3.3%。甘薯零星分布于兰坪、泸水等县的怒江河谷和丽江市、鹤庆等县的金沙江河谷中,单产水平很低,为6.75 t/hm²。

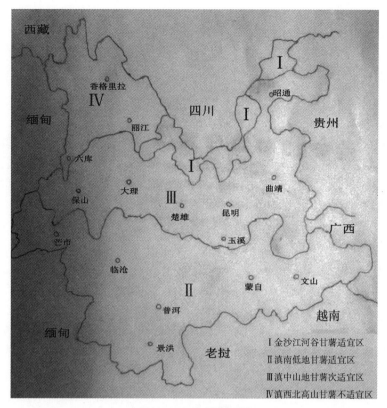

图 4-1 云南甘薯区划

I 金沙江河谷甘薯适宜区
II 滇南低地甘薯适宜区
III 滇中山地甘薯次适宜区
IV 滇西北高山甘薯不适宜区

4.2.2 云南甘薯种植的主要品种

1960年在《云南省农作物品种汇编》中收集整理共 30 个地方品种,以红河州品种较多,主要有洋红、洋白、鸡脚红、老瓜红、五香薯、洋芋红薯等。

云南在种植甘薯的历程中,品种变化不大。20 世纪五六十年代建水、蒙自、宾川、昆明、玉溪、绥江等地,主要种植品种是洋红、洋白、胜利百号、南瑞苕、贵州薯、鸡脚红等。洋红、洋白 20 世纪三四十年代从越南引入,品质好、味甜、耐瘠耐寒,产量不高。胜利百号原产日本,原名为冲绳百号,为纪念抗日战争胜利改名为胜利百号,1956 年由四川引入云南,薯皮红色,肉质淡黄,适应性广,耐肥,产量高,不耐贮藏;南瑞苕是 1953 年从四川引入云南的,产量高而稳定,结薯集中,耐肥耐寒,耐贮藏,味甜,品质好;胜利大白是 1957 年从广西引入的,薯块大,一般单个重 1～2 kg,产量高,单产高,是其他品种的 2～3 倍,因此它是生产上的主要品种之一,但它的食味较差,主要用作饲料。

20 世纪 70～80 年代中期,全省主要推广品种有胜利大白、胜利大红、北京 553、华东 51-93、华北 117、越南洋红、普洱红薯、南瑞苕、徐薯 18 等。而普洱红薯、越南洋红、北京 553、南瑞苕等由于栽培技术的改进单产提高不少,品质也较好。

据孙茂林等 2003 年统计,云南栽培的主要甘薯品种有 25 个,其中本地农家种 10 个,外引品种 15 个。外引品种为目前的主栽品种胜利百号、南瑞苕、徐薯 18,以及引自四川的南薯 88、红皮早、胜南,引自江浙的苏薯 3 号、红红 1 号,引自北方的遗 67-8、农大红、北京 533、华北 117,早年引自越南的洋红、洋白和近期引自越南的滇红 5 号等。

4.2.3 云南典型地区甘薯的种植情况

一、建水县

建水县位于云南南部,红河中游北岸。土地广阔,气候温和,面积 3 789 km²。居住着汉、彝、回、哈尼、傣、苗等民族,总人口 51 万,社会发展水平较高。

建水县甘薯又称沙莜,栽培历史悠久,有史可查的记载可追溯到 17 世纪。该县甘薯种植水平高,在省内外享有较高声誉。所产的鲜食型甘薯以个大,表皮光滑,淀粉含量高而闻名;新鲜煮食,自然风化晾晒 20～30 d,淀粉转化为果糖,食之香且甜,风味无穷,因而名声远扬,产品多销往滇、黔、桂、粤等省区。历史上甘薯种植面积最高是在 1959 年,为 8 100 hm²,2005 年全县种植面积为 3 800 hm²,年产约 3×10⁴ t。近年面积波动不大。

2011 年,建水县在临安镇、南庄镇、缅甸镇等乡镇种植优质红薯徽薯 2.33×10³ hm²。该县通过抓好良种的提纯复壮、精细整地,采用规格化种植、科学化管理,实行配方平衡施肥技术、加强病虫害综合防治等,产量较高。据调查统计,平均单产为 25.5 t/hm²,合计总产量为 5.94×10⁴ t。

主栽品种包括:饲料用型,即淀粉含量一般为 8%～17%,如细叶杂交、红心王二号,种植面积为 2 000 hm² 左右;食用型薯形规整、表皮光滑、水分含量低,淀粉含量在 18%～35%,如徐 91-54-1、津杂 5 号,徽薯为加工型(烘烤),种植面积为 1 670 hm²;特色甘薯薯皮紫色、薯肉紫色,如脱毒徐薯 13-4(紫甘薯),近年来示范推广面积为 66.67 hm²,一般单产为每公顷 22.5～30 t。

徽薯是继建水地方品种"羊白"(薯心白如羊脂而得俗名,高淀粉品种,也称洋白)、"羊红"(其皮红似羊血而得俗名,高糖分品种,也称洋红)、"珍白"(其皮雪白,薯心黄如鸡蛋心,高淀粉,具香味)之后,于 20 世纪 70 年代从安徽与徐薯 18、胜利百号同期引入的优质甘薯品种。徽薯,原品种名称不详,是黄皮,薯肉黄里透红的优质鲜食品种,以徽薯名称沿用至今,种植历史近 40 年,因品质佳,比较受市场欢迎,远销昆明、贵阳等大中城市。

二、大关县

大关县位于云南省东北部,为昭通地区的腹心地带。地处东经 103°43′～104°07′、北纬 27°36′～28°15′,总面积为 1 724.77 km²。其中河谷区占 13.1%,矮二半山区 37.3%,高二半山区 33.9%,高寒山区 15.7%。东西横距 43.7 km,南北纵距 73.2 km,总人口 27 万多。

甘薯及茎叶是大关县海拔 1 600 m 以下地区群众(约占全县 65% 农村人口)养猪的主要饲料,这些区域甘薯种植深受群众重视。

甘薯生产品种主要为红心苕、南瑞苕等,种植面积为 1×10⁴ hm²(可种植面积达 1.6×10⁴ hm² 以上),20% 为净种,80% 为玉米甘薯套种。

薯块 20% 食用,10% 作种,20% 用于加工或销售(包括作坊加工,主要加工淀粉),50% 用作饲料。加工产品中约 10% 作为原产品销售,销售平均单价为 0.40～0.60 元/kg。主要在县内销售,部分外销到四川、重庆等省市。

目前,当地依据积极发展县域经济的指导方针,正多方争取甘薯生产、加工技术的支持。可以预料,甘薯在当地会有一个较大的发展。

三、元谋县

元谋县位于云南北部。东倚武定,南接禄丰,西邻大姚,北接四川省会理县,西南与牟定接壤,西北与永仁毗连。总面积 1803 km²,总人口 21 万。

据元谋县统计局统计,20 世纪 50 年代年平均栽培山地甘薯 1.13×10³ hm²。其中,1958 年为历史最高年,曾达 3.53×10³ hm²;60 年代年平均 1.26×10³ hm²;70 年代年平均 1.47×10³ hm²,其中 1977 年曾达 2.07×10³ hm²;2000~2003 年平均 1.07×10³ hm²;2004~2006 年平均 0.87×10³ hm²。若加上热区菜园中专门作饲料和作种苗出售的数千亩甘薯,目前全县每年种植甘薯面积均达 1.33×10³ hm² 左右。

元谋县栽培的山地甘薯,多数年份平均产鲜薯 15~22.5 t/hm²,低的只有 4.5~6 t/hm²,栽培条件较好的地区可达 30~45 t/hm²。

据张武调查,2002 年元谋县栽培的甘薯品种有 15 个左右,其中主栽品种有海岛薯、五叉黄心薯、胜利百号、徐薯 18、水果甘薯、红藤黄心薯(该品种可能是南薯 138)、小脆藤和 98 甘薯(该品种属于药用薯)8 个。胜利百号是 1961 年从广西首次引入元谋的。徐薯 18 则由当时任县科委副主任的朱洪锦于 1981 年 10 月从江苏徐州市农科所引入。1998 年和 1999 年,小脆藤和红藤黄心薯又分别从永仁县传入元谋县的物茂乡,以后逐渐在全县扩散,后又引入徐薯 22 等品种。

四、新平彝族傣族自治县

新平彝族傣族自治县位于云南省中部偏西南,北纬 23°38′15″~24°26′05″,东经 101°16′30″~102°16′50″,按东南西北顺序,分别与峨山县、石屏县、元江县、墨江县、镇沅县、双柏县接壤。县城驻地桂山镇,距省会昆明市 180 km,距玉溪市政府所在地红塔区 90 km。全县总面积 4 223 km²,其中山区面积 4 139.6 km²,坝区面积 83.4 km²,境内最大纵距 88.2 km,最大横距 102 km。地势西北高,东南低,最高海拔哀牢山主峰大磨岩峰 3 165.9 m,最低海拔漠沙镇南蒿村 422 m。新平县境内有彝族、傣族、哈尼族、拉祜族、回族、白族、苗族、汉族等 17 个民族。

新平县主要发展紫色甘薯,主要种植模式是烟后种植,种植面积为 6.67×10³ hm²。一个有利条件是玉溪紫昊生物科技有限公司在当地投资上亿元,建设生产紫甘薯色素和紫甘薯全粉的工厂。

该县已建成 1.73×10⁵ m² 紫甘薯育苗基地,可保证 6.67×10³ hm² 紫甘薯大田用苗的有效供给。紫甘薯栽插分两个阶段进行:第一阶段以大春洋芋收获后夏季种植为主,计划推广种植 40%;第二阶段以烟后秋季套种为主,计划推广种植 60%。

五、永德县

永德县位于云南省临沧市西北部,地处东经 99°05′~99°50′,北纬 23°45′~24°27′。位于滇西横断山系纵谷区南部,四周与耿马、镇康、龙陵、施甸、昌宁、凤庆、云县等县为邻,全境面积达 3 208 km²。地势东和南低,西部高,向北倾斜。地貌多样,有深切亚高山宽谷、深切中山宽谷、深切中山窄谷、中切中山宽谷、中切中山窄谷六种类型。地形错综复杂,横断三山(老别山、棠梨山、三宝山),牵挽众山;沧怒两水,一统百流;东西六坡,自成山地;冲积坳陷,十四小坝嵌其间。境内山多坝少,山地占 95%。最高海拔大雪山主峰仙宿平掌 3 504 m,最低海拔崇岗乡户等村 540 m,相对高差 2 964 m。永德县城位于德党镇,海拔 1 580 m。县城距省会昆明 787 km,距临沧市市政府 226 km。

据《永德县人民政府关于脱毒红薯产业发展的实施意见》,到 2009 年末建成脱毒甘薯苗圃基地 233 hm²,实现全县脱毒甘薯产业基地面积达 6.67×10³ hm²;5 个乡镇建成"万亩"脱毒甘薯乡镇,其中 1.33×10³ hm² 以上有 2 个乡镇,建成一批脱毒甘薯产业重点村,并建立相应规模的脱毒甘薯精深加工体系。项目建成后,到 2009 年末,实现产值 8 400 万元,利润 3 780 万元。

据《2010 年 6 月 4 日生产进度》(永德县农业信息网),2010 年该县实际种植面积为 1.33×10^3 hm^2(其中大春 1 311 hm^2,小春 19 hm^2)。

六、耿马县

"耿马"傣语直译为"勐相耿坎",意为跟随白马寻觅到的黄金宝石之地。耿马县位于祖国西南边陲,北回归线穿越县境,与缅甸山水相连,总面积为 3 837 km^2,国境线长 47.35 km,是云南通往缅甸的重要门户和陆上捷径,是国家粮食和蔗糖基地,是云南民营橡胶生产区,蒸酶茶之乡,土地资源和生物资源富集之地。全县辖 11 个乡(镇)、1 个华侨农场和孟定、勐撒两个国营农场。全县总人口约25.28 万,有汉、傣、佤、拉祜、彝、布朗、景颇、傈僳、德昂、回、白等民族,少数民族人口占总人口的 51%。

在发展生物质能源的大潮中,耿马县积极发展甘薯种植业。2006 年 12 月 7 日耿马县科技局和耿马鑫承酒精有限责任公司,对 5 月 17 日从山东省、河南省、昆明市引进的 6 个甘薯品种实验基地种植情况进行测评。当地报告显示的实验结果是,豫薯抗病 1 号单株产量达 6 kg,单个重量最大为 5.7 kg,单产达到 153.9 t/hm^2,淀粉率在 33%~37%,干率达到 45%;该品种后来被引入宾川县。2007 年主推豫薯抗病 1 号,面积在 383 hm^2 左右,由耿马鑫承酒精有限责任公司有偿扶持薯苗。

七、宾川县

宾川县位于滇中高原向滇西横断山脉的过渡区,地处大理州东北部金沙江南岸的干热河谷地区。介于北纬 25°32′~26°12′,东经 100°16′~100°59′,东与楚雄彝族自治州的大姚县接壤,南与该州的祥云县相连,西与该州的大理市、洱源县交界,北与该州的鹤庆县及丽江市的永胜县毗邻。南北长 72.8 km,东西宽 67.8 km,全县面积 2 562.67 km^2(山区面积 2 135.63 km^2,占总面积的 83.34%;坝区面积 427.04 km^2,占总面积的 16.66%)。全县人口密度为 137 人/km^2。县城驻地金牛镇位于祥宁公路和凤太公路交会处,海拔 1 430 m。东南距省会昆明 340 km,南距祥云县城 59 km,西距大理州府下关 56 km,北距永胜县城 129 km。截至 2010 年年底,全县总人口为 35.194万,宾川是以汉族为主的多民族聚居县,境内居住着 25 个民族,包括汉、白、彝、傈僳、回、苗、拉祜 7 个世居民族,定居宾川的还有藏、壮、傣、纳西、瑶、布朗、佤、哈尼、景颇、怒、水、侗、布依、满等 18 个民族。

宾川县种植甘薯的历史悠久,据史料记载明清年代就开始种植甘薯。甘薯在"三年困难"时期和 20 世纪 80 年代初期种植面积曾达到 3.33×10^3 hm^2,基本解决了"三年困难"时期间当地人民的温饱问题。近年来,虽有当地企业大力倡导,但种植效益低和种植面积下滑的局面并没有根本扭转,目前该地区种植面积在 330 hm^2 左右(含临近地区包括鹤庆、永胜等地的种植面积),主要品种为由耿马引入的"豫抗病 1 号"。

宾川县燃料乙醇原料脱毒红薯优质丰产栽培技术示范基地建设,被国家科技部批准列入 2011 年国家科技富民强县专项行动计划项目,将获国家和省州配套资金支持。该项目概算总投资 710 万元,其中中央补助 300 万元,地方扶持 200 万元,企业自筹 210 万元。项目基地建设分两年实施,主要建设脱毒红薯优质丰产栽培技术示范基地 1 333.3 hm^2。该项目的目标是建成后将为宾川县年产 5×10^4 t 燃料乙醇生产线提供 1×10^4 t 燃料乙醇的生产原料,促进农民年均增收 900 万元以上,财税增收 1 200 万元以上。

八、丘北县

丘北县位于云南省东南部，东经 103°34′～104°45′，北纬 23°45′～24°28′。东隔清水江，与广南县毗邻；南与砚山县、开远市接壤；西隔南盘江，同弥勒、泸西两县相望；北与师宗县、广西壮族自治区西林县衔接。县境内东西宽 100 km，南北长 70.5 km，总面积 4 997 km²。2004 年年末全县总人口 45.2 万，有汉、壮、苗、彝、瑶、白、回 7 个民族，少数民族人口共 27.74 万。

2006 年，丘北县晖鸿生物能源开发有限责任公司年产 50 000 t 生物乙醇生产线，总投资 9 100 万元，在丘北县大力发展甘薯种植。县政府为农户垫付 1 875 元/hm² 化肥资金，农业部门提供薯苗"大昌一号"、"脱毒一号"共 161 hm²，分布在 12 个乡（镇），25 个村民委员会（村委会），1 127 户农户。2007 年单产为 22.5～45 t/hm²。由于种种原因，未能得到进一步发展。

九、西畴县

西畴县位于云南省的东南部，隶属文山壮族苗族自治州，地处北回归线两侧、亚热带和热带两大气候区、云南高原向越南低山丘陵的过渡地带。介于东经 104°22′～104°58′，北纬 23°05′～23°37′，东西长 63.6 km，南北宽 59 km，面积 1 506 km²。境内峰峦叠嶂、地形起伏、地貌崎岖、温暖湿润、干湿分明，年均气温 15.5 ℃，年均降雨量 1 057.7～1 615.3 mm，相对湿度 83%，森林覆盖率 42.6%，属低纬度高海拔南亚热带山地季风气候。由于光、温、水等气候资源配置的影响，立体气候明显，气候多样性、生物多样性、农作区多样性较为丰富。近几年生物能源作物甘薯、玉米、甘蔗种植呈上升趋势。

据西畴农业局法规股编写的《西畴县生物能源产业优势品种种植规划》介绍，甘薯是该县种植面积最大的杂粮作物，在当地种植十分广泛，是农村养殖业重要的饲料作物。2005 年末全县甘薯种植面积为 5 430 hm²，总产 94 540 t，平均单产（薯块）17.4 t/hm²，引进的新品种平均达到 23.16 t/hm²，甘薯产值达 3 781.6 万元。

种植品种有本地甘薯、外地甘薯、脱毒甘薯等，而脱毒甘薯又有脱毒 1 号、脱毒 2 号、脱毒 8 号等品种。

甘薯在初春育苗，扦插方式有夏插和秋插，栽培方式主要是间、套种植。单产高的达 45 t/hm²，低的每公顷仅有数吨。

该县鸡街乡于 2003 年从四川省引进种植脱毒甘薯（脱毒 1 号）后，种植面积逐年加大。2009 年由鸡街乡供销社牵头与四川省加工企业合资 100 万元，在鸡街乡蝴蝶村小组（西珠公路旁）建设了日加工鲜薯 60 t、产粉 12 t 的脱毒甘薯淀粉加工厂。

2011 年，鸡街乡成功申报并获得了县扶贫的脱毒甘薯推广种植及加工项目。由鸡街供销社牵头实施，2 月 10 日在鸡街乡的那磨村小组完成苗圃基地建设 4 hm²，下育种薯 40 t，3 月底开始供苗，可供 200 hm² 大面积用苗，可以带动鸡街乡 9 个村委会近 130 个村小组、4 200 户农户发展。该乡将种苗免费发放给农户种植，以每吨 450 元的价格回收鲜薯，计划推广种植 200 hm²，实现鲜薯产量 9 000 t，加工淀粉 1 800 t，实现薯农收入 405 万元。

十、陇川县

陇川县地处亚热带季风气候带，位于北纬 24°08′～24°39′，东经 97°39′～98°17′。全县辖 8 乡 4 镇 1 个国营农场，总面积 1 913 km²，总人口 18 万，其中农业人口 12 万。少数民族主要有景颇族、傣族、阿昌族、傈僳族、德昂族和回族，占总人口的 54.9%，景颇族和阿昌族人口数分别占总人口的 27.2％和 7.4％，为全国景颇族和阿昌族人口分布最多的县。陇川属典型的边疆多民族农业县，具有土地开发成本低、适宜发展绿色产业经济和对外贸易经济的口岸区位优势。

2006 年，甘薯种植 681.7 hm²，每公顷产 13.275 t，总产 9 049.6 t；2007 年种植 737.3 hm²，每公顷产 14.85 t，总产 10 948.9 t。甘薯在陇川 9 个乡镇均有种植，产品主要作为猪饲料。种植品种主要为红心山药、白心山药（本地俗称）、紫红皮等品种，尚待整理研究。每年 5～6 月以单垄双行条栽和间套作为主。

存在的主要问题：

生产基础条件差。甘薯主要种植在山地、坡地和家边地头，没有灌溉设施，生产基础条件差，要等到下透雨后，才能移栽，属于"靠天吃饭"。一旦发生自然灾害，便造成大幅度减产，抗灾能力弱，生产不稳定。

缺乏优良品种，品种退化严重。生产上长期沿用为数不多的几个老品种，无新品种更新替换，以致品种退化，病虫害严重，在产量和质量上徘徊不前，品种表现出明显的混杂，产量降低，品质变劣，严重制约了生产的发展。

栽培管理粗放。当地农民受生产条件的限制，只用山坡地和田边地头种植，将甘薯作物按"懒庄稼"栽培，耕作、栽培管理粗放，生产水平低，栽培技术落后，肥料施用量很少，导致产量低，效益差。

种植规模小，无加工企业，产量低，经济效益差。

十一、施甸县

施甸县地处云南西部，位于东经 98°54′～99°21′，北纬 24°16′～25°00′。东连昌宁，南邻永德，西与龙陵隔江相望，北与隆阳毗连；东西横距最宽处 45 km，南北纵距 79 km；总面积 2009 km²，人口密度 163 人/km²。县城位于施甸坝子南端甸阳镇，海拔 1 470 m，距云南省会昆明 571 km²，距保山市政府驻地 61 km。

2003 年末，施甸县总人口 32.7 万，农业人口占 91.95％，有 2 万多人口属于 21 个少数民族。

当地发展甘薯的积极性很高。2009 年在云南省、市科技管理部门的关心帮助和支持下，施甸县 333 hm² 脱毒甘薯种苗繁育基地建设项目被列为云南省科技厅科技创新强省项目，扶持资金 20 万元，总投资达 211 万元。当地规划发展 13 330 hm² 甘薯生产用地，满足进驻当地的云维集团 50 000 t 工业用无水乙醇生产的原料需求。

2008 年 10 月至 2009 年 8 月，由旺镇大秧田冬季繁育 4 hm² 脱毒种苗，提供种薯 3.54 t，种苗 711.5 kg，在仁和、由旺、万兴、旧城、河元 5 个乡镇种植 0.67 hm²，共计提供良种 1.2×10⁴ kg。

2009 年 11 月～2010 年 8 月，在全县 13 个乡镇共示范种植 208 hm²，繁育种薯苗 3.12×10⁵ kg，开展科技培训 32 期 1 620 人次，印发技术资料 1 750 份。

十二、东川区

东川区隶属云南省昆明市，位于云南省东北部和昆明市最北端，地处东经 102°47′～103°18′，北纬 25°57′～26°32′。东与云南省曲靖市会泽县相邻，南与昆明市寻甸县相接，西与昆明市禄劝县相靠，北与云南省昭通市巧家县相连，并与四川省凉山州会理和会东两县隔金沙江相望。区政府所在地距昆明 160 km，纵贯南北的龙东格公路为东川境内的公路大动脉，是昆明出滇入川最短的通道。境内最高点为拱王山的主峰雪岭，海拔为 4 344.1 m，最低点在小江与金沙江的汇水处小河口，海拔为 695 m。由于长期受金沙江和小江及其支流的强烈侵蚀和切割，形成了山高谷深、地势陡峭的地形地貌,造就了"一山分四季,十里不同天"的气候特点,使农业呈现出明显的垂直分布。土壤由下而上分布着燥红土、红壤、黄红壤、棕壤、亚高山草甸土5大类型,其中以红壤分布最广。全区下辖7镇1乡、148个村民委员会、1 220个村民小组,在1 858.79 km²的面积上居住着汉、彝、苗、回、布依等多种民族,农业耕地面积1.33×10⁴ hm²。全区总人口30.4万,其中农业人口23.3万,占76.6%。

甘薯种植主要集中在金沙江、小江河谷地区,分布在海拔700～2 100 m的河谷和山区,以海拔1 200～2 100 m的山区比较集中。东川1965年甘薯种植面积为1.33×10³ hm²左右,单产1 125～1 500 kg/hm²;20世纪70年代甘薯种植面积发展到2.53×10³ hm²,平均单产14.56 t/hm²,总产约36 840 t;20世纪80年代甘薯种植面积维持在2×10³ hm²左右,单产14.18 t/hm²,总产28 360 t;1985年甘薯种植面积2.03×10³ hm²,总产30 085 t,单产14.82 t/hm²。1992年甘薯种植面积2.05×10³ hm²,总产1 578.5 t,单产0.77 t/hm²。1998年甘薯种植面积2.23×10³ hm²,总产41 701 t,单产18.7 t/h²。2002年甘薯种植面积2.38×10³ hm²,总产56 215.6 t,单产23.62 t/hm²。

十三、永善县

永善县位于乌蒙山脉西北面的金沙江南岸,介于东经103°15′～104°01′,北纬27°31′～28°32′。东与大关、盐津县接壤,南连昭通市,北接绥江县,西北隔金沙江,与四川雷波、金阳两县相望。东西横距46.6 km,南北纵距121.2 km,总面积2 778 km²。2008年,总人口44.22万。其中非农业人口2.6万,占总人口5.88%;少数民族人口3.39万,占总人口7.7%。

永善县种植面积较大,2011年达4.13×10³ hm²,主要品种为当地农家品种和从云南省农业科学院经济作物研究所引入的潮薯1号、苏薯8号等品种。

十四、宁洱县

宁洱县位于云南省南部、普洱市中部,地跨北回归线,南临东南亚周边国家。昆曼国际大通道与弥宁公路、景宁公路在宁洱交会,是滇南连接东南亚和南亚的交通要道;这里地沃物阜、资源丰富。辖区总面积3 670 km²,热区土地面积1.6×10⁵ hm²,占44%;宜林、宜农、宜牧荒山灌丛1.167×10⁵ hm²,耕地面积2.467×10⁴ hm²,人均占有耕地面积0.167 hm²。

宁洱县是云南省传统的甘薯种植区,其当地品种板栗红薯(又称普洱红薯)在建水、玉溪红塔区均有种植。2010年育甘薯秧414.8 hm²,种植面积为4×10³ hm²左右。

4.2.4 云南甘薯生产中存在的主要问题

一、缺乏甘薯加工业

在进行甘薯示范推广时,碰到的主要问题是农民普遍认为种植甘薯效益较低。他们认为,甘薯市场价250～300元/t,产值6 000～7 500元/hm²,加上生产资料化肥等价格上涨,种植甘薯盈利太少。因此,云南省的甘薯产区,普遍存在只重视薯藤而不看重薯块的现象。但在四川、山东、河南、广东等省份甘薯种植面积很大,为何它们能获得较高的经济效益?答案就是这些地区均有发达的甘薯加工业。农民自己将商品性好的薯块出售,商品性差的薯块(形状不美观、破损、过大过小)用来生产淀粉和粉条、粉丝,薯渣用来喂猪,因此经济效益比较好。例如:河南农户生产粗淀粉,销售给公司,比单售鲜薯(薯干)可增收3 000元/hm²左右;又如,重庆长寿的农民,将鲜薯加工成甘薯粉(淀粉),7 kg红薯加工1 kg淀粉,价值是鲜销的两倍还多,而且薯渣还能用来喂猪。

山东省近几年种植脱毒甘薯使甘薯产量大幅度增加,由于甘薯淀粉加工业需要大量的原料,因此市场价格比较稳定。

云南省的甘薯生产还存在很多问题,如栽培技术落后,但缺乏甘薯加工业是最关键的问题。只要建立了甘薯加工业,甘薯的市场有了保障,就能促进甘薯种植业的发展,从而带动甘薯新品种的应用和先进栽培技术的推广。

二、种植品种混杂、退化严重

德宏州农科所陈志雄等调查表明,德宏州种植的甘薯品种主要是洋红、洋白、胜利百号、南瑞苕、胜利大白、白心山药、紫红皮等老品种,还包括从保山引进的红心 535、从昆明元谋引进的盘江 1 号、脱毒 1 号等。富宁县农业技术推广站黄雪琴等调查表明,富宁县甘薯种植面积为 2 000 hm²,品种名为紫红薯、白红薯、红红薯等。

2005 年以前,云南省甘薯品种的引进基本上由各地自发进行,具有很大的随意性。2006 年以后,在有关部门的支持下,云南省农业科学院经济作物研究所与徐州市甘薯研究中心、重庆市甘薯研究中心、湖北省农业科学院粮食作物研究所等国内的甘薯研究机构建立了联系,有选择地引进了一批中国甘薯主产区的主栽品种,经筛选后提供给各地试种,表现良好,现正进行推广示范。

三、栽培技术普遍比较落后

云南省的甘薯栽培技术非常落后,很多种植户不育苗,种植时主要是到市场上买苗,既增加了成本,又不便于扦插时机的选择,更无法选择高产优质的品种;很多农民种植甘薯不起垄,导致结薯性很差;很多种植户还保留着翻藤的习惯,导致减产;施肥以氮肥为主,很少施用钾肥。

四、发展走过偏路

2005 年起,云南省的甘薯生产走过一段偏路。随着生物质能源产业的兴起,甘薯这一领域也出现很多不正常的现象。一些"科技公司"借各地发展甘薯生产的热情大肆进行一些不正当的活动,即大肆夸大他们的"新品种"的产量和经济效益,未进行试种就在一个地方大量兜售种薯,给云南省的一些地方造成了严重损失(甘薯是无性繁殖作物,且繁殖系数极高,无大量购买种苗的必要)。

五、研究严重滞后

由于上述原因,云南省的甘薯研究严重滞后。表现为研究项目难上,研究队伍流失,研究影响低下。云南很多地区发展甘薯种植业造成的严重损失,与这些地区不重视向有关甘薯研究机构咨询也有重大的关系。

4.3 云南省甘薯科研概况

4.3.1 甘薯区划研究

1984 年云南省进行甘薯种植业区划,依据云南省自然生态因素和顾及原有和当时的社会、经济条件、生产现状,将云南省甘薯生产划分为 4 个种植业区:金沙江河谷甘薯适宜区、滇南低地甘薯适宜区、滇中山地甘薯次适宜区、滇西北高山甘薯不适宜区。1992 年,云南省农业区划办公室编写的《云南省种植业区划》,对 4 个甘薯种植业区做了详细的描述。

在划分的这 4 个区中,金沙江河谷甘薯适宜区可归入长江流域夏薯区,滇南低地甘薯适宜区可归入南方夏秋薯区和南方秋冬薯区,滇中山地甘薯次适宜区亦可划入南方夏秋薯区。甘薯种植业的区划,对云南省的甘薯生产有一定的促进作用。

甘薯种植业区的划分也表明,云南省虽然甘薯种植面积不大,但包括的类型很多,其中全国 5 个栽培区中占有 3 个,这在全国绝无仅有,因此云南的甘薯生产有一定的复杂性。

4.3.2 资源收集与评价

云南省是我国甘薯种植较早的省份之一,栽培历史悠久。由于气候的多样性,形成了丰富的生态类型,并且由于历史上交通不便,原始的地方品种经受改良品种的冲击较弱,较少受到新引品种的影响,因此云南甘薯资源是非常丰富的。

20 世纪 80 年代,徐州市甘薯研究中心邬景禹等曾到云南考察甘薯资源。1990～1992 年徐州市甘薯研究中心孙近友、许传琴、邬景禹等对新征集到的 143 份云贵甘薯品种资源进行农艺性状、主要抗性及食用品质的分析和评价。将云南省的 47 份材料整理归并为 25 份,贵州省的 96 份材料整理归并为 48 份,筛选出一批具有一定经济价值的优良甘薯种质资源。云南农业大学谢世清、冯毅武于 1996～1997 年对征集到的 24 份云南黄心甘薯地方品种资源进行了农艺性状、生长特性、抗逆性、生产力及营养品质的分析和评价。结果表明:蒙自黄心、红鸡窝、普洱黄山芋、紫红皮、甘心红薯、路南红皮、东川白花等一批地方品种生长势强、适应性强、块根产量高、品质优,开发利用潜力较大。

谢世清、冯毅武等还分析了云南省甘薯资源的耐旱特性。试验于 1995 年至 1997 年在云南农业大学教学实验农场的山地瘦红壤上进行,选用云南省特有的耐旱地方品种材料,即蒙自黄心、滇江红、普洱黄山芋、紫红皮、甘心红薯、弥渡红、水果甘薯、路南红皮、呈贡红皮、临沧黄皮及漆薯,对照品种为甘薯良种徐薯 18。不同甘薯耐旱地方品种的鲜薯产量差异较大,各品种产量在 25 298～60 882 kg/hm^2。除弥渡红、呈贡红皮、临沧黄皮的产量与对照品种徐薯 18 无明显差异外,其余各品种产量均显著高于徐薯 18(33 638 kg/hm^2)。从薯块干率看,不同品种差异也较大,在 22.9%～35.0% 变动,其中,除滇江红、水果甘薯的干率低于徐薯 18(23.9%)外,其余品种的干率都大于对照品种。

由于投入力量有限,在云南省的甘薯资源方面有许多问题尚待研究。例如,在建水广泛种植的徽薯(灰薯),其来源就不清楚,据建水当地的同志介绍,其是 20 世纪 70 年代从安徽引进的,但在安徽的原名以及该品种在安徽的表现,均不可考,已发表的资源研究报告均未涉及该品种。鉴于该品种在云南的甘薯生产中占有重要地位,因此对该品种进行详细研究很有必要。

另外,主产区的一些主栽品种仅根据皮色命名,如"白薯""紫薯""本地红薯"等,同名异种和同种异名比比皆是,这些都值得研究,需加以整理,以便更好地为生产服务。

4.3.3 甘薯引、育种

一、引种

因云南种植面积偏小,种植的主要品种基本为外地引进,品种选育的工作基本没有进行。历史上,引进的品种在生产中发挥了重大的作用。目前的主栽品种胜利百号、徐薯 18、南薯 88、徽薯等,都是引进的品种。

从 2007 年起,云南省农业科学院经作所收集引进 65 份甘薯资源,包括从重庆、湖北、江苏、四川、福建、山东引进徐薯 22、鄂薯 5 号、金山 57、苏薯 8 号、渝苏 303、潮薯 1 号、绵粉 1 号、烟紫薯 1 号、徐薯 23、龙薯 1 号、金玉、心香等当地的主栽品种。同时,云南省农业科学院经作所徐宁生等在昆明,云南省农业科学院热带亚热带农业研究所龙会英等在元谋,玉溪农业职业技术学院李明福等在玉溪红塔区和文山农业学校张平等在文山进行了甘薯新引品种的评价。

评价方法参考国家区域试验的方案。即试验两年一轮,随机区组排列、三次重复,重复间距 1 m、保护区 2 m;试验小区面积不少于 20 m²,4～5 行区,密度为 45 000～60 000 株/hm²;计产小区中间 2～3 行,干物率在收获的前后一个星期内进行。测定方法为,取中等大小薯块(取样不得少于 300 g),切成丝,在烘箱中 80 ℃烘至恒重,测定干物率。每重复测定 1 次,共 3 个重复,取平均值。参照王文质等干物质与淀粉含量的换算公式,即淀粉率(%)＝烘干率(%)×0.869 45－6.345 87,把甘薯干物质含量换算成相应的淀粉含量。观察记录项目包括:萌芽性,植株生长势(生育前、中后期),特征特性(茎蔓长、茎粗、分枝数、叶形、叶脉色、茎色、结薯习性、薯形、薯皮色、薯肉色、熟食味、干物率、储藏特性)。

2007 年的评价实验表明,所引的品种普遍比当地的对照品种增产。元谋、文山表现最好的品种为潮薯 1 号,产量分别达 62.55 t/hm² 和 53.4 t/hm²,为当地对照脱毒 1 号和文山黄心薯的 202.9％和 179.5％;玉溪苏薯 8 号,产量为 56.25 t/hm²,为对照板栗甘薯的 300％;昆明渝苏 8 号,产量为 50.25 t/hm²,比对照富民黄心薯增产 200％。高淀粉品种,其产量的表现也非常不错,如徐薯 22 在元谋和昆明分别为 45 t/hm² 和 35.7 t/hm²;鄂薯 5 号在元谋、文山、昆明分别为 63.0 t/hm²、64.8 t/hm²、48.8 t/hm²。综合各地的表现,筛选出 6 个表现良好的品种:潮薯 1 号、鄂薯 5 号、徐薯 22、苏薯 8 号、渝苏 303 和渝苏 8 号,送到各地试种。

2008 年的实验结果表明,昆明种植的鄂薯 5 号和苏薯 8 号产量分别达 52.5 t/hm² 和 51 t/hm²;潮薯 1 号、渝苏 8 号产量分别为 47.4 t/hm² 和 45 t/hm²。玉溪种植的徐薯 22、苏薯 8 号、渝苏 8 号、鄂薯 5 号、潮薯 1 号产量均达 50 t/hm² 以上。元谋种植的潮薯 1 号产量达 62.5 t/hm²,比对照脱毒 1 号增产 70.0％。

2008 年新品种试种情况如下:

临沧:在临沧市农科所杨咏梅等人进行的比较试验中,苏薯 8 号单产为 50.4 t/hm²,为第一位;徐薯 22 单产为 48.45 t/hm²,为第二位;鄂薯 5 号单产为 47.25 t/hm²,为第三位(潮薯 1 号因种薯部分腐烂导致种苗不够未能进行实验);分别比作为对照的地方老品种增产 144％、135％、129％。

东川:在东川区农科所祖春会等进行的比较试验中,潮薯 1 号单产为 76.77 t/hm²,比作为对照的当地高产品种(卷叶红薯)增产 47.8％;苏薯 8 号产量为 72.09 t/hm²,比对照增产 38.7％;其余品种徐薯 22 增产 6.6％,渝苏 8 号增产 15.8％,鄂薯 5 号减产 0.4％,徐薯 18 减产 12.2％。

文山:在文山州农业技术推广中心张庭宏等进行的品种比较实验中,潮薯 1 号产量为 32.39 t/hm²,在当地的实验品种中排第一位;金山 57 产量为 24.44 t/hm²,排第三位;鄂薯 5 号、徐薯 22 产量分别为 17.6 t/hm² 和 16.47 t/hm²,排第五和第六位。

芒市:在德宏州农业技术推广中心陈志雄等人进行的试验中,徐薯 18 产量为 68.1 t/hm²,潮薯 1 号产量为 64.8 t/hm²,渝苏 8 号产量为 64.08 t/hm²,鄂薯 5 号产量为 63.8 t/hm²,苏薯 8 号产量为 60.8 t/hm²,南薯 88 产量为 58.2 t/hm²,徐薯 22 产量为 57.47 t/hm²,豫抗病 1 号产量为 53.15 t/hm²,作为对照的 PJ-1 号产量为 48 t/hm²,居第九位。

永善:在永善农业技术推广中心刘平会等人进行的品种比较试验中,潮薯 1 号产量为

66.67 t/hm²，比对照当地品种高产苕增产 43.6%。豫抗病 1 号产量为 43.88 t/hm²，与对照相当。

很遗憾的是，由于没有产业的推动，加之缺乏经费，这些品种大多没有得到有效的推广。

另外，各地也陆续引进了一些品种。2002 年 6 月初，元谋县农业综合开发办公室从云南农业大学农学院引进云薯 47、云薯 103、云薯 104、云薯 110、云薯 113、云薯 116、云薯 120、云薯 122、云薯 123、甘心红薯 10 个小品种的种苗在黄瓜园镇点连村李登柱家进行试种。当年 6 月 7 日栽藤，11 月 26 日挖甘薯，全生育期共 172 d。但这 10 个品种在当地的试验中均不理想，其中表现稍好一点的是烧烤型品种云薯 104 和云薯 110。同年，张武和同事们一道在老城乡河坝街村用水果甘薯、小脆藤、徐薯 18、红藤黄心薯和五叉黄心薯 5 个品种做试验，结果以五叉黄心薯和徐薯 18 表现较好。2004 年在能禹镇大法旦村用徐薯 18、胜利百号、小脆藤、红藤黄心薯、五叉黄心薯、岳村薯、云薯 116、云薯 104，8 个品种做试验，结果仍以五叉黄心薯和徐薯 18 表现较好。

2004 年，元谋县黄瓜园镇薯类协会从昆明市嵩明县某公司引进号称"脱毒甘薯"的盘江源一号和盘江源二号，并在该公司和元谋县级有关部门的运作下，2005 年全县种植面积增加 80 hm² 以上。但由于其产量并不尽人意，2006 年起基本被淘汰。同年，当时在县科协工作的仲之望又从中国农业科学院引进新品种会武紫心薯（代号 2）。

施甸县以甘薯种苗"农大 1、2、3、4、5 号""徐薯 18""徐薯 22"和当地品种，设 3 个试验组。从甘薯原料加工型中筛选出薯块产量高（平均单产为 38.2 t/hm²，干率为 29%，淀粉含量为 22.78%）的优良品种"徐薯 22"，确定其为主推品种。

2007 年，耿马引进"豫抗病 1 号"，后被宾川引入在当地种植。另外，"脱毒 1 号"曾在元谋县、丘北县大面积种植。

二、引种方面存在的问题

（一）多头引进，造成浪费，同时还有传入检疫疾病的风险

引种是云南发展甘薯种植业的重要手段，在生产中发挥了非常重要的作用，但是也存在一些问题。一是多头引进，例如徐薯 22，多个地方都引进，造成重复浪费，这反映出各科研单位之间缺乏协调。因为云南甘薯的种植面积也有 6.6×10⁴ hm² 之多，因此各科研单位加强协调、促进产业的健康发展非常必要。二是引种的渠道五花八门，手续不正规，因此在云南甘薯的同种异名和同名异种现象比比皆是，给生产和研究带来了不少的麻烦。另外，不正规的引种还容易发生检疫疾病的传播。

由于甘薯是无性繁殖的作物，其品种的社会效益比经济效益明显，所以，在科研单位之间，各生产地之间，品种的传播是非常容易的。例如，大多引入的品种，均是无偿引入的，自然也可以无偿地供应各生产地和研究单位。

建议引种应直接从品种所有人处引进，严禁从疫区引种。北方甘薯主要病害有根腐病、黑斑病、茎线虫病等，南方甘薯病虫害有薯瘟和蚁象等，要禁止从病区引种。如急需调种，一定要经植检部门检验，确定不带以上任何一种病源，以防把病害引入本地区。对需要的品种，不可盲目到品种来源和产地病害不明的地区引种。

另外，注意种薯质量。脱毒甘薯与非脱毒甘薯及不同级别的脱毒种薯或种苗在外观上难以区别，因此，在购买时必须了解并学会如何鉴别真假脱毒甘薯。科学的鉴别方法是进行病毒检测，但需要专门的技术人员和必要的药品、仪器和设施；最简单的鉴别方法是看种薯提供者有无繁殖相应级别种薯所必须具备的条件。应到甘薯育种单位或甘薯良种繁育专业场地去引种。并要注意及时更新种薯，种薯繁殖两代后增产效果不明显，需重新更换。

（二）品种引进不系统

由于云南的甘薯品种引进多为自发引进,大多随意而为,因此,引进非常不系统化。

依据《中国甘薯品种志》记载,云南的三个主栽品种分别为胜利百号、徐薯 18、南瑞苕,其中徐薯 18 为黄淮流域春夏薯区的代表品种,只有南瑞苕为长江流域夏薯区的品种。其他栽培品种,南薯 88、红皮早、胜南、苏薯 3 号、红红 1 号、遗 67-8 均为长江流域夏薯区的栽培品种,农大红、北京 533、华北 117 为北方春薯区的品种,而南方夏秋薯区（云南中南部属于该区）的品种则一个也没有。从上述的情况看,云南引进的品种不仅数目偏少,平均三年左右才引进一个（同期,我国先后培育 200 多个新品种系,其中推广面积超过 6 000 hm² 的不少于 70 个）,而且有很大的随意性,甚至还引入北方春薯区的品种,该区与云南的自然条件相差甚远,而且也不是我国的甘薯主产区。

实验表明,引进筛选各地的主栽品种是一种多快好省的引种方法。多个品种的比较实验表明,从主产区的主栽品种中筛选到适宜当地气候品种的可能性比较大,如徐薯 18、胜利百号、潮薯 1 号、徐薯 22 等在我国主产区广泛种植的品种,也适于云南种植。

三、育种

虽然云南的甘薯种植面积不大,但选育品种的工作也在进行。云南农业大学的科研人员曾选育出云薯 46、云薯 4821、云薯 4822、云薯 50、云薯 52、云薯 53、云薯 88、云薯 102、云薯 103、云薯 104、云薯 112、云薯 114、云薯 115、云薯 116、云薯 119、云薯 120、云薯 121、云薯 122、云薯 12221 和云薯 123 等 20 个品种（品系）。

袁绍杰等以甘薯"徐薯 18"为对照,对上述的 20 个自育的甘薯品系和 7 个国内、国外甘薯品系的植株地上部分性状、叶片叶绿素含量、叶片光合生理性状、块根性状、薯数及大中薯数情况、块根产量和薯块烘干率变化进行了比较研究。结果表明,云薯 4821（52 034.2 kg/hm²）、云薯 103（52 848 kg/hm²）、云薯 112（53 661 kg/hm²）、云薯 120（48 767.2 kg/hm²）、云薯 122（52 034.2 kg/hm²）等品种经济产量较高,性状较好,在云南甘薯生产上开发利用前景较大。

云南农业大学魔芋研究所的寸湘琴等也得出类似的结论。他们通过在不同地域对不同甘薯品种的植株性状、生物产量、鲜薯产量、茎叶产量、收获指数和切干率等性状进行比较分析,结果表明,云薯 103、云薯 110、云薯 116、云薯 120、云薯 122 等的生产力水平均高于对照品种"甘心红薯"。

此外还有永红系列。2008 年赵庆云等评价了永红系列品种,通过对 27 个甘薯品种的地上部分和地下部分性状、产量表现及淀粉含量进行比较分析。结果表明,永红 703、永红 719、永红 701、永红 713、永红 725、永红 708、永红 729、永红 724 的淀粉含量相对较高,可作能源甘薯利用;永红 711、永红 706、永红 727、永红 728 产量相对较高,但淀粉含量低,可作为饲用型品种利用;永红 701、永红 703、永红 719、永红 725 的淀粉含量和产量均较高,薯形好,通过示范栽培后,可在生产上推广应用。

4.3.4 种薯脱毒

甘薯脱毒技术是近年来在我国甘薯主产区生产中推广的一项切实有效的增产措施,据不同年份、地点的试验结果,一般均可增产 20% 以上。

云南甘薯脱毒技术的推广基本上为空白。很多地方将脱毒甘薯品种视为新品种,更有甚者听说脱毒甘薯后认为甘薯有毒,曾向笔者询问,"我们是用来生产燃料乙醇的,带毒不要紧吧? 何必脱毒呢?"

虽然云南很多地方声称推广脱毒品种,其实是推广新品种,因为他们推广的"脱毒品种"并不是当地原先种植染上病毒病后经脱毒处理的品种,而是当地从来没有种植过的不带病毒的新品种,因此不是严格意义上的推广脱毒技术,而应属于新品种的引进和推广。

应该指出,更换一个地方的主栽品种是一件不容易的事情,尤其是薯类。因为主栽品种有太多的因素切合了当地的生产实际。所以如果它们染上了病毒病,正确的做法是利用现代科学技术去除病毒后生产出无毒苗,然后在当地推广,而不是轻易将其抛弃,重新种植新的品种。例如徐薯18、北京553、胜利百号等品种,虽然是几十年前育成的,但目前在生产上广泛使用,仍有使用的价值。

云南的甘薯脱毒技术推广基本上为空白,是因为甘薯病毒病不严重吗?据专家在建水的调查,当地主栽品种徽薯的田间病毒病自然发病率高达 20%～74%,几乎找不到不发病的田块。主要是因为病毒病的影响,徽薯在引入之初,一般单产在 30 000～45 000 kg/hm²,年种植面积4 000 hm² 左右,而推广到近年,面积锐减一半多,单产减至 22 500 kg/hm² 左右。其他主栽品种也出现类似的问题。

2009 年,云南省农业科学院经济作物研究所和建水县种子管理站合作对徽薯等主栽品种进行脱毒处理。2010 年获得中心种苗,并于 2010 年 6 月采苗返回建水进行鉴定。鉴定结果表明,脱毒株系与对照相比,发病率大幅下降,产量显著提高。

目前已在海拔较高地区建立脱毒甘薯种苗繁殖基地,进行扩大繁殖,并即将进行示范和推广。

另外,建水县种子管理站收集了当地的"珍白""洋红""洋白"等品种,玉溪农业职业技术学院收集了"板栗甘薯"等品种,送交给云南省农业科学院经济作物研究所进行脱毒处理。

4.3.5 栽培研究和加工技术研究

云南省的甘薯基本上是大春种植,南部地区也有少量冬甘薯,栽培方法主要是薯藤育苗移栽,也有用薯块育苗和养老藤越冬的。通常是头年 9～10 月或初春育苗,次年 5～6 月下透雨后采苗移栽(有灌溉条件的地区提早到 4 月扦插)。薯地春季翻犁,5 月整地,每公顷施农家肥 15～30 t,遍施后耙平,起垄,垄面开 6～7 cm 深的条沟。20 世纪 70 年代又在撒施的基础上增施"包心肥",即在垄沟内施复合肥或过磷酸钙、尿素、碳铵等速效肥。垄呈板瓦形,宽 0.8 m,高 0.4 m,移栽时将育出的壮苗、嫩藤剪成 20 cm 长,插于垄顶。改直插为平插或斜插,有利于结薯多而大小均匀。株距 20 cm,每公顷 45 000～60 000 株,长藤型宜稀植,短藤宜密植。薅锄时,提藤、培土两次。20 世纪 80 年代一些地区结合壅土施追肥,每公顷施碳铵 300 kg 或尿素 150 kg,能增产 20%以上。甘薯栽培技术在 20 世纪 70 年代以前多为净作和玉米间套作;20 世纪 70 年代末 80 年代初,红河、文山一带才推广规格化甘薯套作玉米,复合播幅 1.5～2.5 m,肥地行比 2∶2,甘薯每公顷 40 500 株,玉米 24 000 塘,瘦地行比 1∶1,甘薯每公顷 33 000 株,玉米 21 000 塘,每公顷复合种植产量比净种增产 30%以上。在施用追肥上,东川农科所 1976 年试验结果表明,每公顷追施碳铵 1 200 kg 的产甘薯 30.66 t(鲜薯),产藤叶 28 365 kg,比不施的增产 10 905 kg,藤叶每公顷增产 15 825 kg。20 世纪 70 年代,采用了"包心肥"技术,在撒施农家肥的基础上增施"包心肥",即在垄内施复合肥或过磷酸钙、尿素、碳铵等肥料,改直插为平插或斜插,有利于结薯多而均匀。20 世纪 80 年代一些地区结合壅土施追肥,每公顷施碳铵 300 kg 或尿素 150 kg,能增产 20%以上。

20 世纪 90 年代,谢世清研究了滇中甘薯玉米立体高产栽培技术,甘薯玉米立体栽培增产增收效果十分显著。由于甘薯是一种蔓生作物,可利用地表的太阳辐射光能,而玉米是高秆作物,可有效利用空间的光能。特别是甘薯从移栽后到封垄前的两个多月时间地表裸露,作物覆盖率较低,造成大量的光热资源白白浪费。通过甘薯玉米立体种植,可进一步提高土地利用率,提高作物对空间光热资源的利用,创造更好的经济效益。同时,还可均衡吸收土壤的氮、磷、钾三要素,甘薯对钾素需求量最大,而玉米对氮、磷的需求量大。玉米需水量大,种植在垄沟内,可接纳大量的雨水,满足其生长发育的需求。甘薯玉米立体间作,一方面可增加玉米的通风透光性,最大限度地发挥玉米的边行优势,获得较高的产量;另一方面,玉米收获后,甘薯还有超过 70 d 的生长时间,能使茎叶充分利用光能,合成大量的有机物质,对甘薯块根的膨大有较好的作用,因而块根产量及茎叶产量均较高。他据此得出结论,在滇中地区进行甘薯玉米立体种植,确实是一项增产增收,发展云南省高产、优质、高效农业的一条有效途径。

21 世纪初,新平县等地引进烟薯套作的栽培方式,也取得显著成功。据新平县者竜乡农业综合服务中心副主任李天寿介绍(《玉溪日报》,2011 年 11 月 22 日),紫甘薯可加工淀粉、黑色素等产品,生长期 4 个月,种植方法跟红薯差不多。种植紫甘薯可在上部烟叶采收之前就栽下去,不会影响烤烟生产,而且在紫甘薯采收后还可继续种植苦荞,土地得到合理利用的同时,又能够增加农民的经济收入,也不会影响来年烤烟种植,受到了广大农户的欢迎。

施甸县在中、高、低不同区域、不同(6 000 株/hm²、33 350 株/hm²、78 000 株/hm²)进行了不同栽培试验,试验结果表明,"徐薯 22"以海拔 1 700 m 以下栽培为宜,饲用型甘薯栽培可上升到1 900 m海拔,栽培密度以 60 000~75 000 株/hm² 为最佳。他们还进行同节位栽培试验,采用了根节、中节、茎尖和混节(对照)4 个不同处理,试验结果表明,采用根节、中节栽插最好,表现为发根力强,成活率高。

4.3.6 甘薯快速育苗技术

李明福等针对云南的实际,总结出了甘薯快速育苗技术,这里做简略的介绍。

通过调查发现,云南薯农进行甘薯育苗主要用藤蔓排苗的方式进行育苗,而很少用薯块进行育苗,这种方式有其优点和特点,但也有不足,育苗方法不全面。因此,除积极加以改进外,也有必要发展其他的育繁苗方法,以更好地促进甘薯生产发展。

一、改进的甘薯茎蔓育苗技术

(一)甘薯茎蔓育苗的意义

甘薯在生产上采用的常规繁殖方法通常有两种:块茎育苗(种薯育苗)和茎蔓育苗。茎蔓常规育苗,即利用越冬的甘薯秋藤进行育苗,在云南甘薯生产中具有重要意义。

李明福等比较了块茎育苗法和茎蔓育苗法的甘薯产量和品质,发现在产量、糖度、晒丝率等指标方面均无显著差异,表明种薯育苗法和秋藤越冬法育苗都属于无性繁殖方式,对甘薯产量和品质没有影响。

秋藤越冬法育苗的优点:

1.节省种薯。秋藤育苗不用种薯,可避免薯块因窖贮越冬所造成的烂种、鼠害等损失以及免去孵种催芽等繁杂的技术环节。

2.增加繁育系数。根据调查,传统种薯育苗为 168 万株/hm²,秋藤育苗平均可达 304.5 万株/hm²。

3.及时供苗有利于早插。常规甘薯育苗往往受气候条件制约,造成育苗推迟而致使栽插季节推迟。在这种情况下,为使在甘薯栽插的适宜季节内扦插面积达 80%,就得增加苗床面积和用种量来补足藤苗的早期供应；否则会出现地等苗的现象，而延误了农时，影响甘薯早插增产优势的发挥。秋藤（茎蔓）育苗能在扦插时期提供足够的薯苗，以发挥早插的增产优势。

4.育苗效益比较高。据对茎蔓和种薯两种不同育苗法的成本、效益的调查发现，秋藤（茎蔓）育苗亩成本较少，而种薯育苗亩成本较高。

但茎蔓育苗也有不足：（1）育苗技术要求较高，不当则育苗效率会大打折扣。（2）对设施要求较高，需要大棚或小棚等越冬提温的设施。（3）繁殖系数仍有提高的空间。

（二）茎蔓育苗技术

甘薯秋藤越冬育苗是指在薯地收获前剪取壮苗顶梢（俗称秋藤苗），栽插于苗床内保温越冬，次年春进行多次剪苗繁殖后供大田栽植的一种育苗技术，通常在塑料大棚内筑苗床进行。大棚搭建在地势较高的田块，棚高 1.6 m，宽 5 m，长度视田块而定；也可以在田间背风向阳处取苗床，上搭草帘遮霜保温来育苗，这种方法有利于后期大田移栽就地取苗，节省运苗费用，提高成活率。苗床栽插期与越冬成活率关系很大，适宜栽插期平均气温在 19～20 ℃，一般在霜降前后 4～5 d 栽插。

秋藤苗应严格选择。最好种植在生长良好的薯地，剪取健壮薯蔓顶梢 4～5 节，栽插于苗床，行株距为 10 cm×10 cm。苗床基肥施复合肥 150～225 kg/hm²，还可施少量腐熟有机肥。栽插后到低温来临前是秋藤苗生长和壮育的重要阶段，白天揭膜晒苗，夜间覆盖保温。夜间要求床温不低于 10 ℃，并要注意通风换气。立春后天气转暖，蔓苗生长加快，要及时在大棚附近田块准备 3 倍大棚面积的小棚藤蔓繁殖场地，一般大、小棚苗床面积比例为 1∶3，即每平方米大棚薯苗可繁殖 3 m² 小棚薯苗。气温稳定在 10～12 ℃时进行第一次剪苗，繁殖苗剪 4～5 芽扦插，行株距为 10 cm×10 cm，并用新农膜平铺苗上，注意让叶片贴在膜上。隔 7～10 d 待根长 3～4 cm 后搭成小拱棚繁殖。第二次及以后剪苗可从大棚或小棚内剪取，以同样方法进行繁殖。气温稳定在 25 ℃以上时要揭膜炼苗，并及时追施磷酸二氢钾 37.5 kg/hm²、尿素 75 kg/hm²，注意叶片有水时不能撒施，撒施后用扫帚将肥从叶片上扫落以免灼叶。

二、甘薯薯块大塘地膜覆盖育苗技术

2007 年，李明福等开始进行薯块大塘地膜覆盖育苗试验。通过两年的对比试验，薯块大塘地膜覆盖育苗方法育出的薯苗数量多，质量好，而非地膜覆盖育苗获得的薯苗在质量、数量等方面相比要弱。薯块大塘地膜覆盖育苗是一种较好的简易育苗方式，值得推广使用。

（一）育苗方法

选取背风向阳，水源方便的地块进行育苗。育苗时先按 1 m 分墒，再在墒面上按株行距均为 1 m 的方式挖大塘（直径 0.6 m，深 0.4 m），底部先填 0.1 m 细土，再放 1 kg 腐熟的农家肥后，盖 0.05 m 厚细土，再把薯块放入塘中，每个塘内放 4～5 个薯块，并根部朝下或平放在塘中，覆土 0.05 m 厚，每塘浇水 20 kg，最后盖上地膜。出苗后揭膜，给予适当的肥水管理。

（二）薯苗生长情况

在育苗过程中主要注意肥水管理。薯块大塘地膜覆盖育苗比薯块大塘常规土壤露地育苗的苗高和苗数都多。见表 4-2。

表 4-2 2010 年甘薯薯块大塘地膜覆盖育苗苗质特征记录表

		薯块大塘常规土壤露地育苗					薯块大塘地膜覆盖育苗				
		渝紫263	山川紫	云紫2号	烟紫薯1号	合计	渝紫263	山川紫	云紫2号	烟紫薯1号	合计
4月18日	苗高(m)	0	0	0	0	0	2	2	3	0	7
4月23日		0	3	4	0	7	8	5	10	4	27
5月7日		2	5	8	2	17	12	9	22	9	52
5月21日		5	10	12	5	32	15	15	31	15	76
4月18日	苗数	0	0	0	0	0	4	3	5	2	14
4月23日		0	5	5	0	10	15	5	10	5	35
5月7日		10	10	13	5	38	80	26	100	20	226
5月21日		20	30	70	10	130	128	99	200	80	507

从表 4-2 中可知,不同甘薯品种种薯从播种到出苗的时间是有差异的,这是由种薯的生物学特性所决定的,好的育苗环境能促进薯块的出苗。通过对种植两年的薯块大塘地膜覆盖育苗的观察,薯块大塘地膜覆盖育苗技术与非地膜覆盖薯块育苗相比,地膜覆盖育苗能保温保湿,提早种薯的发苗时间,激活薯块休眠芽的萌发,增加发芽数量。因此,薯块大塘地膜覆盖育苗是利用大塘人为增施的土壤肥力和地膜覆盖保温保湿的简易设施来进行的育苗方法;其出苗早、苗壮、薯苗足,是一种较好的、简易与适用的育苗方法。薯块大塘地膜覆盖育苗的推广应用将打破云南省玉溪地区薯农用藤蔓排苗的育苗习惯,有可能成为玉溪市发展规模化甘薯生产的一条较好的育苗技术渠道。

三、甘薯薯蔓(无土)漂浮育苗

借鉴烟草漂浮育苗技术,建立了甘薯藤蔓漂浮育苗技术。这是一项利用育苗盘、人造基质、营养液及配套保温设施培育甘薯壮苗的快速育苗新技术,集中体现了无土育苗、保护地育苗和现代设施农业育苗的先进性,与传统育苗方式相比具有省工、省时,操作方便,缩短育苗时间,确保甘薯薯苗充足、整齐、健壮、适龄,杜绝病虫害等优点;移栽大田后能够早生快发,是较理想的育苗方法。它的原理是以人工创建洁净的根际环境和小气候环境来代替自然的土壤和气候条件,用人造基质代替土壤固着甘薯茎蔓根系,并由营养池液通过基质毛细管作用,把养分上渗到基质中,全面提供养分供甘薯茎节根系生长,从而使整个甘薯藤蔓育苗脱离了土壤,限制了外界病虫害的入侵,极大限度地摆脱了外界自然条件的诸多不利因素,在人为控制下,培育出更为健壮的甘薯薯苗。

2010 年 11 月,李明福等通过采用采收后的甘薯藤蔓进行漂浮育苗,薯蔓节位能够使根苗早生快发,在 1 个月内能为大田栽培甘薯提供所需的薯苗,为甘薯种苗快速繁殖提供了良好的育苗方法。

(一)方法的介绍

薯蔓漂浮育苗是取甘薯茎蔓,用剪刀将茎蔓以两个节位为单位剪成小段,再把剪成小段的薯蔓直插在装有基质的漂浮盘(聚乙烯泡沫塑料制成的育苗盘)穴孔中,保证一节埋入基质中,一节露在空气中,最后把扦插后的漂浮盘放入育苗池中的一种无土育苗方法。另外,还进行了其他两种固体基质对比育苗。固体基质育苗是先用固体基质制成苗床,把苗剪成 2 个节位为一段,然后再分别插入固体基质苗床中,插入固体基质1个节位,露在空气中1个节位,随后保持苗床湿润。土床育苗是先用细土壤制成苗床,把苗剪成2个节位为一段,然后再分别把剪成的茎段插入土壤苗床中,同样保证一节埋入土壤中,一节露在空气中,同样保持苗床湿润。随后进行发苗等相关生物学性状记录,除发苗天数外,其余数据均于扦插后30 d观测记录而得,最后根据田间试验统计方法进行相关生物学性状的统计方差分析。通过试验,漂浮育苗在薯苗生长发育方面优于另外两种育苗。

(二)甘薯茎蔓种苗漂浮育苗快繁技术的优点

目前甘薯茎蔓种苗漂浮育苗快繁技术还在试验初期,其试验方法有待进一步完善。从刚刚完成的试验情况来看,其有操作方便、简单,育苗时间短、省工省时、育苗成本低等特点;在甘薯规模化栽培中,能够较早、快速、足量地提供种苗。紫色薯茎蔓种苗漂浮育苗快繁技术的关键点是利用育苗基质和简易的保温设施,通过无土营养液供给充足的水分和养分,使甘薯扦插茎蔓的节位较快地长出根系和腋芽,促使薯苗早生快发,达到快速繁殖甘薯种苗的目的。

1.甘薯茎蔓种苗漂浮育苗快繁技术有利于根系早生快发

甘薯茎蔓种苗漂浮育苗由于提供了较好的育苗环境和充足的水分和养分,所以能使茎节根系早生快发,根数多,苗壮实。

2.甘薯茎蔓种苗漂浮育苗快繁技术有利于薯苗成活

甘薯茎蔓漂浮育苗由于能使茎节根系早生快发,根生长快,能较早、较多地吸取养分,从而促进薯苗的快速生长与成活,有较高的育苗成活率。

3.甘薯茎蔓种苗漂浮育苗快繁技术有利于薯苗生长

甘薯茎蔓漂浮育苗由于能使茎节根系早生快发,具有茎节长根多、发苗时间早、薯苗生长快等特点,是一种甘薯种苗快速繁殖方法。

从综合试验过程中薯苗生长的农艺性状表现来看,漂浮育苗的发苗时间较快,管理成本低,薯苗壮实,在甘薯薯苗快繁方面有较大的优势,值得推广应用。

4.3.7 提供咨询服务

虽然云南省的甘薯种植面积较小,但各地发展的积极性很高,从发展的战略到种植的方法,甘薯的咨询服务需求一直比较旺盛。

首先是发展规划方面的咨询服务需求。一段时间以来,在农业科学研究方面经常出现有意无意的误导和误解,主要为片面地夸大农业科技的作用,而从中牟利,这在甘薯方面非常突出。例如,某科技杂志介绍,某品种"平均亩产量12 375 kg,最大单株重达30 kg,鲜薯含淀粉率达24%以上。"根据这个产量,每公顷产淀粉可达44 550 kg以上,折合稻谷为45 000 kg以上,这怎么可能?这当然是比较极端的说法,但"脱毒红薯"每公顷产量达75 t,淀粉含量达25%是很多人都相信的。因此,有的公司就以此制订出0.3元/kg的收购价。这些虚假宣传让某些人暂时牟利,却严重地侵害了广大农民的利益,严重干扰了甘薯产业的健康发展,由于虚假宣传的重点对象是各级政府,由此也严重影响了干群关系,导致云南省有的地方官员提到甘薯就心有余悸。

云南省的甘薯研究力量虽然薄弱,但在兄弟省区研究机构的支持下,尽全力做工作,力求使有关部门和社会各界正确地认识甘薯,让大家意识到只有正确地开发,甘薯才能赚钱,那种"新品种"甘薯产量高,横竖都赚钱的观点是错误的。

2007年10月21日,云南省农业科学院经济作物研究所徐宁生,向丘北县农业局提供的咨询报告中介绍了甘薯的全国和云南的平均产量,并使用甘薯大省四川的甘薯育种攻关目标来说明合理的甘薯产量。

　　近几年,云南省的许多地方,对以甘薯为原料发展燃料乙醇非常感兴趣。云南省甘薯研究机构的研究人员尽其所能地为其提供咨询服务,如某县因信息不对称出现盲目发展的势头,云南省农业科学院经作所的科研人员闻讯即赶往该县,提供咨询服务,避免了更大的损失。近期,滇南的一些县又展现出发展甘薯生产燃料乙醇极高的积极性,云南省的科研人员也积极介入,"不请自到",积极为当地政府和企业提供咨询服务。

　　在为农民提供咨询服务方面,也竭尽全力地做了大量工作。如通过云南省农业科学院的"农信通"(见表 4-3),回答了不少问题。

表 4-3　云南省农业科学院"农信通"的甘薯咨询

问题	回答
你好,请问怎样种植白薯会高产? 采摘白薯藤叶会不会影响结果? 白薯可不可以生喂家畜?	白薯高产的环节很多,主要注意的是要种植高产脱毒品种(即无病毒病的品种,特征是叶子不卷曲和没有黄绿斑),起垄种植,施肥要注意氮、磷、钾平衡,可多施农家肥。采摘白薯藤叶对产量会有影响,不同的品种影响程度不一样。有些品种以收获薯块为主,则应少采摘;有些品种以采摘藤叶作为饲料为主,再生能力也强,可多采。白薯的薯块和藤叶都可以生喂家畜,当然,薯块煮一下可以促进消化。
请问白薯和红薯是甘薯吗?	白薯和红薯是一样的。它们都有甜味,所以统称甘薯,差别仅是皮色和肉色不同,它们的种植方法和用途,都是一样的。
怎样种红薯发芽多和出土快?	你询问的是红薯育苗的问题。让种薯多发芽和生长快,提高地温是一个好办法,可以在排种即种薯埋入苗床潮土后采用覆膜的方法,如果气温低,还可在上面搭小拱棚。待出苗后,揭膜浇水促进苗的伸长。待苗长到 20 cm 以上,可剪苗一次促进苗的生长(剪的苗可在苗床附近扦插育苗),同时多浇水多施肥促进苗的伸长。雨季来临时将长得很长的苗剪成 20 cm 左右,在大田栽插(事前起好垄)。
(玉溪市易门县)请问专家紫薯的原产地在什么地方? 适合在什么环境下生长?	紫薯一般指紫色甘薯。除皮色肉色不一样外,其他特点包括种植方法与甘薯也就是红薯(有的地方也称白薯)是一样的,对气温要求较高,适宜夏、秋季种植,目前玉溪市新平县种植比较多;也有的紫薯指的是紫色马铃薯,其种植方法与马铃薯(土豆)一致,适宜在冷凉的地区种植(低热河谷地区可在冬季种植),种植地目前较为零散。

4.4 云南省甘薯发展战略

4.4.1 甘薯市场前景与竞争力分析

　　甘薯属于低脂、低热量、高纤维食品,富含类胡萝卜素,维生素 B_1、维生素 B_2 和维生素 C,以及钙、钾、硒、铁等元素。其中维生素 C 的含量是苹果、葡萄、梨的 10～30 倍。另外,甘薯还是独特的碱性食物,具有促进和保持人体血液的酸碱平衡的功能,是世界卫生组织(WHO)评选出来的"十大最佳蔬菜"的冠军,被营养学家称为"营养最均衡的保健食品之一"。日本、美国等国家还把甘薯作为婴幼儿良好的辅助食品。此外,甘薯茎尖、嫩叶的营养也十分丰富,粗蛋白质含量为干重的 12.1%～25.1%,与猪、牛肉相当;粗纤维含量 11.4%,总糖含量 20%～25%,维生素 B_1、维生素 B_2、维生素 B_6、维生素 C 等含量超过一般叶类蔬菜,是大白菜、芹菜、苋菜的 1.6 倍。甘薯在美国被誉为"太空保健食品""航天食品",香港称"蔬菜皇后",在国际、国内市场十分走俏。日本,中国台湾把甘薯称为"长寿食品"。我国广西有 2 个长寿之乡,农民常年以甘薯作主食。研究发现,甘薯以及甘薯的茎尖和嫩叶中含有多种功能因子,具有减缓动脉硬化、避免心脑血管疾病、抑制恶性肿瘤、控制血糖、抗糖尿病等多种生理作用。中医理论认为,甘薯块根味甘、性平、微凉,入脾、胃、大肠经;补脾益胃,生津止渴,通利大便,益气,润肺滑肠;叶味甘、淡,性微凉,入肺、大肠、膀胱经;具有利小便、排肠脓、去腐、补虚乏、强肾、延缓衰老等功能。

发展甘薯产业,既可以丰富市民的菜篮子,也可为广大农民增产增收创造一条新途径。

4.4.2 云南省甘薯发展的潜力

一、云南省甘薯有一定的种植面积

云南省甘薯有一定的种植面积,常年种植 6.67×10^4 hm² 左右,甘薯在云南省的农业生产中有一定的地位。目前的问题是病毒病日益严重,造成严重的减产,难以实现理想的经济效益。如果采用种薯脱毒,则可以提高甘薯的单位面积产量,提高经济效益,促进农民增产增收。

二、借鉴兄弟省区的甘薯生产经验促进云南的发展

四川、重庆、山东、河南、广东等省市的种植面积非常大,积累了丰富的发展甘薯生产的经验。充分借鉴这些经验,例如发展甘薯加工业,有可能使云南的甘薯生产上一个台阶。

三、甘薯也是救灾救荒的作物

云南春旱严重,甘薯是可以发挥重要作用的,即可以在春旱的时节育苗,育苗就是把甘薯块埋在土里,浇上水就可以出苗。甘薯是世界上最容易栽种的作物之一,扦插非常容易成活,可在雨季来临时再剪苗移栽。甘薯熟期不固定,种得晚些也不要紧。

4.4.3 云南省甘薯发展落后原因分析

云南省的甘薯种植业处于一个亟待发展的状况。云南的甘薯种植,呈现"广而弱"的特点,即分布领域非常广泛,除滇西北的高山地区外,云南其余地区都有甘薯种植,但除建水等少数地方外,各地均没有形成一定的规模,更谈不上形成产业,在推动农民增产增收中发挥的作用非常微弱。而我国的四川、重庆、河南、山东等广大地区,甘薯种植面积非常广大,促进农民增收致富的作用非常明显。

那么,为什么上述这些地区的种植面积那么大,产业发展得那样好呢?而云南却做不到呢?原因前已述及,主要是云南没有甘薯的加工业。

4.4.4 云南省甘薯发展的切入点

云南在发展甘薯生产上可以加工带动甘薯的种植,是云南甘薯种植业发展的切入点。

在这方面,是有教训的。2007 年前后,专家曾指望用新品种的引入,作为发展的切入点。2008 年,专家将筛选的品种,分发到全省的十多个地点试种,普遍反映良好,但下一步的推广,却

遇到很大的困难,因为没有经费的支持,农民的需求也没有那么迫切,最后大多不了了之。

这方面成功的例子也有很多。江苏省东海县、安徽省泗县甘薯产业化搞得比较好,东海县常年种植甘薯 13 000~17 000 hm²,全县建有 4 个大型淀粉加工厂,多为中韩合资或韩国独资,年加工淀粉能力为 $6×10^4$ t,主要是出口韩国干淀粉,可消化 $7×10^3$ hm² 的甘薯,余下的鲜甘薯多被联户或家庭作坊式的加工厂消化。历史上将甘薯切干再出售或晒干后再加工的习惯已完全被鲜薯加工取代。泗县全县共种植甘薯 $2.3×10^4$ hm²;大路口、小梁、草庙等乡镇已将甘薯作为主导产业。仅大路口乡甘薯种植面积达 $4×10^3$ hm²,70%加工成淀粉出售,全乡有淀粉、粉丝加工一条龙的个体加工厂 100 多个,甘薯产业的收入占种植业收入的 90%,占农业总收入的 40%,同时甘薯产业的发展还带动了养殖业的发展。

连城县现年种植甘薯达 $6.7×10^3$ hm² 以上,产量 37 500~45 000 kg/hm²。几乎全部加工后出售,年产值 2 亿元左右,一直为该县的支柱产业。连城县产业化采取分散种植,大户收购加工,公司集中包装销售的模式。考察组认为其产品主要具备价格优势,而在质量、包装等方面均需做较大的改进,方能提高甘薯加工产品的市场竞争力,适应国内外消费者的需求。据了解,日本国内每年约从国外进口 $5×10^4$ t 加工薯干,而现在连城红心薯干尚难达到其质量标准。福建省现已注册成立一家大型企业集团,即超大集团,超大集团和连城县政府合作共注入资金 5 000 万元,引进日本生产线,生产出口甘薯脯,并与连城合作共同建立无公害生产基地。福建省在甘薯产业化方面存在一定的优势,传统产品升级换代,对外贸易渠道畅通,新产品新用途市场较大。如紫色薯价格昂贵,菜用甘薯已形成市场。连城县林坊乡,1995 年种植甘薯 166.7 hm²,2002 年已发展到 900 hm²,60%的土地种甘薯,70%的农户搞加工,甘薯创造的产值占工农业总产值的 68%。

科研发展的切入点又是什么呢?专家认为,依托马铃薯,以脱毒品种为切入点,可能比较妥当。这是因为,在云南的某些地区(如建水、东川、大关等地),甘薯的种植已有一定的面积,如果将当地的主栽品种去病毒化,即能在生产上发挥显著作用,取得显著成绩,从而使甘薯研究在各级领导部门的考量中占有一席之地,走上良性循环,再经过持续的支持和努力,就能取得应有的成效。

在建水调研时专家发现当地的主栽品种由于长期种植,普遍感染了病毒病,引起产量下降,而感染病毒病的甘薯脱毒后的显著增产实例,在山东已得到证实。因此,这对甘薯研究工作者来说是一个良机。

这方面做得比较好的例子也很多。山东省是中国甘薯主产区之一,年甘薯总产约占世界甘薯总产的 12%(约为 $1.7×10^7$ t),1998 年脱毒甘薯推广面积达到全省甘薯种植面积的 80%以上。张立明等通过对甘薯主产区 30 个村庄应用脱毒甘薯材料的调研数据和山东省对该项技术研究、推广和种薯繁育的费用进行统计,并分析了应用脱毒种植材料的经济效益和种薯繁育体系的经济持续性。研究表明,脱毒甘薯比未脱毒的甘薯一般增产 30%以上,且并不增加其他投入。

4.4.5 云南省甘薯发展的策略

一、扶持农户小规模(采用小机具)淀粉加工

目前,云南省一些地方也在考虑发展甘薯加工业,如建水县打算引资 5 000 万元,兴建年处理 $1×10^5$ t 甘薯的加工厂,但这种一开始就上大项目的做法是值得斟酌的。

借鉴省外的经验,粗淀粉和甘薯干的加工宜在甘薯产地以农户或村、镇的小型企业为主,就地分散进行加工,这样可避开大规模集中加工的运输和鲜薯腐烂问题,同时也使农户获得初加工

的效益。四川省在这方面是比较成功的。1994年"甘薯初加工技术及小型配套设备的开发项目"获得四川省星火科技成果二等奖,列为国家科学技术委员会和四川省科学技术委员会重点推广项目。

扶持的办法可考虑通过补贴的方式,鼓励产区的农民购买小型机具,如溢流淘洗式薯类制粉机(小型刺钉辊刨丝分离淀粉机)。此类机器价格低(带电机约2 500元),加工鲜薯能力强(1 t/h),自动化程度高(采用刺钉辊刨丝细碎,淀粉提取率高,并充分淘洗浆渣,分离效率高)。每班(8 h)加工鲜薯8 t,50 d加工鲜薯400 t,鲜薯加工净利0.08~0.10元/kg,1个小型家庭淀粉厂50 d可获净利3万~4万元。若代农民加工400 t鲜薯,也可获利2万元左右。这种方法投资少,见效快,可促进甘薯种植的发展。待甘薯种植有一定的规模,再发展大中型加工企业。

二、加工污染问题的研究

我国主产区发展甘薯也是付出了一定代价的,这就是由加工带来的环境污染问题。

自2001年以来,苏北鲁南地区直排的甘薯制粉废水,污染了山东、江苏两省交界的2市4县的石梁河水库、绣针河等,发生了多次死鱼事件,引发数起环境污染纠纷,也影响了该地区的社会稳定和区域环境安全。

因此,加强甘薯加工废水的研究,避免走"先污染,后治理"的老路也是一项重要工作。甘薯制粉是纯物理机械加工过程,不添加任何添加剂。排放的废水有害无毒、酸度高、耗氧多,其废液中的固体主要是含有碳水化合物的淀粉纤维素、粗蛋白、木质素和糖类有机物等;如果能掌握好废水的量和度,废液经简单处理降解后,就可用于农业灌溉、饲养鱼类,可以化害为利、消污增收。例如,江苏泗洪县青阳镇抓源头控制山芋粉污染,将山芋废水直接排入用于轮作其他作物的冬闲田,不仅可以解决山芋加工废水的污染问题,而且可以利用废水中的有机物增加土壤肥力,改善土壤结构。

三、脱毒研究

云南甘薯的脱毒研究已经开展。当务之急是与国内外科研机构合作,提高研究水平和种苗的质量,建立高效的繁苗体系和示范推广体系,将这项工作做好做实。

四、关注甘薯的发展,与各方通力合作,促进甘薯产业健康发展

由于云南省的甘薯种植面积在10万公顷以上,加上甘薯还是有一定的发展潜力的,因此建议有关部门对此行业加以适当的关注,支持适当数量的科技人员从事此方面的研究。

近两年来,云南省一些地方发展甘薯的一个明显的问题就是大量购进种薯。其实,甘薯是无性繁殖作物,繁殖系数非常高,因此,大量购进种薯,其必要性是经不起推敲的。这除了反映出一些地方存在急功近利的思想外,也与一些误导有关,如有"杂交红薯"的说法。"杂交红薯"这种说法肯定是不正确的,因为红薯是无性繁殖作物,即不用种子繁殖,因此也不存在"不育系""保持系""恢复系"。

建议各生产部门今后遇到此类问题,多向科研机构尤其是公益型的科研机构咨询。作为公益型的从事甘薯研究的科研单位,也非常乐意与各地就此类信息进行研讨,并提供有价值的参考意见。

4.4.6 云南省甘薯发展思路和目标

一、发展思路

第一,推广甘薯脱毒种苗,提高产量和品质,提高甘薯种植的经济效益;第二,借鉴四川、山东、浙江等地的经验,引进新品种新技术(包括加工技术),促进云南甘薯种植面积的扩大和种植效益的持续提高,为广大农民增产增收做贡献。

二、发展目标

以提高种植效益为主,同时促进种植面积的适度发展。力争到 2020 年,种植面积增加 100％,达到 1.333×10^5 hm²;种植效益方面,2015 年每公顷产值比目前翻一番,达 15 000 元,2020 年再翻一番,每公顷产值达到 30 000 元,种植总产值达 40 亿元。

4.5 云南省部分甘薯科研成果和节录

4.5.1 著作

孙茂林,谢世清,何云昆,等.云南薯类作物的研究和发展[M].昆明:云南科技出版社,2003.

4.5.2 云南省甘薯研究项目

21 世纪以来,云南甘薯研究项目的开展主要集中在云南农业大学,云南省农业科学院,云南省部分地市的农业部门和玉溪农业职业技术学院进行。云南农业大学主要开展甘薯微观方面的研究,云南省农业科学院,云南省部分地市的农业部门和玉溪农业职业技术学院主要开展甘薯宏观方面的研究。近年来云南省农业科学院经作所与中国农业科学院甘薯所的合作项目,将在云南省开展甘薯产业化调查,在主产区布置引种试验,进行栽培技术研究、生产示范、技术培训等,协助甘薯产业体系开展工作。主要研究项目详见表 4-5。

表 4-5　部分云南甘薯研究项目

研究时间(年)	项目负责人	项目名称	项目资助单位
2000	郭华春	甘薯茎尖分生组织培养研究	云南省科技厅
2005	郑锦玲	红薯藤地面青贮品质评价及经济效益分析	昆明市科技局
2006	徐宁生	薯类资源收集评价利用研究	云南省农业科学院
2007	李明福、徐宁生	省外优良脱毒甘薯引种试验研究	云南省教育厅
2009	李明福、徐宁生	玉溪市甘薯资源收集与脱毒复壮	玉溪农业职业技术学院
2010	李明福、徐宁生	云南省甘薯资源收集与脱毒复壮	云南省教育厅
2011	李明福、徐宁生	玉溪市紫色甘薯经果林下试验示范推广	玉溪市科技局
2011	金子荣、李明福	紫甘薯优质薯种的培育推广与紫甘薯深加工	云南省科技厅
2012	李明福、徐宁生	紫甘薯种质资源的收集、鉴定和利用研究(2012XY06)	玉溪农业职业技术学院
2013	李明福、徐宁生	烤烟后期套种紫甘薯栽培模式研究	玉溪农业职业技术学院

4.5.3 云南省甘薯研究成果

由于云南的甘薯研究比较落后,因此,迄今为止,我们尚未查到云南获得各级人民政府奖励的甘薯科研成果,只查到一个登记的研究成果。

成果编号:1012004Y0042

研究起止时间:2000 年 1 月至 2002 年 12 月

完成单位:昆明市东川区科学技术局、云南农业大学

组织评价单位:昆明市科学技术局

评价时间:2003 年 12 月 26 日

该项目由云南农业大学农学院提供经过筛选、脱毒的甘薯良种种苗,在东川区建立组培室进行组培快繁,再移到种苗基地生产大田用种苗。经过 3 年的时间,建立了 3.333 hm² 的种苗基地,筛选出适合东川种植的品种 3 个,在东川逐步进行示范推广,完成示范推广面积 451.33 hm²。其中样板 6.667 hm²,平均 73.5 t/hm²,收入为 22 500 元/hm² 左右。

第五章　陕西省甘薯

5.1 陕西省甘薯种植历史

5.1.1 陕西省农业生产概况

一、陕西省地貌特点

陕西省地处我国西北部，内陆腹地，地理坐标在东经 $105°29'\sim111°15'$，北纬 $31°42'\sim39°35'$；地跨黄河中游和长江支流的汉江、嘉陵江上游。

全省土地面积约 2.058×10^5 km²。全省地域南北长、东西窄，南北长约 870 km，东西宽 $200\sim500$ km。陕西境内山川纵横，地形复杂，中南部有东西长 $400\sim500$ km 的秦岭山脉，南部有大巴山，北部有白于山、梁山、劳山、黄龙山等。陕西河流以秦岭为界，以北为黄河水系，主要河流有渭河、无定河、清涧河、延河、洛河、窟野河、秃尾河等，以南为长江流域，主要河流有汉江、丹江、嘉陵江等，为真正意义上跨越南北的省份之一。陕西地形多样复杂，山地面积 7.41×10^6 hm²，占全省土地总面积的 36%；高原面积 9.26×10^6 hm²，占总面积的 45%；平原面积 3.91×10^6 hm²，占总面积的 19%。耕地面积 4.8×10^6 hm²，占总面积的23.3%；水田面积 2.04×10^5 hm²，占总面积的 1%；旱地面积 3.692×10^6 hm²，占总面积的 17.9%；水浇地面积 8.87×10^5 hm²，占总面积的4.3%；林地面积 9.626×10^6 hm²，占总面积的46.8%；草地面积 3.179×10^6 hm²，占总面积的15.4%；水域面积 4.03×10^5 hm²，占总面积的 2%。明显的地貌差异可将陕西省由北向南分为地理、气候、文化截然不同的三大地区：陕北高原、关中平原、陕南山地。

陕北高原位于北山山脉以北，海拔 $800\sim1\ 300$ m。陕北南部是黄土高原地区，多丘陵沟壑；北部是毛乌素沙漠地区，多风沙。地势西北高，东南低，总面积 92 521.4 km²，约占全省总面积45%，最主要的基本地貌类型是黄土塬、梁、峁、沟。气候为温带半干旱气候。经过 50 年来的建设，陕北防护林体系、生态农业、沙漠绿洲等都取得了显著成绩。畜牧业较为发达，煤、石油、天然气储量丰富。

关中平原位于陕西中部，是由河流冲击和黄土堆积为主形成的，介于陕北高原与秦岭山地之间，西起宝鸡峡谷，东迄潼关港口，东西宽约 360 km，西窄东宽，总面积 39 064.5 km²，面积约占全省土地总面积的 19%。关中地区地势平坦，水源丰富，气候温和，机耕、灌溉条件都很好，物产丰富，经济发达，粮油产量和国民生产总值约占全省的 2/3，号称"八百里秦川"，是中国北方重要的小麦和玉米产区。南部是渭河冲积平原，北部是渭北台地，基本地貌类型是河流阶地和黄土台塬。渭河横贯盆地入黄河，河槽地势低平，海拔 $326\sim600$ m。从渭河河槽向南、北两侧，地势呈不对称性阶梯状增高，由一二级河流冲积阶地过渡到高出渭河 $200\sim500$ m 的一级或二级黄土台塬，阶地在北岸呈连续状分布，在南岸则残缺不全。宽广的阶地平原是关中最肥沃的地带，渭河北岸二级阶地与陕北高原之间,分布着东西延伸的渭北黄土台塬,塬面广阔,一般海拔460～800 m,是关中主要的产粮区。渭河南侧的黄土台塬呈断续分布,高出渭河250～400 m,呈阶梯状或倾斜的盾状,由秦岭北麓向渭河平原缓倾,如岐山的五丈原,西安以南的神禾原、少陵原、白鹿原,渭南的阳郭原,华县的高塬原,华阴的孟原等。气候为南温带季风气候,夏季潮湿多雨,冬季干燥少雪。

陕南山地位于秦岭山脉以南,总面积74 017 km²,约占全省土地总面积的36％。陕南地貌特征为"两山夹一川",即北部的秦岭山脉、南部的大巴山区及中部的汉江谷地、丹江平原。它主要由古生界变质杂岩组成,是陕西农林特产的富集区。气候潮湿多雨,常年温热,是中国南方的重要水稻产区。秦岭山脉,山坡北陡南缓,一般海拔1 500～3 500 m,主脉分布在山地北部,有许多海拔3 000 m以上的高峰,构成秦岭山地的高、中山地形。盆地和河谷平地保存有二至三级阶地。川陕间的大巴山为西北—东南走向,一般海拔1 500～2 000 m,东西长约300 km。大巴山北侧诸水注入汉江,上游系峡谷深涧,中、下游迂回开阔,形成许多山间小"坝子"。坝子中有两级河流阶地,农田、村镇较为集中。汉江谷地以西属嘉陵江上游低山、丘陵区,地势起伏较和缓,谷地较开阔,是陕、川间主要的水陆通道。著名的汉中、安康盆地,是陕西主要的农业区和亚热带资源宝库,也是陕西水稻和油菜的主要产区。

二、陕西省气候特点

陕西省境内气候差异很大,由北向南渐次过渡为温带、暖温带和北亚热带,整体属大陆性季风性气候,由于南北延伸很长,达到800 km以上,所跨纬度多,从而引起境内南北间气候的明显差异。长城沿线以北为温带干旱半干旱气候;陕北其余地区和关中平原为暖温带半干旱或半湿润气候;陕南盆地为北亚热带湿润气候;山地大部分地区为暖温带湿润气候。

陕西省温度的分布,基本上是由南向北逐渐降低,各地的年平均气温在7～16 ℃。其中陕北为7～12 ℃,关中为12～14 ℃,陕南为14～16 ℃。该区属典型大陆性气候,冬冷夏热、四季分明。1月最冷平均气温,陕北为−10～−4 ℃,关中为−3～1 ℃,陕南为0～3 ℃。7月最热平均气温,陕北为21～25 ℃,关中为23～27 ℃,陕南为24～27.5 ℃。春、秋温度升降快,夏季南北温差小,冬季南北温差大。气温年较差,陕北为29～34 ℃,关中为27～31 ℃,陕南为24～27 ℃。陕西省气候不仅冬夏冷热变化大,昼夜之间的温差也较大,陕北累年平均日较差在14 ℃以上,关中为10～12 ℃,陕南为8～10 ℃。气温稳定在15 ℃以上,陕北始于5月上旬至下旬,终于9月上中旬,间隔110～140 d,东部黄河沿岸比西部间隔日数约长30 d;关中始于4月下旬至5月中旬,终于9月中旬至10月上旬,间隔120～160 d,其中渭北地区(铜川、永寿、千阳以北)大多处在其下限区;陕南多自4月下旬至5月上旬开始,9月下旬至10月中旬结束,间隔120～180 d,其中镇安、宁陕、留坝一线以北的秦岭中高山区,间隔日数在130 d以下。

无霜期陕北很短,平均为142～204 d,黄河沿岸地区较长,为186～204 d;其他大部分地区为160～178 d。关中地区无霜期一般都在170～215 d;渭北地区无霜期在180 d左右,热量资源稍差。陕南无霜期较长,在230～248 d;其中汉江河谷地区,气候资源最优越、无霜期最长,一般为235～248 d;米仓山、大巴山大部分地区无霜期为230～240 d。详见图5-1。

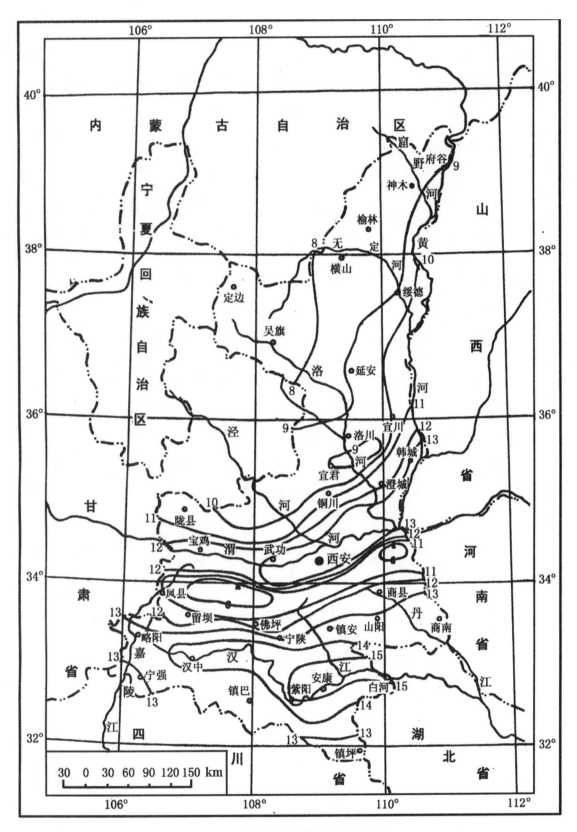

图 5-1　陕西省年平均气温分布图(℃)

陕西省年总辐射分布主要决定于纬度和空气状况,大体上随纬度升高而升高。全省各地的年总辐射多在(3.9～5.6)×10⁹ J/(m²·a)。陕北为(5.0～5.6)×10⁹ J/(m²·a),关中为(4.6～5.0)×10⁹ J/(m²·a),陕南为(3.9～4.8)×10⁹ J/(m²·a)。

≥0 ℃积温,陕北为 3 500～4 100 ℃,关中地区为 4 100～5 000 ℃,陕南汉江谷地多在 4 500～5 760 ℃。≥15 ℃活动积温,陕北为 2 200～3 500 ℃,关中为 2 200～3 800 ℃,陕南为 2 600～4 200 ℃。

年降水量的分布是南多北少,由南向北递减,受山地地形影响比较显著。陕北北部年降水量为 400～500 mm,陕北南部年降水量为 600～700 mm,关中年降水量在 600 mm 左右,陕南年降水量在 700 mm 以上。陕西省具有夏季、秋初多雨,而在盛夏经常出现少雨伏旱等气候特征。各地降水多集中在夏季,基本上雨热同季。陕北夏季 6～8 月降水量占全年的 50%～60%,是全省夏雨比例最大的地区。关中、陕南夏季降水量差别较大,少的只有 200 多毫米,多的达 500 余毫米,但都相当于全年降水量的 40%～45%。秋雨是陕西降水的另一重要特点,关中、陕南 9 月的降水量与夏季降水量最多的 7 月相差无几,甚至还有多于 7 月的现象,成为全年降雨最多的月;7～9 月降水量占全年总量的 45%～50%。7 月下旬至 8 月中旬盛夏期间,关中和陕南在太平洋副热带高压控制下,降水很少,气温很高,经常造成持续性的闷热干旱天气,一般称为伏旱。伏旱期间,云量、降水减少,日照、太阳辐射显著增加,气温明显上升,日最高气温常在 35 ℃以上,甚至高达 38～39 ℃。如西安 7 月下旬和 8 月上旬的降水量不过 10～20 mm,而 7 月上旬、8 月下旬的降水量却有 28～38 mm。当关中、陕南出现伏旱时,雨带北移,陕北地区降水量增多,为全省夏季降水占全年降水最多的地区。

5.1.2 陕西省甘薯栽培历史

甘薯在陕西省又被称为红薯、红苕、红芋。甘薯传入是陕西省农业生产史上的重要事件,不但丰富了农作物类型,还充分发挥了各地区农业生态优势,为陕西农业生产发展起到了特殊作用。

甘薯最早在清朝乾隆九至十一年(1744～1746 年)开始传入陕南地区,至少已有 270 年的历史。首先陕南各县相继引进种植,至咸丰同治年间引入关中,1953 年后才逐步发展到陕北,20 世纪 60 年代初才开始在延安、榆林地区大面积种植。

陕西省最早对甘薯的记载是在清朝乾隆九至十一年(1744～1746 年)陕西巡抚陈宏谋"访种薯诸法,刊刻分布,广行劝种"(贺长龄,《皇朝经世文编》卷 28)中。"俗名番薯,又名红薯。其形圆长,紫皮白肉,养人与稻米、小麦同功。"乾隆十一年(1746 年)在河南省南召购种,"照陈大中承劝种甘薯法、令富水关居民播种有益,今渐广。"(清乾隆十三年(1748 年),《商南县志》卷五)。

商洛地区在清乾隆十八年(1753 年)开始种植甘薯。镇安县知县聂焘亦劝导乡民在种不得田的地方(指旱地)种薯、种菜(《镇安县志》卷七、八)。"安康地区在清光绪二十二年(1896 年)已有红苕栽培记载"(《陕西自然灾害史料》)。"红薯有甘薯番薯等名,俗名红苕(南京山芋、北平名白薯)山民多窖藏之,用作粮食,坝地则作菜佐食,原出交趾(今越南)继传入粤,清初曾下诏劝种备"(民国 22 年(1933 年)《西乡县志》)。

关中地区甘薯栽培历史较晚,据民国 14 年(1925 年)《韩城县续修志》记载,"甘薯(一名地瓜,俗名红薯)先产于直隶(今河北省),由直入鲁入晋,咸同间(1851～1874 年)陕人始有种植,近日各县皆种"。渭北合阳县在 21 世纪初才有种植。据合阳县志办公室撰文报道,甘薯于 20 世纪初传入该县,最早栽培的是新池乡南顺村,该村李存定在河南峡口经商,于民国 3 年(1914 年)从河南带回种植。该村李吉进兄弟二人带头栽植,精心务育,栽培多年,产高质好。李氏红薯很快传播到黑池、新池、坊镇、平政一带种植。

"红薯一名甘薯,以味甜也,一名番薯,以其来自外洋也……陈榕门先生抚关中日,从闽中得此种,散各州县分种,惟周(盩)户(鄠)水土相宜所种尤多"。[民国14年(1925年)《重修周至县志》卷三]。"红薯系桂林陈公所遗者"[民国26年(1937年)《户县乡士志丛(丛)编》]。"山西省榆次有甘薯,是河北农民携带了薯种来榆次试种而逐渐展开的,续则由这里推往陕西"[民国29年(1940年)《山西榆次县志》]。

由以上考证可以看出,甘薯是经多种渠道、途径传入陕西的。有靠外省客民传入的,有地方官吏从闽粤等省引入的,还有省内各地自行传播的。传入路线大致由南向北、由东向西缓慢推移,逐步发展。

5.1.3 陕西省甘薯生产情况

一、甘薯生产发展

甘薯自传入陕西省后,在新中国成立前经历了漫长的零星种植、缓慢发展时期,新中国成立后甘薯才在全省逐渐普及种植,得到了较大发展。

新中国成立前,由于甘薯耐旱,高产稳产,可以当粮,又可当菜,且食味甘甜,甚受人民喜爱。明代徐光启说:"甘薯所在,居人便有半年之粮"。在陕南的浅山丘陵区,甘薯是当地人民的主要粮食,一年中有半年以上甚至更多的时间依靠甘薯为生。关中平原,地平土肥,气候良好,盛产小麦。所以,甘薯在关中栽培历史虽长,但面积甚少,且主要集中在省东旱塬以及沿渭河、泾河、洛河、黄河沿岸的沙质壤土上。在省东渭北旱塬地区的渭南、蒲城、大荔、合阳、澄城等地甘薯也曾是当地人民的主要粮食之一。但由于当时政府对甘薯生产不够重视,生产上长期沿用老农家品种,生产技术落后,产量水平很低,没有专门从事甘薯的研究、推广机构。

新中国成立前,陕西省甘薯主要分布在陕南安康、汉中及商洛的浅山丘陵地区,种植北界约在洛川黄陵一带。见表5-1。

表 5-1　1949 年陕西甘薯面积、产量表

地区	面积(1×10³ hm²)	单产(kg/hm²)	总产(1×10⁴ t)
安康	21.38	977.55	2.09
汉中	15.08	1 014.59	1.53
商洛	7.51	932.09	0.70
渭南	1.27	2 440.94	0.31
咸阳	0.28	2 500.00	0.07
宝鸡	—	—	—
延安	—	—	—
榆林	—	—	—
西安	—	—	—
铜川	0.66	1 060.61	0.07
合计	46.18	平均 1 033.14	4.77

资料记载:1933 年陕西种植甘薯 1.53×10^4 hm²,总产 2.1×10^4 t;1944 年面积最高达 3.33×10^4 hm²,总产 1.1×10^4 t,和 1933 年相比,种植面积虽然增加了 1.2 倍,但总产却降低了 47.6%。至 1947 年种植面积又下降至 1.27×10^4 hm²,总产降为 0.7×10^4 t,鲜薯单产仅 581.1 kg/hm²。详见表 5-2。

表 5-2　新中国成立前(1933～1947 年)陕西甘薯种植面积、产量表

年份	1933	1934	1935	1936	1937	1938	1939	1940	1941	1942	1943	1944	1945	1946	1947
面积 (1×10^4 hm²)	1.53	1.83	1.87	1.97	2.01	2.35	2.28	2.24	2.25	2.29	2.15	3.33	2.04	1.85	1.27
总产量 (1×10^4 t)	2.1	2.4	3.8	3.4	3.5	3.6	3.1	2.8	2.5	2.5	1.5	1.1	1.3	2.5	0.7
单产 (kg/hm²)	1 371.0	1 312.4	2 020.5	1 727.5	1 742.7	1 520.8	1 373.7	1 258.0	1 126.1	1 110.8	706.2	338.4	626.5	1 355.4	581.1

注:总产量为约数,资料来源《陕西省甘薯生产发展史料》

新中国成立后,陕西省迫切需要解决粮食问题,大力发展了甘薯生产,建立甘薯科研机构,培训技术人员,狠抓良种引进、推广,改进栽培技术,使甘薯生产进入了快速发展时期。

随着甘薯科研的进步,在育种、育苗、栽培、贮藏等方面的技术水平不断提高,甘薯种植区域也不断拓展。过去不栽种的陕北地区,至今也有了广泛种植,种植北界一直推移至北部的神木、府谷等县,使甘薯生产遍布全省。

20 世纪 60～70 年代,针对陕西省发展农业解决粮食问题的迫切需要,各级领导都重视发展高产作物薯类种植,大力扶持薯类生产,狠抓良种引进、推广,改进栽培技术,在实践中通过多种途径培训薯类技术人员,建立薯类科学研究机构等,显著有效地促进了陕西省甘薯科技生产的大发展(见表 5-3)。1950 年,全省甘薯种植面积 4.91×10^4 hm²,平均单产 6 008 kg/hm²,总产 2.95×10^5 t。20 世纪 60 年代,平均种植面积达到了 1×10^5 hm²,1971 年全省甘薯面积达到 2.107×10^5 hm²,为历史最高水平,平均单产增加到 10 892.5 kg/hm²,总产达 2.295×10^6 t。此后种植面积又逐渐下降,单产却不断提高,80～90 年代种植面积重新稳定在 1×10^5 hm² 左右,2000 年种植面积为 10.59×10^4 hm²,平均单产增至 11 331.5 kg/hm²,通过技术推广应用,单产与总产逐步提高,其中以陕南秦巴浅山丘陵区和关中渭北旱塬区种植比较集中。全省甘薯面积中陕南秦巴浅山丘陵区占 50.4%,关中渭北旱塬区占 16.9%。进入 21 世纪,由于种植业结构调整及先进技术的推广,特别是地膜覆盖技术的应用,关中、陕北的甘薯种植面积迅速增加,单产水平得到大幅度提高,陕南占 50%、关中占 40%、陕北占 10%。2000 年种植面积为 10.59×10^4 hm²,平均单产增至 1 133.5 kg/hm²,2001 年总产达到 1.54×10^6 t。之后种植面积稳定在 7×10^4 hm² 以上。随着优质品种及配套高产技术推广应用,单产与总产逐步提高。甘薯的用途以蒸烤鲜食为主,食用和鲜薯外销约占 60%,加工转化占 15%,饲用占 20%,其他占 5%。关中、陕北地膜覆盖技术得到全面推广普及,单产水平高,甘薯品质优,商品率高,以鲜食为主。陕南是陕西省甘薯传统主产区,水热资源丰富,但生产条件较差,以露地栽培为主,薯块商品性较差,主要用于加工和饲用。陕北、关中主要集中在河流两岸的沙滩地和旱塬,土壤为沙土、沙壤土、黄绵土;陕南主要分布在丘陵坡地,土壤为黄泥土。详见表 5-3,表 5-4,图 5-2,图 5-3,图 5-4。

表 5-3 1949～2005 年陕西省甘薯种植面积产量统计表

年份	面积 (hm²)	单产 (kg/hm²)	总产 (1×10⁴ t)	年份	面积 (hm²)	单产 (kg/hm²)	总产 (1×10⁴ t)
1949	46 200	5 195.0	24.0	1978	181 000	12 624.5	228.5
1950	49100	6 008.0	29.5	1979	142 300	12 684.5	180.5
1951	59 200	5 996.5	35.5	1980	141500	12 509.0	177.0
1952	56 200	6 939.5	39.0	1981	116 100	7 967.5	92.5
1953	57 700	7 452.5	43.0	1982	97 900	10 984.3	107.5
1954	66 200	10 121.0	67.0	1983	101 600	11 762.0	119.5
1955	54 100	7 486.0	40.5	1984	102 100	12 390.0	126.5
1956	56 500	9 115.0	51.5	1985	105 600	11 600.5	122.5
1957	56 600	7 509.0	42.5	1986	98 100	10 703.5	105.0
1958	77 600	9 729.5	75.5	1987	102 300	13 441.0	137.5
1959	56 100	7 219.5	40.5	1988	100 300	13 360.0	134.0
1960	67 900	6 406.5	43.5	1989	970 000	13 350.5	129.5
1961	70 400	6 534.0	46.0	1990	96 600	12 422.5	120.0
1962	76 700	8 931.0	68.5	1991	96 300	12 980.5	125.0
1963	80 400	10 199.0	82.0	1992	102 500	14 292.5	146.5
1964	85 800	9 207.5	79.0	1993	102 000	12 990.0	132.5
1965	112 100	9 723.5	109.0	1994	103 700	10 463.0	108.5
1966	147 700	9 445.0	139.5	1995	107 900	11 399.5	123.0
1967	131 700	8 618.0	113.5	1996	109 200	21 840.5	· 238.5
1968	113 300	7 546.5	85.5	1997	95 800	11 482.5	110.0
1969	114 300	9 755.0	111.5	1998	99 300	17 069.5	169.5
1970	181 300	9 818.0	178.0	1999	108 800	13 787.0	150.0
1971	210 700	10 892.5	229.5	2000	105 900	11 331.5	120.0
1972	172 700	10 046.5	173.5	2001	97 700	15 762.5	154.0
1973	165 100	10 963.0	181.0	2002	89 700	15 830.5	142.0
1974	151 000	11 655.5	176.0	2003	64 700	18 701.5	121.0
1975	137 900	12 835.5	177.0	2004	71 600	17 458.0	125.0
1976	127 100	13 493.5	171.5	2005	74 600	8 244.0	61.5
1977	151 100	11 347.6	171.5		—	—	—

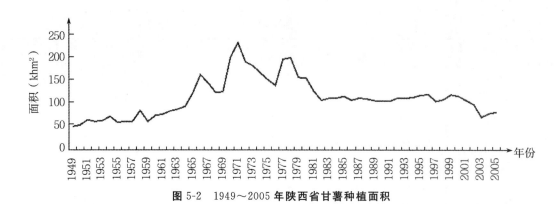

图 5-2　1949～2005 **年陕西省甘薯种植面积**

图 5-3　1949～2005 **年陕西省甘薯单产**

图 5-4　1949～2005 **年陕西省甘薯总产**

表 5-4　**陕西省各历史时期甘薯总产变化表**

项　目	时　期											
	恢复时期	"一五"时期	"二五"时期	1963～1965 年	"三五"时期	"四五"时期	"五五"时期	"六五"时期	"七五"时期	"八五"时期	"九五"时期	"十五"时期
全省粮食作物总产（1×10⁴ t）	1191.7	2425.1	2172.6	1514.6	2807.3	3605.2	4055.1	3653.2	5032	5152.2	5735.5	5033.6
甘薯总产（1×10⁴ t）	55.0	109.0	126.7	83.8	191.2	291.2	344.7	113.2	121.9	127.1	157.6	120.7
占作粮食（%）	4.6	4.5	5.8	5.5	6.8	8.1	8.5	3.1	2.4	2.5	2.7	2.4

注：总产以鲜薯 5 kg 折 1 kg 粮计算

甘薯的生产主体由过去分散的、一家一户的零星种植,逐渐向种植大户、专业合作社和龙头企业有组织的规模生产发展。甘薯产业合作社和薯类加工企业迅速发展,但加工产品单一,薯类加工仍处于初级阶段。

二、甘薯品种与栽培技术

20世纪50年代以前,陕西省种植的甘薯品种主要是农民自繁自育的农家品种,1956年征集到的品种主要有关中地区的渭南大红袍、桑树皮、华州红、马嵬坡、一把抓、老红苕、菊花心和陕南地区的火苕、大红袍、洋苕等。此后,陕西省先后引进试验示范了一批国内外甘薯品种,其中50年代推广面积大,利用时间长的主要有胜利百号、农林4号。60年代后期主要推广的品种有北京553、农大红、河北79、南瑞苕、北京红皮、徐薯18等。此外,陕西省科研育种单位先后培育出一批甘薯新品种,逐渐成为陕西省的主栽品种,其中面积较大的有武功红、陕薯1号、秦薯1号、秦薯2号、陕66-5-5、武薯1号、秦薯3号等。90年代后期至今,随着甘薯专用和特用品种的应用,秦薯4号、秦薯5号成为陕西省推广面积最大的品种,占全省甘薯总面积的70%左右。食用型紫薯品种秦紫薯1号和引进的淀粉型品种徐薯22、商薯19、梅营1号在全省推广。

栽插方式经历了母薯直播(懒薯)和剪蔓插植两个阶段。《重修周至县志》(民国14年、1925年)记载:"其物最易发生,初夏时取薯以刀切片,种入土内,越数日,每片即出一苗至盛夏时枝叶成胜,或以土逐节掩盖,即逐节生薯,一节入土大小必生数薯。如截割枝藤,栽入土内,以水浇灌经宿即活。其生薯亦如之。每种地一亩计可得千余斛"。

又据《重修周至县志》记载:"色似燕脂,味甚甘美,生熟均可食,又益人脾胃。如晒干舂碾成面,以熟水泡之即可成羹,其枝叶蒸煮皆可食之。以喂畜尤宜,惟性不耐冻,其种颇难收藏,须择高土挖窖,深数尺,初冬以姜拌藏之,上盖以草,宜令出气,毋致透风,至春暖出窖,乃不损烂"。通过长期生产实践和经验积累,在对甘薯特性利用方式和贮藏方法认识上趋于成熟和完善。

新中国成立后,甘薯育苗主要经历了露地冷床育苗、温床育苗、温室加火炕育苗、汉中的苕尖越冬育苗、薄膜覆盖育苗、电热育苗等多种方式。随着科技和设施农业的发展,形成现在的以高温催芽、高剪苗、地膜覆盖与大棚温室相结合的日光温室大棚冷床育苗技术。

早期露地栽植推广应用了深耕垄作、间作套种、科学施肥、不翻蔓等栽培技术。近年来主要发展优质专用品种,培育脱毒种苗,推广以地膜覆盖为核心的高产高效栽培技术,产量和种植效益大幅度提高。

5.2 陕西省甘薯生产技术

5.2.1 陕西省甘薯种植区域

陕西省地形南北狭长,气候生态条件差异大,秦岭作为长江、黄河的分水岭,横亘东西,属大陆性季风气候。近年来,甘薯常年种植面积在 1×10^5 hm² 左右,平均单产 28 815 kg/hm²,是西北地区唯一大面积种植甘薯的省份。本区横跨我国北方春薯区、黄淮流域春夏薯区两大薯区,食用、兼用品种栽植为主,淀粉品种在部分地区分布。食用、兼用品种以宝鸡市农业科学研究所、西北农业大学选育的秦薯5号、秦薯4号、秦紫薯1号、秦薯6号等在当地推广面积最大,淀粉品种为引进品种徐薯22、徐薯27、商薯19、梅营1号等。目前陕西省甘薯种植以春薯为主,夏薯生产多为种薯繁殖。随着甘薯产业的发展,按照农业种植区划,传统上将甘薯主产区划分为陕北春薯区、关中春夏薯区和陕南夏薯区三个种植区。

一、陕北春薯区

气候为暖温带半湿润向温带半干旱气候过渡类型，属北方春薯区。全年无霜期为 140～200 d，夏短冬长，夏季多雨日照长，昼夜温差大。土壤以黑垆土、黄绵土为主，肥力中等。甘薯生长期较短，一年一熟，与玉米、谷子、马铃薯轮作，甘薯种植面积仅占全省总面积的 5%～10%。甘薯在该区种植历史较短，主要分布在沿延河、洛河、无定河等流域两岸，采用地膜覆盖技术，四月底至五月初栽植春薯。该区以蒸烤型鲜薯生产为主，薯块干率高，品质好，销售价格高，种植效益极高。

二、关中春夏薯区

为暖温带半湿润气候，包括渭河川道、渭北旱塬和商洛市三部分，属黄淮流域春夏薯区。土壤类型以沙壤土、塿土为主，土壤肥力较高。该区气候温和，全年无霜期为 170～220 d，年降雨量 550～750 mm。早春干旱，温度回升快，夏季高温多雨，秋季凉爽温差大，有利于甘薯生长发育。关中地区以春薯为主，渭河川道近年甘薯种植面积迅速扩大，夏薯有所增加。近年来推广品种以秦薯 5 号、秦薯 4 号和彩色新品种等蒸烤型鲜薯生产为主，品质优，商品率高，是全省甘薯单产水平最高的产区，该区甘薯面积占全省总面积的 40%。

三、陕南夏薯区

为北亚热带湿润气候，地形由秦岭、大巴山和汉江谷地组成，属长江流域夏薯区。土壤以黄棕壤、黄褐土为主，土壤肥力中等偏下。全区气候适宜，无霜期为 230～250 d，雨水丰沛，年降雨量 700 mm 以上，春季雨量适中，夏季温度高，秋雨较频繁，是陕西省甘薯主产区，种植面积占全省的 50%，以夏薯栽培为主，主要栽植在海拔 1 000 m 以下的浅山丘陵等旱坡地中，产量较低，品质和商品性较差，以饲用和加工淀粉为主要用途。近年来，本区春薯生产逐渐成为主要生产方式，充分利用无污染的优良自然环境，发展有机、绿色甘薯鲜薯生产。

5.2.2 陕西省甘薯育苗

甘薯产量的高低除与品种、耕作技术有直接关系外，还与生长期的长短有着重要关系。同一品种，生长期越长，产量也越高，在正常的栽培条件下，春薯产量高于夏薯。国内试验结果表明，春薯每晚栽 1 d，减产 1%，夏薯每晚栽 1 d，减产幅度更大。人为地创造适于种薯发芽成苗的条件，在早春低温条件下提早育苗，当外界气温达到甘薯生长条件时，立即采苗定植于大田中。这样不但可利用有限的种薯，生产尽可能多的薯苗，满足生产需要，同时可有效延长甘薯在大田的生长期，提高产量。

陕西省地处内陆的西北地区，从无霜期、热量状况、降水等自然条件方面，与我国南方及中东部地区相比具有一定的差距，甘薯育苗除早期曾采用种薯直播外，一直沿用育苗移栽的方式。在甘薯育苗上经历了露地冷床育苗、温床育苗、温室加火炕育苗、汉中的苫尖越冬育苗、薄膜覆盖育苗、电热育苗等多种方式。目前主要以日光温室冷床育苗、双膜覆盖酿热温床育苗为主。

一、日光温室冷床育苗技术

日光温室冷床育苗是将精选消毒的种薯集中堆放，通过集中供给热量，快速催芽，芽长至一定标准后移到温室或大棚内育苗的一种方法。该技术温度、湿度容易掌握，管理方便，出苗快而均匀，兼有火炕育苗多，露地育苗壮的优点，省工省时，还可有效防止甘薯黑斑病的发生。宝鸡市农业科学研究所多年试验研究表明,采用集中电热催芽,催芽期 10～12 d,薯块芽长至 1 cm 时分床排薯,棚内床温控制在 30～33 ℃,不需草帘覆盖,20 d 即可剪苗。

（一）精选种薯

种薯选择一般要经过出窖选、消毒选、上床选三次。选种应选择具有品种特征的纯种,要求皮色鲜艳光滑,无病无伤,未受冷害、冻害和机械损害,强健的薯块。留种用的种薯应尽可能地选用夏栽薯,薯块大小一般应在 150～200 g。

（二）浸种消毒

精选的种薯必须经过浸种消毒后才能集中进行催芽。药剂浸种常用 5‰ 多菌灵 500～800 倍液浸种 5 min 或 50‰ 代森铵 200～300 倍液浸种 10 min,可有效防止甘薯黑斑病。

（三）电热高温催芽

集中电热高温催芽,温棚内外均可进行,千瓦电热线铺设面积 5 m² 为宜,电热线用土或柴草均匀覆盖,严禁电热线外露和相互交叉,电热线与电热控温仪相连。种薯堆放高度 30～50 cm,四周用保温材料覆盖,前 3 d 温度控制在 35～37 ℃;种薯爆花后,用温水淋湿薯层,温度控制在30～33 ℃,湿度保持在 85‰;90‰ 种薯芽长 1 cm 时,床温降至 20～25 ℃,炼芽 2～3 d,分床排薯。

（四）分床排薯

分床排薯时,种薯要平放,阳面朝上,头尾相接,方向一致,上平下不平,长芽排在苗床的两边。一般每平方米排薯量 20～30 kg,具体排薯量要依选择的品种而定。排好种薯后用水渗透苗床,用营养土覆盖,厚度 3～5 cm 为宜,保持床面湿润。

（五）苗床管理

种薯上床后,要正确运用温度、水分、空气、肥料等条件,创造种薯最佳生长环境,缩短育苗进程。苗床管理应掌握以催为主,以控为辅,催控结合,看苗管理的原则。出苗到齐苗阶段,要尽可能提高床温,减少水分蒸发,有条件的可在棚内加一层薄膜。苗高 4 cm 后,通风炼苗,齐苗后浇一次透水,并随浇水追肥一次。齐苗期要特别注意棚内温度、湿度的控制,一般要求棚内温度在30～33 ℃左右,湿度在 80‰ 左右。晴天中午应及时通风降温,防止棚温过高烧苗。追肥以尿素为主,采用直接撒施或兑水稀释后浇施的方法。时间应选择叶面上没有露水时进行,以免化肥沾叶烧苗。用量每平方米 50 g,追肥后立即浇水,以迅速发挥肥效。苗高 25 cm 时,温度降至 20 ℃,炼苗 2～3 d,即可剪苗。采用高剪苗,剪茬应不低于 3 cm。成品苗用生根剂、多菌灵、细土拌成泥浆蘸根,蘸根高度 5～10 cm。二茬及以后各茬秧苗,每次剪苗后追肥浇水,管理同上。

（六）壮苗标准

单株苗重 6 g 以上,苗高 20～25 cm,节间 4～6 个,茎粗,顶三叶齐平,叶片肥厚,色深,无气生根,无病虫害。

二、双膜覆盖酿热温床育苗技术

双膜覆盖酿热温床育苗是在床底铺入作物秸秆、麦草、牛马粪等酿热物,再加盖薄膜产生热量促进薯块发芽的一种育苗方式。它的优点是节省燃料、出苗齐、出苗快、成本低。

（一）苗床地选择

苗床地要选择背风向阳处,床土要用无病、无毒新土。旧苗床地要进行床土消毒,排薯前在床土表层撒适量灭多威,然后与床土混合均匀,可防治土壤中的病虫害。

（二）酿热物的制作

新鲜的牛粪、麦草或铡碎的秸秆均可作为酿热物。一份牛粪配一份麦草或秸秆，加水拌匀，使水分含量达持水量的 80%，即以手紧握酿热物指缝见水而不滴为宜。

（三）床畦的制作

育苗床以东西走向为好，长 7～10 m/畦，宽 1.3～1.5 m/畦，一个拱棚可做两畦。育苗床深 50 cm 左右，床底中央略高，两边稍低，呈龟背形。将酿热物填充于苗床内（踩实）厚度不少于 30 cm，后加盖塑料膜提温 2～3 d，取掉薄膜，酿热物上回填 10 cm 厚的过筛粪土，立即搭建拱棚，适时排种。

（四）种薯的选择、浸种消毒

同日光温室冷床育苗。

（五）排种

薯苗栽插前 25～30 d 排种，排种量 20～30 kg/m²。薯块要大小分级、平放、间距 1 cm，上平下不平。排种完后，覆土（厚度 5 cm），土层上覆盖玉米秸秆两层，秸秆上再覆盖一层地膜。出苗后揭去地膜和秸秆。苗床管理同日光温室冷床育苗。

5.2.3 陕西省甘薯栽培

陕北、关中地区以地膜覆盖栽培为主，有少量的露地、夏薯栽培；陕南以夏薯栽培为主。地膜覆盖栽培可使陕北、关中地区的春薯栽插时间较露地栽培提前 10～15 d，克服了陕北、关中地区露地栽培无霜期短，有效积温少，早春低温、干旱等不利因素，提高产量达 30% 以上。

一、甘薯的轮作

（一）陕北春薯区

本区一年一熟，轮作方式单纯，甘薯一般与玉米、大豆、马铃薯、高粱等作物轮作。

（二）关中春夏薯区

本区有春薯、夏薯两种，一年一熟或两年三熟。春薯在冬闲地春季栽培，夏薯在麦类、油菜等冬季作物收获后栽培。两年三熟：春薯－小麦（或大麦）－夏玉米（或夏大豆）；小麦－夏玉米（或夏大豆）－春薯。

（三）陕南夏薯区

本区以夏薯为主。夏薯在麦类作物和其他冬季作物收获后栽培。一年两熟：麦类（或油菜）－夏薯。

二、甘薯的间作套种

甘薯与其他作物、幼龄果树间作套种，可充分利用空间、时间、光能和地力，增加复种指数，提高总产，增加经济效益。近年来，关中地区甘薯栽培面积呈上升趋势。

（一）甘薯间作玉米、向日葵

玉米、向日葵要选用矮秆、高产、早熟、抗倒品种，甘薯要选耐阴、高产、结薯早且膨大快的品种。甘薯一般密度为 52 500 株/hm² 左右，玉米密度为 22 500 株/hm² 左右，向日葵密度为 10 500 株/hm² 左右。采取隔行间作，可减少田间遮阴，提高甘薯产量。

（二）甘薯甜瓜套种

甜瓜选用早熟、高产、品质好、抗逆性强的优良品种，如富尔 1 号、富尔 2 号、富尔 5 号、红城 5

号等。甘薯选用品质优良,食味好,商品率高的短蔓品种,如秦薯 4 号、秦薯 5 号、秦薯 6 号、秦薯 8 号等。

陕西关中地区一般 3 月初整地起垄,垄距 90 cm,垄高 20～25 cm。起垄后立即覆膜,每间隔两垄覆膜一垄(垄上覆膜的栽甜瓜,未覆膜的两垄栽甘薯)甜瓜与甘薯的栽植比例为 1∶2。4 月上中旬定植甜瓜苗(瓜苗三叶一心),株距 40 cm,密度 9 000 株/hm²;若直播,每穴放预先催芽的甜瓜种子 2～3 粒,覆土 1～1.5 cm。甘薯在 4 月中旬栽插,株距 20 cm,密度 37 000 株/hm²,栽后立即覆膜。

(三)甘薯与大棚西瓜套种

甘薯、西瓜套种,在西瓜获得高产的同时,能实现一膜两用,充分利用西瓜剩余肥力,创造甘薯高产高效益。

西瓜选用早中熟、抗病抗逆性强的品种,如西农 8 号、丰抗 8 号、双抗巨龙、郑抗 7 号等。甘薯选用品质优良、食味好、产量潜力大、商品性好的品种,如秦薯 4 号、秦薯 5 号、秦薯 8 号等。西瓜定植前 10 d 起垄,垄距 140 cm,垄宽 60 cm,垄高 15 cm。起垄后灌水趁墒覆膜。双膜中棚西瓜于 3 月上旬定植,单膜西瓜于 4 月上中旬定植,甘薯在西瓜秧"搭沟"前定植。西瓜密度为 9 000～12 000 株/hm²,株距 60～80 cm;甘薯密度 36 000 株/hm²,株距 20 cm。西瓜苗定植在垄面内侧 10 cm 处,甘薯苗定植在垄面膜内另一侧 20 cm 处,西瓜、甘薯苗间距 30 cm。甘薯与西瓜共生期间,以西瓜管理为主。双膜西瓜 5 月下旬至 6 月上旬收获,单膜西瓜 7 月下旬收获,甘薯在霜冻来临前收获。

(四)甘薯与幼龄果树套种

陕西渭北塬区土层深厚,雨量适中,光照充足,海拔高,温差大,果业生产条件得天独厚,是苹果最佳优生区,所产苹果个大、色艳、质脆、味美,被农业部列为黄土高原区苹果生产优势产业带。果业生产经过多年来的产业结构调整、区域布局优化、果树品种改良、生产技术创新,已经步入健康、稳定、持续、高效的发展之路,种植面积逐年增加。新植幼龄果树栽植密度小,行间距大,空闲土地多,利于间作套种。实行果薯间作,可使同等条件下的水、肥、光、热资源充分得到利用,病虫杂草防治得到互补优化。地膜覆盖甘薯栽培,抑制了果树地内杂草的生长,利于果树地保水保肥。目前甘薯与幼龄果树的套种已在苹果园、梨树园、葡萄园等新植果园作为一种新栽培方式示范推广,套种面积逐年扩大。

新植果园 1～3 年果树行(4 m×3 m 规格),按 80～90 cm 起垄,随树冠发育逐年缩小甘薯用地。地膜覆盖栽培,栽插时期要尽可能提早。成年果树进行高枝换优后,适套期 3 年。甘薯垄高 20～25 cm,垄顶可以适当加宽。在果树根系区域外,增施 50～75 kg 专用复合钾肥。选用短蔓、早期膨大类型的秦薯 4 号、秦薯 5 号为主栽品种,可适时早收,减少对果树枝条、叶片、根系的损伤。

5.2.4 陕西省甘薯贮藏

陕北、关中地区冬季气候寒冷,持续时间长,而鲜薯要在春节前上市销售或种薯早春育苗,薯农一般利用本区地下水位低、土层深厚、土质坚实的特点,因地制宜,在屋前屋后打成井窖,贮藏甘薯。井窖是陕北、关中地区薯农贮藏甘薯的主要形式。近几年来,随着薯农栽植规模的扩大,经济条件的好转,部分农户对原有井窖进行了改建,井壁、洞壁用砖加固,增大贮藏能力,极少数薯农建有砖混贮藏窖。

一、井窖

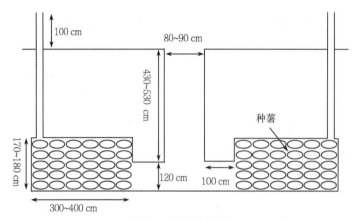

图 5-5 井窖示意图

井窖贮藏甘薯,保温保湿性好,建窖简便,节省资金。缺点是甘薯的进、出窖及管理不方便,贮存量小。一般井筒直径 0.8～0.9 m,井口高出地面 0.3 m,井口至井底深度 5.5～6.5 m,在井底一侧或两侧挖贮藏洞一个或两个。贮藏洞进出口高 1.2 m,宽 1 m,长 0.8～1.0 m;贮藏洞高 1.7～1.8 m,长 3.0～4.0 m,宽 2.0 m,上顶呈半圆形,一般两个洞可贮藏甘薯 4 000～5 000 kg。贮藏洞终端打有通气孔,直径 0.15 m,孔口高出地面 1 m(图 5-5)。改建后的井窖增加了通气孔和半自动升降设施,井筒和贮藏洞用砖砌成,坚固耐用,利用年限长,保温性能好,贮存空间大,安全性能好。

二、浅屋型地窖

地窖在房屋地下 2 m 处,地窖进出口在房屋内,地上房屋用于居住或作它用(图 5-6)。浅屋型地窖一般贮藏量大,薯块存取较井窖方便,坚固安全性能好,缺点是由于地窖深度不够,窖温偏低,一般要求薯块的存放量要达到窖内体积的三分之二。

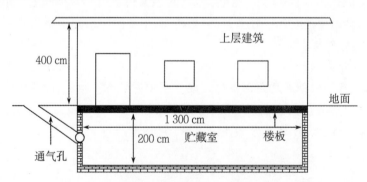

图 5-6 浅屋型地窖示意图

5.3 陕西省甘薯加工利用与产业化发展

陕西省甘薯种植历史较短,规模有限,长期以来加工业发展滞后,对甘薯产业的龙头带动作用不大,当前甘薯产业化处于发展的初级阶段。长期以来,甘薯被认为是抗灾救荒的杂粮作物,伴随着粮食生产的丰歉而起伏不定。近年来,随着我国经济形势和农业发展进入新的历史阶段,甘薯的保健功能、高产特性、加工增值的作用日益突出,已由传统的杂粮作物变为粮食、饲料、食品、能源和工业加工多用途综合利用的经济作物,成为农业结构调整,农民增收的重要选择,也为甘薯加工和产业化带来了一个新的发展机遇。

陕西省甘薯产业主要是以种植业为主,甘薯消费市场主要是以鲜食蒸烤、饲用为主,加工利用较少,甘薯产业主要由鲜薯销售、种苗繁育推广、淀粉类加工等构成。

5.3.1 鲜薯生产

陕西省是西北地区主要甘薯生产区,特别是作为鲜食用甘薯生产,除满足本省消费市场外,每年至少有 25% 的鲜薯销往周边省区,以缓解当地甘薯市场需求压力。陕西关中、陕北的甘薯主要分布在沿河流两侧的沙壤土中,薯形美观漂亮,产量高,商品性好,种植效益极高。近十年来,在甘薯收获季节,产地批发价一直在 0.8~3.0 元/kg,农民种植效益一般为 30 000~60 000 元/hm^2。现在已经形成一批甘薯生产专业村镇,如宝鸡市凤翔县虢王镇,咸阳市秦都区马庄镇,西安市临潼区北田街道办,渭南市合阳县新池镇、黑池镇,延安市甘谷驿镇等。

近年来,随着一大批紫色、红心薯等彩色新品种的选育和引进,经过对产量、食味、薯形、肉色、含糖量、类胡萝卜素、花青素等方面的详细研究,成功地开发出具有黄、白、红、橙、紫等多色彩、多营养彩色保健礼品甘薯,建立了彩色保健甘薯繁殖基地。全省各地相继采用精美的礼品盒包装,注册了商标,开发出了几十种颇具特色的彩色或者礼品甘薯,如宝鸡的"桂花牌"甘薯,咸阳的"莽原红"、"雄牌",延安的"宝塔山",杨凌的"秦秀"等,不仅作为各地区的特色食品,成为极受欢迎的礼品,进入了超市,走上了百姓的日常餐桌,而且这还提升了甘薯的消费档次和附加值。

5.3.2 甘薯种苗繁育

甘薯生产建立在当年无性繁殖的薯苗基础上,薯苗质量对甘薯产量影响极大。陕西省与东、南部甘薯产区相比,热量资源严重不足,获得高产高效一般多为春播并采用地膜覆盖技术,因而栽插时间集中(40 d 左右),数量大(45 000~60 000 株/hm^2),技术要求高。陕西省甘薯主产区通过引进消化新品种、新技术,依托科研单位、龙头企业和甘薯农业专业合作社,在各地建立了一批甘薯种薯种苗繁育中心和扶持了一批繁育大户,形成一项新的朝阳产业。规模较大的有宝鸡市农业科学研究所、杨凌金薯种业科技有限公司、凤翔县桂花村红薯种植专业合作社、蒲城县富民薯业有限公司、潼关县薯美源农民专业合作社、兴平市乃雄薯业有限公司和汉阴县原种场等。

5.3.3 甘薯加工

20 世纪 90 年代以前,陕西省甘薯生产主要是分散零星发展,没有规模化的加工业,只有在甘薯主产区一些农户采用作坊式简单技术,生产淀粉、粉条。投建于 1956 年的宝鸡酒精厂在 80 年代利用甘薯干生产酒精,是陕西省最大的甘薯加工厂。该厂除用玉米、高粱做原料外,年消耗薯干近 $6×10^4$ t,年生产酒精 $1.7×10^4$ t 左右,所用生产工艺薯干出酒率达 37.5%。与玉米、麦芽等比较,甘薯淀粉出酒率高且原料消耗、煤耗低,用薯干制造酒精经济效益较高。但受本省薯干质量差,甘薯种植面积少且分散不利收购,价格高等原因影响,该厂所需薯干以山东为主,也从河南、山西调拨一部分。同时各地区零星分布县办酒厂,用甘薯生产酒精;随着产业结构的调整,90 年代陆续停止生产。

20 世纪 90 年代以后,甘薯加工开始受到人们的重视。特别是近十年间,甘薯加工业与甘薯种苗业、贮销业等都有了较快发展。近几年来,陕西不同用途甘薯所占总产量的比例大致为:用于食用及食品加工的为 50%,加工淀粉、粉条、粉丝的为 15%,用于饲料的为 30%,留种用的为 5%。

一、甘薯浓缩汁的研究开发

陕西科技大学对甘薯浓缩汁的加工工艺进行研究,确定了最佳工艺流程和生产条件,为甘薯深加工奠定了基础。对于甘薯浓缩汁加工工艺研究,主要试验结果如下:根据甘薯富含淀粉的性质及其本身特性确定生产工艺;通过对液化酶的对比试验选择了耐高温 α-淀粉酶;进行甘薯液化和糖化的关系试验,结果表明甘薯糖化 DE 值随着甘薯液化 DE 值的增大而降低;甘薯粉浆浓度试验结果选择了"甘薯∶水＝1∶3"。

以耐高温 α-淀粉酶为液化酶,液化最佳工艺参数:液化温度 95 ℃、液化 pH 6.5、液化时间 40 min,酶用量 16 U/g 淀粉。用高转化率糖化酶糖化,糖化最佳工艺参数:糖化温度 55 ℃,pH 4.5,糖化时间 18 h,葡萄糖淀粉酶用量 300 U/mL。结果表明,这些技术解决了甘薯汁中因淀粉引起的沉淀,改善了甘薯汁中蛋白质等杂质的凝聚性,提高了甘薯汁的稳定性。

甘薯经过最佳液化和糖化工艺过滤后,经检测甘薯汁中含有 2.3% 果胶。经试验分析确定甘薯汁澄清工艺果胶酶的最佳组合:温度 43.12 ℃,pH 3.46,添加量 1.05 mL,时间 64.88 min,透光率为 91.14%。四种因素对透光率都有不同程度的影响,添加量对透光率影响最大,其次是时间、pH 和温度,再通过超滤方法进一步澄清。组合不仅解决了甘薯汁中因果胶的存在而引起的沉淀和影响透明度的问题,同时解决了因悬浮粒子和大分子引起的后沉淀问题。在甘薯汁浓缩工艺研究中,试验结果显示,在压力 0.09 MPa,温度 60 ℃情况下浓缩,固形物含量达到 55%～60%,为最佳。对甘薯饮料研究中,得出甘薯饮料的最佳组合为 100 mL 饮料中甘薯浓缩汁 1.28 mL,柠檬酸 0.1 g,蜂蜜 5.41 g,阿巴斯甜 2.84 mL。感官评分为 83.43。

陕西海升果业发展股份有限公司,专业从事浓缩苹果汁和其他浓缩果汁的开发生产,公司总部位于西安市。现有陕西乾县、陕西渭南、山西运城、山东青岛、大连普兰店五家果汁加工基地,产能达到 $2×10^5$ t,是全球第一大苹果类浓缩汁加工企业;产品主要销往欧、美、日、澳等国际市场。2004 年出口约 6 500 万美元,在全国同行业里排名第一。2011 年开始浓缩甘薯汁的生产,产品主要销往美国、加拿大市场,目前已在陕西大荔县赵渡镇建立秦薯 5 号、秦紫薯 1 号、徐薯 27、梅营 1 号专用甘薯生产基地 33.3 hm²。

二、甘薯淀粉类加工

由于科技的进步和新型甘薯加工机械的研制和推广,甘薯淀粉加工业正在进行比较大的技术革命。甘薯淀粉、粉条加工由过去一家一户的作坊式生产开始向有一定规模的小型加工企业生产转变,由传统的纯手工加工向半机械化和自动化生产转变。在淀粉加工中,过去的手工洗薯改为机械洗薯。浆渣分离由手工过滤改为分离机分离,淀粉烘干由过去的自然晾晒已发展到烘干机烘干,加工粉条中最费力的人工和面、吊瓢也由机械替代。由于甘薯加工机械的使用,加工效率大幅度提高,如块根的破碎磨浆,由过去每小时几千克到每小时 3～5 t;粉条加工由过去每小时几十千克到现在每小时 200 kg 以上。加工质量和加工水平均有了较大的提高。目前加工产品有淀粉、粉条、粉丝等。

陕西蒲城富民薯业有限公司成立于 2009 年,位于渭南市蒲城县东杨虎城将军故里——孙镇,是渭南市专业红薯种植及深加工的农业产业化龙头企业,获陕西省首家红薯粉条、红薯淀粉

QS 质量认证。2010 年公司在全县建立优质专用甘薯生产基地 333.33 hm²，投资 300 万元，新上 2 000 t 三粉流水自动生产线一条，新建 2 000 t 淀粉池 1 个，加工淀粉 750 t，年生产精品粉条 300 t。

洛南县兰草河手工红薯粉条专业合作社成立于 2009 年，是由农民自发兴办的具有特色化、产业化专业合作经济组织。2010 年生产手工红薯粉条 600 t，产值 960 多万元。2011 年兰草河手工红薯粉条专业合作社在三要、景村、石坡等地建成徐薯 18、徐薯 22 等 1 200 hm² 优质甘薯生产基地，配套投资 80 余万元，建成自动化甘薯淀粉加工厂 1 个，生产粉条 1 500 t，产值突破 2 000 万元。产品已注册"兰草河"牌商标，销往陕西、山西、河南等多个省市。

汉阴县兴利富硒绿色食品有限责任公司是一家专门从事富硒红薯粉条加工、销售的民营企业，是安康市汉阴县目前生产规模最大，标准化程度最高的富硒红薯粉条加工企业。公司依托汉阴县得天独厚的富硒资源和绿色无公害产地认证优势，拟投资 2 000 万元，在月河工业园区（涧池镇军坝村五组）选址新建基地，优化布局生产规模，形成年加工生产 2 000 t 的优质富硒红薯粉条生产体系。该项目建成投产后，可年加工生产 2 000 t 优质红薯粉条，年产值可达到 4 000 万元，年创利润可达 800 万元，新增就业岗位 20 个。可带动红薯的产业化经营，促进红薯质量提高及产品流通，有力地增强了农业生产后劲及全面提高了土地综合生产能力，增加了农民收入，促进了区域经济发展。

陕西省岐山县凤鸣薯业专业合作社，占地 10 000 m²，建筑面积 4 000 m²，固定资产 600 万元，甘薯年产量超过 2 000 t，年产值可达 6 000 万元。2007 年加盟四川光友实业集团有限公司。主要生产无明矾、非油炸快餐红薯系列方便粉丝。该产品以红薯为主要原料，是继方便面之后新兴的绿色保健食品。

西安佬香翁餐饮管理有限公司创建于 2008 年，主要经营甘薯条、甘薯饮料、甘薯凉粉、甘薯冰淇淋等甘薯加工产品。佬香翁从经营烤甘薯起家，在引进台湾无烟炭烘烤技术的基础上，自行研发出健康卫生的烤甘薯设备，后不断挖掘和整合中国民间传统甘薯小吃，经过创新和研发，已经开发出甘薯丸子、甘薯奶茶、甘薯凉粉等多种甘薯健康食品，并在全国已发展了 100 多家连锁店。公司 2008 年在陕西省咸阳市马庄镇建立甘薯基地，2010 年已扩建为 20 hm²。主要引进包括紫色甘薯在内的稀有和最新甘薯品种，尤其是大量种植适合烘烤的软绵香甜甘薯品种。

5.4 陕西省甘薯科研概况

5.4.1 甘薯种质资源

陕西省甘薯品种资源及研究工作基础薄弱，新中国成立初期并没有专业的研究机构从事这一工作。1953 年西北农学院开始育种栽培研究，1956 年西北农业科学研究所（陕西省农业科学研究院前身）建立了专业研究组，1956 年进行了甘薯地方品种调查、征集、保存、整理和利用工作。60 年代前征集到的农家品种主要有关中地区的渭南大红袍、桑树皮、华州红、马嵬坡、一把抓、老红苕、菊花心；陕南地区有火苕、大红袍、洋苕等。1979 年进行了补充调查、征集、研究工作，截至 1985 年共获得甘薯种质资源 300 余份。

20 世纪 60～70 年代陕西省的甘薯科研单位相继培育出一批优良甘薯品种，成为当地的主栽品种，同时也丰富了陕西省的甘薯种质资源。陕薯 1 号、武功红、向阳黄 3 个品种被收入《甘薯主要优良品种彩色图谱》（1981 年，中国农业出版社）；《中国甘薯品种志》（1993 年，中国农业出版社)收入渭南大红袍、陕薯1号、秦薯1号、秦薯3号、高自1号、里外黄6个品种;《中国甘薯栽培学》(1984年,上海科学技术出版社)介绍的陕西省优良种质资源有陕薯1号、武功红、向阳黄、向阳红(秦薯2号)、西薯209(秦薯1号)、陕66-5-5、高自1号、武薯1号、陕72-3-14、渭南大红袍;列入《全国甘薯品种资源目录》(1984年,中国农业出版社)的有11个品种;其中秦薯2号、渭南大红袍列入国家暂不对外交换的品种资源,防止外流。

陕西省对甘薯地方品种亲缘性尚未考证。20世纪90年代以前陕西省境内育成品种资源主要是利用已掌握的种质资源通过品种间杂交选育获得的。其中利用日本品种资源3个,国内育成品种2个,南方薯区地方品种6个,省内育种中间材料3个。所引用的亲本材料分别属于高产、高干率、抗病、自然开花四大类型。1978年西北农业大学引入野生种资源,并开始在育种中利用。

2000年以后,根据甘薯产业发展和市场需求的变化,宝鸡市农业科学研究所加强了与全国甘薯界的合作联系,广泛引进和利用优质种质资源,先后从中国甘薯改良中心徐州市农业科学院、中国农业大学、西南大学、河北省农业科学院、烟台市农业科学院等甘薯研究单位征引徐薯781、渝紫7号、南薯007、冀薯98、冀薯65、日本红东、济薯18、徐薯23、烟紫薯1号等核心种质材料100多个。创造、筛选出H03-7、H03-4、H03-6、红心431、秦薯4号、秦薯5号、秦薯6号、秦薯7号等优异甘薯种质资源30个,成为育种的骨干亲本。在省种子管理站的组织下,正式开展了陕西省甘薯品种区域试验,使甘薯育成品种的试验研究、推广体系逐渐形成,并取得了显著进展,先后培育出一批适应市场需求的甘薯专用新品种。

5.4.2 甘薯品种引进与更新换代

新中国成立前,甘薯生产用品种,基本上是群众自由引种,自由传播,品种乱,缺乏改良。新中国成立后,陕西省先后进行了四次大的品种更新换代。第一次是从20世纪50年代初开始,用引进的胜利百号、农林4号代换农家品种;第二次是60年代后期间陕西省自育和国内外育成的优良品种代换胜利百号和农林4号;主要推广利用的品种有:北京553、河北79、陕薯1号、武功红、农大红、向阳红(秦薯2号)、西薯209(秦薯1号)、武薯1号和徐薯18等;第三次是90年代,用秦薯4号、红心431、梅营1号等代换六七十年代选育的品种;第四次是近十年重点推广的秦薯5号、秦薯6号、秦紫薯1号、徐薯22等食用型、特色型、淀粉型专用品种。

20世纪90年代以来,由于国家农业生产形势的发展,甘薯科研工作曾陷入一个短暂的低潮。进入21世纪,随着我国农业和农村经济进入新的历史发展阶段,人民生活水平日益提高,甘薯以其突出的营养保健和药用功能,备受人们的青睐,更以产量高,效益好,加工增值潜力大,重新成了调整种植业结构,增加农民收入的经济作物。2000年,宝鸡市农业科学研究所在薯类中心的基础上,由宝鸡市政府出资,聘请省内外甘薯专家共同建立了"宝鸡市薯类专家大院",确立了立足陕西,面向西北,集甘薯科研育种、栽培技术研究、脱毒种苗繁育、技术培训推广、产品加工开发于一体的工作思路。2011年被陕西省科技厅命名为省级农业科技专家大院,2010建成国家甘薯产业技术体系宝鸡综合试验站,2011年建成宝鸡市甘薯工程技术研究中心,专门从事甘薯的技术研究与推广,全面推动甘薯产业化发展。

近年来,陕西省加强优质专用型甘薯品种的引进,紫色特用型甘薯有济薯18、徐紫薯1号、渝紫7号、宁紫1号、浙紫1号、美国黑薯、山川紫、凌紫等;食用型甘薯有徐薯23、龙薯9号、豫薯10号等;高产淀粉型甘薯有徐薯18、徐薯22、徐薯27、商薯19、烟薯24、梅营1号、冀薯98、豫薯12、济薯21等;茎尖蔬菜型甘薯有食20、福薯7-6等。

5.4.3 甘薯育种技术研究

一、诱导甘薯开花技术

多数甘薯品种在我国北方省区的自然条件下不能开花,成为育种杂交的障碍。诱导甘薯开花,是开展甘薯品种间杂交育种工作的首要任务。通常促进甘薯品种开花的方法有四种:在南方短日照地区(如海南)加代杂交制种;在北方创造条件,对薯苗进行短日照处理,调节光周期;采用嫁接蒙导或施用生长调节剂处理;采用嫁接、紧缚、环状剥皮、断根除薯、搭架整枝等措施,调整薯苗的营养状况。在实践中通过综合应用以上几种方法,诱导开花效果较好。

嫁接蒙导法就是利用甘薯中能够自然开花的优良材料(品种),通过嫁接对难以开花的材料进行开花物质的蒙导,从而促进甘薯的开花。西北农学院对此进行了深入的研究,在66个品种(品系)的286个植株上进行试验并获得成功。宝鸡市农业科学研究所通过研究,筛选出H03-7等蒙导效果好适宜做中间砧的材料,并采用此方法培育出一系列甘薯新品种。

(一)蒙导材料与方法

嫁接试验的砧木采用大花牵牛和圆叶牵牛。中间砧木(蒙导体)选用在本地区自然开花良好的高自1号、133-10、88-3、H03-4、H03-7等品系材料,接穗根据杂交种需要共选用20多个品种(系),并将其分为容易开花、一般和难于开花三类,然后分别采用相应蒙导方式:嫁接1次、嫁接2次和重复蒙导。嫁接1次(自然开花材料/对象材料):对易开花材料,可以直接嫁接在当地自然开花性好、生长势强的品种材料上,在7月初以前,当砧木植株长到0.8~1.1 m时,切断主茎进行劈接;嫁接2次(牵牛/自然开花材料/对象材料):先将当地自然开花性好、生长势强的品种材料作接穗,于5月下旬至6月上旬劈接在大花或圆叶牵牛上,接后戴上灯罩,以保持适宜温湿度,加速伤口愈合,成活后将其取掉,当接穗长到0.5~0.7 m时,又在其上劈接对象材料,然后直接用接口下边的两片叶子将伤口及95%接穗卷起来用绳子捆好,3~4 d成活后将叶片散开;重复蒙导:(牵牛/自然开花材料/经二次嫁接过的对象材料枝条):对少数营养生长特别旺盛,且很难开花的品种,在采用上述两种方法后仍不理想时,在嫁接两次的蒙导体上,嫁接15~20 d后,发现营养生长很旺盛,将不现蕾或初现蕾的枝条剪下来,再劈接于备用的嫁接两次的蒙导植株上进行重复蒙导。为获得良好效果,前期应适当控制接穗的营养生长,摘掉部分展叶。嫁接绝大多数采用劈接法,极个别用靠接法。为了有利于伤口愈合,提高成活率,在第一次嫁接后随即戴上灯罩覆盖保湿。试验过程中,对所有供试植株均进行搭架、挂蔓、适当整枝、及时中耕除草、合理补充水肥等。

(二)蒙导结果分析

从多年试验结果可以看出,利用嫁接蒙导法能使绝大多数在本地区长日照条件下不能自然开花的甘薯品种(系)不同程度地现蕾、开花、结实。能自然开花的甘薯植株体内在由营养生长转入生殖生长的过程中,可能产生促进开花的物质,使不能自然开花的甘薯植株在北方长日照条件下现蕾开花。嫁接蒙导法对材料的现蕾、开花均具普遍效果,但不同类型品种间有明显差异。与重复法相比,具有省工、省时、省设备、根腐病发病率低、嫁接效果好等特点。但要注意若超过有效蒙导时间,多数材料植株又由生殖生长转入营养生长,多数材料有效蒙导时间为一个月左右。

影响蒙导效果的主要因素:中间砧木和接穗的年龄与长度,牵牛上第一次接穗采用0.3 m以上并已现蕾的老龄壮枝效果最好,中间砧木为0.5~0.7 m,并留1~2个分枝,待其长到0.7 m时摘顶为宜,在中间砧木上第二次嫁接的接穗(对象材料)宜选用0.1 m左右的幼苗;选择诱导效果好的中间砧木;条件允许下尽可能早嫁接,本地"嫁接1次"的在6月中旬前进行,不迟于7月初,

151

"嫁接2次"的第一次在5月下旬前进行,第二次在6月中旬前进行;加强试验地管理,做到苗期壮,蕾期稳,花期健,结实期不早衰;注意选留开花性优良的单株作为被蒙导的材料,提高蒙导效果。

二、杂种实生苗的选择鉴定

甘薯种子播种长成的苗称为实生苗,与秧栽苗相比有明显的主根和子叶。实生苗的选择是整个育种工作的基础,是选出新品种的关键。由于用作亲本的品种材料都是遗传上高度的杂合体,同杂交组合内甚至同蒴果内不同种子间 F_1 代就会产生极为多样性的性状分离现象,甘薯品种间杂交 F_1 代的性状分离提高了优选后代的概率。

(一)实生苗播种管理

甘薯种子因种皮坚韧,不易透气吸水,影响萌发,播种前需进行种子处理。常用的处理方法是硫酸浸种法。在放有种子的发芽盘中,倒入浓硫酸少许,以能浸没种子和种子黏上硫酸为宜。搅拌均匀,浸泡1小时后倒掉硫酸,用清水清洗干净种子,然后进行25 ℃定温催芽,待种子膨胀或露现小芽尖时即速播种,未膨胀种子可进行二次处理。本方法操作简便、处理后种子发芽率高,适于处理大量种子时用。少量种子时也可采用刻破种皮结合定温浸泡催芽技术,注意切口大小,勿伤种胚。

为缩短育种年限,以便当年就能在春、夏不同季节对实生苗进行选择鉴定,种子要争取早播。可采用温室或小拱棚来保温育苗。床土要疏松肥沃平整,浇足底水,分行单粒点播,行距0.1 m左右,株距0.05 m左右,播后覆疏松细碎营养土0.02 m,保持床温25～30 ℃、床面湿润。出苗注意前促后炼,气温过高时中午通风降温,防止"烧苗"。

(二)实生苗株选择

力争优良组合的实生苗当年有较大群体,使其优良性状得到充分表现,为有效选育出优良新品种提供有利条件。实生苗初选一般采用移栽和剪蔓插植两种方法。前者直接将实生苗从苗床整株移植到田间供试验选择,利于保持较大群体,但一方面因主根膨大易结"独薯"加上各株间影响,造成选择误差大,需保留大部分材料第二年再进行选择;另一方面,延长了育种年限。后者通过从实生苗上剪取薯蔓(每株5～10根)进行株行插植,避免了移栽法的缺点,当年就能参加株系(区)试验,缩短育种年限,提高当年选择的准确性,但在大量杂交情况下,实生苗当年剪插工作量很大,占地面积及管理任务也大。

西北农学院综合上述两种方法的优点,提出一种较好的改良实生苗当年试验方法。杂交种子早春点播于温室或小拱棚内,淘汰劣苗(病、畸形、长蔓、攀缘型、长势过弱等),然后将实生苗按组合分类选苗(按苗生长势强弱、株型等)栽插于春薯初选区。实生苗栽前剪主根(保留细根),直栽深埋土,保苗成活和防止主根膨大及结"独薯",提高单株生产力,减少株间影响,每行10株,按需要设亲本、对照区。夏秋薯栽插时,从实生苗春薯初选区选株编号(根据生长势、蔓型、株型等地上部主要性状),剪秧(每株各剪5～10根)栽插夏秋薯株系选择区,每株系栽插1行进行株系比较。收获时,以夏、秋插为主,参照春薯初选区进行选系、选株。实生苗的选择,一般在春薯初选区栽植前,薯株栽插时和收获期分三次进行。收获期是关键,着重调查入选株系主要性状、产量、干率、抗病性、食味、结薯习性等。田间选择必须突出重点,抓住重要质量性状,严格掌握标准,田间入选率一般在5%以下。

(三)品系产量和适应性鉴定试验

实生苗当年初选株(系)分别经贮藏、育苗、观察,根据综合性状表现及种薯数量确定优选株系一般尚需2～3年的复选鉴定试验。

在完成选系任务基础上，对入选材料进行春、夏薯试验，在不同条件下予以鉴定。可采用顺序排列法或多次重复法，全面鉴定特征、特性。根据育种目标，生育期间进行挖根调查，鉴定块根生长动态。结合抗逆性、抗病性、贮藏性等有关性状进行综合鉴定。优选品系进一步参加品种比较试验。

品种比较及区域试验，采用随机排列，重复 3 次以上，小区面积 20 m² 以上。突出品系参加区域试验。

三、甘薯抗逆转基因研究

中国科学院水利部水土保持研究所对在干旱胁迫条件下甘薯的生理生化适应的分子机制等领域进行了多年研究，并利用转基因技术培育耐旱新品种、遗传改良现有品种。

经研究表明，转入铜锌超氧化物歧化酶和抗坏血酸过氧化物酶基因的甘薯与非转基因甘薯相比，在同等水分胁迫下，能保持较高的叶片含水量和净光合速率，其超氧阴离子、过氧化氢、丙二醛含量相对较低，气孔导度、胞间 CO_2 浓度、超氧化物歧化酶和抗坏血酸过氧化物酶活性较高，因而表现出更高的抗旱耐旱性能。并对该转基因甘薯的耐盐性、耐旱性、抗冷胁迫性等做了系统的研究，表明在逆境胁迫下，转超氧化物歧化酶和抗坏血酸过氧化物酶基因甘薯的抗逆性明显强于非转基因甘薯。最新研究结果表明，紫色甘薯 Shinzami 转入 *OR* 基因（来自甘薯的橙色基因）后，相比对照，两个转基因系的花青素含量维持不变或略有升高，而类胡萝卜素含量大幅增加，最高可达对照 5 倍，转基因显著提高了甘薯的品质。黄色肉质甘薯 SPO（Sinhuangmi）转入 *MYB* 基因（来自甘薯的花青素基因）后，相比于对照，两个转基因系的类胡萝卜素含量维持不变或略有升高，而花青素含量大幅增加，最高可达对照的 8 倍。

5.4.4 甘薯品种选育

一、品种选育概况

陕西甘薯育种科研单位主要集中在杨凌示范区与宝鸡市。20 世纪育种成果主要在西北农业大学、陕西省农业科学院等。2000 年以来，宝鸡市农业科学研究所逐步成为陕西省甘薯育种、栽培技术研究推广中心。20 世纪 60 年代以耐旱、高产、耐贮藏为育种目标，育成品种中有代表性的有武功红、陕薯 1 号、里外黄、秦薯 2 号（向阳红）、向阳黄、陕 66-55 等；70 年代以株型改良，提高干率和熟食品质为目标，育成品种中有代表性的有秦薯 1 号、秦薯 3 号、武薯 1 号、高自 1 号等。60～80 年代先后培育出 10 多个品种，高产性状突出，成为陕西育种的一个高潮。由于当时品种选育的管理制度不够健全，多数品种并没有通过品种正式审定或鉴定。80～90 年代随着改革开放，温饱问题的解决，甘薯生产科研进入一个低谷。90 年代后期，随着市场经济的发展，营养保健的甘薯重新被人们重视，甘薯育种也按照用途以高淀粉、食用、加工专用新品种选育为目标，注重品质、商品性，并开展横向联合，协作攻关。选育的代表品种是秦薯 4 号、红心 431 等。21 世纪以来，以优质、彩色、高产、抗病、专用型品种为选育目标，育成品种有秦紫薯 1 号、秦薯 5 号、秦薯 6 号、秦薯 7 号和秦薯 8 号等（详见表 5-6）。这些品种丰富了品种类型，满足了人们的多种需求，提高了甘薯的种植效益，促进了甘薯产业的发展。

秦薯 1 号、武薯 1 号获陕西省 1978 年农牧业科技成果奖；秦薯 3 号获 1985 年陕西省农牧业科学技术研究成果奖，1987 年陕西省首届科学技术奖；秦薯 4 号 2001 年获陕西省科技进步二等奖。

表 5-6　陕西省主要甘薯品种资源表

品种	组合	选育单位	选出时间(年)	审定或鉴定时间(年)	主要特点
秦薯 1 号	西农 50-1×栗子香	西北农业大学	1974	1984	耐旱、干率高、食味好、不抗黑斑病
秦薯 2 号	护国放任授粉	西北农业大学	1964	1984	自然开花、高产、耐瘠、结薯早、高抗黑斑病
秦薯 3 号	永春五齿×农林 4 号	陕西省农业科学院	1972	1988	耐旱、食味好
武功红	蓬尾×南芋	西北农业大学	1963	—	耐旱、耐冷、抗黑斑病、高产
陕薯 1 号	禹北白×护国	陕西省农业科学院	1964	—	耐旱、耐瘠、高产、结薯早、萌芽性好
陕 66-5-5	禹北白×夹沟大紫	陕西省农业科学院	1963	—	耐旱、耐瘠、萌芽性好、抗黑斑病
向阳黄	黎老×护国	西北农业大学	1963	—	自然开花、萌芽性好、食味好、高干、高淀粉型
里外黄	华北 166×胜利百号	陕西省农业科学院	1958	—	中产、优质、不抗黑斑病
高自 1 号	西农 69-28 自交后代	西北农业大学	1969	—	自然开花、自交杂交结实率高、中间砧木
武薯 1 号	西农 67-21×农大红	陕西省农林学校	1970	—	萌芽性好、半直立、喜水肥、结薯早而集中
秦薯 4 号	661-7 放任授粉	西北农业大学	1987	1998	耐肥、耐旱、耐贮藏,味道可口
红心 431	—	陕西省农业科学院	1982	—	橘红肉、出苗差、不耐贮藏
秦薯 5 号	秦薯 4 号放任授粉	宝鸡市农业科学研究所 西北农林科技大学	2004	2007	耐贮藏、短蔓、自然开花、食味佳、抗黑斑病
秦薯 6 号	红心 431 集团杂交	宝鸡市农业科学研究所	2004	2007	食味优、短蔓、白皮黄肉、耐贮藏
秦紫薯 1 号	京薯 6 号变异单株	宝鸡市农业科学研究所	2004	2007	长蔓、紫肉、干率高、食味佳、中抗黑斑病、耐贮藏性中等
秦薯 7 号	秦薯 4 号×红心 431	宝鸡市农业科学研究所	2006	2010	中长蔓、橘红肉、品质好、出苗好
秦薯 8 号	徐薯 18×红心 431	杨凌金薯种业科技有限公司	2011	2011	红皮红肉

品种	组合	选育单位	选出时间(年)	审定或鉴定时间(年)	主要特点
秦紫薯 2 号	秦薯 4 号集团杂交	宝鸡市农业科学研究所	2009	2014	紫红皮、紫肉
秦薯 9 号	西成薯 007×冀薯 71	宝鸡市农业科学研究所	2008	2014	食味佳
秦薯 10 号	徐薯 781 集团杂交	宝鸡市农业科学研究所	2009	2014	特短蔓、红皮、淡黄肉
渭南大红袍	—(关中农家品种)	—(渭南种植)	—		长蔓、低产、品质好、耐旱、耐瘠、抗病
菊花心	—(关中农家品种)	—(渭南种植)	—		短蔓、低产、品质好、耐旱
洋苕	—(陕南农家品种)	—(陕南种植)	—		高产、干率低、不耐贮

二、推广的优良品种

(一)陕薯 1 号

陕西省农业科学院于 1964 年由"禹北白×护国"的杂交后代中育成陕薯 1 号。

中蔓,顶叶紫褐色,成叶绿色,叶形深裂复缺刻,叶脉、脉基及柄基均为紫红色,茎粗,分枝多,薯下膨呈纺锤形,薯皮红色,薯肉淡黄色,薯块大、结薯集中,较抗黑斑病,贮藏性差,干率为 23.0%,薯干含淀粉 55.45%,可溶性糖 15.93%,粗蛋白质 5.02%,粗纤维 3.07%。

曾在陕西渭北旱塬及陕西省丘陵地区大面积推广,鲜产 30 000~37 500 kg/hm²。可作春、夏薯种植,春薯密度 45 000~52 500 株/hm²,夏薯 60 000 株/hm²。

(二)秦薯 1 号

又名西薯 209,西北农业大学 1974 年从"西农 50-1×栗子香"的杂交后代中育成,属食饲兼用品种,1984 年通过陕西省审定。

中长蔓,成叶绿色、心脏形,顶叶绿色,茎粗,分枝较多,薯下膨呈纺锤形,皮色紫红、肉色淡黄、结薯集中,感黑斑病,抗烂腐病,耐贮藏,萌芽性好,在北方自然开花。春薯烘干率为 30%~32.2%,陕西省农产品质量监督检验站测定,含淀粉(干基)52.65%,可溶性糖 3.62%,蛋白质 2.27%,粗纤维 0.71%。

曾在陕西省渭北旱塬、关中地区及河南、山西部分地区推广,鲜产 26 250~30 000 kg/hm²。春、夏薯均可种植,春薯密度为 30 000 株/hm²,夏薯为 52 500~60 000 株/hm²。

(三)秦薯 2 号

又名向阳红、88-3,西北农业大学 1964 年从"护国"放任授粉杂交后代选育而成,属食饲兼用品种,1984 年通过陕西省审定。

早期膨大型,短蔓,自然开花,茎蔓全绿色,叶心脏形,叶片小,薯块大呈短纺锤形,薯皮紫红、黄白肉,高产、耐瘠、结薯早、高抗黑斑病、耐贮藏。干率为 27.4%,薯干淀粉含量为 62.02%,可溶性糖为 10.02%,蛋白质为 4.92%,粗纤维为 3.73%。

在陕西省渭北旱塬、陕南丘陵及相似生态区种植,一般春薯鲜产 30 000~37 500 kg/hm²。春、夏薯均可种植,春薯密度 52 500~60 000 株/hm²,夏薯为 60 000~75 000 株/hm²。

（四）秦薯 3 号

又名 724，陕西省农业科学院 1972 年从"永春五齿×农林 4 号"的杂交后代中育成，属食用品种，1988 年通过陕西省审定。

中蔓，顶叶绿色，成叶绿色，叶形中裂至深裂复缺刻，叶脉、柄基、茎绿色，茎粗中等，分枝10 个左右，薯块长纺锤形，薯皮红色，薯肉淡黄色，结薯集中，抗黑斑病，耐贮藏。干率为 30.5%，薯干淀粉含量为 69.00%，可溶性糖为 9.58%，粗蛋白为 4.47%，粗纤维为 2.86%，肉质细。

在陕西省渭北旱塬、陕南丘陵地区及相似生态区做春、夏薯栽培，鲜产 22 500～30 000 kg/hm²，春薯密度为 30 000～37 500 株/hm²，夏薯为 30 000 株/hm²。

（五）红心 431

又名 82-43-1，陕西省农业科学院 1982 年育成，属食用品种。

短蔓，叶心脏形，叶色黄绿，分枝数 5～7 条，结薯早而集中，薯肉橘红色，薯皮棕黄，薯干鲜红，单株结薯 2～4 块，薯块纺锤形，表皮光滑。春薯干率 28%，蒸烤食味香甜，适于果脯、薯片加工。一般鲜产春薯为 45 000～67 500 kg/hm²，夏薯为 37 500～52 500 kg/hm²，抗黑斑病，种薯萌芽性较差，适于春、夏薯栽培。

（六）高自 1 号

西北农业大学 1969 年从"西农 69-28"自交后代中育成。

顶叶绿色，成叶浓绿色，叶心脏形，叶脉、柄基紫色，茎绿色，中蔓，基部分枝数 7 条。薯块长纺锤形，薯皮红色，薯肉黄色。抗黑斑病，耐贮藏。田间自然开花，花量多，自交结实率高。干率为27.8%，薯干淀粉含量为 66.03%，可溶性糖为 7.49%，蛋白质为 4.88%，粗纤维为 3.56%。

一般鲜产 22 500～30 000 kg/hm²。该品种主要用于杂交亲本和嫁接蒙导，诱导其他品种自然开花，已被多家育种单位引用。春、夏薯均可种植，密度为 45 000～52 500 株/hm²。

（七）秦薯 4 号

西北农业大学 1987 年从"661-7"放任授粉杂交后代中选育而成，属兼用品种，1998 年通过陕西省审定。

中早期膨大型，顶叶淡绿色，成叶绿色，茎绿色，叶心脏形，脉基色淡紫，短蔓，基部分枝数 12 条，田间自然开花。结薯集中，单株结薯 6 个，大中薯率为 78%～89%。薯皮紫红色，薯肉淡黄色，薯块长纺锤形，食用品质极佳，干面甜香，商品率高。抗甘薯黑斑病，耐软腐病，贮藏性好。薯块干物率为 32.9%，淀粉为 58.6%（干基），可溶性糖为 3.96%，蛋白质为 2.37%，粗纤维为0.83%，维生素 C 为 19.68 mg/100 g 鲜薯。

适宜在陕西关中及同类生态区作春、夏薯种植，陕南及相似生态区作夏薯种植。一般春薯鲜产为 45 000～60 000 kg/hm²，夏薯为 22 500 kg/hm² 左右。

（八）秦薯 5 号

宝鸡市农业科学研究所、西北农林科技大学 2004 年从"秦薯 4 号"放任授粉后代中选育而成，优质鲜食蒸烤、淀粉加工兼用品种，2007 年通过陕西省鉴定登记。

中早期膨大型，顶叶淡绿色，成叶绿色，茎绿色，叶心脏形，脉基色淡紫，短蔓，地上部生长势强，基部分枝数 16.4 条，田间自然开花。结薯集中，单株结薯 6.3 个，大中薯率为 82.1%。薯皮紫红色，薯肉淡黄色，薯块长纺锤形，食用品质极佳，干面甜香，商品率高。高抗甘薯黑斑病，耐软腐病，贮藏性好，薯块萌芽性好。薯块干物率为 33.08%，淀粉为 69.14%（干基），鲜薯含粗蛋白为1.11%，可溶性糖为 5.03%。

适宜在陕西省关中及同类生态区作春、夏薯种植，陕南及相似生态区作夏薯种植。一般春薯鲜产为 45 000 kg/hm² 以上,夏薯鲜产为 30 000 kg/hm² 左右。

（九）秦紫薯 1 号

宝鸡市农业科学研究所于 2004 年由"京薯 6 号"变异单株系统选育而成,属高花青素品种,2007 年通过陕西省鉴定登记。

中晚期膨大型,顶叶绿色、成叶淡绿,叶脉绿色,茎色绿带褐,叶心形带齿,长蔓,最大蔓长 279.2 cm,基部分枝数 8.6 条。单株结薯数 3～4 个,大中薯率为 83.9%。薯皮紫色,薯肉深紫色,薯块长纺锤形,熟食品质极佳,干面香甜,商品率高。中抗黑斑病,中感软腐病,贮藏性中等。干物率为 33.42%,淀粉为 62.96%(干基),鲜薯含粗蛋白为 2.83%,可溶性糖为 5.32%。

适宜在陕西省关中及同类生态区作春薯种植,一般春薯鲜产为 37 500 kg/hm²。

（十）秦薯 6 号

宝鸡市农业科学研究所 2004 年从"红心 431"集团杂交后代中选育而成,属食用品种,2007 年通过陕西省鉴定登记。

中早期膨大型,叶色淡绿,叶脉绿色,茎绿色,叶心形带齿,短蔓,最大蔓长 180.5 cm,基部分枝数 10 条。结薯集中,单株结薯 5～6 个,大中薯率为 80.8%。薯皮白黄色,薯肉黄色,薯块长纺锤形,熟食口味极佳,甜香干面,口感细腻。高抗甘薯黑斑病,耐软腐病,贮藏性好。薯块干率为 28.96%,含淀粉为 52.12%(干基),鲜薯含粗蛋白为 2.43%,可溶性糖高达 6.53%,类胡萝卜素为 0.4 mg/100 g 鲜薯。

适宜在陕西省关中及同类生态区作春、夏薯种植,陕南及相似生态区作夏薯种植。一般春薯鲜产为 45 000～60 000 kg/hm²,夏薯鲜产为 22 500 kg/hm² 左右。

（十一）秦薯 7 号

宝鸡市农业科学研究所 2006 年从"秦薯 4 号×红心 431"杂交后代中育成,属食用品种,2010 年通过陕西省鉴定登记。

中后期膨大型品种,顶叶淡绿色,成叶绿色,茎绿色,叶心形带齿,叶脉绿色,中长蔓,地上部生长势强,基部分枝数 7 条。结薯集中,单株结薯 7 个,大中薯率为 93.0%。薯皮黄色,薯肉橘红色,薯块长纺锤形,薯皮光滑,商品率高,食用品质优,富含类胡萝卜素,营养丰富,口味甜香。病害鉴定:中抗甘薯黑斑病,耐软腐病,贮藏性好,薯块萌芽性好。薯块干物率为 24%～28%,鲜薯含淀粉为 15.0%,粗蛋白为 1.64%,可溶性糖为 3.72%,类胡萝卜素为 12.8 mg/100 g 鲜薯。适宜在陕西省关中陕北及同类生态区作春薯种植,陕南及相似生态区作春、夏薯种植。一般春薯鲜产 52 500 kg/hm² 以上,夏薯鲜产在 22 500 kg/hm² 左右。

（十二）秦薯 8 号

杨凌金薯种业科技有限公司 2011 年从"徐薯 18×红心 431"杂交后代中育成,属食用品种。

顶叶绿色,成叶浓绿,心脏形,中等大小,叶脉紫红,短蔓,茎绿色,近半直立。薯块长纺锤形,紫红皮,橘红肉,结薯集中。干率 24.8%,鲜薯淀粉含量为 14.3%,粗蛋白为 1.61%,可溶性糖为 3.79%,粗纤维为 0.7%,维生素 C 为 35.54 mg/100 g 鲜薯。抗黑斑病。

适宜在陕西省春、夏薯区及同类生态区种植。一般春薯鲜产为 52 500 kg/hm²,夏薯鲜产为 37 500 kg/hm²。春薯密度为 45 000 株/hm²,夏薯密度为 52 500 株/hm²。

（十三）秦薯 9 号

宝鸡市农业科学研究所 2008 年从"西成薯 007×冀薯 71"杂交后代中育成,属食用品种。

叶心形带齿,顶叶浅绿色,成叶绿色,叶脉绿色,叶柄绿色,茎绿褐色。最大蔓长为 244 cm,茎粗 0.4 cm,单株分枝数 6～8 条。单株结薯 5～6 个,结薯集中整齐,大中薯率为 96%,薯块条形,浅红皮,浅黄肉,熟食味甜,适口性好,耐贮藏。干率为 32.62%,淀粉含量为 64.49%(干基),蛋白质含量为 6.96%(干基),葡萄糖为 3.28%(干基),蔗糖为 11.47%(干基)。高抗甘薯蔓割病。

适宜在陕西省及同类生态区作春、夏薯种植。一般春薯鲜产 39 000 kg/hm² 以上,夏薯鲜产 30 000 kg/hm² 左右。

(十四)秦薯 10 号

宝鸡市农业科学研究所 2009 年以"徐薯781"为母本,以徐薯27、商薯19、豫薯10号、龙薯1号、龙薯10号、阜徐薯6号多父本混合授粉杂交选育而成,兼用品种。

特短蔓,叶形深缺刻,顶叶浅绿色,成叶绿色,叶脉浅紫色,叶柄绿色,茎绿色。茎粗 5 mm,单株分枝数 8~11 个。薯块纺锤形,薯皮红色,薯肉淡黄色。中抗黑斑病,萌芽性好,结薯集中、整齐。干率为 29.97%,含淀粉 65.61%(干基),蛋白质为 6.25%(干基),葡萄糖为 6.01%(干基),蔗糖为 5.83%(干基)。

适宜在陕西省及相似生态区高水肥地作春、夏薯种植。一般春薯鲜产 42 000 kg/hm² 以上,夏薯鲜产在 33 000 kg/hm² 左右。春薯密度为 45 000~52 500 株/hm²,夏薯为 60 000 株/hm²。

(十五)秦紫薯 2 号

宝鸡市农业科学研究所 2009 年以秦薯4号为母本,以秦紫薯1号、宁紫薯1号、广紫薯1号、浙紫薯1号多父本混合授粉杂交选育而成,食用型紫薯品种。

叶心形,成叶绿色,顶叶浅缺刻,顶叶淡绿色,叶脉基紫色,柄基紫色,茎绿色。最大蔓长 216 cm,茎粗 0.55 cm,单株分枝数 10~14 个,单株结薯 6 个左右,薯块条形,薯皮紫红色,薯肉紫色。结薯集中、整齐,大中薯率 96%。薯块适口性好,食味香甜,纤维少。淀粉含量为 68.74%(干基),粗蛋白含量为 6.64%(干基),葡萄糖含量为 1.33%(干基),蔗糖含量为 12.35%(干基),花青素含量为 20.46 mg/100 g 鲜薯。抗甘薯蔓割病,感甘薯黑斑病。

适宜在陕西省关中、陕北及同类生态区作春薯种植,陕南及相似生态区作春、夏薯种植。一般春薯鲜产 37 500 kg/hm² 以上,夏薯鲜产 22 500 kg/hm² 左右。

5.4.5 甘薯栽培技术研究

陕西省地处内陆的西北地区,从无霜期、热量状况、降水等自然条件、栽培历史、科研水平等方面来看,与我国南方及中东部地区相比具有一定的差距。在栽培品种、种植方式、消费习惯等方面与其他地区也有一定的差异。农民在甘薯生产、认识上存在着许多误区。例如,施肥上由过去大量施用氮肥变为只超量施磷肥,耕作管理技术粗放。为防止薯蔓疯长,采用了不灌水、后期提蔓翻蔓等错误做法,导致甘薯营养需求失衡,地上茎蔓生长量不足,使甘薯的高产潜力未能充分发挥出来,降低了种植效益。20 世纪 60~90 年代,以西北农林科技大学(原西北农业大学等多所单位合并而成)、陕西省农业科学院为主,近年来以宝鸡市农业科学研究所为主的科研院所,针对陕西省甘薯生产中存在的问题,在肥料、密度栽培试验研究的基础上,进一步细化栽培技术研究方案,对甘薯栽培中的不同苗质、放苗方式、栽插时间等因素对甘薯产量、性状的影响,进行了详细的研究,制定出以"地膜覆盖"为核心技术的系列栽培技术,并在此基础上提出"六改"技术:改老品种为优质高效新品种;改平栽为垄栽;改拔苗为高剪苗;改露地栽培为地膜覆盖;改单一施肥为配方施肥;改人工作务为机械化农艺生产。

一、甘薯无公害生产技术规程

根据国家农业部颁布的"NY5304-2005"行业标准,无公害食品甘薯的安全指标为:

砷(As)≤0.5 mg/kg；镉(Cd)≤0.05 mg/kg；铅(Pb)≤0.4 mg/kg；汞(Hg)≤0.01 mg/kg；敌百虫≤0.1 mg/kg；乐果≤1.0 mg/kg；辛硫磷≤0.05 mg/kg；多菌灵≤0.5 mg/kg。

该技术规程尚未指明的栽培措施，仍按常规农艺措施实施，无公害甘薯生产应注重以下技术要点：

（一）生产环境要求

1.产地要求

产地环境条件应符合"NY5116-2002 无公害食品 水稻产地环境条件""NY5010-2002 无公害食品 蔬菜产地环境条件"的规定。

2.土壤条件

土壤耕作层 25～30 cm，地势平坦，排灌方便，土层深厚，疏松。一般高产田要求土壤有机质含量大于 10 g/kg，全氮约 0.06％，速效氮含量约 65 mg/kg，速效磷含量大于 50 mg/kg，速效钾含量大于 100 mg/kg。土壤 pH 5～7.5，全盐含量低于 0.2％。沙性土壤或壤土较为理想。3 年以上未重茬栽培甘薯。

3.灌水条件

生产基地应有便利的灌排条件，灌溉水的质量应符合"NY5010-2002 无公害食品 蔬菜产地环境条件"的要求。

4.肥料施用

甘薯施肥应以农家肥为主，化肥为辅；基肥为主，追肥为辅。所用肥料应符合"NY/T496 肥料合理使用准则通则"要求的规定。拒绝使用含氯(Cl)化肥。禁止施用重金属含量超标的肥料，其中主要重金属含量的限量指标：砷(As)≤20 mg/kg；镉(Cd)≤200 mg/kg；铅(Pb)≤100 mg/kg。

5.农药使用

农药使用应符合"GB/4285-1989 农药安全使用标准""GB/T8321(所有部分)农药合理使用准则"的规定。禁止施用高毒、剧毒、高残留农药及混配农药，其品种有：甲胺磷、甲基对硫磷、甲拌磷、磷胺、氧化乐果、甲基异柳磷、久效磷、六六六、滴滴涕、三苯基氯化锡、毒菌锡、氯化锡、西力生、赛力散、毒鼠强、砷酸钙、砷酸铅、福美胂、福美甲胂、田安、呋喃丹、涕灭威、杀虫脒等。

（二）种薯准备

品种选择应依据不同用途，选用通过国家或地方审定（或鉴定）的优质、高产、抗逆性强、耐贮藏、商品性好的优良脱毒甘薯品种。

1.选种

采用上年生产的夏薯，无病、无破伤、未受冻害和涝害，具有本品种特性的薯块作种薯。纯度不低于 96％，薯块整齐度不低于 85％。

2.浸种

（1）温汤浸种

把种薯装筐，将水温调至 57 ℃，随即放薯筐于水中，使水面没过种薯，并上下提动薯筐，使水温降至 54 ℃，浸种 10 min，提出晾干。

（2）药剂浸种

用 50％多菌灵 600 倍液浸种 5 min，或用 70％甲基托布津可湿性粉剂 500～700 倍液浸种 5 min，提出晾干。

3.培育壮苗

（1）方法与时间

根据栽秧期不同，可采用加温育苗，日光温室大棚、中棚加小拱棚冷床育苗，露地地膜覆盖育苗（陕南夏、秋薯）等方式。最早的地膜春薯，于栽插前 30 d 开始育苗，陕西省关中地区一般为 3 月 10 日左右。

（2）催芽

种薯集中高温催芽，可在催芽室或用电热线加热进行。先加热使床温上升到 32 ℃左右时，将种薯整齐堆放于催芽床上，保持床温在 35～37 ℃、2～3 d，待种薯发芽爆花后，用温水浇湿薯层，再使床温保持在 32～34 ℃，至 90％种薯的芽苗长到 1 cm 左右时，床温逐步降到 20～24 ℃，开始分床排薯育苗。

（3）排薯

将催好芽的种薯先按大小分等，分床排薯。排薯时，种薯头尾相对，方向一致，大小分开，阳面朝上，上平下不平，长芽排边。用营养土覆盖种薯。

（4）苗床管理

出苗阶段：排薯后立即浇透水，架塑料小拱棚，封闭大（中）棚，提温保湿，促进快速生长出苗。当苗床干燥时，可适当洒水。

炼苗阶段：催炼结合，使薯苗生长快而壮。种薯出苗后控制床温至 28 ℃左右，RH 70％～80％。晴暖天气要揭去小拱棚，并打开大（中）棚通风口，防止高温烧苗，其间每天要浇水保持床土湿润。苗高 25 cm 时，应将温度控制在 20 ℃左右，进行炼苗，使薯苗敦实，粗壮。

采苗阶段：采用高剪苗，有利于栽插后生根结薯，防止将苗床病虫害带入大田。当苗高达 30 cm 时，及时采苗。采用锋利剪刀进行高剪苗，基部留 1～2 节，以利于二茬发苗。严禁拔苗。采苗后及时追施氮磷复合肥，浇水、覆膜，促进生长。

壮苗标准：不同品种略有不同。一般为百株苗重 500 g 以上，苗高 20～30 cm，茎粗，节间短，5～7 节，顶三叶齐平，叶片大而肥厚，叶色深绿，无气生根，剪口浆汁浓，无病虫害。

薯苗处理：用 50％的多菌灵可湿性粉剂 1 000～2 000 倍液或 50％甲基托布津可湿性粉剂 500～700 倍液浸薯苗基部 10 min，或者药液与泥浆混合蘸根，随后栽插，防治黑斑病。

4.整地施肥

（1）整地

在薯苗出圃前，结合施肥，提早整地，深耕 20 cm 以上，合墒旋耕，疏松土壤，南北方向起垄。旱薄沙土地宜用小垄，水肥黏土地宜用大垄，一般垄距 70～100 cm，垄高 20～35 cm。要求垄形高胖，垄沟深窄。

（2）施肥

甘薯对氮、磷、钾种肥的需求大致为 2：1：4，施肥量要根据产量水平、土壤肥力和肥料种类来确定。一般每 667 m²（1 亩）施用农家肥 3 000～10 000 kg，化肥用量不超过：N 16 kg，P_2O_5 22 kg，K_2O 35 kg。农家肥和 70％的化肥结合整地起垄作基肥施入，20％的化肥在茎叶封垄期作追肥，10％在中后期作叶面喷肥。

5.定植栽插

（1）时间

春薯露地定植，当气温稳定在 15 ℃以上时开始栽插。陕西省关中地区一般为 4 月 20 日前后，地膜覆盖栽培可提前 10 d 左右。在温度适宜的条件下，提倡适时早栽。夏薯生长期短，应抢时早栽，要求 6 月 20 日前栽完。

（2）密度

根据品种特性、土壤肥力、栽插早晚、地膜覆盖等情况确定适宜的密度，一般春薯为 37 500～60 000 株/hm²，夏薯为 60 000～75 000 株/hm²。

（3）方法

选择无病壮苗，剔除弱苗。旱地采用斜栽法，水地采用改良水平栽法。栽苗时，垄上开沟，深 7～8 cm，浇足沟水。待水下渗后，将薯苗栽插于泥浆中，每垄薯苗头尾方向一致。

斜栽法：薯苗与地面约呈 45°，露出地面 3～4 cm。薯苗入土较深，成活率高，单株结薯数少，适于在干旱地区使用。

改良水平栽法：在垄面开沟，先将薯苗根部垂直插进沟底 1～2 cm，再把薯苗各节水平压入，覆土 5～6 cm，将头部 3～4 片叶露出地面。薯苗成活率较高，单株结薯数多，适于在水肥条件较好的地区采用。

（4）覆膜

地膜覆盖，一般先栽苗，后覆膜。栽苗后，立即用宽度适宜的地膜将垄面覆盖，用土将膜边覆严压实。气温较高时，立即将地膜划一小口，将苗尖钩出膜外，用土将苗周围膜口封严。晚霜前早栽的薯苗，可在膜内生长 3～5 d，根据膜内温度适时破口通气，于下午破膜放苗。旱地塬区也可趁墒整地后，先覆膜，后适温栽苗。

6. 田间管理

（1）生长前期［栽秧（薯苗）—茎叶封垄，春薯 60～70 d，夏薯约 40 d］

栽后 5 d 内完成查苗补苗，以保全苗；薯苗成活后及时中耕除草，追施提苗肥，促使茎叶生长，提早结薯；有灌溉条件的，适时小水渗灌，浇水不过垄顶，以利于薯块形成。

（2）生长中期（茎叶封垄—茎叶生长高峰期）

土壤干旱时，要及时浇水；遇雨积水，要及时排水防涝。控制茎叶平稳生长，促使块根膨大。茎叶生长过旺者，可适当提蔓，禁止翻蔓，可用多效唑 750～1 500 g/hm² 兑水 50～75 kg 喷雾 2～3 次，控制旺长。

（3）生长后期（茎叶生长高峰期—收获）

保持适当的绿叶面积，延长叶片寿命，进行根外追肥，防止茎叶早衰。对长势正常地块，喷 10%～20% 草木灰过滤液 900～1 050 kg/hm² 或 0.2% 磷酸二氢钾 900～1 050 kg/hm²，间隔 6～7 d，连喷 2～3 次；对出现脱肥现象的地块，喷 1%～2% 尿素溶液 900 kg/hm² 左右，连喷 3 次，间隔 6～7 d。

7. 适时收获

（1）收获期选择

甘薯块根是无性营养体，无明显的成熟期，先收种薯和用于淀粉加工的甘薯，后收贮藏食用薯。也可以根据市场行情，随时收挖销售。先割去茎蔓，选择晴天收获，注意做到轻刨、轻装、轻卸。经晾晒使伤口愈合，分级，剔除病虫破损薯块，即可入窖。

（2）搬运

收获和运输过程中所用的工具要清洁、卫生、无污染。搬运薯块轻拿、轻放。

8. 安全贮藏

（1）方法

因地制宜，选用冬季保温效果较好的薯窖贮藏。如大屋窖、拱形窖，井窖、棚窖、崖头窖等。

（2）消毒

贮藏前对旧窖进行消毒处理。土窖应将窖壁、地面刮去 3～5 cm 污层，然后撒生石灰消毒。也可用硫黄熏窖，用硫黄 50 g/m³，点燃密封，1～2 d 后，通风换气。

（3）处理

贮藏前对甘薯进行愈合处理。在生产规模较大，有加温条件时，可采用高温处理。薯块入窖后立即加温，在 1 d 时间中使薯堆温度均匀达到 34～37 ℃，保持 4 d。之后立即停止加温，通风降温排湿，在 1 d 时间内达到安全贮藏条件。

（4）条件

安全贮藏温度是 10～15 ℃，最适为 12～13 ℃，湿度为 85％～90％。

（5）管理

贮藏量一般占整个贮藏窖容积的 70％～80％。在保证贮藏条件的基础上，前期以通风散热排湿为主，中期以保温防寒为中心，后期以稳定窖温，加强通风换气为主。

9.有害生物控制

从甘薯生态系统的稳定性出发，综合应用"农业防治、生物防治、物理防治和化学防治"等措施控制有害生物的发生和危害。具体根据种植地发生的病虫害情况，参照相关防治标准进行。

（1）培育无病虫壮苗

严格执行检疫制度，禁止从病疫区调运种薯种苗。用腐熟的无病虫的粪肥、净土做营养土，精心选择无病、无虫、无伤的薯块做种薯，采用温汤浸种或药剂处理。育苗期，每隔 5～7 d 检查苗床，发现病株后连同薯块一起拔除，采用高剪苗作薯苗，防止将黑斑病和茎线虫病带入大田。

（2）定植后大田病虫害防治

第一，主要病害防治。

黑斑病：防止种薯和薯苗带菌，培育无病壮苗，防止薯苗带病传入大田。

根腐病：选用并不断更换抗病丰产良种；轮作、改种其他农作物；培育无病壮苗；加强田间管理，清洁田园，深翻倒土，烧毁田间病株。

茎线虫病：选用抗病品种；严格执行检疫制度，控制病害大范围传播；与禾谷类作物实行 4 年以上的周期轮作；清洁田园，消除病残体等线虫携带物；药剂防治，用 50％辛硫磷乳油 200～300 倍液浸薯苗基部 20～30 min；或按每公顷用 50％辛硫磷 4.5 kg 兑水适量，拌细沙土 300～375 kg，栽前施入穴中，栽苗浇水掩埋。

病毒病：应用茎尖组织培养技术，培育脱毒苗，采用脱毒薯（苗）；及时拔除销毁病苗病株；原原种、原种薯（苗）繁殖可在 40 目防虫网内进行；定期调查虫情，发现传毒介体昆虫蚜虫、飞虱，用 375～600 g/hm² 的 5％抗蚜威可湿性粉剂 1 000～2 000 倍液，或 150～300 g/hm² 的 10％吡虫啉可湿性粉剂 2 000～4 000 倍液，或 150～375 g/hm² 的 20％氰戊菊酯乳油 3 300～5 000 倍液等药剂交替喷雾。

第二，主要虫害防治。

地下害虫：主要有危害地下薯块、薯梗的蛴螬、蝼蛄、金针虫等；危害地上茎叶的蟋蟀、地老虎等。

农业防治，薯田不施未腐熟农家肥，及时清除杂草，适时翻耕土地。经调查虫口数量明显高时，药剂防治，可在整地作垄时用 2.5％敌百虫粉，15～30 kg/hm² 或 50％辛硫磷乳剂 2.25～3.00 kg/hm² 拌细土 225～300 kg 施入土壤。

食叶害虫：主要有甘薯天蛾、甘薯麦蛾和斜纹夜蛾等。

农业防治:清除杂草,冬耕灭虫;人工田间捏杀幼虫,摘除卵块;成虫发生期,用黑光灯、糖酒醋液诱杀成虫;药剂防治,用90％敌百虫晶体800～1 000倍液或40％乐果乳油1 000～1 200倍液,或50％辛硫磷乳剂1 000倍液叶面喷雾。

第三,草害防治。

除草剂除草:在草荒严重的地块,于栽苗前,用72％都尔乳油1.50～2.25 L/hm² 兑水450～600 kg或乙草胺1.5 kg兑水900 kg均匀喷洒于垄面,形成一层药膜。若栽苗后用药,应尽量避开薯苗。

人工除草:封垄前,结合中耕除草,深锄沟底,浅锄垄背;封垄后,人工拔除杂草;用黑色地膜覆盖控制杂草。

二、双膜覆盖高效栽培技术规程

(一)选择早熟品种。如秦薯5号、秦薯4号、秦薯8号等。

(二)施足底肥。双膜覆盖是一种快速早熟栽培法,比常规生育期短,环境条件尤其是土壤养分对甘薯生长发育影响很大,整个生育期以促为主,在扦插期,结合整地一次施足底肥。每公顷施充分腐熟优质有机肥67.5 t以上,尿素300 kg,过磷酸钙750 kg,硫酸钾375 kg。

(三)适期早栽。当气温上升至13～14 ℃时即可栽插,当日栽插当日盖好棚膜,防止夜间降温造成冷害。扦插前,用"根旺"进行种苗处理,放在阴凉处锻炼2～3 d,采用改良水平栽法,栽植密度以52 500株/hm²为宜。

(四)覆膜建棚。中棚的跨度有2.6～3.0 m和5.0～5.5 m两种。跨度2.6～3.0 m的棚覆盖3～4垄甘薯,用4 m宽的膜;跨度5.0～5.5 m的棚覆盖6～7垄,用7 m的膜,棚高0.9～1.5 m。支棚材料以木杆、竹竿或竹板等作龙骨,间距1.0～1.2 m,7 m膜的棚下设木桩支撑龙骨。棚的长度根据地块规格确定,相邻棚间距0.8～1.0 m。地膜覆盖有两种方式:一种是先覆盖后栽插,为了确保栽后快速缓苗扎根,可以提前2～3 d起垄覆膜,提高地温。另一种是先栽插后覆膜,然后适时打孔放苗。前一种方法操作复杂,但成活率高。后一种方法操作简便,但易烧苗。地膜宽度因垄的大小而定,垄作方式可采用小垄单行或大垄双行栽插。

(五)调节棚内温度。当棚内气温达到30 ℃以上时开始放风,当温度回落到30 ℃时及时关闭风口。风口位置不断交错改变,大小随天气和棚内温度灵活掌握,以内外空气交换后棚内温度达到30～35 ℃相对平稳为好。若遇突然降温,不但要紧闭风口,而且棚膜底角要加挡风草帘。当外界气温稳定升高后,撤掉棚膜。

(六)适时收获:可根据市场信息,抓紧收获和包装,抢先上市。

三、地膜西瓜(甜瓜)、甘薯套种高产高效栽培技术

西瓜(甜瓜)、甘薯接茬套种,可实现一膜双用,降低成本,减少白色污染,同时充分利用西瓜(甜瓜)肥水投入大,剩余肥水充足的优势,实现西瓜(甜瓜)、甘薯双丰收,提高种植效益。

(一)品种选择

西瓜(甜瓜)宜选择早中熟、抗病、抗逆性强的品种,甘薯宜选择品质优良、食味好、产量潜力大、商品性好的品种。

(二)选地施肥

结合整地,施足底肥,一般以有机肥为主,辅施适量化肥,每公顷施入腐熟的优质牛、羊、猪粪75 t,过磷酸钙750 kg,尿素375 kg,有机肥全面撒施,化肥在起垄前集中沟施,伸蔓前后和膨瓜期

每公顷追施碳酸氢铵 750 kg,硫酸钾 375 kg。

（三）起垄覆膜

西瓜（甜瓜）定植前 10 d 左右,按垄距 90 cm,垄高 20～25 cm 起垄,起垄前开小沟集中将化肥、辛硫磷施入垄下,起垄后灌水趁墒覆膜。

（四）定植

要求健壮、整齐、无病、无伤苗秧,炼苗时间要长,不能少于 4 d;4 月上旬、中旬定植西瓜（甜瓜）苗,株距 40 cm;甘薯栽插时间不十分严格,一般在西瓜（甜瓜）秧"搭沟"前定植即可。

（五）管理

甘薯与西瓜（甜瓜）共生期间,在自然条件下与西瓜（甜瓜）没有干扰,除对西瓜（甜瓜）进行病虫防治、水肥、温湿度等管理外,甘薯无须另行管理;双膜西瓜（甜瓜）定植后,棚内温度白天保持 25～32 ℃,夜晚 10 ℃以上,开花期温度白天 25～28 ℃,夜间 20 ℃以上;西瓜（甜瓜）缓苗后浇伸蔓水一次,棚内湿度控制在 60% 左右,并逐步加大通风口,延长通风时间,坚持白天开,下午关;伸蔓前后膨瓜期追肥一次,膨瓜后期进行全昼夜通风,西瓜（甜瓜）采用一主二副的三蔓整枝或一主三副的四蔓整枝;瓜田要以枯萎病、炭疽病的防治为主,可用 70% 甲基托布津可湿性粉剂 500 倍液灌根或喷雾防治。对瓜田蚜虫、落叶蝇等虫害选用 2.5% 溴氧菊酯乳油 2 000～3 000 倍液喷雾防治;西瓜（甜瓜）收获后立即铲除瓜秧,保护薯苗,同时中耕除草、松土,注意不要损坏地膜,甘薯管理方法见甘薯无公害生产技术规程相关内容。

（六）收获

双膜西瓜（甜瓜）在 5 月底 6 月上旬收获,单膜西瓜（甜瓜）在 7 月下旬收获。甘薯 8 月中旬抢高价收获或在霜冻来临前收获。

四、甘薯套种向日葵高产栽培技术规程

甘薯—向日葵套种栽培模式可充分利用作物生长空间和生长周期的互补性,提高土地、肥力的利用率,增加复种指数,提高单产效益。

（一）栽植日期。甘薯在气温稳定在 15 ℃时,即可栽插,陕西关中一般在 4 月上、中旬为宜;向日葵在甘薯栽插成活后即可进行直播。

（二）品种选择。向日葵选用矮秆、早熟、丰产、抗病、抗逆能力强,且适应当地环境条件的优良品种;甘薯选用优质高产、适应性强、商品率高的品种。

（三）整地施肥。地块在前茬作物收获后,及时进行秋冬深耕,深耕后进一步疏松土壤,增强土层保水保肥能力。向日葵和甘薯都是需肥较多的作物且中后期生长旺盛,由于田间追肥操作不方便,应下足基肥,每公顷施农家肥 67.5 t,复合肥 450 kg、钾肥 375 kg。

（四）种苗播插。栽植密度应根据地力、品种而定,一般为 37 500～67 500 株/hm^2,向日葵以点播为宜,隔两垄种 1 行,穴距 1.0 m,每穴播 3 粒种子,穴深 2～3 cm。先浇水,后播种,再覆土 2～3 cm。

（五）田间管理。向日葵幼苗长至 5～6 cm 时,在植株周围进行除草松土、间苗;开花结果后,要及时培土,防止暴风雨后倒伏;开花结果期,为了防止土壤干旱,应及时摘除下部老叶,一般果盘下留 3～4 片叶为宜,以利于通风透光。

（六）追肥。由于甘薯、向日葵吸肥力较强,且结果期长,要保证充分的养分供应,除施足基肥外可适当追肥,追肥时注意氮、磷、钾和微量元素的配合施用。注意观察甘薯生长情况,若出现长势不良或偏弱,可根外追肥 1～2 次,每公顷用尿素 45～60 kg 或硫酸铵 105～120 kg。

（七）病虫草害综合防治。向日葵发生病虫害较少,苗期注意防治立枯病,可在播种前用50％多菌灵500倍液进行土壤消毒。成株期主要是病毒病,由蚜虫传播,应及时防治蚜虫,发病初期可用20％盐酸吗啉胍可湿性粉剂400～600倍液或病毒必克可湿性粉剂500～700倍液进行叶面喷雾防治,蚜虫可用10％蚜虱净1 500～2 000倍液、阿维菌素2 000～2 500倍液防治。

（八）及时收获。向日葵适时收获非常关键。收获过早会影响籽粒饱满度,过晚食葵会发生落粒,油葵会遭受鸟害、鼠害。从植株的外部形态来看,葵盘背面和茎秆变黄,籽粒变硬,大部分叶片枯黄脱落,托叶变成褐色,舌状花已脱落,是收获的适宜时期。葵盘收回后可用脱粒机脱粒,或人工用木棍击打脱粒,脱粒后必须及时晾晒,防止堆积发热而变质。田间及时清理向日葵茎秆,为甘薯膨大提供充足的光能。

5.5 陕西省甘薯发展趋势

随着人们生活水平的提高和膳食结构的改善,甘薯市场需求稳中有升,特别是鲜食甘薯需求量旺盛,甘薯加工消费市场正在形成并将进入快速上升期。当前甘薯已成为陕西省农业结构调整和农民增收的热点作物,生产过程中还存在许多与甘薯产业化发展不协调的地方。

5.5.1 甘薯生产中的问题

一、对甘薯生产重视不够

陕西省甘薯生产主要是农户自发进行,通过育种单位直接对农户技术指导,在经济利益的带动下逐步发展,形成以传统种植区为中心的点片分布。由于对甘薯的重要作用缺乏明确的认识,缺乏政府的扶持引导和技术推广体系,没有进行认真的规划,基本建设和科研项目投资不足,使得甘薯的增收潜力没有得到充分发挥,生产种植面积较小,难以形成规模效应。

二、甘薯加工产业发展滞后

陕西省甘薯以蒸烤鲜食为主,食用和鲜薯外销约占60％,加工转化占15％,饲用占20％。甘薯因皮薄、体积大、含水量高,加之冬季气候寒冷,10月甘薯收挖后,气温迅速降低,贮藏困难,鲜薯供应周期短。甘薯加工只有一些农户作坊进行初级加工,产品为粗淀粉、粉条、粉丝等。20世纪70年代陕西省宝鸡酒精厂用薯干生产酒精,年需薯干6万吨,后因原料不足而停产。近年来,一些地区开始兴建薯类龙头企业,但却受到资金等问题的困扰,至今陕西省尚无深加工和形成规模的甘薯加工龙头企业。

三、优质专用品种缺乏

20世纪60～70年代,陕西省选育出以秦薯1号、秦薯2号、秦薯3号为代表的10多个优良品种,70年代引进的徐薯18、宁薯1号等老品种,至今还在陕南及渭北塬种植,因为退化严重,产量品质都较差。近年来,西北农林科技大学培育的秦薯4号和宝鸡市农业科学研究所培育的秦薯5号,由于熟食香甜味美,干面适中,红皮黄肉,长条形,外观商品性极佳,属于优质鲜食和淀粉加工兼用品种,种植面积已占全省总面积的70％。而其他品种数量,类型少,产量水平较低,缺乏多种用途的高效专用品种。一些农户随意从外省乱引乱繁,没有经过严格的试验鉴定,不仅容易受虚假广告的欺骗,更存在着传入毁灭性病虫害的危险,影响了甘薯产业的发展。

四、种苗繁育体系不健全

甘薯是利用薯块无性繁殖的薯苗栽插来进行生产的,技术繁复、设施庞杂,种苗数量大、保存条件苛刻,经营时间短、风险大,现有的种子、农技和科研部门难以对甘薯进行统一的种苗繁育,主要是农户从育种单位引进品种后自繁自育。存在着品种种性退化、病毒病感染严重、繁育技术落后、薯苗弱小、质量差等问题,导致甘薯产量下降,品质变劣。优质脱毒种苗繁育能力不足,难以满足生产不断增长的对种苗的需求。

五、生产栽培技术落后

甘薯在陕西省是小作物,科研推广工作未被重视,近年来也研究推广了一些科学管理栽培技术,但在普及程度和认识深度上都极为有限,农户在甘薯施肥、灌溉、控制茎蔓徒长等方面存在许多知识误区,操作上有许多错误之处。

六、机械化作务水平低

甘薯的生产过程包括育苗、做垄、移栽、收获时去蔓、将薯块挖出、储藏等。和其他作物相比,甘薯的生产工序多,劳动强度比较大,操作不慎会造成在收获及储藏期间的损失,影响种植效益。目前,陕西省甘薯生产主要依赖人力,个别地方虽采用了比较简单的畜力单铧犁或类似器具挖掘薯块,收获效果却不理想。种植技术落后已成为限制陕西省甘薯生产尤其是食用品种种植的重要因素。

5.5.2 陕西省甘薯产业发展潜力

甘薯已成为重要的粮饲兼用、工业原料为主的经济作物,甘薯的产业化发展,在陕西省有着广阔的发展前景,优势体现在甘薯产量高,需求旺盛,种植效益好,技术研发有保障。

一、地域优势突出

陕西省是大西北的甘薯主产区,而大西北其他省区的甘薯仅有零星种植,市场供应主要依靠外调,每年陕西至少有 25％的鲜薯销往其他省区,面对西北巨大的鲜薯消费市场,现有生产能力无异于杯水车薪。我国西北地区突出的生态条件是干旱少雨、土壤贫瘠,但相对而言却有利于甘薯的生产,产品干率高,糖分积累快、品质好。随着甘薯加工业的发展,供需矛盾将更加突出,也成为陕西省甘薯产业化发展的有利契机。

二、最有希望的能源作物

随着石油等化石燃料的可开采量不断减少,以及燃烧带来的温室效应和环境污染,世界各国从可持续发展和环境保护的角度出发,把生物燃料乙醇的生产开发列入能源发展计划。2007 年农业部制定的《农业生物质能产业发展规划》中,甘薯是其中推荐的 4 种非粮作物中技术最成熟、最适宜发展的可再生能源作物。甘薯光合能力强,产量高,在不同地力条件下,每亩可产淀粉400～800 kg,是一般禾谷类作物不能相比的。甘薯是我国传统酿酒工业的原料,拥有成熟高效的生产技术工艺,出酒率高,采用 8～10 kg 高淀粉鲜薯薯块可生产 1 kg 乙醇,2.8～2.9 kg 甘薯干可生产 1 kg 乙醇,而生产同样质量的乙醇却需要玉米 3.2 kg、小麦 3.3 kg,所以高淀粉甘薯是理想的可再生绿色能源作物。

三、甘薯的需求市场广阔

甘薯已成为大家公认的营养保健食品,消费需求持续上升。甘薯的营养丰富且养分全面,是营养的准"完全食品"。甘薯含有丰富的被称为"第七营养素"的膳食纤维,能加快消化道蠕动,降低血糖,排出毒素,有效减少便秘、高血脂等现代社会疾病发生。甘薯属生理碱性食品,含有黏液蛋白、多糖胶原蛋白、脱氢表雄酮、类雌性激素等多种营养和药用成分物质,能有效清除体内致癌的氧化自由基,保持血液的酸碱平衡,提高人体免疫功能,具有抑制肿瘤、防止动脉硬化及衰老的重要作用。国内外研究表明,甘薯的抗癌效应位居各种蔬菜第一位,被称为"抗癌冠军"。

四、甘薯的种植效益极高

甘薯的抗逆性强,适应性广,在山坡、河滩、干旱、贫瘠的土壤上,即使遇到冰雹、干旱等自然灾害,都能获得较高的产量,特别是近年推广地膜覆盖高效栽培技术,适宜种植区域扩大,单产水平大幅提高,高产田每公顷可达 7.5×10^4 kg 以上,旱薄地每亩可达 4.5×10^4 kg。加之甘薯作务简单,病虫害极少,生长期间几乎无须施药,是"天然"的绿色食品,每公顷效益可达 1.8 万～4.5 万元,比种植其他粮食和经济作物高 3～6 倍,农民种植积极性高涨。

五、技术研发有保障

甘薯原产南美热带地区,喜温怕冷。热量不足,一直是在西北地区发展甘薯种植业的限制因素。一批新培育的甘薯品种,抗旱耐瘠、品质优良、结薯早,能够适应当地的气候条件,产量高,效益好;地膜覆盖技术的应用,可使日平均地温提高 3 ℃左右,生长期间增加的有效积温相当于延长了生长期 20～30 d,加上地膜的提墒保墒作用,弥补了西北地区热量、降水等不足,成为甘薯发展的关键技术。目前,在日本、美国等发达国家的甘薯生产已实现机械化,很多田间工作均由机械完成,通过开发引进推广这些机械设备,劳动强度与田间工作时间将大幅度降低。

六、甘薯加工前景广阔

以甘薯为工业原料,其加工产品有 10 多个门类,多达 2 000 余种,既有初级粗加工的淀粉、粉条、粉丝、粉皮及薯脯、薯片等食品加工产品,又有精深加工的酒精、糖类、味精、酶制剂、淀粉衍生物、维生素、氨基酸及各种有机酸等高附加值的产品,广泛应用于化工、医药、食品、纺织、塑料、染料等行业。作为一种营养保健食品,近年来,消费需求量日益增加。甘薯的各种休闲风味食品,如薯脯、薯条、薯片、快餐粉丝等已成为我国甘薯食品的主导品种。美国制成营养甘薯罐头,日本用紫甘薯制成糕点、冰激凌和饮料,提取天然色素,生产甘薯全粉,十分畅销,并被认为具有独特的保健功能。

5.5.3 甘薯的发展重点与保障措施

一、夯实甘薯产业发展基础

农业产业化主要是市场化、专业化、规模化和社会化等。根据陕西省甘薯生产特点,产业发展适宜走"农科教结合型＋龙头企业带动型"相结合道路,以宝鸡农业科学研究所、西北农林科技大学等农业科研院所为产业发展技术支撑,以甘薯龙头企业为示范,共同推动甘薯产业发展。

宝鸡市农业科学研究所依托国家甘薯产业技术体系宝鸡综合试验站、宝鸡市薯类专家大院

（省级）和宝鸡市甘薯工程技术研究中心，发挥实力雄厚、结构合理的科研团队优势，加强优质专用新品种选育、高产栽培技术、种薯贮藏技术的研究。西北农林科技大学、陕西科技大学等利用高校先进的科研仪器开展加工理论与工艺设计研究。在宝鸡杨凌建立优质专用品种原种薯、种苗高标准繁育基地，为陕西及周边省区甘薯生产提供优质健康壮苗。研究制订薯苗生产标准，在省内推广，提高甘薯生产用苗质量。

二、扩大加工企业发展规模

陕西省甘薯生产以鲜食为主，鲜薯加工类型较单一，以淀粉加工为主，再进一步加工成粉丝、粉条。多为分散式手工作坊加工，规模普遍较小。这种手工作坊式生产存在生产设备陈旧落后、生产效率低、产品质量包装差、废料废液随意排放等诸多问题。目前，通过甘薯加工合作社等方式，将分散式生产改为集中生产，将手工生产改为先进机械工艺生产，走"产品精包装、低能减排、废料综合利用"的规模化、规范化生产道路已成陕西省甘薯粉条、粉丝发展的主要途径。随着人们生活水平提高和产业结构调整需要，陕西省甘薯加工将向多元化、品牌化方向发展。从单一的粉丝加工向烘烤薯块、薯脯蜜饯、膨化薯条薯片、甘薯糕点、薯汁饮品等多种产品类型方向发展，通过引进国内外先进生产工艺流程，提高产品竞争力。与甘薯种植农业专业合作社相结合，走"公司＋合作社＋种植户"订单式甘薯生产道路，扩大加工产业规模。

近年来宝鸡市已有甘薯酸辣方便粉丝生产企业，因产品风味独特，符合当地饮食习惯而深受消费者欢迎，陕西海升果业发展股份有限公司、西安佬香翁餐饮管理有限公司20余家企业、专业合作社，正逐步成为推动陕西甘薯加工业发展的龙头企业。

三、加强优质专用品种选育

我国甘薯育种目标已向多样化、专用型和利于机械化生产方向发展，对不同用途、不同类型的品种提出了不同的要求，育种方法也由原来的品种间杂交、种间杂交发展到现在的辐射诱变育种、随机集团育种、计划集团育种。陕西省甘薯育种最重要的方向仍为抗病高淀粉品种，此类品种可用于淀粉加工、燃料乙醇生产等，其次为食用和加工用营养型品种，提取色素用的特殊品种及蔬菜用品种。

宝鸡市农业科学研究所、西北农林科技大学等甘薯育种单位以专用甘薯品种为支撑，在发展一村一品甘薯产业和农业结构调整中发挥着重要作用。在广泛引进国内外优质专用甘薯种质资源及鉴定、评价、利用的基础上，利用原生质融合、外源基因导入、重要性状分子标记等生物技术手段，创造出一批优异甘薯种质，采用野生二倍体甘薯重复嫁接蒙导开花技术，建立计算机、田间鉴定、室内分析三结合的亲本评价体系，选育高产、优质、抗病、适应性广、适宜陕西省及同类生态区种植的专用甘薯新品种。

食用兼用型：鲜薯产量与对照相当，结薯早，整齐集中，薯皮光滑，贮藏性好，薯肉黄色至橘红，粗纤维少，食味好，商品性好。

淀粉加工型：淀粉平均含量比对照增产5%以上，薯块干物率高于对照1%，抗一种以上主要病害，综合性状好。

黑色保健型：薯皮、薯肉深紫色，每百克鲜薯含花青素40 mg左右，产量达30 000 kg/hm² 以上，薯蔓中短，适口性较好。

四、健全脱毒种苗繁育体系

由于甘薯种苗繁育管理环节多，生产需求量大，供应时间集中，种苗不能长时间保存，必须随用随生产,因此农技、种子部门难以将其纳入推广体系。目前陕西省仍然以农户自引自繁自育的分散式繁育为主。这种分散式繁育模式存在许多不足:一是农户长期自留种薯,种薯已混杂、感病,品种种性已退化;二是繁育技术落后,生产规模小,种苗质量差、成本高、效益低;三是自引种薯,无法进行病害检疫,易将他区存在的病虫引入本区,引发新的病虫危害。

宝鸡市农业科学研究所、杨凌金薯种业科技有限公司开展技术协作攻关,研究种薯、种苗高效繁育技术,联合建立种苗繁育基地,扩大脱毒种苗繁育规模,健全"甘薯主产区农业科研推广单位＋农业专业合作社、薯类龙头企业＋农民育苗大户"种苗三级繁育体系,初步建成了甘薯种苗繁育推广体系。利用多种平台开展各地育苗技术骨干培训,搞好技术指导,有效地抑制了陕西省种苗生产无组织、无秩序的混乱局面,从源头杜绝了小农户的分散生产和经营,使种苗繁育生产逐步向规范化、规模化、效益化方向迈进,保证了甘薯新品种、新技术的推广应用。

五、推广高产高效栽培技术

陕西省地处我国西北,生态条件差异大。宝鸡市农业科学研究所、西北农林科技大学等科研院所在不同生产栽培区根据当地农业气候特征、种植制度,在肥料、密度栽培试验研究的基础上,对甘薯间套栽培以及栽培中的不同苗质、放苗方式、栽插时间等因素对甘薯产量、性状的影响,进行了详细的研究。经过对各类试验结果认真分析研究,制定出甘薯系列栽培技术规程,在不同区域推广适合的栽培技术。在陕北、关中地区推广商品薯双膜、地膜覆盖栽培技术,在陕南推广旱地甘薯栽培技术、夏甘薯高产栽培技术。

六、研究开发机械作业技术

甘薯与其他作物相比,生产环节多,包括繁育种苗、栽培、田间管理、收获和贮藏等,费工费时,已逐渐成为产业发展限制性因素。目前,国内外甘薯机械的研发、应用发展迅速。但陕西甘薯生产机械化程度比较低,除起垄、收获、切蔓机械在关中地区有部分应用外,覆膜、中耕除草一般均为人工劳动。特别是陕南和陕北受地形、生产规模等因素限制,机械化普及率更低。

陕西省近年来加强了甘薯起垄机的研制,引进了皮带传动、变速箱转换两种甘薯切蔓机,引进开发了环刀式甘薯收获机,在关中大面积生产田应用示范推广。

科研人员在关中地区开展了机械作务技术研究。发现单垄单行栽插方式,垄距为 0.80～0.95 m。冬季深翻,春季栽插前旋地、起垄。旋地、起垄可一次完成,要求拖拉机动力大于 50 马力(1 马力＝735W),旋耕、起垄为一体机,一次 2 垄或多垄。收获时,先用切蔓机将茎蔓田间粉碎还田,将田间地膜捡拾干净,晾晒 2 d 后,用环刀式收获机将甘薯收挖至地面,人工分捡装运。收获机具采用 20～35 马力拖拉机,动力后输出,要求轮距 1.2 m 以内,一次收获一行。

甘薯生产机械的应用,降低了生产成本,提高了劳动生产效率,促进了甘薯集约化、规模化发展。据初步测算,采用机械作务技术,起垄、切蔓每亩节约成本 50％,劳动效率提高 16～20 倍;亩节约成本 62.5％,同时劳动效率提高 5 倍。

5.6 陕西省甘薯科研成果

5.6.1 科研项目

一、国家级项目

1."饲用甘薯新品种选育",国家863子课题项目,西北农林科技大学,2002～2004年.

2."优质专用甘薯新品种脱毒种苗繁育与推广",国家科技部星火计划项目,编号2005EA850024,宝鸡市农业科学研究所,2005～2007年.

3."彩色甘薯新品种高效集成栽培技术试验与示范",国家科技部农业科技成果转化资金项目,宝鸡市农业科学研究所,2009～2011年.

4."秦薯8号彩色甘薯新品种繁育与生产示范",国家科技部农业科技成果转化资金项目,杨凌金薯种业科技有限公司,2012～2014年.

5."杨凌彩色甘薯标准化栽培示范项目",国家标准化管理委员会国家农业标准化示范区任务,杨凌金薯种业科技有限公司,2010～2012年.

6."应用生物技术防治沙漠化的耐旱植物开发研究",国家科技部国际科技合作专项,中国科学院水利部水土保持研究所,2010～2013年.

二、省级项目

1."优质高效食用淀粉加工用甘薯新品种",陕西省科学技术厅科技研究发展(攻关)项目,西北农林科技大学,2002～2003年.

2."特种甘薯新品种引进与选育",陕西省科学技术厅科技研究发展(攻关)项目,编号2003K02-G4-5,宝鸡市农业科学研究所,2003～2004年.

3."饲料专用甘薯新品种选育",陕西省科学技术厅科技研究发展(攻关)项目,西北农林科技大学,2003～2005年.

4."甘薯优质专用新品种选育",陕西省科学技术厅科技研究发展(攻关)项目,编号2005K01-G6-4,宝鸡市农业科学研究所,2005～2006年.

5."功能保健型甘薯新品种选育",陕西省科学技术厅科技研究发展(攻关)项目,西北农林科技大学,2005～2007年.

6."甘薯淀粉型新品种引进与选育",陕西省科学技术厅科技研究发展(攻关)项目,宝鸡市农业科学研究所,2007～2009年.

7."甘薯新品种高效栽培技术研究及产业体系建设",陕西省科学技术研究发展计划项目,宝鸡市农业科学研究所,2011～2013年.

8."食用甘薯新品种选育",陕西省科学技术厅科技研究发展(攻关)项目,西北农林科技大学.

9."保健性甘薯新品种选育",陕西省科学技术厅科技研究发展(攻关)项目,西北农林科技大学.

10."甘薯糖蛋白分离及纯化研究",陕西省科学技术厅自然科学基础研究计划,编号2005B07,陕西科技大学,2006～2007年.

11."甘薯生产关键技术研究及产业化开发",陕西省科学技术厅农业攻关,编号2007K02-G7,

合阳县生产力促进中心、泾阳县科技局,2006～2007年.

12."甘薯抗逆基因资源创制筛选及抗逆性研究",陕西省科学技术厅自然科学基础研究计划,编号2007C27－1,西北农业大学,2006～2008年.

13."生物质能型甘薯新品种选育",陕西省科学技术厅农业攻关,编号2006K02－G8,西北农林科技大学,2006～2009年.

14."薯类新品种选育及高产栽培技术试验研究",陕西省科学技术厅农业攻关,编号2007K01-06,西北农林科技大学、宝鸡市农业科学研究所、榆林市植保植检站,2007～2008年.

15."秦都区无公害地膜红薯规范化栽培技术推广及产品综合开发",陕西省科学技术厅农业攻关,编号2007K01－24,咸阳市秦都区农业技术推广站,2007～2008年.

16."薯类作物新品种选育及高效栽培技术研究示范与产品利用",陕西省科学技术厅农业攻关,编号2011K01－17,西北农林科技大学、宝鸡市农业科学研究所、陕西农产品加工技术研究院,2011～2012年.

17.宝鸡市薯类农业科技专家大院建设",陕西省科学技术厅农业攻关,编号2011K04－03－11,宝鸡市农业科学研究所,2011～2012年.

18."甘薯浓缩汁加工技术研究",陕西省科学技术厅农业攻关,编号2011NXC01－13,陕西科技大学,2011～2013年.

19."高产优质饲用甘薯新品种选育",陕西省科学技术厅农业攻关,西北农林科技大学.

20."优质高蛋白饲用甘薯新品种选育",陕西省科学技术厅农业攻关,西北农林科技大学.

21."脱毒甘薯新栽培技术推广",陕西省科学技术厅重点科技成果推广计划,编号2006KT－006,兴平市薯业开发研究所,2005～2007年.

22."红薯关键技术的应用及产业化",陕西省科学技术厅星火计划,编号2005KX4－36,合阳县生产力促进中心.

23."优质高产脱毒红薯新品种标准化栽培示范",陕西省科学技术厅星火计划,编号2005KX4－2,汉阴县科学技术局.

24."甘薯新品种秦薯4号及脱毒技术推广",陕西省重点农业推广项目,西北农林科技大学,2001～2005年.

25."薯类良种及脱毒技术推广",陕西省重点农业推广项目,西北农林科技大学.

26."优质专用脱毒甘薯种苗繁育及产业化开发",陕西省农业厅农业科技创新项目,宝鸡市农业科学研究所,2003～2006年.

27."甘薯新品种及综合配套技术的开发与推广",陕西省重大农业技术推广项目,宝鸡市农业科学研究所,2010～2012年.

28."彩色薯高产高效种植及加工技术研发",陕西省农业厅重大农业科技专项,汉中市农业技术推广中心、陕西理工学院、杨凌金薯种业科技有限公司.

三、市级项目

1."甘薯新品种秦薯4号推广",宝鸡市人民政府十大重点农业新技术推广项目,宝鸡市农业科学研究所,2002～2004年.

2."甘薯专用新品种选育及综合栽培技术研究",宝鸡市重大科技专项,宝鸡市农业科学研究所,2007～2009年.

3."甘薯种薯种苗繁育设施重建",宝鸡市科技进步计划项目,宝鸡市农业科学研究所,2008～2009年.

4."宝鸡市农业科技专家大院科技服务能力建设",宝鸡市科技进步计划项目,宝鸡市农业科学研究所,2008年.

5."宝鸡市甘薯工程技术研究中心",宝鸡市企业创新能力提升专项,宝鸡市农业科学研究所,2011～2013年.

5.6.2 鉴定、获奖成果

1."甘薯新品种西薯209",第一完成单位西北农学院,1979年陕西省农牧厅科技成果三等奖.

2."甘薯新品种武薯1号",第一完成单位陕西省农林学校,1979年陕西省农牧厅科技成果三等奖.

3."秦薯2号选育与推广",第一完成单位西北农业大学,1987年获陕西省农牧厅科技成果三等奖.

4."甘薯新品种'秦薯4号'的选育",第一完成单位西北农林科技大学,2001年获陕西省科技进步二等奖,2000年获杨凌示范区科技进步一等奖.

5."甘薯新品种秦薯四号推广",第一完成单位宝鸡市农业科学研究所,2005年9月获全国农牧渔业丰收三等奖,2005年10月获宝鸡市农业技术推广二等奖.

6."优质专用彩色甘薯新品种选育",第一完成单位宝鸡市农业科学研究所,2009年1月获陕西省科学技术三等奖,2007年3月获宝鸡市科学技术一等奖,荣获"第十四届中国杨凌农业高新科技成果博览会"后稷奖.

7."优质专用脱毒甘薯种苗繁育及产业化开发",第一完成单位宝鸡市农业科学研究所,2007年12月获陕西省农业技术推广三等奖,9月获宝鸡市农业技术推广一等奖。应邀参加了第三届中国－东盟博览会先进适用技术暨中国星火计划20周年成果展,荣获优秀参展项目.

8."甘薯新品种及综合配套技术的开发与推广",第一完成单位宝鸡市农业科学研究所,2013年2月获陕西省农业技术推广二等奖.

5.6.3 育成新品种

西北农业大学、陕西省农业科学院、宝鸡市农业科学研究所等陕西省甘薯科研单位根据本区甘薯市场需求,相继培育出一批优良甘薯品种:秦薯1号、秦薯2号、秦薯3号、红心431、秦薯4号、秦薯5号、秦薯6号、秦紫薯1号、秦薯7号、秦薯8号、秦薯9号等,经示范推广已经成为当地主栽品种。

5.6.4 专利

一、发明专利

1.一种甘薯茎叶制备的功能饮料,申请号:200610105265.3,公开(公告)号:CN1994151,申请(专利权)单位:西北农林科技大学,申请日:2006.12.26.

2.一种甘薯保健饮料的制备方法,申请号:200610105266.8,公开(公告)号:CN1994152,申请(专利权)单位:西北农林科技大学,申请日:2006.12.26.

3.一种用薯类制备乙醇的方法,申请号:200810150235.3,公开(公告)号:CN101319233,申请(专利权)单位:中国轻工业西安设计工程有限责任公司,申请日:2008.07.02.

4.一种红薯防腐保鲜组合物,申请号:200810151098.5,公开(公告)号:CN101502282,申请(专利权)单位:张忠民,申请日:2008.09.17.

5.一种甘薯浓缩汁的制备方法,申请号:201010101841.3,公开(公告)号:CN101816447A,申请(专利权)单位:陕西科技大学,申请日:2010.01.26.

6.一种紫薯粉丝方便食品的制作方法,申请号:201010603129.3,公开(公告)号:CN102048096A,申请(专利权)单位:邢小兰,申请日:2010.12.19.

7.红薯岐山臊子酸辣快餐粉丝及制备工艺,申请号:201110206211.7,公开(公告)号:CN102228211A,申请(专利权)单位:武明德,申请日:2011.07.22.

8.一种高色值红薯浓缩清汁的制备方法,申请号:201110295439.8,公开(公告)号:CN102349632A,申请(专利权)单位:陕西海升果业发展股份有限公司,申请日:2011.09.29.

9.一种浓缩紫薯汁的制备方法,申请号:201110420925.8,公开(公告)号:CN102511852A,申请(专利权)单位:陕西海升果业发展股份有限公司,申请日:2011.12.14.

10.镇巴紫芯红薯高产高效栽培技术,申请号:201210031923.4,公开(公告)号:CN102523889A,申请(专利权)单位:高义富,申请日:2012.02.10.

11.一种阳离子红薯淀粉微晶蜡/AKD中/碱性施胶剂的制备方法,申请号:201210136215.7,公开(公告)号:CN102635028A,申请(专利权)单位:陕西科技大学,申请日:2012.05.04.

12.一种阳离子红薯淀粉AKD中/碱性施胶剂的制备方法,申请号:201210136216.1,公开(公告)号:CN102635029A,申请(专利权)单位:陕西科技大学,申请日:2012.05.04.

13.一种两性红薯淀粉AKD中/碱性施胶剂的制备方法,申请号:201210136228.4,公开(公告)号:CN102635036A,申请(专利权)单位:陕西科技大学,申请日:2012.05.04.

14.一种两性红薯淀粉微晶蜡/AKD中/碱性施胶剂的制备方法,申请号:201210136239.2,公开(公告)号:CN102635037A,申请(专利权)单位:陕西科技大学,申请日:2012.05.04.

15.可在常温下长期保存的功能性液态紫薯羊奶及其制备方法,申请号:201210182197.6,公开(公告)号:CN102726528A,申请(专利权)单位:张怀军,申请日:2012.06.05.

16.一种绿色薯类粉丝和粉条的加工方法,申请号:201210303280.4,公开(公告)号:CN102823829A,申请(专利权)单位:镇巴县镇源农副产品开发有限公司,申请日:2012.08.18.

17.一种红薯酶解液化制备浓缩汁的方法,申请号:201310241488.2,公开(公告)号:CN103349322A,申请(专利权)单位:西北农林科技大学,申请日:2013.06.18.

18.一种紫薯黑米膨化食品的制备方法,申请号:201310044626.8,公开(公告)号:CN103082289A,申请(专利权)单位:陕西理工学院,申请日:2013.02.05.

19.甘薯的保藏方法,申请号:201310056962.4,公开(公告)号:CN103109921A,申请(专利权)单位:陕西师范大学,申请日:2013.02.22.

20.一种甘薯杂交培育方法,申请号:201310141777.5,公开(公告)号:CN103202181A,申请(专利权)单位:杜振中,申请日:2013.04.23.

21.一种红薯淀粉生产加工方法,申请号:201210549260.5,公开(公告)号:CN103012601A,申请(专利权)单位:卢玲玲,申请日:2012.12.17.

二、实用新型专利

1.用于薯类粉条生产的防粘连装置,申请号:91232676.X,公开(公告)号:CN2113618,申请(专利权)单位:梅飞,申请日:1991.12.20.

2.薯、肉刨丝刨片机,申请号:97239786.8,公开(公告)号:CN2303711,申请(专利权)单位:续甫彤,申请日:1997.07.10.

3.薯类打浆自动分离机,申请号:99234975.3,公开(公告)号:CN2391680,申请(专利权)单位:汉中市东方机械修造厂,申请日:1999.09.19.

4.烤薯泥食品结构,申请号:02224417.4,公开(公告)号:CN2515964,申请(专利权)单位:朱渭兵,申请日:2002.01.09.

5.一种薯类浆渣自动分离机,申请号:02224462.X,公开(公告)号:CN2517492,申请(专利权)单位:阎金鹏,申请日:2002.01.16.

6.一种两级循环侧铺放式薯类作物收获机,申请号:201020220784.6,公开(公告)号:CN201774825U,申请(专利权)单位:刘学忠、郑芳,申请日:2010.06.09.

三、外观设计专利

1.名称:包装袋(红薯条),申请号:02311813.X,公开(公告)号:CN3245432,申请(专利权)人:雷立厚,申请日:2002.01.14.

2.名称:糖果(薯条),申请号:200430089672.1,公开(公告)号:CN3456232,申请(专利权)人:王誉霖,申请日:2004.11.02.

3.名称:包装盒(秦鹏凤阳红薯粉),申请号:200930075199.4,公开(公告)号:CN301133653,申请(专利权)人:汉阴县秦鹏绿色食品贸易有限公司,申请日:2009.04.30.

4.名称:包装箱(红薯),申请号:201030702476.2,公开(公告)号:CN301616306S,申请(专利权)人:陈立夏,申请日:2010.12.29.

5.名称:包装盒(红薯),申请号:201130164130.6,公开(公告)号:CN301767441S,申请(专利权)人:谢建壮,申请日:2011.06.08.

6.名称:礼盒(紫薯羊奶),申请号:201130406913.0,公开(公告)号:CN301934786S,申请(专利权)人:杨凌圣妃乳业有限公司,申请日:2011.11.08.

7.名称:内包装盒(紫薯羊奶),申请号:201130407065.5,公开(公告)号:CN301934789S,申请(专利权)人:杨凌圣妃乳业有限公司,申请日:2011.11.08.

8.名称:包装盒(红薯粉条),申请号:201230351922.9,公开(公告)号:CN302288156S,申请(专利权)人:李琼,申请日:2012.07.27.

9.名称:包装盒(彩色红薯),申请号:201230553937.3,公开(公告)号:CN302412469S,申请(专利权)人:朱渭兵,申请日:2012.11.15.

10.名称:包装箱(彩薯),申请号:201230556978.8,公开(公告)号:CN302412488S,申请(专利权)人:朱渭兵,申请日2012.11.16.

第六章 甘肃省甘薯

甘肃省耕地资源广阔,土层深厚、土壤疏松、富含钾素,光热资源丰富,气候凉爽,非常适宜于薯类生产,主要以马铃薯和甘薯为主。

6.1 甘肃省甘薯发展现状

6.1.1 发展甘薯产业具有鲜明的优势

一、地理优势

甘肃省是全国五大甘薯种植区的北方春薯区,主产区在东南部的庆阳、陇南等地,近年来发展到河西地区。庆阳是世界上面积最大、土层最厚、保存最完整的黄土塬面。属大陆性气候,年降雨量 480～660 mm,年平均气温 7～10 ℃,无霜期 140～180 d,年日照 2 250～2 600 h,太阳总辐射量 125～145 kcal/m²,地面年均蒸发量为 520 mm。陇南市气候在横向分布上分北亚热带、暖温带、中温带三大类型。北亚热带有两个热量高值区,一个是白龙江、白水江沿岸河谷及浅山区,年平均气温在 12～14 ℃,大于等于 10 ℃的积温 4 000～4 800 ℃,降水量在 600 mm 左右。耕地面积约 20 000 hm²,占全区耕地总面积的 6.7%,属一年两熟农业区。另一个是嘉陵江河谷及徽成盆地,年平均气温 10～12 ℃,大于等于 10 ℃积温 3 500～4 000 ℃,耕地面积约为 $1.13×10^5$ hm²,占全区耕地总面积的 37.8%,为两年三熟农业区。暖温带包括全区的中部、东部及南部的广大地区,海拔在 1 100～2 000 m,大于等于 0 ℃的积温 2 100～4 000 ℃,降雨量 500～800 mm,耕地面积为 $1×10^5$ hm²,占全区耕地总面积的 33.3%,为三年四熟农业区。中温带包括全区的北部和西部地区,主要是宕昌、西和县大部,武都区的金厂、马营、池坝,礼县的下四区等区域。这一区域海拔一般在 2 000 m 以上,大于等于 0 ℃积温小于 2 100 ℃,年最低气温在 −20 ℃以下,耕地面积约 $6.67×10^6$ hm²,占全区总耕地面积的 22.2%,为一年一熟、三年两熟农业区。耕作区垂直高差一般在 50～120 m。庆阳和陇南地区海拔高,土壤几乎没有受到污染,病虫害发生少,便于进行隔离和田间管理。这些都为甘薯提供了较好的生长环境。

二、比较优势

甘肃省的黄土高原丘陵沟壑区为典型的半干旱生态类型,自然条件恶劣,春末夏初干旱频率高,夏粮稳产性极差,干旱年份小麦、夏杂粮等农作物抵抗旱灾的能力极差,经常导致减产,大旱年份甚至绝收。而种植甘薯,既避开了规律性的干旱和冰雹高发期对块茎类作物的影响,又因土层厚而疏松、富含钾素,降水季节与甘薯块茎膨大期相吻合,极有利于甘薯增产,其产量年平均在 30 000 kg/hm² 以上,丰产年可达 45 000 kg/hm²,干旱年份仍达 7 500～15 000 kg/hm²,且生产的甘薯皮色上乘,淀粉含量高,生产效益较稳定。甘肃的东部和南部地区海拔高、气温高、日照长、气候湿润、无霜期短、土壤肥沃，是繁育种薯的适宜地带。生产的种薯病毒感染轻、种性良好，加之降水保证率和土壤腐殖质含量较高，甘薯表现出高产。

三、品质优势

独特的生长环境造就了甘肃甘薯与众不同的品质优势。个体匀称，口感醇厚，淀粉含量高，耐贮藏运输。产品在当地已形成了较稳定的经销渠道，当地市场对甘薯质量普遍认同。

6.1.2 甘薯产业区域化布局初步形成

甘薯在甘肃省的种植范围比较固定，最近几年由陇东南部发展到中部和河西走廊，涉及庆阳、平凉、陇南、白银、张掖5市。近年来，结合农业结构调整，突出种植区域优化集中，已经形成了中部干旱地区、陇南湿润山区、陇东塬区、河西灌区几个相对集中的产区。2012年全省甘薯种植面积 1 587 hm²，2013年种植面积稳中有增。

6.1.3 甘薯生产的科研推广成效显著

一、加强了新品种引进示范

从 2005 年开始，甘肃省白银市农业科技人员充分利用白银日照充足，水资源丰富，土地肥沃的特点和优势，历经 5 年的种植研究，喜获成功，平均产量 37 500 kg/hm² 以上。同时，白银市又引进了优质甘薯新品种苏薯8号、北京553、日本黄金薯等系列新品种，进行大面积推广种植。临泽县高效立体农业园区甘薯开发中心与西北农林科技大学研究所合作，经过 3 年多的引种开发，有效解决了甘肃河西地区生产甘薯中存在的问题，保证了甘薯品质纯正、绵甜无丝，而且产量达到陕西薯区的同等水平。

二、加强了实用技术推广

在新品种引进推广的同时，甘肃省还先后推广了地膜覆盖、间作套种、脱毒种薯、整薯坑种、配方施肥等一系列先进的栽培技术和防治病虫技术，有效地促进了甘薯的推广种植。

6.2 甘肃省甘薯产业存在的问题

甘肃省甘薯产业发展存在很大的制约因素，主要表现在以下方面：

一、加工型专用品种缺乏

甘肃省种植甘薯，主要为餐桌提供鲜食，尚无专门的加工型品种种植。在利用国外品种资源，进行专用加工型品种选育方面至今尚未有根本性的突破，种植区为了解决品种多元化、优质专用化问题只能依靠引进这一途径。而外引的专用加工型品种，由于适应性较差，病害严重，产量不高，加上甘薯脱毒快繁技术创新程度低，原原种及原种繁殖成本高，因此推广难度大。

二、质量监测检验体系亟待建立健全

在薯类生产方面，甘肃省虽然已制定并发布了生产技术规程、质量安全标准、产地环境条件、脱毒种薯标准等质量技术地方标准，但都是针对马铃薯的，针对甘薯生产的质量检测检验体系尚未形成。在甘薯病害检测、质量监督方面缺少先进的仪器设备及专业人才,同时甘薯质量监控手段不健全。

三、新产品开发研制滞后

目前,甘肃省大部分薯类企业大都以销售商品薯和加工淀粉、粉条、粉丝等初级产品为主,产品档次不高,精加工比率低,新产品开发研制滞后,产业效益较低。

四、科研储备后劲不足

主要表现在:对甘薯专用加工型品种选育方面尚未全面开展;围绕无公害生产,脱毒种薯生产繁育技术及大田集成组装技术研究需要尽快攻关完善;企业新产品开发,技术创新速度缓慢,产学研对接率不高。

五、发展资金投入不足

由于甘肃省甘薯产业化发展的资金投入不足,加工企业的配套设备跟不上,导致鲜薯直接食用,未进入深加工环节,效益低下。

6.3 甘肃省甘薯发展对策和前景展望

一、做大市场主体,增强带动能力

重点扶持甘薯企业和加工企业发展,引导加工、运销龙头企业除了要做好企业内部技术引进、技术改造升级,提升加工水平工作外,还要出台优惠政策,引导同类企业联合,实行资产重组,做大品牌,做强龙头企业,提升竞争力。建立健全加快发展甘薯农民专业合作经济组织,利用合作组织及时掌握和发布技术、市场信息,为种植户提供可靠的信息服务。把主产区生产基地的农户和运销户以及农业技术部门连接起来,形成规模不等的红薯专业协会或专业合作社,提高生产的组织化程度,实现标准化、规模化生产。支持市场体系建设,开拓区域中心市场,增强集散能力。

二、发挥资源优势,发展红薯规模化种植

甘肃境内海拔高,日照充足,雨热同季,昼夜温差大,植物生长期长,秋季雨多正好与红薯块茎膨大需水高峰期相吻合。主产区黄土层深厚,土质疏松,土壤富含钾元素,特别适合甘薯的生长发育。因此,甘肃具有生产甘薯的气候、土壤等自然条件优势,要加大推广力度,促进甘薯规模化种植。

三、加大技术培训,提高生产水平

把农民技术培训作为提升甘薯产业发展水平的重要环节,重点开展甘薯栽培技术、贮藏技术、脱毒种薯扩繁应用技术和病虫害防控技术的培训。通过县、乡、村不同层次大规模的培训,提高主产区农民生产技术水平,提升甘薯产业发展水平。

四、把握消费水平,发掘市场潜在优势

　　甘薯作为保健食品,消费需求不断增加,需求市场广阔。特别是近年来随着人民生活水平的不断提高和饮食休闲文化的欣然兴起,甘肃省居民的食物消费结构正在发生着变化。甘肃快餐类和休闲类食品中甘薯消费出现巨大的增长,以甘薯为主要原料的薯片、薯条、薯泥等深受顾客青睐;高收入的消费者为了追求营养的全面性,增加了对甘薯的消费。2012 年,甘肃省除了当地生产的甘薯外,还调入 50 000 t。鲜甘薯市场价格在 3 元/kg 左右,烤红薯市场价格达到 7～10 元/kg。甘肃省对甘薯的消费还有很大潜力和发展空间。

第七章　宁夏回族自治区甘薯

7.1 宁夏甘薯产业状况

宁夏位于中国西北地区东部,黄河上游、河套西部,简称宁。介于北纬 $35°14'\sim39°23'$,东经 $104°17'\sim107°39'$。宁夏是中国面积最小的省区之一,面积 66 400 km²,2011 年总人口 630 万。辖 5 地级市、2 县级市、11 县、9 市辖区。宁夏位于"丝绸之路"上,历史上曾是东西部交通贸易的重要通道,作为黄河流经的地区,这里同样有古老悠久的黄河文明。早在 3 万年前,宁夏就已有了人类生息的痕迹。公元 1038 年,党项族的首领李元昊在此建立了西夏王朝,并形成了独特的西夏文化。宁夏地势南高北低,一般海拔为 1 100~2 000 m,最高海拔为 3 556 m。宜农荒地 7.115×10^5 hm²,有可开发利用的草场 3×10^6 hm²,是全国十大牧场之一。丰富的土地资源、便利的引黄灌溉和良好的光热条件,为发挥其农业优势奠定了坚实的基础。各种农作物及瓜果生长茂盛,品质优良。出产的西瓜、苹果、葡萄的含糖量比中原地区高 15%~20%。水稻单季产量达 1.05×10^4 kg/hm²,在西北地区名列前茅,是全国 12 个商品粮基地之一。

7.1.1 宁夏地理环境及自然资源

一、气候环境

宁夏位居内陆,受季风影响较弱,属温带大陆性"半湿润－干旱"气候,基本特点是干旱少雨,风大沙多,夏少酷暑,冬寒漫长,日照充足,气温年、日较差大。南端(固原地区南半部)属南温带半干旱区,中部(固原地区的北部至盐池、同心一带)属中温带半干旱区,北部(银川平原)则为中温带干旱区,南北气候悬殊较大,是典型的大陆型气候。气温由南向北递减,年均温 5~9 ℃,气温年较差 24~33 ℃,日较差 6.8~17.2 ℃,10 ℃以上活动积温 2 000~3 500 ℃,年太阳总辐射能量达 145.5 kcal/cm²,无霜期 103~162 d。年降水量 200~640 mm,由南向北递减。60%~70%降水集中在 7、8、9 三个月。降雨产生径流占 10%~15%,地面蒸发占 60%~65%,作物利用占 25%~30%。年蒸发量 1 221.9~2 086.9 mm,是降雨量的 3~10 倍。山地降水显增,如贺兰山迎风坡年降水量约为山下银川市的 2 倍。降水多集中于 6~9 月,且年变率大,故干旱威胁问题严重。

二、地形地貌

宁夏地处黄土高原与内蒙古高原的过渡地带,地势南高北低。从地貌类型看,南部以流水侵蚀的黄土地貌为主,中部和北部以干旱剥蚀、风蚀地貌为主,是内蒙古高原的一部分。境内有较为高峻的山地和广泛分布的丘陵,也有由于地层断陷又经黄河冲积而成的冲积平原,还有台地和沙丘。地表形态复杂多样,为经济发展提供了特别的条件。据 2004 年初数据统计显示,宁夏地形中丘陵占 38％，平原占 26.8％，山地占 15.8％，台地占 17.6％，沙漠占 1.8％。地势南高北低。北部有北向东延伸的贺兰山地、银川平原、灵盐台地，自西而东平行排列，组成拉张型地貌结构。最高的贺兰山与最低的银川平原高度差达 2 400 m。河流阶地不发育，平原湖沼多。南部有"北东—南西"展布的数列弧形山地与盆地相间排列，构成挤压型地貌结构。山岭北东麓往往发育台地，地势由南西向北东呈阶梯状逐级降低，沿河阶地发育。

三、土地资源

宁夏地处西北东部，黄河自中卫南长滩入境，流经本区卫宁、银川两大平原于石嘴山市北端麻黄沟进入内蒙古。全长 397 km，流量 325 亿立方米，共流经 15 个市、县，形成了美丽富饶的河套平原，素有"黄河百害，唯富一套（宁夏引黄灌区）"之说。这里的土质主要是灰钙土、熟化层土壤，为全国特有的灌淤土，其厚度为 100～150 cm，质地适中，物理化学性质良好，保水保肥能力强，耕作层有机质含量 1.2％～1.8％，适种性强，属高产土壤类。南部山区土质主要为黑垆土，土壤有机质含量 1％～2％，含钾 2.1％，最适宜发展块根、块茎作物。

7.1.2 宁夏的农业

宁夏农业以种植业为主，耕地面积为 1.136×10^6 hm²（2009 年），其中，非灌溉面积为 9.46×10^5 hm²，占总耕地面积的 83.3％；旱作区总面积中黄土丘陵占 51.1％，川地占 16.4％，盆垴地占 5.5％，沙地占 8.7％，山地占 18.3％，尤其是川、台、塬、壕、掌等比较平缓的土地占耕地面积的 43.7％，已修成梯田 2.51×10^5 hm²。宁夏旱作区分布于固原、吴忠、中卫 3 个市的 12 个县（区），且主要分布于中部干旱带和南部山区的 9 个县（区）。

农业以粮食作物为主，次要为经济作物中的油料。粮食作物占作物总播种面积的 80.1％，以一年一熟的旱作轮作制为主，灌区还有二年三熟、三年五熟的水旱或旱作轮作。粮食作物中夏粮和秋粮大致各占一半。夏粮以春小麦为主，播种面积 21 万公顷，多分布于北部平原灌区。秋粮有水稻和玉米。水稻主产于北部平原灌区的中南部，播种面积约 7.8×10^4 hm²，平均每公顷产量在 8.3 t；玉米播种面积 2.15×10^5 hm² 左右。杂粮广布于山区，以糜子为主，其次有谷子、马铃薯、豆类、莜麦、荞麦等。经济作物以油料为主，播种面积约占作物总播种面积的 11.4％，划分为 5 个农业区：贺兰山林区、引黄灌溉农牧林渔区、盐同香山牧区、西海固牧农林区、六盘山林牧农区。

7.1.3 宁夏甘薯的生长环境

甘薯对温度要求比水稻、玉米等种子作物要高 5～10 ℃。气温达到 15 ℃ 以上时才能开始生长，18 ℃ 以上可以正常生长，在 18～32 ℃ 范围内，温度越高发根生长的速度也越快。超过 35 ℃ 的高温对生长不利。块根形成与肥大所需要的适宜温度为 20～30 ℃，其中 22～24 ℃ 为适宜温度区间。

甘薯对土壤的适应性很强，几乎在任何土壤里都能生长。耐盐碱性也好，在土壤 pH4.2～8.3 范围内都能适应，这是甘薯的优点之一。以土层深厚、土质疏松、通气性良好、pH 5～7 的沙壤土或壤土为宜。土层深厚疏松，保水保肥，有利于根系的生长和块根增重。通透性好，供氧充足能够促进根系的呼吸作用，有利于根部形成层活动，促进块根肥大，也利于土壤中微生物活动，加快养分分解，供根系吸收。

宁夏 6 月至 9 月平均气温为 24～40 ℃，其中块茎生长期温度为 19 ℃，全年降雨量 300 mm 左右，主要集中在 6 月至 9 月，而这一时期恰是甘薯的生长期。土壤中含有丰富的红薯所需的钾肥,含钾2.1%左右,速效钾 30 mg/100 g。因此,宁夏是适宜甘薯的生长发育适宜区。

7.1.4 宁夏甘薯生产及产业化的现状

20世纪90年代以前,我国甘薯生产主要以种植业为主,进入90年代后,甘薯加工才广泛引起人们的重视。特别是1995~2006年的12年中,甘薯加工业有了很大发展,也极大地促进了甘薯种苗业、贮存业、销售业等相关产业的迅速发展。王裕欣(2010年)对我国甘薯不同用途所占总产量比例进行调查,结果表明:用于三粉加工的为18%~26%,用于工业原料的为20%~25%,用于饲料的为15%左右,用于食用及食品加工的为15%~20%,留种用的为5%~7%,损耗为7%。我国不同甘薯产业的发展状况有所不同,从各地甘薯产业发展的实践来看,龙头企业是产业化经营的组织者、带动者、市场开拓者和营运中心,龙头企业是通过市场竞争和营运实践形成的。龙头企业与农户形成利益共同体,共同承担市场风险,激发农民种植甘薯的积极性,加快推广甘薯新品种和加工新技术的应用,使企业增效和农民增收。

甘薯在宁夏已有较长的种植历史,大规模种植从20世纪70年代开始,在宁夏引黄灌区试种,通过生产实践,群众基本上掌握了红薯栽培、管理等技术。1971年甘薯产量达到3 000 kg/hm²。但由于种苗缺乏及其他原因,种植比重一致很小。进入21世纪以来,随着人民生活水平的提高,对甘薯的需求逐步增加,也促进了甘薯种植面积的扩大。近年来,宁夏种植甘薯主要在农垦集团、银川郊区的兴泾镇、贺兰县等引黄灌区和原州区、彭阳县、同心县、盐池县等南部山区,面积达到 $2 \times 10^4 \sim 2.7 \times 10^4$ hm²,种植品种比较少,主要以豫薯王、冲绳百号、紫薯等耐旱品种为主。随着高产薯种的推广和栽培技术的提高,甘薯平均单产由15 t/hm²提高到45 t/hm²。种植甘薯每公顷收入可达到3万元,成为农民增收的一条重要的途径。目前宁夏加工甘薯的企业不到10家,主要是以加工薯干、薯条、薯片和薯脯为主,生产能力为每年3万吨左右。这些企业比较分散,规模小,也缺乏良种基地,严重制约了甘薯的生产和发展。甘薯除直接为人们提供食物,为家畜提供饲料外,目前,宁夏甘薯的食用主要有三方面:一是直接利用,主要是在餐厅蒸熟、烤熟食用;二是加工成薯片、薯干和薯脯;三是加工成粗淀粉、粉条、粉皮。

7.1.5 甘薯产业亟待解决的几个问题

一、品种单一,严重影响单产和产品质量

宁夏种植甘薯还是以前的品种,品种不断退化,与其他地区比较,产量要低10%~15%,甚至低30%,与此同时,随之而来的是品种退化、病害增加的问题,严重影响单产水平和产品质量。

甘薯品种单一,一般只适宜直接用于食用和加工制作薯干、薯脯、薯条和薯片,增值较低。目前,国内甘薯已有高淀粉、茎尖菜用、食用兼饲用、紫薯食用型、色素提取加工等品类。而宁夏现有的甘薯品种还没有以上的产品,也严重制约着加工的深度和加工企业的发展。

二、甘薯的研究和推广体系很不完善

目前,宁夏在甘薯方面的研究机构和人员很少,甘薯大规模种植还存在一定的问题。科技部门、科研部门、技术推广部门、种子公司、农民个体、甘薯加工企业等无法协调起来促进甘薯产业的发展。在现有品种中,种子的防疫工作不能得到有效开展,病害较多,农民很少知道自己田里种的是什么品种。这是宁夏甘薯病、害、毒较多,产量和质量偏低的主要原因之一。

三、规范化种植技术很落后

群众对合理的种植密度、合理的施肥技术以及田间管理缺乏必要的认识,造成人为致使甘薯的产量和质量偏低,无形中增加了种植成本。

7.1.6 甘薯产业化的思路

依据农业产业化的宏观要求和甘薯生产加工的特点及现状,宁夏实施甘薯产业化的方针是:多种化、多季节、高品质、规范化、一体化。

一、多种化

主要有两方面:一是加工企业要不断研究新产品,向深度、广度发展,如食品、饲料、精细化工、综合开发等,以拓宽市场销路、降低经营风险;二是农户要根据加工产品和鲜食的不同需要,种植不同种类、不同档次、不同形状、不同口味、不同营养成分的甘薯。这就要求引种、研究和技术推广部门做好相应的配套服务,来保障产业的发展。

二、多季节

主要是农户要配合加工企业生产的需要,设法延长甘薯的上市期限,尽可能做好各季节均衡上市,以甘薯上市的多季节保证加工企业生产的多季节。宁夏甘薯生产的甘薯集中在 9 月底收获,届时,加工企业不得不突击收购、转运、保管、贮存,压力很大,农户也往往焦急地等待出售。大量的甘薯集中在加工企业一般只能是半年开工半年闲,生产力不能充分利用,增加生产成本。因此,需要科技部门和农户一要引进、培育和种植早、中、晚熟的不同品种,以拉长甘薯的收获和上市季节;二要研究甘薯的保鲜贮存技术,以延长甘薯的贮存时间;三要加工企业通过中介机构与农户或农业合作社订立贮存合同。

三、高品质

加工的甘薯产品高质量是在竞争中畅销和站稳市场的关键保证。由于目前国内市场的普通淀粉产品逐渐饱和,而高质量的淀粉产品却供不应求,只能依靠进口。因此要生产高技术含量的产品,挖掘新的市场,相应的甘薯也要高档次、高品质,如紫心甘薯,在高档西餐厅中用来做蛋挞或糕点。

四、规范化

包括引种、用种、产品等的规范化。一是引种正规化,即每个甘薯品种都要经过合法引种部门统一引种,统一检疫,统一小区实验、大田实验,统一技术审定,统一交付推广部门;二是种源脱毒化,即由科技部门直属的脱毒繁育中心统一脱毒、统一供种。实践证明,种植脱毒薯平均单产可提高 10％以上;三是农户生产用种一级化,即由县级农技推广部门中心统一购进脱毒的原种;四是产品标准化,即甘薯单产、个体大小以及加工品的品质要有统一标准。

五、一体化

甘薯从科研、供种、生产供应、技术咨询、生产、加工到销售等环节要形成一个有机整体,以加工企业为龙头,带动整个甘薯产业链共同发展。各个环节之间的利益是共同的,要建立起风险共担、利益共享、相依为命的牢固体系。

7.1.7 宁夏甘薯产业化的启示及对策

一、甘薯产业化发展的启示

（一）甘薯产业由于弱势的产业地位和市场机制的特征，国家要通过法律、政策、信贷等手段或措施对其进行扶持。在稳固农业基础地位的前提下，推进生产经营的集中化、专业化、一体化，加快农业的产业化进程。

（二）甘薯产业化包括许多不同层次的经营主体和利益主体，他们的行为方式必须通过市场机制的作用和市场制度来规范。同时，经营模式必须与完善、发达的市场体系相适应，发达国家的农业产业化经营模式都是在高度发达的市场经济条件下实现的。

（三）甘薯产业化要求不断扩大经营规模，讲求规模效益，降低成本、提高经济效益、提高劳动生产率和市场竞争力。

（四）通过农工商一体化经营，使农户分享到农产品在加工、流通过程中增值的平均利润，如果不能形成合理的利益分配机制，农民利益得不到保障，农业产业化也就失去了经济动力。

二、甘薯产业化对策

（一）建立甘薯科研与技术推广体系

建立甘薯研究中心，根据鲜食、加工品对甘薯的淀粉、糖分等有效成分的不同需求，引进、实验和培育相应良种，研究甘薯栽培技术和植保技术，为脱毒繁育中心提供优良种源。组建甘薯脱毒繁育中心，负责甘薯用种的脱毒，为县级农技推广部门提供脱毒原种。完善种植区农业技术推广体系，建立推广甘薯新品种、新栽培技术和植保技术，并且监督甘薯品种在大田生产中的表现状况，指导农户使用优良品种和先进栽培技术、植保技术等。建立甘薯加工科研体系，以市场为导向，研究、引进甘薯加工和保鲜等新技术，有预见性地开发适销对路的新产品系列。

（二）发展农业产业化，稳定甘薯价格

甘薯价格的高低，直接影响着农民种植的积极性，因而关系到其生产的稳定发展。而甘薯价格的稳定，只能依赖于农业产业化的发展，依赖于市场的发育成熟程度，通过建立"市场牵龙头，龙头带基地，基地连农户，农户出效益"的生产经营体系来实现。政府要制定优惠政策，创造优良的经济环境，鼓励多方投资，建立甘薯加工和营销企业。加强宏观调控，强化服务管理，维护企业利益，扩大企业利益，促进企业发展。通过龙头企业的发展，把甘薯原料尽可能多地变成高附加值的商品，从根本上建立稳定的甘薯价格的市场机制。

（三）实现甘薯生产布局合理化和品种多样化

宁夏甘薯加工企业的现状和特点是：人才少、资金缺、规模小、竞争力弱。因此，培育和扶持龙头企业特别重要。只有这样才能集中人才、集中资金、集中原料，有效提高甘薯的产业化发展，进而实现甘薯产业化目标。甘薯的产业化需要做好调控和组织协调工作，促使现有的企业逐渐联合起来，形成甘薯产业链共同发展。

（四）完善机制，实现一体化经营

甘薯的一体化经营，首先要求企业与农户之间订立购销合同，提供一定的技术服务；二是企业要成立甘薯加工研究中心；三是通过兼并、入股等形式建立大型企业集团，使各企业联合起来，统一行动，合理分工。随着甘薯需求的增加，甘薯产业链和大型企业的组建成功，一体化的形成，逐步将种植、推广和加工企业体系联合，形成了一个从品种培育、脱毒繁育、栽培植保、贮存保鲜、加工工艺到产品开发的体系,将目前的政府和企业的双重行为变为单纯的企业行为,以利于减轻政府负担,实行统一管理,提高科研效率。

7.2 宁夏甘薯栽培技术

甘薯在我国各地的名称各不相同,如白薯、红薯、地瓜、山芋、红苕等,种植历史已有410年。首先从福建、广东向北推广,很快普及大江南北,几乎遍布全国。甘薯产量高,适应性强,繁殖及栽培简便。甘薯是高产作物,每公顷产量在52 500~60 000 kg,甚至75 000 kg以上。甘薯高产主要由于它是块根作物,收获物是营养器官,块根膨大不受株龄和发育阶段的限制;甘薯的收获指数大,可达0.7~0.8或以上,养分向块根运转和积累多,为一般禾谷类作物所不及。甘薯大田栽培时,对土壤要求不严,植株的吸收能力和再生能力很强,因此,耐旱、耐瘠,并能抗风、雹等自然灾害。甘薯根系发达,茎蔓有遇土生根的习性,吸水吸肥力强,在高产栽培中,只要能满足其对土、肥条件的要求,其增产潜力也很大。甘薯是新辟果园中理想的覆盖作物,有的地区采用甘薯与幼林套作,不仅对幼林的抚育有较好效果,也增产了粮食。

7.2.1 提倡甘薯高产栽培技术

一、甘薯的生长土壤条件

甘薯的适应能力比种子作物强,对土壤的要求不严,但要获得高产,仍需要良好的土壤条件,才能保证甘薯发挥良好的增产能力。甘薯地耕层要深厚,实践证明,耕层深厚有利于提供充足的水分、养分和空气,耕层深度以20~30 cm为好,甘薯80%根系密集在30 cm以内,超过30 cm增产效果不大。耕层土壤疏松是创造甘薯高产的重要方法。沙性土壤比黏性土壤、经过深翻耕后疏松的土比浅耕紧实的土空隙多,通气性好。不同的土质在养料含量相同条件下,甘薯产量有明显差别。沙性土比黏性土可以增产30%以上。宁夏沙性土壤以南部山区、中部干旱带、宁夏腹部沙地等地方为主。

二、起垄覆膜栽培

宁夏种植甘薯基本上以起垄种植为主。起垄栽培比平作栽培增加了土壤与空气的接触面,加大昼夜温差,有利于甘薯的块根膨大。垄沟栽植旱地可利用沟底积聚雨水,通过减少地面径流而增加土壤水分。在起垄时要尽量保持垄距一致,如宽窄不均匀会造成邻近的植株间获得的营养不同,造成优势植株过分营养生长,而弱势植株可能得不到充分的阳光及养分,生长不均匀影响产量。按照一定标准在地面起垄成沟,于垄上栽植薯苗。一般栽植甘薯垄距为70~80 cm,垄高25 cm,垄面宽20 cm,单行栽植株距20~30 cm。水地垄沟则能起到雨多排水、干旱灌水两大作用。春薯应在秋冬期间进行深耕冻垡,耕深30 cm左右,春季复耕整平整碎扶垄。结合施足有机肥。垄距100 cm,垄高25 cm,顶宽60 cm,达到垄距均匀,浅沟低垄,垄面细平。

地膜覆盖技术是一种省工、抗旱、抗涝、提高产量的有效措施。地膜覆盖与垄沟栽植技术结合,能显著提高地温,提早栽植2~3 d,提早结薯7~12 d,薯块膨大快,水肥利用率高,甘薯品质明显改观;旱地、水地覆膜后都能增产。膜宽根据垄距来确定,一般不超过90 cm,以膜不盖沟为标准。目前宁夏已经研发出旋耕、施肥、起垄、覆膜的一体机,可大幅度降低劳动强度,方便田间作业。

三、配方施肥

甘薯生长前期植株矮小，吸收养料较少，但也必须满足其需要，才能促进早发棵。中前期地上部分茎叶生长旺盛，薯块开始肥大，这时吸收养分的速度快、数量多，是甘薯吸收营养物质的重要时期，决定着结薯数和产量。2011 年，袁宝忠研究表明，生长中后期地上部分茎叶从盛长转向缓慢，大田叶面积开始下降，黄枯叶率增加，茎叶鲜重逐渐减轻，大量的光合产物向地下块根输送，这时除仍需吸收一定的氮、磷肥外，对钾肥吸收量增加。甘薯施肥应控氮、稳磷，增施钾补施锌、硼肥，推广使用腐熟有机肥、生物菌肥和优质叶面肥，禁止使用硝态氮肥、医院粪便垃圾和城市垃圾以及含有过量有害物质的劣质肥料。控制无机氮使用量，提倡化肥与有机肥配合施用，有机氮与无机氮之比以 1∶1 为宜，钾肥选用硫酸钾，禁止使用含有氯化钾的复合肥。甘薯生长需要的氮、磷、钾比例一般为 2∶1∶3。2004 年，马耀光研究测定，每生产 1 000 kg 薯块需从土壤中吸收氮(纯氮)、磷(P_2O_5)、钾(K_2O)分别为 3.5 kg、1.75 kg、5.5 kg。37 500 kg/hm² 鲜薯生产水平下，约需施氮 15 kg，磷(P_2O_5)15 kg、钾 35 kg。基肥占 70%，垄内追肥为 30%。宁夏中部干旱带、南部山区土壤钾肥含量丰富。因此，可以在测土的基础上，做到氮、磷、钾合理搭配，以达到减少用肥量的目的，既节约生产成本又增产增收。

7.2.2 宁夏引种紫心甘薯生产

紫心甘薯品质奇特、营养价值高、富含多种氨基酸和钾、锰、锌、碘、硒等微量元素及类胡萝卜素、花青素、糖、蛋白质、脂肪等，具有明显的抗癌、防癌、保健功能，市场需求量与日俱增，前景看好。2010～2012 年，宁夏农林科学院种植所曲继松在宁夏金沙湾现代农业示范基地开展引种试验。

一、品种选用

选用品质优、产量高，抗逆性强，商品率高的黑薯品种。如宁紫薯 1 号、徐紫 1 号、徐紫薯 2 号、徐紫 20-1、日本紫薯王、凌紫、济紫、青紫、徐薯 25、徐薯 26、徐薯 31、秦薯 5 号及地方品种 8814、8817 等。

二、育苗

选用科研单位良繁基地繁育的原种一、二代种薯，淘汰三代种薯。育苗时间为 3 月下旬。采用塑料大棚内沙床育苗法。统一育苗、繁苗，培育壮苗，其标准为：苗龄 30～35 d，百株重 0.7～0.9 kg，苗长 15～20 cm，茎粗 3～5 mm，叶片肥厚，大小适中，浓绿无病虫。

三、栽培技术

栽插时间：春薯在土壤 10 cm 深处地温达到 15 ℃时即可栽插，争取适期早栽插。一般在 5 月上旬栽插。用平插或斜插法，栽深 5～7 cm。浇足水，封严压实，大小苗分开栽，不栽过夜苗和病虫苗。大垄双行，交叉栽插，株距 30～40 cm，春薯为 52 500～57 000 株/hm²。

四、田间管理

栽后 5～7 d，选用壮苗，查苗补缺。封垄前浅锄灭草，结合进行松土培垄。杜绝使用化学除草剂。控旺长，严禁翻蔓和施用化学抑制剂。封垄后根据长势长相适量进行叶面喷肥，可选用

0.5％尿素液、0.2％磷酸二氢钾液或20％过磷酸钙液及优质叶面肥混剂。干旱时及时灌水补墒，遇涝渍及时排除。

五、防治病虫害

按薯种苗检疫操作规程实施调运检疫。进行换茬，选用3年内未种过甘薯的地块栽植紫甘薯。害虫可在整地扶垄时，用2％辛硫磷颗粒剂30 kg/hm²拌细土225～300 kg/hm²撒施，翻入土内也可在栽插时穴施根际。病害可在育苗时用40％多菌灵胶悬剂800～1 000倍水溶液浸种10 min或栽插时浸根。生长期及时选用低毒化学农药防治蚜虫、甘薯天蛾、斜纹夜蛾、甘薯麦蛾等害虫，严禁使用3911、1605、1059、六六六、DDT、呋喃丹、涕灭威、氯化苦、艾氏剂、久效磷、杀螟磷、三硫磷、五氯苯甲醇、氧化乐果、甲基异柳磷、甲胺磷、三氯杀螨醇、杀虫脒、五氯硝基苯等高毒高残留有"三致"的农药。

六、适时收获科学贮藏

一般在10月上中旬收获。春薯收获后应及时销售或加工处理，可切晒或打粉。夏薯收获后经精选剔除病、烂、伤、残薯或小薯，分级入窖收藏或直接外销。入窖时做到轻起轻运，当天起收当天入窖。不让薯块在田间露天过夜，初霜前后收藏结束以防冷害烂窖。贮藏量大小，根据当地地下水位高低和贮藏习惯，因地制宜建好贮藏窖。集中连片生产基地，因贮藏量大，可建大型屋窖集中贮藏，以便管理和销售。不论采用何种窖型，均要求保温性能好，便于管理。调节好温度，做到窖温控制在10～15 ℃，湿度保持在90％左右。注意常检查，做到甘薯的有效贮存和品质的保证。

七、紫心甘薯的产量以及效益

通过对2012年所引种的几个紫心甘薯品种与当地的冲绳百号对比，结果见表7-1。

表7-1　2012年紫心甘薯引种试验结果

品种	单株产量（kg）	折合产量（kg/hm²）	商品率（％）	商品产量（kg/hm²）	市场批发价（元/kg）	产值（元/hm²）
冲绳百号	1.15	3 450	68	35 190	2.4	84 456
凌紫	0.82	1 970	75	22 155	6.0	132 930
济紫	0.75	1 810	75	20 370	6.0	122 220
青紫	0.65	1 560	60	14 040	6.0	84 240

7.2.3 甘薯间作

间作套种是提高光能利用率和土地产出率的一项增产增收措施，只有科学搭配，才能实现。间作套种时，作物要巧搭配，株型要一高一矮，枝型要一胖一瘦，叶型要一尖一圆，根系要一深一浅，适应性要一阴一阳、一干一湿，生育期要一早一晚，密度要一大一小，行距要一宽一窄。作物进行间作套种，一是要充分利用土地和日光，保证密植增产，二是间作套种的各作物间要有互补性。各作物的呼吸代谢物、分泌物（如气味）不同等，其会在作物间产生不同影响，因而要充分利用各作物之间的互补性，杜绝相克性。甘薯间作可增加复种指数，充分利用时间、光能、地力、空间,提高单位面积的经济效益,还可以防止病虫害的发生、蔓延和田间杂草的滋生,一举多得。宁夏甘薯间作的方式有"红薯-枣树间作"和"甘薯-玉米间作"。

一、果薯间作的意义

果树属多年生经济作物,生长周期长,投产见效慢,一般需3~4年才能投产见效,而新植和幼树园其行间株间空余土地面积大,为有效利用耕地,充分利用阳光和地力,增加前期收入,可实行合理的间作套种,以短养长,以园养园。2010年,闫加启研究表明,果薯间作是指在幼龄果园或高枝换优果园封行之前,利用行间空闲土地和光热等资源适于间作套种的客观条件,栽种甘薯。果薯间作可以充分利用原有的林地土地和退耕还林土地,提高土地使用率和土地生产效益。果薯间作可使同等条件下水肥、光热资源利用的协调性以及病虫杂草防治得到互补优化。一方面,对果树的水肥高投入,可以提高甘薯对资源的利用率及其产量和品质。另一方面,栽培甘薯可抑制果树地内杂草的生长,又利于果园的保水保肥。通过果薯间作建设实施,将有力地推动传统单一纯林营模式向复合林营模式转变,对转变增长方式,增加农民收入,显著提高经济和生态效益具有重要意义。果薯间作以林地资源为载体,通过林下土壤、空间及生物资源的循环综合利用,有效提高林地的经济产出和土地利用率,突破退耕还林后农民致富的瓶颈,达到经济、生态和社会效益的有机统一。2007年,牛锦凤等在宁夏开展了"枣树-甘薯间作"试验,曲继松、张义科等开展了"枣树-玉米间作"试验。

二、果薯间作的技术操作

实行果薯间作,重点要考虑到在不影响果树正常生长发育的同时,引入甘薯栽培,甘薯的栽培既要达到高产优质高效,又要与果树生长相互协调,与常规的甘薯栽培各有异同。

(一)果园的选择

1~3年幼树园均可实行间作,随着树龄增加,间作范围应逐年缩小,以离树冠投影外20~30 cm为宜。选择交通便利、有灌溉条件、土壤为沙土或沙壤土的果园。一般果园株行距为3 m×4 m,树行必须留足2 m以上通风带,中间的间作带宽1.6~1.8 m,果园管理结合间作物管理进行即可,树体管理按照常规管理进行。到了果树结果初期,为了便于管理果树,甘薯只种2~3沟。不同果树第6~7年为适套期。应减少甘薯行数。成年果树进行高枝换优时,因种植规格不同,为保证甘薯密度可适当减少甘薯行距到70 cm。适套期为3~5年。

(二)甘薯地耕作

在果树根系区域外适当增加耕地深翻25~30 cm,并增加基肥用量,在每亩施2 m³优质有机肥的基础上,另外加施50 kg(N:P:K=8:7:10)甘薯专用复合肥。按每畦宽1.6~1.8 m、高25~30 cm起垄(垄顶可以适当加宽利于根系发育),然后覆膜,地膜覆盖保护栽培的地块,底墒不足时,盖膜前一定要浇水造墒后再起垄盖膜。地膜覆盖不但利于保墒,缓解地下水源紧张,而且也有利于对病虫杂草的综合防治,是果薯间作套种的重要技术环节。

(三)栽培品种及密度

宁夏甘薯品种主要选择豫薯王等耐旱品种。早熟双季薯或果树树龄较大时甘薯以选择速生早熟品种为主,如豫薯10(红心王),减少共生期和甘薯生育期,利于实现双季栽培。红薯栽插方法很多,果园间作红薯以斜插为主,通过稳定行距,缩小株距(20~23 cm),增加甘薯扦插密度8%~10%,发挥甘薯匍匐生长与果树直立生长相互协调的关系,协调两者地上与地下,不同高度的空间关系和不同生长高峰期的时间关系,实现双高产。

（四）病虫害防治

红薯病虫害较少，一般生长期间以防治地下害虫（地老虎、象鼻虫等）为主，可选用高效低毒的药剂（如辛硫磷等）进行灌根；地上害虫以蚜虫和蓟马为主，一般在生长期间防治1~2次即可，合理选用吡虫啉、啶虫脒等农药进行适期防治。

（五）甘薯的收获

由于甘薯成熟和采收没有严格的时间要求，只要薯块形成并有了一定的产量就可采收。作为商品生产，可根据市场信息随时收获。果薯间作，甘薯要注意适时早收。适时早收可以减少对果树枝条、叶片、根系的损伤，对果树起到养护作用。收获要选择晴天进行，如果土壤潮湿，应先割去茎蔓，曝晒1~2 d后再收挖。收获时做到轻挖、轻装、轻运、轻放，以免损伤薯块，不利贮藏。

三、甘薯—玉米间作

甘薯—玉米间作，要以红薯为主。如此间作可增收玉米1200~1 800 kg/hm²，增加效益2 200元左右。麦收后，及时浅耕灭茬，结合整地，施土肥30 m³/hm²，碳铵400~500 kg，磷肥600~900 kg，耙碎整平，然后单垄起垄。隔4行甘薯种1行玉米，玉米种沟里，甘薯种垄上，甘薯密度为4.2万~4.5万株/hm²，玉米为1.3万~1.5万株/hm²。玉米可双株留苗，加大株距，增强田间的通风透光能力。间作的玉米要选用早熟、矮秆、叶片上冲品种，移栽期要稍早于夏薯。玉米出苗后要浅锄培土，增强抗倒能力。

四、塑料拱棚西瓜和甘薯套种

（一）茬口安排

在盐池县，拱棚西瓜在4月初定植，6月底至7月初收获。甘薯于5月中下旬移栽，在炎热的夏季，甘薯秧可为洋葱遮阴，有利于洋葱鳞茎膨大，在当年初霜冻来临后（10月中旬左右）收获。用于西瓜直播的拱棚最迟于3月15日搭建完毕，育苗移栽的拱棚最迟于3月25日搭建完毕。

在选好的地块上，按长50 m、宽7.5 m划线，确定拱棚具体位置，安装按规格焊接的钢架，钢架高1.5~1.8 m，跨度7.5~8.0 m，间距3.0 m，两钢架中间有竹片架作补充，随即上棚膜、拉压膜线，以加速土壤解冻，提高地温。

（二）西瓜栽培技术

（1）品种选择及育苗：选择适应性强、耐旱、抗病性强、产量高的金城1号、黑牡丹等品种。3月初由工厂化育苗中心育苗，4月初定植，或3月下旬干籽直播。（2）做畦与施肥：将田土深翻细耙，基肥采用沟施，沟深30 cm，每棚施腐熟农家肥4 m³、三元复合肥和磷酸二铵各25 kg，再将沟填平。每棚做4畦，每畦连沟宽1.5 m，两边留空。做畦后，每畦均匀铺设滴灌带3根，保持距瓜蔓基部10~15 cm，然后覆膜。（3）定植：于4月上中旬带土坨定植，每畦2行，错位定植，行距100~120 cm，株距50 cm，定植深度以营养土块的上表面与畦面齐平或稍低（不超过2 cm）为宜，每棚栽苗800株左右。

（三）田间管理

温度管理：西瓜生长期要求光照充足，温度高，昼夜温差大。定植后，遇低温天气时，可采用大棚内加小拱棚的方式进行保温，当棚内温度高于西瓜生长适温时，可通过拉开放风口来调节。肥水管理：移栽后要浇足定植水，缓苗期间一般不需要再浇水；伸蔓期在土壤墒情影响坐果时，可浇小水；果实膨大期和成熟期应在雌花开花前浇花前水，水量中等；在大多数植株都已坐瓜，果实鸡蛋大小时浇膨瓜水，一定要浇透，但切忌漫灌，以后每隔1周浇1次，直至果实成熟前10~15 d

停止浇水。施肥应轻施花前肥，每棚追施硫酸钾 5 kg，重施膨瓜肥，每棚追施硫酸钾 10 kg。生长期内可叶面喷施 0.2％磷酸二氢钾 2～3 次。

整枝采用双蔓或三蔓整枝，从基部留 1 条或 2 条侧蔓，两行相对爬蔓，均匀分布，以充分利用空间。一般主蔓结瓜，可选留第 2 个雌花授粉坐瓜，当幼瓜长至鸡蛋大小时定瓜，每株只留 1 个。西瓜不再膨大后，留顶端 4～5 片叶摘心，并及时摘除其他侧蔓，促使西瓜尽快成熟。

（四）甘薯栽培技术

甘薯大多选择红皮白肉的品种，可于 3 月上旬在温室育苗，宜选择沙性土壤，苗床宽 1.5 m，长度一般不超过 20 m，否则会影响通风。春薯用种量为 750～900 kg/hm²，床面可排薯种20 kg/m²。不用施基肥，选择无虫害、无破损的种薯，整齐地码在苗床上，然后覆土 4～5 cm 厚，洒水保持潮湿即可。

萌芽阶段主要的管理措施是增温和保温，苗床温度保持在 32～36 ℃，最高不超过 38 ℃。壮苗阶段苗床温度保持在 25～30 ℃。移栽前 2～3 d，适当降低温度，白天保持在 15～18 ℃，夜间保持在8～10 ℃，增强幼苗抗逆能力。一般 10～15 d 出苗，30～50 d 后苗高 25～35 cm 时可刀割地上部，捆成小把或者假植待栽，一批种薯可收割 2～3 茬种苗。如无育苗条件，也可购买由专业的甘薯育苗公司培育的薯苗。在 5 月中下旬或 6 月初陆续定植甘薯，这时田间西瓜开始膨大，甘薯定植在两株西瓜间靠走道的畦面，株距为 50 cm，每棚栽苗 800 株左右。

（五）水肥管理

生长前期西瓜与甘薯共生，水肥共同利用，西瓜采收拉秧并撤掉棚膜后，结合灌水，每棚施尿素 8 kg、磷酸二氢钾 15～20 kg，以促进植株生长发育。此后，于 8 月下旬结合灌水每棚再追施尿素 8～10 kg、硫酸钾 15 kg，以促进甘薯块茎膨大。

7.3 宁夏甘薯施肥技术

7.3.1 肥料对甘薯生产的作用

杨新笋、雷剑等在《中国甘薯栽培研究的现状与进展》中对甘薯施肥技术进行了详细综述。从施肥作用原理出发，较为全面和深入地研究了甘薯高产施肥技术，提出了各种施肥措施和技巧，主要集中研究了不同氮、磷、钾施用水平对甘薯经济产量的影响，但对不同的施肥措施对土层的影响等涉及栽培生态方面的研究偏少。如赵瑞英等研究了不同配方施肥对甘薯产量和品质的影响；林琪等研究了不同氮、钾配比对夏甘薯生长发育及产量的影响。对单独施钾效果的研究也较多，如何国强研究了生物钾肥对甘薯增效的影响及土壤磷、钾有效性的问题；郑艳霞试验研究了不同供钾水平对甘薯产量、干物质积累与分配的影响；史春余等研究了钾营养对甘薯某些生理特性和产量的影响，及钾营养对甘薯块根薄壁细胞微结构、¹⁴C 同化物分配和产量的影响。在研究方法上，也涉及多种数理与田间试验统计手段，如黄梅卿等应用 311-B 拟饱和最优回归设计，通过氮、磷、钾肥配比田间试验，建立甘薯施用氮、磷、钾肥对经济产量、施肥利润及淀粉、可溶性糖、蛋白质、维生素 C 等含量的效应函数，寻求最佳经济效益施肥量、最高产量施肥量以及最佳品质施肥量，为甘薯科学施肥决策提供依据；邱桂如通过对甘薯采用氮、磷、钾肥料平衡施肥"3414"试验方案，进行田间试验，试验结果运用计算机 DPS 数据处理系统软件进行统计，分析模拟出甘薯氮、磷、钾肥料施用量与产量及利润的回归方程，运用频率分析方法求得甘薯较高产量施肥量；宋江春等采用三因素二次正交旋转组合设计对氮、磷、钾肥的用量进行了定量研究，建立了甘薯产量函数模型,明确了模型因素效应顺序(氮＞磷＞钾)及最佳经济效益产量综合农艺措施,建立了甘薯优化施肥方案及函数模型。

1998 年,曹志洪提出肥料是"粮食的粮食",不施肥料不能高产。我国农业增产主要依靠提高单产,肥料的施用对作物单产的提高起着重要的促进作用。到 2005 年,全国化肥施用量由 1949 年的 1.3 万吨增加到 4 765 万吨。施肥是促进土壤肥力不断提高,保持土壤永续利用的前提。尤其是在增施有机肥的基础上,再配合化肥的施用,可促进农作物的正常代谢,增加作物的产量和抗逆性。

许多科学家开始研究目前施肥形势下,提高和改善土壤有机质和理化性状的方法和途径。国内外长期施肥试验研究表明,长期 N、P、K 化肥非平衡施肥的处理以及不施肥的 CK(对照),夏玉米生物产量和籽粒产量连年持续下降。缺乏其中任何一种元素,都会造成植株和籽粒发育障碍,影响生物产量和籽粒产量。化肥配合施用,可保证养分协调供应,获得高产、稳产。单施化肥的土壤中微生物生物碳量下降,化肥可抑制土壤微生物的活性,秸秆还田配合施用化肥能够明显减弱化肥对微生物的抑制作用。玉溪市土壤肥料工作站多年多点试验表明,施用有机、无机配方肥与施用单质化肥相比,其氮素利用率可提高 4.4％,作物产量可提高 6％～20％。长期施用有机肥配施常量 N、P、K 化肥,可明显提高土壤易氧化有机质含量和有机质总量,提高土壤可浸提腐殖酸含量和有机质含量,土壤对养分的供、贮能力增强,肥力提高。

据调查,我国农村不合理施肥、盲目施肥的现象十分突出。施用氮、磷、钾比例不合理,病虫害发生频繁;施肥不足,致使土壤潜力难以发挥,作物产量不高;施肥方法不当造成肥料养分利用率低、施肥效益差等,严重影响作物高产优质生产。而平衡施肥一方面可以提高作物的产量,降低生产成本,改善作物品质,促进人体健康,对作物稳产增产和农民持续增收具有重要的现实意义;另一方面,可以提高肥料利用率,减少盲目的生产投入,节约能源,减少污染,保证农产品质量安全。因此平衡施肥是发展高产优质农业生产的需要,更是农业可持续发展的需要。协调作物高产与环境保护的核心是对根层土壤养分进行有效调控以达到如下目标:保证根层土壤养分的有效供应以满足作物高产对养分的需求;避免根层土壤养分的过量积累,以减少养分向环境的迁移。即必须将根层土壤养分浓度控制在"既能满足作物的养分需求,又不至于造成养分大量损失"的合理范围内。

7.3.2 甘薯平衡施肥技术研究方法

测土配方平衡施肥技术是通过测试土壤,及时掌握土壤肥力状况,并根据不同作物的特性和需肥规律,应用计算机专业系统研制配方,实行有机肥与化肥,氮肥与磷肥、钾肥、微量元素肥料(微肥)适量配比平衡施用的一种科学施肥方法。采用测土配方平衡施肥技术,作物一般增产 8％～15％,肥料利用率提高 5％～10％,每亩节本增收 60～80 元,农产品品质明显提高。

一、土样采集、调查与测试

在春耕或秋播前采集土样(耕层 0～20 cm)送当地农业局土肥站分析测试土壤速效氮、磷、钾,并提供田间基本情况、农田耕种情况信息;同一地块一般每隔 2～3 年取土测试一次。

二、确定肥料施用量

农户可委托当地农业局土肥站根据土壤测试结果,确定不同作物的最佳氮、磷、钾配比和最佳肥料施用量。在确定配方施肥时,一般先定氮肥施用量,以地块前 3 年的平均产量或最高产量

（因情况而定）再加上 10％～15％的递增量,定为本田块本季度作物的目标产量,以目标产量所吸收的氮素量为氮肥的施用量。磷、钾、微肥的施用主要根据地块取土化验的结果,按照"因缺补缺,缺多多施,缺少少施,丰者不施"的原则确定施用量。

三、肥料的施用

科学施肥的原则是必须依土壤、作物、肥料品种按照科学的方法进行配合施用。一是有机、无机要配施。有机肥和无机肥配合施用,使肥效缓急相济、互补长短、提高肥效。应采取施用有机生物复合肥、种植绿肥,增施农家肥以及秸秆还田的办法增加有机肥源。二是氮、磷、钾微要合理。基于目前茬口多、田分散、肥难配和难配齐的矛盾,施肥建议包括常年作物产量、土壤肥力评价、所推荐（或定点生产）的配方肥型号、用量、最佳施用时期、施肥方法及有机肥和微肥的施用量。广大农户可按施肥建议积极选用。三是施肥时期要适宜。根据作物需肥的阶段特性,确定最佳施肥时期,重点施用。

四、甘薯吸收三要素的数量

甘薯是喜钾作物,据研究,每生产 1 000 kg 鲜薯,需要从土壤中吸收速效氮 3.5 kg、五氧化二磷 1.8 kg、氧化钾 5 kg。甘薯不同生长期对三要素的吸收特点如下:甘薯在整个生长期吸收钾比氮多,吸收氮又比磷多。甘薯对三要素的吸收以茎叶生长盛期至薯块膨大后期为主,其中对钾的吸收以茎叶生长期至回秧期较多,对氮的吸收以茎叶生长盛期较多,磷在整个生长过程中吸收比较均衡,但在回秧前略有增加。据研究,钾对甘薯产量影响最大,其次为氮和磷。因此,甘薯要优质高产,必须增施钾肥,还要配合施用氮肥、磷肥。

最佳养分管理技术的关键在于充分发挥甘薯品种的生物学潜力,通过综合利用来自土壤、肥料和环境中的所有养分资源,将根层养分供应控制在既能满足作物高产需求,又不至于过量引起作物生物学潜力无法发挥,甚至造成养分损失和环境风险的范围内,最大限度地提高养分资源效率,同时实现作物高产、资源高效和环境保护。

7.4 宁夏甘薯食品加工业

开发新的甘薯加工品,如薯条、薯脯、面包、饼干、糕点、煎饼等,既保证甘薯原汁原味和营养价值,又保证常年供应市场。甘薯通过综合加工利用,可制糖、淀粉、酒和酒精、味精、赖氨酸、柠檬酸、粉丝、果脯、胶水等。经过深加工,其经济效益可增长几倍至几十倍,从而提高了甘薯的利用价值和经济效益,为增加国民收入、繁荣城乡经济起到了极大的推动作用。因此,甘薯的综合开发利用已引起了国内外的普遍重视。摸清我国甘薯生产和消费状况,摆正甘薯在粮食、饲料和工业中的地位,研究其利用方向,并提出发展甘薯综合开发利用的决策措施,因地制宜地发展甘薯生产,充分发挥其高产、多用途的优势,对促进甘薯综合加工利用的发展将有重大作用。

7.4.1 甘薯食品加工技术

一、优质甘薯干制作

选择表皮光滑细嫩、无虫孔、无破烂、无异味,100～150 g 重的鲜甘薯。将甘薯冲洗干净,切忌放在竹编器具中揉搓,以免损伤表皮不利于蒸煮后剥皮。将洗净的甘薯按大小分批放入蒸笼,以大火蒸煮至甘薯刚熟过心即可,出笼冷却。将冷却的薯块剥净表皮。将薯块切成厚 1～3 cm 的长条。将薯条放在竹制烘烤架上以旺火烘烤。烘至半干时转为小火,防止烘焦。烘至八成干时,取出,冷却。成品以口嚼薯条感觉软而绵为宜。薯条冷却后放入瓷坛或其他密闭的容器中。半月后薯条表面会长出一层白霜,即"薯霜",上霜的薯干以又白又厚的"严霜"为佳。

二、甘薯片加工技术

将鲜甘薯加工成油炸甘薯片,不仅可使甘薯增值几倍到十几倍,而且油炸甘薯片还是非常受人们欢迎的营养食品,其外观金黄晶莹,色鲜味美,酥脆香甜。主要配料有白芝麻和鲜橘皮粉。

在甘薯收获季节,选适度成熟的鲜甘薯,削去根须,削除虫烂薯,最好边挖边选,不让鲜甘薯干浆。将选好的鲜甘薯放入筐中,用清水洗涤,除去污物和泥沙。对过大的鲜甘薯,应对半切开再洗。将洗净、沥干水的鲜甘薯放入大锅中。加水,盖严锅盖,用大火猛煮,直到将鲜甘薯煮熟、煮透。将蒸煮过的鲜甘薯倒入缸内,用棍棒进行捣搅。边捣搅,边撒上白芝麻和鲜橘皮粉,一直将煮熟的鲜甘薯捣烂成泥。将捣烂的薯泥放入成型的模具内,制成长条砖块状,抹光表面,经冷却 7～8 h,待薯收水爽干不黏时,用刀切成长条形薄片,晒干备炸。宜选用精制的植物油炸制,以米糠烧,然后放入切好晒干的薯片。薯片入沸油先沉后浮,待呈淡黄色时,即可从油锅中捞出。从油锅中捞出的甘薯片沥干油和冷却,便可用印有商标的专用食品包装袋包装,重量按包装上所标示的称足,然后封口、装入纸箱,就可出售。

三、甘薯果脯

选择个大、丰满、无病虫、无黑斑、无机械损伤的鲜甘薯,用清水洗净表面泥土,用不锈钢刀削去外皮,切成约 4 cm 长、2 cm 厚的条状小块,用清水冲净表面淀粉。将冲洗后的薯块倒入 0.16% 亚硫酸溶液中漂洗,捞入竹筐中再用清水冲净残留亚硫酸。在铝锅中放 15 kg 糖和适量清水,配成浓度为 40% 的糖水溶液,煮沸后加入薯块 50 kg,加火使糖液重新沸腾,边煮边上下搅动,并将 1 kg 蜂蜜、250 g 柠檬酸和 150 g 亚硫酸的混合糖液分 3 次洒在红薯块上。煮到甘薯全部被糖液浸透时,即可出锅,连同糖液捞入缸中浸泡 8 h。将浸泡后的薯块,均匀地摆在竹屉上,送入 50 ℃左右的烘烤箱中烤熟即成。其成品色泽橙黄,切块呈半透明状,发亮有光泽,不发黏,不返糖,不结晶,食之香甜可口,富有特殊的果甜味。

四、甘薯果酱

将洗净的鲜甘薯切片加水磨成浆,倒入锅中加热到 60～70 ℃,保温 20 min 后,再继续升温到72 ℃,逐渐得到浓缩浆液。将浓缩浆液滤掉废渣后加入食用果味香精、甜味剂或添加少量水溶物和果胶,以提高其营养成分,再继续加热到 80 ℃,逐渐浓缩成膏状,待冷却后装成罐头或散装冷冻保存即可。

五、紫薯蛋挞

蛋挞皮用料:低筋面粉 270 g,高筋面粉 30 g,酥油 45 g,片状马琪琳 250 g,水 150 mL;蛋挞液用料:紫薯(去皮切小粒)50 g,鲜奶油 210 mL,牛奶 165 mL,白砂糖 60 g,蛋黄 4 个,炼乳15 mL。

将低筋面粉、高筋面粉、酥油和水混合拌成面团，揉至表面光滑均匀后用保鲜膜包好饧20 min。将马琪琳用保鲜膜包严，拿擀面杖把它敲薄、擀薄，取出待用。将饧好的面团擀成长方形，面片宽度与马琪琳一致，长度是其3倍。把马琪琳夹在面片中间，将两侧的面片折起包住它，再像叠被子那样四折，用擀面杖轻敲面片表面后擀长。同样方法4折2次成蛋挞酥皮，并揪成小面团，擀成面片逐个放在蛋挞模里。

将鲜奶油、牛奶、炼乳、白砂糖和紫薯粒放入小锅用小火加热，搅拌至白砂糖融化时离火，放凉后拌入蛋黄成蛋挞液。蛋挞液逐个倒入装好蛋挞皮的蛋挞模中，摆入烤盘。将调温旋钮调至200 ℃；功能旋钮调至"上下管加热"，时间旋钮拨至15 min(或者按下"曲奇饼"键，通过"定时"键及"时间/温度"的上下键把温度调整为200 ℃、时间调整为15 min)。将烤盘放入烤箱炉腔内，进行烤制。15 min后取出，即可趁热享用。

六、甘薯叶保健茶

工艺流程：原料选择→清洗→切碎→杀青→烘干→拼配→粉碎→过筛→包装→成品。加工要点如下。

(1)原料选择及处理。选择品种优良、成熟适度的鲜嫩红苕叶，剔除老叶、黄叶、虫蛀叶和腐烂斑伤叶，收获时不浸水捆扎，以专用塑料篮散装并及时运输加工。除去叶柄，用清水洗去红苕叶上的泥土、尘沙等污物，沥干水分。再用机器或手工轧切成0.5 cm见方的小片。

(2)杀青。以紫苏、陈皮为药料，经烘干、制末，以纱布包装后熬制汁液。然后按照1.25%的浓度(质量百分比)将杀青液喷洒在碎薯叶上，使其多酚氧化酶钝化。

(3)烘干。将上述处理好的红苕叶在25～40 ℃的烘房中烘28～30 h。市售的茶叶一般水分较多，所以应投入炒茶锅中复火1次，炒至含水量6%～7%即可，同时也可使茶叶的风味提高。

(4)拼配。按质量百分比以茶叶59.4%、红苕叶40%和杀青药料0.6%(喷洒在薯叶上)进行拼配。

(5)粉碎、过筛、包装。利用粉碎机对拼配料进行粉碎，要求粒度全部通过16目并留存在60目筛上，应尽量少产生粉末并去除粉末。用茶叶包装机包装成50～250 g袋装，密封，经检验合格即成。

7.4.2 甘薯淀粉生产加工技术

一、鲜甘薯淀粉的传统制法

鲜甘薯淀粉的传统制法大多采用酸浆法。其工艺流程为：鲜甘薯→洗涤→磨浆→过箩→兑浆→撇缸→坐缸→撇浆→过筛→小缸→起粉→吊包→干燥。

(1)洗涤。在盛有清水的木槽或缸内，人工清洗鲜甘薯。

(2)磨浆。将洗净的甘薯送入磨浆机内，加水磨成薯糊(鲜薯与水之体积比为1∶3～1∶3.5)，为了使淀粉乳容易沉淀，可在磨碎时加入少量的石灰水。

(3)过箩。将薯糊倒入孔径为80目的铜丝箩手筛中，然后分数次倒入小浆和大浆并不断搅拌。箩底剩下的粉渣加水淋洗。粉渣可用作饲料或制酒。

(4)兑浆。将过箩得到的淀粉乳倒入沉淀缸内，随即按比例加入大浆和水，调整淀粉乳的酸度和浓度，用木棒搅拌后，让其静置沉淀。沉淀过程中淀粉乳的酸度和浓度对淀粉和蛋白质的分离有着密切的关系。根据经验,大浆最佳 pH 为 3.6～4.0,缸中淀粉的浓度为 3.5°～4.0°Be′,加入大浆的量为淀粉乳量的 1/50,此时淀粉乳的 pH 在 5 以上。若气温高,发酵快,大浆用量可酌情减少。

(5)撇缸。兑浆静置沉淀完成后,即可进行撇缸,将上层汁液用瓢取出或由缸的开口处放出。留在缸底层的为淀粉。取出或放出的汁液含有蛋白质、纤维和少量淀粉,俗称毛粉。将过筛回收的淀粉并入大缸。粉渣可作为饲料。

(6)坐缸。在撇缸后留在缸底层的淀粉中,仍含有一定量的杂质,因此必须进一步通过水洗的方法将杂质排去。可注入清水,不停地搅拌使其再成为淀粉乳,然后静置沉淀。在沉淀过程中,酸浆起发酵作用,故称坐缸,坐缸温度为 20 ℃左右,天冷时须保温或加热水混合。坐缸发酵必须发透。在发酵过程中适当地搅拌,促使发酵完成。一般坐缸时间为 24 h 左右。天热可缩短一些时间,发酵完毕,淀粉沉淀。

(7)撇浆。坐缸所生成的酸浆称为大浆。撇浆即将上层酸浆撇出作兑浆之用。发酵正常的大浆有清香味,浆色洁白如牛奶。若发酵不足或发酵过头,则大浆的色泽和香味均差,兑浆效果不佳。

(8)过筛。撇缸后的粗淀粉含杂质仍较多,必须再过筛 1 次。将粗淀粉加水稀释,过 120 目细筛。细渣作饲料,淀粉乳转入小缸。

(9)小缸。过筛后的淀粉,仍含有少量杂质,可注入清水洗涤,然后静置沉淀。约需 24 h,这时应防止出现发酵现象。

(10)起粉。沉淀完毕后,上层液体为小浆,取出后可与大浆配合使用,或作为磨碎用水。撇出小浆后,淀粉凝块的表面有一层灰白色的油粉,系含有蛋白质的不纯淀粉,可用水洗去。用铁铲将缸内淀粉取出,在淀粉底层有一层细小沙土,可用小刀刮去。

(11)吊包。铲出的淀粉,一般含有 55％左右的水分。将其置于洁净的白布中悬挂起来脱水(约 6 h)。待淀粉表面没有水,即可进行干燥处理。

(12)干燥。脱水后的淀粉,从布包中取出,切成小块放在盘中,在日光下晾晒,并随时翻动,不断搅碎粉块,晒干后粉碎包装即可。湿淀粉也可烘干到含水量 14％以下然后粉碎、过筛、包装。

二、鲜甘薯淀粉的工业化生产

以鲜甘薯为原料工业化生产甘薯淀粉的工艺流程为:鲜甘薯→洗涤→磨碎→脱色→筛分→分离→脱水→干燥。

(1)洗涤。将鲜甘薯用洗涤机洗净。甘薯洗涤机是一个长槽形设备,槽底有半圆形筛网,污水可通过,洗涤机内装有搅拌叶片,转速为 30 r/min 左右,每洗 1 t 甘薯通常耗水 2 t 左右。

(2)磨碎。洗净后的鲜甘薯送磨碎机磨碎。有的工厂分两次磨碎,磨碎效率高,但动力消耗较大。

(3)脱色。鲜甘薯淀粉乳含有一些多酚类物质和氧化酶,容易发生酶促褐变,因而可向磨碎后的淀粉乳中加入适量的脱色剂脱色。

(4)筛分。经磨碎脱色后的淀粉乳,先通过 80 目的粗筛,滤液再通过 120 目的细筛。筛分机可单独使用或结合手筛、喷射离心机、曲筛及离心转动筛使用。淀粉乳经粗筛和细筛筛分后能分离出 9.5％以上的游离淀粉。

(5)分离。经筛分、脱色后的淀粉乳液中还含有蛋白质、可溶性糖和色素等杂质,统称为蛋白水,必须分离处理。分离淀粉和蛋白水可用沉淀罐或斜槽,但不能连续生产。为使分离连续化,可采用喷嘴型离心机。除去可溶性杂质的淀粉乳中还残留有少量不溶性的不纯物,如微粒渣、粗蛋白及胶乳等,可利用淀粉与不纯物的密度差,采用静置、浮选或离心分离的分级处理方法除去杂质。

(6)脱水。早期淀粉厂多采用间歇上悬式或三足式离心机脱水,现采用篮式离心机或 WG-80、WG-120 等卧式自动刮刀离心机脱水,脱水后的湿淀粉含水量在 38% 左右。

(7)干燥。普遍采用快速气流干燥淀粉。干燥后的淀粉含水量为 14% 以下,包装即为成品淀粉。

三、甘薯干淀粉的制法

鲜甘薯由于贮存困难,不便运输,所以加工淀粉的季节性很强,大多在收获后立即进行,不能常年满足工厂的需要。一般甘薯淀粉厂大都以甘薯干为原料。其工艺流程为:甘薯干→预处理→浸泡→磨碎→筛分→流槽分离→碱、酸处理→脱水→干燥。

(1)预处理。甘薯干在加工和运输过程中混入了各种杂质,必须进行清理。清理的方法有干法和湿法两种。干法采用风选和磁选设备。湿法用洗涤机或洗涤槽清除杂质。

(2)浸泡。为了提高出粉率,甘薯要用石灰水浸泡。在浸泡的水中加入饱和的石灰乳使 pH 为 10~11,浸泡时间为 12 h。温度 35~40 ℃,然后用淋洗洗去色素和尘土。

(3)磨碎。浸泡后的甘薯片随水进入锤片式粉碎机进行磨碎。通常采用二次磨碎,即甘薯片第一次磨碎之后,经过筛并分离出淀粉后,再将筛上薯渣进行第二次破碎,破碎细度比第一次细些,再进行过滤。在破碎过程中,为了降低瞬时温升,根据二次破碎粒度不同,调整粉浆浓度。第一次破碎为 $3°~3.5°Be'$,第二次破碎为 $2°~2.5°Be'$。同时采用匀料器控制甘薯片的进量,均衡粉浆,避免粉碎机过载,以利于流槽的分离。

(4)筛分。经过磨碎得到的甘薯糊必须进行筛分,去除粉渣。筛分一般分为粗筛和细筛两次处理。筛孔大小应根据甘薯糊内的物料黏度和工艺来决定。如采用两次破碎工艺的过筛设备,第一次和第二次筛分均采用 80 目尼龙布,两次筛分所得淀粉乳合并,再用 120 目尼龙布细筛,以获得纯净的淀粉乳。

(5)流槽分离。筛分后的淀粉乳还须去除其中的蛋白质、可溶性糖和色素等杂质。常用的设备是沉淀流槽,由于淀粉与蛋白质相对密度不同,当它们从淀粉槽较高端流向较低端时,相对密度大的淀粉沉于槽底,蛋白质等物质随汁水流出至黄粉槽。沉淀的淀粉用水冲洗入漂洗池。

(6)碱、酸处理。淀粉碱处理的目的是除去碱溶性蛋白质和果胶等杂质。碱处理是将 $1°Be'$ 的稀碱溶液缓慢加入淀粉乳中,使 pH 为 12。同时用搅拌器以 60 r/min 搅拌 30 min。待淀粉完全沉淀后,将上层废液排放掉,注入清水清洗两次,使淀粉浆液接近中性即可。

酸处理主要是溶解淀粉乳中的钙、镁等金属盐类。处理时,将盐酸缓慢倒入,充分搅拌,防止局部酸性过强而造成淀粉损失。控制淀粉乳的 pH 为 3 左右。搅拌 30 min 后,停止搅拌。待淀粉完全沉淀后,排除上层废液,加水清洗,至 pH 为 6 左右。

(7)脱水、干燥。洗涤后的淀粉含水量达 50%~60%,用离心机脱水,使湿淀粉含水量降到 38% 左右。脱水后的淀粉经烘房或带式干燥机干燥至含水量为 12%~13% 即可包装。

7.4.3 甘薯粉条生产技术

先取保温盆所盛和面淀粉总量的 4%～6%,放入桶中。加入适量温水搅拌,待淀粉完全溶解于水中时,倒入开水,将糊冲熟。传统上有搅糊的习惯,不搅也行。糊的熟度要求在 95%以上。如熟度不达标,可适量加糊,因为糊的生熟与粉丝的质量有很大关系。此技术可以不用打糊,用碎粉丝上锅煮熟即可。如果没有碎粉丝也可以用漏好的熟粉丝代替。

和芡。把糊或碎粉丝倒入保温盆中,加入面状食用明矾,一般为和芡淀粉总量的 0.5%～0.6%。保温盆的温度一般控制在 50～60 ℃。春、秋、冬季用热水加温保温盆,注意温度不能过高或过低。春、秋季和芡用温水,夏季用凉水,冬季用甩手水。开动淀粉和面机,加入淀粉和水进行和芡。开始芡要搅得稍微硬一些,加淀粉、加水要慢,一直加到芡不太黏为止。经过充分的搅拌,芡已经搅得无粉粒,手感轻软,不黏手,则表示芡搅匀,和芡成功。和好的芡温度为 25～40 ℃,过高或过低都会影响漏粉速度和粉丝质量。粉丝和粉条的技术要求基本上相同,只是粉条的要求要比粉丝高些。粉条的劲比粉丝的劲大,漏粉丝的芡少加 1.0～2.5 kg 淀粉面,就可以漏粉条了。

和面机和好芡,打开保温盆开关,让芡自动流入真空机柄,密封填料后防止各部分漏气。先打开真空机的进水开关,没有水真空机不能正常工作,然后开动减速机,再开动真空电机,即可进行空气抽空。

真空芡团要立即放入漏瓢,开动打瓢机漏入锅内。粉丝的粗细可通过锅内水面距离与漏瓢高度来调节。在粉丝出锅沿上放一个滤下锅内热水的竹竿。待粉丝煮熟后,浮在水面上,用竹竿把粉丝头轻挑出来,放入水温不超过 30 ℃的冷水池内。及时向锅内添加冷水或热水,保持满锅水,温度达 98 ℃左右。漏粉过程中速度不宜过快或过慢,可以调节真空机的进水开关。水大芡硬,水小芡软,以达到合适的漏粉速度。

按照粉丝长度要求,捞在粉条杆上,成把后用手揪断,再放入水温不超过 15 ℃的摆粉池。在摆粉过程中,为了方便粉丝分离,可以加入少量麦芽粉或大麦芽、酒曲、糖化酶,使用效果较好。轻摆几次,浸泡 2～3 min,漂去表面淀粉糊,防止出现并条。

7.5 宁夏甘薯饲料加工

鲜甘薯藤约含干物质 14%,粗蛋白 2.2%(干物质中则含粗蛋白质 9%左右),无氮浸出物 7%,且含有维生素较多,是营养价值较高、适口性好的青饲料。切碎,打浆,晒干制成甘薯秧粉与其他饲料配合饲喂,猪也很喜食,但因甘薯藤干物质中粗纤维含量较高,饲喂时应适量。如果进行发酵处理,喂养效果极佳。

7.5.1 甘薯的营养价值

甘薯块根、茎、叶均含有丰富的营养成分,如淀粉、蛋白质、纤维素、维生素及各种氨基酸等。特别是维生素 A、维生素 B_2 及钙含量之高,是其他作物无法比拟的。薯干所含的干物质、钙、粗纤维、有效磷等与玉米含量相当或超于玉米,蔓粉所含的干物质、消化能、代谢能、粗蛋白、粗纤维、钙、赖氨酸等也均接近或超过玉米含量(见表 7-2)。

表 7-2　各种甘薯饲料与玉米养分含量对照表

营养成分	鲜薯	薯干	蔓粉	蔓青贮	玉米
干物质(%)	25.00	90.00	88.00	14.70	88.40
消化能(MJ/kg)	3.85	14.43	5.23	0.96	14.48
代谢能(MJ/kg)	3.68	13.51	4.90	34.39	13.64
粗蛋白(%)	1.00	3.90	8.10	1.50	8.60
粗纤维(%)	0.09	2.30	28.50	3.80	2.00
钙(%)	0.06	0.15	1.55	0.29	0.04
磷(%)	0.07	0.12	0.11	0.03	0.21
有效磷(%)	0.05	0.12	0.11	0.03	0.07
蛋氨酸＋半胱氨酸(%)	0.11	0.11	0.03	0.04	0.27
苏氨酸(%)	0.15	0.15	0.03	0.05	0.31
异亮氨酸(%)	0.12	0.12	0.04	0.05	0.26
精氨酸(%)	0.14	0.14	0.03	0.06	0.39
赖氨酸(%)	0.13	0.13	0.28	0.06	0.23

　　将薯干粉与蔓粉以 1∶1 的比例混合,1 kg 混合后的薯、蔓粉按养分含量计算相当于 0.7 kg 玉米,而且每亩甘薯可生产干物质 1 500 kg,相当于玉米(按每亩玉米 400～600 kg 计算)的 2.5～3.75 倍。所以,甘薯是一种上好的饲料作物。将薯块、茎叶或加工后的副产品(粉渣、糖渣等)通过简单的加工制成各种饲料,不但能提高饲料的营养价值,增加饲料的适口性,有利于家畜的生长发育,而且可以丰富饲料资源(见表 7-3、表 7-4),减少对粮食的依赖。

表 7-3　不同农作物秸秆的营养成分

种类	干物质(%)	粗蛋白(%)	粗纤维(%)	钙(%)	磷(%)	消化能(MJ/kg)	代谢能(MJ/kg)
蚕豆叶	25.0 (100.0)	3.4 (13.6)	3.8 (15.2)	0.07 (0.28)	0.05 (0.20)	3.09 (12.34)	2.13 (8.57)
萝卜秧	8.9 (100.0)	2.4 (27.0)	1.1 (12.4)	0.18 (2.02)	0.03 (0.34)	0.92 (10.13)	0.79 (9.37)
南瓜秧	13.1 (100.0)	1.8 (13.7)	3.3 (25.2)	0.45 (3.44)	0.12 (0.92)	1.46 (11.17)	— —
甘薯秧	13.9 (100.0)	2.2 (15.8)	2.6 (18.7)	0.22 (1.58)	0.07 (0.50)	1.63 (11.88)	1.05 (7.57)
大白菜	6.0 (100.0)	1.4 (23.3)	0.5 (8.3)	0.03 (0.50)	0.04 (0.67)	0.79 (13.18)	0.63 (10.54)
甘蓝	12.0 (100.0)	2.6 (21.7)	1.3 (10.8)	0.13 (10.83)	0.07 (0.58)	1.55 (12.91)	1.17 (9.75)

注:每个种类下行数据为占干物质百分比。

表 7-4　不同农作物秸秆的营养成分(%)

种类	水分	粗蛋白	粗脂肪	粗纤维	无氮浸出物	粗灰分	钙	磷
稻草	15.00	4.80	1.42	5.63	9.81	2.40	0.69	0.60
冬小麦秸	15.00	4.50	1.63	6.73	6.80	5.40	0.27	0.08
春小麦秸	15.00	4.40	1.53	4.23	8.90	6.00	0.32	0.08
玉米秸	5.50	5.70	1.60	29.30	51.30	6.60	—	—
谷草	15.00	6.80	2.00	27.80	40.60	6.80	0.50	0.10
大豆秸	15.00	5.70	2.03	3.73	9.40	4.20	1.04	0.14
花生秧	10.00	12.20	—	21.80	—	—	2.80	0.10
甘薯秧	13.70	10.30	—	25.70	—	—	2.44	0.16
大麦秸	12.90	6.40	—	33.40	—	—	0.13	0.02

注:摘自邢廷铣编著的《农作物秸秆饲料加工与应用》,2000 年

7.5.2 甘薯蔓鲜饲料

将甘薯蔓铡短、粉碎和打浆不仅便于家畜咀嚼、减少耗能,而且还可以大大缩小饲料体积,使家畜增加采食量,并减少饲喂过程中的饲料浪费。同时,粉碎后的细粒有利于消化液的作用,可提高饲料的消化率。此外,切碎或粉碎后也易于和其他饲料配合,甘薯蔓适口性得到提高,因此,这是实践上常用的方法。

甘薯秧打浆后用来喂猪,已被养猪专业户所采用。甘薯秧打浆后可大大增加猪的采食量,甘薯秧饲料利用率可提高 30%～40%。实践证明,1 头 50 kg 的猪一天可吃切碎的鲜甘薯蔓 8.6 kg,打浆后可吃 12 kg,而且干物质和无氮浸出物的消化率均略有提高。饲料铡短或粉碎的程度,应随家畜的种类而定,一般牛为 3～4 cm,马为 2～3 cm,猪为 1 cm。饲料不可铡得过细,饲料在瘤胃内的停留时间缩短,常常会引起纤维物质消化率低,容易引起反刍动物咀嚼不好,不利消化。甘薯蔓打成浆后捞出,淋水可用来拌料。

由于鲜甘薯果胶质和黏性多糖含量高,导致家畜吃鲜甘薯的消化吸收率并不高,只有 30% 左右的消化吸收率,如果使用粗饲料降解剂进行处理,可以把鲜甘薯转化成液体状态,甘薯的营养利用率提高了 80% 以上。当然,由于单一喂甘薯的营养价值不高,最好是在喂猪禽等之前,与其他饲料原料进行搭配,配合使用,则可以最大限度地提高甘薯的消化利用率,并不影响家畜的生长速度。

7.5.3 甘薯茎叶青贮饲料

甘薯茎叶青贮饲料具有独特的香味,家畜爱吃且易消化吸收。甘薯茎叶的青贮就是将甘薯饲料贮于窖、缸、塔、池及塑料袋中压实密封贮藏,使其在缺氧条件下自然利用乳酸菌厌氧发酵,产生乳酸,使贮藏窖内的 pH 降到 4 左右,此时大部分微生物停止繁殖,而乳酸菌由于乳酸的不断积累,最后被自身产生的乳酸所控制而停止生长,既可以保护饲料的营养物质不受损失,又可使饲料保持青鲜多汁的特点,并具有酸香味,牲畜比较爱吃,贮存时间较长。既可供常年喂养牲畜之用,又利于甘薯过腹还田和生态农业的良性循环。

一、青贮方法

青贮有塑料袋青贮和窖式青贮两种。即将秧通过粉碎机一次性将甘薯茎叶铡碎至2～3 cm长,将甘薯茎叶切碎,取500 kg,玉米粉10 kg,拌匀,然后将料填入陶缸或水泥池中,压实压紧,扎口或密封好。堆上料压实后再盖上塑料膜,压边密封,进行发酵,2～8 d(夏天短、冬天长)即可饲喂。青贮技术的关键程序是切碎和填装并排出窖内空气、压实密封,以及掌握适宜的水分含量为乳酸菌繁殖提供良好条件。青贮甘薯其干物质的营养价值比单纯甘薯草粉高,且适口性更好,消化率高达73%以上。

二、水分控制

发酵青贮饲料最关键的技术:一是要控制好含水量;二是要严格厌氧发酵,即压实密封。注意控制物料的含水量是此项技术的最关键的内容之一,也是所有青贮发酵技术的关键。注意料的含水量达到50%～70%为最好(手捏成团,手指间有水浸出但以不滴出为度,如果用的甘薯叶太湿,则需要适当晾干或晒干2～5 h,变软后再用)。尤其是甘薯鲜茎叶都是比较大的,可以达到85%的含水量,如果直接进行降解处理,在发酵过程中牧草中的水分会因细胞破裂而渗出来,造成物料含水量过高,发酵容易糜烂甚至发臭,同时产酸过多,并可能产生亚硝酸盐,造成亚硝酸盐中毒。如果不想用晒的方法,或遇到长期阴天,解决含水量的方法还有掺入吸水性的材料如细米糠、细麦麸、其他作物秸秆粉等20%以上一起发酵,以便发酵过程中青饲料渗出的水分被这些吸水性材料吸掉。

三、甘薯青贮的密封

当甘薯装贮到离窖口60 cm左右时即可加盖封顶,这是调制优质青贮料的一个重要环节。封窖时,先用塑料薄膜围盖一层,加一层切短的甘薯或软草(厚20～30 cm),再加30～50 cm土夯实,做成馒头形,并将表面拍光滑,以利排水。封好后,应在距离窖口四周1 m处挖一条排水沟,并经常检查窖顶部有无下陷现象。如发现下陷或裂纹,应及时添加封土重新修复,以防进水、进气、进鼠,影响青贮质量。

四、青贮饲料的调制

为了保证青贮饲料的营养成分不丢失和提高其营养价值,可在青贮过程中加入适当的添加剂,但必须保证要混合均匀,比如在青贮饲料中加入占青贮饲料重量0.10%～0.15%的食盐,各种家畜都喜爱吃。如果加入磷酸类添加剂,能使青贮饲料很快酸化,防止有害细菌繁殖。

几种常用添加剂的用途和用量如下:

食盐。在青贮原料含水量低、质地粗硬、植物细胞液汁难渗出的情况下,每吨添加2～5 kg食盐,可以促进细胞液汁的渗出,有利于乳酸菌的繁殖,加快饲料发酵,提高青贮饲料的品质。

尿素。其是一种很好的添加剂。添加尿素的甘薯青贮饲料只可喂食反刍家畜。一般青贮玉米中只含有4.5%的可消化蛋白,而牛需要从饲料中摄取12.5%～15.0%的可消化蛋白。在缺乏粗蛋白质的青贮饲料中添加尿素,可以提高青贮饲料中的粗蛋白质含量,获得较高的经济效益。青贮饲料中添加尿素时用量要适当,添加过多家畜食后容易中毒,过少起不到应有的作用,一般以青贮饲料重量的0.3%～0.5%为宜。

石灰石(碳酸钙)。若以产奶的钙需要量来计算,玉米产品的钙含量是偏低的。因此,最好在每吨玉米青贮饲料中添加 4.5～9.0 kg 石灰石,若以干物质计算,可提高其钙含量的 0.5％～1.0％。石灰石还可以对青贮饲料的酸碱度起到一定的缓冲作用。

五、青贮饲料的管理

由于青贮饲料的成熟及土层压力,窖内青贮饲料会慢慢下沉,土层上会出现裂缝,出现露气。有时因装窖时踩踏不实,时间稍长,青贮窖会出现窖面低于地面,雨天会积水。因此,封窖后要经常检查青贮窖,发现裂缝或下沉,要及时覆土,以保证青贮成功。如果发酵后酸度过高,可以用 1％～3％的小苏打或生石灰粉(注意不能在发酵前加入)进行中和后,再喂动物。如果要长期保存,则要密封严格,并压紧压实处理,尽量排出包装袋中的空气,这样不仅可以长期保存,而且在保存的过程中,降解还在进行,时间较长后,消化吸收率更好,营养更佳。当然,前提条件是能确保密封严格,不漏一点空气进入料中,这样时间越长,质量更好,营养更佳。

六、甘薯青贮饲料的鉴定与使用

(一)甘薯青贮饲料的鉴定

在一般生产条件下,闻青贮饲料的气味、看颜色与质地,就能评定其品质的好坏。正常的青贮料有芳香气味,酸味浓,没有霉味;颜色以越近似于原料本色越好;质地松软且略带湿润,茎叶多保持原料状态,清晰可见。若酸味较淡或带有酪酸味、臭味,色泽呈褐色或黑色,质地黏成一团或干燥而粗硬的就属于劣质青贮饲料了。质量过差、黏结发臭、发霉变黑的青贮饲料不能喂畜。

(二)甘薯青贮饲料的取用

1.逐层取用。取用全株青贮玉米时,要尽量减少青贮料与空气的接触,逐层取用,取后立即封严。圆形窖揭盖后逐层往下取用,不能从中间挖窝,取料后及时盖好。长方形窖,应从一头开挖,垂直往下逐段取用,取后即盖妥。每次取出数量应依喂量而定,随用随取,保持新鲜。

2.不宜单喂。青贮甘薯缺乏牲畜必需的赖氨酸、色氨酸,铜、铁、维生素 B_1,故应配合大豆饼粕类饲料或鱼粉、骨粉或氨基酸添加剂等饲喂。妊娠后期母畜少喂或不喂。

3.过渡处理。在正式饲喂之前要进行过渡,可采用第 1 天喂 1/3 青贮饲料加 2/3 以前的饲料;第 2 天喂 1/2 青贮饲料加 1/2 以前的饲料;第 3 天喂 2/3 青贮饲料加 1/3 以前的饲料的方法。喂量视家畜种类、年龄、体重、生理状况而定。孕畜应少喂。

(三)防止青贮饲料二次发酵

青贮饲料二次发酵是指青贮饲料在开窖饲喂后,由于窖内温度升高而使通气部分青贮饲料产生发霉的现象。品质较好的青贮饲料易发生二次发酵。出现二次发酵后,青贮饲料的糖分可损失 10％～24％。若有大量的霉菌活动而发生霉变或产生亚硝酸盐,喂牛羊后,会造成一定程度的危害。二次发酵是在开封后青贮饲料与空气接触后开始的,所以要根据所养牛羊的数量和采食量决定开口大小,开口要尽量小。每次取出青贮饲料后,用塑料薄膜将表面盖好,使之不通气。已经发生二次发酵的青贮饲料,又一时吃不完的,应把上层已发热的饲料装到密封的塑料袋中,尽快饲喂。对下层的青贮饲料用丙酸按每平方米 0.5～1 L 的剂量喷洒表面,上面覆盖塑料薄膜,这样可有效制止青贮饲料的二次发酵。

七、甘薯青贮的好处

(1)提高植株利用率,减少营养物质的损失。甘薯青贮在制作过程中,氧化分解作用微弱,养分损失少,一般不超过 10％。而且茎叶柔嫩多汁,可消化的维生素、蛋白质、脂肪等养分含量丰富。

（2）甘薯青贮后能增进家畜食欲,在冷季时节,可使家畜吃上营养价值很好的新鲜青绿饲料。甘薯青贮,经微生物发酵后,碳水化合物转化成乳酸、醋酸、琥珀酸和醇类,气味酸甜芳香,消化率高,适口性好,能增进家畜食欲,并有促进消化的功能。

（3）青贮甘薯耐贮藏,可供四季饲喂牲畜之用。同时,制作青贮料比堆垛同量干草要节省一半占地面积,还有利于防火、防雨、防霉烂等。

八、饲喂青饲料亚硝酸盐中毒时的解救方法

最佳治疗药物是1%美蓝(又名亚甲蓝)注射液。取美蓝1 g,溶于10 mL浓度为75%的酒精溶液中,再加生理盐水90 mL混匀,按1～2 mL/kg体重静脉注射或耳根部肌肉注射,必要时过2 h后再注射一次。也可以用5%甲苯胺蓝治疗,每千克体重静脉注射或肌肉注射1 mL,起效快,无副作用,效果较美蓝好。若没有上述药物,注射大量的Vc,也可以起到治疗效果,按猪只大小,每头猪用5%Vc 10～40 mL,与25%葡萄糖溶液100～250 mL混合后,静脉注射,一般一次即可治愈,重症者间隔2～3 h后,再重复注射一次。

第八章 青海省甘薯

8.1 青海省简况

8.1.1 地理位置

青海省,简称青,古称西海、鲜水海、卑禾羌海,自十六国时期始称青海。1928 年设青海省,省会西宁。位于我国西北地区中南部,青藏高原的东北部,东西长 1 200 km,南北宽 800 km,与甘肃、四川、西藏、新疆接壤,总面积为 7.223×10^5 km²,约占全国总面积的 1/13。青海省地势高峻,全省平均海拔在 3 000 m 以上,为长江、黄河、澜沧江等大河的发源地,故有"江河源头"之称。

8.1.2 行政人口

青海省现辖 2 个地级市、6 个民族自治州、3 个县级市、27 个县、7 个民族自治县,是一个多民族聚居的省份,全省共有 43 个民族,少数民族人口占全省总人口的 42.8%。青海省第六次人口普查工作数据表明,青海省常住人口为 562.67 万,2012 年末全省常住人口为 573.17 万。

8.1.3 气候条件

青海属大陆性干旱、半干旱高原气候。地处中纬度地带,太阳辐射强度大,光照时间长,年总辐射量每平方厘米可达 690.8～753.6 kJ,直接辐射量占总辐射量的 60% 以上,年绝对值超过 418.68 kJ,仅次于西藏,位居全国第二。气温日差较大,年差较小;降水地区差异大,东南部地区雨水较多,西部地区干燥多风。全省年降水量只有 50 mm,无霜期为 3～6 个月,主要地区年均温为 -6～4 ℃,盛夏 6～8 月均温为 5.4～19.9 ℃。

8.2 青海省农业概况

青海深居高原内陆,农业气候的特点是干旱少雨,低温霜冻,无霜期短,对农作物生长不利;而日照时间长,光照充足,雨热同季,有利于光合作用和干物质积累,粮油作物单产较高,柴达木盆地曾创造了世界春小麦最高纪录。全省自然灾害频繁,干旱、霜冻、冰雹、洪水、低温、雨涝年年发生,对农业生产造成了极大的威胁。

青海省的农业主要集中在东部农业区、海南台地和柴达木盆地。全省现有耕地 5.899×10^5 hm²,占总面积的 0.82%,宜农耕地大部分在日月山以东的湟水、黄河流域,其次是柴达木盆地、共和盆地,祁连山北部边缘和青南高原东南部边缘海拔较低的河谷地带也有小面积分布。

农作物以小麦、青稞、蚕豆、豌豆、马铃薯和油菜六大作物为主。由于受到青藏高原冷凉气候的影响,全省绝大多数地区春种秋收,一年一熟,复种指数为 95%,黄河及其支流湟水沿岸的温暖灌区可以间套复种粮、菜、饲料。2012 年全省农作物总播种面积 $5.509\,4\times10^{5}$ hm^{2}，其中粮食作物播种面积 2.802×10^{5} hm^{2}，经济作物播种面积 $1.856\,5\times10^{5}$ hm^{2}，蔬菜播种面积 5.097×10^{4} hm^{2}，2012 年全年粮食产量 1.015×10^{6} t。

8.3 青海省甘薯生产情况

青海省地处高原、干旱、寒冷地带，无霜期短，自然气候条件恶劣，绝大部分地区气候条件不适合种植甘薯。在 2011 年 8 月对青海省甘薯生产考察中了解到，以前可能在青海省东部海东市民和县当地农民有自发零星种植少量甘薯，主要用途为满足自家食用。现在也有可能在其境内的低海拔、河谷地带的少数涉农企业(以保护地栽培方式)有零星种植，即在大棚温室中种植叶用蔬菜甘薯和食用甘薯。但这种展示性种植的数量也极少。因此，青海省农业统计数据中一直没有明确的甘薯种植面积、产量等统计资料。

8.4 青海省甘薯消费情况

虽然由于自然条件等各种因素的影响，青海省内除了海东市民和县有少量甘薯种植外，其他地方几乎没有甘薯种植，但从对青海省甘薯的考察情况来看，在西宁市当地还是有部分市民有甘薯消费的习惯和需求。在超市、农贸市场、街头等有鲜甘薯或甘薯熟制品销售。据称紫甘薯进口于越南等地，单价为 10 元/kg。见图 8-1。

图 8-1　西宁市农贸市场的紫甘薯销售摊

烤甘薯摊的普通烤甘薯价格为 10 元/kg 左右，而烤紫甘薯在 20 元/kg 左右，每天的销售量不少。

在西宁市的菜市场上紫甘薯和普通甘薯的鲜薯主要作为市民口味调节的食品，消费量不大；商场、干货店有甘薯加工产品销售，如甘薯条、膨化甘薯等；另外，在一些餐厅中有作为菜品的紫甘薯、小甘薯。整体上看，青海省甘薯还是以休闲小食品作为主要的消费方式。

虽然青海省很少有甘薯种植，但随着人们对甘薯营养保健价值的深入了解和认识，其消费对象和消费数量将会进一步增大，尤其是针对青海省的特殊地理和气候，发展菜用型甘薯将会有很好的市场前景。

8.5 青海省甘薯发展存在的主要问题

根据对青海省甘薯产业考察的情况分析,影响青海省甘薯产业发展的主要因素有以下几个方面:

1.青海省地处高原、干旱、寒冷地带,温度、水资源等自然因素对甘薯生产的制约很大。

2.甘薯与其他农作物(如马铃薯、小麦等)存在争地的情况,农民会选择更适合当地、栽培技术更成熟、经济价值更高的农作物种植。

3.甘薯的生产配套技术应用差、甘薯种植成本高(如采用大棚种植等方式)。

4.省内农牧部门对甘薯生产发展的重视不够、支持太少等。

5.甘薯消费市场有限。

8.6 青海省甘薯未来发展前景

针对当地多数人民群众无消费甘薯的习惯,应大力宣传食甘薯的营养保健作用和延年益寿功能,让青海人重新认识甘薯,提高其甘薯消费量。

在发展策略上,针对青海省地处高原、干旱、寒冷地带,城市、农村都较为缺乏新鲜蔬菜的实际,在其境内的农业种植条件较好的一些区域,可采用大棚、温室栽培或塑料膜覆盖的保护地栽培,重点发展叶用蔬菜甘薯、紫甘薯和优质食用甘薯种植,可能会有较好的开发前景。同时要尽量选用抗病、抗旱、生育期短的甘薯品种。栽培上也可以采用脱毒薯苗进行种植(每亩可增产30%以上),提高产量。

青海省甘薯的发展可重点利用和扶持农业产业化企业或种植大户、专业合作社等,在境内的农业种植条件较好的一些区域,采用大棚、温室栽培或塑料膜覆盖的保护地栽培,发展叶用蔬菜甘薯、紫甘薯和优质食用甘薯。甘薯是无性繁殖作物,不像禾谷类作物有严格的生育期,本身就有抗逆性强、再生能力强等优点。由于该省城市、农村一年四季都比较缺乏蔬菜,发展叶用蔬菜甘薯将有十分广阔的前景。只要坚持选用优良甘薯新品种和运用先进的栽培技术,将会有较好的经济效益、市场前景。

第九章 新疆维吾尔自治区甘薯

9.1 新疆甘薯种植历史

9.1.1 新疆农业生产概况

新疆有发展大农业的良好条件,不仅水源稳定,光热充足,土地和草原辽阔,而且各族农牧民勤劳智慧,在千百年的生产实践中,培育出了适应新疆条件的大量农作物和牲畜品种,积累了丰富的生产经验。

新疆充分发挥得天独厚的水土光热资源优势,大力实施资源转换战略,坚持发挥区域比较优势,以市场为导向,依靠科技带动,不断调整优化农业结构,推进特色农业区域化布局,做大做强特色农业,全面推进优势农产品基地建设、特色农业产业带建设,有力地支撑了新疆农民收入持续较快增长的势头。新疆是农业大区,农业一直是推动经济增长的主要动力。但与全国其他地区相比,发展层次和水平仍然不高,农业产业化水平低,第一产业的作用还没有充分发挥。随着世界经济一体化和全球化进程的不断推进,对农业经济的要求逐渐提高。如何正确地选择优先发展的产业,对推动农业产业结构的调整、提高农业的产业化水平具有重要的意义。

新疆农业发展其结构调整可以划分成三个阶段:第一阶段是 20 世纪 50 年代至 80 年代中期,农业以大力发展粮食生产为主,以粮食生产作为基础产业;第二阶段是 20 世纪 80 年代中期到 90 年代末,发展重点开始转向"不放松粮食生产,大力发展经济作物生产",此时以棉花为主导的经济作物成为种植业的主导产业;第三阶段是进入 21 世纪以来,以市场为导向,以结构调整为重点,以增加农牧民收入为目标,在保证粮食安全、棉花稳定的基础上,南疆农业结构开始向以林果业为主导,围绕畜牧业的战略方向转移,北疆确立了以畜牧业为主导,围绕畜牧业、调优种植业的新的发展思路。

改革开放的十几年来新疆种植业的连年大丰收,是全疆各级党政带领广大农民不断调整农村生产关系,大力解放和发展生产力的结果。一是积极稳妥地推进农村经济体制改革;二是按照高产、优质、高效的原则和市场需求,积极调整,不断改善种植业内部结构;三是依靠科技进步,坚持走科技兴农的路子;四是切实增加投入,不断改善生产条件。

为适应将来农业劳动力短缺逐年加剧的情况,以机械化为主线,结合优良品种、合理施肥、脱毒技术、现代植保等技术达到高产、高效、低成本、低劳动强度的目的,为新疆棉花产区的作物倒茬探索一条可靠的农民增效之路,也将成为新疆农业发展新的趋势。

9.1.2 新疆甘薯栽培历史

甘薯引入我国栽培的历史已有四百多年,而新疆种植甘薯的历史只有 1949 年至今的几十年,主要品种来源于山东、河南等甘薯主产区。通过农民自主形式地将薯块带入新疆种植,经自然或人工选择,已产生了一部分不同于原种的类型,这些品种具有很强的地方适应性,对新疆地区干旱、低温、瘠薄等不利气候和土壤条件具有较强的适应性。

9.1.3 新疆甘薯种植面积

中国是世界上最大的甘薯生产国,2011 年中国种植甘薯面积约为 4.6×10^6 hm²,占世界甘薯种植面积的 50.0% 以上。近年来优质食用型品种种植面积进一步扩大,开始出现集约化种植模式。甘薯及淀粉价格的高位稳定,使种植效益明显提高,且随着农户甘薯种植规模的扩大,效益明显增加。四川、重庆等省市种植面积继续下滑,湖北、湖南、河北等省种植面积略有增加。

新疆农业生产中甘薯种植面积继续呈现稳步增加趋势,新技术、新品种的推广促进甘薯单产提高,种植甘薯的比较效益提升是农民乐种甘薯的重要原因之一。根据统计年鉴记录,新疆现种植甘薯面积已达到 4.333×10^4 hm²。以目前的种植面积以及创造的产值而言,甘薯产业在新疆尚不能跻身较大的农业产业行列,而随着新品种甘薯的迅速推广、农业机械化的应用、加工企业的兴起,甘薯产业方兴未艾。

9.1.4 新疆甘薯产量

中国种植甘薯年平均总产量约为 7.8×10^7 t,占世界甘薯总产量的 75.3%,其总产量在国内粮食作物中位居第四,仅次于水稻、小麦和玉米。依据甘薯产业技术体系调研资料,单产呈逐步增加趋势,鲜薯总产保持在 1.0×10^8 t 左右。

过去新疆农民普遍种植的传统甘薯品种由于品种退化,单产较低。从 2009 年开始,新疆农业科学院粮食作物研究所通过国家甘薯产业技术体系和国家甘薯改良中心逐步引进了经过脱毒处理的甘薯新品种,经过 3 年适应性筛选,徐薯 18 号、徐薯 26 号、徐薯 28 号、徐 20-1、万紫 56 号、广薯 87 号、济薯 19、商薯 19 号等十多个新品种在新疆区域表现良好,这些甘薯新品种涵盖了鲜食、烤食、淀粉加工等各类型甘薯,不仅品质好,而且单产比传统品种平均提高 20% 左右。在引进新品种的基础上,结合新疆农业气候改进传统的甘薯种植技术,逐步推广起垄覆膜＋滴灌种植技术,这些种植技术上的进步进一步提高了甘薯的单产。新品种加新技术使得甘薯单产突破 3.75×10^4 kg/hm² 的高产种植户不断增加;种植甘薯的比较效益日渐凸显。

9.2 新疆甘薯生产情况

9.2.1 新疆甘薯种植生境

新疆深居内陆,远离海洋,高山环列,使得湿润的海洋气流难以进入,形成了极端干燥的大陆性气候。新疆气候属温带大陆性气候,冬季长、严寒,夏季短、炎热,春秋季变化大。日照丰富是新疆气候的一大特色,新疆全年日照时间为 2 550～3 500 h,在全国各省、市、区中居于前列。新疆不仅日照时数充足,而且地面接受的太阳辐射总能量也较大,年太阳能总辐射量为每平方米 5 000～6 490 MJ。

新疆高山有冰川分布,河流纵横,山泉、湖泊遍布,水资源稳定,为发展种植业、畜牧业、林业提供了优越条件。农田灌溉面积占耕地面积的 80% 以上。全区水资源总量 832.8 亿立方米,地表水资源量 788.7 亿立方米,地下水资源量 502.6 亿立方米。

新疆≥10 ℃积温由南向北,由盆地向山区逐渐减少。除北疆北部一部分地区和山区<2 000 ℃

外,北部阿勒泰、西部塔城盆地以及伊犁河谷东部多为 2 500～3 000 ℃,西部多为 3 000～3 500 ℃;沿天山北麓中西部>3 500 ℃,其中精河、乌苏、沙湾以及靠近准噶尔盆地腹地的炮台、莫索湾、车排子等地为 3 600～3 700 ℃,克拉玛依近 4 000 ℃。吐鲁番盆地为 4 500～5 400 ℃。哈密盆地和淖毛湖洼地为 3 950 ℃和 4 300 ℃。南疆平原绿洲多大于 4 000 ℃,其中阿图什为 4 500 ℃。

综上所述,在新疆发展甘薯产业,从气象条件上讲,还是有很多的适宜区域。另外,由于新疆种植甘薯时间短,以及干燥的气候条件大大降低了甘薯病虫害的发生概率。新疆主要甘薯种植区域见图 9-1。

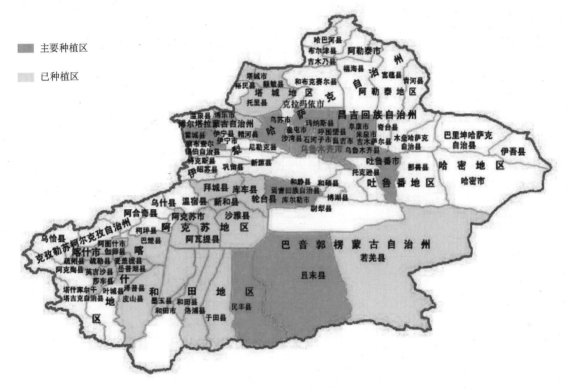

图 9-1　新疆维吾尔自治区甘薯种植分布图

9.2.2 新疆甘薯育苗方式

一、加热式育苗

在甘薯育苗期时,由于新疆气候条件不同,外界温度低,不能满足甘薯发芽的条件,所以必须采用主动加热苗床来进行育苗。一般分地暖式和土炕式,前者容易控制温度,更加利于出苗。关键技术如下:

第一,种薯消毒。将选好的薯块放入 0.2% 多菌灵或甲基托布津溶液中消毒 20～25 min,捞出、晾干后运入温室加温,准备上床。

第二,苗床布置。苗床应在 10 月下旬至 11 月上旬准备就绪,育苗棚宽 1.2～1.5 m、长 12 m,母土以沙土掺马牛粪为主。

第三,种薯排放。3 月下旬,将种薯置于洒水后的苗床内,细沙土覆盖,覆膜。薯种平排,头尾方向一致,种薯间不留空隙,大小薯分开排,大薯排深些、小薯排浅些,上齐下不齐,排种后覆土

4～5 cm,以保证出苗整齐一致。

第四,温湿度控制。床面表土要见干见湿,一般 5～7 d 浇 1 次水,视情况而定。采苗前 1～2 d 停止浇水,防止采苗伤口感染。种薯上床到幼芽萌动 7～8 d。幼芽长出要 10 d 左右。这一段时间保持床温 35～36 ℃,超过 37 ℃会抑制发芽。温度降到 20 ℃或稍低炼苗,促进幼苗健壮生长。

第五,种薯栽植。剪苗前揭膜晾晒 3～4 d。

加热式育苗横切面示意图见图 9-2。

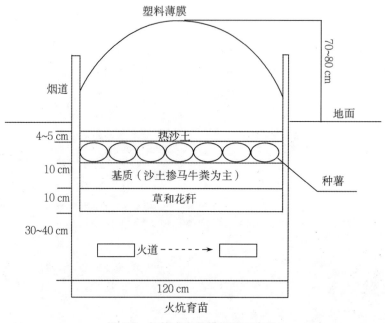

图 9-2 加热式育苗横切面示意图

二、大棚育苗

由于部分地区光能源丰富(如吐鲁番),可以充分利用光照提高温度对甘薯进行育苗。供热方式区别于加热式育苗,但育苗方式与加热式相同。

9.2.3 新疆甘薯栽培方式

一、轮作

由于新疆种植甘薯历时短,病虫害很少发生,因此,大部分种植甘薯的地区都连年种植甘薯,只有发生过线虫病或者棉花主产区的地区选择棉花、禾本科作物进行轮作。

二、净作

新疆种植甘薯以净作为主要种植方式,甘薯对土壤适应能力较强,但以土壤 pH 6.5～7.0 时最宜,深耕土壤,每公顷施腐熟基肥 45 000 kg、磷酸二铵(农业说法)300 kg、硫酸钾 450 kg,可适当增施微肥或草木灰 750～1 500 kg,氮、磷、钾比例基本控制在 1∶1∶2。

起垄时,垄距 75～80 cm,垄高 25～30 cm,每垄栽植 1 行,盖膜前每公顷用 50%辛硫磷颗粒剂 45 kg,以达到预防地下害虫的效果,也可在栽苗时撒入穴中,随后用 0.006～0.008 cm 薄膜覆盖。

根据当地的自然气候条件,要做到适时早栽,一般在晚霜过后,地温稳定在15℃时即可定植。种植密度根据品种、地力确定,长蔓品种宜稀,短蔓品种宜密,每亩薯苗保持在2 500~4 500株,按株距30~35 cm在膜顶上打孔,深度为10~12 cm,随扎孔及时将薯苗插入孔内,并用容器点水,盖土封严。

田间管理要注意薯苗移栽后3~5 d,进行查苗、补苗,对于田间过于弱小的薯苗,可将其及早拔掉,补栽壮苗,田间补苗越早越好,有利于实现苗齐,对生长期间膜有破损的地方,要及时盖土封严。甘薯生长期间,原则上不中耕,枝蔓生长旺盛的田块,不宜翻秧,只可向上提秧,若甘薯旺长严重可喷施多效唑1~2次,既可促进根茎膨大又不削弱叶片光合作用。在进入薯块膨大期后,每隔7 d可用0.5%尿素、5%草木灰水、0.2%磷酸二氢钾溶液等叶面喷肥,连喷2~3次,可有效防止甘薯早衰和提高产量。

9.2.4 新疆甘薯贮藏方式

一、室内贮藏

甘薯贮藏要求的适宜温度是10~15℃,中后期以11~13℃为宜。1月因气温低,甘薯容易遭受冷害,受冻甘薯到2月会在薯堆表面或洞口处形成腐烂,重者全腐烂。室内空气相对湿度以保持在85%~90%为宜,湿度过小薯块失水多,会出现皱缩、干尾现象,湿度过大产生冷凝水,薯块会受到湿害。甘薯在贮藏期间一直不间断地进行呼吸,随着二氧化碳浓度增加,氧气供应不足,呼吸会逐渐减弱。氧气严重不足会引起缺氧呼吸,造成自身中毒。因此,在贮藏期间要适当通风。

入窖后20 d到次年2月初为贮藏中期。此阶段薯块呼吸平缓,室温逐渐下降,加之进入严冬季节,保温是管理重点。室温可控制在12~13℃,最低不少于10℃。保温措施可采用封闭门窗、气眼,洞口挂草苫,薯堆上盖草,堆外垛草墙,室旁设风障等。

严冬季节室温低于9℃时,要用烟囱火炉生火或采取其他提温措施。立春以后气温逐渐回升,但天气寒暖多变。甘薯经过长期贮藏,呼吸能力降低,对不良环境的影响更为敏感。甘薯贮藏后期的管理切不可疏忽大意。贮藏量大和湿度偏高的,应在晴暖天气中午打开气眼,通风散湿,并注意及时关闭;室内过于干燥的,可喷洒适量温水,提高室内湿度。

二、灭菌剂浸种贮藏

如果贮藏用于育苗,可以采用灭菌剂浸种配合高温愈合的方法进行。甘薯在收获及入窖过程中容易受到损伤,干率低及可溶性糖含量高的品种受伤后愈合较慢,容易受到杂菌的感染而出现软腐。高温处理可促进甘薯伤口愈合,减少坏烂。同时高温处理可杀灭大部分黑斑病菌。高温愈合的具体做法是在2~3 d内将薯窖均匀加热至38℃,保持3~4 d促进伤口愈合,然后尽快将温度降至12~13℃。愈合过程中要注意尽量使温度均匀上升,避免局部高温伤害薯块。在雨季收获的甘薯进行高温处理可促进薯块的呼吸作用,释放出过多的水分,提高耐贮性。

9.3 新疆甘薯利用情况

9.3.1 新疆甘薯利用概况

新疆地处祖国西北角,是一个由多民族、来自五湖四海的人群共同构成的大家庭。基于新疆人口的构成特点,新疆的饮食文化也呈现出了多元化,街头巷尾有山东的煎饼、湖南的臭豆腐、新疆特色的椒麻鸡等,而且也有很多引领食用风尚的传统甘薯食品。

9.3.2 新疆传统甘薯食品种类

新疆的传统甘薯食品主要包括蒸制、烤制和炒制三大类制品。其中,蒸甘薯由于其工艺简单、对加工设备的要求低等特点,适合以家庭为单元的自主操作,因而成为新疆传统甘薯食品的主流。在烤制方面,主要以街头巷尾贩卖的形式流通,其常采用的方式主要是以煤为加热燃料,经密闭铁桶烘烤制备而成,烤甘薯由于其风味浓郁、口感甘甜等原因受到新疆人民的青睐。在炒制方面,新疆传统甘薯炒制食品,主要是由迁徙至新疆的各地人民,经代代相传而沿袭至今,产品种类主要有甘薯干、甘薯条等,市场流通量相对较小。

近年来,随着人们对甘薯认知的逐步深入,甘薯在营养、保健方面的作用日益凸显,甘薯的食用需求和新产品种类也日渐增多。

9.3.3 新疆甘薯加工新制品种类和企业发展规模

目前,新疆甘薯加工新制品以甘薯休闲小食品为主,种类达50余种。主要包括水晶类的甘薯饼、甘薯仔,紫色和黄色系列甘薯纽扣,紫色和黄色甘薯粒,甘薯陈皮和甘薯椰蓉系列小食品。代表性企业为新疆聚甜村食品连锁经营有限公司,该公司自2009年成立以来,历经3年的规范经营,随着新疆消费者对甘薯认知度和消费需求的逐步提高,目前已发展成为辐射哈密、博乐、阿勒泰、福海、伊宁、察布查尔、石河子、独山子、奇台和乌鲁木齐10地,加盟店达50余家的新疆甘薯小食品规模生产销售企业。

9.3.4 蓄势待发的新疆甘薯加工业

在西部大开发和援疆建设的大环境下,新疆能源、教育、科研、工业等事业发展迅猛。在此大环境下,结合新疆可开发耕地面积广大、甘薯产量高、甘薯优异的营养保健价值、甘薯制品良好的经济效益以及人们对甘薯制品的需求量逐渐增大等因素,新疆甘薯产业也得到了长足的发展。

如在甘薯生产加工原材料供给方面,2008~2011年新疆甘薯年产量以约每年30%的速度增长;在加工制品种类方面,新疆甘薯制品已由原先的传统蒸、烤、炒等相对单一的传统食品,进一步丰富为集甘薯水晶、甘薯纽扣、甘薯粒、甘薯陈皮和甘薯椰蓉等系列,种类达50余种的多元化产业;在甘薯的规模化加工方面,区内外咨询拟投产企业也相对较多。如国内著名的四川光友实业集团有限公司目前就正在筹划光友粉丝新疆昌吉分厂的建设事宜;新疆石河子地区也拟斥资千万,建设集基地、标准化种植、采收仓储、加工为一体的集约化甘薯淀粉生产示范产业化样板企业。

总之,无论是从甘薯加工原材料的供给方面,还是从甘薯加工制品种类和规模化生产角度分析,新疆良好的产业发展环境将会带给新疆甘薯加工业更美好的未来。

9.3.5 关于新疆发展甘薯加工业的几点建议

食品加工是一类涉及育种、栽培、采收仓储和生产加工技术的综合型产业。因此,新疆甘薯加工业的发展必然也会涉及甘薯加工适宜品种的选育,标准化栽培、采收和仓储、甘薯集约化精深加工以及产品宣传四大方面。以下就这四大方面,结合实际情况,谈几点新疆发展甘薯加工业的具体建议。

一、甘薯加工适宜品种的选育方面

我国甘薯品种资源丰富,据不完全统计,甘薯品种资源达 2 000 余份,如何将如此丰富的甘薯资源利用好,愈来愈引起区内外相关学者的关注。针对正在兴起的新疆甘薯产业,则可在引进、选育区外优良甘薯种质资源的同时,做好新疆甘薯种质资源的收集和保存工作,并结合各类甘薯加工制品加工原料的具体要求,完善选育甘薯品种的加工适宜性分类数据库,为新疆甘薯加工业的多元化发展提供各类适宜的甘薯种质资源。如针对甘薯的鲜食需求,可依据直接和间接食用方式,在引进和选育适宜直接食用的"水果"类甘薯种质资源,构架"水果"类甘薯种质资源特性数据库的同时,也构建了 YZ-5、95-2-1、红心王等间接食用甘薯种质资源特性数据库,为新疆鲜食甘薯的多元化发展提供第一手科技资料。此外,还可依据甘薯目前和未来加工制品种类及其生产要求,构建甘薯淀粉、甘薯花青素、甘薯类胡萝卜素和甘薯蛋白等专用甘薯品种数据库,从原料品种方面为新疆甘薯加工业的发展提供充分保障。

二、甘薯标准化栽培、采收和仓储方面

甘薯的栽培、采收和仓储是甘薯生产加工前的重要步骤,其标准化程度与专用薯种加工特性的稳定性联系紧密。如在栽培方面,不适宜的栽培方式,不但会造成甘薯减产,直接影响薯农的经济利益,而且会对加工目标产品的产率和品质产生一定影响。另外,不同采收方式和仓储条件,导致加工原料在仓储期间甘薯成分的变化亦会有所不同,进而易造成加工制品品质的不稳定性,影响制品质量和生产企业声誉。因此,在发展新疆甘薯加工业的同时,为保障新疆薯农和甘薯加工企业的切身利益,应进一步规范甘薯的栽培、采收和仓储流程。

三、甘薯集约化精深加工方面

新疆甘薯历来多以鲜食为主,近些年来,虽经多方努力,甘薯加工制品种类得到了进一步丰富,但丰富的甘薯制品多以甘薯水晶、甘薯纽扣、甘薯粒、甘薯陈皮和甘薯椰蓉等甘薯小食品为主,存在产业规模小、产业整体带动能力弱等问题。为此,在发展新疆甘薯小食品产业的同时,也应营造良好的产业环境,吸引区外企业落户和发展本土农产品加工企业,投身到新疆甘薯的规模化和精深化加工产业中来,进一步延伸新疆甘薯产业链,提升新疆甘薯产业发展水平。

近年来,工业生产环境污染问题日益引起人们的关注,甘薯加工虽属农产品加工领域,但其产业发展亦会对环境产生一定的污染。以我国现行甘薯主要加工制品——甘薯淀粉的生产加工为例,由于缺乏相关的必要有效措施,甘薯淀粉生产加工过程中产生的大量废水直接排放,会造成排放水域的"水华"现象,进而对排放水域的渔业和居民生活环境产生不利影响。

因此,新疆甘薯加工业的规模化和精深化之路,应将集约化和低有机物排放纳入考虑范畴之内。具体方式除了引进和研发一些高产值、低污染或无污染的甘薯产业类型外,还可依据产业污染源特性,使其变废为宝,在解决甘薯产业发展环境污染问题的同时,提高加工原料整体利用率,培育加工企业新的经济增长点。

还是以甘薯淀粉的生产加工为例,针对甘薯淀粉主要污染物——甘薯淀粉废渣和废水,可引进和吸收国内外相关先进技术,回收甘薯淀粉废渣中的淀粉和废液中的蛋白,同时纯化甘薯淀粉废渣中余下的主要成分甘薯纤维,采用此类技术不但能够有效缓解甘薯淀粉生产加工废弃物对环境的污染,而且产出的产品还能为企业带来较好的经济效益。如新疆金正薯业有限公司是一家致力于打造红薯种植、红薯深加工产业链的股份制企业,企业注册地五家渠市,注册资金 3 000 万元,项目一期投资 1 亿元,初级产品为精制红薯淀粉、纯红薯粉条,注册商标"薯乐美",产品销售市场立足新疆面向全国并积极开拓国外市场。公司于 2011 年 8 月开始动工建设,目前企业还处于建设之中,设备设计产能精制红薯淀粉 4 000 t/年,彩色粉条 2 000 t/年,设备处于全国领先水平。

四、产品宣传方面

甘薯作为我国重要的栽培作物,在一定时期内曾是我国重要的粮食作物,解决了一大部分人的吃饭问题,也正是因为如此,甘薯与"艰苦""救命粮"等词语结下了不解之缘。新时期,通过人们对甘薯认知的逐步深入,甘薯又因其优良的营养保健价值而被冠以"长寿食品""航天食品"等美誉。但由于缺乏相关的宣传,相当一部分人对甘薯的认知也还停留在"救命粮"的阶段,对甘薯产品的市场前景产生了诸多不利影响。因此,在发展新疆甘薯产业的过程中,需通过电台、电视台、网络、报纸等媒介,采取专家讲座等途径,从科学的角度详细阐述甘薯的营养性和保健性,培育营养、保健、健康的甘薯消费理念,进一步促进新疆甘薯产业的发展。

甘薯作为我国重要的优势农产品资源,加之其在营养、保健、防癌、抗癌等方面作用的日益凸显,甘薯的产业化加工利用已经引起人们普遍的关注。新疆作为我国面积最大的省份,因其广袤的土地资源和独特的自然气候特点,蕴含着多种产业发展机遇。相信集社会各界之合力,新疆甘薯加工业会迎来一个更加美好的明天。

9.4 新疆甘薯科研概况

9.4.1 新疆甘薯科研概况

新疆甘薯研究起步较晚,对甘薯的研究很薄弱。目前种植的甘薯品种基本上是无序引进的,产量、品质参差不齐,同时盲目引种使甘薯病虫害的发生日趋严重且导致甘薯产量较低。要促进新疆甘薯产业的发展,急需甘薯新品种的多元化引进与开发。

9.4.2 甘薯遗传育种研究

日照时长是新疆气候的一大特色,新疆全年日照时间为 2 550～3 500 h,在全国各省区中居于前列。日照时长加强了植物的光合作用,对喜光农作物的生长、发育都有良好的作用,并可以促进大多数甘薯品种开花,为甘薯杂交育种提供自然条件。但由于新疆地处祖国西北部,其非甘薯主要种植区,因此对甘薯遗传育种方面的研究也才进入探索阶段,现阶段仍然以优良品种的引进为主。增加品种资源的数量可为今后的遗传育种奠定良好基础。

9.4.3 甘薯抗(耐)旱性鉴定研究

甘薯抗(耐)旱性的鉴定评价,此前均采用人工模拟的方法,与自然干旱条件有着显著差别,对甘薯资源在自然干旱条件下进行鉴定评价,将提高甘薯种质抗(耐)旱特性的利用效率。新疆地处欧亚大陆中心,是我国典型的干旱、半干旱农区。作物生育期内干旱少雨,年降水量稀少,最低只有 6.9 mm(吐鲁番),最高也只有 238 mm(伊犁),平均不足 100 mm(天山南北),作物生长主要依靠融化的雪水灌溉,是全国农作物生长必须全程依靠灌溉的地区;新疆夏季气温高而湿度低,大气干旱和土壤干旱同时存在,是我国开展农作物抗(耐)旱性鉴定和育种的较理想地区。

抗(耐)旱性鉴定以产量性状为主,结合室内生理生化指标检测等辅助手段,目前已累计对国内外 200 份品种(系)资源进行了研究。通过在甘薯果实膨大期利用自然干旱对不同品种进行胁迫,采得叶片进行过氧化物酶、丙二醛、脯氨酸、叶绿素、可溶性糖、可溶性蛋白、生物碱等生理生化指标的检测,并结合果实鲜产产量分类出不同抗(耐)旱性品种及初步探索出甘薯生理方面的抗(耐)旱机理。

9.4.4 甘薯品种筛选研究

新疆甘薯产业正处于快速发展阶段,而甘薯研究非常薄弱。原有品种的退化和资源的短缺也在很大程度上阻碍了产业的发展。引进资源是拓宽甘薯遗传基础的重要途径,对国外引进资源进行鉴定评价,优异的品种可直接推广利用,但是大多数是作为育种的原始材料来进行保存,以提供育种和学术研究。

缺乏种质资源也是限制新疆甘薯产业发展的重要因素之一。新疆甘薯种植历史起源于 1949 年后,甘薯品种基本是外源引进品种,缺乏新疆本地特色的品种。自 2009 年至今,新疆农业科学院粮食作物研究所通过国家甘薯产业技术体系和国家甘薯改良中心陆续引进了国内外优异甘薯品种资源,在很大程度上促进了新疆甘薯产业的发展。

2009 年至今,5 年共引进 130 多个国内外优异新品种(系),通过多点区域适应性试验已鉴定出适合新疆种植的品种 20 余个,其中有 4 个品种已通过自治区种子管理站鉴定,在新疆首次完成了甘薯的非主要农作物登记。

9.4.5 甘薯高纬度栽培拓展研究

通过国家甘薯产业技术体系项目的支持和示范基地的带动,在从未有种植甘薯历史的阿勒泰地区布尔津县窝依莫克乡首次种植甘薯新品种并初见成效。2013 年布尔津县窝依莫克乡农户种植万紫 56 号、广薯 87 号和徐紫 2 号共 0.4 hm²,9 月中旬收获时,由国家甘薯产业技术体系有关专家进行验收(见图 9-3),鲜薯产量 30 t/hm²,批发价 2 元/kg,平均产值为 6×10^4 元/hm²。

图 9-3　甘薯高纬度拓展试验

9.4.6 覆膜滴灌节水技术研究

利用地膜覆盖滴灌技术,可保温节水,有效缩短薯苗栽插后缓苗的时间,同时还能有效控制杂草生长。以全生育期种植甘薯浇水 7 次为对照,沟灌一次平均用水 900 m^3/hm^2;地膜滴灌只需滴水 5 次,每次平均滴水量 600 m^3/hm^2。与灌水相比,滴灌地节约用水 3 300 m^3/hm^2。

9.5 新疆发展甘薯产业的优势及发展战略

9.5.1 新疆发展甘薯产业的优势

一、新疆地域广阔,可适应未来甘薯大规模机械化生产

随着社会经济发展,大量的农村劳动力转移到了城市,在农业生产中,以人为劳动力的成本逐年升高,因此,利用机械替代人力成为未来农业发展的必经之路。甘薯采用大规模机械化种植和相应的栽培技术配套,就可以在很大程度上解决这类问题。

二、新疆丰富的光热资源适合甘薯种植

新疆有着丰富的光热资源,对于甘薯而言,在新疆一年一季的生长环境下,可以较大程度地提高单位产量。

三、新疆气候干燥,可降低甘薯病虫害的发生

新疆气候干燥导致危害甘薯的很多昆虫都无法繁殖,危害甘薯的很多病变因为条件不够无法引起病害的发生。

四、新疆种植甘薯历史短,不利因素少,发展空间大

新疆种植甘薯历史短,相对于其他地区不利因素少,并且具有很大的发展空间。

9.5.2 新疆甘薯发展战略

(1)培植甘薯加工名牌企业,提高加工效益。
(2)加速甘薯专用型新品种产业化。
(3)重视甘薯栽培机械的研制和推广。
(4)开展以减面积增单产保总产为核心的集成栽培技术推广。
(5)开展甘薯深度加工、综合利用技术研发。

9.6 新疆主要甘薯科研成果

9.6.1 承担部委、自治区级科研项目

主要包括农业部"948"计划子项目;国家甘薯改良中心甘薯产业体系建设项目;新疆维吾尔自治区科技厅援疆项目;新疆维吾尔自治区科学技术协会资助项目等。

9.6.2 鉴定成果

新疆农业科学院粮食作物研究所于 2009～2011 年对 70 多个品种开展了多个生态区域的适应性筛选实验并筛选鉴定出十多个适宜在新疆种植的品种。在 2011 年,自治区种子管理总站组织植物保护、栽培等专家对已筛选出的徐薯 18 号、徐 20-1、万紫 56 号、广薯 87 号完成田间鉴定评价,并在新疆进行了登记。

根据新疆生态环境和农业生产特点制定了新疆甘薯产贮销一体化栽培技术、地膜覆盖甘薯高效栽培技术、金黄甘薯脯加工技术、脱毒甘薯种苗繁育栽培技术等多项技术,并已推广应用。2013 年,新疆农业科学院粮食作物研究所首次在新疆发布甘薯方面的《甘薯栽培技术规程》和《甘薯育苗技术规程》两部地方标准。

9.6.3 获奖成果

"甘薯颗粒全粉生产工艺和品质评价指标的研究与应用"通过农业部专家组鉴定。新疆农业科学院粮食作物研究所为第二申报单位。

9.6.4 引进新品种

自 2009 年至今,通过国家甘薯产业技术体系和国家甘薯改良中心引进韩国、日本、印度尼西亚等国家的甘薯新品种十多个,以及国内各省市(包括台湾省)甘薯品种 150 多个。其中包括鲜食型、淀粉加工型、色素加工型、菜用型和观赏型品种。

9.6.5 出版著作

在国家甘薯产业技术体系的统一安排下,完成《中国甘薯主要栽培模式》中新疆区域的撰写;出版《甘薯颗粒全粉生产及其配套技术》,新疆农业科学院粮食作物研究所为第二作者。

第十章　西藏自治区甘薯

10.1 西藏甘薯种植历史

西藏自治区位于青藏高原,地处地球"第三极",平均海拔 4 000 m,适宜甘薯生长的范围狭窄,主要集中在藏东南的中低海拔地区。西藏的主要农作物是青稞、油菜、玉米等。甘薯在西藏并非广布或主栽品种,现有的品种多数来自四川、云南民工进藏时携带的农家品种,官方鲜有关于甘薯栽培的记载,只能通过对波密、察隅一带的农民进行走访调查。根据初步调查,西藏自治区甘薯种植主要分布在海拔 2 000 m 以下的地区,生育期 130 d 左右,主产区集中在林芝地区的波密、察隅等县,面积大约为 100 hm²,总产量约 1 500 t,单产 15 t/hm²,单产远低于全国平均水平,栽培品种主要是本地的一些农家种,产量低,抗病性差,栽培管理粗放。截至 21 世纪初,甘薯的科研和产业化完全一片空白,比较落后。

直到 2010 年,西藏农牧学院首次向西藏自治区科技厅申请了"甘薯优良品种引进与适应性研究",并获得 9 万元的立项资助。

西藏甘薯科研与产业化水平落后的主要原因在于:适生地狭窄,由于西藏周年积温较低,大部分地区不适宜甘薯生长;相比虫草、松茸、手掌参、红景天、天麻、贝母等野生资源而言,种植甘薯经济效益低下,不易被当地老百姓接受;在西藏,农业生产主要扶持的作物包括青稞、油菜、玉米等农作物,甘薯并非重点扶持作物。

10.2 西藏甘薯种植技术

由于西藏周年积温不高,日平均温度较低,不利于甘薯田间生长。通过近 3 年的试验研究发现,在西藏林芝开展甘薯栽培宜采用地膜覆盖,此种栽培方式不仅能提高甘薯生长的地温,还可减少田间锄草。

10.2.1 整地与覆膜

冬季将土地深翻,把地表杂草埋于地下腐烂,翌年 5 月初再次深翻土地,撒施 1.5×10^4 kg/hm² 腐熟的农家肥后曝晒 3~5 d,然后起垄,垄宽 60 cm,垄间宽 30 cm,垄高 30 cm,垄长根据地块形状而定。在准备好的垄上用黑色地膜覆盖,并用土壤将地膜四周封严,避免灌风。

10.2.2 栽植

将准备好的甘薯种苗按照行距 40 cm,株距 40 cm 的标准进行栽植,在同一垄上的两行之间应错开,形成锯齿形排列。栽植过程中要将土壤与甘薯种苗基部压实,栽植结束后立即浇灌定根水,以利于生根。

10.2.3 施肥

甘薯的根系发达,且茎蔓匍匐生长,茎节遇土生根,吸肥能力很强。甘薯主要吸收氮、磷和钾肥,其需要量以钾最多,氮次之,磷居第三位。氮能促进甘薯茎叶生长,扩大光合作用面积,从而增加光合能力,直接增加茎叶产量。早施氮肥能促进甘薯早生快发,多分枝,茎叶快长,尽早封垄,为高产打好基础。如氮肥供应不足,则茎叶生长缓慢,叶面积小,颜色淡,植株生长不良,最终影响产量。但施用氮肥过量或过晚,则容易造成茎叶贪青疯长,结薯不良,影响产量。

磷能加快甘薯养分的合成与运转,提高薯块品质,缺磷茎细叶小,叶片颜色暗绿没有光泽,老龄叶片出现黄斑,以后变紫脱落。

钾能促进甘薯根部的形成层活动,从而使块根不断膨大,在生长中后期,钾肥能起到提高甘薯碳水化合物的合成和运转能力,促进块根膨大、增重和改善品质的作用。生长前期缺钾,植株节间短,叶片小,叶面不舒展;生长中后期钾素不足,茎叶生长缓慢,严重的叶片黄化。

据研究,甘薯生长期长,所需养分较多。总的施肥原则是平衡施肥,促控并重,掌握前期攻肥促苗旺,中期控苗不徒长,后期保尾防早衰。具体施肥原则是以有机肥为主,化肥为辅,以基肥为主,追肥为辅,追肥又以前期为主,后期为辅。一般来说,由于甘薯多种在沙壤土或瘦地,所以要注重早施重施,并多施有机肥和草木灰等,施足基肥,早施苗肥,合理密植,可提早封垄以增强覆盖效果,减少水分蒸发,提高土壤含水量,从而提高甘薯产量。

苗肥施肥方法:在犁耙地或起垄时,每公顷施足火烧土等有机肥 15~45 t,施磷肥 300~450 kg。插薯苗前,可在垄心施尿素和复合肥,然后盖土,插或放薯苗,再盖土,这样比较省工,且薯苗既不接触肥料而受伤,苗期又能及早吸收肥料营养,早生快发。如备耕和插苗时未施肥,也可在植后 7~15 d,当苗和叶直立回青时,马上早施苗肥,可适当淋施人粪尿,或施尿素和复合肥,一般每公顷施 150 kg 尿素和 300 kg 复合肥。

栽插后 1 个月,重施壮薯肥,一般每公顷施尿素 225~300 kg,氯化钾 300~450 kg,可两边开沟施肥。有条件的可在垄面适当撒施草木灰或火烧土。种后 3 个月,看长势适施壮尾肥,迟熟品种或后期长势差的地块才考虑,一般不施。

10.2.4 田间管理

灌溉、除草、松土、培土的好处:水分充足和通风透气,有利甘薯高产优质,且可防治病虫害。当天气干旱蒸发量大时,主要根据垄面干燥开裂来判断是滞灌水,一般半个月灌一次水。灌水要灌透全垄,一般当水浸过垄的一半以上,观察水能逐渐湿润到垄顶即可,淋水喷水则要观察是否湿透垄。

灌水后垄沟稍干不沾泥,即要除草、松土和培土,用松土盖好垄面裂缝,防止象鼻虫和茎螟等地下害虫钻入垄中蛀食块根和藤头,影响产量和品质。不论在灌水后或不干旱灌水的甘薯全生长期,都可随时用畦沟泥盖好畦面裂缝,防治病虫害。

栽插前后,要适当浇水保活促长。在苗期封垄前,结合施肥,松土 1~2 次,切断地表毛细管,减少地表蒸发。当甘薯茎叶基本覆盖垄面后,则不要扯动薯藤,防止打乱茎叶的正常分布和损伤根系,影响光合作用和营养吸收。

10.2.5 病虫害防治

一、甘薯病害

(一)甘薯黑斑病

甘薯黑斑病又称黑疤病,俗称黑膏药,黑疮,是甘薯的主要病害之一,各甘薯产区均有发生。此病不仅在大田为害严重,还导致烂苗床,烂窖,减产严重,而且病薯含有毒素,人食用后引起头晕,牲畜食用后引起中毒,严重的可引起死亡。

症状:甘薯黑斑病在育苗期、大田期和贮藏期均能发生,主要为害薯苗和薯块。用带病种薯育苗,或在有病土、病肥的苗床上育苗,都能引起种薯及幼苗发病。薯苗受害多在苗的基部和其白色部分开始发病,初形成黑色圆形小斑点,稍凹陷,病斑逐渐扩展,以致包围整个薯苗基部形成黑根,湿度大时,根腐烂表面生有黑色刺毛状物。地上部病苗衰弱,叶片发黄,发病严重时薯苗枯死。病苗栽到大田后,病重的不能扎根,基部变黑腐烂,枯死,造成田间缺苗断垄。病轻的在与表土层交接处长出少数侧根继续生长,但植株衰弱,结薯少而小。薯块受害,多在伤口(虫口或自然伤口等)处出现圆形、椭圆形或不规则形病斑,病斑中间凹陷,病健交界处轮廓清楚。病部组织坚硬,薯肉呈墨绿色,味苦,变色组织可深入薯皮下 2～5 mm,有时深达 20～30 mm。贮藏期间,病斑大,扩展快,常成大片包围整个薯块,使薯块腐烂,甚至造成烂窖。潮湿时,病斑表面常产生灰色霉层和黑色刺毛状物,湿度大时,在刺毛状物顶端附有黄色蜡状小点。薯拐受害,常变褐色或黑褐色,中空或表皮龟裂,但薯拐上绿色秧蔓一般不发病。

发生特点:甘薯黑斑病菌是真菌,为子囊菌长喙壳菌。甘薯黑斑病菌主要以厚壁孢子、子囊孢子、菌丝体等贮藏在病薯和大田及苗床土壤、粪肥中越冬,为翌年发病的初侵染来源。病薯、病苗是病害近距离及远距离传播的主要途径,带菌土壤、肥料、流水、农具及鼠类、昆虫等都可传病。病原菌主要从伤口侵入,此外,病原菌也可从芽眼、皮孔等自然孔口及幼苗根基部的自然裂伤等处侵入。育苗时,病薯或苗床中的病菌直接从幼苗基部侵染,形成发病中心,病苗上产生的分生孢子随浇水而向四周扩展,使秧苗发病越来越重,甚至因种薯种苗腐烂造成烂苗床,严重影响育苗数量和质量。栽植后,病苗病情持续发展,病重苗短期即可死亡,轻病苗上的病菌可蔓延到新结薯块上侵染,形成病薯。收刨运输过程中易造成大量伤口,至贮藏期间,温度、湿度适宜,薯块大量发病,造成烂窖。黑斑病的发生受温度、湿度及品种抗病性等影响较大。土温为 15～30 ℃时适宜发病,温度低于 8 ℃或高于 35 ℃时病害停止发展。贮藏期的发病温度最低为 9～10 ℃,最适温度为 23～27 ℃,种薯入窖初期,薯块呼吸强度大,散发水分多,温度高,病菌极易萌发侵入,常引起冬前烂窖。苗床期湿度大,病苗基部产生菌量大,可随浇水向四周传播,引起再侵染。大田期则随土壤湿度提高病害加重。甘薯品种间抗病性存在明显差异,一般薯皮厚、薯肉坚实、水分少、味较淡、愈伤组织形成快的品种抗病性强。此外,连作病重,轮作病轻。

防治方法:根据黑斑病的传播途径,结合防治实际,应采用以繁育无病种薯为基础,培育无病壮苗为中心,安全贮藏为保证的综合防治策略。第一,采用高剪苗,或在春薯蔓上剪蔓插植夏薯,收获时留下做种。因为绿色部分带菌少,伤口愈合快,高剪苗再结合药剂浸苗,就能获得无病秧苗。第二,留种地要选三年未栽甘薯的生地。第三,施用无病净肥。第四,留种地收获种薯,要单收单运单藏,收获运输工具及贮藏窖物应不带菌,必要时可用药剂消毒。

（二）甘薯软腐病

甘薯软腐病俗称水烂病，是甘薯贮藏期发生普遍，扩展迅速，为害最重的一种传染性病害，常在贮藏期发生腐烂，造成不同程度的损失。

症状：薯块发病，初期组织软化，淡褐色，后变深褐色水渍状病斑，常呈大片组织湿腐状腐烂，皮层破裂处流出黄褐色汁液，整个薯块在短期内迅速腐烂并带有酸霉味，表面生有灰白色霉状物，霉状物顶端布满黑色球状小粒点。发病严重时引起全窖薯块腐烂，后期病薯失水干缩成僵薯。

发生特点：甘薯软腐病病原为真菌，接合菌亚门黑根霉菌。软腐病菌的腐生能力较强，分布极为广泛，寄主范围也较广，除甘薯外，还可为害多种作物的果实、花和贮藏器官。病原菌以孢子囊经气流及农事操作等传播，一般从薯块端部或其他部位的伤口侵入。侵入后，病菌产生的果胶酶、淀粉酶及纤维素分解酶分解细胞中胶层及其他成分，使组织瓦解形成腐烂。病害的发生与薯块的生命力强弱关系密切，薯块本身生命力旺盛，病害较少发生，薯块受冻后，生命力降低，病菌才容易侵入。薯块伤口多，带蔓贮藏等都有利于病害发生。

防治方法：适时收获，在保证薯块质量的基础上采取以安全贮藏为中心的综合防治措施。第一，适时收获，防止薯块受冻害。一般甘薯在 15 ℃以下即停止生长，9 ℃以下会遭受冷冻害，因此收获期控制在旬平均气温 14～15 ℃时为宜，霜降前收获完毕，当天收获当天入窖，以免夜间遭受冷冻。第二，精选种薯入窖。凡带病、虫、伤及受冷冻害薯块应严格剔除，运输过程中尽量减少伤口，保证贮藏质量。第三，选好窖址，做好旧窖消毒，贮藏窖应每年更新。旧窖使用以前，须将旧窖壁铲去一层土见新，或用药剂消毒。可用 80％"401"或"402"乳油以 30～40 mL/m² 喷洒消毒。也可用硫黄熏蒸消毒。消毒时应密闭两天，然后通气使用。加强贮藏期管理，应根据不同窖型掌握好窖内温湿度及通气情况，甘薯入窖初期的 15～20 d 薯块呼吸作用强，湿度大，应敞开窖门，散去水分，晚上或雨天应关闭窖门，待窖温稳定在 10～14 ℃时，应封闭窖门，冬季保持恒温，必要时应加覆盖物保温。春季气温回升后，随气温变化逐渐开窖通风，防止后期病害发生。

（三）甘薯根腐病

甘薯根腐病俗称"烂根病""烂根开花病"，是甘薯上发生的一种重要病害。发病地块薯秧成片衰弱不长，一般减产 10％～20％，重的减产 40％～50％，有的甚至成片死苗，全田绝产，为害十分严重。

症状：甘薯根腐病主要发生在大田生长期，苗床期虽有发病，但为害较轻。苗床期发病，病薯出苗较健薯晚，发病后薯苗根部有黑褐色病斑，严重时根系腐烂，地上部株型矮小，生长迟缓，叶色发黄。大田期发病，秧蔓、块根均表现明显症状，根部是受害的主要部位。秧苗移栽到大田后，须根首先变黑，逐渐向上蔓延至根茎，形成黑色病斑，严重时，地下根茎大部或全部变黑腐烂，幼苗成片死亡。发病晚受害轻的病株，从地下根茎地表处仍能长出新根继续生长，但根系生长受到阻碍，大部分根形成细长的畸形柴根，结薯少而小，毛根增多。所结薯块表皮粗糙，布满大小不等的黑褐色病斑，在薯块生长病斑上及周围产生许多纵横龟裂纹，呈轻度畸形。由于根系受害，使植株水分及营养失调，严重影响了植株的地上部生长。表现为节间短，分枝少，发病重的整株枯死。

发生特点：甘薯根腐病病原菌属真菌半知菌，有性世代为子囊菌红球赤壳菌。甘薯根腐病是一种土传病害，病原菌主要以菌丝体随病残体和厚壁孢子在土壤中越冬，为翌年发病的主要侵染来源，其次病菌可在粪肥中，病薯、病苗上越冬。通过耕作和流水传播。病薯和秧苗调运是远距离传播的主要途径。病土、病残体及泡洗病薯的污水掺入土杂肥，使粪肥带菌，也是田间发病的重要来源。田间病残体遗留田间,使土壤带菌并不断积累,病害逐年加重。甘薯根腐病的发生与品种、土壤温湿度及耕作制度有密切关系。不同品种对根腐病的抗性有明显差异。甘薯根腐病发病始期春薯一般在5月中旬至6月上旬,夏薯为栽后10 d左右;7月上中旬至8月为发病盛期;9月以后随气温下降,发病逐渐减轻。发病温度为21 ℃±3 ℃,适宜温度在27 ℃左右。土壤含水量在10%以下,对病害发展较为有利。连作病重,轮作病轻;旱岭薄地或沙性大的土质及瘠薄的地发病重,肥力好的壤土发病轻。

防治方法:防治应采用以种植抗(耐)病品种为主,加强栽培管理为辅的综合防病措施。第一,选用抗(耐)病品种。应用抗(耐)病良种是防治甘薯根腐病的简单易行且经济有效的措施。第二,轮茬换作。重病地可实行与玉米、大豆等作物轮作,由于病菌在土壤中存活时间较长,轮作年限应尽量延长,一般应在3年以上。第三,改进栽培管理措施。重病地应在更换品种的基础上,深翻30 cm以上,降低耕作层病原菌数量,同时增施净肥,提高土壤肥力。春薯应提前适时移栽,栽后及时浇水,促苗早发,增强抗病力。病区应结合清除病残体,降低田间病原菌数量,并避免用病薯或病土沤肥。

选用抗(耐)病品种,注意种薯和种苗的病害检疫;培育无病壮苗,从无病区选留无病种薯和种苗,或选用脱毒种苗;用50%多菌灵或50%甲基托布津500倍液浸甘薯扦插苗2 min以上,稍晾后种植;大田发现病株应立即拔除烧毁,并用50%多菌灵1 000倍液喷洒,根据情况,可连续间隔7 d喷一次,直到根除;收获时彻底清理病残植株,注重水旱轮作,加强水肥管理,注意排水、通风透气,适当增施草木灰和石灰,使植株生长健壮,增强抗病力。

二、甘薯虫害

甘薯的主要害虫有卷叶虫、甘薯天蛾、斜纹夜蛾、象鼻虫等,可用乐果、敌敌畏和杀螟松等杀虫药,按正常用药说明使用,在午后喷杀。

(一)甘薯天蛾

甘薯天蛾,又名旋花天蛾,属鳞翅目,天蛾科。遍布全世界,我国甘薯种植地区均有发生,为间歇性发生的一种害虫。主要为害甘薯,也取食牵牛花、月光花等旋花科植物,以及葡萄、楸树等。幼虫为害甘薯的叶片、嫩茎,食量大,严重时把叶片吃光,影响产量甚大。

形态特征:成虫体长41～52 mm,翅展95～120 mm。头部暗黑色,触角灰白色,雌蛾棍棒状,末端膨大,雄蛾栉齿状。前胸背面灰褐色,有两丛褐色鳞片,排成"八字形",中胸背面有形如钟状的灰白色斑纹。前翅灰褐色,上有许多锯齿状和云状斑纹;后翅淡灰色,上有4条黑褐色斜带。腹部背面中央有一条暗灰色宽纵纹,各腹节两侧顺次有白、红、黑色横带3条。卵圆球形,直径1.6～1.9 mm。初产蓝绿色,孵化前黄白色。幼虫初孵化时淡黄白色,头乳白色,1～3龄体色为黄绿色或青绿色,4～5龄体色多变。同一雌虫产的卵所孵幼虫,后期可出现青、黄、绿、红、黑、油黑等多种花色。老熟幼虫体长约83 mm,头顶圆。中、后胸及第1～8节背面具许多皱纹,形成若干小环。第八腹节末端具弧形的尾角。蛹体长54～57 mm,初为翠绿色,后为褐色或红褐色。喙长而弯曲呈象鼻状。后胸背面有1对粗糙刻纹;腹部第1～8节背面近前缘处也有刻纹;臀棘三角形,表面有颗粒突起。

发生特点:甘薯天蛾在西藏一年发生3～4代,田间世代重叠明显。以蛹在土下10 cm左右处的土室内越冬。成虫白天潜伏在草堆、薯田附近的屋檐、作物地、矮树丛等处,黄昏后取食各种植物花蜜,并交配产卵,19:00～23:00时为活动盛期。成虫飞翔力很强,在环境条件不适时,能迁飞远地繁殖为害。趋光性强,喜趋向叶色浓绿、生长旺盛的甘薯田产卵。雌蛾抱卵量多为800～

1 000粒,最多达 2 800 余粒。雌蛾交配后当晚或第二天晚上开始产卵,卵产于甘薯叶背面的边缘,也产于叶片正面和叶柄上。

防治方法:第一,农业防治。冬季耕翻,破坏越冬环境,促使越冬蛹死亡,可减少越冬虫源。结合甘薯提蔓锄草,捕杀幼虫。第二,化学防治。主要在第三龄幼虫盛期,当幼虫 2～3 头/m² 时喷药防治。可用 5％来福灵乳油 2 000～3 000 倍液,或 90％晶体敌百虫,或杀螟杆菌 500～700 倍液喷雾防治。第三,生物防治。注意保护、利用自然天敌。

（二）象鼻虫

又称甘薯蚁象或甘薯小象甲,属鞘翅目,蚁象虫科,是热带和亚热带地区甘薯生产上的一种毁灭性害虫,通常使甘薯减产 20％～50％,损失严重,甚至绝收,是甘薯生产的主要限制因子之一。分布于长江以南各省,全年发生 6～8 代,成虫寿命长,世代重叠。从甘薯幼苗到收获,象鼻虫幼虫和成虫均能为害甘薯,而以幼虫蛀食薯蔓和薯块为主,使茎叶生长缓慢,同时,大量幼虫蛀入薯块,使薯块变黑,气味辣臭,人和家畜均不能食用。目前,世界上尚没有找到有效的抗虫基因,至今仍没有培育出高抗象鼻虫的品种。

由于象鼻虫多在地下为害块茎,世代重叠,给人工和药物防治带来很大困难。控制甘薯土壤害虫的方法主要有生态防治及化学防治等。一般用化学农药防治成本高,且因残毒等问题,较少应用。此外,有专家推荐使用象鼻虫性诱剂,各地反映防治效果不一,象鼻虫性诱剂是象鼻虫雌虫分泌的一种挥发性的无毒的化学物质,不存在残毒及抗药性问题,用于诱杀雄虫,使雌虫找不到雄虫交尾,不能繁殖后代,从而大量减少田间象鼻虫害虫密度。但也有反映难以杀尽雄虫,就算残余少量雄虫,都可能会引发新一轮的象鼻虫大危害。

建议采取综合防治象鼻虫措施:第一,水旱轮作;第二,对甘薯病虫害多的田地进行灌水杀灭虫源,充分犁耙翻晒土壤,并用"好年冬"和"杀虫单"等土壤处理剂处理;第三,杀灭种苗虫源。用乐果等杀虫剂先喷洒准备采苗的甘薯田地,种前可用乐果 500 倍液浸甘薯藤的基部 1～2 min,种后一星期,喷洒一次乐果或敌百虫(正常用药量),对准薯苗和藤头喷,或用 80％敌百虫 500 倍液浇灌蔓头 1～2 次,可杀小象鼻虫。以上防治措施不必全用,应根据具体情况灵活选用,乐果等农药均按正常用药说明使用。

10.3 西藏甘薯科研概况

10.3.1 不同甘薯品种产量分析与优良品种筛选

西藏地区分别采取盖地膜和未盖地膜两种方式对不同甘薯品种进行种植。2009 年种植 15 个品种,2010 年种植 10 个品种,2011 年种植 10 个品种,为了选出适应当地的优良品种,专门对近三年种植的不同甘薯品种的地下单根平均重量、单株地下平均重量及单位面积产量进行分析。

一、地下单根平均重量

甘薯地下单根平均重量是评价优良品种的重要指标之一,由此分析近几年种植的不同甘薯品种的地下单根平均重量。

2009 年采取盖地膜和未盖地膜两种方式种植了 15 个品种的甘薯,其中 14 个品种主要是取食地下根茎,1 个品种(宁菜 04-2)取食地上茎尖。取食地下根茎的 14 个品种地下单根平均重量情况见图 10-1。

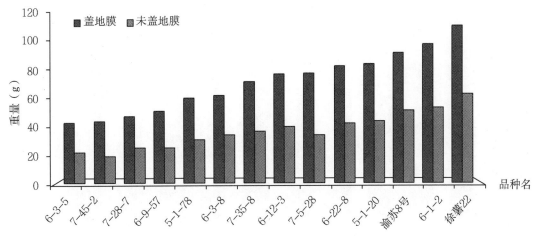

图 10-1　2009 年不同品种甘薯地下单根平均重量

　　盖地膜种植方式中,不同品种甘薯单根平均重量排序为:徐薯 22＞6-1-2＞渝苏 8 号＞5-1-20＞6-22-8＞7-5-28＞6-12-3＞7-35-8＞6-3-8＞5-1-78＞6-9-57＞7-28-7＞7-45-2＞6-3-5;最大的是徐薯22,为 111.59 g,其他品种鲜薯单根平均重量分别为 94.44 g,92.55 g,84.55 g,83.11 g,78.21 g,77.78 g,72.20 g,62.03 g,60.46 g,50.86 g,47.34 g,43.67 g 和 42.55 g。所有品种总体上单根平均重量为 71.80 g。14 个品种中,单根重量最大的是徐薯 22,为 427.00 g;最小的是 6-1-2 为 6.00 g。

　　未盖地膜种植方式中,不同品种甘薯单根平均重量排序为:徐薯 22＞6-1-2＞渝苏 8 号＞5-1-20＞6-22-8＞6-12-3＞7-35-8＞7-5-28＞6-3-8＞5-1-78＞6-9-57＞7-28-7＞6-3-5＞7-45-2。排序基本与盖地膜方式排序相似,平均重量值分别为:63.48 g、53.53 g、51.16 g、43.96 g、42.03 g、39.53 g、36.06 g、33.66 g、33.60 g、30.14 g、24.56 g、24.40 g、21.17 g 和 18.02 g。所有品种总体上单根平均重量为 36.81 g。单根重量最大的仍是徐薯 22,为 183.12 g;最小的是 6-3-5,为 2.50 g。

　　总体上看来,盖地膜与未盖地膜两种种植方式下,不同品种甘薯单根平均重量存在一定差异,平均差异为 1.99 倍,差异最大的是 7-45-2,达到了 2.42 倍,差异最小的是徐薯 22,为 1.76 倍。盖地膜后,所有品种总体上单根平均重量是未盖地膜的 1.95 倍。

　　2010 年采取盖地膜和未盖地膜两种方式种植了 10 个品种的甘薯,不同品种地下单根平均重量情况见图 10-2。

　　盖地膜种植方式中,不同品种甘薯单根平均重量排序为:渝苏 8 号＞徐薯 22＞6-12-3＞6-25-66＞7-35-8＞6-9-53＞6-3-8＞7-28-2＞6-9-57＞6-3-5;最大的是渝苏 8 号,为 158.59 g,其他品种甘薯单根平均重量分别为 136.14 g,133.00 g,114.30 g,108.24 g,101.80 g,101.70 g,96.20 g,87.33 g 和84.54 g。所有品种总体上单根平均重量为 112.18 g。10 个品种中,单根重量最大的是渝苏 8 号,为 800.00 g;最小的是 6-9-57,为 5.00 g。

　　未盖地膜种植方式中,不同品种甘薯单根平均重量排序为:6-12-3＞6-25-66＞7-35-8＞徐薯22＞7-28-2＞渝苏 8 号＞6-3-8＞6-9-53＞6-9-57＞6-3-5,重量值分别为:83.70 g,74.67 g,66.43 g,61.36 g,61.11 g,53.30 g,49.07 g,48.18 g,39.55 g 和 36.63 g。所有品种总体上单根平均重量为57.40 g。单根重量最大的是 6-12-3,为 223.32 g;最小的是 6-9-57,为 4.00 g。

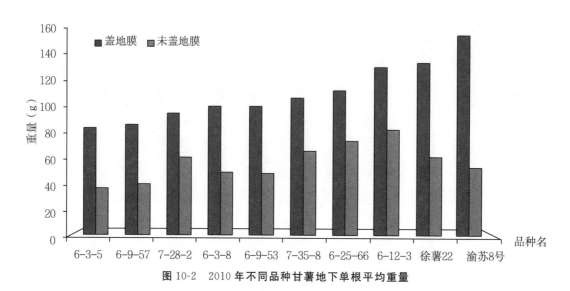

图 10-2　2010 年不同品种甘薯地下单根平均重量

　　总体上看来,盖地膜与未盖地膜两种种植方式下,不同品种甘薯单根平均重量差异较大,平均差异在 2 倍以上,差异最大的是渝苏 8 号,达到了 2.98 倍,差异最小的是 6-25-66,为 1.53 倍。盖地膜所有品种总体上单根平均重量是未盖地膜的 1.95 倍。

　　2011 年采取盖地膜和未盖地膜两种方式种植了 10 个品种的甘薯,其中 9 个品种主要是取食地下根茎,1 个品种(莆薯 53)取食地上茎尖。取食地下根茎的 9 个品种地下单根平均重量情况见图 10-3。

　　盖地膜种植方式中,不同品种甘薯单根平均重量排序为:南薯 88＞渝苏 8 号＞6-9-17＞2010014＞2010005＞徐薯 22＞渝紫 7 号＞渝苏 162＞渝紫 263,最大的是南薯 88,为 163.13 g,其他品种甘薯单根平均重量分别为 156.10 g,154.42 g,142.47 g,134.45 g,130.61 g,123.98 g,111.90 g和 102.63 g。所有品种总体上单根平均重量为 135.52 g。9 个品种中,单根重量最大的是渝紫7 号,为 731.00 g;最小的是南薯 88,为 3.00 g。

　　未盖地膜种植方式中,不同品种甘薯单根平均重量排序为:南薯 88＞渝苏 8 号＞2010014＞渝苏 162＞2010005＞6-9-17＞徐薯 22＞渝紫 263＞渝紫 7 号,重量值分别为:87.56 g,85.05 g,76.24 g,67.95 g,65.22 g,65.21 g,60.30 g,57.31 g 和 35.09 g;所有品种总体上单根平均重量为66.66 g。单根重量最大的仍是渝紫 7 号,为 253.00 g;最小的是渝紫 263,为 2.0 g。

　　总体上看来,盖地膜与未盖地膜两种种植方式下,不同品种甘薯单根平均重量差异较大,平均差异在 2 倍以上,差异最大的是渝紫 7 号,达到了 3.53 倍,差异最小的是渝苏 162,为 1.65 倍。盖地膜所有品种总体上单根平均重量是未盖地膜的 2.03 倍。

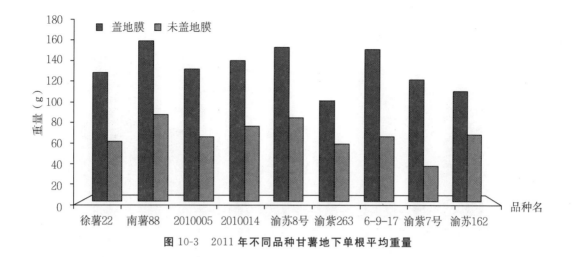

图10-3　2011年不同品种甘薯地下单根平均重量

二、单株地下平均重量

甘薯单株地下平均重量也是评价优良品种的重要指标之一,下面分析近几年种植的不同甘薯品种的单株地下平均重量。

2009年采取盖地膜和未盖地膜两种方式种植的14个品种甘薯单株地下平均重量情况见图10-4。

总体上表明,同一品种在两种种植方式下,单株地下平均重量存在一定差异,采取盖地膜方式种植的品种单株地下平均重量均超出相应未盖地膜方式种植品种的1.75～2.42倍。采用盖地膜方式种植的品种单株地下平均重量可分为三个级别,一是单株地下平均重量大于400 g的品种有徐薯22、5-1-20、6-22-8和6-1-2四个品种,重量分别为476.77 g,465.00 g,451.14 g和420.59 g;二是单株地下平均重量为300～400 g的品种有7-5-28、6-12-3和5-1-78三个品种,重量分别是381.27 g、314.57 g和310.93 g;三是单株地下平均重量小于300 g的有7个品种,分别是渝苏8号(296.15 g)、7-35-8(259.27 g)、7-28-7(250.90 g)、6-3-8(236.10 g)、6-9-57(233.35 g)、6-3-5(170.21 g)和7-45-2(145.57 g);所有品种总体上单株地下平均重量为315.13 g,单株地下重量最大的是徐薯22,为1055.00 g;最小的是7-45-2,为10.00 g。

未盖地膜方式种植的品种单株地下平均重量均小于300 g,它们的排序为:徐薯22＞5-1-20＞6-1-2＞6-22-8＞7-5-28＞渝苏8号＞6-12-3＞5-1-78＞7-35-8＞7-28-7＞6-3-8＞6-9-57＞6-3-5＞7-45-2,重量值分别为:271.21 g,241.80 g,228.72 g,228.17 g,164.11 g,163.73 g,159.95 g,154.99 g,129.49 g,129.33 g,127.93 g,112.68 g,84.66 g和60.07 g。所有品种总体上单株地下平均重量为161.20 g。单株地下重量最大的仍是徐薯22,为552.70 g;最小的是6-3-5,为5.50 g。

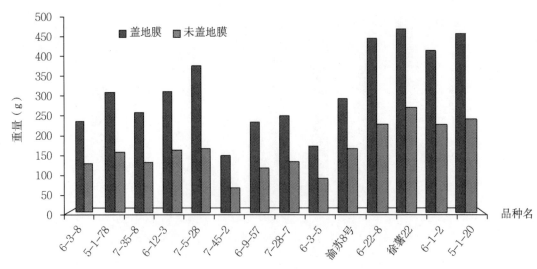

图 10-4   2009 年不同品种甘薯单株地下平均重量

2010 年采取盖地膜和未盖地膜两种方式种植的 10 个品种甘薯单株地下平均重量情况见图 10-5。

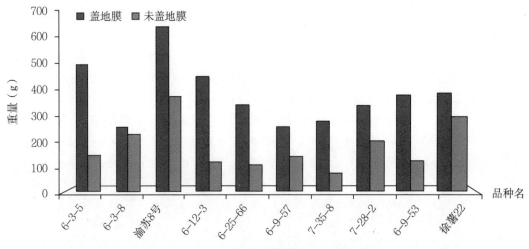

图 10-5   2010 年不同品种甘薯单株地下平均重量

总体上表明,同一品种在两种种植方式下,单株地下平均重量存在较大差异,采取盖地膜方式种植的品种单株地下平均重量均超出相应未盖地膜方式种植品种的 1.12～4.15 倍,平均为 2.62 倍。

盖地膜方式种植的品种单株地下平均重量均大于 250 g,它们的排序是:渝苏 8 号>6-3-5>6-12-3>徐薯 22>6-9-53>6-25-66>7-28-2>7-35-8>6-3-8>6-9-57,平均重量值分别为:651.05 g,503.00 g,455.00 g,388.00 g,381.75 g,342.89 g,341.50 g,276.00 g,245.25 g 和 253.25 g。所有品种总体上单株地下平均重量为 384.67 g。单株地下重量最大的是渝苏 8 号,为 2 320.00 g;最小的是6-25-66,为 120.00 g。

未盖地膜方式种植的品种单株地下平均重量均在 400 g 以下,它们的排序为:渝苏 8 号>徐薯 22>6-3-8>7-28-2>6-3-5>6-9-57>6-9-53>6-12-3>6-25-66>7-35-8,单株地下平均重量值分别为:374.31 g,297.00 g,226.83 g,198.00 g,146.50 g,132.97 g,118.98 g,110.69 g,99.00 g 和

66.43 g。所有品种总体上单株地下平均重量为 177.07 g。单株地下重量最大的是徐薯 22,为 1 123.60 g;最小的是 7-35-8,为 3.50 g。

2011 年采取盖地膜和未盖地膜两种方式种植的 9 个品种甘薯单株地下平均重量情况见图 10-6。

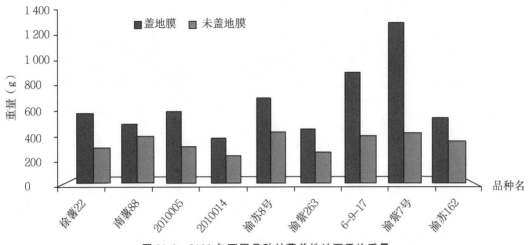

图 10-6　2011 年不同品种甘薯单株地下平均重量

总体上表明,同一品种在两种种植方式下,单株地下平均重量存在较大差异,采取盖地膜方式种植的品种单株地下平均重量均超出相应未盖地膜方式种植品种的 1.28~3.22 倍,平均为 1.96 倍。

盖地膜方式种植的品种单株地下平均重量也可分为三个级别:一是单株地下平均重量大于 700 g 的品种有渝紫 7 号、6-9-17 和渝苏 8 号三个品种,重量分别为 1 331.60 g,915.80 g 和 704.64 g;二是单株地下平均重量为 500~700 g 的品种有 2010005、徐薯 22 和渝苏 162 三个品种,重量分别是 588.20 g、575.10 g 和 534.80 g;三是单株地下平均重量小于 500 g 的有三个品种,分别是南薯 88(484.30 g)、渝紫 263(440.90 g)和 2010014(263.10 g)。所有品种总体上单株地下平均重量为 659.83 g。单株地下重量最大的是 6-9-17,为 1 590.00 g;最小的是 2010014 为 82.00 g。

未盖地膜方式种植的品种单株地下平均重量均小于 450 g,它们的排序为:渝苏 8 号>渝紫 7 号>6-9-17>南薯 88>渝苏 162>2010005>徐薯 22>渝紫 263>2010014,平均重量值分别为: 417.51 g,414.07 g,391.26 g,376.52 g,346.55 g,293.51 g,277.39 g,252.18 g 和 213.46 g。所有品种总体上单株地下平均重量为 331.38 g。单株地下重量最大的是渝紫 7 号,为 1 201.30 g;最小的是 2010014,为 3.50 g。

三、单位面积产量

甘薯单位面积产量也是评价优良品种的重要指标之一。下面主要分析近几年不同种植方式种植的不同甘薯品种的主要取食部分的单位面积产量情况,并与重庆甘薯研究中心提供的本底数据进行对比。

2009 年采取盖地膜和未盖地膜两种方式种植的 15 个品种甘薯单位面积产量情况见图 10-7。

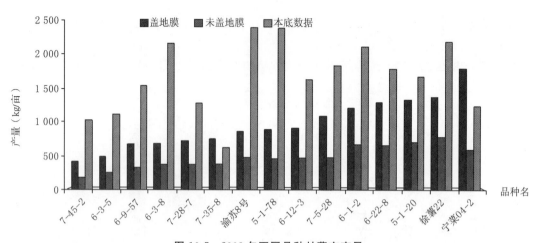

图 10-7　2009 年不同品种甘薯亩产量

　　总体上表明,同一品种在两种种植方式下亩产量存在较大差异,且分别与相应的本底数据也存在较大的差异。

　　盖地膜方式下,地下部分亩产量最高的是徐薯 22,为 1 376.92 kg/亩;其次是 5-1-20 和 6-22-8,分别为 1 342.92 kg/亩和 1 302.90 kg/亩;较低的是 6-3-8、6-9-57 和 6-3-5,分别是 681.85 kg/亩、673.92 kg/亩和 491.57 kg/亩;最低的是 7-45-2,为 420.41 kg/亩。地下亩产量比本底数据高的是7-35-8,是本底数据 613.00 kg/亩的 1.22 倍;主要取食地上茎尖的宁菜 04-2 亩产量为1 804.45 kg/亩,是本底数据 1 253.50 kg/亩的 1.44 倍。其他 13 个品种的亩产量均低于相对应品种的本底数据(本底数据由重庆市甘薯研究中心提供)。

　　未盖地膜种植方式下,亩产量均比对应的本底数据低,所有品种地下部分平均亩产量为465.55 kg/亩。在此方式下亩产量相对较高的是徐薯 22,为 783.26 kg/亩;其次是 5-1-20、6-1-2和 6-22-8,分别是 698.32 kg/亩;660.55 kg/亩和 658.96 kg/亩;最低的是 7-45-2(173.49 kg/亩)。

　　2010 年采取盖地膜和未盖地膜两种方式种植的 10 个品种甘薯亩产量情况见图 10-8。

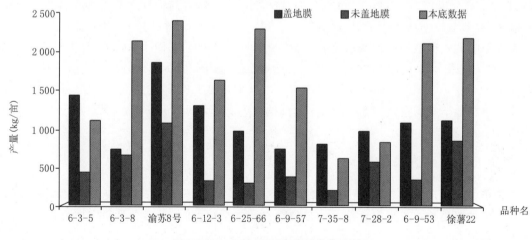

图 10-8　2010 年不同品种甘薯亩产量

　　总体上表明,同一品种在两种种植方式下亩产量存在很大的差异,且分别与相应的本底数据也存在较大的差异。

　　盖地膜方式下,地下部分亩产量最高的是渝苏 8 号,为 1 880.24 kg/亩;其次是 6-3-5 和 6-12-3,

分别为 1 452.66 kg/亩和 1 314.04 kg/亩;较低的是 7-35-8、6-3-8 和 6-9-57,分别是 797.09 kg/亩、734.27 kg/亩和 731.39 kg/亩。所有品种地下部分平均单位面积产量为 1 110.93 kg/亩。地下亩产量比本底数据高的是 6-3-5、7-28-2 和 7-35-8,分别是对应本底数据 1 120.00 kg/亩、840.00 kg/亩和 613.00 kg/亩的 1.30 倍、1.17 倍和 1.30 倍。其他 7 个品种的亩产量均低于相对应品种的本底数据。

未盖地膜种植方式下,单位面积产量均比对应的本底数据低,所有品种地下部分平均产量为 511.36 kg/亩。在此方式下单位面积产量较高的是渝苏 8 号,为 1 081.01 kg/亩;其次是徐薯 22 和 6-3-8,分别是 857.74 kg/亩和 655.07 kg/亩;最低的是 7-35-8,为 191.85 kg/亩。

2011 年采取盖地膜和未盖地膜两种方式种植的 10 个品种甘薯单位面积产量情况见图 10-9。

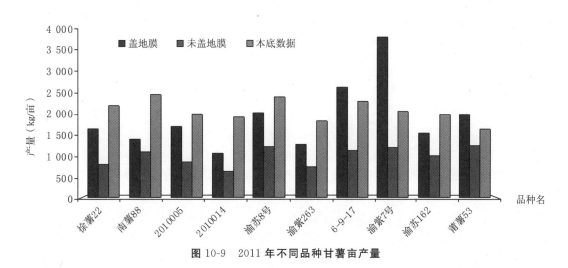

图 10-9　2011 年不同品种甘薯亩产量

总体上表明,同一品种在两种种植方式下单位面积产量存在较大差异,且分别与相应的本底数据也存在较大的差异。

盖地膜方式下,地下部分单位面积产量最高的是渝紫 7 号,为 3 845.66 kg/亩;其次是 6-9-17,为 2 644.83 kg/亩;较低的是渝苏 8 号,为 2 034.99 kg/亩;最低的是 2010014,为 1 048.63 kg/亩。所有品种地下部分平均产量为 1 914.34 kg/亩。地下单位面积产量比本底数据高的是渝紫 7 号和 6-9-17 两个品种,分别是对应本底数据 2 048.00 kg/亩和 2 308.80 kg/亩的 1.88 倍和 1.45 倍。主要取食地上茎尖的莆薯 53 单位面积产量为 1 993.20 kg/亩,是本底数据 1 416.00 kg/亩的 1.41 倍。其他 7 个品种的产量均低于相对应品种的本底数据。

未盖地膜种植方式下,单位面积产量均比对应的本底数据低,所有品种地下部分平均亩产量为 984.73 kg/亩。在此方式下单位面积产量较高的是未盖地膜的莆薯 53,为 1 234.00 kg/亩;其次是渝苏 8 号、渝紫 7 号和 6-9-17,分别是 1 205.76 kg/亩、1 195.84 kg/亩和 1 129.96 kg/亩;最低的是 2010014,为 616.47 kg/亩。

近几年,采取盖地膜和未盖地膜两种方式对引进的 59 个品种中的 25 个甘薯品种进行了产量分析评价,其中徐薯 22 和渝苏 8 号两个品种在三年中都进行了种植,不同年份其产量有一定差异,见图 10-10。

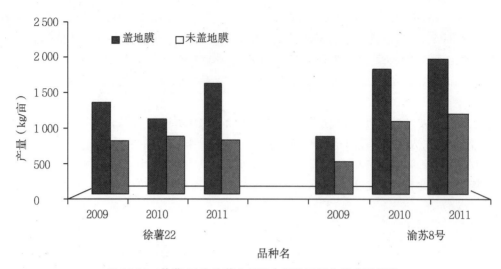

图 10-10 徐薯 22 和渝苏 8 号两个品种不同年份产量情况

盖地膜方式种植下,徐薯 22 在 2011 年产量最高,为 1 660.89 kg/亩,2009 年产量居中,为 1 376.92 kg/亩,2010 年产量最低,为 1 120.54 kg/亩;渝苏 8 号也是在 2011 年产量最高,为 2 034.99 kg/亩,2010 年产量次之,为 1 880.24 kg/亩,2009 年产量最低,是 855.28 kg/亩。未盖地膜方式种植下,徐薯 22 在 2010 年产量最高,为 857.74 kg/亩,2011 年产量居中,为 801.11 kg/亩,2009 年产量最低,为 783.26 kg/亩;渝苏 8 号在 2011 年产量最高,为 1 205.76 kg/亩,2010 年产量次之,为 1 081.01 kg/亩,2009 年产量最低,为 472.84 kg/亩。不同年份两个品种在盖地膜方式种植下产量均高于相应未盖地膜方式种的产量。不同年份产量差异主要是由于种植过程中的肥料供应差异造成的,2011 年,课题组在甘薯种植前使用了农家肥作为基肥,因此产量高于其他年份。

四、优质甘薯综合评价

综合甘薯单个重量、单株重量与单位面积产量等数据发现,在先后引进的 59 个品种中,7-35-8、宁菜 04-2、渝苏 8 号、6-3-5、6-12-3、渝紫 7 号、6-9-17、莆薯 53 等 8 个品种适合在西藏林芝地区海拔 3 000 m 左右的区域进行地膜覆盖栽培。优质品种特征如表 10-1 所示。

表 10-1 优质甘薯品种特征

品种类型	品种名称	试验产量(kg/hm²)-	本底产量(kg/hm²)	增产率(%)
叶菜型	宁菜 04-2	27 066.8	18 802.5	43.95
	莆薯 53	29 898.0	24 210.0	23.49
紫心食用型	渝紫 7 号	57 684.9	30 720.0	87.78
	6-12-3	19 710.6	12 600.0	56.43
淀粉型	6-9-17	39 672.5	34 632.0	14.55
	渝苏 8 号	30 524.9	36 219.0	−15.72
食用型	6-3-5	21 789.9	16 800.0	29.70
兼用型	7-35-8	11 231.7	9 195.0	22.15

从表 10-1 看出，作为淀粉型的渝苏 8 号，虽然增产率不如 6-9-17，但其本身的产量也在 30 000 kg/hm² 以上，可以引种；而作为兼用型的 7-35-8，虽然增产率达到 22.15％，但本身的产量却很低，不适宜引种栽培。从表中发现增产率最高的是渝紫 7 号，试验产量高达 57 684.9 kg/hm²；6-12-3 虽然增产率也很高，但自身产量并不高，并且该品种主要用于提取色素而食用的口感较差。因此，试验结果表明，适宜在西藏林芝进行地膜栽培的甘薯品种主要有叶菜型宁菜 04-2、莆薯 53，紫心食用型渝紫 7 号，淀粉型 6-9-17，渝苏 8 号，食用型 6-3-5，共包括四大类型 6 个品种。通过生物量计算方法获得的品种与下一章节中关于投影寻踪模型的分析结果完全一致，渝紫 7 号是最优良的甘薯品种。

尽管在不同年限内种植的甘薯产量有一定差异，但课题组选出的 6 个品种整体性状表现良好，可以在西藏林芝地区进行栽培，甘薯栽培的方法简单易操作，在今后的农业产业结构调整时，可以将甘薯作为西藏林芝地区的农作物之一。

10.3.2 西藏引进甘薯品种的生产性能评价

虽然在西藏市场上经常能够看到甘薯销售，但在西藏甘薯仅有关于引种的少量报道，却很少种植，究其原因，甘薯品种的性状优劣直接关系到农牧民种植甘薯的积极性。

西藏对引进的外来优良甘薯品种进行评价，是促进甘薯优良生产性能的发挥并在西藏推广生产的关键环节。在近年来日益注重农产品外观商品性状的市场氛围下，首先采用科学、合理的评价方法对甘薯的外观性状进行评价，是今后开展优良甘薯品种筛选的基础。

投影寻踪模型（Projection Pursuit Model）是一种处理非线性、非正态高维数据的新型统计方法，其将高维数据投影到低维子空间上，经多次运算搜索到最佳投影方向，寻找能反映原高维数据的特征。与甘薯质量评价过程中常用的灰色关联度分析、经验判定等方法相比，此模型具有稳健性好、抗干扰性强和准确度高等优点，而且投影寻踪模型可以避免人为赋权的主观因素干扰，实现对高维数据的定量、准确分析。下面运用投影寻踪模型对西藏引种的甘薯品种外观性状进行评价，以期定量、准确地实现对甘薯品种外观性状之间的比较，为促进和推动甘薯优良品种在西藏的生产应用提供方法基础。

一、薯块品质质量综合评价模型的构建

（一）PPC 模型构建

由于 PP 方法的基本原理及方法可以将多维数据降为一维，且形成的新指标具有整体分散和局部凝聚的特征，故可以根据其投影值大小来做聚类分析，这种将 PP 用来做聚类分析的模型，即为 PPC 模型（Projection Pursuit Classification Model），其建模过程如下：

步骤一：评价指标集的归一化处理

设甘薯适宜收获期评价指标的样本集为 $\{x^*(i,j) \mid i=1\sim n, j=1\sim p\}$，其中 $x^*(i,j)$ 为第 i 个样本第 j 个指标值，n、p 分别为样本的个数和评价指标的数目。为消除各指标值的量纲和统一各指标值的变化范围，可采用下式进行极值归一化处理。

对于越大越优的指标：$x(i,j) = \dfrac{x^*(i,j) - x_{\min}(j)}{x_{\max}(j) - x_{\min}(j)}$ 　　　　　　(1-a)

对于越小越优的指标：$x(i,j) = \dfrac{x_{\max}(j) - x^*(i,j)}{x_{\max}(j) - x_{\min}(j)}$ 　　　　　　(1-b)

式中，$x_{max}(j)$、$x_{min}(j)$ 分别为第 j 个指标值的最大值和最小值，$x^*(i,j)$ 为指标特征值归一化的序列。

步骤二：构造投影指标函数 $Q(a)$。

PP 方法就是把 p 维数据 $\{x^*(i,j)|j=1\sim p\}$ 综合成以 $a=\{a(1),a(2),a(3),\cdots,a(p)\}$ 为投影方向的一维投影值 $z(i)$：

$$z(i)=\sum_{j=1}^{p}a(j)x(i,j) \qquad (i=1\sim n) \tag{2}$$

然后根据 $\{z(i)|i=1\sim n\}$ 的一维散布图进行分类。式(2)中 a 为单位长度向量。

综合投影指标值时，要求投影值 $z(i)$ 的散布特征应为：局部投影点尽可能密集，最好凝聚成若干个点团；而在整体上投影点团之间尽可能散开。因此，投影指标函数可以表达成：

$$Q(a)=S_Z D_Z \tag{3}$$

式中，S_Z 为投影值 $z(i)$ 的标准差，D_Z 为投影值 $z(i)$ 的局部密度，即：

$$S_Z=\sqrt{\frac{\sum_{i=1}^{n}\left[z(i)-E(z)\right]^2}{n-1}} \tag{4}$$

$$D_Z=\sum_{i=1}^{n}\sum_{j=1}^{n}\left[R-r(i,j)\right]\cdot u\left[R-r(i,j)\right] \tag{5}$$

式中，$E(z)$ 为序列 $\{z(i)|i=1\sim n\}$ 的平均值；R 为局部密度的窗口半径，它的选取既要使包含在窗口内的投影点的平均个数不太少，避免滑动平均偏差太大，又不能使它随着 n 的增大而增加太多，R 可以根据试验来确定，一般可取值为 $0.1S_Z$；$r(i,j)$ 表示样本之间的距离，$r(i,j)=|z(i)-z(j)|$；$u(t)$ 为一单位阶跃函数，当 $t\geqslant0$ 时，其值为 1，当 $t<0$ 时其值为 0。

步骤三：优化投影指标函数。

当各指标值的样本集给定时，投影指标函数 $Q(a)$ 只随着投影方向 a 的变化而变化。不同的投影方向反映不同的数据结构特征，最佳投影方向就是最大可能暴露高维数据某类特征结构的投影方向，因此可以通过求解投影指标函数最大化问题来估计最佳投影方向，即：

最大化目标函数：$Max：Q(a)=S_Z\cdot D_Z \tag{6}$

约束条件：$s.t：\sum_{j=1}^{p}a^2(j)=1 \tag{7}$

这是一个以 $\{a(j)|j=1\sim p\}$ 为优化变量的复杂非线性优化问题，用传统的优化方法处理较难。因此，应用模拟生物优胜劣汰与群体内部染色体信息交换机制的基于实数编码的加速遗传算法（Real Coding Based Accelerating Genetic Algorithm，RAGA）来解决其高维全局寻优问题。

步骤四：分类与优序排列。

把由步骤三求得的最佳投影方向 a^* 代入式(2)后可得各样本点的投影值 $z^*(i)$。将 $z^*(i)$ 与 $z^*(j)$ 进行比较，两者越接近，表示样本 i 与 j 越倾向于分为同一类。若按 $z^*(i)$ 值从大到小排序，则可以将杂交组合样本从优到劣进行排序。

（二）基于实数编码的加速遗传算法（RAGA）

基于实数编码的加速遗传算法包括以下几个步骤：

求解如下最优化问题：$\begin{array}{l}Max：f(x)\\s.t：a_j\leqslant x_j\leqslant b_j\end{array}$

步骤一:在各个决策变量的取值变化区间内随机生成 N 组均匀分布的随机变量(实数);

步骤二:计算目标函数值,从大到小排列;

步骤三:计算基于序的评价函数[用 eval(V)表示];

步骤四:进行选择操作,产生新的种群;

步骤五:对步骤四产生的新种群进行交叉操作;

步骤六:对步骤五产生的新种群进行变异操作;

步骤七:进化迭代;

步骤八:进入步骤一,重新运行标准遗传算法(Standard Genetic Algorithm,简称 SGA)。

说明:上述 1～7 步骤构成。由于 SGA 不能保证全局收敛性,在实际应用中常出现在远离全局最优点的地方 SGA 停止寻优工作。为此,可以采用第一次、第二次进化迭代所产生的优秀个体的变量变化区间作为变量新的初始变化区间,算法进入步骤一,重新运行 SGA,形成加速运行,则优秀个体区间将逐渐缩小,与最优点的距离越来越近。直到最优个体的优化准则函数值小于某一设定值或算法运行达到预定加速次数,结束整个算法运行。此时,将当前群体中最佳个体指定为 RAGA 的结果。

将 PPC 模型中投影指标函数 $Q(a)$ 求最大作为目标函数,各个指标的投影 $a(j)$ 作为优化变量,运行 RAGA 上述 8 个步骤,即可求得最佳投影方向 $a^*(j)$ 及相应的投影值 $z(i)$,将 $z(i)$ 按其值大小进行比较,从而求得评价结果。

二、实例分析

(一)试验地概况

试验地点位于西藏林芝地区八一镇农牧学院牧场内(29°33′N,94°21′E),该区域地处尼洋河下游河谷,海拔约 3 200 m,属藏东南温暖半湿润气候区,全年平均温度 8.6 ℃,全年日均温≥10 ℃的日数为 159.2 d,≥10 ℃积温 2 225.7 ℃,全年无霜 177 d;年均降雨量 634.2 mm,6～9 月降雨量约占全年的 71.6%;全年日照时数为 1 988.6 h,日照百分率为 46%,试验点开阔、无遮阴,光照、通风、灌溉条件良好。试验地土壤基本理化指标见表 10-2。

表 10-2　试验地土壤的基本理化指标

pH	有机质(%)	全氮(%)	全磷(%)	全钾(%)	速效氮 (mg/kg)	速效磷 (mg/kg)	速效钾 (mg/kg)
5.10	1.23	0.08	0.15	0.15	89.36	114.28	68.70

(二)试验设计

试验于 2010 年进行,引进甘薯品种名称见表 10-3。每品种设一处理,随机区组排列,3 次重复,每小区面积 10 m²,采用垄作地膜覆盖方式进行栽培,株行距为 0.30 m×0.70 m,待每年 10 月初种薯成熟后,以其种薯长度、横径、单穴结薯数等五个指标作为外观性状的评价指标,各指标测定结果见表 10-3。

表 10-3　甘薯品种生产性状指标表

品种	长度(cm)	横径(cm)	单穴结薯数(个)	产量(g/穴)	薯皮颜色
徐薯 22	12.89±4.57	3.78±1.11	4.71±1.50	442±191	红
南薯 88	12.12±5.85	2.89±1.35	4.25±2.19	319±101	黄
2010005	12.28±3.92	3.58±1.12	4.38±1.69	375±210	红
2010014	10.41±2.60	3.98±1.72	2.75±1.39	263±117	黄
渝苏 8 号	12.47±4.66	3.48±1.22	5.00±2.45	431±89	红
渝紫 263	12.59±4.29	3.26±1.15	4.11±1.36	303±166	紫
6-9-17	15.41±5.98	3.58±0.97	5.63±1.85	629±123	红
渝紫 7 号	13.37±5.71	3.02±1.42	12.75±4.03	1 078±243	紫
渝苏 162	9.98±2.76	3.75±1.13	4.50±1.87	305±123	红

（三）结果与分析

首先将评价指标的测定值进行归一化处理,确定相关参数,父代初始种群规模为 $n=400$,交叉概率 $p_c=0.80$,变异概率 $p_m=0.80$,优秀个体数目选定为 20 个,$\alpha=0.05$,加速次数为 20,演算得出最大投影指标函数值 $Q(a^*)=295.434\,8$;最佳投影方向 $a^*=(0.026\,8,0.652\,4,0.426\,6,0.625\,8,0.000\,3)$;综合评价的投影值 $z^*(j)=(0.212\,5,0.150\,3,0.187\,0,0.142\,5,0.274\,9,0.226\,9,0.362\,8,0.553\,9,0.163\,8)$。将 $z^*(j)$ 从大到小排列,即可得各个样本的优劣排序,按大小序号排列为:渝紫 7 号>6-9-17>渝苏 8 号>渝紫 263>徐薯 22>2010005>渝苏 162>南薯 88>2010014。

不同品种评价指标综合评判函数投影结果表明,渝紫 7 号具有果形美观、结薯多、产量高的优点,综合评价结果最好(综合投影值为 0.5539),其他甘薯品种评价值大小依次为 6-9-17>渝苏 8 号>渝紫 263>徐薯 22>2010005>渝苏 162>南薯 88>2010014。见图 10-11。

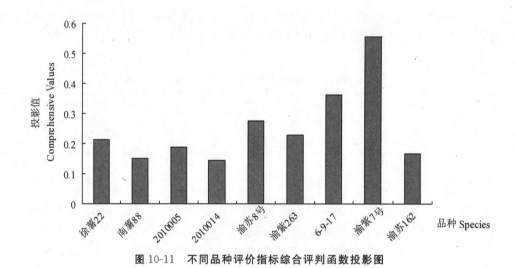

图 10-11　不同品种评价指标综合评判函数投影图

三、讨论与结论

在进行甘薯品种生产价值评价时,产量、抗病性和外形特征通常是品种生产价值评价的主要指标。同时评价指标选取应避免指标间多重共线性问题,避免不必要的分析以及对真实性结果造成的不利影响,这样运用投影寻踪模型分析出的结果才能更加准确地指导实际生产,也更有实用价值。此研究综合产量和外形特征等指标,渝紫 7 号单穴结薯数多,产量高,外形十分美观,较符合市场需求,其评价结果也远高于其他品种,比较适合在西藏进行生产应用。

投影寻踪模型对各指标具有的非线性的高维数据进行降维处理,从而实现定量、准确地分析高维数据的目的,为甘薯生产指标的分析提供了一种新的数学研究方法,今后还可以根据生产实际需要,纳入其他指标进行综合分析,从而能够更加科学准确地指导农业生产实践。

10.4 西藏主要甘薯科研成果

甘薯优良品种引进与适应性研究,西藏自治区科技厅,2010～2011 年,主持人:兰小中,9 万元。

🌺 第十一章　重庆市甘薯 🌺

11.1 重庆市甘薯种植历史

重庆是中国著名的历史文化名城,具有 3 000 多年的悠久历史。以重庆为中心的古巴渝地区是巴渝文化的发祥地,这片土地孕育了重庆悠久的历史,距今 2 万~3 万年的旧石器时代末期,已有人类生活在重庆地区。

公元前 11 世纪商周时期,巴人以重庆为首府,建立了巴国。后秦灭巴国,分天下为三十六郡,巴郡为其一。极盛时期巴国疆域以原重庆市为行政中心,管辖川东、陕南、鄂西、湘西北和黔北等区域。自秦汉以来的历朝历代,这一区域多数时期为一个统一的行政辖区,其行政中心设在原重庆市。

重庆古称江州,后又称巴郡、楚州、渝州、恭州。南北朝时,巴郡改为楚州。公元 581 年隋文帝改楚州为渝州。重庆始简称"渝"。公元 1189 年,宋光宗先封恭王,后即帝位,自诩"双重喜庆",升恭州为重庆府,重庆由此得名,距今已有 800 余年。

1891 年,重庆成为中国最早对外开埠的内陆通商口岸,1929 年,重庆正式建市。1937 年至 1945 年日本向中国发动侵略战争,1937 年 11 月 20 日国民政府发布《国民政府移驻重庆宣言》,12 月 1 日正式在重庆办公。1940 年 9 月 6 日,国民政府明确规定重庆为"中华民国"陪都。重庆是当时全国抗日战争和反法西斯的最高指挥部,世界著名的反法西斯中心,中国大后方的政治、经济、文化中心,故重庆又有"三都之地"之称。

1945 年抗日战争胜利后,为避免内战,争取和平,中国共产党同国民党政府在重庆进行了为期 43 天的和平谈判,史称"重庆谈判",国共双方签订了《政府与中共代表会谈纪要》,即《双十协定》。

新中国建立初期,重庆作为中共中央西南局和西南军政委员会驻地,是西南地区政治、经济、文化中心。1954 年 6 月,西南大区撤销后重庆改为四川省辖市。

1983 年,永川地区八个县并入重庆市,率先成为全国经济体制综合改革试点城市,成为计划单列市,1992 年辟为沿江开放城市。1996 年 9 月,中央批准重庆代管万县市、涪陵市和黔江地区,1997 年 3 月 14 日经八届全国人大五次会议审议批准,重庆为中央直辖市。

11.1.1 重庆市农业生产概况

重庆市域植物资源丰富,生长有 6 000 多种各类植物。药用植物资源极其丰富,是全国重要的中药材产地之一,全市有栽培植物 560 多种,主要是水稻、玉米、小麦、甘薯四大类,以水稻居首。除粮、油、蔬菜等农作物外,还有乌桕、茶叶、蚕桑、黄红麻、烤烟等名优经济作物。

重庆市农作物总面积常年维持在 $3 \times 10^6 \ hm^2$ 以上,近年来农作物总播种面积较 2005 年以前有所减少,但呈现出不断提高的趋势,2010 年农作物总播种面积为 $3.359\ 4 \times 10^6 \ hm^2$,较 2009 年增

加 5.11×10^4 hm²。2001~2010 年,粮食播种面积不断减少,2008 年以来一直维持在 2.2×10^6 hm² 以上,2001 年粮食播种面积为 $2.714\ 6 \times 10^6$ hm²,2010 年减少到 $2.243\ 9 \times 10^6$ hm²。除 2006 年粮食严重减产以外,粮食产量在不断上升,2001 年粮食产量为 $1.035\ 4 \times 10^7$ t,2010 粮食产量达到 $1.156\ 1 \times 10^7$ t,说明重庆市粮食播种面积虽然减少但粮食单产逐步提高,重庆市粮食安全得到有力保障(详见表 11-1)。

表 11-1 2001~2010 年重庆市粮食面积、产量情况

年份 项目	2001	2002	2003	2004	2005	2006	2007	2008	2009	2010
粮食播种面积 (1×10^6 hm²)	2.714 6	2.606 9	2.410 4	2.516 5	2.501 3	2.155 5	2.195 8	2.215 4	2.229 5	2.243 9
粮食产量 (1×10^7 t)	1.035 4	1.082 2	1.087 2	1.144 6	1.168 2	0.808 4	1.088 0	1.153 2	1.137 2	1.156 1
农作物总 播种面积 (1×10^6 hm²)	3.555 9	3.464 7	3.307 2	3.436 0	3.444 7	3.073 9	3.134 7	3.215 1	3.308 3	3.359 4

数据来源:重庆市统计年鉴

11.1.2 重庆市甘薯栽培历史

甘薯引入重庆的历史,最早记载于《江津县志》,乾隆三十年(1765 年)广东人曾受一任江津县令,从广东带来薯种,教民种植。由此可见,甘薯在我市已有 200 余年种植历史。

11.1.3 重庆市甘薯种植面积

20 世纪 30 年代,抗日战争爆发,国民政府迁都重庆,一些农业专家、有识之士提倡大力发展甘薯生产供民用。民国 34 年(1945 年)全市甘薯面积已有 9.62×10^4 hm²,到 1949 年面积发展到 1.361×10^5 hm²。1950 年至 1958 年 9 年间面积从 1.361×10^5 hm² 增加到 2.166×10^5 hm²。1959 年以后连续三年自然灾害和生产指挥上的失误使甘薯生产的面积和产量都回落到 20 世纪 50 年代初的水平。一直到 1978 年以后,甘薯生产也同其他各项作物一样,依靠政策和科学技术,广泛使用良种,不断改进栽培技术,种植面积趋于稳定。

2002~2010 年,重庆市甘薯种植面积变化较大,2002 年种植面积为 4.149×10^5 hm²,2004 年种植面积最大为 4.197×10^5 hm²。2006 年重庆市发生特大干旱,不利于甘薯生产,种植面积最小,为 3.613×10^5 hm²。2007 年以后,甘薯种植面积较 2005 年以前有所下降,这可能是受农村劳动力大量转移、土地被抛荒的影响。2007~2010 年种植面积趋于稳定,维持在 3.700×10^5 hm² 左右(详见表 11-2)。

表 11-2　2002～2010 年重庆市甘薯种植面积变化表

项目 / 年份	2002	2003	2004	2005	2006	2007	2008	2009	2010
种植面积 (1×10^5 hm²)	4.149	3.921	4.197	4.104	3.613	4.143	3.719	3.667	3.740

数据来源：重庆市统计年鉴

11.1.4 重庆市甘薯产量

重庆市甘薯总产量在 2005 年以前较高，维持在 9×10^6 t 左右，2002 年总产量最高，为 9.440×10^6 t，2005 年为 8.915×10^6 t，2006 年因受灾严重减产，总产量最低，为 4.895×10^6 t，2007～2010 年总产量逐渐上升，2007 年总产量为 8.610×10^6 t，2010 年达到 9.000×10^6 t（详见表 11-3）。

2002～2005 年，重庆市甘薯单产逐渐下降，但下降幅度不大，2002 年甘薯单产为 22.75 t/hm²，2005 年为 21.72 t/hm²，2006 年最低，单产仅为 13.55 t/hm²。2007～2010 年，甘薯单产持续上升，在种植面积下降的情况下保证了甘薯总产量。2007 年单产为 20.78 t/hm²，2009 年最高，达到 24.16 t/hm²，2010 年单产为 24.06 t/hm²（详见表 11-3）。

表 11-3　2002～2010 年重庆市甘薯总产量变化表

项目 / 年份	2002	2003	2004	2005	2006	2007	2008	2009	2010
总产量 (1×10^6 t)	9.440	9.080	9.270	8.915	4.895	8.610	8.730	8.860	9.000
单产 (t/hm²)	22.75	23.16	22.09	21.72	13.55	20.78	23.47	24.16	24.06

数据来源：总产量来自重庆市统计年鉴，单产为计算数据

目前，重庆市尚有未利用的土地 7.239 1$\times10^5$ hm²，但大部分是不适宜栽培水稻、小麦和玉米等粮食的荒山荒坡；同时重庆地区甘薯栽培实行与玉米套种的传统模式，大面积以"潮薯 1 号""宿芋 1 号"等老品种为当家品种，品种种性退化严重，先后推广的优良品种"徐薯 18""南薯 88""渝薯 34""渝苏 303""万薯 34""万薯 7 号""豫薯王"等因多种因素推广缓慢。甘薯耐旱、耐瘠薄，因此通过新品种及配套栽培技术的推广，全市甘薯生产在面积、产量上还有较大提高潜力。

11.2 重庆市甘薯生产情况

11.2.1 重庆市甘薯种植生态环境

重庆市位于北半球副热带内陆地区，中国西南部、长江上游、四川盆地东部边缘（地跨东经 105°11′～110°11′、北纬 28°10′～32°13′，东西长 470 km，南北宽 450 km，），总面积 8.241×10^4 km²，与湖北、湖南、贵州、四川、陕西等省接壤。重庆辖区主要分布在长江沿线，以丘陵、低山为主，平均

海拔为 400 m。地势从南北两面向长江河谷倾斜,起伏较大,多呈现"一山一岭""一山一槽二岭"的形貌。地质多为"喀斯特"地貌构造,因而溶洞、温泉、峡谷、关隘多。其辖区内,北有大巴山,东有巫山,东南有武陵山,南有大娄山。重庆主城区海拔多在 168～400 m。市内最高峰为巫溪县东部边缘的界梁山主峰阴条岭,海拔 2 796.8 m;最低为巫山县长江水面,海拔73.1 m。全市海拔高差 2 723.7 m。境内山高谷深,沟壑纵横,山地面积占 76%,丘陵占 22%,河谷平坝仅占 2%。其中,海拔 500 m 以下的面积 3.18×10⁴ km²,占 38.61%;海拔 500～800 m 的面积 2.09×10⁴ km²,占 25.41%;海拔 800～1 200 m 的面积 1.68×10⁴ km²,占20.42%;海拔 1 200 m 以上的面积 1.28×10⁴ km²,占 15.56%。

重庆气候温和,属中亚热带湿润季风气候类型,形成了"夏热冬暖,无霜期长、雨量充沛、温润多阴、雨热同季"的气候特点,是宜居城市。重庆的气候特征:一是夏热冬暖,无霜期长。年平均气候在 18 ℃左右,冬季(1 月)最低气温平均在 6～8 ℃;夏季较热,平均气温在 27～29 ℃,7、8 月日最高气温均在 35 ℃以上;极端气温最高 41.9 ℃,最低−1.7 ℃;无霜期 340～350 d,大于 0 ℃活动积温 6 000 ～ 6 900 ℃,是同纬度无霜期最长的地区。二是降雨量充沛。常年降雨量1 000～1 400 mm,春夏之交夜雨尤甚,素有"巴山夜雨"之说,有山水园林之风光;降水虽多,但时空分配不均,多暴雨,而且受青藏高压和副热高压的影响,7、8 月常出现 30～50 d 干旱。三是秋多阴雨,冬多云雾,日照时数少。日照总时数1 000～1 200 h,素有"雾都"之称。重庆雾多,是由于重庆地理环境造成的。四是气候垂直分布明显。受地形影响,重庆地区一般存在着 500～600 m及 800 m 左右两个逆温层。降水量随海拔增高而增多,多雨带各地不一。

重庆市土壤类型主要以黄壤和紫色土为主。黄壤是全市第一大类土壤,全市共有1.993 94×10⁶ km²,占土地总面积的 24.2%,其中黄壤旱耕地 4.138×10⁵ km²,分别占总耕地和旱耕地的16.2%、28.3%。黄壤是全市的地带性土壤,广泛分布在全市海拔 500～1 500 m 的低、中山地区,在古湖积盆地、丘陵、台地、长江及各大支流二、三、四、五级阶地上亦有分布。全市共有紫色土1.712 7×10⁶ km²,占土地总面积的 27.85%,其中耕地 7.878×10⁵ km²,分别占总耕地和旱耕地的30.8%和 53.8%,为全市旱作农业的主要土壤。紫色土广泛分布于重庆市丘陵、低山、平坝区,大多分布在海拔 800 m 地区,在中山区亦有块状分布,其上限可达1 300 m左右。土层厚度从坡顶至坡脚逐渐加重,pH 随高度增加而降低。全市土壤监测点监测结果显示:土壤质地多为中壤,pH 平均范围为 7.09～8.09,偏碱性土壤测点占全部测点的 85.3%,属弱酸性的土壤测点占全部测点的14.7%,土壤总体偏碱性。

重庆市总的生态环境非常适合甘薯的种植,除海拔1 000 m 以上的高寒山区外,其余地区均适宜甘薯的栽培。特别是海拔 500 m 以下的丘陵区,土壤以水稻土和紫色土为主,水稻土和紫色土代表了全市 70%的土壤类型,常年降雨量为1 000～1 100 mm,大于或等于 10 ℃的积温为6 065 ℃,无霜期 349 d,是甘薯的主产区。旱地紫色土栽培模式:麦/玉/苕分带轮作代表了全市旱地主要耕作制度。

11.2.2 重庆市甘薯育苗

育苗是甘薯生产中的重要环节,不同的育苗方式关系到出苗数量、质量和供苗时间,应根据当地自然条件、耕作制度、育苗条件和技术水平选择不同的育苗方式。重庆市甘薯育苗方式主要有加温育苗、塑料薄膜(地膜)覆盖育苗和露地育苗等。现主要介绍起拱薄膜覆盖育苗、地膜(薄膜)平盖育苗、露地育苗。各地要根据实际情况选择恰当的育苗和繁苗方式,最好是采用双膜覆盖育苗方式。这种育苗方式设备简单、投资少、出苗快、效果好,是实现苗齐、苗匀、苗壮、夺取高产的重要措施。

一、起拱薄膜覆盖育苗

甘薯起拱薄膜覆盖育苗，又分单膜覆盖育苗和双膜覆盖育苗。所谓双膜覆盖，就是在起拱薄膜覆盖育苗的基础上，厢面上再覆盖一层地膜，用以增加床温的育苗方法，即"天膜加地膜"。此种育苗方式适宜各种生态环境的甘薯育苗，最适宜海拔400～800 m的深丘和山区。甘薯平地起拱薄膜覆盖育苗技术是甘薯育苗方式的一种改革。实践证明：推广平地起拱薄膜覆盖育苗技术是简化育苗程序、省工省成本，保温保湿，争取甘薯早苗、足苗、壮苗，提高经济效益的有效措施。种薯出苗后破平膜引苗，其他管理方法不变。用这种方法育苗一般可比地膜平盖育苗提早出苗3～5 d，增加20%～30%的出苗量，而且不易烂薯。育苗排种时间应根据当地的海拔高度、气候条件、耕作制度和育苗方式来确定。一般当日平均气温达到12 ℃以上时即可排种。在重庆地区海拔400 m以下的平坝和浅丘地区，采用起拱薄膜覆盖育苗的，播（殡）种时间可在2月底下种；海拔400～800 m的深丘和山区，播（殡）种时间在3月上、中旬。只有育出好苗，才能保证适时栽插；只有育出充足的薯苗，才能保证种植面积和适宜的密度；只有育出壮苗，才能保证丰产。因此，要力争做到早育苗、育足苗、育壮苗。

育苗的具体做法：

（一）选好地，施足基肥，做好厢

苗床地要选择背风向阳、地势平坦、排水方便、土壤疏松和3年以上没有种植过甘薯的肥沃地块，以东西向为好。在冬季或早春结合施足基肥，深挖30 cm，排种前再翻松，施入适量有机肥和磷钾肥，上覆3 cm厚的土层，然后欠细整平，做成厢宽1.2 m左右的大厢为宜，长度可根据种薯量和地块规格来确定，宜在10 m以内，以利通风。

（二）精选薯块，适时排种

好种出好苗，这是我国农民选种的经验总结。选择健壮无病、皮色鲜亮光滑、薯块较整齐均匀、具有本品种特征的种薯，以重100～250 g、质量好的薯块作种薯为好；剔除受冷害、湿害、病害和破伤的薯块。选好种薯后，可进行药剂浸种，即用50%多菌灵800倍液浸种10 min或用70%托布津800倍液浸种10 min，药液可连续利用10次左右。也可以在排好种后，将上述药液直接均匀喷洒在种薯上，防治黑斑病效果都较好。排种时应同向排列种薯，以免薯苗出土拥挤，种薯间相距10～15 cm。薯块大小差别较大，排种时最好大小分开；为了保证出苗整齐，应当保持上齐下不齐的排种方法。大块的入土深些，小块的入土浅些，使薯块上面都处在一个水平面上，这样出苗整齐。排种时注意分清头尾，切忌倒排。排薯后浇水，待水渗透后盖土，土层不宜太厚，以3 cm厚为宜；床内土面上应撒一些土块或一些干牛粪，然后覆盖地膜，使膜下有一定的空隙，以利种薯透气吸氧；最后在厢面上拱起竹块盖上薄膜，将四周压严。

（三）苗床管理

苗床管理的基本原则是"以催为主，以炼为辅，先催后炼，催炼结合"。前期高温催芽；中期平稳长苗，催炼结合；后期低温炼苗。排种后至出苗前，封闭薄膜增温。苗床温度在20～35 ℃范围，温度越高，萌芽越快越多，发芽最适宜的温度是29～32 ℃，超过35 ℃对幼苗生长有抑制作用，所以当温度超过35 ℃时要适当透气降温。排种至出苗阶段以高温催芽为主，这个时期苗床的环境是高温高湿，这时薯块萌芽呼吸加强，幼苗生命力旺盛，呼吸强度随之急剧上升，应注意适当通风换气，因为薯苗的健壮生长和呼吸密切相关。通气好，出苗多、生长壮；氧气不足，容易发生烂芽等事故。薯芽萌发露出土面后引苗出膜，并加强肥水管理；出苗后至剪苗前，床温应保持在25～30 ℃，这是薯苗生长的适宜温度，也是培育壮苗的关键时期。阳光较强烈时，由于盖双膜的原因,苗床要揭开两端薄膜通风降温,以免高温烧苗。这个时期的水分应控制相对湿度在80％～90％较为适宜,若水分过少,根系不伸展,幼苗叶小;若湿度大,会造成薯苗徒长,细弱;若水分过多,则容易造成薯块腐烂。剪苗前3～5 d,要逐渐揭开塑料薄膜进行低温炼苗,使其适应大田环境。揭膜选择在清晨无风时进行,不宜在中午阳光强烈时进行,以免高温灼苗。总的原则是白天晒,夜晚盖,达到通风透光炼苗的目的,保证薯苗健壮生长。

(四)加速繁殖,适宜早栽

当苗高20～25 cm时就可以剪苗栽插或假植"转火"。如果大田前作还未收获,可以将剪的薯苗"转火"栽插于另一块地再集中假植育苗,并可多次剪苗假植,以苗繁苗,加快繁殖,可解决种源不足的问题。当苗床剪苗后,要及时拔除杂草,追肥浇水。剪苗后2～3 d将少量尿素肥料溶于清粪水中灌窝浇施。如采用泼浇方式,则随后用清水冲洗苗上的肥水,以免烧苗。剪苗后苗床管理以催腋芽为主,促进分枝苗生长,一般在10～15 d左右后,又可剪苗栽插,同样可以解决种源不足的问题。重庆地区深丘和山区的农民有掰薯芽栽插的习惯,掰的薯芽瘦弱、纤细,有的还带有黑斑病等病菌,栽插后生长缓慢,产量不高。要改变山区农民这一不良的习惯,应提倡剪苗栽插,而且还要多次高剪苗,有效防止黑斑病等病菌的蔓延,有利于培育壮苗,提高产量。总之,只要早做打算,精心安排,选用良种,双膜覆盖,多级育苗,培育壮苗,在5月中下旬至6月初早栽,使甘薯的大田生长期达到150 d以上,并配套规范种植、起垄栽培、合理密植、平衡施肥与防治地下害虫等先进技术,则甘薯的高产优质就能实现。

二、地膜平盖育苗

地膜平盖育苗就是在露地育苗的基础上,覆盖一层地膜(薄膜)起到一定保温和保墒作用,防止烂薯的育苗方式。此种育苗方式简便易行,适宜海拔400 m以下的平坝、浅丘地区,播(殡)种时间可在3月上旬即"惊蛰"节前后。苗床地的选择、选种、排种和苗床管理等方法同前起拱薄膜覆盖育苗。一般情况下,苗床的厢宽应控制在110～120 cm范围内,以便覆膜。播(殡)种完成后,用清粪水将苗床浇透,等水下渗后,再覆盖细土3～5 cm,平整厢面,用甲草胺或乙草胺进行芽前除草,然后进行覆膜并围土压紧。地膜(薄膜)平盖育苗,能提高苗床温度,使薄膜里的小气候比露地气温高15 ℃,5～10 cm床土温度比露地平均高5～7 ℃,既增加了温度又保持了湿度,比露地育苗提早出苗12～16 d,苗量增加20％～35％,可提前采苗12～23 d,达到了加快薯苗生长、防止烂薯、培育壮苗、提早栽插、节约能源的目的。如遇当年早春气温偏低,持续时间长,则应起拱加盖一层薄膜保温,防止烂薯,保证薯苗健壮生长。

三、露地育苗

露地育苗就是利用当地自然条件,不需要任何设备,具有省工、操作简便等优点的育苗方式。这种育苗方式更要注意床址的选择,要选择背风、向阳、四周排水方便的地块,苗床深度以排种覆土后表土距床沿2～3 cm为宜。露地育苗对覆土要求更严格,覆土要细土覆均压实。此种方式育苗适用于海拔300 m以下的平坝和浅丘地区,播(殡)种时间在3月下旬,深丘和山区则顺延7～15 d,但气温必须稳定在15 ℃左右时才能播(殡)种。如果采用露地育苗方式育苗,遇极低温则应及时盖薄膜保温,以防烂种。采用露地育苗,风险极大,重庆地区入春后常遇"倒春寒",气温极不稳定,持续低温,用此种方式育苗,极易烂种,得不偿失,现已基本被淘汰。露地育苗的选种、排种方法以及苗床管理等与前述起拱薄膜覆盖育苗相同。

11.2.3 重庆市甘薯栽培方式

重庆市甘薯栽培方式有多种,主要是根据地理条件、前茬作物和栽培习惯等来决定栽培方式。其主要栽培方式有带状轮作、套作和净作。其中麦/玉/苕套作三熟制占甘薯栽培面积的60%以上,是重庆丘陵旱地的主要栽培模式;其次是带状轮作;净作较少。

一、带状轮作

带状轮作一年多熟的耕作制度,就是在同一块耕地上、一定年限内所种作物既实行分带种植,又按作物套种顺序进行轮换倒茬,使所种作物形成一个完善的、理想的复合群体,并具有科学性、连续性的一种作物栽培制度。各种作物的种植时间和收获时间可以相同,也可不同,特别是收获时间,一般不可能同时进行。用这种耕作方法,可以错开季节,使同一块耕地上一年四季都有作物生长,既能充分利用雨水、光和热能资源,又可避免两熟轮作的间歇期对土地等资源的浪费。这种耕作方法,还可以更多地利用边行优势,促使各种作物增产。实行这种耕作制度,不仅在一年时间内,能够生产出多种多样的农产品,而且单位面积产量和经济效益也比较高。实践证明:旱地分带轮作是粮、经、饲、肥四结合,提高旱地综合生产能力和经济效益的一条有效途径。

重庆市旱地分带轮作远近闻名,其主要种植模式有以下两种。

(1)麦/玉/苕(甘薯)分带轮作。小麦双 3 尺(1 m)对半开,一半头年(10 月)冬天种 5 行小麦;另一半作预留行冬闲,春天种两行玉米,玉米苗栽成宽窄行,小行 53～55 cm。小麦收后起垄栽甘薯。玉米收后带内种大豆、蔬菜,不栽甘薯。坡度小的土坚持独垄栽甘薯,各走各的路;坡度较大的地,顺等高线传土,做成保水保肥的梯形大垄。带植地的甘薯带不宜做成马槽厢、偏大厢、楼梯厢,更不宜平作。长蔓品种种植密度 37 500 株/hm² 左右,中短蔓品种 52 500 株/hm² 左右,可通过缩小窝距、不改变行距来实现。还要坚持每年换带轮作。这种栽培模式从 20 世纪 70 年代至今在重庆仍比较盛行。

(2)薯(马铃薯)－玉－苕(甘薯)分带轮作。马铃薯 5 尺(1.67 m)对半开,一半头年(12 月至次年 1 月)播种马铃薯;另一半作预留行冬闲(栽蔬菜),春天种玉米,玉米苗栽成窄行。马铃薯收后起垄栽甘薯。玉米收后带内种大豆、蔬菜,不栽甘薯。甘薯收获后可增种一茬冬菜或豌豆或绿肥等作物。同样要坚持每年换带轮作。这种栽培模式在重庆市巫溪、巫山、城口以及奉节等区、县海拔 1 000 m 以下的区域比较常见。

二、套作

套作是在前季作物生长后期的株、行或畦间播种或栽植后季作物的种植方式。套作的两种或两种以上作物的共生期只占生育期的一小部分时间,是一种解决前后季作物间季节矛盾的复种方式。农作物间套复种立体栽培,是一种多用阳光,巧用耕地,实现农作物一季增产、多季增产和全年增产的种植制度,是我国传统农艺之精华,它与现代科学技术结合,在发展高产、优质、高效农业中起重要作用。

重庆市丘陵旱地甘薯套作的基本种植模式是麦/玉/苕旱地三熟制。这种种植模式就是采取 1 m 开厢播冬小麦,麦收前 35～40 d 在小麦行间套种春玉米,麦收后又在玉米行之间栽甘薯,栽甘薯时一般不起垄,俗称栽"板板苕"。这种栽培模式 20 世纪 60 年代至今在重庆还仍有相当大的面积。随着小麦种植面积在重庆市大幅减少,麦/玉/苕这种种植模式逐渐被薯/玉/苕、菜/玉/苕等新的种植模式所代替。

三、净作

净作就是在一块地里,只种甘薯一种作物,不种其他任何作物。重庆市甘薯净作面积较少,这种栽培方式主要用于大专院校、科研单位、企业(公司)、专业合作社及种植大户进行科学研究、繁殖种薯和特色薯栽培等应用。净作栽培,一般在平坝和浅丘地方种植,操作简便,适宜机器耕作,便于管理。净作种植的模式应以起垄栽插为好,垄宽 80 cm 栽单行,株距 18 cm,即栽 60 000 株/hm²;垄宽 90 cm 错窝栽双行,株距 30 cm,67 500 株/hm²。起垄前,要先施底肥(即包厢肥),每公顷施尿素 10~13 kg、磷肥 22~25 kg、硫酸钾肥 35~40 kg,然后再起垄。起垄栽插比不起垄栽插产量成倍增加。栽插苗最好选用生长健壮的顶端苗,苗长 20 cm 左右,斜插入土 2~3 节。壮苗、早栽是甘薯高产的基础。重庆市平坝、浅丘甘薯净作的适宜栽插期是 5 月上中旬,这样可使甘薯的生长期尽量延长,以增加产量,达到高产的目的。

四、秋薯

利用夏秋温光资源,因地制宜种植秋甘薯,是重庆市增加粮食产量,促进畜牧业发展和增加农民收入的有效措施。秋甘薯全生育期短,对土壤肥力条件要求不严,栽培管理简单,是秋季作物中的短线、高效产品。秋栽甘薯可采用旱地间套作(利用旱地玉米收获后起垄作厢栽薯)、幼果林间套(幼果、林/大春豆-秋甘薯)等;也可利用早中稻收获后带沙性的稻田及水毁田、空闲田种植秋甘薯。秋甘薯具有耐贮藏、出苗快等特点,栽培潜力非常大,一般可单位面积产鲜甘薯 15 000 kg/hm² 左右。重庆市海拔 300 m 以下的平坝、浅丘及河谷地区都可以种植秋甘薯。

秋甘薯丰产栽培技术要点如下。

(一)选用优质、高产新品种

良种是提高产量和改善品质的关键。目前,适宜重庆市秋甘薯种植的新品种有渝苏 76、万薯 7 号、万紫薯 56、渝薯 34、渝薯 99 及南薯 88 等。这些品种都表现出早熟、高产、优质等特点。选用秆粗节密、老嫩适度、浆汁丰富、无病虫、无退化、无不定根的带尖平头壮苗,不同的品种分开栽插。采用脱毒种苗栽插,是防止甘薯病毒病、恢复品种种性、提高其产量和品质的有效途径。

(二)重施底肥、高垄密植

虽然甘薯耐旱耐瘠,但全生育期中要保持适当水分和养分,尤其要多施一些有机肥料。有机肥不仅含钾量较高,还可以改善土壤物理性状,增强通气性,对块根膨大起促进作用。在轻壤或沙壤的田块中,开好主沟、围沟和垄沟,做到沟系通畅、沟底平直、雨停沟干。基肥用土杂肥 15 000~22 500 kg/hm²,加总含量 45%(氮磷钾各占 15%)的含硫酸钾的复合肥 600~750 kg/hm²,均匀撒施后整平起垄作包厢肥用。作垄规格要求:垄宽 80~90 cm,垄高 30~40 cm。栽插密度一般为 75 000 ~ 90 000 株/hm²,长蔓品种栽插密度为 75 000 株/hm²,短蔓品种栽插密度为 90 000 株/hm²。

(三)抢时早栽、加强管理

甘薯栽插期与收获期虽不如其他作物那么严格,但早栽可以延长大田生长期,争取秋甘薯茎叶早生快发,增大光合势,充分利用高温期的热量和光能资源,是提高秋甘薯产量和质量潜力的一项重要措施。因此,在前茬作物收获后,应立即翻犁晒白起垄,抢时栽插。重庆市秋甘薯栽插时间最好在 7 月中下旬,最迟不要超过 8 月上旬。秋甘薯栽插时常遇高温干旱,栽插后要及时浇灌水保苗成活,但要随灌随排;如遇高温强光,可用稻草昼盖夜揭 2~3 d;成活后要立即中耕除草并追施提苗肥,每公顷施猪粪 30 000~45 000 kg,兑碳铵 10~15 kg 或尿素 4~6 kg(最好用 35%

高效复合肥 7～10 kg)灌窝,促进早生快发;分枝结薯期灌一次跑马水,促进茎叶早封垄,减少地表水分蒸发,还能增强抗旱能力,有利块根膨大;雨天要及时清沟排水,排涝防渍,要随时修复垮垄,清沟排淤,保证垄沟内无积水,避免涝渍影响薯块膨大;藤叶封垄时,每公顷施用 21.8％的硫酸锌 7.5 kg 或复合锌肥 12 kg 兑水 750 kg 叶面喷雾;中后期是块根膨大阶段,可每公顷用磷酸二氢钾 1 500 g、尿素 2 250 g 兑水 750 kg 叶面喷雾 2～3 次;遇干旱时要适当灌一次水,灌水水位以达到垄高 1/3 为宜,这时灌水能防止叶片萎蔫和块根细胞木质化,增产效果极为显著;整个生长期间不要翻藤,更不要"打杈藤",徒长的可提蔓。收获前半个月应停止灌水,防止土壤过湿产生烂薯及不利贮藏。

(四)预防为主、综合防治

秋甘薯栽插时期正值高温高湿天气,极易发生病虫害。因此,必须认真做好病虫害预防工作。特别是麦蛾、蛴螬和斜纹夜蛾普遍容易发生,应做好综合防治工作。每公顷可用 40％甲基异柳磷乳油 7.5 kg,加地虫杀 37.5 kg,或用 10％二嗪磷颗粒剂 6.0～7.5 kg,拌细沙土 600 kg 作毒土撒入土中,然后再起垄,防治蛴螬。在整个生长期要注意防治地上部害虫危害,可用 90％晶体敌百虫 1 000 倍液或用 48％乐斯本乳油 500 倍液喷雾防治斜纹夜蛾,保证薯苗正常生长。

(五)适时收获、保证产量

适时收获对增加秋甘薯产量、提高品质非常关键。收获过早产量不高、品质受影响;收获过晚甘薯易受冻害,造成烂薯。当气温降至 15℃时,一般在 11 月中、下旬,薯块已停止膨大,此时应立即收获,避免因冷害造成烂薯而减产。秋甘薯全生育期应保持在 100～120 d 最好。

随着人民生活水平的不断提高和加工业的迅速发展,甘薯的保健作用和工业用途越来越受到人们的青睐,而且农村流转地的开发利用使得甘薯的净作面积也在逐年增加,品种也呈多样化。全市甘薯生产正展现出崭新的面貌。

11.2.4 重庆市甘薯贮藏方式

甘薯安全贮藏是保证甘薯丰产丰收的重要环节。鲜甘薯体积大,含水量多,呼吸作用旺盛,组织幼嫩,皮薄易受伤、感病,因而易导致腐烂。因此,要了解甘薯在窖藏期间的生理活动规律及要求的适宜条件,掌握窖藏技术,使鲜薯得到安全贮藏。重庆市甘薯贮藏方法很多,有大屋窖、小屋窖、地下窖、竹林土窖、室内立窖、防空洞窖、浅棚窖以及生产地就地贮藏等。下面简单地介绍全市主要的几种贮藏方式。

一、高温大屋窖贮藏

甘薯高温大屋窖是从 1962 年开始,在总结群众贮藏甘薯经验的基础上发展起来的。1974 年,重庆师范大学生命科学学院(原重师生物系植物生理教研室),申报获准"红苕高温窖藏技术研究课题",并在四川、重庆农村普及推广这一研究成果。这种贮藏技术和措施的出现,逐步改变着我国甘薯产区的甘薯贮藏面貌。薯窖由临时性的变为永久性的。从地下式改为地上式或半地上式,延长了使用年限,并可一屋多用,贮藏量由少到多(可贮藏几万千克到十几万千克)。窖的结构是"两厚一严对口窗",前期便于通风散热排湿,中后期保温防寒性能好,温度适宜,烂薯率低。这种窖型为采用高温愈合处理提供了条件(35～38 ℃,4 d)。窖温可以长期保持在 10～15 ℃的安全贮藏温度范围内,并有效地防止黑斑病的发生,保证甘薯安全越冬。各地使用结果都表明高温大屋窖贮藏是甘薯贮藏的一项安全措施,出窖率可达 99.9％。自 1974 年大规模推广以来,已先后在江苏、北京、河北、山东、河南、安徽、四川、重庆、湖南等甘薯主产区推广应用,防病(黑斑病、软腐病)效果十分显著。

重庆市大约在 20 世纪 70 年代中期开始广泛推广高温大屋窖贮藏技术,因防病效果十分显著而风靡一时,当时几乎每个生产队都建有高温大屋窖,对发展甘薯生产起到了积极的推动作用。

（一）窖址选择

选择地基干燥、背风向阳的地方建窖为好。窖宽 5.0 m 为宜,窖长可以根据贮藏量多少灵活掌握。一般 10.0 m 左右为宜,建造地上或半地下式大屋窖,并设炉灶。大屋窖要墙身厚、屋顶厚、结构严密,前后窖墙对开通风窗,前墙及山墙上各开一门。炉灶做在一端山墙边,暗火道从窖内地坪下通过,烟囱设在另一端山墙边。薯堆高度以 2.0 m 为限。

（二）高温处理前的准备工作

高温处理前的准备工作主要有:窖内消毒,升温系统的检修,分仓的检修,甘薯的合理堆放和气筒的安插及测温点的设置等几个方面的工作。

（三）管理措施

高温灭菌:鲜薯入窖后,封严门窗,用大火猛烧加温。开始烧火加温要猛,温度上升要快,力争在 24 h 内,最迟不要超过 36 h 将窖温升到 35 ℃以上。当薯堆底层温度达到 30 ℃,上层温度达 32~34 ℃时,火力要适当减小,烧小火保温,使上下温度对流、周围的热气能充分进入薯堆,以减少薯堆内外之间的温差,趋于平衡后再加火,直至达到所要求的 35~37 ℃温度后停火。当上层温度达 36~38 ℃,下层温度达 35 ℃后,应立即停火,封闭灶门、烟囱,进行保温。保持这个温度 4 天 4 夜,可抑制黑斑病发生。中间温度下降,可用小火细烧,以稳定所要求的温度。高温处理完毕,打开所有门窗通风散热,争取在一天内把窖温降到 15 ℃以下,然后将门窗关闭,并在薯堆上盖一层干谷草,保温吸湿进行长期保管。这一时期的管理工作主要是掌握好窖内的温度和湿度。窖温始终保持在 10~14 ℃范围内,相对湿度保持在 90%左右,确保甘薯安全过冬。采用高温大屋窖贮藏甘薯,出窖率一般可达 80%～90%。

二、高温小屋窖贮藏

高温小屋窖,是利用旧土墙房子屋角的两方墙,再筑两方新墙,建成一个长方形的小房间,内有保温、升温和降温结构。高温小屋窖的优点是:体积小、花工少、不用木料、不占用农田、建窖容易、管理方便、烧柴少、效果好,很适合一般农户贮藏甘薯的需要。贮藏效果好,出窖率可达 90%以上,深受广大农户的欢迎。

（一）窖址选择

高温小屋窖可选择院内或住宅旁背风向阳处,也可选择在两座房的夹道中,长度可根据需要而定。一般长 2~3 m,宽 2~2.3 m,每窖可贮鲜薯 1 500~3 000 kg。如修建半地下式可向下挖 0.7~1 m 再垒墙,地下墙厚 0.2 m。如修建地上式可自地面向上垒墙,地上墙厚 0.7 m。可垒成双层墙,中间填土或碎草,墙高 2 m,门留在南边或东边,瓦顶或草顶皆可,顶厚 0.3~0.5 m,三草三泥,房沿结合严密,不要留缝,以利保温。前后墙设对口窗。房建好后可在室内建回龙火道,进火口要与地面平,伸到后墙再返回前墙,出火口要高出地面 0.7~1 m,通到室外并修烟囱,高出屋顶。火道高、宽各 0.3 m,三面散热,坡度为 3%。甘薯入窖前在窖内所铺地砖上铺荆笆或高粱秆,使薯块不直接接触地面,以利加温后温度保持一致。薯堆中间要隔 1 m 放一个通气笼或高粱秸把。薯堆高 1.3~1.7 m,上留 0.3~0.5 m 的空间。薯堆四周不可直接靠墙。室外在进火口处修建煤火灶,炉膛要大,进火口坡度为 30%,以利热气进入火道。

（二）高温小屋窖的管理

管理措施和建造方法与大屋窖大同小异。薯块入窖高温处理、保温降温后,贮藏期窖内应保持在 10～14 ℃范围内,如窖温较高时可在晴天开窗散热,待窖温稳定在 12 ℃时就应注意保温。入窖 1 个月后,外面气温较低,当气温下降到 10 ℃以下,即加挂门帘,并堵死出气口,使窖温不低于 10 ℃。如窖温低于 9 ℃时应加温并在薯上加盖干草保温。立春以后天气回暖,在晴天可适当开窗通气,但不要使窖温降至 10 ℃以下。在整个贮藏期要每隔 2～3 d 检查一次窖温,尤其应注意小屋窖西北角下部容易出现低温,应随时采取有效措施,确保甘薯安全过冬。

三、保鲜剂(药剂)浸种贮藏

甘薯黑斑病是一种真菌性病害,以贮藏期危害最重。薯块发病产生圆形或近圆形的黑褐色病斑,病部中央稍凹陷,病健交界分明,轮廓明显。发病薯块薯肉墨绿色,有苦味。20 世纪 70 年代中期,我国曾推广使用高温大屋窖贮藏甘薯,对甘薯黑斑病控制效果十分明显。但由于高温大屋窖藏需投入大量人力、物力,同时随着农村施行土地承包责任制后,高温大屋窖贮藏甘薯基本上已不再使用,广大农户贮藏甘薯仍采用分散式的传统式窖洞贮藏法,甘薯黑斑病及软腐病发生较重。为控制贮藏期甘薯黑斑病和软腐病的发生,可采用保鲜剂或药剂浸种贮藏。

甘薯保鲜剂和药剂浸种方法如下所示。

（一）保鲜剂浸种

可选用四川国光农化股份有限公司生产的 25％可湿性粉剂,国光霉斑敌(多菌灵)甘薯保鲜剂,在水缸或水池中,兑成 800 倍液的水剂,将种薯放入其中浸泡 10 min 后捞出种薯沥干水分,然后装入竹筐或塑料筐中,再放入窖中贮藏。贮藏期间窖藏管理十分重要,前期(入窖至"大雪")实行敞窖散热;中期("大雪"至"立春")重点进行保温防冻;后期("立春"至出窖)适时敞窖散热。总体原则是:保证贮藏期间窖温控制在 10～15 ℃范围内。只要严格按照管理措施进行管理,保鲜剂浸种贮藏还是能取得比较满意的效果的。

（二）药剂浸种

选用 70％甲基托布津可湿性粉剂 800 倍液,方法同上,在水缸或水池中,兑成 800 倍液的水剂,将种薯放入其中浸泡 10 min 后捞出种薯沥干水分,然后装入竹筐或塑料筐中,再放入窖中贮藏。贮藏期间窖藏管理十分重要,前期(入窖至"大雪")实行敞窖散热;中期("大雪"至"立春")重点进行保温防冻;后期("立春"至出窖)适时敞窖散热。总体原则是:保证贮藏期间窖温控制在 10～15 ℃范围内。只要严格按照管理措施进行管理,药剂浸种贮藏同样能取得比较满意的效果。

甘薯保鲜剂和药剂浸种贮藏,如果要想获得药剂的最佳防控效果,还应配套使用种薯、薯苗、窖洞的杀菌消毒,修整旧窖,严格控制收挖时间和提高收挖质量,加强贮藏期的科学管理等一系列的防病保鲜综合技术措施。

四、种植地就地贮藏

甘薯收获后,在种植地的田边、地角挖窖就地贮藏甘薯,是一种最简便、最省力、最经济的贮藏方法。这种贮藏方法适用于重庆市海拔 600 m 以下的(较低的)平坝和浅丘地区。贮藏甘薯的窖最好要选择背风向阳、地下水位低、远离积水、略带有斜坡的地块,这样利于排水,还要把四周的排水沟挖好。贮藏窖址选好后挖一个 1.0～1.2 m 宽、1.0～1.2 m 深的窖坑,长度随种薯多少而定,但不要太长。窖坑挖好后,用多菌灵或托布津 600 倍液喷雾把整个贮藏窖四周和底部全部消毒,晾干水分。入窖的种薯收挖后及时用甘薯保鲜剂或多菌灵或托布津 800 倍液消毒种薯,沥干水分后轻轻放在窖坑里,种薯不宜放得太满,以便盖稻草和覆土,然后敞开窖口散湿1~2 d,待种薯上面的水汽散发后,再覆盖5~10 cm的稻草吸湿和保温,在稻草上面盖上薄膜,最后将挖窖坑取出的泥土回铺到薄膜上,覆土保温。覆土稍高出地面,略呈馒头形。注意轻放泥土,不要打破薄膜。若遇下雨或低温寒潮天气,则在覆土上面盖一层薄膜或草帘防湿保温,以保证种薯安全越冬。这种贮藏方法在重庆市万州区黄柏乡、丰都县以及巫溪县凤凰镇等地推广了好几年,贮藏效果很不错,一般出窖率可在60%～80%范围内。

11.3 重庆市甘薯利用情况

11.3.1 重庆市甘薯产后加工利用历史

同全国绝大多数省份一样,改革开放以前,甘薯鲜薯充当"半年粮",藤蔓作为生猪产业的鲜饲料和干饲料,为人们的温饱和生猪发展做出了重要贡献。随着杂交水稻的问世与发展,甘薯食用比例一度降低到其总产量的10%左右,作为生猪饲料上升至60%,加工量也逐步提高到15%左右。随着城镇化建设步伐加快,生猪规模化饲养、甘薯保健功能观念的普及,甘薯种植面积减少较大,食用甘薯比例上升至20%,饲料比例减少到45%,加工比例上升至20%。

11.3.2 重庆市甘薯产后加工利用现状

甘薯"半年粮"时代,重庆市甘薯加工量较少,加工产品主要限于各家各户自产自用的甘薯淀粉、粉丝,油酥薯条,红苕烤酒等种类。进入20世纪90年代以来,重庆荣昌河包镇、彭水郁山镇、大足珠溪镇规模化生产甘薯粉丝,巫溪、潼南等地开始甘薯淀粉商业化加工。其中以荣昌河包镇较为突出,该镇常年加工生产红薯淀粉及粉条的农户高达3 000余户,全年产粉条4万多吨,实现年产值1.5亿元左右,产品远销全国20个省市区,产销量居中西部16省区第一位。现在已发展成为中国西部最大的粉条生产基地。随着甘薯生物能源的开发,先后有重庆环球石化有限公司、重庆昊元生物产业(集团)有限公司、重庆天运生物液体燃料有限责任公司等企业进入该产业,先后持续5年左右热潮。2005年重庆方家蔬菜有限公司进驻璧山发展菜用甘薯,现在已发展到13～14 hm²,年产5 000余吨,占领重庆市场80%以上份额,已成为重庆菜用甘薯主要品牌。

目前重庆甘薯产业主要有紫心甘薯、红心甘薯鲜食,淀粉与粉丝加工,茎尖菜用三大加工利用格局。其中食用甘薯全市种植面积6 700余公顷,品种以苏薯4号、渝紫薯7号、遗67-8为主,分布于城郊发展。淀粉加工主要有重庆群英农业发展有限公司和巫山县黛溪老磨坊食品有限公司等企业,利用品种主要有豫薯13、商薯19、渝苏303等,主要分布于渝东南秀山、酉阳、彭水、黔江和渝东北巫山、巫溪等区县,年加工能力已达到15万吨以上。

11.3.3 重庆市甘薯加工业存在的主要问题

重庆甘薯加工业发展虽然取得长足进展,但存在以下主要问题。

第一,甘薯种植科技储备不够,薯农掌握程度不高。品种、育苗、栽插与管理、病害防控、种薯贮藏等种植科技及其普及仍然是甘薯产业发展的技术瓶颈.

第二,甘薯原料基地建设困难。重庆山地面积较大,地块较小,土壤黏度较高,甘薯种植机械化难度较大。甘薯种植多集中在交通不便地区,农村劳动力缺乏也是甘薯种植基地扩大的限制因素。

第三,加工产品单一、加工环保意识淡薄是甘薯加工产业发展的短板。

11.3.4 重庆市甘薯加工业发展趋势

随着甘薯产业相关科技的发展、产业外围环境的逐步改善和人们对甘薯新认识的深入,重庆甘薯产业必将向规模化、专业化、加工化深入发展。

以彭水县为例对重庆甘薯加工产业发展做剖析:

彭水县位于渝东南部,全县面积 3 903 km²,其中耕地面积 1.02×10^5 hm²,属中亚热带温润季风气候区,气候温和,光照足,雨量充沛,气候立体差异大,年均气温 17.6 ℃,森林覆盖率达 42%,乌江、郁江满足地表水Ⅲ类水质标准,无霜期 311 d,年降水量 1 104.20 mm,土壤 pH 为 5～7。境内土地肥沃,土层深厚,土质疏松,多为壤土或沙壤土,所辖 39 个乡镇(街道)均适宜种植薯类作物。

一、彭水县甘薯产业发展现状

彭水县甘薯种植历史悠久,据县志记载,清朝初至今都有以甘薯为饲料原料的传统,并且有加工、食用甘薯粉丝的习惯。甘薯在清朝已是彭水主要的粮食作物之一,而且适生范围广、生产成本低,普遍为当地老百姓所接受。至 2012 年,全县种甘薯面积 20 000 hm²,比 2011 年增加 680 hm²,增幅为 3.5%,测产 27 210 kg/hm²,实现总产量 5.28×10^5 t,实现产值 4.75 亿元。其中,高淀粉甘薯面积 6 800 hm²,测产平均产量 33 750 kg/hm²,比全县甘薯平均产量增产 6 000 kg/hm²。主要种植品种南薯 88、豫薯 868,除作饲料外,加工用的不足 1%;新引进豫薯 13、商薯 19 等品种,淀粉率达 20%。

甘薯传统生产模式已经遇到了前所未有的挑战,简单、粗放的经营方式将被迫退出历史舞台。现有甘薯的品种老化、产量低、单位面积产值低,已通过甘薯品种引进、改良,来提升甘薯品种的出粉率和附加值,先后从河南等地引进高淀薯种 850 t,共收购、储藏高淀粉种薯 1 479 t。

目前,县内"郁山"牌晶丝苕粉为代表的品牌薯产品已经被市内外所认可。全县除了大量家庭作坊小规模加工外,以郁山晶丝苕粉等为代表的薯类产品加工业正在兴起,各加工企业建设标准正不断规范,从进鲜薯到出精粉实现一条龙生产,真正提高了甘薯产业的商品增加值。据统计,2012 年加工鲜薯 11 000 t,生产精粉 192 t、初粉 3 428.8 t,实现增值839.36万元。

二、彭水县薯业工作措施

彭水县以全市发展特色效益农业为契机,以增加农民收入为出发点,重点抓实"烟、芋、薯、畜、林"五大主导产业。全县各级干部群众以建设"重庆薯业第一县"为己任,确保20 000 hm²甘薯种植面积,从健全机制到产业发展稳步有序推进。

(一)健全薯业产业发展机制

为确保产业良性有序发展,彭水县委、县政府高度重视,成立了彭水县薯业产业发展指挥部,由县政协副主席担任指挥长,并建立薯业产业办公室,配备工作人员专抓薯业,基本形成县乡薯业办与薯业协会一体化办公,齐抓共管促进产业发展进程。全县按照"改良品种、优化布局、健全机制、科学发展、加工拉动"的发展思路,紧紧围绕农业增效、农民增收、财政增税的总目标,通过基地发展,高产技术应用、加工企业联动,初步形成了生产优质化、加工体系标准化的产业格局。把薯业产业的科学发展纳入彭水未来特色效益农业的主导产业予以扶持和推进。

（二）产业发展模式提升

为进一步提升薯业产业单位产值，应做好产业规划，立足自供自繁种源，优化结构提技术、薯农互助提效益。这个工作要求，指明了全县薯业发展实施"131"工程，即"建立一个甘薯研发中心、建设三个体系（种源繁供体系、原料生产供应体系、产品加工销售体系），成立一个县薯类产业协会"，坚持统一良种繁育、统一品种供应、统一栽植技术、统一收购价格、统一补贴政策的工作措施。切实建立和完善良种良法循环机制、政府帮扶机制和市场风险保险机制。按照"油菜＋甘薯""玉米＋甘薯""马铃薯＋玉米＋甘薯"等套种和轮作制度，以"龙头企业＋专业社＋农户"和"龙头企业＋基地＋农户"等一套完整的产业发展模式进行发展，可有效地增加农户的收入。

（三）政策扶持

一是坚持订单收购，切实保障薯农的生产积极性，由各龙头企业与各基地农户签订种植与收购合同，鲜薯收购价原则上不低于 0.8 元/kg（具体价格按照实际市场价格执行）。二是在县特色效益农业专项资金中安排薯业发展资金 1 000 万元，重点扶持品种改良、种源培育与储藏、精深加工、市场营销与拓展、新技术推广、新工艺研发等重要环节的政策扶持。三是对年销售收入超 1 000 万元、税收超 100 万元的龙头企业，按企业实际缴纳税款的县级留存部分全额返还。

（四）强化技术支撑

深化地、校、企（彭水与西南大学、群英农业发展有限公司）合作，筹建彭水县甘薯研发中心，建设甘薯优良品种繁育基地，建成核心种繁基地 60～70 hm²，集中式种薯储藏中心 3 个以上，加强高产、优质、高效的专用型甘薯的引进、研究和开发，破解甘薯脱毒、原种繁殖、加工原料种植等技术瓶颈。

（五）培育经营主体

为提升甘薯产业的附加值，得加快产品初深加工建设进程，目前全县已有薯类产业化龙头企业 7 家（彭水龙须晶丝苕粉有限公司、彭水群英农业发展有限公司、彭水百益兴森林食品有限公司、重庆三恒生物工程有限责任公司、重庆纯真农业开发有限公司、彭水利源农业发展有限公司、冠辰农业发展有限公司）、新型股份专业合作社 8 家（彭水农发薯业种植专业合作社、郁山晶丝苕粉专业合作社、彭水高歌甘薯种植股份合作社、彭水宏福甘薯种植股份合作社、彭水百益甘薯种植合作社、彭水同心甘薯种植专业合作社、卫民甘薯专业合作社、过江甘薯种植专业合作社），获得著名品牌称号 2 个，彭水甘薯地理商标 1 个，可实现加工鲜薯能力 1.5 万吨，鲜薯商品化率达到 30%，实现引进大型连锁超市和直接出口创汇"零突破"，实现薯业产值 5 亿元以上、增值 1 亿元以上，辐射带动全县 39 个乡镇（街道），200 个重点村（居）委，9.8 万农户增收（6 000 元/户）。

（六）科技示范引领

在郁山镇、新田镇等乡镇建立 700 hm² 规模高淀粉甘薯品种示范基地，主要生产高淀粉、鲜食型甘薯。在汉葭、靛水、普子、棣棠、龙溪、连湖等乡镇（街道）建设标准化生产示范基地各 60～70 hm²，其他种植乡镇（街道）建设 20 hm² 以上的高淀粉甘薯品种种植示范片区。

（七）建立考评机制

在全县既定的《薯业工作意见》和《薯业发展规划》的统揽下，由县委、县政府分年度与各乡镇党委、政府签订目标管理责任书，并建立常态化的工作考核和奖惩制度，以此推动彭水县薯业的健康快速发展。

11.4 重庆市甘薯科研概况

11.4.1 重庆市甘薯科研机构概况

重庆市从事甘薯研究的单位有西南大学、重庆三峡农业科学院、重庆市农业科学院特色作物研究所、重庆师范大学和重庆市薯类脱毒种苗快繁中心。

一、西南大学重庆市甘薯工程技术研究中心

西南大学(原西南师范学院)的甘薯科研可以追溯到 20 世纪 50 年代,20 世纪 70 年代中期以来有长足发展,李坤培研究员于 1974 年组建了原西南师范学院甘薯科研团队,张启堂研究员于1980 年确立了原西南师范大学甘薯遗传育种研究方向,1992 年经重庆市人民政府〔1992〕39 号文批准在原西南师范大学甘薯研究室的基础上成立了"重庆市甘薯研究中心"。首任中心主任是李坤培研究员,2000 年以后由张启堂研究员担任中心主任。2005 年,西南师范大学和西南农业大学合并成立西南大学后,2009 年以申报重庆市科委科技平台专项为契机,在西南大学以重庆市甘薯研究中心为主体,整合全校四个学院的甘薯研究力量,并吸纳重庆三峡农业科学院,成立重庆市甘薯工程技术研究中心,张启堂任主任,王季春、廖志华、赵国华、霍仕平任副主任。重庆市甘薯工程技术研究中心下设甘薯遗传育种与栽培、生理生化、生物技术、产后加工和三峡库区 5 个研究室,分别由傅玉凡、唐云明、杨春贤、蒋和体、王良平任研究室主任,目前有从事上述研究方向的研究人员 50 人。西南大学为农业部"国家甘薯产业技术体系重庆综合试验站",第一任站长由张启堂研究员兼任,第二任站长为傅玉凡研究员。

西南大学的甘薯研究团队在甘薯种质资源研究、遗传育种、良种繁殖、栽培与示范推广、病虫防治、贮藏保鲜、形态解剖、生殖发育、生理生化、环境生态、组培脱毒、人工种子研制、分子育种、产品加工方面进行了较系统的研究与成果开发。

"九五"时期以来,西南大学的甘薯研究团队除承担国家甘薯育种科技攻关、支撑计划、"863"计划、"948"计划、星火计划、农转基金和高新技术产业化等科研任务外,还主持承担四川省科委、重庆市科委下达的甘薯遗传育种、生理生化、组织培养、脱毒复壮、生物技术、示范推广等科研项目 25 项。1997 年重庆直辖以来,主持全市动植物良种创新工程专项中甘薯育种的科技攻关和课题研究。

1974 年以来,西南大学的甘薯研究团队育成甘薯各类型的新品种 20 个,有 20 项研究成果获得国家部委、省市级科技进步将等各类奖项;申报获准国家专利 8 项;研发甘薯新产品 4 个;编写出版了著作、译作等 6 部;发表学术论文 222 篇;翻译发表译文 29 篇;编辑了 3 部音像资料;选送的"甘薯新品种'渝苏 303'的选育成功"录像带 1997 年 6 月 10 日在中央电视台第 2 套"农业教育与科技"节目播出;2004 年,以甘薯为主申报获准"遗传学"硕士研究生学位授权点,现已招收甘薯遗传育种方向研究生 64 名(已毕业 49 名);研究团队的技术骨干为中国遗传学会第七届理事会理事、中国作物学会甘薯专业委员会常务理事、重庆市遗传学会常务副理事长(法人)、重庆市学术技术(作物遗传育种学科)带头人和重庆市甘薯育种首席专家。

西南大学的甘薯研究团队加强了国内外学术交流与合作,先后邀请了国际马铃薯中心、加拿大农业与农业食品部马铃薯研究中心,美国北卡罗来纳州立大学、肯塔基大学,韩国等国外著名甘薯科研机构的专家、学者来渝进行学术交流和讲学,其中李保纯博士被西南大学聘为客座教

授。西南大学的甘薯研究人员先后参加了中日首届甘薯马铃薯学术研讨会、秘鲁利马召开的"甘薯——未来的食品与健康"国际甘薯学术研讨会、国际甘薯改良新技术学术会,并向大会提交了论文和墙报,进行了广泛学术交流。西南大学甘薯科研团队先后与重庆长龙实业(集团)有限公司、重庆环球石化有限公司、重庆巴将军饮食文化发展有限公司、重庆捷那顺世汽油醇有限公司、重庆群英农业投资(集团)有限责任公司、重庆博龙食品有限公司、四川内江蜀国食品有限公司、四川红土地农业开发有限责任公司等有关企业建立了校企合作关系,共同致力于甘薯科学研究和产业化开发。

二、重庆三峡农业科学院甘薯科研工作简介

重庆三峡农业科学院甘薯科研工作始于1953年,从始至今甘薯的科研工作从未间断过,而且科研队伍还在不断地充实和壮大。通过几十年的艰苦奋斗和几代人的辛勤劳动,从起初单纯的引种筛选鉴定到现在的新品种选育、脱毒组培快繁以及先进的栽培技术,甘薯研究有了一个质的飞跃,并且取得了可喜的成绩,为四川省和重庆市的甘薯产业做出了较大的贡献。该院先后从事甘薯研究的主要人员有赵慰情、沈远琼、王良平、张菡等为农业部"国家甘薯产业技术体系万州综合试验站",第一任站长为乐正碧,第二任站长为王良平高级农艺师。

主要研究方向:引种筛选择优推广;栽培技术研究;品种选育。

承担的主要项目:1990年至2012年先后承担了四川省农牧厅"地、市(州)甘薯新品种联合育种"、四川省科委六大作物育种攻关"甘薯新品种选育"、重庆市科委动植物良种创新工程"甘薯新品种联合育种攻关与区域性试验研究""优质特色甘薯专用型新品种选育及材料创新""名特优甘薯新品种选育与开发及配套技术研究""甘薯专用型新品种选育及其产业化研究""特色专用型甘薯分子标记选择、新品种选育与产业型综合开发"、国家科技部"食饲甘薯新品种万薯7号种苗快繁及种薯产业化"等科研项目。

成果及论文:自1956年进行杂交育种工作以来,共选育出万育79、万育90、万花7号、万薯53、万薯1号等共11个甘薯新品种;自开展甘薯研究工作以来,分别在《作物杂志》《种子》《西南农业学报》《中国农学通报》《陕西农业科学》《耕作与栽培》《中国甘薯》等杂志上发表研究论文共30余篇。

三、重庆市农业科学院特色作物研究所

重庆市农业科学院特色作物研究所成立于1958年,先后易名为江津地区农业试验站、江津地区农科所、永川地区农科所,1983年地市合并后变更为重庆市作物研究所,2006年,以原重庆市农科所、重庆市作物研究所等为基础组建成立重庆市农业科学院,随即成立重庆市农业科学院特色作物研究所,为全民所有制公益型农业科研事业单位。

该所从20世纪70年代开始开展甘薯研究工作。先后与四川省农业科学院、南充地区农科所、绵阳市农科所、西南大学等科研院所建立了紧密的科研合作关系,开展了甘薯新品种引种鉴定及新品种选育、高产栽培技术、储藏技术、加工技术研究,以及甘薯新品种、新技术的示范推广及高产示范基地建设。近年来,与四川农业科学院作物所、西南大学生命科学学院签订了甘薯育种合作协议,为甘薯新品种选育、新材料创制、新技术研制奠定了坚实基础。与重庆凯乐源农业科技有限公司、重庆巴将军古老寨农业开发有限公司、重庆捷那顺世汽油醇有限公司、重庆通亿蔬菜种植专业合作社等签订了科技服务合作协议,为甘薯加工企业、为"三农"、为鲜食加工等市场提供科技支撑及配套服务。通过几代甘薯科研工作者的艰苦努力,取得了一定的工作成效:获

得了各级科技成果奖 8 项,其中省部级两项;赵德秉高级农艺师历任四川省农作物品种审定委员会第一、第二届委员(1983～1993 年),重庆市农作物品种审定委员会薯类专业组成员;王卫强2008 年任重庆作物学会薯类专业委员会副主任委员、2011 年当选重庆市甘薯产学研联盟常委。

四、重庆师范大学生命科学学院

1974 年,重庆师范大学生命科学学院(原重师生物系植物生理教研室)利用呼吸作用原理联系农产品贮藏实际,提出用高温愈伤生理解决甘薯伤口愈合和控制安全温度来预防黑斑病和软腐病,实现甘薯半年不烂的技术方案,申报获准"红苕高温窖藏技术研究课题"。该项目完成的成果在全川推广运用后,经济效益累计超过百亿元。1978 年 3 月,该课题负责人邵廷富教授作为代表光荣地出席第一届全国科学技术大会,并获得全国科技成果奖。次年,他出席了四川省及重庆市科学大会,并受到各级嘉奖。1979 年,该成果获得四川省重大科技成果一等奖,同时获得重庆市科技成果奖。在推广普及取得重大成果的同时,理论研究也不断取得了突破。于1984 年出版专著两部,发表论文 3 篇。

五、重庆市薯类脱毒种苗快繁中心

重庆市薯类脱毒种苗快繁中心成立于 2000 年 6 月,是国家种子工程项目,主要开展马铃薯甘薯良种引进选育和脱毒种薯扩繁生产、供应、推广以及相关高产栽培技术集成研究和技术培训、示范等工作。中心总投资 2 005 万元,占地面积 25 亩,建有组培大楼2 900 m²,工厂化网室和保温大棚5 200 m²,智能温室 400 m²,原种及脱毒种苗生产能力达1 000万粒(苗),产品主要用于重庆市各区县,同时辐射西南地区。

近年来中心大力试验示范推广"甘薯双膜育苗技术""甘薯麦秆沟铺、肥料沟施、起单垄技术""甘薯配方施肥及追肥技术""甘薯病虫草害综合防治技术""紫色甘薯高效栽培技术"和"高淀粉甘薯标准化栽培技术"等,使示范区甘薯单产由过去的不足 22 500 kg/hm²增加到30 000 kg/hm²以上。主持承担了"高淀粉甘薯标准化栽培技术集成与示范""甘薯高产创建活动"等科技项目,主持完成的"高淀粉甘薯标准化栽培技术集成与示范"成果 2011 年获得重庆市政府科技进步二等奖,"高淀粉甘薯标准化栽培技术集成与示范成果"2012 年获重庆市农牧渔业丰收奖一等奖,在《南方农业》《湖北农业科学》发表研究论文 3 篇。

另外,20 世纪 70～80 年代,原巴县农科所开展过甘薯引种及原涪陵地区农科所承担过四川省甘薯区试,合川县农业局开展过甘薯引种、蔓尖越冬繁殖、引种、栽培和承担区试,渝北、江津、潼南、璧山、荣昌、永川、大足、长寿、巴县、綦江、万盛、沙坪坝等区县农业局承担过甘薯新品种示范试验和市区试,重庆直辖后,城口、巫溪、黔江、彭水、忠县、酉阳、长寿、秀山等区县农业局承担过重庆市区试。目前,渝北、潼南、黔江、忠县、酉阳为"国家甘薯产业技术体系重庆综合试验站"的甘薯产业示范县。

11.4.2 重庆市甘薯主要科学研究方向

一、甘薯种质资源研究

西南大学承担国家、四川省、重庆市科技攻关和重庆市科研基金项目开展甘薯种质资源研究。与江苏省农业科学院合作,利用甘薯近缘植物 *Ipomoea trifida* 与甘薯品种进行杂交、回交,育成了含有 1/8 *Ipomoea trifida* 血缘的种间杂交甘薯新品种渝苏 303 和渝苏 297。渝苏 303 是国内首个通过国家级审定的甘薯种间杂交新品种,2000年获重庆市科技进步二等奖,以此为主申报的"甘薯系列专用型新品种的筛选及推广应用"成果2004年获教育部科技进步二等奖。其撰写发表的主要相关研究论文有:"RAPD标记对甘薯品种的鉴定"(2000年西南师范大学出版社出版,2001年被重庆市科协评为A等优秀论文);"具有三浅裂野牵牛血缘的种间杂交甘薯新品种'渝苏303'的选育及其主要经济性状表现"(收入2003年《中国的遗传学研究》论文集);"药用甘薯'西蒙1号'引种栽培试验研究"(1990年《重庆农资科技》第3期发表)等论文。该校与江苏省农业科学院合作完成的"甘薯优质资源的筛选、鉴定与创新研究及其应用"成果2002年获江苏省科技进步三等奖。2011年,西南大学的甘薯研究人员建成甘薯种质资源共享网络平台,为国内外甘薯科技工作者查询和利用甘薯种质资源带来很大便利。

重庆三峡农业科学院从1953年开始至20世纪60年代末主要以引种鉴定、筛选、择优推广为主。先后引进近10份甘薯种质资源进行鉴定和筛选,选出了华北117、52-45、农大红和宿芋1号等品种在三峡库区大面积推广;从20世纪70年代至今,继续引进了徐薯18、南薯88、徐薯22等甘薯新品种进行示范推广,为发展当地甘薯生产做出了积极贡献。

二、甘薯遗传育种研究

1997年重庆直辖后,由西南大学重庆市甘薯研究中心主持,组织重庆三峡农业科学院等单位协作攻关,承担的重庆市科委"动植物良种创新工程"专项,育成了具有各种用途的甘薯新品种。西南大学1985年在育成优质甘薯新品种渝苏1号的基础上,到2013年先后育成渝薯34、渝薯20、渝苏303、渝苏297、渝苏76、渝苏153、渝苏151、渝苏30、渝紫263、渝苏162、渝苏8号、渝苏紫43、渝薯99、渝紫薯7号、渝薯2号、川渝薯33、渝薯4号、渝薯6号等甘薯各种类型的专用型新品种19个已通过国家和地方品种审(鉴)定,其中渝苏303、渝紫263、渝苏151、渝苏153、渝苏8号、渝紫薯7号通过国家级品种审(鉴)定;渝薯34育种成果,1992年获重庆市科技进步二等奖,1993年获国家教委科技进步三等奖,1994年获四川省教委科技成果推广二等奖;育成的淀粉用新品种渝苏303,是目前我国第一个通过国家级审(鉴)定的甘薯种间杂交新品种,2000年获重庆市科技进步二等奖;以该品种为主形成的"甘薯系列专用型新品种的筛选及推广应用"成果2004年获教育部科技进步二等奖;引进的甘薯工业用淀粉新品种苏薯2号于1989年通过市级科技成果鉴定。西南大学研究人员撰写发表甘薯育种方面的主要研究论文:《优质甘薯新品种"渝苏1号"选育试验报告》(《重庆科技》1986年第6期);《甘薯"渝苏1号"的生产力及抗病性表现》[《西南师范大学学报(自然科学版)》第2期];《甘薯新品种"渝薯34"的生产力及主要经济性状表现》(《种子》1992年第2期);《甘薯新品种"渝薯20"的选育研究》[《西南师范大学学报(自然科学版)》1994年第5期];《甘薯新品种"渝苏303"的选育研究》[《西南师范大学学报(自然科学版)》1999年第24卷第1期];《甘薯新品种"渝苏303"高产生理特性的研究》[《西南师范大学学报(自然科学版)》2000年第25卷第1期];《甘薯新品种"渝苏297"选育研究》[《西南师范大学学报(自然科学版)》2000年第25卷第6期];《甘薯新品种"渝苏30"选育研究》[《西南师范大学学报(自然科学版)》2002年第27卷第1期];《甘薯早熟食用新品种"渝苏76"的选育研究》[《西南师范大学学报(自然科学版)》2003年第28卷第3期];《甘薯新品种"渝苏151"选育研究》[《西南师范大学学报(自然科学版)》2005年第30卷第4期];《甘薯部分数量性状的遗传力及其相关分析》[《西南农业大学学报(自然科学版)》2004年第25卷第5期];《甘薯早代品系部分数量性状的遗传相关分析》[《西南农业大学学报(自然科学版)》第23卷第3期]。

重庆三峡农业科学院从1956年开始进行甘薯新品种的选育工作,在本地采用开花品种放任授粉和嫁接诱导开花人工杂交等方法,育成了万育79、万育90、万花7号和万薯53等品种;从20世纪80年代初开始至今一直在海南进行甘薯新品种的杂交制种工作,效果十分显著,先后育成了万薯1号、万川58、万薯34、万薯7号、万紫薯56、万薯5号和万薯6号七个甘薯新品种,并已通过国家、四川省和重庆市审定或鉴定。其中万薯7号、万紫薯56、万薯5号3个品种通过国家甘薯鉴定委员会鉴定。该院研究人员撰写发表的相关研究论文有:《秋甘薯早世代主要性状与产量的灰色关联分析》(《种子》1994年第4期);《甘薯早代品系数量性状相关遗传力的研究》(《中国甘薯》1994年第7卷);《灰色关联分析在甘薯高产育种上的应用》(《农业系统科学与综合研究》1995年第11卷第1期);《甘薯早代品系主要数量性状的相关遗传力》[《西南农业学报》1995年第8卷第1期];《甘薯天然杂交后其后代主要性状表现及通径分析》(《中国甘薯》1996年第8卷);《秋甘薯无性一代主要数量性状遗传相关及通径分析》(《国外农学—杂粮作物》1996年第6期);《甘薯杂种F_1代主要经济性状表现及组合综合评价》(《西南农业学报》1997年第10卷第3期);《甘薯高产抗病食饲兼用型新品种万薯1号》(《国外农学—杂粮作物》1998年第6期);《早熟高产食饲兼用甘薯新品种"万川58"选育研究》(《杂粮作物》2003年第23卷第3期);《高淀粉甘薯新品种"万薯34"选育研究》(《种子》2004年第2期)。

重庆市农业科学院特色作物研究所自开展甘薯研究以来,先后参与了四川省甘薯联合育种攻关、重庆市甘薯联合育种攻关、重庆市农委甘薯现代产业技术体系合作项目、四川农业科学院和西南大学的联合品种鉴定筛选。承担并主持了重庆市科委的基本科研业务项目"紫色甘薯新品种引进筛选及配套高产栽培技术集成与示范""不同栽培条件对紫色甘薯花先导型项目""荣昌县路孔乡农业科技成果开发利用""主要粮油作物新品种新技术综合配套示范推广"等项目。主研参加了国家"973"科技支撑项目"西南城乡一体化西南城郊农业环境协调技术集成与示范"、重庆市科委重点攻关项目"重庆市主要农作物种质资源共享平台建设"、重庆市"十二五"动植物良种创新工程重点攻关项目"加工与食用甘薯育种新技术与新材料新品种创制及高产技术集成与示范"。

该所与四川农业科学院作物所联合鉴定筛选的淀粉加工用品种川薯217(冀薯98/力源一号)于2011年3月经全国甘薯品种鉴定委员会鉴定通过(鉴定编号:国品鉴甘薯2011007)。

三、甘薯良种繁殖研究

原西南师范学院的研究人员于1974～1979年开展了甘薯蔓尖越冬苗繁殖作种的研究,提出了系统的防治甘薯越冬苗死苗、提高春后繁殖率的有效措施,并将这些技术在川、渝地区推广,取得了良好效果。完成的"红苕藤尖越冬薯灰霉病的研究""红苕藤尖越冬苗作种退化问题的研究"成果于1979年通过重庆市科委组织的成果鉴定,1980年"红苕藤尖越冬苗灰霉病的研究"获得重庆市科学技术四等奖,1981年"红苕藤尖越冬苗作种退化问题的研究"获得四川省人民政府重大科学技术研究成果四等奖,1984年《甘薯藤尖越冬苗灰霉病(*Botrytis cinerea*)侵染途径的研究报告》获得重庆市科协优秀学术论文奖。

四、甘薯栽培与品种推广研究

原西南师范大学主持申报的甘薯品种推广成果"重庆市甘薯系列高淀粉新品种的示范推广"于1991年获重庆市科技进步三等奖,"甘薯新品种'渝薯34'的推广"于1994年获四川省教委科技成果推广二等奖,"甘薯新品种'渝薯34'高产配套技术应用推广"于2000年获教育部科技进步三等奖和重庆市科协"金桥工程"优秀项目一等奖。由西南大学(原西南师范大学)牵头组织江苏、四川、河北、湖南、安徽、江西、湖北等省市完成的"甘薯系列专用型新品种的筛选及推广应用"成果,包含渝苏 303 等 13 个具有不同用途的甘薯专用型新品种的示范、推广,取得了 26.9 亿元的新增纯收益,于 2004 年获教育部科技进步二等奖。西南大学(原西南师范大学)与江苏省农业科学院合作完成的"甘薯淀粉品种选育及育种配套技术研究"成果,于 1994 年获国家农业部科技进步三等奖。西南大学(原西南农业大学)与贵州省石矸县农业局合作,主持完成的农业部项目"贵州省甘薯优良品种的引进及两薯脱毒种薯生产技术推广"于 1999 年获贵州省丰收计划一等奖。

西南大学研究人员撰写的有关甘薯栽培研究论文:《优质甘薯新品种"渝苏 1 号"的选育及其栽培技术》(《重庆农资科技》1987 年第 3 期);《甘薯新品种"渝薯 34"丰产的密肥模式研究》[《西南师范大学学报(自然科学版)》1995 年第 1 期];《甘薯新品种"渝薯 34"种植密度研究》(《重庆农业科技》1995 年第 1 期);《从重庆甘薯生产现状谈推广高淀粉品种》(《国外农学—杂粮作物》1999 年第 4 期);《甘薯新品种"渝苏 303"高产生理特性的研究》[《西南师范大学学报(自然科学版)》2000 年第 25 卷第 1 期];《甘薯高产潜力研究进展》(《耕作与栽培》2007 年第 2 期);《套作甘薯的高产栽培试验研究》(《耕作栽培》2006 年第 1 期)。

重庆三峡农业科学院开展甘薯栽培技术研究:1953～1954 年进行密度试验,设四个密度,探索甘薯密度与产量的关系;1953～1954 年进行增施钾肥试验,探索增施钾肥对甘薯产量和品质的影响;1955 年进行翻藤提藤试验,探索翻藤、提藤对产量的影响;1956～1958 年和 1974 年进行秋栽试验,探索秋植品种、密度、栽期、肥料、栽培方式与产量的关系以及秋薯作种的好处;1975～1979 年进行蔓尖越冬试验,为了解决生产上烂种缺苗及甘薯黑斑病的蔓延,探索甘薯蔓尖苗作种与薯块苗产量比较及其变化规律;1978 年进行栽培方式试验,设大厢双行(梗子苔)、小厢单行(梗子苔)、堆堆苔三种处理,选出适宜本地甘薯生长的最佳栽培方式;2009～2011 年进行密肥试验,设不同的密度和肥料的正交设计,探索密度和肥料对甘薯产量、淀粉率、花青素含量的影响及甘薯生长发育规律;2012 年进行覆膜试验,栽插时覆黑膜、覆透明膜和不覆膜,通过对比覆盖不同类型地膜,研究覆膜对产量和品质的影响;2012 年进行化学调控栽培试验,设化学调控剂的不同喷施时间处理,研究化学调控技术对甘薯产量和生长发育的影响。发表了《高淀粉甘薯新品种"万薯 34"优化栽培技术》[《西南农业学报》2006 年第 19 卷第 1 期]等相关研究论文。

重庆市薯类脱毒种苗快繁中心完成的"高淀粉甘薯标准化栽培技术集成与示范"成果,两年推广面积 1.09×10^5 hm²,新增产值 3.14 亿元,新增纯收益 2.24 亿元,辐射带动全市 1.33×10^5 hm²,2011 年获得重庆市政府科技进步二等奖;完成的"高淀粉甘薯标准化栽培技术集成与示范"成果,2008～2011 年在云阳、忠县等 11 个区县累计推广面积 5.29×10^5 hm²,该技术和良种推广率达 98%,抗灾避灾技术推广率达 91%,平均产量 27 345 kg/hm²,2012 年获得重庆市农牧渔业丰收奖成果一等奖;发表《高淀粉甘薯高产栽培技术试验》(《南方农业》2012 年第 6 卷第 5 期)、《高淀粉甘薯茎尖脱毒与组培技术研究》(《南方农业》2012 年第 6 卷第 4 期)、《甘薯地膜覆盖高产高效栽培理论与技术》(《湖北农业科学》2009 年第 48 卷第 2 期)。

五、甘薯病虫防治研究

20 世纪 70 年代,原西南师范学院在西南地区大面积推广甘薯蔓尖越冬苗作种过程中,为解决越冬苗严重死苗问题,开展了甘薯蔓尖越冬苗灰霉病侵染途径及防治的研究,"红苔藤尖越冬苗灰霉病的研究"研究成果于 1980 年获重庆市科学技术四等奖,1980 在《西南师范大学学报(自然科学版)》发表研究论文《甘薯藤尖越冬苗灰霉病(*Botrytis cinerea*)侵染途径的研究报告》;在甘薯抗病育种研究中,撰写论文《抗黑斑病甘薯品系筛选初报》(《重庆农资科技》1989 年第 3 期),

《甘薯品系对黑斑病菌(*Ceratocystis fimbriata* Ellis et Halsted)致病敏感性的研究"(《云南农业大学学报》1993年第3期)。

西南大学和重庆三峡农业科学院的甘薯科技人员于2009年在对重庆市巫山县的甘薯生产考察中,在该县甘薯产区发现了甘薯蚁象危害,考察组第一时间向全国甘薯学术界、重庆市政府主管部门报告了甘薯蚁象进入三峡库区的信息。甘薯小象甲是甘薯生长期和储藏期最重要的害虫,严重影响甘薯品质和产量,其一般在纬度较低的广东、福建、海南等省发生较多。考察组了解到,由于该县外出务工者擅自从以上区域引种,2005年首次在县内发现甘薯小象甲(在此之前从未在北纬30°的地方发现过此虫),到2009年危害加重,涉及了该县的4个乡(镇)800余公顷,损失率达40%～100%,严重地影响了当地农民生活、畜牧业和甘薯产业的发展。在此之前对此未引起重视。通过考察组的报告,引起了国家甘薯产业技术体系、重庆市农委、巫山县政府等各级部门的高度重视。2010年,重庆三峡农业科学院联合河北省农业科学院植保所、巫山县植保植检站开始对小象甲开展了进一步的危害调查及防控研究。3年来,主要采取了建立甘薯小象甲成虫发生监测点、开展药剂筛选试验、发放小象甲性诱剂进行大面积防控、建立种薯繁殖基地和加强防控技术培训等措施。在巫峡镇柳树村和西坪村建立了3个甘薯小象甲成虫发生监测点,采用甘薯小象甲性诱剂诱杀雄成虫,每5天记载1次虫口数量,初步掌握了小象甲世代发生规律和危害特点;开展了17种药剂的药效筛选试验,初步筛选出55%氯氰·毒死蜱、48%毒死蜱、2.5%高效氯氟氰菊酯等防治效果较好的药剂;在主要发生的巫峡、曲尺、龙井、大溪等乡镇,发放小象甲性诱剂,采用甘薯小象甲性诱剂诱杀雄虫,抑制交配,降低了虫口密度;选择在目前尚无甘薯小象甲危害的官渡镇杨坝村农业综合示范基地中,建立7 hm²优质甘薯繁种基地,基本上解决了病区种薯种源问题;在小象甲重发乡镇举办防控技术培训会,并发放防控药品、进行技术示范等,为农户正确防治甘薯小象甲提供了技术支撑。2012年底收获时测产,主要防治区域的甘薯小象甲危害率已降低到5%以下,小象甲防治工作取得了阶段性成果。

六、甘薯贮藏保鲜研究

1974年,原重庆师范学院生物系植物生理教研室利用呼吸作用原理联系农产品贮藏实际,提出用高温愈伤生理解决甘薯伤口愈合和控制安全温度来预防黑斑病和软腐病,解决甘薯半年不烂的技术方案,申报的"红苕高温窖藏技术研究"课题正式批准立项,并在巴县、合川、忠县建立3个实验窖。11月甘薯收获时,师生分赴三个试验点与农民同吃同住同劳动,在35～38 ℃的甘薯高温窖内进行48 h高温愈伤控病实验,昼夜监控温度,避免40 ℃以上的高温伤害和缺氧闷窖事故发生。冬季确保10～14 ℃安全温度,以利甘薯贮藏越冬不被冻坏。1975年春天,3个试验窖贮藏5万多千克甘薯几乎无一腐烂的奇迹终于发生了,好薯率为99%,出窖率为96%,超过了美国恒温恒湿的现代化贮藏技术。从此甘薯自引进我国近400年来,贮藏腐烂的历史宣告结束。该研究成果经媒体报道后,不仅引起了重庆市农业、粮食及科研部门的重视,纷纷到原巴县青木关凤凰试验窖参观,而且还引起了四川省委的高度重视,省委书记指示省粮食厅、省农业厅和省科委组成联合调查组,两次赴3个试验窖现场验收认可后向省委写了报告,接着省委先后两次向地(市)、县政府发文,要求全川3年普及推广甘薯高温贮藏技术,并指示省农业厅、省粮食厅、省科委和重庆师范学院抽调专人共同组建推广领导小组,以邵庭富老师为组长负责全省农村的层层技术培训和普及推广工作。1974～1977年,课题组对重庆师范学院生物系300多名师生进行培训后,这300多名师生分赴全川140多个县指导甘薯高温大屋窖的修建和高温处理技术。全体师生跋山涉水,足迹遍及全川,到现场示范操作和解答问题。直接和间接培训了近50万名甘薯高温大屋窖藏的技术骨干,指导修建了近 40 万个甘薯高温窖。每年 11 月中下旬甘薯收获季节,为确保各地甘薯高温窖藏技术的正确执行,做到万无一失,邵庭富老师昼夜坐镇指挥部,了解问题,回答问题,全川四年开展甘薯高温窖推广运用 180 多万次,获得了成功。这一新技术在全川农村普及推广后,每年减少粮食损失 40 多亿公斤,相当于全川农村 8 000 万人两个月的口粮,并促使全川的粮食和生猪生产得到迅速恢复和发展,实现了"苕多-猪多-粮多"的良性循环。该技术在全川推广运用后,经济效益累计超过百亿元。为了表彰这一成果,1978 年 3 月,邵庭富老师作为代表光荣地出席第一届全国科学技术大会,并获得全国科技成果奖。次年,他出席了四川省及重庆市科学大会,并受到各级嘉奖。1979 年,该成果获得四川省重大科技成果一等奖,同时获得重庆市科技成果奖。在推广普及取得重大成果的同时,理论研究也不断取得了突破,于1984 年出版专著 2 部,发表论文 3 篇。

西南大学(原西南农学院农学系)在 20 世纪 70 年代开展了甘薯"防空洞"贮藏研究,甘薯鲜薯可以贮藏到 6 月仍新鲜完好,享有"久贮不烂六月鲜"的美名。西南大学(原西南师范学院生物系)的甘薯研究人员 1975 年 10 月在原巴县竹林乡推广甘薯高温窖藏技术时,为了节省时间,打破常规采用边建窖、边入窖、边高温愈合处理的方法,收到了很好的贮藏效果,出窖时全县在该地开现场会,得到时任县委书记的好评。

七、甘薯形态解剖研究

西南大学(原西南师范大学)从 20 世纪 70 年代开始,有关研究人员开展了甘薯形态解剖研究。撰写论文《甘薯[*Ipomoea batatas*(L.)Lam.]不定根根尖细微结构的初步研究》[《西南师范大学学报(自然科学版)》1998 年第 4 期];《野薯(*Ipomoea trifida*)根尖细胞超微结构观察》[《西南师范大学学报(自然科学版)》1998 年第 2 期];《野生甘薯(*Ipomoea trifida*)与渝薯 34(*Ipomoea batatas* L.Lam.vc.)不定根解剖结构的比较》(1998 年中国林业出版社出版)。

八、甘薯生殖发育研究

西南大学(原西南师范大学)开展的甘薯有性生殖发育研究:撰写的《甘薯胚胎及果实发育的研究》1987 年在《植物学报》(第 29 卷第 1 期)上发表;撰写《Studies on Testa of Sweet Potato Seeds》在 1995 年北京"中日首届甘薯马铃薯学术研讨会"上交流;《甘薯大孢子发生及雌配子体发育的研究》《甘薯小孢子发生和雄配子体发育研究初报》论文在《西南师范大学学报(自然科学版)》上发表(前者于 1986 年获四川省科协优秀论文奖);《甘薯"高自 1 号"开花与温、光、湿关系的研究》[《西南师范大学学报(自然科学版)》1990 年第 1 期]论文发表后,1990 年获重庆市优秀学术论文奖;《甘薯胚胎发育与有机物积累研究》在 1990 年第三届全国植物生殖学学术交流会(广州)上交流;《甘薯种子成熟度与有机物积累的研究》在《西南农业大学学报(自然科学版)》1995 年第 17 卷第 1 期上发表;《甘薯不育机理的研究初报》入选 1992 年全国植物细胞生物学及生殖生物学会论文集;《甘薯种子活力的测定》于 1993 年在四川省植物学会学术年会交流;《甘薯花粉-柱头乳突细胞间相互作用的细胞学研究》在 1991 年《西南师范大学学报(自然科学版)》第4 期上发表;西南大学研究完成的"甘薯胚胎学研究"成果被由著名植物学家王伏雄教授为主任组成的成果鉴定委员会鉴定评价为:"填补了国内外空白,纠正了前人的一些不正确看法,对甘薯育种解决杂交结实率低等具有指导意义。"该项成果于 1989 年获四川省科技进步三等奖。

九、甘薯生理生化研究

"九五"期间,西南大学(原西南师范大学)受国家科技攻关项目"甘薯抗逆型育种材料的筛选和创新"、重庆市科技攻关项目"甘薯新品种选育及育种材料的筛选"、1994年重庆市中青年专家基金"甘薯块根膨大机理研究"等资助,在甘薯生理生化方面进行了研究。撰写的期刊论文有:《甘薯新品种"渝苏1号"块根营养成分的分析研究》(《作物品种资源》1987年第3期);《甘薯品种感染黑斑病菌后块根内过氧化物酶和多酚氧化酶活性的初步研究》(1987年中国植病学会西南分会论文集);《甘薯"渝苏1号"茎、叶、蔓尖营养成分分析研究》[《西南师范大学学报(自然科学版)》1988年第1期];《维氨微(I)对甘薯产量和根系发育的影响》(《土壤农化科技》1990年第1期);《甘薯品种抗旱适应性的数量分析》(《作物学报》1991年第1卷第5期);《甘薯水分关系的主分量分析》[《西南师范大学学报(自然科学版)》1994年第19卷第1期];《Studies on the Drought-resistant Adaptability in Sweet Potato》(1995年在北京"中日首届甘薯马铃薯学术研讨会"上交流);《PEG处理对甘薯叶片渗透调节物质的影响》[《西南师范大学学报(自然科学版)》1995年第20卷第1期];《抗旱性不同的甘薯品种对渗透胁迫的生理响应》(《作物学报》1999年第25卷第2期);《快速鉴定甘薯品种抗旱性的生理指标及PEG浓度的筛选》[《西南师范大学学报(自然科学版)》1999年第24卷第1期];《Variations in Content of Zeatin During Tuber Development of Sweet Potato and *Ipomoea trifida*》(*J.SW.C.N.Univ.*1999年第24卷第5期);《水分胁迫下甘薯的生理变化与抗旱性的关系》(《国外农学一杂粮作物》1999年第4期);《快速鉴定甘薯品种抗旱性的生理指标及方法的筛选》(《中国农业科学》2001年第3期);《甘薯高产新品种"渝苏303"生理特性研究》[《西南师范大学学报(自然科学版)》2000年第25卷第6期];《甘薯品种光合生理指标与薯干产量之间关系的初步研究》[《西南农业大学学报(自然科学版)》2001年第23卷第3期];《甘薯膜脂过氧化作用和膜保护系统的变化与品种抗旱性的关系》(《中国农业科学》2003年第36卷第11期);《甘薯离体叶片失水速率及渗透调节物质与品种抗旱性的关系》(《中国农业科学》2004年第37卷第1期)。

十、甘薯环境生态研究

我国是世界上水土流失较严重的国家之一,三峡库区又是我国水土流失最为严重的地区。库区地处川东丘陵和川鄂中低山区,地势总体东高西低。区内地形起伏大,坡度陡,大于5°的坡地面积占90%,平均坡度大于25°,降雨多而强度大,具备发生水土流失的潜在条件。易风化的软弱岩层如板岩、页岩和泥岩等出露面积广,为水土流失提供了丰富的物质来源。库区水土流失面积$5.1 \times 10^4 km^2$,每年进入库区的泥沙总量为$1.4 \times 10^8 t$,占长江上游泥沙的26%,土壤侵蚀模数平均$3\,000 t/(km^2 \cdot a)$,中度和极强度侵蚀达43.5%。研究种植甘薯对三峡库区旱耕地土肥流失的影响具有重要意义。

西南大学重庆市甘薯工程技术研究中心于2007年以"甘薯基因型及其相关因子对三峡库区旱耕地土肥流失的效应研究"立项,以甘薯作为主要材料,研究了不同基因型甘薯、不同土质、不同甘薯种植方式、不同坡度对三峡库区旱耕地土壤流失、土壤氨态氮、有效磷、速效钾和有机质流失的影响。同时分析降雨量与土壤流失之间的相关性。主要研究结果如下:

(1)甘薯不同基因型对三峡库区旱耕地土壤流失物干重和对土壤流失物肥力量的效应均不显著,甘薯不同基因型之间藤叶鲜重差异不显著。在供试的甘薯基因型中,小区藤叶鲜重与小区土壤流失物干重之间存在负相关性,差异不显著。

（2）坡度对土壤流失物干重的影响：坡度越大，土壤流失物干重就越多。但坡度对土壤流失物肥力量的效应不显著。

（3）土质因素因为其颗粒组成不同，对土壤流失物干重和对流失物的有效磷干重、速效钾干重和有机质干重有显著影响，页岩母质形成的大泥土和黄泥土土壤在甘薯生长期间土肥流失量最少。

（4）在设置的 5 种种植方式中，净作玉米，其土肥流失量最多；以玉米套横向垄栽甘薯的种植方式减少土肥流失的效果最明显，流失氨态氮量、有效磷量、有机质量最少。

综上结果，在三峡库区特别是坡度较大（比如 25°）、土质较疏松（比如大眼泥土、豆瓣泥土）的旱耕地上，采用玉米套横向垄栽甘薯的方法可有效减少其土肥的流失。该项目发表了《Impact of Soil Texture and Sweet Potato Cropping System on Soil Erosion and Nutrient Loss in the Three Gorges Reservoir Area of the Changjiang River》(*Journal of Life Sciences*, 2009, 3(5): 30～35) 和《长江三峡库区旱耕地不同基因型甘薯在不同坡度种植对土壤流失的影响》（中国遗传学会第八次代表大会暨学术讨论会论文摘要汇编，2008，10，1：129）等研究论文。

十一、甘薯人工种子研究

西南大学以甘薯腋芽节段为繁殖体，用 3%～5%海藻酸钠（加入 MS 基本培养基和 3%蔗糖）和 1.14%～5.00% $CaCl_2$ 包裹，制备人工种子。最佳繁殖体为长度为 2～3 mm 的腋芽节段；最佳凝胶系统为 4%海藻酸钠（加入 MS 培养基及 3%蔗糖）和 2%$CaCl_2$；人工种子在 MS 琼脂培养基上萌发率达 61.50%；营养土中成苗率为 24.07%；大田移栽成活率为 100%；人工种子在低温（4 ℃ ±1 ℃）下贮藏 30 d，60 d 和 90 d 后，萌发率分别为 45%、32.5%和 22.5%。发表了《甘薯人工种子的初步研究》[《西南农业大学学报（自然科学版）》1993 年第 2 期]和《甘薯人工种子研究》（《作物学报》1993 年第 2 期）等研究论文。

十二、甘薯分子育种与转基因研究

分子育种已经成为作物育种的基本手段之一，在水稻、玉米、小麦和大豆等大宗农作物中得到广泛应用。甘薯在分子育种方面严重滞后，原因在于：甘薯分子生物学研究较少，可供利用基因资源十分有限；甘薯遗传转化过程中植株再生具有很大基因型差异，不同基因型甘薯品种其植株再生条件往往不同。近年来，在国家"863"高新技术研究和重庆市良种创新工程支持下，西南大学重庆市甘薯工程技术研究中心在甘薯分子生物学和转基因研究方面做了大量工作，取得了较好进展。

西南大学重庆市甘薯工程技术研究中心拥有丰富的甘薯遗传资源，为开展功能基因发掘提供了良好素材。目前，已经从甘薯中克隆了 10 多个基因，包括多酚氧化酶基因（*PPO*）、腺苷酸激酶基因（*ADK*）、异戊烯基焦磷酸异构酶基因（*IPI*）、香叶基香叶基焦磷酸合成酶基因（*GGPPS*）、异戊烯基焦磷酸合成酶基因（*HDR*）、查尔酮异构酶基因（*CHI*）、花色素苷合成酶基因（*ANS*）、二氢黄酮醇-4-还原酶基因（*DFR*）和调控甘薯块根花色素苷生物合成的转录因子 MYB、WD40 和 bHLH 等，并对部分功能基因进行了较深入的研究。

β-胡萝卜素是维生素 A 的前体，人体只能通过摄取获得。红心甘薯富含 β-胡萝卜素，是该营养物质的重要来源。β-胡萝卜素的生物合成起源于位于植物细胞质体中的 MEP 途径，最初前体是 3-磷酸甘油醛和丙酮酸，两者通过 MEP 途径（涉及 7 个酶促反应），生成 5 碳单位的 IPP 和其同分异构体 DMAPP。MEP 途径最后一个关键酶基因是 *HDR*，廖志华、杨春贤等克隆并功能鉴

定了甘薯 *HDR* 基因,1 分子 IPP 和 3 分子 DMAPP 在 GGPPS 作用下缩合生成 20 碳的线性分子 GGPP,GGPP 是 β-胡萝卜素的 20 碳单位前体;从甘薯中克隆了 *GGPPS* 基因,并采用在大肠杆菌内重建 β-胡萝卜素生物合成途径和遗传互补的方法验证了甘薯 *GGPPS* 的功能(见图 11-1),为采用转基因技术进一步提高甘薯 β-胡萝卜素含量提供了一个重要的目的基因;在甘薯 β-胡萝卜素生物合成途径分子生物学研究方面,截至 2013 年已经在国际刊物上发表了 2 篇论文(Liao, et al. 2008;Wang, et al. 2012)。

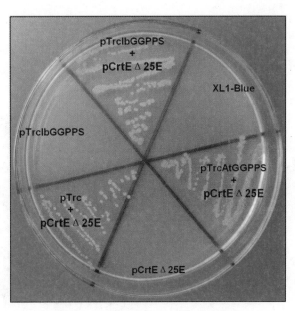

图 11-1　甘薯 *GGPPS* 基因遗传互补

　　花色素苷是紫肉甘薯块根重要的农艺和经济性状,也是具有重要保健和药用价值的天然产物。近年来,开展了甘薯块根花色素苷生物合成分子生物学研究,尤其对花色素苷途径中 *DFR* 基因进行了深入研究。从紫肉甘薯品种渝紫 263 中克隆了 *DFR* 的 cDNA 全长序列(GenBank 登录号为 HQ441167)。序列分析表明,*IbDFR* 基因 cDNA 全长为 1 392 bp,含有一个 1 182 bp 的 ORF,编码一个含 394 个氨基酸的蛋白。基因表达分析结果显示 *DFR* 基因在甘薯块根中的表达量比其他组织器官中高得多(见图 11-2),这与花色素苷积累趋势一致。采用大肠杆菌重组并纯化了甘薯 DFR 蛋白质(见图 11-3),用 DHK(Dihydrokaempferol)、DHQ(Dihydroquerctin)和 DHM(Dihydromyrecetin)三种不同二氢黄酮醇底物饲喂重组 DFR,发现其只能够催化 DHK 生成对应花色素即无色天竺葵色素(Leucopelargonidin)和无色翠雀素(Leucodelphinidin)。进一步通过转基因方法在烟草中过表达甘薯 *DFR* 基因,发现转基因烟草花色变深(见图 11-4),这是由于 *DFR* 基因过表达,促进了花色素苷合成。最后在甘薯中过表达 *DFR* 基因,使得甘薯中花色素苷含量得到进一步提高。

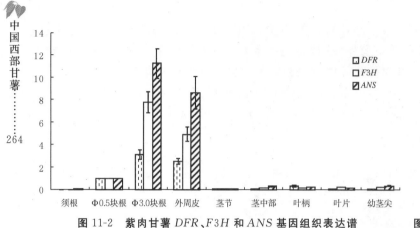

图 11-2　紫肉甘薯 *DFR*、*F*3*H* 和 *ANS* 基因组织表达谱 　　　　　图 11-3　甘薯重组 *DFR* 纯化(单位:kDa)

图 11-4　转 *DFR* 基因烟草培育(1～7 为转基因烟草各个阶段;8 左图为转基因烟草花,右图为对照花; 9 为转基因烟草花序;10 为非转基因烟草花序)

　　甘薯细胞组织培养有效再生是其生物技术应用的关键,甘薯转基因都是基于胚性细胞转化, 然后通过体细胞胚途径再生植株。大量研究表明,甘薯属于难以再生的顽拗性物种。到目前为 止,已在少量甘薯品种的茎尖、叶片、叶柄及块根的组织培养中观察到体细胞胚胎再生,但得到转 基因再生植株多为在国内不具有生产价值的甘薯种质资源。杨春贤等与中国科学院上海植物生 理生态研究所薯类生物技术专家张鹏研究员课题组合作,已经建立了近 10 个甘薯生产种/模式 种的胚性细胞诱导培养和植株再生技术(见图 11-5)。

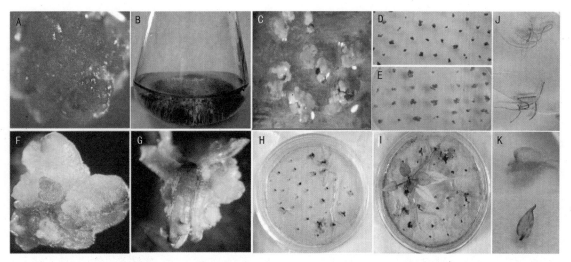

图 11-5 　基于甘薯胚性细胞转化和体细胞胚途径再生转基因植株

　　(A)胚性细胞团；(B)液体悬浮培养胚性细胞；(C)胚性细胞转化 GUS 后染色；(D,E)潮霉素筛选转化胚性细胞；(F,G)潮霉素筛选获得成熟体细胞胚；(H,I)体细胞胚再生转基因植株；(J)非转基因甘薯根 GUS 染色(上排)和转基因甘薯根 GUS 染色(下排)；(K)非转基因甘薯叶片 GUS 染色(上排)和转基因甘薯叶片 GUS 染色(下排)。

　　总体而言，虽然我国甘薯研究在传统遗传育种、栽培种植和推广面积等方面在世界上处于领先地位，但是甘薯分子生物学和转基因研究还有待加强。

十三、甘薯加工研究及技术开发

　　西南大学(原西南师范大学)20 世纪 80 年代开始致力于甘薯产品加工研究："甘薯果脯工艺研究"成果于 1987 年通过重庆市科委鉴定、"西蒙、双花保健饮料的研制"成果于 1990 年通过重庆市科委鉴定；"紫肉甘薯紫色素和黏蛋白的提取工艺"(专利号 200310104159X)和"一种利用微生物筛选高产燃料乙醇甘薯品种的方法"于 2003 年和 2004 年申请国家发明专利；撰写发表《双花保健饮料的研制》(《重庆农资科技》1990 年第 2 期)、《甘薯果脯工艺研究》(《重庆农资科技》1987 年第 4 期)、《西蒙 1 号多维饮料的研究》(《重庆农资科技》1989 年第 2 期)等论文；《甘薯淀粉用新品种"渝苏 303"开发》于 2001 年获中共重庆市委办公厅、重庆市人民政府办公厅第四届科教兴渝"金桥工程"优秀项目一等奖；从大量种质资源中筛选出"PS53""FS76"等甘薯蔓尖蔬菜专用型新品种材料和研制出"甘薯果脯生产工艺"和"无明矾甘薯粉丝生产工艺技术"向企业进行技术转让。前者于 2006 年获国家星火计划立项。

11.4.3 重庆市甘薯科技产业化

　　2004 年，西南大学(原西南农业大学)与重庆环球石化有限公司联合成立了甘薯科技研发中心和金能薯类作物研发有限公司。2006 年，西南大学分别在重庆环球石化有限公司、重庆长龙实业(集团)有限公司建立西南大学环球石化生物质能源甘薯研发基地和西南大学长龙集团生物质能源甘薯研发基地，共同致力于甘薯科学研究和产业化开发。重庆环球石化有限公司于 2005 年 12 月建成年产 20 万吨的甘薯燃料乙醇厂(总体设计生产规模 60 万吨/年)并投产。重庆长龙实业(集团)有限公司以重庆市甘薯研究中心为技术支撑，从 2005 年开始进行甘薯燃料乙醇生产原料的科技开发工作，2006 年获国家发改委"高新技术产业化"和科技部"农转资金"项目资助，旨在建立甘薯燃料乙醇品种种源繁殖供应和组织原料生产,为全市有关企业提供生产甘薯燃料乙醇的原料。西南大学还与重庆巴将军饮食文化发展有限公司、四川内江蜀国食品有限责任公司、四川金土地农业科技开发有限公司合作开展紫甘薯产业化生产,与重庆捷那顺世汽油醇有限公司合作开展甘薯全粉生产,与重庆群英农业投资(集团)有限责任公司、重庆博龙食品有限公司合作开展甘薯淀粉及其加工产品产业化生产。

11.4.4 重庆市甘薯科技学术交流与合作及科学普及

2006年11月13日至15日,西南大学成功举办了有100名中外专家、学者参加的"甘薯:未来的能源与健康"学术研讨会。重庆市甘薯研究中心先后邀请了国际马铃薯中心(CIP)L.F. Salazar博士和张大鹏博士(2000年8月29日至9月1日)、韩国I.Gin mok博士(1998年8月10日至11月8日)、美国北卡罗来纳州立大学G.C.Yencho博士(2004年10月17日至24日和2006年11月13日至15日)和肯塔基大学李保纯博士(2006年12月14日至19日)、加拿大农业与农业食品部马铃薯研究中心李修庆博士(2006年11月13日至15日)等专家、学者来渝进行学术交流和讲学,其中李保纯博士被西南大学聘为客座教授。

1995年8月30日至9月2日在北京举行的"中日首届甘薯马铃薯学术研讨会"上,西南大学有2篇学术论文被收入论文集,李坤培研究员参加了该学术研讨会。2001年11月26日至29日重庆市甘薯研究中心张启堂研究员应邀参加在秘鲁利马召开的"甘薯——未来的食品与健康"国际甘薯学术研讨会,并向大会提交了论文和墙报。重庆市有3位研究人员参加了2002年9月12日至14日在徐州召开的"国际甘薯改良新技术学术会"。

西南大学编写出版了《甘薯文献资料索引》(1986年西南师范大学出版社出版)、《甘薯的栽培贮藏与加工》(1989年重庆大学出版社出版)、《甘薯研究译文》(1991年四川科学技术出版社出版)、《1984－1993年世界甘薯研究》(1994年西南师范大学出版社出版)等著作、译作共6部;发表学术论文222篇;翻译发表译文29篇;编辑了《甘薯胚胎学研究》(1986年)、《优质甘薯新品种渝苏1号的选育》(1986年)、《甘薯新品种渝薯34》(1991年)3部音像资料;选送的"甘薯新品种'渝苏303'的选育成功"录像带于1997年6月10日在中央电视台第2套"农业教育与科技"节目播出。

11.4.5 重庆市甘薯科技人才培养

西南大学(原西南师范大学)2004年以甘薯为主申报获准"遗传学"硕士研究生学位授权点,现已招收甘薯遗传育种方向研究生64名(已毕业49名);近四十年来,西南大学有60多名科技人员先后从事于甘薯研究,其中后来担任学院、中心主任或副主任的有9人,以甘薯为材料完成博士学位论文、获得博士学位的3人;重庆市甘薯工程技术研究中心主要负责人为中国遗传学会第七届理事会理事、重庆市遗传学会常务副理事长(法人)、重庆市首届学术技术(作物遗传育种学科)带头人。该中心副主任和研究室(部)的负责人分别在国家和重庆市有关学术团体担任学术职务。

11.5 重庆市甘薯产业的优势、存在的问题及发展战略

甘薯是重庆市的粮食、饲料和工业原料作物,常年种植面积$(5.0 \sim 5.5) \times 10^4$ hm²,仅次于水稻、玉米,居第三位。发展甘薯产业,对于保障粮食安全,发展现代特色效益农业具有十分重要的战略意义。

11.5.1 重庆市发展甘薯产业的优势和存在的问题

一、重庆市发展甘薯产业的优势

重庆市种植甘薯历史悠久,发展甘薯产业优势明显。

(一)自然环境适宜甘薯生长

重庆属亚热带季风性湿润气候区,温、光、水资源丰富,冬暖夏凉,无霜期长,雨水充足,年平均气温 15 ℃以上,比同纬度其他地区高,为典型亚热带地区,境内丘陵连绵,土质以壤土、沙壤土居多,非常适合甘薯生长。

(二)广大农民具有种植经验

甘薯乃粮食短缺时期重庆粮食"三大坨"(红苕坨、苞谷坨、洋芋坨)之首,广大农民具有种植甘薯的习惯,在技术部门的指导下,多年形成了旱地间、套、轮作制度,与其他作物不争地。

(三)选育甘薯食饲加工专用品种成就不凡

重庆市科研育种单位近十年(2002~2012 年)选育并经国家、省(市)级鉴定品种 17 个,其中国鉴 10 个,特色紫薯 5 个(国鉴 3 个),淀粉加工薯 8 个。这些有益人体健康,适应加工业、畜牧业发展的甘薯品种的育成,已经为重庆市以及长江中下游地区甘薯产业发展奠定了基础。

(四)甘薯加工展现新的机遇

甘薯作为加工制取燃料乙醇的原料已经引起许多国家的高度重视。目前我国政府已经出台政策,利用甘薯作原料加工提取乙醇汽油,以甘薯加工生产某些氨基酸和有机酸,生产可降解生物塑料等。甘薯营养丰富,蛋白质、维生素及粗纤维含量均高于芋头、鲜玉米和马铃薯,而且甘薯薯块、茎尖嫩叶富含可食性纤维等。依据这些特点,甘薯还可加工成保健食品和旅游食品。市内重庆群英农业投资(集团)有限责任公司、重庆江津同成农业开发有限公司、重庆捷那顺世汽油醇有限公司等大、中、小型加工企业初具规模,以产业化带动的格局基本形成。

(五)生态环保呼唤甘薯产业

甘薯的主要产品为块根,病虫害相对较少,可减少化肥、农药的施用,既易于生产符合绿色安全标准的农产品,利于环保和土地可持续利用,又可利用甘薯具有的抗旱耐瘠薄性能,发展节水农业,提高水资源利用效率。

二、重庆市发展甘薯产业目前存在的问题

重庆市甘薯产业持续发展,目前还存在一些突出的问题。

(一)对发展薯业认识不够

对甘薯新品种的选育、选优及配套栽培技术研究较少,种植品种较单一,栽培管理粗放,产量低、效益低。政府对发展甘薯产业支持力度不足,还多认为甘薯是一种杂粮作物,没有推广价值,因而缺少优良品种的引进、技术推广宣传和政策扶持;农民没有尝到种薯增效的甜头,多数地方仍然种植传统甘薯品种,感病退化严重,产量低,淀粉含量低,经济价值不高。

(二)新品种推广力度不够

重庆地区甘薯栽培实行与玉米套种的传统模式,栽培品种多样,大面积以潮薯 1 号、胜利百号等老品种为当家品种,品种种性退化严重。近年来进行项目推广的渝薯 34、南薯 88、万薯 7 号、渝苏 303、豫薯王等新品种因多种因素而推广缓慢,致使新品种推广面积不大。

（三）地力基础条件较差

重庆系典型的山地地形，丘陵山地占面积的95％。据重庆市巫溪县调查，甘薯种植在10°以下平缓地占10％，10°～20°缓坡地占40％，20°～25°坡地占30％，25°以上陡坡还有20％；土层厚度30～60 cm的占45％，30 cm以下的瘠薄地占25％。重庆市5～6月的干旱影响甘薯适时早栽，7月中旬至8月中旬的高温伏旱，抑制了茎叶生长和薯块膨大。

（四）栽培管理技术落后

重庆市甘薯栽培管理比较粗放，种植技术落后，尤其在施肥上存在着盲目性，如甘薯是喜钾作物，而农户在肥料的施用上，大多忽略了钾肥的投入，田间氮磷钾比例失调，造成薯秧旺长，影响薯块产量，导致经济效益下降。

（五）加工增值效益不高

目前，重庆市甘薯加工量仅占其生产总量的20％左右，而福建省罗源、永泰和浦城等县甘薯淀粉加工均占甘薯生产总量的60％以上。重庆市因加工设备落后、技术含量低、品种出粉率低和副产物利用差等原因，加工100 kg鲜薯净增值5元左右。而据辽宁省黑山县加工甘薯淀粉测定，每加工100 kg鲜薯净增值8元，相当于重庆的1.6倍。

（六）贮藏技术不过关

通过调查，甘薯在贮藏过程中每年光烂掉的就占21％左右。按正常生产年计算，重庆每年收获鲜甘薯9×10^6 t，其中烂掉的就有1.89×10^6 t，平均按0.30元/kg计算，则每年损失5.67亿元产值，如果再算上薯农劳动力投入，其损失更惨重。

11.5.2 重庆市甘薯产业发展战略

一、培植甘薯加工龙头（名牌）企业，提高加工效益

调查表明，甘薯加工龙头企业是提高甘薯产品的附加值，激励农民种植甘薯的积极性，推动甘薯产业发展的重要力量。巫山县成立薯类产业发展领导小组，出台优惠扶持政策，安排专项资金支持重庆黛溪老磨食品有限公司、重庆桦锐农业开发有限责任公司等薯类加工龙头企业引种薯、建基地、防病虫、创品牌，通过"公司＋专业合作社＋农户（大户）"模式，推动甘薯产业发展，实现"农民增收、企业增效、财政增税"目标。

总结各地经验，应在以下五个方面做好工作，大力培植甘薯加工龙头企业，提高加工效益，推动生态、环保、健康的现代甘薯产业发展。

一是要牢固树立扶持龙头企业就是扶持农民的观念。甘薯加工龙头企业集成利用资本、技术、人才等生产要素，带动农户发展甘薯专业化、标准化、规模化、集约化生产，是构建现代甘薯产业体系的重要主体，是推进甘薯产业化经营的关键。支持甘薯加工龙头企业发展，对于提高甘薯产业组织化程度、促进现代甘薯产业建设和农民就业增收具有十分重要的作用。应把发展甘薯加工龙头企业作为加快转变甘薯产业发展方式中一件全局性、方向性的大事来抓。

二是要创新甘薯加工龙头企业体制。现代企业制度是当前最为发达的一种企业体制。甘薯加工龙头企业的发展要摒弃古典制企业的制度安排，按照"产权清晰，权责明确，政企分开，管理科学"的要求建立现代企业制度，做到产权归属的明晰化、产权结构的多元化、责任权利的有限性和治理结构的法人性，形成股东大会、董事会、监事会和经理层并存的组织机构框架及其相互制衡的公司治理结构。大力培植一批规模大、档次高、带动力强的甘薯加工龙头企业。

三是要落实各项扶持政策。各级财政应多渠道整合和统筹支农资金，加大对甘薯产业化龙

头企业的支持力度。中国农业发展银行等政策性金融机构可采取授信等多种形式,加大对甘薯龙头企业固定资产投资、农产品收购的支持力度。鼓励商业性金融机构积极创新金融产品和服务方式,有效满足龙头企业的资金需求。鼓励融资性担保机构积极为甘薯龙头企业提供担保服务,同时落实甘薯加工龙头企业的税收、信贷、用地等扶持政策。

四是要促进甘薯加工龙头企业改善加工设备。鼓励龙头企业引进先进适用的生产加工设备,改造升级贮藏、保鲜、烘干、清选分级、包装等设施装备,开展薯产品精深加工,生产种类繁多的轻化工产品、休闲旅游保健系列主副食品,以及利用甘薯茎叶、薯块、薯干和工业加工后的副产品生产畜禽饲料产品,延长产业链条,提高甘薯产品附加值。

五是要支持甘薯加工龙头企业开展技术创新。鼓励龙头企业加大科技投入,建立研发机构,加强与科研院所和大专院校合作,开展薯产品加工关键和共性技术研发,开展甘薯产品加工工艺研究,特别是开展甘薯保健作用及新产品加工工艺的研究开发,生产高附加值的甘薯制品。开展企业 ISO9000、HACCP、GAP 和 GMP 等质量体系认证,做好产品的包装设计,提高甘薯产品的市场竞争力和经济效益。

二、加速甘薯专用型新品种产业化

近年来,在农业部、科技部和重庆市农委、科委等部门的重视支持下,西南大学、重庆市农业科学院、重庆三峡农业科学院等科研院校(所),先后育成一批经国家、重庆市甘薯品种鉴定委员会鉴定的淀粉型品种,如渝苏 8 号、万薯 5 号;紫色甘薯专用型新品种,如渝紫 7 号、万紫薯 56。叶菜用甘薯新品种选育已具苗头。这些新品种的推广应用并实现产业化,对于发展重庆甘薯特色效益产业具有极大的推动作用。

许多国家把甘薯淀粉作为轻化工产品的重要原料。目前我国甘薯的加工产品有淀粉、酒精、白酒、味精、柠檬酸、果糖、葡萄糖、饴糖等,酒精是基本的化工原料和后备能源,目前美国、巴西、菲律宾等 20 多个国家用甘薯生产酒精。据浙江省科技情报所分析和浙江大学试验,在汽油中掺 10％～15％用薯干生产的酒精作为汽车燃料,几乎与纯汽油效果一致。日本利用淀粉及其衍生物产品可生产 12 个门类近 30 个产品品种,广泛应用于食品、化工、纺织、造纸、铸造、皮革、养殖业。以淀粉、葡萄糖为原料发酵生产氨基酸,国外可生产 18 种产品,以糖质为原料发酵生产有机酸,国外可生产 10 种产品。

紫色甘薯属稀少名贵新品种,不仅具备普通甘薯的所有营养价值,还富含具有营养保健作用的天然色素(花青素)和其他重要营养物质,具有抗癌、抗衰老等功效。紫色甘薯色素的提取,不但能提高甘薯附加值,也能为食品加工及其他行业提供天然色素,其市场发展前景潜力巨大。根据国家甘薯产业技术研发中心测算,种植具有保健功能的红心或紫心甘薯,收益为 60 000～90 000 元/hm²。

叶菜用甘薯新品种种植专用于采摘茎叶,茎叶产量高,爽口不苦涩,营养丰富,可进行无公害栽培,产品卫生安全可靠,是较理想的绿色食品。产品推向市场,将填补此类产品的市场空白,既可调整市民时蔬结构,又可增加薯农收入,还可改善生态环境、减少餐桌污染、提高人们的营养水平。

怎样才能加速甘薯专用型新品种产业化?就是要深化对甘薯这一生态环保友好型产业发展的认识,借鉴重庆市巫山、彭水等县和国内福建龙岩、河北卢龙等县的成功做法,以国内外市场为导向,以提高经济效益为中心,对甘薯专用型新品种实行区域化布局、专业化生产、一体化经营、社会化服务、企业化管理,把种养加、产供销、贸工农、经科教紧密结合起来,形成一条龙的经营管理模式。一是要组建规模化的加工龙头企业,这是加速甘薯专用型新品种产业化的关键;二是要依靠科技和人才进行规模化、标准化生产,大力推广高产配套栽培新技术,大幅度提高甘薯单位面积产量,形成甘薯产业优势;三是要实施名牌战略,大力开拓市场,通过更新观念,提高认识,加强管理,对产区内涉薯的各类投入品严格要求质量,建立完善的约束机制,打造甘薯产品名牌,提高甘薯产业效益。

三、重视甘薯栽培机械的研制和推广

随着重庆城市化进程的加快,农村劳动力转移和土地流转方兴未艾,农村劳动力结构性短缺矛盾日益突出,劳动力成本迅速上升,农民对甘薯田间作业机具需求日趋迫切。目前,国内部分甘薯产区已经成功研制和推广了甘薯起垄、移栽、收获机具。2012 年 5 月 3 日,山西省闻喜县在畖底镇下官张村成功举行甘薯机械化栽培技术演示会,由农机科研部门研制的甘薯生产起垄机在一台拖拉机的牵引下匀速行驶,机械在行驶时自动起垄,将垄体整平,并覆盖地膜。随后,甘薯苗注水移栽机在已经起垄铺膜的田间沿垄前进,机械自动完成破膜、开穴、注水三项作业。工作人员将甘薯苗随即放入穴中,并压实土壤完成移栽过程。现场演示表明,甘薯机械化栽培效率高、效果好、省时又省工。2012 年 10 月 22 日,由国家甘薯产业技术体系在河南省商丘市举办了甘薯机械作业演示会,现场重点演示了具有起垄和收获功能的 4QL-1 型甘薯起垄收获多功能机、1GQL-2 型甘薯两行旋耕起垄机、2ZQ-1 型甘薯移栽机、4JHSM-90 型甘薯秧蔓粉碎还田机、4GS-1500 型甘薯宽幅收获机等,以 25~30 马力拖拉机(后轮距 950~1 000 mm)作动力,实现甘薯耕、栽、收单行作业的配套。演示会受到国际马铃薯中心副主任兼亚太中心主任卢肖平和与会代表的充分肯定,为促进甘薯农机农艺融合,提升甘薯生产农机农艺配套水平发挥重要作用。

为了降低生产成本,提高生产效益,促进重庆甘薯产业发展,重庆市甘薯栽培与收获机械的研制与推广势在必行,迫在眉睫。一是要确立科技专项,鼓励农机科研部门针对重庆甘薯种植实际,研制适合在丘陵和山地作业的机具,以小型、轻便、耐用为主。二是要做好示范带动,甘薯栽培与收获机械的使用在重庆还是一项新的工作,要在试验成功、示范效应带动基础上加以推广。三是要下达推广任务,把甘薯栽培与收获机械的研制与推广纳入特色效益农业发展考核内容,严格考核,着实推进。四是要加强技术培训,发展甘薯栽培与收获机械专业大户和专业合作组织,规模化、规范化使用。五是要制定激励政策,对甘薯栽培与收获机械的研制、推广、购置使用给予财政资金补贴等激励,推动甘薯田间生产机械化发展。

山东省滕州金薯王农业机械研制有限公司(网址:www.jswjx.cn)是专业从事甘薯、马铃薯等地下块茎作物生产和收获机械研制、生产、销售的科技型企业,在同类产品中独树一帜,已获得 8 项国家专利(下举 7 例)。

(1)甘薯收获机(专利号:2010201095379)。根据薯垄宽度设计了 4 种型号。其中 4U-1A 型最为常用,适于垄距 70~90 cm,工作时可将收获后的薯块摆放于右侧,不影响下一循环收获,最大特点是不伤皮、收净率达 99%以上,每小时可收 2~3 亩。

(2)甘薯杀秧机(专利号:2011200248761)。工作时可将薯秧掀起在空中连续进行二次粉碎,碎秧完全彻底,不伤薯块,不影响收获。设计了 3 种机型,另有手扶式杀秧机(专利申请号201420482876.X),适宜行距 65~120 cm。

(3)甘薯起垄机(专利号:2008200258278)。该机集施肥、起垄和培土于一体,起垄高度在20~35 cm,宽度在 65~100 cm,可任意调整,起垄笔直规范,利于甘薯生长和收获。

(4)甘薯起垄覆膜机。该机是在起垄机的基础上增设了覆膜结构,可一次性完成施肥、起垄、

培土、喷除草剂、盖膜和点穴打孔等工序,可在 65～100 cm 垄距中任意调整。

(5)甘薯栽后覆膜机。主要是为栽苗后覆膜而设计,有人工和机动两种型号。

(6)轮胎复合防滑链(专利号:2011200177836)。该链安装在小四轮和手扶拖拉机轮胎上,可有效防止驱动轮胎在工作时因负荷加大而打滑空转现象,可充分发挥发动机功率,从而大大提高功效。为链瓦相扣式、拆装极其方便。

(7)甘薯带秧收获机(专利申请中)。可一次性完成碎秧、收获两道工序,属甘薯机械最新科技设备。

以上系列甘薯机械,均由中小型四轮拖拉机或手扶拖拉机牵引配套工作,适应性强、操作方便,为薯业生产所必备。已在全国 20 多个省、市、区推广应用(见图 11-6)。

图 11-6　"金薯王"牌甘薯收获机和甘薯起垄覆膜机作业现场

四、开展以减面积增单产保总产为核心的甘薯集成栽培技术推广

重庆市甘薯高产栽培的指导思想是缩减地力基础较差的种植面积,依靠科技提高单产增加总产。总结重庆各地多年甘薯高产栽培经验,集成推广"六改"技术。一是改常规种为高产优良品种。甘薯薯块的营养成分以淀粉为主,不管是作饲料、食用、还是加工,实际上有效利用部分是淀粉。甘薯品种间淀粉含量差异很大。罗小明等测定的渝苏 1 号等 11 个品种中,鲜薯淀粉含量为 11.42%～27.53%。因此,在选用甘薯品种时,既要求其鲜薯产量高,更要求其淀粉产量或薯干产量高且耐阴性好、抗旱性较强,并且栽插后前期生长要快,结薯要早,以提高种植甘薯的经济效益。二是改露地育苗为覆膜育壮苗。目前,重庆市甘薯栽培方式上露地育苗方式仍然有相当大的比例,受气候环境影响,出苗差,不整齐,制约适时满栽满插。应改用薄膜覆盖育苗方式。薄膜覆盖具有增温、保墒、防旱、防涝、改善土壤理化性状,促进种薯早发、薯苗快长,培育壮苗。壮苗由于养分含量高,栽后成活率高,能够早缓苗、早分枝、早封垄,提高光能的利用率,提高单位面积产量。壮苗的标准是茎粗壮,节间短,剪口多白浆,叶片肥厚且大小适中,叶顶平齐,苗高20～25 cm,苗龄 25～30 d,组织充实,老嫩适度,无病虫无白根。三是改平地迟栽为起垄早栽。甘薯栽插的早迟和方式与结薯多少、大小以及产量高低有密切关系。重庆市甘薯传统栽培多为间套作平地迟栽,影响产量。实践证明,起垄适时早栽能够提高甘薯产量。起垄栽培能有效增加耕层厚度,增大受光面积,有利于排水,增加土壤通透性,利于薯块膨大。起垄方式可采用单行垄和双行垄。垄形要高胖,垄沟要深窄。单行垄距一般为 60～70 cm,垄高 25～30 cm。起垄时还可以每亩施氮、磷、钾复合肥 30～50 kg 作基肥。四是改单一施肥为配方施肥。甘薯根系发达,且茎蔓匍匐生长,茎节可遇土生根,吸肥能力很强。甘薯主要吸收氮、磷和钾肥,其需要量以钾肥最

多,故为喜钾作物,氮肥次之,磷肥居第三位。重庆市甘薯传统栽培由于偏施氮肥导致营养体徒长,不利于块根膨大。据研究,每生产 1 000 kg 鲜薯,需要从土壤中吸收速效氮 3.5 kg,P_2O_5 1.8 kg,K_2O 5 kg。因此,要根据甘薯对氮、磷、钾三要素的需求规律以及不同时期的吸收特点,把握施肥的总原则:增施钾肥,配合施用氮、磷,辅以叶面施用微肥,达到促控并重。做到前期攻肥促苗旺、中期控苗不徒长、后期保尾防早衰。具体施肥原则是:以有机肥为主,化肥为辅;以基肥为主,追肥为辅;追肥又以前期为主,后期为辅。五是改翻藤为提藤。重庆甘薯传统栽培方法有翻藤的习惯,这会翻乱茎叶的原有分布,特别是茎叶反放,需要较长时间才能恢复,会严重影响光合作用和甘薯产量。甘薯栽培上一般不提倡翻藤。但在连续大雨后或连绵阴雨天,会引发甘薯茎蔓徒长和滋长新根,这会增加营养消耗,并且中后期的新根难以结薯,就算成薯也小,应适当端蔓、提蔓、控长和抑制茎蔓长根。端蔓、提蔓应提藤断根,轻放回原位,实现甘薯正常生长。六是改不防病虫为适时统一防治病虫。重庆市甘薯传统栽培一般不施药防治病虫害,这是一个误区。实际上重庆市甘薯生产上遭受病虫危害导致的产量损失是比较严重的,有的病虫危害甚至造成甘薯绝收。近年在重庆市部分地区发生的甘薯病毒病害(Sweet potato virus diseases,SPVD),一般可使甘薯减产 50%~90%,甚至绝收,是甘薯生产上的毁灭性病害。因此,在甘薯整个生长期都要适时统一防治病虫危害。可用 40% 甲基异柳磷乳油 7.5 kg/hm² 加地虫杀37.5 kg/hm² 或用 10% 二嗪磷颗粒剂 6.0~7.5 kg/hm² 拌细沙土 600 kg 作毒土撒入土中,然后再起垄,防治蛴螬;可用 90% 晶体敌百虫 1 000 倍液或用 48% 乐斯本乳油 500 倍液喷雾防治斜纹夜蛾,保证甘薯正常生长。防治甘薯病毒病主要是建立甘薯脱毒苗繁殖供应体系。

五、开展甘薯深度加工、综合利用技术研发

利用甘薯为原料可直接或间接加工制成的产品已有十多个门类几十个产品品种。以甘薯制成的产品广泛应用于国民经济的各个行业,产生了十分显著的经济效益。但重庆市的甘薯加工、综合利用才刚刚起步,需要开展甘薯深度加工、综合利用技术的研发。一是要研发种类繁多的轻化工产品技术。如加工生产淀粉、酒精、白酒、味精、柠檬酸、果糖、葡萄糖、饴糖、乳酸、丁酸、丁醇、丙酮、氨基酸、酶制剂、淀粉衍生物以及深加工系列产品方面的新技术。二是要研发食品加工制成主副食品的新技术。如利用甘薯加工薯脯、蜜饯、薯糕、软糖、罐头、雪片、雪糕、煎饼、冰淇淋、巧克力、粉丝、粉条、粉皮、膨化食品、多维面条、香脆麻花、虾味脆片、葱油酥饼、薯乳精、甘薯淀粉偶合低聚糖及红心甘薯干等系列产品。三是要研发饲料加工技术。利用甘薯茎叶、薯块、薯干以及工业加工后的副产品加工成畜禽青贮料、发酵饲料和配合饲料新技术。四是要研发甘薯的保健与药用、作绿色蔬菜用的新技术。

重庆群英农业投资(集团)有限责任公司为中国淀粉协会甘薯淀粉专业委员会副理事长单位及重庆市甘薯产学研联盟副组委单位。旗下有重庆群英科芙农业发展有限公司、彭水县群英农业发展有限公司、酉阳县群英农业发展有限公司、秀山县群英农业发展有限公司、黔江区群英农业发展有限公司等控股子公司。为推进企业的科技化进程,集团公司还成立了重庆群英集团甘薯科技研发中心,并和地方政府共建了彭水群英薯业科技研发中心。

重庆群英集团是集农业科研、技术推广、合作开发、生态农业种植、生态养殖畜牧业、绿色无公害食品生产销售、可再生生物质能源研发、观光休闲农业等为一体的多元化企业。特别是在甘薯产业化开发方面具有特色,形成了品种选育、脱毒繁殖、高产栽培、安全贮藏、加工销售系统化。有 10 家淀粉加工厂,1 家精深加工厂和 1 家休闲食品厂,开发出具有一定生产规模的产品共 10 大类 51 个品种(见图 11-7)。

图 11-7　甘薯加工原料生产、脱毒苗组织培养及部分甘薯加工产品

重庆群英集团公司依照该公司的总体目标和整体部署，以"科技予农，富强大地"为企业使命，秉承"农业、科技、百姓"的核心经营理念，加强与全国科研机构、高等院校通力合作，依靠科技和实施现代企业管理，致力发展现代农业和地方特色农业，实现农民增收、国家增税、企业增效，带动一方百姓共建社会主义新农村。集团公司将在川、黔、湘、鄂4省建立产业示范基地，在企业整体运作和资本经营上采取较为灵活的原则，通过合作、合资、参股、联营等资本运作方式，把甘薯系列产品做大做强，把重庆群英集团建成西南地区最大的甘薯产业化企业。

11.6 重庆市甘薯科学研究成果摘录

11.6.1 承担的主要甘薯科研项目

1.甘薯新品种选育，1981年，重庆市科委，2.0万元；

2.甘薯新品种选育，1986年，重庆市科委，5.0万元；

3.药用甘薯引种栽培试验，1986年，重庆市科委，3.0万元；

4.重庆市甘薯高淀粉品种的示范推广，1987年，重庆市财政局，5.0万元；

5.甘薯"渝薯34"、"渝薯20"系列专用型新品种的推广，1990年，重庆市科委，5.0万元；

6.甘薯新品种选育，1991年，国家"八五"攻关专题，1.5万元；

7.甘薯高产新品种选育，1992年，重庆市科委，9.0万元；

8.甘薯无性胚诱导及快速繁殖，1993年，国家教委，6.0万元；

9.甘薯生物工程制种，1993年，重庆市科委，5.0万元；

10.甘薯组织培养及植株再生，1993年，国家"863"计划子专题，2.5万元；

11.甘薯块根膨大机理研究，1994年，重庆市中青年专家基金，1.2万元；

12.特优甘薯新品种选育，1995年，重庆市科委，5.0万元；

13.甘薯新品种示范试验，1995年，重庆市政府，10.0万元；

14.甘薯抗逆型育种材料的筛选和创新，1996年，四川省"九五"攻关，2.5万元；

15.高产、优质、抗病兼用型甘薯新品种选育，1996年，四川省"九五"攻关，6.75万元；

16.甘薯新品种选育及育种材料的筛选，1997年，重庆市"九五"攻关，24.0万元；

17.甘薯新品种"渝苏303"的生产试验，1997年，重庆市农办，3.0万元；

18.甘薯良种脱毒种苗繁殖体系研究，1999年，重庆市科委，15.0万元；

19.甘薯野生种的生物学及其遗传背景研究，2000年，重庆市科委，1.2万元；

20.甘薯专用型新品种的生产试验，2000年，重庆市农业局，8.0万元；

21.优质特色甘薯专用型新品种选育及材料创新，2001年，重庆市科委，60.0万元；

22. 甘薯、甘蔗新能源植物新材料创制与研究,2002年,国家"863"计划子专题,4.0万元;

23. 甘薯蔓尖蔬菜专用型新品种的生产试验与产业化开发,2003年,北碚区科委,2.0万元;

24. 甘薯专用型良种筛选与繁殖基地建立,2003年,重庆市农业局专项资金,5.0万元;

25. 重庆市优质特色专用型甘薯新品种(系)的繁殖和开发,2002年,重庆市农业局,5.0万元;

26. 资助聘请外国专家重点项目,2003年,教育部,3.0万元;

27. 紫色甘薯新品种引进筛选及配套高产栽培技术集成与示范,重庆市科委;

28. 不同栽培条件对紫色甘薯花青素的影响,重庆市科委;

29. 荣昌县路孔乡农业科技成果开发利用,1992年,重庆市农委先导型项目,1.5万元;

30. 主要粮油作物新品种新技术综合配套示范推广,1988年,重庆市农委先导型项目等项目,1.8万元;

31. 西南城乡一体化西南城郊农业环境协调技术集成与示范,2008~2010年,参加国家"973"科技支撑项目;

32. 重庆市主要农作物种质资源共享平台建设,2011年,重庆市科委重点攻关项目,4.5万元;

33. 加工与食用甘薯育种新技术与新材料新品种创制及高产技术集成与示范,2012~2015年,重庆市"十二五"动植物良种创新工程重点攻关项目,12.0万元;

34. 地、市(州)甘薯新品种联合育种,1990年,四川省农牧厅;

35. 甘薯新品种选育,1990年,四川省科委六大作物育种攻关;

36. 甘薯新品种联合育种攻关与区域性试验研究,重庆市科委动植物良种创新工程;

37. 优质特色甘薯专用型新品种选育及材料创新,重庆市科委动植物良种创新工程;

38. 名特优甘薯新品种选育与开发及配套技术研究,重庆市科委动植物良种创新工程;

39. 甘薯专用型新品种选育及其产业化研究,重庆市科委动植物良种创新工程;

40. 特色专用型甘薯分子标记选择、新品种选育与产业型综合开发,重庆市科委动植物良种创新工程;

41. 食饲甘薯新品种万薯7号种苗快繁及种薯产业化,2008~2010年,国家科技部;

42. 国家甘薯产业技术体系——万州综合试验站,2008年,国家农业部;

43. 高淀粉甘薯标准化栽培技术集成与示范,国家科技部,60.0万元;

44. 甘薯高产创建活动,重庆市财政,80.0万元。

11.6.2 部分鉴定的甘薯科技成果

1. 红苕藤尖越冬苗灰霉病的研究,1979,重庆市科委;

2. 红苕藤尖越冬苗作种退化问题的研究,1979年,重庆市科委;

3. 优质甘薯新品种"渝苏1号"的选育,1985年,重庆市科委;

4. 甘薯果脯工艺研究,1987年,重庆市科委;

5. 甘薯新品种"渝薯34"的选育,1989年,重庆市科委;

6. 甘薯食用、食品加工用新品种"渝薯20"的选育,1989年,重庆市科委;

7. 甘薯高淀粉工业用新品种"苏薯2号"引种鉴定,1989年,重庆市科委;

8. "西蒙"、"双花"保健饮料的研制,1990年,重庆市科委;

9. 药用甘薯"西蒙1号"引种栽培试验,1990年,重庆市科委;

10. 重庆市甘薯高淀粉新品种示范推广,1990年,重庆市科委;

11. 甘薯人工种子的研究,1991年,重庆市科委;

12.甘薯"渝苏34""渝薯20"系列专用型新品种的推广,1993年,重庆市科委;

13.甘薯无性胚的诱导和植株再生,1994年,四川省教委;

14.甘薯新品种选育(国家"八五"攻关专题),1995年,江苏省农业科学院委托西南师范大学科研处验收;

15.甘薯生物技术制种,1996年,重庆市科委;

16.甘薯新品种"渝苏303"的选育,1997年,重庆市科委;

17.甘薯早熟高产新品种"渝苏76"的选育,1998年,四川省农作物品种审定委员会;

18.甘薯新品种"渝苏297"的选育,1998年,四川省农作物品种审定委员会;

19.甘薯新品种"渝苏303"的生产示范,1999年,重庆市科委;

20.甘薯新品种"90-33-49"的选育,1999年,重庆市科委;

21.甘薯新品种选育和育种材料的筛选,2000年,重庆市科委;

22.甘薯抗逆型育种材料的筛选和创新,2000年,江苏徐州甘薯研究中心;

23.高产、优质、抗病兼用型甘薯新品种选育,2000年,四川省农作物育种攻关领导小组;

24.甘薯新品种"渝苏30"的选育,2000年,重庆市农作物品种审定委员会;

25.甘薯良种脱毒繁殖体系研究,2003年,重庆市科委。

11.6.3 部分甘薯研究获奖成果

1.红苕藤尖越冬苗灰霉病的研究,1980年获重庆市科学技术四等奖,李坤培、张启堂等;

2.红苕藤尖越冬苗作种退化问题的研究,1981年获四川省人民政府重大科学技术研究成果四等奖,李坤培、张启堂等;

3.甘薯藤尖越冬苗灰霉病(Botrytiscinerea)侵染途径的研究报告,1984年获重庆市科协优秀学术论文奖,李坤培、谈锋、张启堂等;

4.甘薯大孢子发生及雌配子体发育的研究,1986年获四川省科协优秀学术论文奖,李坤培、张启堂等;

5.甘薯胚胎学研究,1989年获四川省科技进步三等奖,李坤培、张启堂等;

6.优质甘薯新品种"渝苏1号"的育成及其主要性状表现,1989年获重庆市科协优秀学术论文奖,张启堂、李坤培等;

7.甘薯新品种"渝薯34"的选育及其主要性状表现,1990年获重庆市科协优秀学术论文奖,张启堂、李坤培等;

8.甘薯"高自1号"开花与温、光、湿关系的研究,1990年获重庆市科协优秀论文奖,李坤培、张启堂;

9.重庆市甘薯系列高淀粉新品种的示范推广,1991年获重庆市科技进步三等奖,李坤培、张启堂等;

10.甘薯新品种"渝薯34"的选育,1992年获重庆市科技进步二等奖,张启堂、李坤培等;

11.甘薯新品种"渝薯34"的选育,1993年获国家教委科技进步三等奖,张启堂、李坤培等;

12.甘薯高淀粉品种选育及育种配套技术研究,1994年获农业部科技进步三等奖,张启堂等(与江苏省农业科学院合作项目);

13.甘薯新品种"渝薯34"的推广,1994年获四川省教委科技成果推广二等奖,张启堂、李坤培等;

14.甘薯新品种"渝薯34"高产配套技术推广,2000年获教育部科技进步三等奖和重庆市政府

科教兴渝"金桥工程"优秀项目一等奖,张启堂等;

15.甘薯新品种"渝苏303"的选育,2000年获重庆市人民政府科技进步二等奖,张启堂、李坤培等;

16.甘薯淀粉用新品种"渝苏303"的开发,2001年获中共重庆市委办公厅、重庆市政府办公厅科教兴渝"金桥工程"优秀项目一等奖,张启堂、李坤培等;

17.甘薯优质亲本资源的筛选、鉴定与创新研究及其应用,2002年获江苏省科技进步三等奖,张启堂等(与江苏省农业科学院合作项目);

18.甘薯系列专用型新品种的筛选及推广应用,2005年获教育部科技进步二等奖,张启堂、傅玉凡等;

19.淀粉型甘薯品种"渝苏303"的选育及应用,2008年获农业部中华农业科技奖三等奖,谢一芝、张启堂、傅玉凡等;

20.淀粉型甘薯品种"渝苏303"的选育及应用,2008年获江苏省人民政府科技进步三等奖,谢一芝、张启堂、傅玉凡等;

21.高淀粉甘薯标准化栽培技术集成与示范,2011年获重庆市政府科技进步二等奖,黄振霖、杨忠国、李建华等;

22.高淀粉甘薯标准化栽培技术集成与示范,2012年获重庆市农牧渔业丰收奖成果一等奖,黄振霖、赵雨佳、欧建龙等;

23."万薯53"育成,1981年获四川省重大科研成果四等奖,重庆三峡农业科学院;

24."徐薯18"引种鉴定试验,1983年获重庆市科学技术成果回眸等奖,赵德秉等;

25.优质、抗病、高产红苕新品种"胜南",1988年获四川省科技进步三等奖,赵德秉等;

26."川薯27""胜南"红苕良种应用推广,1988年获四川省农牧厅科技进步三等奖,赵德秉等;

27.荣昌县路孔乡农业科技成果开发利用,1991年获四川省农牧厅科技进步三等奖,赵德秉;

28.主要粮油作物新品种新技术综合配套示范推广,1993年获重庆市农委科技进步三等奖,赵德秉等;

29.红苕高温窖藏技术研究,1979年获四川省重大科技成果一等奖和重庆市科技成果奖,邵廷富等。

11.6.4 部分育成甘薯新品种

一、渝苏1号

渝苏1号系西南大学(原西南师范大学)1981~1985年从江苏省农业科学院"栗子香×鸡爪莲"杂交的第一代实生苗选系中选育而成,原系号"80-210-18"。

该品种顶叶绿色、尖心形,成熟叶深绿色、心脏形,叶脉紫色,脉基紫色,叶柄绿带紫色,叶柄基部紫色,蔓较粗、绿带紫色、茸毛较多,薯块纺锤形、皮黄红色、薯肉橘黄色;薯块烘干率为33%～35%,淀粉含量23%以上,熟食品质好。

经多点试验,渝苏1号鲜薯平均亩产26 933 kg/hm²(最高产量达48 750 kg/hm²),薯干平均产量为8 831 kg/hm²,淀粉平均产量为6 206 kg/hm²,鲜藤叶平均产量为34 298 kg/hm²,分别比对照品种农大红增产24.86%、72.02%、35.45%、6.15%。渝苏1号薯块人工接种黑斑病菌后,病斑直径比徐薯18小,病斑深度比徐薯18和农大红浅,薯块在贮藏期间自然感染黑斑病的发病率比农大红和徐薯18低。

属优质食用品种,1985年通过重庆市科委成果鉴定。

成果完成单位:西南师范大学、江苏省农业科学院。

二、渝薯34

渝薯34系西南大学(原西南师范大学)于1982年从四川省绵阳市农科所提供的"80-75×80-424"组合的杂交种子中选育而成,原系号"828-34"。

该品种顶叶、成熟叶片均为绿色,叶脉、脉基紫色,叶柄绿带紫色,叶形为心脏形。蔓中长、中粗、绿带紫色且茸毛较多,分枝数较多,匍匐型。薯块下膨呈纺锤形或不规则形,有浅条沟,皮红色,肉色淡黄。萌芽性好,栽插期弹性大,结薯早,薯块膨大速度快,较抗旱,早收性和耐贮性好,较抗黑斑病;薯块含淀粉19.3%、β-胡萝卜素19.88 μg/100 g鲜薯、维生素E10.7 mg/100 g鲜薯、烘干率为29.12%,干基含粗蛋白3.7%、氨基酸(不包括色氨酸)3.23%、可溶性糖11.1%、粗纤维2.6%;薯块熟食适口性较好。

渝薯34在重庆市区试中,3年平均鲜薯、薯干产量分别为30 897 kg/hm² 和8 820 kg/hm²,比对照品种徐薯18分别增产27.45%和15.34%;在内江市的试验中,薯干产量比南薯88增产7.4%。适宜在川、渝肥水条件较好的一、二台地和城郊种植。

该品种已在四川省、重庆市、贵州省、江苏省等省市大面积推广,1993年种植面积达67 000 hm²,其产值比徐薯18增加750余元/hm²,仅1989~1992年期间,已实现新增产值8 768万元,新增税利7 451万元。

该品种属早熟兼用型品种,1990年6月和1993年3月分别通过重庆市和四川省农作物品种审定委员会审定。1992年获重庆市科技进步二等奖,1993年获国家教委科技进步三等奖。

成果完成单位:西南师范大学、四川省绵阳市农科所等。

三、渝薯20

渝薯20系西南大学(原西南师范大学)于1982年从四川省绵阳市农科所提供的"79-75×早熟红"组合的杂交种子中选育而成,原系号"8213-20"。

该品种地上部均为绿色,叶形为浅单缺刻,短蔓型,茎蔓较粗壮,蔓和蔓尖茸毛较多,单株基部分枝数7~9个;结薯集中,单株结薯4~6个,薯块整齐美观,中薯率较高,薯形纺锤形至短纺锤形,皮淡黄色,薯肉橘红色;萌芽性好,抗旱性、早收性、抗黑斑病性较好。

该品种在1986~1988年重庆市甘薯品种区域试验中,平均鲜薯产量为27 070 kg/hm²,比对照品种徐薯18增产11.67%;薯干产量为7 430 kg/hm²,比对照品种减产2.88%;藤叶产量为25 170 kg/hm²,比对照品种减产23.15%。

该品种属食用及食品加工用品种,1990年6月通过重庆市农作物品种审定委员会审定。

成果完成单位:西南师范大学、四川省绵阳市农科所等。

四、渝苏303

渝苏303系西南大学(原西南师范大学)于1991年从江苏省农业科学院提供的"B58-5×苏薯1号"组合的杂交种子中选育而成的甘薯新品种,原系号"91-31-303"。

该品种顶叶绿色、边缘带褐、心脏形,成熟叶深绿色、心脏形(少数叶缘有棱),叶片长9~11 cm,宽10~12 cm,叶脉紫色,叶脉基部紫色,叶柄绿带紫色,叶柄基部紫色,蔓紫带绿色、茸毛较多、粗0.5~0.6 cm,长200 cm左右,基部分枝数5个左右;在重庆、四川自然环境条件下一般不开花,单株结薯 2～5 个,薯块纺锤形或呈块状,薯皮红色,薯肉淡黄色(在少数土壤内带紫晕),萌芽性较好,结薯较早,大中薯率 85% 以上,高抗茎线虫病,抗黑斑病和根腐病,贮藏性好。

在 1994～1995 年四川省区试中,鲜薯、淀粉、薯干、生物干产、藤叶平均产量分别为 28 263 kg/hm²、5 460 kg/hm²、8 649 kg/hm²、11 205 kg/hm² 和 21 396 kg/hm²,与对照品种南薯 88 比较,除鲜薯减产 2.3% 外,淀粉、薯干、生物干产、藤叶产量分别增产 21.5%、4.6%、7.0% 和 19.3%;薯块烘干率、出粉率分别高 2.08% 和 3.78%。已在全国 15 个主产甘薯省市累计推广 1.4×10⁵ hm²,新增产值 2.6 亿元。

该品种先后通过四川省、重庆市、江苏省、江西省和国家农作物品种审定委员会审定,是我国第一个育成通过国家级审定的甘薯与其近缘野生种进行种间杂交的甘薯新品种(国审薯 2002006)。

该品种属高产兼用型品种,1997 年通过重庆市科委成果鉴定,该项成果处于国内领先水平。育种成果 2000 年获重庆市科技进步奖二等奖,推广成果 2001 年获重庆市政府科教兴渝"金桥工程"优秀项目一等奖。

成果完成单位:西南师范大学、江苏省农业科学院。

五、渝苏 76

渝苏 76 由西南大学(原西南师范大学)于 1992 年从江苏省农业科学院提供的"徐薯 18×苏薯 1 号"组合的杂交种子中选育而成。

该品种顶叶绿色,边缘稍带褐色,心脏形,成熟叶浓绿色,心脏形,叶脉紫色,叶脉基部紫色,叶柄绿带紫色,叶柄基部紫色;蔓绿带紫色,粗 0.150～0.162 cm,蔓长 200 cm 左右,茸毛较多,基部分枝数 5 个左右;薯块下膨纺锤形或呈块状,表面具条沟,薯皮淡黄色,薯肉橘黄色。在四川、重庆自然条件下一般不开花。

该品种 1995～1996 年参加四川省甘薯早熟组区域试验名列第一,两年平均鲜薯产量为 23 039 kg/hm²,比对照品种南薯 88 增产 13.1%,藤叶产量 20 576 kg/hm²,减产 8.8%,生物鲜产 43 599 kg/hm²,增产 1.58%。1997 年四川省甘薯生产试验汇总,平均鲜薯产量 19 821 kg/hm²,比南薯 88 增产 10.3%,藤叶产量 21 105 kg/hm²,减产 6.3%,生物鲜产 40 929 kg/hm²,增产 1.1%;萌芽性中等,结薯早,早收性好,稳产高产,适应性广,栽插后 100 d 收获,商品薯率高;薯块烘干率为 26.8%,含氨基酸 2.64%、可溶性糖 4.4%、淀粉 21.1%、β-胡萝卜素 3.54 mg/100 g 鲜薯,熟食适口性较好;较抗黑斑病,耐贮性较好。

该品种属早熟食品加工用品种,适宜在四川、重庆大中城市郊区作食用或食品加工用品种种植。1998 年通过四川省农作物品种审定委员会审定(川审薯 17 号)。

成果完成单位:西南师范大学、江苏省农业科学院。

六、渝苏 297

渝苏 297 由西南大学(原西南师范大学)于 1991 年从江苏省农业科学院提供的"B58-5×苏薯 1 号"组合的杂交种子中选育而成,原系号"91-31-297"。

该品种地上部全为绿色,顶叶、成熟叶心脏形,蔓长 150 cm、茸毛较多,基部分枝数 5 个以上;萌芽性好,结薯较早,单株结薯 4 个以上,大中薯率为 80% 左右;薯块下膨呈纺锤形,薯皮较粗糙、红色,薯肉淡黄色,烘干率为 30.74%,含氨基酸 2.14%、可溶性糖 4.9%、淀粉 19.0%、β-胡萝卜素 0.026 mg/100 g 鲜薯,熟食适口性较好;抗黑斑病性、耐贮性好。

1994～1996年参加四川省甘薯早熟组区域试验,三年平均鲜薯产量为20 177 kg/hm²,比对照品种南薯88增产0.8%,藤叶产量为24 044 kg/hm²,与对照品种平产,生物鲜产量为44 220 kg/hm²,增产0.3%,薯干产量为6 210 kg/hm²,增产5.4%,生物干产为9 092 kg/hm²,增产4.0%。1997年四川省甘薯生产试验汇总,平均鲜薯产量为24 636 kg/hm²,藤叶产量为19 452 kg/hm²,生物鲜产为47 594 kg/hm²,生物干产为10 328 kg/hm²,比南薯88分别增产26.6%、7.1%、16.4%和25.2%。

属早熟品种,宜在重庆和四川盆地中平坝、浅丘薯区作春、夏薯种植。1998年通过四川省农作物品种审定委员会审定(川审薯18号)。

成果完成单位:西南师范大学、江苏省农业科学院。

七、渝苏30

渝苏30系西南大学(原西南师范大学)从江苏省农业科学院提供的"宿芋1号×苏薯5号"组合的杂交种子中选育而成。

该品种顶叶绿色、尖心有棱,成熟叶绿色、尖心也有棱;叶脉淡紫色,叶脉基部紫色;叶柄绿带紫色,叶柄基部绿带紫色;蔓绿带紫色,茸毛中等,粗0.4～0.5 cm,长150 cm左右,基部分枝数5个以上,在重庆市自然条件下一般不开花;薯块纺锤形,皮红色,肉淡黄色,单株结薯3～5个,大中薯率在85%以上,烘干率为25.4%,出粉率为12%左右,熟食品质较好,含氨基酸(不包括色氨酸)0.71%、可溶性糖2.4%;萌芽性较好,单块出苗数12～16株;抗旱性强,抗黑斑病。

1997～1998年两年重庆市甘薯区域试验汇总结果:鲜薯产量35 799 kg/hm²,藤叶产量24 899 kg/hm²,生物鲜产为60 698 kg/hm²,薯干产量为9 032 kg/hm²,生物干产为12 500 kg/hm²,分别比对照品种南薯88增产9.30%、14.41%、11.33%,减产3.86%和增产0.73%。

该品种属抗旱品种,宜作以饲用为主(亦可兼作食用)品种在相应地区种植。2000年通过重庆市农作物品种审定委员会审定(渝农作品审薯第6号)。

成果完成单位:西南师范大学、江苏省农业科学院。

八、渝苏153

渝苏153系西南大学(原西南师范大学)于1995年从江苏省农业科学院提供的徐薯18集团杂交种子中选育而成。

该品种属短蔓型,顶叶绿色、尖心带齿(边缘褐色),成熟叶绿色、尖心形带齿,叶脉紫色,叶脉基部紫色,叶柄绿带紫色,叶柄基部紫色,蔓紫带绿色、茸毛较多;株型匍匐,基部分枝数3～4个;单株结薯3～4个,薯块下膨纺锤形,薯皮紫红色,薯肉黄色,结薯集中,大、中薯率为88.7%,干物率为31.5%,淀粉率为17.1%,熟食品质中等。萌芽性好,贮藏性较好,抗黑斑病。

1998～1999年参加重庆市区域试验,两年汇总平均鲜薯产量为34 590 kg/hm²,比对照品种南薯88减产1.42%;薯干产量为11 351 kg/hm²,增产11.49%。在重庆市生产试验中,鲜薯增产6.18%,薯干增产17.8%。在2000～2001年长江流域区域试验中,鲜薯产量为30 252 kg/hm²,比对照品种南薯88减产6.49%;薯干产量为9 317 kg/hm²,增产6.25%。2002年参加长江流域薯区生产试验,南充、湖北、江苏3个试点试验结果:鲜薯平均产量为41 237 kg/hm²,比对照品种南薯88减产5.0%;薯干平均产量为13 290 kg/hm²,比对照南薯88增产6.5%。

该品种属淀粉用型品种,建议在长江流域春、夏薯区中等以上肥水条件的地块作淀粉用种植。2003年通过全国甘薯品种鉴定委员会鉴定(国品鉴甘薯2003006)。

成果完成单位:西南师范大学(现西南大学)、江苏省农业科学院。

九、渝苏 151

渝苏 151 系西南大学(原西南师范大学)于 1995 年从江苏省农业科学院提供的"徐薯 18×苏薯 1 号"杂交种子中选育而成,原系号"95-805-151"。

该品种株型匍匐,顶叶绿色、心形带齿,成熟叶绿色、心形带齿,叶脉紫色,叶脉基部紫色,叶柄绿色,叶柄基部紫色,蔓绿色,茸毛中等,田间生长势中上。薯块形状不规则,薯皮淡黄色,薯肉淡黄色。薯块干物率在 28% 左右,淀粉含量为 19.9%,粗蛋白含量为 0.49%,可溶性糖含量为 6.3%,熟食品质中等。萌芽性和耐贮性好,抗黑斑病。

1999～2000 年参加重庆市区域试验,两年汇总平均鲜薯产量为 36 375 kg/hm²,比对照品种南薯 88 增产 11.0%;薯干产量为 9 720 kg/hm²,比对照增产 4.6%。2001 年在重庆市生产试验中,鲜薯产量为 27 690 kg/hm²,比对照品种南薯 88 增产 18.9%;薯干产量为 7 485 kg/hm²,比对照品种南薯 88 增产 10.9%。2003 年大区生产试验,鲜薯、薯干分别比对照品种南薯 88 增产 6.6% 和 8.1%。

该品种属食饲兼用型品种,建议在重庆、四川及相似生态区作春、夏薯种植。2004 年通过全国甘薯品种鉴定委员会鉴定(国品鉴甘薯 2004009)。

成果完成单位:西南师范大学、江苏省农业科学院。

十、渝苏 162

渝苏 162 系西南大学重庆市甘薯研究中心从江苏省农业科学院提供的苏薯 4 号集团杂交种子中选育而成,原系号"97-402-162"。

该品种中长蔓型,顶叶绿色(边缘淡褐色),叶脉绿色,叶柄绿色,茎绿色,成熟叶绿色(边缘淡褐色),叶心脏形,株型匍匐,基部分枝数 6～8 个,薯块呈纺锤形,红皮黄肉,结薯较整齐集中,上薯率较高,薯块萌芽性好,大田生长期在 150 d 左右。薯块干物率为 31%,含淀粉 24.56%、粗蛋白 1.02%、可溶性糖 7.74%、硒 0.111 mg/kg 鲜薯,较抗黑斑病,耐贮性较好。

2002～2003 年在重庆市甘薯新品种区域试验中汇总结果:鲜薯产量 27 998 kg/hm²,比对照品种南薯 88 减产 1.63%;薯干产量 9 485 kg/hm²,增产 8.84%;淀粉产量 5 204 kg/hm²,增产 7.43%;藤叶产量为 29 079 kg/hm²,增产 2.16%;生物鲜产为 57 044 kg/hm²,增产 0.18%。2004 年重庆市甘薯新品种生产试验 4 个点汇总结果:鲜薯产量为 29 177 kg/hm²,比对照品种南薯 88 减产 1.80%;薯干产量为 9 089 kg/hm²,增产 14.8%;淀粉产量为 5 214 kg/hm²,增产 13.1%;藤叶产量为 23 561 kg/hm²,减产 3.7%。

该品种属食用和食品加工型品种,适宜在重庆浅丘、平坝地区作夏薯种植。2008 年通过重庆市农作物品种审定委员会鉴定(渝品审 2008008)。

成果完成单位:西南大学、江苏省农业科学院。

十一、渝紫 263

渝紫 263 系西南大学重庆市甘薯研究中心从江苏省农业科学院提供的"徐薯 18"集团杂交种子中选育而成。

该品种边缘褐色,叶形浅复缺刻,顶叶绿色,叶脉紫色,叶柄绿色,茎绿带紫色。短蔓,株型半直立,基部分枝数 8～10 个。单株结薯 5 个以上,薯块呈长纺锤形,紫红皮紫肉,结薯均匀,中薯率高,薯皮光滑,薯型美观,薯块萌芽性好。夏(春)薯块干物率为29.44%,含鲜薯淀粉20.70%、粗蛋白0.672%、可溶性糖7.40%,食用品质好。中抗黑斑病,高感根腐病。

2002年参加长江流域薯区区试,平均鲜薯产量为30 416 kg/hm²,比对照品种南薯88减产12.73%;薯干产量为9 249 kg/hm²,比对照减产6.95%。2003年续试,平均鲜薯产量为21 534 kg/hm²,比对照减产27.24%;薯干产量为6 164 kg/hm²,比对照减产20.01%。2004年参加长江流域薯区生产试验,平均鲜薯产量为23 069 kg/hm²,比对照品种南薯88减产15.16%;薯干产量为6 863 kg/hm²,比对照减产7.17%。

该品种属紫肉食用型品种,建议在重庆、江西、江苏南部作紫色肉食用型甘薯品种种植。注意防止蔓割病。2005年通过全国甘薯品种鉴定委员会鉴定(国品鉴甘薯2005009)。

成果完成单位:西南大学、江苏省农业科学院。

十二、渝苏8号

渝苏8号系西南大学重庆市甘薯研究中心从江苏省农业科学院提供的"宁97-9-2×南薯99"杂交种子中选育而成。

该品种顶叶、成熟叶片均深裂复缺刻,顶叶绿边褐、成熟叶色绿;叶脉绿色,脉基绿色;叶柄及叶柄基部均绿色;茎绿色,蔓长中等,单株基部分枝数6个左右;薯块呈纺锤形,皮红色、肉淡黄色;单株结薯数3~4个;中抗黑斑病,中抗根腐病,不抗蔓割病和茎线虫病;2006~2007年全国长江流域薯区甘薯区域试验薯块平均干物率为29.2%,平均淀粉率为19.1%,熟食品质较好。

2006~2007年参加长江流域薯区甘薯品种区域试验,两年平均鲜薯产量36 219 kg/hm²,比对照增产10.81%;薯干产量10 485 kg/hm²,增产14.81%;淀粉产量为6 900 kg/hm²,比对照增产16.7%。平均薯块干物率比对照品种南薯88高1.2%,淀粉率比对照品种南薯88高1.0%。2008年在长江流域薯区的江西、湖北和四川的生产试验中,平均鲜薯产量46 397 kg/hm²,比对照品种南薯88增产27.22%;薯干平均产量13 064 kg/hm²,增产34.24%;淀粉平均产量8 413.5 kg/hm²,增产36.77%;薯块干物率为27.87%,比对照品种南薯88高1.34%;淀粉率为16.89%,比对照品种南薯88高1.16%。

该品种属淀粉高产品种,建议在重庆、江苏南部、湖北、江西、四川、浙江适宜地区种植。2010年通过国家甘薯品种鉴定委员会鉴定(国品鉴甘薯2010001)。

成果完成单位:西南大学、江苏省农业科学院。

十三、渝薯99

渝薯99系西南大学重庆市甘薯研究中心从"8129-4×AB940078-1"杂交组合中选育而成。

株型匍匐,中蔓型;顶叶紫带绿色,尖心少棱,成熟叶呈心脏形、绿色,叶脉绿带少量紫色,叶脉基部淡紫色,叶柄绿色,叶柄基部绿色,茎绿色,基部分枝7~8个;薯块萌芽性好,单株结薯2~4个,结薯集中、整齐,上薯率在80%以上,生长期在140 d左右,耐贮性好;薯块纺锤形,薯皮黄色,薯肉橘红色。2005~2006年区试:薯块平均烘干率24.72%,平均淀粉含量为15.16%。2008年农业部农产品质量安全监督检验测试中心(重庆)检测,薯块淀粉含量为15.76%,可溶性糖含量为8.71%,蛋白质含量为1.98%。

2005~2006年重庆市甘薯新品种区域试验汇总结果:鲜薯产量为1 762.0 kg/亩,比南薯88减产6.08%;藤叶产量为1 336.4 kg/亩,减产23.60%;薯干产量为454.8 kg/亩,减产10.48%;生物鲜产量为3 098.4 kg/亩,减产14.54%;淀粉产量为278.2 kg/亩,减产13.21%。2008年重庆市甘薯新品种生产试验汇总结果:鲜薯产量为 3 310.6 kg/亩,比对照品种南薯 88 增产 2.30%;藤叶产量为 2 997.9 kg/亩,增产 11.07%。

该品种属食用及食品加工用品种,适宜在重庆市浅丘、平坝地区种植。2010 通过重庆市农作物品种审定委员会鉴定(渝品审鉴 2010009)。

成果完成单位:西南大学、江苏省农业科学院。

十四、渝苏紫 43

渝苏紫 43 系西南大学重庆市甘薯研究中心从江苏省农业科学院粮食作物研究所提供的"97-P-4×宁 97-P-1"杂交组合选育而成。

株型匍匐,长蔓型;顶叶绿色,成熟叶呈心脏形、深绿色,叶脉紫色,叶脉基部紫色,叶柄绿带紫色,叶柄基紫色,茎绿带紫色,基部分枝 3~4 个;薯块萌芽性好,单株结薯 2~5 个,结薯集中、整齐,上薯率在 80% 以上,大田生长期在 140 d 以上,耐贮性好;薯块呈纺锤形,薯皮紫红色,薯肉紫色。2007~2008 年区试薯块平均烘干率为 30.14%,平均淀粉含量为 19.88%。2008 年江苏省农业科学院食品质量安全与检测研究所检测,薯块花青苷(即花青素)含量为 79.94 mg/100 g,总可溶性糖含量为 3.51%。

2007~2008 年重庆市甘薯新品种区域试验汇总结果:鲜薯产量为 1 640.8 kg/hm²,比对照品种南薯 88 减产 35.58%,比对照品种山川紫增产 45.37%;藤叶产量为 2 275.8 kg/亩,比南薯 88 增产 1.81%,比山川紫增产 10.09%;薯干产量为 494.8 kg/亩,比南薯 88 减产 22.26%,比山川紫增产 28.25%;生物鲜产量为 3 888.2 kg/亩,比南薯 88 减产 17.67%,比"山川紫"增产 22.64%;淀粉产量为 326.3 kg/亩,比南薯 88 减产 17.38%,比山川紫增产 24.11%;花青苷产量为 1 135.26 g/亩,比山川紫高 492.02 g/亩。2008 年重庆市甘薯新品种生产试验汇总结果:鲜薯产量为 1 900.7 kg/亩,比对照品种南薯 88 减产 29.97%,藤叶产量为 2 608.9 kg/亩,增产 1.62%。

该品种属高花青苷、高淀粉型品种,适宜在重庆市浅丘、平坝地区种植。2010 通过重庆市农作物品种审定委员会鉴定(渝品审鉴 2010010)。

成果完成单位:西南大学、江苏省农业科学院。

十五、渝紫薯 7 号

渝紫薯 7 号系西南大学重庆市甘薯研究中心从"宁 97-9-2×南薯 99"组合的杂交种子中选育而成。

该品种萌芽性中等,中长蔓,基部分枝数 8 个左右,茎蔓中等粗,叶片缺刻,顶叶、成熟叶、叶脉均为绿色,茎蔓绿色带紫;结薯集中、较整齐,单株结薯 3 个左右,大中薯率高;薯块纺锤形,紫红皮紫肉,干基粗蛋白含量较高,食味中等;抗茎线虫病,感根腐病和黑斑病,综合评价该品种抗病性一般,耐贮。

国家级区试北方组试验结果:在 2010~2012 两年的国家区域试验中,渝紫薯 7 号平均鲜薯产量为 23 726 kg/hm²,比对照品种(宁紫薯 1 号,下同)增产 22.97%,达极显著水平,居第二位,在 20 个试点中有 18 个试点增产,两个试点减产;平均薯干产量为 6 789 kg/hm²,比对照增产 43.47%,达极显著水平,居第一位,在 20 个试点中全部增产;薯块平均烘干率为 28.62%,比对照高 4.49%,两年平均花青素含量为 16.69 mg/100 g 鲜薯。在 2011 年洛阳、南京和泰安三个试点组成的国家生产试验中,平均鲜薯、薯干和淀粉产量分别为 24 893 kg/hm²,7 511 kg/hm² 和 4 916 kg/hm²,分别增产 19.11%,45.75% 和 57.30%,平均烘干率为 29.53%、比对照高 5.40%,平均淀粉率19.33%,比对照高4.69%。

国家级区试长江组试验结果:2012~2013年国家甘薯品种长江流域薯区特用型区域试验鲜薯产量为31 107.0 kg/hm²,比对照增产21.99%,居第一位;薯干产量为9 630.0 kg/hm²,比对照增产37.72%,居第一位;平均烘干率为30.29%,比对照高3.43%。花青素含量为20.41 mg/100 g;耐贮藏,中抗黑斑病,抗茎线虫病,综合评价抗病性较好。

重庆区试汇总试验结果:2011~2012年重庆市甘薯区域试验,平均鲜薯产量为30 237 kg/hm²,居第2位,比对照宁紫薯1号增产26.92%(90%点次增产,其中2011年100%,2012年80%点次增产);薯干产量为9 023 kg/hm²,居第一位,增产45.48%(100%点次增产);淀粉产量为5 924 kg/hm²,居第一位,增产52.60%(100%点次增产);薯块萌芽性较优,单株基部分枝数4.5个,单株结薯数3.3个,上薯率为90.36%;薯块花青苷含量为17.85 mg/100 g鲜薯,比对照高3.69 mg/100 g鲜薯;薯块烘干率29.84%(比对照高3.82%),淀粉含量为19.59%(比对照高3.30%),薯块熟食适口性评分3.65分(比对照高0.29分)。

2012年万州、北碚、黔江3个点生产试验汇总,鲜薯产量为28 142 kg/hm²,比对照品种宁紫1号增产25.92%;薯干产量为8 192 kg/hm²,增产50.49%;淀粉产量为5 282 kg/hm²,增产49.89%;薯块平均烘干率为29.41%,比对照高4.24%;淀粉含量为19.23%,比对照高3.68%。

经过全国专家现场评介,该品种在"2012中国首届紫薯鉴评会"上获得三等奖。

该品种属紫肉品种,2010年、2014年分别通过国家甘薯品种鉴定委员会鉴定(国品鉴甘薯2010001)和重庆市农作物品种鉴定委员会鉴定。

成果完成单位:西南大学。

十六、渝薯17

渝薯17系西南大学重庆市甘薯研究中心从"浙薯13×8129-4"组合的杂交种子中选育而成。

该品种萌芽性较优,中长蔓,基部分枝数4~6个,茎蔓中等粗,叶片心齿形,叶绿色,茎绿色;薯块呈纺锤形,薯皮红色,薯肉黄色;结薯集中整齐,单株结薯3个左右,大中薯率高;食味优;中抗黑斑病,高抗蔓割病,耐贮。

2011~2012年重庆市甘薯区域试验结果:平均鲜薯产量为33 510 kg/hm²,比对照品种徐薯22减产1.18%;薯干产量为11 393 kg/hm²,增产11.83%;淀粉产量为7 784 kg/hm²,增产15.85%;藤叶产量为30 138 kg/hm²,减产19.06%;生物鲜产为58 940 kg/hm²,减产11.16%。薯块烘干率为34.11%,比对照高4.14%,淀粉含量为23.32%,比对照高3.59%。2012年万州、北碚、黔江3个点生产试验汇总,薯块烘干率平均为31.50%,比对照高4.61%,淀粉含量为21.16%,比对照高3.53%;鲜薯平均产量为29 076 kg/hm²,比对照徐薯22增产12.51%;薯干产量平均为9 197 kg/hm²,增产29.53%;淀粉产量平均为6 170 kg/hm²,增产34.42%。2012~2013年参加长江流域薯区甘薯新品种区域试验,两年17点次汇总鲜薯产量为35 976 kg/hm²(第3位),比对照增产12.40%;薯干为12 577.5 kg/hm²(第1位),比对照增产29.94%;淀粉为8 652 kg/hm²(第1位),比对照增产35.56%;平均烘干率为34.97%,比对照高4.73%;平均淀粉率24.06%,比对照高4.12%。

该品种属高淀粉品种,2012年参加长江流域薯区甘薯新品种生产试验和重庆市甘薯新品种田间鉴评。2014年通过重庆市农作物品种鉴定委员会鉴定。

成果完成单位:西南大学。

十七、渝薯 33

渝薯 33 系西南大学农学与生物科技学院从浙薯 13 集团杂交选育而成。

该品种萌芽性中上,最长蔓长 112.3 cm,单株基部分枝数 6.6 个,单株结薯数 3.2 个,上薯率 89.08%;叶片心形,顶叶绿色,成熟叶绿色,叶脉绿色;薯块纺锤形,淡红皮白肉;结薯性较好,结薯早,薯块膨大快;感黑斑病与南薯 88 相当;两年平均薯块烘干率为 31.98%、淀粉含量为 21.55%。

2006 年参加重庆市甘薯区试,鲜薯平均产量为 26 166 kg/hm²,比对照品种南薯 88 减产 12.70%;薯干平均产量为 7 752 kg/hm²,增产 6.06%;淀粉平均产量为 5 154 kg/hm²,增产 15.83%。2007 年参加重庆市甘薯区试续试,鲜薯平均产量为 32 757 kg/hm²,比对照品种南薯 88 减产 15.64%;薯干平均产量为 11 087 kg/hm²,增产 2.15%;淀粉平均产量为 7 563 kg/hm²,增产 8.44%。两年区试平均鲜薯产量、薯干产量和淀粉产量分别为 29 462 kg/hm²,9 413 kg/hm² 和 6 249 kg/hm²,分别比对照品种南薯 88 减产 13.85%,增产 4.1%,增产 12.14%。2007 年在重庆市长寿区、万州区、酉阳县进行生产试验,平均鲜薯产量为 33 444 kg/hm²,比对照减产 5.78%;淀粉 7 455 kg/hm²,比对照增产 16.68%。

该品种属淀粉型品种,适宜在重庆市甘薯生产区种植。2008 年通过重庆市非主要农作物品种鉴定委员会鉴定(渝品审鉴 2008009)。

成果完成单位:西南大学、四川省南充市农业科学院、重庆环球石化有限公司。

十八、渝薯 2 号

渝薯 2 号系西南大学农学与生物科技学院从"农珍 868×万斤白"组合的杂交种籽中选育而成。

该品种萌芽性中上,最长蔓长 303.3 cm,单株基部分枝数 8.2 个,单株结薯数 2.6 个,上薯率为 92.95%;叶片尖心形,顶叶绿带褐边,成熟叶浓绿色,叶脉紫(背面深,正面浅);薯块纺锤形带纵沟,沟内芽眼成行,红皮白肉;结薯性较好,结薯早,薯块膨大快;高抗黑斑病。两年平均薯块烘干率为 32.395%,淀粉含量为 21.825%。

两年区试平均鲜薯产量、薯干产量和淀粉产量分别为 31 280 kg/hm²,10 106 kg/hm² 和 6 803 kg/hm²,分别比对照品种南薯 88 减产 15.88%、增产 1.38%、增产 7.86%。2007 年在重庆市长寿区、万州区、酉阳县进行生产试验,平均鲜薯产量为 32 942 kg/hm²,比对照减产为 7.2%;淀粉产量 7 053 kg/hm²,比对照增产 18.64%。

该品种适合作能源、淀粉原料专用型品种,适宜在重庆市甘薯生产区种植。2008 年经重庆市非主要农作物品种鉴定委员会鉴定(渝品审鉴 2008007)。

成果完成单位:西南大学、重庆环球石化有限公司。

十九、渝薯 6 号

渝薯 6 号系西南大学农学与生物科技学院从浙薯 13 集团杂交中选育而成。

该品种顶叶绿色,叶片中等大小,三角形带齿,绿色,叶脉紫色,叶缘、叶柄均为绿色,柄基绿色;茎绿色,茎端少茸毛,中长蔓型,茎较粗壮,基部分枝数 4.9 个;薯块呈纺锤形,薯皮红色,薯肉淡黄色;结薯集中,大薯率较高;薯块烘干率为 35.80%,淀粉含量为 24.79%;高抗黑斑病,药剂浸种后耐贮藏。

2008~2009 年重庆市甘薯区域试验,7 个试点两年平均鲜薯产量为 32 664 kg/hm²,比对照品种南薯 88 减产 22.65%;薯干产量为 11 661 kg/hm²,增产 0.59%;淀粉产量为 8 519 kg/hm²,增产 9.01%。2010 年生产试验,鲜薯产量为 26 460 kg/hm²,比对照品种南薯 88 减产 17.49%;薯干产量为 9 359 kg/hm²,增产 8.47%;淀粉产量为 6 383 kg/hm²,增产 15.94%。2011 年田间鉴评结果,鲜薯产量为 36 000 kg/hm²,比对照品种南薯 88 增产 26.31%;薯干产量为 12 888 kg/hm²,增产 65.76%;淀粉产量为 8 924 kg/hm²,增产 74.74%。

该品种属淀粉型品种,适宜重庆薯区种植。2012 年经重庆市非主要农作物品种鉴定委员会鉴定(渝品审鉴 2012004)。

品种完成单位:西南大学。

二十、渝薯 4 号

渝薯 4 号系西南大学农学与生物科技学院从浙薯 13 集团杂交中选育而成。

该品种顶叶绿色,叶片中等大小,心脏形,绿色,叶脉紫色;叶柄绿带紫色,柄基紫色;茎绿色,茎端多茸毛;中长蔓型,茎粗 0.5 cm,单株基部分枝数 4.7 个;薯块纺锤形,薯皮淡红色,薯肉淡黄色带紫晕;结薯集中,大薯率较高;薯块烘干率为 31.88%,淀粉含量为 21.38%;抗黑斑病,不耐涝渍,耐贮藏。

2009～2010 年重庆市甘薯区域试验,7 个试点两年平均鲜薯产量为 35 953 kg/hm²,比对照品种南薯 88 减产 12.20%;薯干产量为 11 469 kg/hm²,增产 3.84%;淀粉产量为 7 659 kg/hm²,增产 9.81%。2010 年生产试验,鲜薯产量为 28 961 kg/hm²,比对照品种南薯 88 减产 9.70%;薯干产量为 9 086 kg/hm²,增产 5.30%;淀粉产量为 6 161 kg/hm²,增产 11.91%。2011 年田间鉴评结果,鲜薯亩产为 48 000 kg/hm²,比对照品种南薯 88 增产 68.42%;薯干产量 15 302 kg/hm²,增产为 112.00%;淀粉产量为 10 502 kg/hm²,增产 96.80%。

该品种属淀粉型,适宜重庆薯区种植。2012 年经重庆市非主要农作物品种鉴定委员会鉴定(渝品审鉴 2012003)。

成果完成单位:西南大学。

二十一、万薯 53

万薯 53 系 1978 年从"农大红×万花 7 号"的杂交后代中选育而成。

该品种顶叶绿,成熟叶绿色,叶心形带齿,叶脉紫,蔓色褐色,薯块短纺锤形,薯皮紫红,薯肉淡黄色,熟食品质较好;萌芽性优,大田生长势较强,能自然开花,鲜薯产量高,薯块烘干率为 26%～28%,属食饲兼用型品种。

1981 年该品种的研发获四川省重大科研成果四等奖。

成果完成单位:重庆三峡农业科学院。

二十二、万薯 1 号

万薯 1 号系从"南薯 95×农林 10 号"的杂交后代中选育而成。

该品种顶叶褐色,成熟叶绿色,叶尖心形带齿,叶脉绿,蔓色绿色,薯块呈下膨短纺锤形,薯皮淡红色,薯肉黄色,熟食品质中等;萌芽性优,大田生长势较强。历年试验结果表明,鲜薯产量平均比对照品种南薯 88 增产 5%左右,薯块淀粉率为 11%～16%,属食饲兼用型品种。

1997 年育成通过四川省农作物品种审定委员会审定。

成果完成单位:重庆三峡农业科学院。

二十三、万川 58

万川 58 系从"67-12×宁 180"杂交组合的杂交后代中选育而成。

该品种顶叶绿色边缘带褐色,成熟叶绿色,叶形浅单缺,叶脉浅紫,蔓色绿色,薯块呈纺锤形,薯皮紫红色,薯肉黄色,熟食品质较好;萌芽性优,大田生长势强。在四川省区试中,鲜薯产量比对照品种南薯 88 增产 12.32%,薯块淀粉率为 11%～14%,粗蛋白含量为 1.80%,可溶性糖含量为 4.81%,贮藏性好,属食饲兼用型品种。

1998 年育成通过四川省农作物品种审定委员会审定,1999 年通过重庆市农作物品种审定委员会审定。

成果完成单位:重庆三峡农业科学院。

二十四、万薯 34

万薯 34 系从"87-1227×8410-788"杂交组合的杂交后代中选育而成。

该品种顶叶绿色边缘带褐色,成熟叶绿色,叶形浅复缺,叶脉浅紫,蔓色绿带紫色,薯块呈纺锤形,薯皮紫红色,薯肉黄色,熟食品质较好;萌芽性优,大田生长势强。在重庆市区试中,鲜薯产量为 34 260 kg/hm²,比对照品种南薯 88 增产 4.61%;淀粉产量为 6 370 kg/hm²,比对照增产 12.55%,薯块淀粉率为 20%～22%,属淀粉型品种。

2001 年育成通过重庆市农作物品种审定委员会审定。

成果完成单位:重庆三峡农业科学院。

二十五、万薯 7 号

万薯 7 号系从丰黄集团杂交后代中选育而成。

该品种顶叶褐色,成熟叶绿色,叶形呈心脏形,叶脉浅紫,蔓色绿色,薯块呈短纺锤形,薯皮淡红色,薯肉橘红色,熟食品质优;萌芽性优,大田生长势强。在全国区试中,鲜薯和薯干产量分别比对照品种南薯 88 增产 10.78%和 8.92%,薯块淀粉率为 14%～16%,粗蛋白含量为 3.51%(干基),可溶性糖含量为 10.96%(干基),属食饲兼用型品种。

2007 年育成通过全国甘薯品种鉴定委员会鉴定(国品鉴 2007006)。

成果完成单位:重庆三峡农业科学院。

二十六、万紫薯 56

万紫薯 56 系从日本紫心集团杂交后代中选育而成。

该品种顶叶绿色,成熟叶绿色,叶形浅裂,叶脉深紫,蔓色绿色带紫斑,薯块呈短纺锤形,薯皮紫色,薯肉紫色,熟食品质较优;萌芽性优,大田生长势较强。在全国区试中,鲜薯产量为 27 390 kg/hm²,薯块淀粉率为 12%～14%,花青素含量为 66.86 mg/100 g 鲜薯,可溶性糖含量为 3.51%。

该品种属食用花青苷型品种,2010 年育成通过重庆市农作物品种审定委员会鉴定。2011 年通过国家甘薯品种鉴定委员会鉴定。

成果完成单位:重庆三峡农业科学院。

二十七、万薯 5 号

万薯 5 号系从"徐 55-2×92-3-7"组合的杂交后代选育而成。

该品种顶叶褐色,成熟叶绿色,叶形呈心脏形,叶脉绿色,蔓色绿色,薯块呈纺锤形,薯皮紫红色,薯肉淡黄色,熟食品质优,萌芽性较优,大田生长势强。在全国区试中,鲜薯产量 31 798 kg/hm²,较对照品种南薯 88 增产 5.13%;淀粉产量为 7 532 kg/hm²,比对照品种增产 20.62%;薯块淀粉率为 23%～25%。

该品种属高淀粉型品种,2011 年育成通过重庆市农作物品种审定委员会鉴定,同年通过国家甘薯品种鉴定委员会鉴定。

成果完成单位:重庆三峡农业科学院。

二十八、万薯 6 号

万薯 6 号系从川薯 124 集团杂交后代中选育而成。

该品种顶叶绿色,成熟叶绿色,叶形呈心脏形,叶脉绿色,蔓绿色,薯块呈纺锤形,薯皮紫红色,薯肉白色;熟食品质优,萌芽性较优,大田生长势较强。在重庆区试中,淀粉产量为 8 898 kg/hm²,比对照品种南薯 88 增产 26.98%,淀粉率为 25%～27%。

该品种属高淀粉型品种,2011 年育成通过重庆市农作物品种审定委员会鉴定。

成果完成单位:重庆三峡农业科学院。

二十九、川薯 217

川薯 217(冀薯 98/力源 1 号)于 2011 年 3 月经全国甘薯品种鉴定委员会鉴定通过,建议在长江流域适宜薯区种植。

鉴定编号:国品鉴甘薯 2011007。

选育单位:四川省农业科学院作物研究所、重庆市农业科学院特色作物研究所。

该品种系淀粉加工用甘薯新品种,薯干、淀粉产量高而稳定,适应力强,耐旱、耐瘠、耐储藏,中抗黑斑病。已进入示范推广阶段。

11.6.5 部分出版甘薯专(译)著作

1.甘薯文献资料索引.李坤培、张启堂.重庆:西南师范大学出版社,1986 年;

2.甘薯的栽培贮藏与加工.李坤培、张启堂.重庆:重庆大学出版社,1989 年;

3.学术论文写作导论.张启堂撰写第 21 章.成都:四川科技出版社,1991 年;

4.甘薯研究译文集.李坤培、张启堂.成都:四川省科技出版社,1991 年;

5.1984～1993 年世界甘薯研究.张启堂等译.重庆:西南师范大学出版社,1994 年;

6.甘薯栽培与贮藏.赵德秉,等.重庆:重庆出版社,1994 年;

7.甘薯高温窖藏的远离和技术.邵廷富,等.重庆:重庆出版社,1984 年;

8.水果和红薯贮藏保鲜新技术.邵廷富,等.重庆:重庆出版社,1984 年;

9.专用红苕标准化栽培技术手册.张启堂.重庆:重庆出版社、重庆大学出版社、西南师范大学出版社,2006 年。

11.6.6 部分甘薯发明专利

一、甘薯中黏液蛋白的提取纯化方法

申请(专利)号:99118281.2.申请(专利权)单位:西南农业大学.发明(设计)人:阚建全、贺雅非、李洪军、陈宗道、王光慈、赵国华。

本发明涉及一种甘薯中黏液蛋白的提取纯化方法,将甘薯粉碎后(筛孔直径 1.0~2.0 mm),用甘薯重 4~6 倍的水在 40~60 ℃下浸提 3 次,每次 0.5~1 h,合并浸提液,2 000 r/min 离心 15 min,上清液真空浓缩至 1/15~1/10,加 95%的酒精或丙酮沉淀,静置 18~20 h 后离心(2 000 r/min)15 min,上清液回收酒精或丙酮,沉淀用适量水溶解后用氯仿—正丁醇(4∶1)洗脱游离蛋白 3 次后,取水层透析 48 h,收集透析内液,离心(3 000 r/min)20 min,取上清液真空干燥(真空度 5~10 mmHg)得甘薯黏液蛋白粗品(纯度约为 84.5%),如再经 DEAE52 和 Sephadex G100 柱层析后,可提到纯度约为 99.2%的甘薯黏液蛋白纯品,采用本法制备的甘薯黏液蛋白纯度高、方法简便,重复性好。

二、鲜薯汁饮料及其生产方法

申请(专利)号:00113012.9。申请(专利权)单位:重庆绿色实业发展有限公司。发明(设计)人:苏雷虹、谢意。

本发明是鲜薯原汁配制成饮料,其鲜薯原汁、水所占重量比例分别为 20%~100%、80%以下。所生产方法是将鲜薯原汁和水进行配制后,灭菌处理和灌装。所获得鲜薯汁饮料气泽宜人,食味清凉滑爽,因未加蔗糖而是淀粉糖,使该饮料的适应面更广,是一种理想的天然绿色保健饮料;其生产方法简单易行,成本低廉。

三、紫色甘薯花色素(即花青素)和黏蛋白的提取工艺

申请(专利)号:200310104159.X。申请(专利权)单位:西南师范大学。发明(设计)人:叶小利、李坤培。

本发明是一种紫色甘薯中的花色素和黏蛋白的提取工艺,采用以下步骤:鲜甘薯→清洗→粉碎→酸性水溶液浸提→沉淀(沉淀为淀粉和薯渣)→上清液加食用絮凝剂沉淀其中的蛋白质和多糖→过滤→滤液过柱→酸性甲醇洗脱→减压浓缩→真空干燥或喷雾干燥→成品。本发明采用酸性溶液提取,在提取过程中采用絮凝剂絮凝黏蛋白,有效解决现有技术无法过滤的问题,可以同时获得花色素和黏蛋白,花色素纯度高,生产成本低。

四、一种红薯食品的加工方法

申请(专利)号:03117431.0。申请(专利权)人:雷正华。发明(设计)人:雷正华。

本发明是一种红薯食品的加工方法,以红薯为原料,经过蒸煮,捣制成泥,和以糯米粉,再蒸熟,干燥,切片,再干燥,即得到成品,制得的产品具有红薯特殊的天然风味。

五、猪用青贮甘薯饲料添加剂

申请(专利)号:CN200410040003.4。申请(专利权)单位:重庆市畜牧科学研究院。发明(设计)人:刘忠慧、黄健、童晓莉、刘作华。

本发明涉及一种猪用青贮甘薯饲料添加剂。其组分及其重量百分比为:尿素为 10%~40%、饲料酵母为 10%~40%、硫酸钠为 10%~40%、填充物料为 10%~60%。填充物料为酒糟和麦麸。将上述 4 种原料分别粉碎后按重量百分比混合,搅拌均匀,用专用包装分装即可。使用时,在洗净、粉碎的甘薯中加入 2%猪用青贮甘薯饲料添加剂、15%酒糟和 15%麦麸,均匀混合后,用双层塑料袋或水池等容器密封发酵,30 d 左右即可饲用。采用本添加剂可使发酵后青贮甘薯中

的干物质、粗蛋白质、真蛋白质、粗脂肪、粗纤维、粗灰分、总磷和氨基酸等均较原来有大幅度增加,使甘薯的营养成分得到充分利用,改善适口性,促进猪的生长,减小环境污染。

六、一种利用微生物筛选高产燃料乙醇的甘薯品种的方法

申请(专利)号:200410081615.8。申请(专利权)单位:西南师范大学。发明(设计)人:谢建平、胡昌华、申严杰、张启堂。

本发明涉及一种利用微生物结合分光光度计方法快速筛选高产燃料乙醇的甘薯品种的方法。

七、环保高效节能的红薯烤箱

申请(专利)号:200420032922.2。申请(专利权)人:敖瑞锋。发明(设计)人:敖瑞锋。

本专利公开了一种环保、高效节能的实用新型红薯烤箱,它包括壳体、炉膛和烤具。整体结构为长方体封闭式金属烤箱。其壳体由金属薄板制成,其顶端除带有烟筒外,全部密封,另外密封顶上还装有保温金属网,烤箱壳体内,根据其容量的大小均匀、等距离地嵌有4~20支一头开口的烤筒。每一烤筒内装有由3~8根金属条制成的活动载物架。而且上述烤筒的开口处各装有一个筒门,烤筒下面装有炉桥,炉桥正前方是灶门,而灶门下面则为出渣口,也是通风口。此烤箱制作成本低、热源靠煤炭来供给,但又具有环保、卫生、节能、高效的几大特点。

八、一种利用基因工程技术培育抗褐化甘薯的方法

申请(专利)号:200510057070.1。申请(专利权)单位:西南师范大学。发明(设计)人:廖志华、陈敏、杨春贤、谌容、傅玉凡、张启堂。

本发明提供了一种利用基因工程技术培育抗褐化甘薯的方法,涉及包含甘薯多酚氧化酶基因核心片段的获得及利用反义RNA技术培育抗褐化的转基因甘薯的方法。其过程是从甘薯中克隆多酚氧化酶基因核心片断,并构建了植物高效反义表达载体,导入农杆菌并遗传转化甘薯。本方法可以降低甘薯块根中多酚氧化酶基因的表达水平,提高了甘薯及其加工产品的品质。此方法主要用于甘薯专用型新品种筛选。

九、薯干白酒的制作方法

申请(专利)号:CN200910191396.1。申请(专利权)单位:重庆市黔江区黔双科技有限公司。发明(设计)人:宋其祥。

薯干白酒的制作方法,属白酒制作领域,它能有效地解决已知的白酒制作成本高、制作方法复杂的缺点。将薯干摊在干净的地板上,用喷壶一边喷洒清水,一边搅拌均匀。把洒水后的甘薯干装入甑内,旺火蒸1 h,倒出铺于竹匾上,使温度下降至20 ℃。将5 kg白曲丸磨成粉末,均匀地撒在已经摊晾好的料坯上,边撒边拌,混合均匀。将拌好曲的料,放入缸里,摊平后覆盖一层1 cm厚的稻谷壳,最后再用泥土密封,让料发酵5 d。把已发酵的原料,倒在干净的地板上,以每100 kg甘薯干拌入稻谷壳15 kg,拌匀后装入甑里,并加清水60 kg进行蒸馏3 h,由蒸馏器冷凝管滴出的液体就是甘薯白酒。该发明主要用于制作白酒。

十、香酥红薯片

申请(专利)号:200910103495.X。申请(专利权)单位:重庆市合川区合双科技有限公司。发

明（设计）人：宋德贵。

香酥红薯片，属红薯片加工领域，鲜红薯 100 kg，粗沙粒适量，用削皮机削去皮层，再将其切成 2 cm 厚的薯片。将薯片置于清水中浸泡 10 min，洗去碎屑和淀粉，洗净的薯片摊铺在竹筛上晒干，选用粗沙粒置于热锅上先炒至 85 ℃，然后将薯片投入沙中，反复搅拌，炒 15 min 后起锅，放到竹筛上筛去沙粒。让半熟薯片散热片刻，最后再置于 97 ℃ 的热沙中，复炒至起泡发胀，起锅过筛，即可食用。主要用于生产红薯片。

十一、利用大孔树脂富集纯化紫甘薯色素的方法

申请（专利）号：CN201010226641.0。申请（专利权）单位：西南大学。发明（设计）人：陈敏、廖志华、谌金吾、魏文丽、傅玉凡。

本发明提供了一种紫甘薯红色素提取纯化方法，是以非极性孔吸附树脂法将紫肉甘薯提取液经树脂上柱、洗脱、收集洗脱液、浓缩、干燥，获得纯化的甘薯红色素。本发明利用市售非极性大孔树脂为载体对紫甘薯色素提取液进行适当比例的稀释后直接上大孔树脂柱，饱和吸附后，然后用 0.1% 盐酸－水溶液反复冲洗纯化，至洗脱液无色后用 30% 盐酸化乙醇（含 0.1% 盐酸）洗脱，然后按 1：6 倍稀释第二次过大孔树脂，再用 0.1% 盐酸化乙醇洗脱而得高度纯化富集紫甘薯色素。本发明提供的紫甘薯红色素树脂纯化方法是一种操作简便、快捷的方法。所选的非极性大孔树脂具有吸附量大、解吸率大的特点。本发明方法以乙醇为溶剂，既价廉又无毒。用本发明方法纯化紫甘薯红色素，处理量大、去除杂质彻底、色素回收率高、重现性好，且树脂可重复使用。使用本方法纯化的总红色素含量≥89%，色素回收率≥94%。

十二、紫肉甘薯红色素有效组分的分离及检测方法

申请（专利）号：CN201010226637.4。申请（专利权）单位：西南大学。发明（设计）人：陈敏、廖志华、傅玉凡、谌金吾、魏文丽。

本发明提供了一种紫肉甘薯红色素有效组分的分离及检测方法，通过反相硅胶柱层析分离、洗脱和浓缩干燥，将紫肉甘薯总红色素分离为 11 个纯度很高的主组分或单体。对这 11 个组分进行 HPLC 分析，计算组分纯度，利用体外抗氧化实验测试组分抗氧化活性。根据 HPLC 法对组分纯度进行分析，组分中主要化合物的纯度在 40%～99.9%，体外抗氧化活性测试利用总还原能力、DPPH 自由基抑制、羟基自由基抑制和亚油酸脂质过氧化抑制能力 4 个体系进行评价。本发明提供的紫肉甘薯红色素有效组分可用于制备抗氧化药品、保健品及作为天然食品添加剂应用。本发明方法设计合理，能快速准确地得到有效成分，在生产中更易于药品或食品的质量控制。

十三、利用甘薯全基质发酵生产生物油脂的方法

申请（专利）号：CN201010285015.9。申请（专利权）单位：西南大学。发明（设计）人：邹祥、傅玉凡、杨琼丹。

本发明提出一种利用甘薯全基质发酵生产生物油脂的方法，其是将薯干粉或鲜甘薯和 3% 的氢氧化钠以 1：5～1：10 的料液质量体积比加入，水解 5～10 h 后，调 pH 到 5.0～6.0；然后以每克淀粉计向水解液中加入 40～80 U α-淀粉酶和 150～300 U 糖化酶，同时接入 5%～15%（V/V）的产油酵母种子液，进行同步糖化发酵；产油酵母摇瓶发酵控制条件：接种量为 5%～15%，培养温度为 26～30 ℃，摇床转速为 180～220 r/min，发酵 3～6 d；最后再提取油脂。本发明以廉价易

得的甘薯资源为原料,采用的甘薯同步糖化发酵工艺,不需添加其他培养基成分,减少生产过程的能耗,降低生产成本。通过微生物产生的生物油脂组成与植物油类似,可以作为生产生物柴油的原料,和其他工艺路线相比,具有明显的产业化优势。

十四、红薯粉碎磨浆渣浆分离机

申请(专利)号:201010265786.1。申请(专利权)人:朱贤华。发明(设计)人:朱贤华。

一种红薯粉碎磨浆渣浆分离机,包括滚筒式粉碎机、砂轮磨浆机和渣浆分离机。滚筒式粉碎机设置在砂轮磨浆和渣浆分离机的上方。红薯用滚筒式滚刀进行粉碎,粉碎后再进行磨浆,磨细后的渣浆进入分离斗,利用离心力将渣浆分离,可实现红薯粉碎,再磨细,渣浆分离机械化、自动化,提高出粉率,减轻劳动强度,提高生产效率,降低人工成本。

十五、红薯糕的制作方法

申请(专利)号:201010543376.9。申请(专利权)单位:重庆市彭水县彭双科技有限公司。发明(设计)人:宋其祥。

红薯糕的制作方法属红薯加工领域。首先将红薯用水清洗干净,用刀将红薯的表皮去掉,然后将红薯切成小块。先将大米用水清洗两遍,用石磨将大米磨成米粉。将红薯块和米粉放在蒸笼里,搅拌均匀,再将蒸笼放到锅上,在锅内加入适量的水,加温蒸煮 30 min,直到将红薯和米粉蒸熟为止。将蒸煮好的红薯和米粉倒入盆里,然后用手将其揉烂揉匀,加入红糖、白糖、香精,倒入蒸笼上,在上面撒上一层芝麻。把蒸笼放入烤箱中加温烘烤 1h,然后倒出来晾冷,再用刀将其切成方块即可食用。主要用于生产加工红薯糕。

十六、红薯馒头的制作方法

申请(专利)号:201010565063.3。申请(专利权)单位:重庆市彭水县彭双科技有限公司。发明(设计)人:宋其祥。

红薯馒头的制作方法,属馒头制作领域,能有效地解决一般的馒头不具有红薯的香味和营养成分的缺点。用刀将红薯的皮削掉,将红薯切成小块后放到太阳下晒制 3 d,将红薯晒干,然后放入搅拌机中打成红薯粉。将 10 kg 红薯粉放入盆中,加入面粉、白糖、发酵面、酵母和适量的水,用力揉成面团,和好的面团要保持松软,放在盆里发酵 15 min,让面团充分膨胀。将发酵好的面从盆中倒出来,放在案板上用手搓成条,然后用菜刀切成馒头,依次放到蒸隔上摆放整齐。将蒸隔放到蒸笼里,置于锅上蒸 30 min 即可。主要用于生产红薯馒头。

十七、红薯豆酱

申请(专利)号:201010573678.0。申请(专利权)单位:重庆市黔江区黔双科技有限公司。发明(设计)人:宋其祥。

红薯豆酱,属豆酱制作领域,能有效地解决豆酱的品种比较单一、口味不够丰富的缺点。将红薯的皮用刀削掉,用刀切成片,放入蒸笼中蒸煮 30 min。将蒸熟的红薯放入锅里,用铲子将其压成红薯泥后备用;将黄豆放入清水中清洗干净,放入锅里,加入适量的清水加温煮 20 min,然后用漏勺将黄豆捞起来放入沥筛中沥干水分;将面粉倒入盆中,将黄豆一起倒入盆中和匀,再一起倒入晒垫上将其铺平,在太阳下晒制 7 d,让黄豆长出白色的菌;将晒好的黄豆倒入缸里,在缸里加入红薯泥、食盐、大蒜、八角、小茴香,用木棒搅拌均匀,并用塑料薄膜将缸口密封好,30 d 后取出即可食用。主要用于生产红薯豆酱。

十八、含有马铃薯、红薯、南瓜、莲藕、马蹄的营养粉

申请(专利)号：201210084390.6。申请(专利权)人：邱湘君。发明(设计)人：邱湘君。

其特征在于它由下列原料组成(按重量分份数)：马铃薯5～10份、红薯20～25份、南瓜15～20份、莲藕5～10份、马蹄5～10份、玉米20～25份、燕麦5～10份、糯米5～10份。本发明含有马铃薯、红薯、南瓜、莲藕、马蹄的营养粉，口味好，营养丰富，具有和胃健中，解毒消肿，清热，消食，生肝气，益肝血之功效，具有保健作用。

十九、红薯球的制作方法

申请(专利)号：201110224782.3。申请(专利权)单位：重庆市合川区合双科技有限公司。发明(设计)人：宋其祥。

红薯球的制作方法，属食品加工领域，能有效地解决一般的红薯食用起来味道比较单一、味道不够丰富的缺点。将红薯放入水池中浸泡10 min，用手将红薯逐个清洗干净，将清洗干净的红薯放入蒸笼中蒸20 min，用手轻轻按一按即可判断是否成熟；用手将蒸熟后的红薯皮去除掉，放入盆中，用手将红薯揉成面团状，加入蛋清、白糖后用力揉匀，逐个搓揉成汤圆大小的圆球，将芝麻均匀地撒在圆球的表面上；将菜油倒入锅中后加温烧开，然后将制作好的小圆球逐个放入油锅里煎炸，等到小圆球的表面炸成金黄色时即可，用漏勺将其捞起来放入筛子中，晾冷后即可食用。主要用于生产红薯球。

二十、甘薯肉桂酸-4-羟化酶蛋白编码序列及其应用

申请(专利)号：201110107932.2。申请(专利权)单位：西南大学。发明(设计)人：杨春贤、廖志华、陈敏、张启堂、傅玉凡、张华林、许宏宣。

本发明提供了一种在甘薯中表达的新的编码肉桂酸-4-羟化酶(Cinnamate-4-hydroxylase，C4H)蛋白的编码序列，阐述了其在提高植物花色苷及其前体化合物含量中的应用。本发明涉及特定基因的克隆、融合基因构建体、携带该构建体的新的重组表达载体。还涉及表达载体转化植物细胞，以及由转化细胞产生特定基因转基因植物及其后代，包括植物种子及植物组织。本发明将特定基因在植物中表达，所获得的转基因植物的花色苷及其前体化合物含量获得了提高。

二十一、立式红薯清洗输送粉碎渣浆分离机

申请(专利)号：201110271862.4。申请(专利权)人：朱贤华。发明(设计)人：朱贤华、朱麟。

一种立式红薯清洗输送粉碎渣浆分离机，包括自动清洗机构、输送机构、粉碎机构和渣浆分离机构。粉碎机构设置在渣浆分离机构的上方，红薯用滚筒式滚刀进行粉碎，粉碎后的渣浆进入分离斗，利用离心力将渣浆分离，可实现红薯清洗、输送、粉碎、渣浆分离机械化，减轻劳动强度，提高生产效率，降低人工成本。

二十二、薯团的制作方法

申请(专利)号：201110256043.2。申请(专利权)单位：重庆市彭水县彭双科技有限公司。发明(设计)人：宋其祥。

薯团的制作方法，属红薯加工领域，能有效地解决一般的红薯食用方法比较单一、味道不够

丰富的缺点。用刀将红薯的表皮削掉后切成小块,放入蒸笼中蒸 30 min,将蒸熟的红薯放入盆中,将面粉加入盆中,用手将红薯和面粉揉匀,揉成红薯面团后备用;将白糖、芝麻、花生、桃仁、猪油倒入盆中,然后用手揉成团,即制成馅心;用刀将红薯面团分成小块,用手将揉好的馅心分成小块,将馅心放入红薯面团中包好,揉成圆团,在红薯团的表面上均匀地撒上一层芝麻;将菜油倒入锅中加热,然后将制好的薯团逐个放入油锅里煎炸,将红薯团的表面炸成金黄色,用漏勺将其捞起来放入筛子中沥干表面的油,晾冷后即可食用。

二十三、红薯甜酱

申请(专利)号:201110269532.1。申请(专利权)单位:重庆市南川区南双科技有限公司。发明(设计)人:宋其祥。

红薯甜酱,属食品加工领域,能有效地解决一般的红薯不容易消化、不适合婴儿食用的缺点。将红薯放入水池中,加入适量的清水后浸泡 30 min,用刷子将红薯的皮清洗干净,然后用刀将红薯的皮削除干净;将红薯切成小块,将切好的小块放入磨浆机中磨成细粉,将磨好的细粉放入锅中加温到 70 ℃,将红薯浆中多余的水分蒸发掉,然后加入 1 kg 白糖和 10 g 香精,用漏勺搅拌均匀;用玻璃瓶将制作好的红薯甜酱包装好,每瓶包装 350 g。主要用于生产红薯酱。

二十四、油炸红薯块的制作方法

申请(专利)号:201110267659.X。申请(专利权)单位:重庆市南川区南双科技有限公司。发明(设计)人:宋其祥。

油炸红薯块的制作方法,属食品加工领域,能有效地解决一般的红薯的食用方法都比较简单、味道不够丰富的缺点。用刀将红薯的皮削除干净,将清洗干净的红薯放入水桶中,在水桶中加入适量的清水,并在水中加入 100 g 食盐,让其在盐水中浸泡 7 h。首先用菜刀将红薯切成长条,再将长条切成小块,将切好的小块放入盐水中浸泡 10 min。将小块放入锅中,加入适量的水后加温煮 30 min,用漏勺捞起来放入水桶中备用。将菜油放入锅中加热,将切好的红薯块放入油锅中煎炸 10 min,用漏勺捞起来放入筛子中将多余的油沥干,将炸好的红薯块装入塑料袋中包装好,每袋包装 150 g。主要用于生产油炸红薯。

二十五、红薯清洗输送粉碎磨浆渣浆分离机

申请(专利)号:201120344302.2。申请(专利权)人:朱贤华。发明(设计)人:朱贤华、朱麟、张健。

一种红薯清洗输送粉碎磨浆渣浆分离机,包括自动清洗输送机构、粉碎机构、磨浆机构、渣浆分离机构。粉碎机设置在磨浆机构、渣浆分离机构的上方。红薯用滚筒式滚刀进行粉碎,粉碎磨浆后的渣浆进入分离斗,利用离心力将渣浆分离,可实现红薯清洗、输送、粉碎、磨浆、渣浆分离机械化、自动化、减轻劳动强度,提高生产效率,降低人工成本。

二十六、红薯或/和紫薯丸及其制作方法

申请(专利)号:201210005606.5。申请(专利权)人:赵绪德。发明(设计)人:赵绪德、赵锐、赵华。

本发明公开了一种红薯或/和紫薯丸及其制作方法,包括外皮和包裹于外皮内的馅料。外皮由红薯块茎或/和紫薯块茎打浆形成的红薯或/和紫薯皮料制成。本发明方便食用,并具有较好的口感,馅料可采用豆沙等现有技术中常见的馅料,在－18 ℃以下冷冻运输和储存,不发生变质。本发明加工过程中能够将红薯茎或/和紫薯的大部分细胞破裂,释放出更多的游离淀粉颗粒,保证营养成分的充分利用。同时,增加作为皮料的黏结性,易于使红薯或/和紫薯丸成型。

11.6.7 部分研制甘薯新产品

1.甘薯果脯生产工艺,原西南师范大学研制;

2.双花保健饮料生产工艺,原西南师范大学研制;

3.西蒙1号多维饮料生产工艺,原西南师范大学研制;

4.无明矾甘薯粉丝生产工艺技术,原西南师范大学研制;

5.非浓缩(NFC)紫薯原汁生产工艺技术,西南大学(2012)研制。

11.6.8 发表的部分甘薯学术论文

一、部分发表论文摘要

1. 甘薯高温窖藏的生理生化机制.邵廷富.中国农业科学,1979,1:26～34.

甘薯高温窖藏是我国近年推广的农业新技术,它初步解决了甘薯贮藏腐烂的问题。五年来,我们结合生产实际,开展了甘薯高温窖藏的生理生化机制研究,对解决低温冷害、高温热害和缺氧"闷窖"等问题有一定帮助。

2. 甘薯藤尖越冬苗灰霉病(*Botrytis cinerea*)侵染途径的研究报告.谈锋,李坤培,张启堂.西南师范学院学报(自然科学版),1980,1:95～98.

对甘薯(*Ipomoea batatas* L. Lamarck)藤尖越冬苗进行灰霉菌(*Botrytis cinerea* pers.ex Fr.)的接种试验,观察和研究病菌的侵染途径,肯定了接触传染是甘薯藤尖越冬灰霉病传播的重要方式,从而为该病的防治提供了科学依据和有效措施。

3. 水分胁迫条件下不同甘薯品种的抗旱性初探.王支槐,黄继承,李坤培.西南师范大学学报(自然科学版),1986,4:43～48.

本研究表明所试四个甘薯品种(渝苏1号、813-19、农大红和徐薯18)在土壤水分胁迫条件下其生理反应不同。渝苏1号在土壤水分胁迫条件下,叶水势较对照降低得最多,叶脯氨酸相对含量也较高,而叶细胞相对透性变化最小,说明其渗透调节能力和抗旱性都优于813-19、农大红和徐薯18。渗透胁迫(15%PEG,高渗培养液)条件下,叶脯氨酸含量与上述结果基本一致。这表明在水分胁迫条件下,甘薯的渗透调节能力、抗性和叶肉脯氨酸的积累有一致的关系。因而甘薯叶内脯氨酸的积累量可作为其在干旱条件下的一个敏感的反应参数。

4. 甘薯胚胎及果实发育的研究.李坤培,张启堂.植物学报,1987,1:34～40.

本文研究甘薯的胚胎发育及果实的形成。授粉后10～30 min 花粉粒在柱头上萌发,2 h 花粉管抵达珠孔,5～12 h 完成双受精。授粉后12 h 胚乳核开始第一次有丝分裂;15 h 合子开始第一次有丝分裂,18 h 形成顶细胞和基细胞;尔后分化成原胚,球形胚,心形胚,鱼雷形胚,成熟胚。在适宜温度下21 d 左右胚胎发育完成。果为蒴果,其内含有1～4 粒种子。授粉后3～4 d 子房开始膨大形成果实,21～30 d 蒴果与种子成熟。

5. 重庆市2000 年红苕生产发展前景和对策研究.赵德炳,黄楚材.西南农业大学学报(自然科学版),1987,9(3):335～337.

本文在分析重庆市红苕生产现状及存在的主要问题的基础上,对2000 年红苕生产发展前景进行了预测,提出了达到预测指标的途径和措施。

6. 甘薯"渝苏 1 号"茎、叶、蔓尖营养成分的分析研究.陈定福,杨家泗,李坤培,等.西南师范大学学报(自然科学版)1988,(1):69～74.

为了全面确定甘薯新品种"渝苏 1 号"的品质,对其地上部分的茎、叶、蔓尖的营养成分进行了生化分析测定,并与优良品种"徐薯 18""农大红"相应部分进行比较,有的还与块根比较,结果表明:糖类物质、粗蛋白、氨基酸、维生素 C 等的含量,品种间茎、叶、蔓尖相应部分比较,除少数成分的含量有差异外,一般差异不大并无明显规律性。但同一品种内茎、叶、蔓尖相比,每个品种还原糖、可溶性糖、总糖的含量,总是茎高于叶,叶又高于尖;粗蛋白和氨基酸的含量,总是蔓尖高于叶,叶又高于茎,而且一般比相应块根的含量高;同时,茎、叶、蔓尖不含半胱氨酸;Vc 含量,总是叶高于尖,尖又高于茎。至于钙、磷、铁的含量,无论是品种间相应部分比较,或同一品种内茎、叶、蔓尖相比,均无明显规律性,但每个品种茎、叶、蔓尖均含丰富的钙、铁、磷,而且含量比相应块根高。

7. 甘薯"高自 1 号"开花与温、光、湿关系的研究.李坤培,胡文华,张启堂,等.西南师范大学学报(自然科学版),1990,15(1):93～99.

作者于 1982～1987 年开展了温度、光照和湿度对甘薯"高自 1 号"开花的影响研究。重庆地区以 7～9 月为盛花期。开花的最适温度为 22～28 ℃;适合开花的土温为 23～27 ℃;开花的最适相对湿度为 80%～95%;适宜开花的土壤含水量为 20%～25%,土壤含水量大于 28%或小于 19%,开花数减少。甘薯"高自 1 号"属光周期不敏感型,光照长短与开花数之间的规律性不明显。

8. 甘薯"渝苏 1 号"的生产力及抗病性表现.张启堂,李坤培,陈定福.西南师范大学学报(自然科学版),1990,15(2):218－223.

介绍了甘薯"渝苏 1 号"的生产力和抗黑斑病性的鉴定结果。"渝苏 1 号"鲜薯平均产量 26 933 kg/hm²,鲜薯最高产量达 48 750 kg/hm²。薯干平均产量 8 830 kg/hm²,淀粉平均产量 6 206 kg/hm²,鲜藤叶平均产量 34 298 kg/hm²,地上地下部总产量 58 589 kg/hm²,分别比对照"农大红"增产 24.86%,72.02%,35.45%,6.15%。"渝苏 1 号"薯块人工接种黑斑病菌后,病斑直径比"徐薯 18"小,深度比"徐薯 18"和"农大红"浅,薯块在贮藏期间自然感染黑斑病的发病率比"农大红"和"徐薯 18"低。

9. 旱地多熟种植方式综合评价初探.任光燊,鲁远源.西南农业学报,1990,1:44～49.

本文试图采用层次分析法(AHP)和系统决策对旱地多熟制效益进行综合评价。通过计算亩产值、光能利用率、亩粮食产量的权重分别为:0.21,0.20,0.18,为 10 个因素中的前三位。因此,在选用种植方式时,必须首先考虑这 3 个因素要获得高值。粮作区试验中,"大麦＋蚕豆/玉米/甘薯"种植方式 3 因素均为 1、2 位,效益期望值 1987 年为 300.75,居第二位,1988 年为 299.3,上升为第一位。可初步认为年纯粮区高效益高产量的种植方式,粮菜区试验中,"蚕豆＋菜/玉米＋番茄/菜"亩产值 1987 年为 1 101 元,1988 年 1 521.20 元,其他几个主要因素均为试验之首,效益期望值高达 608.59(1987 年),707.8(1988 年),是对照的两倍多。这种种植方式也可认为是高效的粮菜兼种的优良方式。

10. 甘薯花粉—柱头乳突细胞间相互作用的细胞学研究.唐云明,李坤培,张启堂,等.西南师范大学学报(自然科学版),1991,16(4):487～493.

以甘薯"鸟吃种"和"高自 1 号"为亲本进行人工自花授粉;以甘薯"鸟吃种"和"高自 1 号"为母本,"河北 351"为父本进行杂交授粉。观察了花粉在柱头上的行为,柱头乳突细胞表面糖蛋白的定位分布,授粉前后乳突细胞超微结构的变化。结果表明,不育组合首先表现出花粉在柱头上黏附和水合能力很弱,花粉不萌发。能育组合授粉后花粉在柱头上的黏附水合能力很强,多数花粉萌发。但有的花粉管不进入柱头,仅在乳突细胞表面爬行,或提前破裂,释放内容物;以及在花粉管接触的柱头乳突细胞中沉积胼胝质。糖蛋白(钌红着色物质)在能育与不育组合的柱头乳突细胞壁上的分布有明显的差异,作者用细胞化学定位法验证了糖蛋白与自交不育可能存在的相关性。"鸟吃种"柱头乳突细胞杂交授粉后 12 h 其超微结构明显退化;而自花授粉后 3 h 就明显退化。柱头乳突细胞退化的早晚可能与所授花粉是否能育相关。

11. 甘薯受精前后卵器的超微结构研究.唐云明.西南师范大学学报(自然科学版),1991,16(3):362～367.

讨论了甘薯受精前后卵器各细胞超微结构的变化。助细胞在珠孔端具有丝状器,并有丰富的内质网、线粒体、高尔基体和质体(在宿存助细胞中特别丰富),花粉管进入退化助细胞中并将内含物释放出来。卵细胞具有丰富的线粒体、内质网和核糖体。受精后,类脂体、高尔基体、线粒体和核糖核蛋白体明显增加。受精前卵器各细胞只有珠孔端具有壁,受精后合子的高尔基体的数量和活性增加。还比较了甘薯卵器和到目前为止研究过的其他一些植物卵器超微结构的异同。

12. 甘薯品种抗旱适应性的数量分析.谈锋,张启堂,陈京,等.作物学报,1991,17(5):394～398.

抗旱适应性的定量描述是甘薯品种抗旱性改良的基础工作。目前在甘薯品种抗旱形态指标筛选和抗旱适应性的生理机理方面只有少量研究,尚无抗旱适应性定量描述的报道。本文在测定 6 个甘薯品种 10 项抗旱形态生理指标的基础上,运用模糊数学关于隶属函数的方法对甘薯品种抗旱适应性的定量描述做了初步探索。

13. 甘薯块根 HSP 与耐贮性的研究.曾献伯,谢永清,叶乃器.重庆师范学院学报(自然科学版),1991,8(4):19～24.

高温愈伤薯根耐贮藏是热激效应。热激薯根不仅诱导一组新的 HSP 合成,而且原有蛋白质继续合成。这些 HSP 加速了木质素的合成,并诱导植物抗毒素等产生,从而提高薯根的抗病性,保持耐贮不腐烂。

14. 药用甘薯组织培养中酶谱的变化初报.王支槐,李坤培,张启堂,等.西南师范大学学报(自然科学版),1992,17(3):376～381.

药用甘薯"西蒙 1 号"的离体茎、叶及块根外植体,在含量有不同配比的植物生长调节剂的MS 培养基中可脱分化形成愈伤组织。改变植物生长调节剂的配比,可使其再分化形成根。如切取茎尖或带腋芽的茎段,则可直接形成小植株。"西蒙 1 号"茎、叶及块根脱分化形成的愈伤组织及再分化形成的根,其过氧化物酶及淀粉酶同工酶活性,以及谱带数均有所不同,这些变化与其分化状态有关。

15. "西蒙 1 号"保健饮料的研制及成分分析.龚正初,潘银山,李坤培,等.西南师范大学学报(自然科学版),1992,17(3):412～415.

"西蒙 1 号"药用甘薯的茎叶,经分析含有血卟啉、叶酸及多种有益的金属元素,并含有人体所必需的 16 种氨基酸、维生素等。对于一切出血症、贫血病、白血病、糖尿病及癌症的防治,均有较好的效果,尤其对提高人体造血机能,净化血液,增强体质,以及对于一些由于公害、药害所导致的疾病等均有益。"西蒙 1 号"是一种回归大自然的天然保健饮料。

16. 甘薯高淀粉工业用新品种"苏薯 2 号"引种试验研究.张启堂,李坤培,谈锋,等.西南师范大学学报(自然科学版),1992,17(1):111～116.

介绍了对甘薯高淀粉工业用新品种"苏薯2号"主要经济性状的引种鉴定结果。在1986～1988年重庆市区域试验中,"苏薯2号"鲜薯平均亩产1 658.7 kg,薯干平均亩产551.1 kg,淀粉平均亩产360.3 kg,分别比对照品种"徐薯18"增产2.63％,8.10％和9.55％;鲜藤叶平均亩产1 883.6 kg,比"徐薯18"减产13.72％。"苏薯2号"薯块的干物质、淀粉、粗蛋白、可溶性糖、Vc、氨基酸含量均高于"徐薯18",抗旱性和结薯习性较好。目前,"苏薯2号"已在重庆市一些地区推广。

17. 甘薯新品种"渝薯34"的生产力及其主要经济性状表现.张启堂,李坤培,谈锋,等.种子,1992,2:17～21.

本文介绍了对甘薯新品种"渝薯34"的生产力和主要经济性状的鉴定结果。在3年重庆市甘薯新品种区域试验中,"渝薯34"平均鲜薯亩产1 566.3 kg,平均薯干亩产588.0 kg,分别比对照品种"徐薯18"增产27.45％和15.34％;平均藤叶亩产1 566.3 kg,比"徐薯18"减产28.26％。该品种薯块烘干率28.50％、含淀粉19.27％、维生素C 10.70 mg/100 g、β-胡萝卜素19.88 μg/100 g鲜薯;以干基计,含粗蛋白3.70％、氨基酸3.23％、可溶性糖11.10％。"渝薯34"萌芽性、耐贮性好,结薯早,净同化率高,抗旱性、抗黑斑病性较好,1991年推广面积已达40万亩。

18. 甘薯绒毡层细胞的超微结构研究.唐云明,黎南.西南师范大学学报(自然科学版),1992,17(2):194～199.

从个体发育看,甘薯绒毡层细胞的结构具有以下主要特点:1.小孢子母细胞时期,除细胞具有丰富的内质网、高尔基体、核糖体、线粒体等细胞器外,最明显的特征是细胞质积累大量的电子致密的淀粉粒。到减数分裂后期,淀粉粒全部分解,而脂质体的数量和体积随淀粉粒的分解而增加,这表明脂质体的形成与淀粉粒密切相关。2.小孢子母细胞减数分裂时期,绒毡层细胞质中的内质网和高尔基体形成的囊泡状结构增加,线粒体内沉积电子致密物质。在这个时期,内质网和线粒体分别参与孢粉素颗粒和原乌氏体的形成。3.小孢子发育至成熟花粉粒时期,除线粒体继续形成原乌氏体外,脂质体首先分解形成与孢粉素颗粒和原乌氏体大小相似的囊泡或小脂质体,然后分别沉积嗜锇物质而形成孢粉素颗粒和原乌氏体。孢粉素颗粒、原乌氏体和乌氏体的数量随脂质体的退化而迅速增加,表明脂质体与孢粉素颗粒和原乌氏体的形成密切相关。

19. 甘薯人工种子的初步研究.汤绍虎,孙敏,李坤培等.西南农业大学学报,1993,15(2):186～188.

以甘薯(*Ipomoea batatas* L. Lam.)腋芽为繁殖体,采用2％～5％海藻酸钠(加入MS基本培养基和1.5％～3％蔗糖)和2％～5％氯化钙包裹后,在MS琼脂培养基上萌发率达36.5％,在营养土中成苗率为22.22％,移栽大田成活率达100％。人工种子在低温(4 ℃±1 ℃)下贮藏30 d和60 d后,萌发率分别为27.5％和20％。

20. 甘薯体细胞胚的发生和植株再生.谈锋,李坤培,兰利琼,等.作物学报,1993,19(4):372～375。

利用含不同浓度2,4-D的修改的MS培养基对7个甘薯(*Ipomoea batatas* Lam.)品种进行茎尖脱毒培养,产生了形态和解剖特征明显不同的3种愈伤组织,胚性愈伤组织的诱导频率与品种和2,4-D浓度有关。将胚性愈伤组织转移到不含激素的修改的MS培养基上,有3个品种的胚性愈伤组织进一步发育成鱼雷胚和子叶胚。其中高淀粉品种"苏薯2号"的子叶胚转移到含1.6％蔗糖和0.1 μmol/L NAA的修改的MS培养基上能发育成植株,移入土壤中能正常生长发育。

21. 甘薯品种"白星"体细胞胚的诱导.谈锋,刘咏梅,李淑容,等.西南师范大学学报(自然科学版),1993,18(3):331～334.

将甘薯品种"白星"带2个叶原基的茎尖接种于含5 μmol/L 2,4-D的修改的MS培养基上能诱导出胚性愈伤组织;胚性愈伤组织在不含生长素类的修改的 MS 培养基上进一步发育成子叶胚;子叶胚在 1/2 MS 培养基上能发育成试管植株。

22. 甘薯品种对黑斑病菌(*Ceratocystis fimbriata* Ellis et Halsted)致病敏感性的研究.张启堂,李坤培,华世珍.云南农业大学学报,1993,8(3):224~226。

甘薯黑斑病 1890 年最先在美国发现,1937 年从日本传入我国辽宁省,逐渐自北向南蔓延危害,目前全国已有 26 个省(区)、市发生。此病系一种毁灭性病害,是造成甘薯烂窖、烂床、死苗的主要原因。并且病薯人畜食后会引起中毒,直至死亡。本文从选育高产抗病甘薯新品种出发,介绍了人工鉴定 6 个甘薯品种对黑斑病菌的抗性反应的结果。

23. 坡改梯土高产模型研究.石光森,余建桥,雷泽周,等.西南农业大学学报,1993,(6):71~75.

采用回归最优设计研究了肥料对"小麦—玉米—甘薯"栽培模式的效应。得到了 3 套高产优化回归方程和 7 种高产栽培方案,可增产粮食 132.4%~142.5%,产投比为 4.1:1。小麦高产的合理剑叶面积为 32~36 cm²/株。玉米产量在施有机肥的基础上,随密度增加而增加。甘薯施用钾肥能明显提高薯块干物质和淀粉含量。

24. 热激甘薯块根 SOD、CAT 活性与耐贮性的研究.许文昌,谢永清,曾献伯,等.重庆师范学院学报(自然科学版),1993,10(4):20~22.

本文作者研究了热激甘薯块根 SOD、CAT 活性及 MDA 含量的变化与其耐贮性关系,结果表明热激甘薯块根 SOD、CAT 活性增强,MDA 含量下降,是由于热激提高了薯根调节体内活性氧代谢平衡的能力所致,为进一步探索高温愈伤甘薯块根耐贮提供了理论依据。

25. 甘薯人工种子研究.汤绍虎,孙敏,李坤培,等.作物学报,1994,20(6):746~750.

本文以甘薯(*Ipomoea batatas* L.Lam.)腋芽节段为繁殖体,用 3%~5%海藻酸钠(加入 MS 基本培养基和 3%蔗糖)和 1.14%~5.00% CaCl₂包裹,制备人工种子。最佳繁殖体为腋芽长度为 2~3 mm 的节段;最佳凝胶系统为 4%海藻酸钠(加入 MS 培养基及 3%蔗糖)和 2%CaCl₂;人工种子在 MS 琼脂培养基上萌发率达 61.50%;营养土中成苗率为 24.07%;大田移栽成活率 100%;人工种子在低温(4 ℃±1 ℃)下贮藏 30 d,60 d 和 90 d 后,萌发率分别为 45%,32.5%和 22.5%。

26. 甘薯水分关系的主分量分析.陈京,王稳地,李蓉涛,等.西南师范大学学报(自然科学版),1994,19(1):79~83.

运用多元统计数学中主分量分析的方法计算和比较了甘薯离体叶片的水势、相对含水量、束缚水、水分饱和亏缺、质膜透性、丙二醛和游离脯氨酸含量等植物水分生理指标的变化,结果指出:水势、相对含水量和丙二醛等对水分胁迫做出反应的敏感程度较高。表明主分量分析方法是综合评价甘薯抗旱生理指标的一种好的研究方法。

27. 甘薯新品种"渝薯 20"的选育研究.张启堂,李坤培,谈锋,等.西南师范大学学报(自然科学版),1994,19(5):503~509.

介绍了对甘薯食用、食品加工用新品种"渝薯 20"的生产力和主要经济性状的鉴定结果。在重庆市甘薯新品种区域试验中,"渝薯 20"3 年平均鲜薯产量为 27.07 t/hm²,薯干产量为 7.43 t/hm²,藤叶产量为 25.17 t/hm²。其中,鲜薯产量比对照品种"徐薯 18"增产 11.67%;薯干和藤叶产量比其减产 2.88%和 23.15%。该品种薯块烘干率 27.47%,含淀粉 18.7%、维生素 C 19.6 mg/100 g、β-胡萝卜素 469.6 mg/100 g;以干基计,含粗蛋白 3.8%、氨基酸 3.3%、可溶性糖 12.4%。"渝薯 20"萌芽性、耐贮性好,结薯较早,净同化率高,抗旱性、早收性、抗黑斑病性较好,1993 年已推广 4 000 hm² 以上。

28. 甘薯珠心细胞衰退过程的超微结构研究.唐云明,陈定福,黎南.西南师范大学学报(自然科学版),1994,19(5):522~527.

阐述了甘薯珠心细胞衰退过程中的超微结构变化。发育成熟的珠心细胞,随着胚囊的发育和扩展以不同的方式衰退。细胞质采用原位自溶方式,细胞质中的核糖核蛋白体密度迅速下降;细胞中可见许多被溶解的细胞组分的碎片;细胞核的染色质团块逐渐减少,核膜消失;最后在细胞中仅剩下细胞核和淀粉粒残体。在内质网对细胞质的吞噬和分隔方式中,同心环状和平行叠置的粗糙内质网大量增生,同时槽库膨大,并对细胞质组分进行分隔和吞噬;内质网膜膨大、断裂、分解,核糖体仍然存在,原生质体对电子染料的亲和性增强;接着质膜、液泡膜消失,原生质变为电子致密的物质。

29. 甘薯杂交胚发育过程中的一些生理变化.谈锋,李坤培,刘晓红,等.植物生理学通讯,1994,30(2):154~156.

杂交育种仍是目前甘薯($Ipomoea\ batatas$)育种的主要手段,而品种间不亲和性的大小和杂交结实率低是制约甘薯杂交育种效果的两个主要因素。迄今已知甘薯存在着15个不同的杂交不亲和群,同群品种间杂交不结实或结实率极低(0~5%),而异群品种间杂交结实率较高(20%~50%)。对于杂交结实率低的原因和解决途径,只有少量基于解剖学的观察和利用嫁接、植物生长调节剂提高结实率的报道。在生理基础方面的研究则未见报道。为此我们选择甘薯"高自1号×88-3"这一杂交组合(结实率为13.3%±1.8%),在8月的每天(除雨天)8:00~10:00进行田间杂交授粉,于同一天分别采集授粉后,研究甘薯杂交胚发育过程中的一些生理变化。

30. 甘薯苗期离体叶片对水分胁迫的适应能力.陈京,谈锋,李蓉涛.植物生理学通讯,1994,30(4):269~271.

甘薯苗期离体叶片在水分胁迫下的膜脂过氧化水平与抗旱能力呈明显的负相关。6个品种对水分胁迫适应能力由强到弱依次为:渝薯20、南薯88、宁180、徐薯18、农大红、南丰。在水分胁迫条件下,各品种中游离脯氨酸均有不同程度的积累。积累量与品种适应水分胁迫能力的关系不密切。

31. 甘薯淀粉白度的研究.蒋和体,钟耕.西南农业大学学报(自然科学版),1994,16(4):325~326.

用石灰水调整磨浆液 pH 至 7.5~8.5,离心分离(3 000~4 000r/min)和沉淀,能有效改善甘薯淀粉白度。

32. 甘薯种子成熟度与有机物积累的研究.李坤培,张启堂,李仁全.西南农业大学学报(自然科学版),1995,17(1):66~67.

甘薯种子有机物的积累,随授粉后天数的增加而递增。在授粉后 15 d 以前,迅速增加,其后减缓。在成熟种子中,蛋白质占种子总重的 30.63%,总糖占 26.32%,脂肪占 7.6%。

33. 甘薯新品种"渝薯34"丰产的密肥模式研究.张启堂,李坤培,谈锋,等.西南师范大学学报(自然科学版),1995,20(1):101~106.

介绍了对甘薯新品种"渝薯34"种植密度和施肥的试验结果,在一般条件下,"渝薯34"的适宜种植密度为:春薯 75 000 株/hm²,夏薯 82 500 株/hm²,秋薯 90 000 株/hm²。其施肥模式是:栽插后 10 d 施清粪水 15 000 kg/hm² 和尿素 75 kg/hm²,栽插后 50 d 施清粪水 22 500 kg/hm²,栽插后 90 d 施清粪水 22 500 kg/hm² 和草木灰 1 500 kg/hm²。

34. 甘薯杂种 F₁ 代主要经济性状表现及组合综合评价.王良平,徐茜,张兴端,等.西南农业学报,1997,10(3):62~67.

通过对甘薯 17 个杂交组合的 5 个主要经济性状进行灰色关联分析,并结合按照品种选育目标入选的实生系薯块产量表现,综合评价了各组合的生产力及后代的选择潜力。结果表明,"宁 180×67-12""潮薯 1 号×绵粉 1 号""8129-4×87-1227""67-12×美国红""红皮早×农林 10 号"5 个组合为强优组合,"绵粉 1 号×亚 4"和"徐薯 18×成都红"2 个组合表现较差,予以淘汰。

35. 甘薯(*Ipomoea batatas* L. Lam.)不定根根尖细微结构的初步研究.戴大临,张启堂,付玉凡,等.西南师范大学学报(自然科学版),1998,23(4):454~461.

顶端分生组织细胞有高的核质比,胞质中可见前质体和其他细胞器。分化的组织原细胞中,皮层原细胞较中柱原和根冠表皮原细胞内前质体明显增多。组织原细胞内的前质体均匀散布高电子密度基质,并以缢痕方式分裂。淀粉颗粒最先出现在分化早期的皮层细胞和根冠表皮细胞中,较大液泡形成见于根冠表皮细胞原和中柱内的分化早期细胞。外皮层细胞弦向壁纤维化增厚,径向壁薄,具凯氏带结构。提示甘薯不定根尖早期的外皮层细胞可以分化为既具支持保护作用,也适应代谢转运功能的单位。

36. 甘薯开花规律的观察.姚璞,李坤培.西南师范大学学报(自然科学版),1998,23(2):218~222.

对甘薯的开花规律做了观察。结果表明,一个植株的花序有 30~75 个,开花顺序有先后。在一个植株上,花是从下而上开放的;在一个花序上,花由内向外开放,它的开花情况符合两种模式图。从每一个植株纵向开花来看,花是从下而上呈螺旋状开放。

37. 甘薯高产抗病食饲兼用型新品种万薯 1 号.徐茜,王良平.国外农学—杂粮作物,1998,18(6):51~52.

甘薯新品种"万薯 1 号"具有高产、抗病、品质优良等特点,是万县市农业科学研究所从"南薯 95×农林 10 号"杂交后代中选育而成的。该品种萌芽性好,藤叶嫩脆、浆汁多,是食用和饲料兼用型品种,历年试验结果表明,其鲜薯平均比对照"南薯 88"增产 5%左右,藤叶增产 30%以上,生物产量(鲜重)增产 18%,生物产量(干重)增产 9%。

38. 甘薯优良品种试管苗培养系的建立.高峰,龚一富,张平波,等.西南师范大学学报(自然科学版),1999,24(2):201~206.

从田间选取甘薯优良品种 12 份,采用 MS 基本培养基进行无菌试管苗培养。结果表明,餐具洗涤剂浸泡 15 min,75%乙醇浸泡 30 s,再用含吐温-20 的 0.1%氯化汞溶液浸泡 10 min 的杀菌效果最好。采用快速转移接种除菌法可使外植体污染率大大降低,平均为 5%以下。无菌试管苗离体生长特性研究表明,强光有利于试管苗的生长,不同甘薯基因型在相同培养基和相同培养条件下其生长状况存在较大的差异。

39. Variations in the Content of Zeatin During Tuber Development of Sweet Potato and *Ipomoea trifida*.Zhang QT,Fu YF.Xiong FQ,et al.西南师范大学学报(自然科学版),1999,24(5):576~580。

The contents of zeatin in different tuberous roots and fibrous roots of sweet potato *Ipomoea trifida* at several periods of growth were determined by applying high performance liquid chromatography (HPLC). The results are as follows:after being planted for 60 days,90 days or 120 days, the contents of zeatin in 30~70 g, and 100~200 g tuberous root of sweet potato are distinctly higher than those in *I. trifida* and fibrous roots of sweet potato of 0.2~0.5 cm in diameter during the same period of growth. And during the three periods of growth mentioned above, the content of zeatin in fibrous roots of sweet potato is indistinctly different from that of

I. tri fida. A comparison of the content of zeatin during development shows that, the content of zeatin after being planted 120 days is remarkably higher than that of zeatin after being planted for 60 days and 90 days, but the difference between those being planted for 60 days and 90 days is not distinct.

40. 甘薯新品种"渝苏303"选育研究.张启堂,付玉凡,杨春贤.西南师范大学学报(自然科学版),1999,24(6):678～684.

介绍了对甘薯新品种"渝苏303"的生产力和主要经济性状的鉴定结果。在1994～1995年四川省甘薯新品种区域试验中,"渝苏303"鲜薯产量28 263.0 kg/hm²,比对照品种"南薯88"减产2.3%,藤叶产量21 396.0 kg/hm²,薯干产量8 649.0 kg/hm²,生物鲜产量49 648.5 kg/hm²,生物干产量11 205.0 kg/hm²和淀粉产量5 430.8 kg/hm²,比"南薯88"分别增产19.3%,4.6%,5.1%,7.0%和20.8%。它在重庆、四川的生产上产量表现更好。

该品种萌芽性较好,结薯较早,大中薯率85%以上,薯块烘干率30.75%,出粉率19.32%,氨基酸含量0.844%,高抗茎线虫病,抗黑斑病和根腐病,贮藏性好,1998年"渝苏303"已推广1×10⁴ hm²以上。

41. 抗旱性不同的甘薯品种对渗透胁迫的生理响应.陈京.作物学报,1999,25(2):232～236.

用不同浓度的PEG对甘薯进行根际渗透胁迫处理,测定结果表明,质膜透性增大,MDA、总氨基酸和游离脯氨酸含量增加,CAT活性升高,POD活性下降,抗旱性不同的品种间的变化趋势相似,但变化幅度存在明显差异。SOD活性表现出品种抗旱适应特性。在相同的渗透胁迫条件下,抗旱性较强的"渝薯20"能维持较高的光合磷酸化活力。

42. 水分胁迫下甘薯的生理变化与抗旱性的关系.张明生,谈锋,张启堂.国外农学—杂粮作物,1999,19(2):35～39.

用不同浓度的PEG对甘薯进行根际水分胁迫处理,研究叶片相对含水量(RWC)、丙二醛(MDA)含量、超氧化物歧化酶(SOD)活性及游离脯氨酸(Pro)含量的变化与品种抗旱性的关系。结果表明,在一定范围内,随着水分胁迫的加剧,甘薯叶片RWC逐渐降低,MDA含量、SOD活性及Pro含量逐渐升高。水分胁迫下生理指标的变化与品种抗旱性间有较好的一致关系。

43. 甘薯愈伤组织诱导的多因子正交试验研究.龚一富,高峰.西南师范大学学报(自然科学版),1999,24(4):473～477.

通过多因子正交试验,筛选出了甘薯(*Ipomoea batatas* L.Lam.)愈伤组织的最佳诱导培养基为MS+1.0 mg/L NAA+0.5 mg/L BA,愈伤组织的最适生长培养基为MS+0.5 mg/L BA。叶柄诱导产生的愈伤组织出愈快、生长迅速,是甘薯愈伤组织诱导和生长的最适外植体。试验结果表明:BA对甘薯愈伤组织的诱导和生长影响最大,其次是外植体,而NAA影响最弱。

44. 从重庆市甘薯生产现状谈推广高淀粉品种.罗小明,张启堂,付玉凡,等.国外农学—杂粮作物,1999,19(4):36～38.

在测定和调查了重庆市农业生产上应用的11个甘薯品种的干物质含量、淀粉含量和生产力的基础上,初步提出目前重庆市的甘薯推广品种为:兼用型品种"渝薯34"和"南薯88",淀粉加工专用型品种"徐薯18""渝苏1号""苏薯2号"和"绵粉1号"。重庆市甘薯生产的出路在于加工,在推广高淀粉品种的前提下,走农户或就地小规模初级加工淀粉、企业收购淀粉进行各类深度加工的道路。

45. 甘薯组织培养中不定根的高频诱导和优化.高峰,龚一富,王晓佳.西南农业大学学报(自然科学版),1999,21(5):417～422.

在甘薯组织培养中获得了不定根的高频诱导,诱导率达95.2%。用正交试验法对影响不定根分化的各种因子进行了研究和优化。结果表明,甘薯不定根诱导和分化的最佳培养基为MS+1.0 mg/L NAA;不定根生长的最适培养基为MS+0.1 mg/L NAA;茎段是甘薯不定根诱导及生长的最适外植体;外植体类型对不定根分化的影响最大,其次是NAA,而BA影响最弱。

46. Production and deployment of virus-free sweetpotato in China. Gao F, Gong YF, Zhang PB, et al. *Crop Protection*, 2000, 19(2): 105~111.

China is the biggest cultivator of sweetpotato in the world. The cultivated area of sweetpotato in China, about 6.6 million ha, accounted for 70% of total area under sweetpotato cultivation in the world. The output of sweetpotato in China, about 100 million metric tons, accounted for 84.4% of total world output. Sweetpotato in China is mainly cultivated in the Yellow River and the Yangtse River Basins. According to the climatic conditions and the cropping system, five regions of sweetpotato cultivation are distinguished: Northern spring sweetpotato region, Yellow River spring-summer sweetpotato region, Yangtse River summer sweetpotato region, Southern summer-fall sweetpotato region and Southern fall-winter sweetpotato region. By now, about 20 kinds of sweetpotato viruses have been reported in the world, but only three of them have been found in China: Sweetpotato Feathery Mottle Virus (SPFMV), Sweetpotato Latent Virus (SPLV) and Sweetpotato Caulimo-Like Virus (SPCLV). They have been found in almost all of sweetpotato production regions in China. On average, sweetpotato yield in China loses over 20% due to sweetpotato virus diseases. Because there are no chemotherapeutants to control sweetpotato virus diseases, shoot tip culture of sweetpotato has become the most effective way to eliminate sweetpotato viruses. In China, an effective propagation and delivery system of virus-free sweetpotato plants has been established and carried out very well in some provinces, especially in Shandong and Jiangsu provinces. It included production of virus-free sweetpotato plantlets, detection of virus in sweetpotato, production of original stock plants, production and supply of original plants, propagation of productive "seed" sweetpotato and delivery to commercial production. The use of virus-free sweetpotato can restore a cultivar's original excellent yield and quality, improve the resistance against other pathogens, such as the fungal pathogen *Monilochaetes infuscans* and *Ceratocystis fimbriata* and the nematode *Pratylenchus coffeae*. In China, the area of virus-free sweetpotato production reached 70 000 ha in 1994, 90 000 ha in 1995 and 466 000 ha in 1998. The problems and prospects on virus-free sweetpotato cultivation in China are also discussed in this paper.

47. 甘薯新品种"渝苏303"高产生理特性的研究.付玉凡,张启堂,邱瑞镰,等.西南师范大学学报(自然科学版),2000,25(1):69~73.

"渝苏303"是一个适应性广、高产优质的粮饲、工业兼用型新品种,对其进行的高产生理特性研究结果表明:"渝苏303"栽后地上部早生快发,前期茎叶生长快并形成较多分枝,中期比较平稳,后期下降缓慢;地下部结薯早、整齐,薯块膨大早、快,持续时间长,同化产物转移早、快,净同化率和转移率都高。"渝苏303"的这些重要生理特性为其高产栽培提供了科学依据。

48. 甘薯的保健功能及其开发研究现状.王中凤,曾凡坤.四川食品与发酵,2000,1:61~63.

近几年,通过大量研究发现甘薯具有很高的营养价值和多种保健功能,是一种值得大力开发的食品原料。

49. 甘薯糖蛋白的免疫调节作用研究.阚建全,阎磊,陈宗道,等.西南农业大学学报(自然科学版),2000,22(3):257~260.

初步研究了经 DEAE52 和 Sephadex G100 柱层析纯化的"北京2号"甘薯糖蛋白的免疫调节作用。结果表明甘薯糖蛋白浓度达 50 μg/mL 时可促进 PHA 人外周血淋巴细胞转化,100 μg/mL 或者 150 μg/mL 时可显著提高 PHA 刺激的人外周血淋巴细胞转化,刺激指数分别达到 6.5 和 4.5($P<0.05$)。腹腔注射甘薯糖蛋白 80 mg/(kg·d)可促进小鼠腹腔巨噬细胞的吞噬功能,吞噬指数和吞噬百分数均高于其他组($P<0.05$);另外,小鼠脾指数、胸腺指数的测定也得到同样的结果;小鼠脾脏、胸腺光镜和电镜下观察发现,随着甘薯糖蛋白剂量增加,脾淋巴小结增多扩大,胸腺 T 细胞线粒体增多。这些结果表明甘薯糖蛋白有明显的增强免疫调节的功能。

50. 天然保健食品——甘薯果脯.肖训焰,李坤培,葛长蓉.四川食品与发酵,2000,3:29~34.

甘薯是我国的粮食、饲料和工业原料作物。种植面积和总产量均居世界首位。由于它营养丰富,含有淀粉、糖、氨基酸、纤维素、多种矿物质和维生素,还含有防癌抗癌的特殊物质脱氢表雄甾酮、多糖胶原蛋白等,它是天然保健食品,有着巨大的开发潜力。我校拥有国内外 500 个品种资源,薯肉有白、黄、桔红、红、紫等多种颜色,为制作果脯提供了丰富的原料。经过几年的试验研究,产品营养丰富,色泽美观,甜酸可口,具有独特风味。经重庆市卫生防疫站检测,达到国家规定的标准。

51. 方便红薯粉条的研制.李亚娜,陈宗道,阚建全,等.食品与发酵工业,2000,26(4):93~94.

通过红薯粉条的熟包装、微生物检验、调味酱料包制作等实验,总结了红薯粉条熟包装的最佳工艺条件,从而达到了红薯粉条在食用时方便快捷的目的,同时也为红薯粉条的应用展示了广阔的前景。

52. 甘薯毛状根植株再生研究.孙敏,陈敏,廖志华,等.西南师范大学学报(自然科学版),2000,25(5):543~546.

用发根农杆菌 R1000 菌株感染甘薯(渝薯 34 品种),获得转化毛状根,从毛状根中选择出了 5 个无性系,当毛状根培养在含有 2 mg/L 6-BA+1 mg/L 玉米素的 MS 培养基上诱导出了愈伤组织,当愈伤组织培养在含有 1 mg/L KT+1 mg/L 6-BA+0.5 mg/L IAA 的培养基上,3 周以后获得了再生植株。用随机扩增多态性 DNA(RAPD)分子标记检测出了再生植株的多态性。

53. 甘薯新品种"渝苏 297"选育研究.付玉凡,张启堂,杨春贤,等.西南师范大学学报(自然科学版),2000,25(6):694~699.

介绍了对甘薯新品种"渝苏 297"的生产力和主要经济性状的鉴定结果。在 1994~1996 年四川省甘薯新品种区域试验中,"渝苏 297"藤叶产量 2 404 t/hm²,与对照品种"南薯 88"平产,鲜薯产量 2 018 t/hm²,生物鲜产量 4 422 t/hm²,薯干产量 620 t/hm²,生物干产量 908 t/hm²,分别比"南薯 88"增产 0.59%,0.26%,5.26%,3.53%。在重庆、四川的生产上产量表现更好。该品种萌芽性好,结薯较早,大中薯率 75% 以上,薯块烘干率 30.74%,出粉率 19.00%,氨基酸含量 2.41%,抗黑斑病,贮藏性好。

54. 甘薯活性多糖抗突变作用的体外实验研究.阚建全,王雅茜,陈宗道,等.中国粮油学报,2001,16(1):23~27.

为了探讨甘薯的保健作用,本文利用鼠伤寒沙门氏菌营养缺陷型回复突变试验(Ames 试验)对甘薯活性多糖进行了体外抗突变作用的研究。结果表明:甘薯活性多糖具有显著的抗突变作用,当其剂量为 20 mg/平皿时对 2-AF、Bap 和 AFB$_1$ 的致突变性抑制率均达到 70% 以上,并且呈明显的剂量—效应关系;甘薯活性多糖的抗突变作用主要是通过阻断致突变物使正常细胞变为突变细胞而实现的,也包括部分去突变作用,但促进突变细胞修复的作用不明显;随着 121 ℃高温处理时间和紫外光(30 W,25 cm)照射时间的增加,甘薯活性多糖的抗突变作用有所减小,而在 pH 3.5～7.5 下处理 30 min 后对其抗突变作用影响不大,超过这个 pH 范围,抗突变作用都有所减小。

55. 水分胁迫下甘薯叶绿素 a/b 比值的变化及其与抗旱性的关系.张明生,谈锋.种子,2001,4:23～25.

通过对室外旱池处理条件下的甘薯叶片叶绿素含量变化的研究,结果表明,水分胁迫下甘薯各品种叶片中叶绿素 a、叶绿素 b 及总叶绿素含量比对照均有所下降,叶绿素 a/b 比值比对照也有所下降,且叶绿素 a/b 比值占对照百分率与品种抗旱性呈极显著负相关($r=-0.850\ 9$,$P<0.01$)。因此,可以用叶绿素 a/b 比值下降的程度来评定甘薯品种的抗旱性。

56. RAPD 标记对甘薯及其近缘野生种的遗传多样性分析(英文).孙敏,刘佩瑛,雷建军.西南师范大学学报(自然科学版),2001,26(2):191～194.

用随机扩增多态性 DNA(RAPD)分析技术对甘薯及其近缘野生种进行了遗传多样性分析。使用 15 种 10 个碱基的随机引物,对 17 个甘薯品种及其近缘野生种的基因组 DNA 进行了扩增,共产生了 105 条 DNA 带,其中 91 条为多态性带,通过聚类分析将 17 个甘薯品种及其近缘野生种聚类成 3 个类群:A 类群由三裂叶野牵牛(*Ipomoea triloba*)单个野生种组成,C 类群由海滨野牵牛(*I. littoralis*)和二倍体三浅裂野牵牛(*I. trifida* 2×)组成,B 类群则由四倍体和六倍体三浅裂野牵牛以及 12 个甘薯品种组成。

57. 甘薯品种光合生理指标与薯干产量之间关系的初步研究.宗学凤,张建奎,周清元,等.西南农业大学学报(自然科学版),2001,23(3):216～218.

分析了甘薯品种不同生长时期光合生理指标的动态变化规律及其与薯干产量之间的关系。结果表明,甘薯品种的净光合速率(Pn)、总叶绿素含量(Tchl)、叶绿素 a 含量(chla)、叶绿素 b 含量(chlb)、叶面积系数(LAI)随生长进程先上升,达到最大值,然后逐渐下降,蔓薯比值(T/R 值)随生长进程呈下降趋势。薯干产量与各光合生理指标之间的相关性分析表明,薯干产量与不同生长期的 Pn 均呈显著正相关,与 Tchl、chla、chlb 之间有一定的正相关,与栽后 90 d 的 T/R 值呈显著的负相关,与前期和后期的 LAI 呈正相关,而与中期的 LAI 呈负相关。按对薯干产量的相关程度,其排列顺序为 Pn,Tchl,chla,chlb,T/R 值,LAI。甘薯育种应选育净光合速率高、生育后期总叶绿素含量高、T/R 值下降快、前期和后期有效叶面积系数大的品种。

58. 甘薯早代品系部分数量性状的遗传相关分析.周清元,张建奎,王季春,等.西南农业大学学报(自然科学版),2001,23(3):222～224.

选用 12 个甘薯杂交组合的 136 个品系的无性 1 代和 2 代的 7 个农艺性状与鲜重进行相关分析和通径分析,并估算其遗传率。结果表明,大中薯重在两代的选择中都是重点考虑的因素。鲜薯重、大中薯重、地上部重等经济性状的遗传率不高,在早代品系选择时要综合其他性状。

59. 萘乙酸和 6-苄基腺嘌呤对甘薯离体器官发生的影响.龚一富,霍静,陈永文,等.西南师范大学学报(自然科学版),2001,26(4):443～447.

以重庆市主栽和自育的甘薯优良品种为试材,比较了植物生长调节物质萘乙酸(NAA)和 6-苄基腺嘌呤(BA)对甘薯离体器官发生的影响。试验结果表明:(1)NAA 能明显地促进不定根和不定芽的分化。当培养基中添加 10 mg/L NAA 时效果最好,3 种外植体不定根、不定芽的分化频率以及根的分化量都达最大值,其中茎段分别为 96.2%,65.4%,4.1。(2)BA 对甘薯外植体的离体器官发生有一定的影响,高浓度的 BA 明显抑制外植体不定根和不定芽的分化。(3)茎段为诱导不定根和不定芽的最适外植体。

60. 水分胁迫下甘薯叶绿素 a/b 比值的变化及其与抗旱性的关系.张明生,谈锋.种子,2001,(4):23~24.

通过对室外旱池处理条件下的甘薯叶片叶绿素含量变化的研究,结果表明,水分胁迫下甘薯各品种叶片中叶绿素 a、叶绿素 b 及总叶绿素含量比对照均有所下降,叶绿素 a/b 比值比对照也有所下降,且叶绿素 a/b 比值占对照百分率与品种抗旱性呈极显著负相关($r=-0.850\,9$,$P<0.01$)。因此,可以用叶绿素 a/b 比值下降的程度来评定甘薯品种的抗旱性。

61. DNA 分子标记的发展及其在甘薯遗传育种中的应用.方平,毕瑞明,陈永文,等.内江师范学院学报,2001,16(4):26~32.

本文概述了 DNA 分子标记的种类和最新研究进展。分子标记可以运用于甘薯遗传图谱的建立和基因定位;亲缘关系与遗传多样性的研究;分子标记辅助选择及品种纯度鉴定等方面。

62. 8% 甲哌鎓可溶性粉剂对甘薯生长发育、产量及品质的影响.何林,王金信,邓新平.农药学学报,2001,3(3):89~92.

田间药效试验表明,连续两次(间隔 15 d)施用 8% 甲哌鎓可溶性粉剂 150~300 mg/L,甘薯蔓长增长明显减慢,且浓度越高,增长越慢;甘薯产量增加了 12.2%~16.0%,在供试浓度范围内,浓度越高,增产越明显;室内生理实验表明,与对照相比用甲哌鎓处理过的甘薯可溶性糖含量、淀粉含量无显著差异,说明甲哌鎓对甘薯品质无不良影响。

63. 根癌农杆菌介导的甘薯遗传转化及转基因植株的再生.高峰,龚一富,林忠平,等.作物学报,2001,27(6):751~756.

以甘薯优良品种"新大紫"的茎尖培养再生植株为试材,经根癌农杆菌介导将甘薯块根贮藏蛋白启动子(Sporamin promoter)调控下的 10 kD 玉米醇溶蛋白基因导入"新大紫"中,并获得了转化植株。甘薯品种"新大紫"再生植株的茎切段,与携带有表达载体质粒 pSP10Z 的根癌农杆菌菌株 LBA4404 共培养后,在含 75 mg/L 卡那霉素(Kan)的筛选培养基上可产生抗性芽,最高频率达 6.2%。其中,32.1% 的抗性芽可在含 100 mg/L Kan 的培养基上生根,从而形成转化植株。PCR 和 PCR-Southern 检测证实,10 kD 玉米醇溶蛋白基因已导入并整合到甘薯品种"新大紫"的基因组中。

64. 快速鉴定甘薯品种抗旱性的生理指标及方法的筛选.张明生,谈锋,张启堂.中国农业科学,2001,34(3):260~265.

用不同浓度的聚乙二醇(PEG)对甘薯进行根际水分胁迫处理,研究了叶片相对含水量(RWC)、丙二醛(MDA)含量、超氧化物歧化酶(SOD)活性及游离脯氨酸(Pro)含量的变化与品种抗旱性的关系。结果表明,25% PEG 处理下,叶片 RWC 与品种抗旱性呈极显著正相关($r=0.783$,$P<0.01$),MDA 含量与品种抗旱性呈极显著负相关 $r=-0.848$,$P<0.01$),SOD 活性与品种抗旱性呈极显著正相关($r=0.777$,$P<0.01$),Pro 含量与品种抗旱性的关系不大。品种抗旱性越强,叶片 RWC 下降幅度及 MDA 含量上升幅度越小,SOD 活性增加幅度越大。因此,通过测定 25% PEG 处理下甘薯幼苗叶片的这些生理指标可实现品种抗旱性的室内快速鉴定。

65. 甘薯新品种"渝苏 30"选育研究.付玉凡,张启堂,谈锋等.西南师范大学学报(自然科学版),2002,27(1):83~87.

介绍了甘薯新品种"渝苏 30"的生产力和主要经济性状的鉴定结果,在 1997 年至 1998 年重庆市甘薯新品种区域试验中,鲜薯产量 3 580 t/hm²,藤叶产量 2 490 t/hm²,生物鲜产量 6 070 t/hm²,生物干产量 1 250 t/hm²,分别比对照"南薯 88"增产 9.31%、14.43%、11.36% 和

0.73％，其薯干产量 903 t/hm²，比对照"南薯88"减产 3.94％。它在生产上产量表现更好。该品种萌芽性好，结薯较早，大中薯率 85％以上，薯块烘干率 25.38％，出粉率 11.87％，氨基酸含量 0.71％。"渝苏30"抗旱性强，抗黑斑病，贮藏性好。

66. AgNO₃对根癌农杆菌介导的甘薯遗传转化的影响.陈永文,李坤培,高峰等.西南师范大学学报(自然科学版),2002,27(2):226～230.

以甘薯优良栽培品种"南薯88"为试材,研究了 AgNO₃对根癌农杆菌介导的甘薯遗传转化的影响。结果表明,在预培养的培养基附加AgNO₃不利于进行转化,而在共培养培养基中附加 AgNO₃则对转化有促进作用。当培养基中 AgNO₃的浓度为 6 mg/L 时,卡那霉素抗性芽的获得率达最大值,为27.5％。文中还对 AgNO₃在甘薯遗传转化中的作用方式及在建立较简便、高效的甘薯遗传转化系统中的应用进行了讨论。

67. 水分胁迫下甘薯内源激素的变化与品种抗旱性的关系.张明生,谢波,谈锋.中国农业科学,2002,35(5):498～501.

采用酶联免疫吸附法(ELISA),测定了干旱条件下甘薯叶片内吲哚乙酸(IAA)、赤霉素(GA₃)、异戊烯基腺嘌呤(iPA)、玉米素核苷(ZR)和脱落酸(ABA)5 种内源激素的含量,并研究了这些内源激素与品种抗旱性的关系。结果表明,水分胁迫下甘薯各品种中 IAA,GA₃,iPA 及 ZR 含量均有所下降,ABA 含量却显著增加,且品种抗旱性越强,IAA,GA₃,iPA 和 ZR 下降幅度越大,ABA 增加幅度越小。它们的相对含量(占对照％)与品种抗旱性均呈极显著负相关(r 分别为 $-0.907\ 0$,$-0.949\ 3$,$-0.950\ 9$,$-0.867\ 4$ 和 $-0.911\ 7$)。

68. 中国甘薯青贮及其对生长肥育猪饲用价值评定.黄健,刘作华,刘宗慧,等.畜禽业,2002,(7):18～19.

在甘薯中加入添加剂 A、B、C、10％酒糟及 20％麦麸,均匀混合后,用双层塑料袋密封保存,并于 0、2、4、6、9、25 周采样测定微生物数量、pH、粗蛋白质、真蛋白质、粗纤维、粗脂肪、粗灰分、钙、磷等,并感官鉴定其颜色、气味,第9周分析氨基酸。结果表明:青贮甘薯由于在发酵前加入了麦麸、酒糟和特制的添加剂,其干物质、粗蛋白质、真蛋白质、粗脂肪、粗纤维、粗灰分、总磷和氨基酸等均较未青贮甘薯有大幅度增加,营养价值有较大提高;随着周龄增加,青贮甘薯中脂肪含量逐渐增加,pH 逐渐减少,而其他成分变化不大。青贮甘薯中微生物数量,在第 12 周时便基本不能检出,且 pH 均低于 4.2,品质达到 B 级以上。

用 15 kg 左右的长×荣 F₁ 杂交去势仔猪64头,随机分为4组,每组16头,每圈4头,进行了青贮甘薯对生长育肥猪饲用价值评定试验。试验各组分别加入风干青贮甘薯 0、20％、40％、60％,调节各组基础饲料配方,使每组日粮营养水平相同。结果表明:随着青贮甘薯用量增加,猪的日增重变化无显著差异;精料采食量减少,但风干物质采食量增加;精料料肉比降低,但风干物质料肉比增加;单位增重饲料成本生长阶段 20％组较低,育肥阶段 60％组较低,可分别提高效益 0.76％和 7.02％。

69. 乙酰丁香酮对根癌农杆菌介导的甘薯遗传转化的影响.杨秀荣,陈永文,方平,等.西南师范大学学报(自然科学版),2002,27(5):751～758.

研究了乙酰丁香酮(AS)对根癌农杆菌介导的甘薯离体遗传转化的影响。结果表明:①菌液中加入 AS 不利于遗传转化;②AS 的作用效果与培养基的 pH 有关。培养基的 pH 为 5.8 时,加入 AS 不能提高转化频率;而 pH 为 5.2 时,加入 AS 则能显著提高转化频率,特别是 AS 浓度为 25 mg/L 时,Kan^r 芽获得率提高到 35.7％;③茎段外植体切口两端各滴加 2 μL 200 μmol/L 的 AS,可使 Kan^r 芽获得率达 13.3％。

70. 酸碱度对紫色甘薯花色素稳定性影响的研究.叶小利,李坤培,李学刚.食品工业科技,2002,23(11):38~39.

研究了不同 pH 对紫色甘薯花色素稳定性的影响。结果表明,酸性条件对花色素的影响不大,且结构稳定;高温和碱性条件能加速花色素的损失,即使回到原来的酸性状态,也难以恢复;碱处理后花色素的吸光度大幅度下降且吸收峰发生偏移,表明花色素的结构可能受到破坏。

71. 甘薯茎尖脱毒与快速繁殖技术研究.何凤发,王季春,张启堂,等.西南农业大学学报,2002,24(6):509~511.

甘薯茎尖分生组织脱毒培养与茎段快速繁殖,对培养条件和几种主要培养因子的反应十分敏感。以 MS 为基本培养基对甘薯茎尖分生组织与茎段进行不同激素种类和浓度试验,结果表明,IAA：6-BA 为 1：(5~20)诱导效果好,最佳诱导分化培养基为:MS＋6-BA 1 mg/L＋IAA 0.1~0.2 mg/L＋GA₃0.1 mg/L;试管苗株系经指示植物、NCM-ELISA 法检测,获得了 6 个品种的脱毒苗。脱毒苗茎段试管快速繁殖时,不同品种之间有差异,单独使用 IAA 或与 GA₃结合使用,在 28 ℃、光照 12 h/d,液体培养效果好。

72. 甘薯糖蛋白的降血脂功能.李亚娜,阚建全,陈宗道,等.营养学报,2002,24(4):433~434.

糖蛋白(Glycoprotein)是一类由糖类同多肽或蛋白质以共价键连接而形成的结合蛋白。它是细胞膜、细胞间基质、血浆、黏液、激素等的重要构成成分。近年来有学者指出,甘薯具有防治糖尿病、白血病等多种疾病的作用。甘薯是食品工业、轻工业和饲料工业的重要原料,甘薯糖蛋白大量存在于甘薯淀粉生产的废水之中,若采用适当的手段将其分离提取,进行保健作用方面的应用研究,将产生显著的经济效益和社会效益。

73. 甘薯早熟食用新品种"渝苏76"的选育研究.杨春贤,张启堂,付玉凡,等.西南师范大学学报(自然科学版),2003,28(3):456~459.

介绍了甘薯早熟食用新品种"渝苏76"的生产力和主要经济性状指标的鉴定结果。在1995~1996 年四川省甘薯新品种早熟组区域试验中,"渝苏76"鲜薯产量为 23 038 kg/hm²,比对照品种"南薯88"增产 13.1％,藤叶产量 20 576 kg/hm²,比对照减产 8.8％,生物鲜产43 613 kg/hm²,比对照增产 16％。在生产试验中鲜薯产量也比对照增产 10％以上。该品种萌芽性较好,结薯早,适应性广,抗旱性强,耐肥,抗黑斑病能力较强,贮藏性好,熟食品质优良,栽后100 d 收获,商品薯率 80％以上,特适于城郊作食用品种种植,提早上市,可获较好经济效益。

74. 甘薯膜脂过氧化作用和膜保护系统的变化与品种抗旱性的关系.张明生,谈锋,谢波,等.中国农业科学,2003,36(11):1395~1398.

对水分胁迫下甘薯叶片膜脂过氧化作用和膜保护系统变化的研究结果表明,水分胁迫下不同甘薯品种叶片中 O_2^- 产生速率、MDA 含量、SOD 和 POD 活性、Vc 含量比对照均有明显增加;除少数抗旱性较强的品种外,其余品种 CAT 活性比对照均有不同程度下降,但品种抗旱性愈强,其 CAT 活性下降幅度愈小。O_2^- 和 MDA 的相对值(占对照％)与品种抗旱性均呈极显著负相关(r 分别为－0.772 8 和－0.836 2,P＜0.01),而 SOD,POD,CAT 及 Vc 的相对值与品种抗旱性均呈极显著正相关(r 分别为 0.951 9,0.822 6,0.961 3 和 0.923 0,P＜0.01)。因此,这些指标可用于甘薯不同品种抗旱性的评价。

75. 甘薯可溶性蛋白、叶绿素及 ATP 含量变化与品种抗旱性关系的研究.张明生,谢波,谈锋,等.中国农业科学,2003,36(1):13~16.

对水分胁迫下甘薯叶片部分物质和能量代谢指标的研究结果表明,水分胁迫下叶片中可溶性蛋白含量明显增加;叶绿素 a、叶绿素 b、总叶绿素含量及叶绿素 a/b 比值与对照相比均有所下降;ATP含量有增有减,但品种抗旱性愈强,ATP含量愈高。叶片中可溶性蛋白含量、叶绿素a/b比值、ATP含量占对照百分率与品种抗旱性间的相关系数r分别为0.896 8,-0.850 9和0.820 0,$P<0.01$。因此,这些指标可用于甘薯不同品种抗旱性的评定。

76.甘薯糖蛋白的分离、纯化及其降血脂功能.李亚娜,赵谋明,彭志英,等.食品科学,2003,24(1):118~121.

对甘薯糖蛋白进行了分离和纯化,并研究了甘薯糖蛋白的降血脂功能。结果表明,甘薯糖蛋白显著降低血清胆固醇的效应,主要表现在升高高密度脂蛋白胆固醇(HDL-C),而对低密度脂蛋白胆固醇(LDL-C)有降低作用。同时,与高脂组比较,甘薯糖蛋白对肝脏胆固醇含量的升高也具有明显的抑制作用($P<0.05$)。

77.甘薯多糖SPPS-I-Fr-II组分的纯化及理化性质分析.赵国华,陈宗道,李志孝.中国粮油学报,2003,18(1):46~48.

甘薯经水浸提,Sevag法脱蛋白,透析,乙醇沉淀,DEAE-纤维素及Sephadex G-100色谱分离纯化得到一种白色粉末状多糖SPPS-I-Fr-II。经Sepharose CL-6B凝胶色谱分析证明SPPS-I-Fr-II为纯品。经定性化学反应鉴定表明SPPS-I-Fr-II不含蛋白质、核酸、酚类物质和糖醛酸,为非淀粉类中性纯粹多糖。其比旋光度$[\alpha]_D^{22}(H_2O)$为$+115.0(c=0.8)$,特性黏度$[\eta]$为17.23×10^{-3} mL/g,重均分子量为53 200。SPPS-I-Fr-II完全酸水解后纸层析及气相色谱分析确定糖基组成为葡萄糖。

78.甘薯微孔淀粉的制备技术及吸附性能的研究.刘雄,阚建全,马嫄.西南农业大学学报,2003,25(2):127~130.

用淀粉糖化酶、α-淀粉酶、普鲁兰酶水解甘薯淀粉制备一种具有吸附功能的微孔淀粉载体。研究表明,淀粉糖化酶对生甘薯淀粉作用力最强;淀粉糖化酶水解制备甘薯微孔淀粉的最佳工艺条件是:温度45 ℃,pH为4,酶用量为1%,时间24h,水解率为51.52%。微孔淀粉对色素、水溶性维生素、油脂的吸附能力远远高于原淀粉。通过交联反应能明显提高微孔淀粉的结构性能和吸附性能。

79.甘薯多糖SPPS-I-Fr-II组分的结构与抗肿瘤活性.赵国华,李志孝,陈宗道.中国粮油学报,2003,18(3):59~61.

甘薯多糖组分SPPS-I-Fr-II纯品,经甲基化分析,高碘酸氧化,Smith降解,^{1}H、^{13}CNMR及IR等对其化学结构研究表明SPPS-I-Fr-II是由α-D-Glcp以1,6糖苷键形成的一种葡聚糖。小鼠移植性实体瘤研究表明SPPS-I-Fr-II对移植性黑色素B16和Lewis肺癌有很强的抑制作用。

80.早熟高产食饲兼用甘薯新品种"万川58"选育研究.王良平,刘文惠,陶小洁.杂粮作物,2003,23(3):136~138.

"万川58"是重庆三峡农业科学研究所从杂交组合"6712×宁180"的杂交后代中选育出的甘薯新品种,具有早熟、高产、抗旱、抗病、适应区域广等特点。在四川省区域试验中,鲜薯、藤叶、生物鲜产量分别比对照品种"南薯88"增产12.32%,0.44%,5.42%,在四川、重庆的生产试验中,这三种产量比"南薯88"增产11.37%~22.23%。该品种萌芽性优,幼苗生长健壮,植株单株分枝较多,结薯早而整齐,薯块膨大快,大中薯率80%以上,薯块烘干率25.1%,粗蛋白含量1.80%,可溶性糖4.81%,贮藏性好,是食饲兼用型品种。

81.甘薯贮藏蛋白研究进展.文一,赵国华,阚建全等.粮食与油脂,2003,(8):24~26.

甘薯贮藏蛋白是甘薯块根中特异表达的一类特殊贮藏蛋白,它不仅具有一般贮藏蛋白的特性,而且还具有胰蛋白酶抑制剂活性,并与甘薯块根的形成过程密切相关。本文主要介绍它的蛋白质组成、提取和纯化方法、基因调控及其性质。

82. 甘薯营养研究进展.蔡自建,阚建全,陈宗道.四川食品与发酵,2003,39(118):48～51.

本文简要介绍了甘薯的营养价值及其中的有效成分,对其进一步的发展提出了建议。

83. 甘薯生喂对生长育肥猪生产性能、胴体品质及日粮养分消化率的影响研究.黄健,童小莉,钟正泽,等.畜禽业,2003,(10):20～22.

用 20 kg 左右的长×荣 F_1 杂交去势猪 48 头,随机分为 4 组,每组 12 头,每圈 3 头,进行了饲喂不同比例生甘薯对生长育肥猪生产性能、胴体品质及日粮养分消化率的影响试验。试验各组分别加入生甘薯(以风干基础计算),生长期 0％,15％,30％,45％,育肥期 0％,20％,40％,60％,按《中国瘦肉猪标准》调节各组基础饲料配方,使每组日粮营养水平相同。结果表明:随着生甘薯比例增加,生长期和育肥期猪精料日采食量减少,甘薯日采食量增加,风干物质日采食量逐渐上升;猪的日增重随生甘薯比例增加而降低,比例越高,其降低幅度越大,其中,育肥期 60％组与对照组达到极显著差异($P<0.01$);随着生甘薯比例增加,精料料肉比降低,甘薯料肉比增加,风干物质料肉比明显上升;每千克增重饲料成本逐渐增加;猪日粮主要养分消化利用率差异不显著,但粗蛋白质、粗脂肪消化利用率有逐渐降低的趋势;生甘薯对猪肉质无明显影响。以上结果表明,生甘薯或甘薯粉由于含有一定量的胰蛋白酶抑制物且容易腐烂,直接喂猪会降低猪日增重,增加猪每千克增重的饲料成本,因此甘薯(风干基础)喂猪生喂不宜超过日粮的 20％。

84. 紫色甘薯花色素苷色泽稳定性研究(英文).叶小利,李学刚,李坤培等.西南师范大学学报(自然科学版),2003,28(5):725～729.

利用红外光谱、紫外光谱等方法,研究了酸、碱、空气、食品添加剂和氧化剂、还原剂等因素对紫色甘薯花色素苷色泽的影响。结果表明,紫色甘薯花色素苷在强酸条件下较稳定,几乎不受温度、光照等的影响,但随着碱度的增加,花色素苷的色泽由红变紫、变蓝;在空气中是比较稳定的;葡萄糖、蔗糖、$K_2Cr_2O_7$ 和 $Na_2S_2O_3$ 几乎不影响花色素苷的稳定性,而食盐、可溶性淀粉、5％和 5％Vc 则能较明显地降低花色素苷的稳定性。紫外扫描和红外扫描结果推测紫色甘薯花色素苷色泽的变化可能是由于其主体骨架由三环共面结构转化为三环不共面结构。

85. 水分胁迫下甘薯叶片渗透调节物质含量与品种抗旱性的关系.张明生,杜建厂,谢波,等.南京农业大学学报,2004,27(4):123～125.

对水分胁迫下甘薯叶片渗透调节物质与品种抗旱性关系的研究结果表明,水分胁迫下甘薯不同品种叶片中可溶性糖含量和游离氨基酸总量比对照均明显增加,K^+ 含量明显下降,游离脯氨酸含量有不同程度的增加。叶片中可溶性糖、总游离氨基酸和 K^+ 的相对值(占对照％)与品种抗旱性均呈极显著正相关(r 分别为 0.937,0.923 和 0.836,$P<0.01$),而游离脯氨酸的相对值与品种抗旱性间的相关性不显著($r=0.258$,$P=0.353$)。因此,除游离脯氨酸外,其余渗透调节指标均可用于甘薯品种抗旱性的评定。

86. 甘薯离体叶片失水速率及渗透调节物质与品种抗旱性的关系.张明生,彭忠华,谢波,等.中国农业科学,2004,37(1):152～156.

对水分胁迫下甘薯离体叶片失水速率和叶片渗透调节物质与品种抗旱性关系的研究表明,水分胁迫下不同甘薯品种离体叶片失水速率比对照均明显减慢;叶片中可溶性糖含量和游离氨基酸总量比对照均明显增加,K^+ 含量明显下降,游离脯氨酸含量有不同程度的增加。叶片中可溶性糖、总游离氨基酸和 K^+ 的相对值(占对照％)与品种抗旱性均呈极显著正相关(r 分别为 0.937 4,0.922 9 和 0.835 9,$P<0.01$);离体叶片失水速率的相对值与品种抗旱性呈显著负相关($r=-0.545 0$,$P<0.05$);而游离脯氨酸的相对值与品种抗旱性间的相关性不显著($r=0.258 3$,$P=0.352 6$)。因此,除游离脯氨酸外,其余指标均可用于甘薯品种抗旱性的评定。

87. 高淀粉甘薯新品种"万薯34"选育研究.王良平,刘文惠,陶小洁.种子,2004,23(2)：48～49.

本文介绍了甘薯品种"万薯34"的来源及其产量和主要形态特征、经济性状的表现。结果显示：该品种萌芽性好,结薯较大,大中薯率较高,薯块烘干率、出粉率高,抗黑斑病,耐贮性好,是一个高产质优,适合加工薯类淀粉的甘薯新品种。

88. 基因活化剂对紫色甘薯光合速率的影响.汤绍虎,李坤培,周启贵,等.西南农业大学学报(自然科学版),2004,26(1):68～70.

基因活化剂使用浓度设3个水平:375倍、750倍、1 500倍稀释液;施肥时间设4个水平:浸渍种苗基部1 h、1次、2次、3次叶面追肥。第3次叶面追肥1个月后测定光合速率。结果表明:3个浓度水平的光合速率分别比对照提高了20.87％,25.31％和23.06％,4个时间水平的光合速率分别比对照提高了23.69％,22.13％,22.04％和22.81％,不同浓度和不同时间之间均无显著差异。用750倍稀释液浸渍种苗基部1 h或追肥1次,即可显著提高紫色甘薯的光合速率。

89. 甘薯离体遗传转化体系的优化.凌键,陈永文,龚一富,等.西南师范大学学报(自然科学版),2004,29(3):466～470.

对影响根癌农杆菌介导的甘薯离体遗传转化的若干因素进行了研究。结果表明,甘薯茎段外植体在浓度为$OD_{600}=0.4$的菌液中浸染4 min、预培养3 d、共培养3 d并在共培养基中加入6 mg·/L硝酸银,或25 mg/L乙酰丁香酮,并将培养基pH从5.8下调至5.0等措施均能显著提高其遗传转化频率,而菌液中加入乙酰丁香酮、在预培养基中加入硝酸银等措施均不利于甘薯遗传转化。

90. 农村条件下青贮甘薯饲喂育肥猪效果观察.张清华,郭宗义,刘宗慧.畜禽业,2004,(8):56～57.

选择20头50～55 kg的长荣二杂肉猪,随机分成试验和对照两组,试验组投喂混合精料＋青贮甘薯,对照组投喂混合精料＋鲜甘薯,60 d育肥结果为:试验组平均日增重678.33 g,对照组平均日增重570.00 g,试验组比对照组提高增重19.01％($P<0.01$);试验组增重收入除去混合精料、青贮甘薯成本后,头平均盈利81.62元,对照组增重收入除去混合精料、鲜干薯成本开支后头平均盈利68.08元,试验组比对照组头平均多盈利13.54元,提高经济效益19.80％。

91. 具有三浅裂野牵牛血缘的种间杂交甘薯新品种"渝苏303"的选育及经济性状表现.张启堂,付玉凡,杨春贤,等.杂粮作物,2004,24(5):270～271.

经研究发现,甘薯属甘薯组近缘植物三浅裂野牵牛($Ipomoea\ trifida$)具有染色体数目$2n=2x=30,2n=4x=60$和$2n=6x=90$三种类型。日本九州农试站首先育成含$1/8I.trifida$血缘的高淀粉、高产甘薯新品种"南丰"(即"农林34号")。西南师范大学与江苏省农业科学院开展合作,利用甘薯与近缘野生种杂交、回交,育成了高产、高淀粉甘薯新品种"渝苏303"。

92. 甘薯部分数量性状的遗传力及其相关分析.崔翠,周清元,蒲海斌,等.西南农业大学学报(自然科学版),2004,26(5):560～562.

通过对21个甘薯品种(系)的随机区组试验,进行叶柄长、最长蔓长、产量等8个农艺性状之间的相关分析,并估算各性状的广义遗传力,构建综合选择指数。结果表明:蔓长、叶柄长、茎节长、蔓粗、分枝数和产量性状的遗传力相对较高,达到50％以上;大中薯数对鲜产的影响呈极显著正相关,最长蔓长、分枝数及地上部分重与鲜产呈极显著负相关,叶柄长、茎节长、蔓粗和产量相关不显著;选择分枝数少、蔓长较短和大中薯数量多的品种是选育高产品种的有效途径。

93. 基因活化剂对紫色甘薯块根产量的影响.李凤华,汤绍虎,周启贵,等.西南农业大学学报(自然科学版),2004,26(5):606～608.

基因活化剂使用浓度(A)设 3 个水平:375×(A₁),750×(A₂),1 500×(A₃)稀释液;使用时间(B)设 4 个水平:浸渍种苗基部 1 h(B₁)和 1 次(B₂)、2 次(B₃)、3 次(B₄)叶面追肥,收获时测定块根鲜重。结果表明:A_1,A_2,A_3 的块根产量分别比对照提高 38.60%,61.70% 和 42.54%,B_1,B_2,B_3 和 B_4 的块根产量分别比对照提高 38.74%,64.33%,47.37% 和 40.06%,与对照差异均达显著水平($P<0.05$)。A_2B_2 为最佳水平组合,平均块根产量比对照提高 89.77%,且与所有水平组合之间都有显著差异($P<0.05$)。用 750 倍的基因活化剂浸渍种苗基部 1 h 再追肥 1 次,可显著提高紫色甘薯的块根产量。

94. 基因活化剂对紫色肉甘薯藤蔓生长的影响.汤绍虎,周启贵,李坤培,等.西南师范大学学报(自然科学版),2004,29(6):1016～1018.

基因活化剂使用浓度(A)设 3 个水平:375×(A₁),750×(A₂),1 500×(A₃),处理时间(B)设 3 个水平:浸渍种苗基部 0.5 h(B₁),1 h(B₂),2 h(B₃),处理后培养在改良 Hoagland 培养基中,10 d 后测定藤蔓长度和鲜质量。结果表明:A_1,A_2 和 A_3 的藤蔓长度分别比对照(32.1 cm)提高 17.60%,43.61% 和 12.06%,藤蔓鲜质量分别比对照(142.69 g)提高 63.30%,109.06% 和 55.01%;B_1,B_2 和 B_3 的藤蔓长度分别比对照提高 17.07%,36.39% 和 19.81%,藤蔓鲜质量分别比对照提高 67.05%、97.76% 和 62.55%,与对照差异均达极显著水平($P<0.01$),不同水平间差异极显著($P<0.01$)。A_2 和 B_2 为最佳水平组合,藤蔓长度比对照提高 51.34%,鲜质量提高 114%。用 750 倍稀释液浸渍种苗基部 1 h,可显著促进紫色肉甘薯藤蔓的生长。

95. 紫色甘薯多糖对荷瘤小鼠抗肿瘤活性的影响.叶小利,李学刚,李坤培.西南师范大学学报(自然科学版),2005,30(2):333～336.

以荷瘤 S_{180} 小鼠为实验对象,研究了紫色甘薯多糖对 S_{180} 荷瘤小鼠肿瘤的体内抑制、免疫器官的影响。结果表明:紫色甘薯多糖对 S_{180} 荷瘤小鼠的抑瘤率可达 40% 左右($P<0.01$);低剂量的紫色甘薯多糖与 5-氟尿嘧啶(5-FU)配伍使用,能提高荷瘤小鼠抑瘤率,对 5-FU 所致的荷瘤小鼠胸腺、脾脏质量萎缩有明显的保护作用,对白细胞的减少有一定的拮抗作用。

96. "渝苏 303"甘薯离体形态发生过程中生理生化特性的变化.龚一富,高峰,杨贤松.作物学报,2005,31(6):749～754.

甘薯茎段、叶片和叶柄在附加有 1.0 mg/L NAA 的 MS 培养基中培养 5 d 可产生大量的不定根,培养 20 d 茎段和叶片分化出不定芽。本文以甘薯品种"渝苏 303"为材料,研究了甘薯外植体在不定根和不定芽分化过程中可溶性蛋白质含量、过氧化物酶(POD)和超氧化物酶(SOD)活性的变化,以及可溶性蛋白质和 SOD 同工酶酶谱的变化。结果表明,在甘薯叶片外植体不定根分化过程中,POD 活性呈上升趋势,而可溶性蛋白质含量和 SOD 活性呈下降趋势。在不定芽形成过程中,可溶性蛋白质含量呈下降趋势,而 POD 和 SOD 活性呈上升趋势。可溶性蛋白质和同工酶酶谱分析表明,在甘薯茎段离体形态发生过程中出现了 3 条新的可溶性蛋白质谱带,且谱带颜色逐渐变深。在不定根形成前,POD 同工酶酶带为 8 条,而在不定根开始形成时及形成以后,出现了 3 条新的 POD 同工酶酶带,其 R_f 值分别为 0.50,0.67 和 0.68。

97. 甘薯新品种"渝苏 151"选育研究.付玉凡,张启堂,杨春贤,等.西南师范大学学报(自然科学版),2005,30(4):707～710.

1999 年至 2000 年重庆市甘薯新品种区域试验中,甘薯新品种"渝苏 151"鲜薯产量 36.379 t/hm²,藤叶产量 23.188 t/hm²,生物鲜产量 59.433 t/hm²,薯干产量 9.721 t/hm²,生物干产量 12.633 t/hm²。该品种萌芽性好,结薯较早,大、中薯率 90% 以上,薯块烘干率 27.02%,出粉率 13.90%,抗黑斑病,贮藏性好。

98. 重庆市主栽优良甘薯品种的茎尖培养脱毒研究.邓暑燕,陈永文,杨贤松,等.西南师范大学学报(自然科学版),2005,30(4):711~714.

选用重庆市大面积推广的优良甘薯品种进行茎尖脱毒离体培养试验。结果表明:对来源于薯块萌发芽的茎尖进行组织培养,其成苗率最高,达 53.2%;连续两次进行茎尖培养可明显增强脱毒效果;对于甘薯病毒病的检测,反转录 PCR 法(RT-PCR)比硝化纤维素膜酶联免疫吸附检测法(NCM-ELISA)更灵敏和可靠。

99. 日本引进的紫色甘薯品系的同工酶分析.杨贤松,魏琦超,李坤培,等.西南师范大学学报(自然科学版),2005,30(5):920~924.

采用聚丙烯酰胺凝胶电泳技术,以"山川紫"甘薯品种为参照品种,对从日本引进的 15 个紫色甘薯品系进行了淀粉酶(AMY)、过氧化物酶(POD)、细胞色素氧化酶(CYT)3 种酶同工酶的测定和分析。结果表明:紫色甘薯不同器官的同工酶酶谱具有特异性,叶片的同工酶最稳定且最具代表性;所有供试材料在 3 个同工酶系统中均有共同的谱带,也有特异的谱带。酶谱的聚类分析表明,"山川紫"和新引进的日本紫色甘薯品系之间的亲缘关系相对较远;在新引进的日本紫色甘薯中,A 组中 A_1,A2,A7 3 个品系之间以及 A3,A4,A6 3 个品系之间的亲缘关系很近;B 组中 B1-B4 与 B7-B8 的亲缘关系很近。

100. 甘薯 SRAP 连锁图构建淀粉含量 QTL 检测.吴洁,谭文芳,何俊蓉,等.分子植物育种,2005,3(6):841~845.

SRAP 标记(Sequence-related amplified polymorphism,序列相关扩增多态性)是由 Li 和 Quiros 发展的一种新的分子标记技术。SRAP 标记具有简便、稳定、中等产率、在基因组中分布均匀的特点,已被广泛利用。本实验利用甘薯高淀粉品种"绵粉 1 号"与甘薯低淀粉品种"红旗 4 号"杂交 F_1 代分离群体,根据淀粉含量,选择 F_1 代分离群体中高、低淀粉含量极端类型材料各 23 个构成选择性基因型子群体。构建的连锁图包括 21 个 SRAP 标记和 9 个连锁群(母本 4 个连锁群,父本 5 个连锁群)。复合作图检测到 1 个淀粉含量 QTL,"红旗 4 号"的加性效应增加淀粉 6.37%,解释表型变异的 20.1%。

101. Characterization and immunostimulatory activity of an (1→6)-a-D-glucan from the root of *Ipomoea batatas*. Zhao GH, Kan JQ, Li ZX, et al. *International Immunopharmacology*, 2005, 5(9):1436~1445.

The polysaccharide PSPP (purified sweet potato polysaccharide), isolated and purified from the roots of *Ipomoea batatas*, was found to be a glucan with a molecular weight of 53.2 kDa and specific rotation of +115.0° (ca. 0.80, H_2O). On the basis of methylation analysis, periodate oxidation, Smith degradation, infra red spectroscopy, and ^{13}C NMR, the polysaccharide was confirmed as a (1→6)-alpha-D-glucan. We evaluated the effects of polysaccharide PSPP on the in vivo immune function of mouse. Mice were treated with the polysaccharide PSPP (50, 150, and 250 mg/kg body weight) for 7 days. Phagocytic function, proliferation of lymphocytes, natural killer cell activity, hemolytic activity, and serum IgG concentration of the mice were studied. At the dose of 50 mg/kg, significant increments in proliferation of lymphocytes ($P<0.05$) and serum IgG concentration ($P<0.05$) were observed. At the dose of 150 and 250 mg/kg, significant increments ($P<0.01$ or $P<0.05$) were observed in all tested immunological indexes. A dose-dependent manner was demonstrated in phagocytic function, hemolytic activity, and serum IgG concentration, but not in proliferation of lymphocytes and natural killer cell activity. This suggests that PSPP improves the immune system and could be regarded as a biological response modifier.

102. 甘薯质膜相对透性和水分状况与品种抗旱性的关系.张明生,戚金亮,杜建厂,等.华南农业大学学报,2006,27(1):69~75.

对水分胁迫下甘薯植株质膜相对透性(RPP)和水分状况与品种抗旱性关系的研究结果表明,水分胁迫下不同甘薯品种叶片的 RPP 和水分饱和亏(WSD)均明显增大,叶片相对含水量(w_{RW})、自由水与束缚水含量比值(w_f/w_b)及藤叶与块根含水量比对照均不同程度下降。w_{RW} 与品种抗旱性呈极显著正相关($r=0.908\,0,P<0.01$),RPP、WSD、w_f/w_b 及块根含水量的相对值与品种抗旱性均呈极显著负相关($r=-0.893\,7\sim-0.679\,7,P<0.01$),藤叶含水量的相对值与品种抗旱性间的相关性不显著($r=-0.367\,5,P=0.177\,8$)。因此,除藤叶含水量外,其余指标均可用于甘薯品种抗旱性的评定。

103. 甘薯打浆青贮及薯用浓缩料养猪试验.颜宏,罗世勤,李晓泉.四川畜牧兽医,2006,(2):23~24.

甘薯除去泥杂,打浆用塑料薄膜青贮,检测 pH,于贮后 30 d 饲用。选取 50 kg 左右的长×荣杂交猪 40 头,公母各半,随机分为 4 组,互为对照,在以青贮甘薯或熟薯为主的日粮中添加薯用浓缩饲料进行饲养试验。结果表明:青贮薯 30~360 d,pH 保持在 3.5 左右,保持原料色泽和营养,有酸香味;试验 3 组猪比 1 组、2 组、4 组日增重分别高 28 g,220 g,191 g,3 组与 1 组差异不显著($P>0.05$);3 组与 2 组、4 组差异极显著($P<0.01$);1 组比 2 组、4 组日增重分别高 192 g,163 g,差异极显著($P<0.01$);2 组与 4 组差异不显著($P>0.05$)。甘薯打浆青贮,减少了贮存损失,保持了原营养,可直接使用,节省燃料。添加薯用浓缩料,补充了以甘薯为主要日粮的蛋白质的不足,平衡了日粮营养,提高了饲料利用率和经济效益。

104. 套作甘薯的高产栽培试验研究.吕长文,唐道彬,王季春.耕作与栽培,2006,(1):7,20.

试验采用正交组合设计,研究了在麦玉苕套作模式下甘薯品种"豫薯王"的高产栽培技术措施。研究结果表明,栽插期对甘薯产量的影响最大,且于 5 月 25 日,以 45 000 株/hm^2 的密度和 4 个节段的尖节苗进行栽插,并施用 480 kg/hm^2 钾肥的处理组合薯块产量最高,可达 29 175 kg/hm^2。

105. 基因活化剂对甘薯蒸腾速率和水分利用率的影响.汤绍虎,周启贵,李坤培,等.西南农业大学学报(自然科学版),2006,28(1):22~24.

基因活化剂使用浓度(A)设 3 个水平:375×(A$_1$),750×(A$_2$),1 500×(A$_3$)稀释液;使用时间(B)设 4 个水平:浸渍种苗基部 1 h(B$_1$)和 1 次(B$_2$),2 次(B$_3$),3 次(B$_4$)叶面追肥。第 3 次追肥 1 个月后测定各处理的光合速率和蒸腾速率,计算水分利用率。结果表明,蒸腾速率 A$_1$ 比对照低 1.36%,A$_2$ 和 A$_3$ 比对照分别高 18.10% 和 16.93%,水分利用率 A$_1$,A$_2$ 和 A$_3$ 分别比对照提高 28.30%,8.47% 和 5.94%;蒸腾速率 B$_1$,B$_2$,B$_3$ 和 B$_4$ 分别比对照提高 13.84%,5.23%,11.27% 和 14.55%,水分利用率分别比对照提高 9.85%,21.64%,11.19% 和 14.27%,与对照差异均达显著水平($P<0.05$)。A$_1$B$_2$ 为最佳水平组合,蒸腾速率比对照降低 9.79%,水分利用率比对照提高 49.45%。即用 375 倍的基因活化剂浸渍种苗基部 1 h 再追肥 1 次,可显著降低紫色甘薯的蒸腾速率和提高其水分利用率。

106. 高淀粉甘薯新品种"万薯 34"优化栽培技术.刘文惠,王良平,徐茜.西南农业学报,2006,19(1):40~43.

为了摸清高淀粉甘薯新品种"万薯 34"最佳配套高产栽培技术,为该品种的大面积推广和增产增收提供科学依据,试验以"万薯 34"原种为试材,采用四元二次回归正交旋转设计方法,对"万薯34"在栽植密度和施用氮、磷、钾肥料对品种的影响进行了研究。研究结果表明:"万薯34"的最佳综合配套高产栽培技术是:5月中下旬栽插,密度为4 500~5 000株/667 m² 在中等肥力的田块里种植,667 m² 施尿素8~12 kg,过磷酸钙28~35 kg,氯化钾38~48 kg。立冬前后收获,可获得鲜薯3 000 kg/667 m²,藤叶2 300 kg/667 m² 以上的产量。

107. 甘薯植株形态、生长势和产量与品种抗旱性的关系.张明生,谢波,戚金亮,等.热带作物学报,2006,27(1):39~42.

对水分胁迫下甘薯(*Ipomoea batatas* Lam.)植株形态、生长势和产量性状等指标与品种抗旱性关系的研究结果表明,水分胁迫下不同甘薯品种叶片厚度(包括栅栏组织、海绵组织的厚度及叶片总厚度)、藤叶和块根烘干率比对照均有所增加,叶片大小、叶面积指数(LAI)、比叶面积(SLA)、主蔓长、主蔓粗、节间长、藤叶和块根重量(鲜、干重)均不同程度减小。栅栏组织厚度、经济系数、LAI、分枝数、块根干重及块根烘干率的相对值(占对照%)与品种抗旱性呈显著或极显著正相关($r = 0.556 6 ~ 0.935 2$;$P < 0.05, 0.01$),主蔓长、节间长及SLA的相对值与品种抗旱性呈显著或极显著负相关($r = -0.528 9 ~ -0.733 7$;$P < 0.05, 0.01$),带有直立或缠绕性株型的比纯粹匍匐型品种的抗旱性强。

108. 提高甘薯淀粉中抗消化淀粉含量的技术研究.刘雄,阚建全,陈宗道,等.中国粮油学报,2006,21(3):83~86.

抗消化淀粉是一种具有保健功能的淀粉,老化淀粉是制备抗消化淀粉最主要的方法。本文研究了酶水解预处理和冷冻解冻循环处理对甘薯老化淀粉中抗消化淀粉形成的影响,得到了提高甘薯淀粉中抗消化淀粉含量的适宜的工艺路线和参数,先用300 U/g 淀粉的普鲁兰酶水解2 h,再用10 U/g 淀粉的α-淀粉酶水解0.5 h,浓度为12%的酶处理淀粉胶在4 ℃条件下老化20 h后,再经冷冻(−20 ℃,2 h)—解冻(50 ℃,30 min)—老化(4 ℃,6 h)循环处理3次,淀粉中RS含量可达31.21%。实验结果表明,甘薯淀粉通过普鲁兰酶和α-淀粉酶复合水解处理和冷冻解冻循环处理能明显提高老化淀粉中抗消化淀粉的含量。

109. 基因活化剂对紫色甘薯根系生长的影响.周启贵,汤绍虎,李坤培,等.西南师范大学学报(自然科学版),2006,31(3):139~142.

基因活化剂使用浓度(A)设3个水平:375×(A_1),750×(A_2),1 500×(A_3),处理时间(B)设3个水平:浸渍尖梢苗基部0.5 h(B_1),1 h(B_2),2 h(B_3),处理后培养在改良 Hoagland 培养液中,5 d后测定根系长度和面积。结果表明,A_1,A_2 和 A_3 的根系长度分别比对照(177.88 cm)提高了0.88倍、1.34 倍和0.89 倍,根系面积分别比对照(9.57 cm²)提高了1.70 倍、5.09 倍和1.45 倍;B_1,B_2 和 B_3 的根系长度分别比对照提高了0.91倍、1.31 倍和0.90 倍,根系面积分别提高了3.94 倍、2.39 倍和1.93 倍,与对照差异均达显著水平($P < 0.05$),不同水平间差异极显著($P < 0.01$)。$A_2 B_2$ 是最佳水平组合,其根系长度比对照提高了1.38倍,根系面积提高了4.91 倍。用750 倍基因活化剂浸渍尖梢苗基部1 h,可显著促进紫色甘薯的根系生长。

110. 甘薯近缘野生植物的开花特性研究.赵昕,张启堂,付玉凡,等.西南师范大学学报(自然科学版),2006,31(3):143~147.

对2个甘薯野生种和4个甘薯种间体细胞杂交种的开花性及其特征特性进行总结:甘薯种间体细胞杂种"北农5501""北农5521""北农5522""北农5502"和6倍体野生种(*I.trifida*)在重庆容易开花,且单株开花数分别为10.7,9.1,7.0,4.9,5.4 朵,而4倍体野生种(*I.littoralis*)不易开花,开花数仅为1.4 朵。表明4个种间体细胞杂种和6倍体野生种的形态特征更接近于甘薯品种。

111. 紫色甘薯生长过程中花色素含量变化研究.明兴加,李坤培,叶小利,等.西南师范大学学报(自然科学版),2006,31(4):162～166.

研究了紫色甘薯不同生长期花色素、游离氨基酸、蛋白质的含量变化及苯丙氨酸解氨酶的活力变化,结果表明,花色素的积累与蛋白质含量变化呈反比,与苯丙氨酸解氨酶活力呈正比,与游离苯丙氨酸的含量呈反比。根据花色素等的变化确定 10 月下旬是紫色甘薯的最佳收获期,为紫甘薯产业化开发提供优质原料。

112. 紫色甘薯水提液对小鼠抗疲劳的研究.李靖文,叶小利.西南农业大学学报(自然科学版),2006,28(4):656～658.

以小鼠为动物模型,按体重随机分为对照组,紫色甘薯低(2 g/kg)、中(4 g/kg)和高(8 g/kg)剂量组,研究了紫色甘薯水提液对小鼠负重游泳时间、耐寒能力及负重游泳后血清尿素和氮乳酸含量及肝糖原贮量的影响。实验结果表明,给小鼠连续灌胃 30 d 紫色甘薯水提液后,能显著地增加小鼠负重游泳的时间和耐寒能力;同时能显著降低游泳后血清中尿素氮和乳酸的增加量,以及显著增加小鼠肝糖原的贮量。说明紫色甘薯水提液对小鼠具有显著的抗疲劳作用。

113. 甘薯新品种"苏薯 192"在重庆的生产力及其主要经济性状表现.曾令江,张启堂,付玉凡,等.西南师范大学学报(自然科学版),2006,31(6):121～125.

在 2000～2002 年的重庆市区域试验和长江流域薯区区域试验重庆试点中,与对照品种"南薯 88"比较,"苏薯 192"鲜薯产量增产 13.86%～34.51%。薯干产量分别增产 7.54% 和减产8.81%;其中,重庆市区试生物鲜产量增产 16.54%,淀粉产量增产 7.45%,藤叶产量减产 1.00%;在 2002 年的生产试验中也表现鲜薯产量增产、薯干产量减产。该品种萌芽性好,结薯较早,上薯率高,贮藏性较好,薯肉橘黄色,宜作薯脯类食品加工的原料品种和兼作饲料用品种种植。

114. Molecular cloning and characterization of the polyphenol oxidase gene from sweetpotato. Liao Z.H., Chen R, Chen M., et.al. *Molecular Biology*, 2006, 40(6): 907～913.

Polyphenol oxidase is the enzyme responsible for enzymatic browning in sweetpotato that decreases the commercial value of sweetpotato products. Here we reported the cloning and characterization of a new cDNA encoding PPO from sweetpotato, designated as *IbPPO* (GeneBank accession number: AY822711). The full-length cDNA of *IbPPO* is 1 984 bp with a 1 767 bp open reading frame (ORF) encoding a 588 amino acid polypeptide with a calculated molecular weight of 65.7 kDa and theoretical pI of 6.28. The coding sequence of *IbPPO* was also directly amplified from the genomic DNA of sweetpotato that demonstrated that *IbPPO* was an intron-free gene. The computational comparative analysis revealed that *IbPPO* showed homology to other PPOs of plant origin and contained a 50 amino acid plastidial transit peptide at its N-terminal and the two conserved CuA and CuB copper-binding motifs in the catalytic region of *IbPPO*. A highly conserved serine-rich motif was firstly found in the transit peptides of plant PPO enzymes. Then the homology based structural modeling of *IbPPO* showed that *IbPPO* had the typical structure of PPO: the catalytic copper center was accommodated in a central four-helix bundle located in a hydrophobic pocket close to the surface. Finally, the results of the serniquantitative RT-PCR analysis of *IbPPO* in different tissues demonstrated that *IbPPO* could express in all the organs of sweetpotato including mature leaves, young leaves, the stems of mature leaves (petioles), the storage roots, and the veins but at different levels. The highest-level expression of *IbPPO* was found in the veins, followed by storage roots, young leaves and mature leaves; and the lowest-level expression of *IbPPO* was found in petioles. The present researches will facilitate the development of antibrown sweetpotato by genetic engineering.

115. 紫肉甘薯与普通甘薯的产量与农艺性状特征差异研究.傅玉凡,叶小利,陈敏,等.西南大学学报(自然科学版),2007,29(2):61~65.

对紫肉甘薯和普通甘薯的产量与农艺性状的鉴定和比较结果表明:紫肉甘薯群体的藤叶产量、单株分枝数、单株结薯数、干物质含量、淀粉含量与普通甘薯差别不大,而鲜薯产量特别低,上薯率低,熟食品质差,藤蔓明显较长,薯块色素含量高。这些结果将为紫肉甘薯的进一步研究、育种、栽培与产业化开发提供一定科学依据。

116. 不同甘薯脱毒苗对蔗糖浓度的特异性反应分析.周全卢,王季春,宋朝建.耕作与栽培,2007,(2):3~5.

试验采用不同类型(不同干率和产量进行分类)的甘薯品种和蔗糖用量进行随机分组试验,研究了不同类型的甘薯组培苗在不同糖浓度下的反应,结果表明:不同类型在繁殖系数和株高上的差异都非常明显,且都与产量有一定的关系;生根数在不同类型间差异不明显。MS+30 g糖能较好地提高甘薯组培苗的繁殖系数和促进植株增高,在后期的作用更为明显;发根条数在3种糖浓度下差异不明显,存在一定的高糖抑制效应。

117. 不同栽培措施对甘薯产量的影响.宋朝建,吕长文,王季春,等.耕作与栽培,2007,(2):6,63。

试验采用正交回归组合设计,研究了栽插密度、施钾水平、薯蔓搭架、薯蔓摘心等因素对高淀粉甘薯品种"YWS"产量的影响。结果表明,只有薯蔓搭架处理与施钾水平达到极显著水平,其中薯蔓搭架处理对产量的影响作用最大,最佳组合是栽插密度 2 810 株/677 m²,施钾 20 kg/667m²,搭架高度 1.50 m,去除主茎茎尖 7 个节间。

118. 中西结合对黑斑病甘薯中毒的临床诊治.毛世香.畜禽业,2007,(218):43~44.

甘薯又称红薯,有的地方称白薯、山芋、地瓜。黑斑病甘薯中毒多发生于牛,也可发生于羊。近年来有不少地方报道猪吃了患病甘薯或其加工后的残渣等,同样可引起中毒。以小猪发病为严重,而 100 kg 以上大猪仅个别的表现有腹痛、腹胀症状,主要以呼吸喘粗,张口呼吸,流白泡沫,皮下全肿,类便或结或泻等为主证。

119. 转 10 kD 玉米醇溶蛋白基因甘薯蛋白质及农艺性状分析.毕瑞明,高峰.生物技术,2007,17(3):33~36.

目的:检测转 10 kD 玉米醇溶蛋白基因甘薯蛋白质及农艺性状的变化,初步证明外源目的基因在转基因甘薯中能够表达。方法:以转基因甘薯和非转基因甘薯无菌苗及田间栽培苗为试材,对两者叶片、叶柄、茎、根不同器官醇溶性和水溶性蛋白质含量,以及田间栽培中植株农艺性状的变化做了比较研究。结果表明:离体培养 20 d 转基因植株根中醇溶性蛋白质含量较对照增加了330.43%,是对照的 4.3 倍;田间栽培 45 d 转基因植株叶片、茎、根中醇溶性蛋白质含量分别是对照植株的8.38 倍、4.60 倍、5.19 倍,较对照分别高出 738.30%,360.26%,418.60%;田间栽培中转基因植株的形态及生长状况分析表明,转基因植株中外源遗传物质的存在对植株生长状况影响不显著。结论:初步证实了转基因甘薯中外源目的基因能够特异表达。

120. 紫色甘薯的生理活性及开发应用研究进展.明兴加,李坤培,张明,等.食品研究与开发,2007,128(7):144~147.

紫色甘薯含有丰富的营养物质,对人体具有较高的营养价值。近年来的药理研究表明,紫色甘薯花色素还具有抗氧化、保肝、降压和改善视力等功能,可保人体健康长寿。就十多年来国内外对紫色甘薯生理活性的研究进行综述,为紫色甘薯的开发利用提供参考。

121. 甘薯品种的 SRAP 遗传多样性分析.郝玉民,郭兰,韩延闯,等.武汉植物学研究,2007, 25(4):406~409.

利用分子标记 SRAP 技术,对 36 个甘薯品种进行了 DNA 多态性分析。选取 6 对引物扩增甘薯基因组 DNA,共获得 112 条带,其中 110 条为多态性条带,平均每对引物提供 18 个标记信息。由 UPGMA 方法得到的聚类分析结果表明了 36 个品种间的遗传关系。相似系数在 0.62~0.92 之间,品种间有较高的遗传相似性;在聚类树中,亚洲品种和美洲品种之间没有明显的遗传分化,表明甘薯品种间没有明显的地理差异;近缘野生种与育成品种聚在一起,没有明显的遗传分化,这意味着它们之间有较高的遗传相似度;中国育成品种聚在一起,表明它们之间的遗传相似度很高。

122. 甘薯(*Ipomoea batatas* L.Lam.)遗传转化几个因素的研究.毕瑞明,高峰.生物技术, 2007,17(4):55~58.

目的:提高甘薯的遗传转化率,为建立快速高效的甘薯遗传转化体系奠定基础。方法:以甘薯多个优良栽培品种无菌苗茎切段为受体,利用农杆菌 LBA4404/pSP10Z 做介导,研究了影响甘薯转化的几个因素。结果:接种侵染时间对转化效率影响很大,以 2~15 min 为宜,最高转化率可达32.14%;不同基因型的转化受体之间转化率差别较大;在培养过程中最后 30 min 加入终浓度为 50 μmol/L AS 的接种菌侵染的外植体,转化率较对照提高了 2.02 倍;共培养培养基中加入终浓度为 50 μmol/L 的 AS,转化率较对照组提高了 6.11 倍;AS 终浓度为 50 μmol/L 同时 pH 为 4.8的共培养培养基有利于转化的发生,转化率较对照组提高了 1.73 倍;共培养培养基中脯氨酸的添加并不能提高转化率。结论:该研究为快速高效甘薯遗传转化体系的建立提供了依据。

123. 几个因素对紫肉甘薯食用品质的影响.傅玉凡,罗勇,陈珠,等.西南大学学报(自然科学版),2007,29(8):55~59.

通过 DPS 逐步回归分析来研究鲜薯产量、薯块的干物质、花色苷、可溶性糖的含量等因素对紫肉甘薯食用品质的影响。结果表明:薯块干物质含量与食用品质中的水分、质地呈显著正相关,花色苷含量与食用品质中的水分、质地呈显著负相关,而鲜薯产量和可溶性糖含量与食用品质无显著相关性。质地与影响食用品质的风味、纤维、一般评价等评定指标显著正相关,而水分只与一般评价指标显著正相关。因此,主要通过对"质地"评定指标的作用,薯块的干物质和花色苷含量是影响紫肉甘薯食用品质的主要因素。

124. 紫肉甘薯花色苷含量的变化规律及其与主要经济性状的相关分析.傅玉凡,陈敏,叶小利,等.中国农业科学,2007,40(10):2185~2192.

研究紫肉甘薯块根花色苷含量在生育过程中和品种间的变化规律及其与主要经济性状的相关性。栽插后 20,40,60,80,100,120 及 140 d 调查 13 个紫肉甘薯品种的花色苷含量、最长蔓长,分枝数,结薯数,茎、叶、块根干物质含量,块根鲜重、块根干重、茎鲜重、茎干重、叶鲜重、叶干重,茎叶鲜重、茎叶干重,分析整株鲜重、整株干重,茎、叶、块根干重占整株干重的百分比等 20 个经济性状以及花色苷含量变化与其余 19 个经济性状的变化和 10 个产量性状日增长量的相关性。结果表明:紫肉甘薯块根花色苷含量在生育过程中存在缓慢增加型、波动变化型和曲折上升型 3 种变化类型,对最长蔓长、分枝数、块根鲜重、块根干重、光合产物的分配等经济性状的发育有不同的生物学响应;品种间的花色苷含量在 20 d 以后逐渐产生显著差异,在 40~100 d 完成类型分化,与品种的分枝数、块根鲜重、块根干重、光合产物在块根中的分配比例显著负相关,与块根干物质含量、最长蔓长、茎鲜重、茎干重、整株干重及光合产物在叶中的分配比例显著正相关;花色苷日增长量与块根干重日增长量显著负相关,花色苷积累与块根膨大、干物质积累存在竞争关系,这种竞争关系在不同品种中得到不同解决。因此,由于花色苷积累与干物质积累存在的竞争关系在不同品种中的协调不同,紫肉甘薯品种间的花色苷含量在生育过程中产生显著差异和分化,存在缓慢增加、波动变化和曲折上升 3 种变化类型。花色苷含量的这些变化与主要经济性状有不同的相关关系。

125. 甘薯近缘野生种 *Ipomoea trifida*(4×)GISH 分析.向素琼,汪卫星,李晓林,等.作物学报,2008,34(2):341~343.

以甘薯近缘野生种 *I. trifida*(2×)为探针,与 *I. trifida*(4×)2 个株系"695104"和"697288"的体细胞染色体进行基因组荧光原位杂交,结果显示,2 株系都与 *I. trifida*(2x)有很近的亲缘关系,但 2 株系的信号存在差异。"695104"几乎所有染色体整条都有均匀明亮的信号,应为 *I. trifida*(2×)基因组直接加倍而来;而"697288"与"695104"不同,虽然各条染色体也均有杂交信号,但信号的区域与亮度有差异,较为复杂,可分为三种情况。第 1 种是整条染色体有均匀明亮的信号,亮度与分布区域同"695104",有 41 条;第 2 种是几乎整条染色体有信号,但亮度较第 1 种暗,有 14 条;第 3 种为染色体部分区域有信号,亮度较前两者更暗,有 5 条。推测"697288"是在加倍同时或之后又发生了基因组重组与部分变异。

126. 基因活化剂对紫肉甘薯根系活力的影响.汤绍虎,周启贵,龙云,等.西南大学学报(自然科学版),2008,30(4):92~95.

基因活化剂使用浓度(A)设 3 个水平:375×(A_1)、750×(A_2)和 1 500×(A_3)稀释液,处理时间(B)设 3 个水平:浸渍薯秧基部 0.5 h(B_1)、1 h(B_2)和 2 h(B_3),处理后培养在改良 Hoagland 培养基中,12 d 后测定根系 α-萘胺氧化速率、NO_3^- 和 K^+ 吸收速率。结果表明:A_1,A_2 和 A_3 的 α-萘胺氧化速率分别比对照[98.46μg/(g·h)]提高 2.99,5.92 和 2.37 倍;NO_3^- 吸收速率分别比对照[0.23 mg/(株·h)]提高 0.51,1.14 和 0.66 倍;K^+ 吸收速率分别比对照[0.12 mg/(株·h)]提高 1.73,2.73 和 1.16 倍。与对照相比,B_1,B_2 和 B_3 的 α-萘胺氧化速率分别提高 5.50,3.29 和 2.49 倍;NO_3^- 吸收速率分别提高 0.60,1.09 和 0.63 倍;K^+ 吸收速率分别提高 1.57,2.66 和 1.40 倍。因素 A、B 与对照差异达极显著水平,不同水平间差异极显著($P<0.01$)。A_2B_2 是最佳水平组合,即用 750 倍的基因活化剂浸渍薯秧基部 1 h,可显著提高紫肉甘薯的根系活力,α-萘胺氧化速率、NO_3^- 和 K^+ 吸收速率比对照分别提高 5.75,1.51,3.52 倍。

127. 嫁接对几个不同肉色甘薯品种产量影响的研究.李明,孙富年,黄元射,等.西南大学学报(自然科学版),2008,30(4):62~66.

研究了"渝紫 263"等 5 个不同肉色甘薯品种进行交互嫁接的鲜薯产量和薯干产量的影响效应,结果表明:鲜薯产量和薯干产量的砧木效应和砧木×接穗互作效应均达极显著,接穗效应不显著;在 20 个嫁接组合中,以"2-19-99×2-I19-43"嫁接组合的鲜薯产量和薯干产量最高,显著高于其他 19 个嫁接组合。紫肉甘薯各自作砧木或接穗的嫁接组合,块根产量受到砧木和接穗交互作用的共同影响,但砧木自身的遗传特性是影响鲜薯产量和薯干产量的决定性因素,接穗对鲜薯产量和薯干产量的影响比砧木小。

128. 甘薯块根生长过程中淀粉含量的变化.傅玉凡,梁媛媛,孙富年,等.西南大学学报(自然科学版),2008,30(4):56~61.

对 9 个甘薯品种栽后 50 d、85 d、108 d、136 d 和 167 d 块根淀粉含量及其动态变化测定与分析的结果表明,甘薯块根淀粉含量在生长过程中表现为不断增加的总趋势,但在栽插后的 50~85 d 和 108~136 d 两个阶段变化程度最大,变化速率最快,其余阶段除个别品种以外,变化不大,表现较为稳定。

129. 甘薯种质资源的遗传多样性分析.易燧波,岑亮,郭小路,等.西南大学学报(自然科学版),2008,30(4):156~162.

采用聚丙烯酰胺凝胶电泳技术,对109份甘薯种质资源进行超氧化物歧化酶(SOD)、酯酶(EST)、多酚氧化酶(PPO)3种同工酶的测定和分析。结果表明,甘薯不同器官的同工酶酶谱具有特异性,叶片的同工酶最稳定且最具代表性。酶谱类型极丰富,具有良好的多态性。聚类结果显示,第一大类包含半数以上品种,其中以国内品种为主;所有农家种被聚在一个中等类群中;美国引进品种在聚类图中非常分散;日本引进品种大多独立聚在一类,亲缘关系较近。

130. 紫色甘薯液体培养体系的建立.刘良勇,周伟,张兴春,等.河南农业科学,2008,(5):30~32.

以紫色甘薯品种"山川紫"为试材,对影响紫色甘薯在液体培养条件下生长的因素进行了研究。结果表明,在Hoagland培养液中培养,紫色甘薯植株中部茎段的插条生长状况显著好于顶部或基部茎段的插条;在以清水、1/4 Hoagland、1/2 Hoagland、Hoagland、1/4MS、1/2MS和MS为培养液进行紫色甘薯液体培养时,以1/2 Hoagland的培养效果最佳。建立的紫色甘薯的液体培养体系具有生长一致,环境可控,取材方便等优点。

131. 基于甘薯毛状根的外源多基因表达系统的建立.黄元射,彭梅芳,李明,等.西南大学学报(自然科学版),2008,30(6):73~77.

用携带植物高效表达载体pCAMBIA1304$^+$的"解除武装"的重组C58C1工程菌转化甘薯新品种"渝苏303"无菌苗的真叶,50个外植体中的36个长出了毛状根,诱导率达72%。PCR检测证实发根型质粒pRiA4和表达型质粒pCAMBIA1304$^+$均能整合到甘薯毛状根基因组内,共转化率达36%。建立了基于发根农杆菌介导的甘薯毛状根的高效外源基因表达系统,为利用甘薯毛状根快速验证基因功能和将多个外源基因导入甘薯,实现其代谢工程及开展分子育种奠定了基础。

132. 不同蔬菜型甘薯在不同种植密度下茎尖产量和品质.孙富年,黄元射,李明,等.江苏农业学报,2008,24(3):312~315.

蔬菜型甘薯的茎尖产量、品质及经济效益在不同品种间存在很大的差异,与普通甘薯品种"南薯88"相比,"渝菜1号"的茎尖产量和新增产值最高,且多酚氧化酶活性低,营养品质优。不同种植密度试验结果表明,高密度(104 948株/hm^2)栽培条件下各参试品种(系)的茎尖产量均比低密度(52 474株/hm^2)栽培条件下高,各品种(系)高密度栽培条件下的新增产值平均比低密度栽培条件下的高15 647.68元/hm^2。

133. 甘薯叶菜型品种蔓尖产量构成分析.王卫强,傅玉凡,伍加勇,等.西南农业学报,2008,21(5):1366~1369.

对7个甘薯叶菜型品种2006~2007年的蔓尖产量和叶片、叶柄、茎占蔓尖产量的比例及其在品种与不同采收期间的变化的研究表明,甘薯蔓尖产量在不同的品种和采收期间有显著差异,叶片占蔓尖产量的50%左右,它在采收期间的变化大于品种间的变化,而叶柄和茎各占25%,它在品种间的变化大于采收期间的变化。由于叶片营养成分高于叶柄和茎,因此,叶片在蔓尖的产量和品质中占有重要地位。对甘薯叶菜型品种蔓尖产量构成的分析为甘薯叶菜型专用品种的选育、栽培和产业化提供了一定的科学依据。

134. 早熟高产食饲兼用型甘薯新品种"万薯7号"选育研究.王良平,乐正碧,黎华,等.种子,2008,27(11):113~117.

"万薯7号"是重庆三峡农业科学研究所从亲本"丰黄"集团杂交后代中选育出的甘薯新品

种,2002～2003 年在重庆市区试中,两年平均鲜薯和薯干产量分别比对照品种"南薯88"增产 23.85％和10.83％,通过重庆市区试;2004～2005 年在全国区试长江流域薯区中,两年平均鲜薯 和薯干产量分别比对照品种"南薯88"增产 10.78％和8.92％,通过全国区试;2006 年在江苏、湖 北、四川和重庆市全国大区生产试验中,鲜薯、薯干和淀粉产量分别比对照品种"南薯88"增产 22.10％,33.40％和38.30％,通过全国生产试验。该品种萌芽性优,幼苗生长健壮,植株单株分枝 较多,结薯早而整齐,薯块膨大快,大中薯率88％以上,薯块烘干率26％～28％,粗蛋白含量 3.51％(干样),淀粉含量63.64％(干样),可溶性糖10.96％(干样),熟食品质好,商品性好,耐贮性 较好,抗黑斑病,具有早熟、高产、优质、抗旱、抗病、适应区域广等特点,是食饲兼用型品种。

135. Study on the preparation of the super absorb water resin of starch-bentonite family. Yuan JH, Long YH, Lu MH. *Sichuan Daxue Xuebao*, 2008, 45 (6): 1375～1381.

We have prepared super absorb water resin (SAR) using sweet potato starch, bentonite, crylic acid as main raw materials and ammonium persulfate as excitate agent. After lots of experiments we got the conditions to prepare SAR: the pH of using NaOH to neutralize crylic acid is 6.5; the mass of starch is 5 g, the mass rate to starch and water is 1 : 5, the rate to starch and crylic acid is 5 g : 30 mL; the mass of bentonite is 2.0 g. The starch pasted temperature is 80 ℃, the graft reaction temperature is 60 ℃. The SAR can absorb 510 mL distilled water per gram and 55 mL NaCl solution (9％) per gram.

136. A new isopentenyl diphosphate isomerase gene from sweet potato: cloning, characterization and color complementation. Liao ZH, Chen M, Yang YJ, et al. *Biologia*, 2008, 63(2): 221～226.

Isopentenyl diphosphate isomerase (IDI, EC 5.3.3.2) catalyzes the revisable conversion of 5-carbon isopentenyl diphosphate and its isomer dimethylallyl diphosphate, which are the essential precursors for isoprenoids, including carotenoids. Here we report on the cloning and characterization of a novel cDNA encoding IDI from sweet potato. The full-length cDNA is 1155 bp with an ORF of 892 bp encoding a polypeptide of 296 amino acids, which was designated as *IbI-DI* (GenBank Acc. No: DQ150100). The computational molecular weight is 33.8 kDa and the theoretical isoelectric point is 5.76. The deduced amino acid sequence of *IbIDI* is similar to the known plant IDIs. The tissue expression analysis revealed that *IbIDI* expressed at higher level in sweet-potato's mature leaves and tender leaves than that in tubers, meanwhile, no expression signal could be detected in veins. Recombinant *IbIDI* was heterologously expressed in engineered *Escherichia coli* which led to the reconstruction of the carotenoid pathway. In the engineered *E. coli*, *IbIDI* could take the role of *Arabidopsis* IDI gene to produce the orange β-carotene. In summary, cloning and characterization of the novel IDI gene from sweet potato will facilitate our understanding of the molecular genetical mechanism of carotenoid biosynthesis and promote the metabolic engineering studies of carotenoid in sweet potato.

137. 紫色甘薯营养成分和药用价值研究进展.温桃勇,刘小强.安徽农业科学,2009,37(5): 1954～1956,2035.

紫色甘薯[*Ipomoea batatas*(L.)Lam.]是一种富含天然食用色素的独特甘薯。从 20 世纪 90 年代初在日本农林水产省九州农业试验场选育出的"川山紫"开始,紫色甘薯由于富含多种营养 成分,具有清除自由基抗氧化、预防和治疗心血管疾病等多种药用功能而在日本等发达国家得到广泛推广。就国内外对紫色甘薯各方面的研究,对其营养成分和药用价值进行论述,为在国内广泛推广种植紫色甘薯新品种提供重要依据。

138. 叶菜型甘薯蔓尖产量构成分析(英文).傅玉凡,王卫强,伍加勇,等.*Agricultural Science & Technology*,2009,10(3):88~91.

Total yields of vine tip of seven varieties of leaf-vegetable sweet potato during 2006~2007 were investigated; proportions of the weights of leaf, leaf stalk and stem in total vine tip yield and their changes among varieties and during topping stages were studied. The results showed that vine tip yields of sweet potato were significantly different among either varieties or topping stages; leaf yield accounted for about 51% of total vine yield, and changes in leaf yield among topping stages were higher than those among varieties; while yields of leaf stalk and stem each accounted for 25% of total vine tip yield, their changes among varieties were higher than those among topping stages. These results revealed the yield composition of vine tip of leaf-vegetable sweet potato, which provided scientific references for breeding and cultivating new leaf-vegetable sweet potato variety and its industrialization.

139. 甘薯块根可溶性糖含量在生长期间的变化研究.梁嫒嫒,傅玉凡,孙富年,等.西南大学学报(自然科学版),2009,31(6):20~25.

对9个甘薯品种在不同生长期块根可溶性糖含量的测定与分析表明,甘薯块根可溶性糖含量在整个生长期间的变化总趋势是生长前期(50 d左右)特别高,随后迅速降低,一般在100 d左右达到最低。生长中期稳定波动,生长末期再有缓慢上升。各生长期可溶性糖含量之间存在显著或极显著相关。该研究结果为甘薯育种和产业化开发提供了一定的科学依据。

140. 辛烯基琥珀酸甘薯淀粉酯的制备.刘勋,宋正富,胡敏,等.中国粮油学报,2009,24(8):70~73.

采用水相法制备辛烯基琥珀酸甘薯淀粉酯,详细研究了淀粉乳质量分数、辛烯基琥珀酸酐用量、温度、pH、反应时间等因素对产品取代度的影响。实验发现,在6%以下,辛烯基琥珀酸酐用量增加,产品取代度几乎呈线性增加。固定辛烯基琥珀酸酐用量为3%,通过正交实验确立了最佳工艺参数:淀粉乳质量分数35%、温度35 ℃、反应 pH 8.5、反应时间6 h,产品取代度0.016。

141. 增塑剂对甘薯淀粉膜机械及渗透性能的影响.谌小立,赵国华.食品工业科技,2009,30(6):255~258.

鉴于塑料食品包装带来的严重环境问题,研究可食、可降解的包装薄膜非常必要。本文以抗张强度、断裂伸长率、透湿性和透氧性为指标,研究增塑剂对甘薯淀粉膜性能的影响。结果表明,甘油和山梨醇的增塑效果优于聚乙二醇和蔗糖,使膜的断裂伸长率和透湿性更大,透氧性更小。甘油(浓度>5 g/100 g淀粉)可以显著降低甘薯淀粉膜的抗张强度,较高浓度甘油(浓度>10 g/100 g淀粉)可以显著改善甘薯淀粉膜的断裂伸长率。甘油的添加使甘薯淀粉膜的透湿性增加。较低浓度甘油(浓度≤7 g/100 g淀粉)的添加降低甘薯淀粉膜的透氧性,高浓度甘油(浓度>10 g/100 g淀粉)又使透氧性有所增加,但总体上用甘油增塑的淀粉膜的透氧性均比未增塑的对照膜的透氧性小。

142. 食品胶对甘薯淀粉膜机械及渗透性能的影响.吴佳敏,谌小立,赵国华.食品科学,2009,30(23):161~165.

本实验以抗张强度、断裂拉伸应变、透湿性和透氧性为指标,研究食品胶对甘薯淀粉膜性能的影响。结果表明,添加食品胶能够显著增加甘薯淀粉膜的抗张强度,当甘薯淀粉膜中羟丙基羧甲基纤维素(HPCMC)含量为 5 g/100 g 淀粉时,其抗张强度达 36.22 MPa,是对照膜(25.93 MPa)的 1.4 倍。添加羧甲基纤维素钠(CMC-Na)和魔芋葡甘露聚糖(KGM)可显著增加甘薯淀粉膜的透湿性,其他食品胶对甘薯淀粉膜的透湿性影响不显著,同时不同浓度的 HPCMC 对甘薯淀粉膜的透湿性的影响也不显著。添加 HPCMC、黄原胶和壳聚糖(5 g 胶体/100 g 淀粉)能够显著增加甘薯淀粉膜的透氧性,添加 KGM 能够显著降低淀粉膜的透氧性,CMC-Na 和甲基纤维素(MC)对透氧性影响不显著。高浓度 HPCMC(浓度>7 g/100 g 淀粉)能够降低甘薯淀粉膜的透氧性。当 HPCMC 含量为 10 g/100 g 淀粉时,淀粉膜的透氧性降低至 0.749×10^{-6} cm³·m/(m²·d·kPa),比对照膜降低了 67%。

143. 美国甘薯育种材料遗传多样性的 ISSR 分析. 吴觐宇,傅玉凡,张华玲,等. 江苏农业学报,2009,25(6):1243~1246.

对 25 份美国甘薯(*Ipomoea batatas* L. Lam.)品系及另外作为对照的 47 份甘薯种质资源进行 ISSR 分析,利用 NTSYS 软件分析遗传相似系数,采用 UPGMA 方法进行聚类,构建亲缘关系系统图。结果显示,10 个引物共扩增出 78 个条带,其中有 73 条呈现多态性,多态位点比例高达 93.6%;25 份美国甘薯育种材料与对照种质资源的平均遗传相似性系数是 0.74。表明美国甘薯育种材料遗传多样性较高,可将其中的"6-3-1""6-8-7"等品系应用于国内甘薯育种中,以扩大遗传背景。

144. The anthocyanidin synthase gene from sweet potato (*Ipomoea batatas* L. Lam): Cloning, characterization and tissue expression analysis. Liu XQ, Chen M, Li MY, et al. *African Journal of Biotechnology*, 2010, 9 (25): 3748~3752.

Anthocyanidin synthase (ANS) catalyzes the biosynthesis of anthocyanidin, which is a late gene for anthocyanin biosynthesis. In order to investigate the role of anthocyanidin synthase in anthocyanin biosynthesis, we cloned and characterized the anthocyanidin synthase gene from purple-flesh sweet potato (*Ipomoea batatas* L.Lam) Yuzi 263, which was designated as *IbANS*. The cDNA fragment of the ANS gene of sweet potato was 1375bp in length which contained a 1086bp open reading frame that encoded a 362-amino acid polypeptide. Comparative analysis showed that *IbANS* had a high similarity to other plant ANSs. The tissue expression profiles of *IbANS* indicated that it could be expressed in all tissues but at different levels. The higher expression level of *IbANS* was found in diameter (3.0 cm) of tuberous roots and periderms, while the lower expression level of *IbANS* was found in other tissues just coinciding with the anthocyanin content distribution.

145. 甘薯新品种"万薯 7 号"组培快繁技术研究. 徐茜,文明玲,乐正碧,等. 安徽农业科学,2010,38(2):636~638.

探索甘薯新品种"万薯 7 号"组培快繁技术。剪取"万薯 7 号"0.5~1.0 cm 长的单叶节段,接种到不同激素处理的 MS 固体培养基中,在温度(27±1)℃,光周期 16 h/d,光强 1 500~2 000 lx 条件下培养 30 d。结果表明,添加生长素 IAA 或 NAA 对薯苗生长起促进作用,而细胞分裂素 6-BA 抑制生长,0.01~0.80 mg/L 的 IAA 或 NAA 与 1.00 mg/L 的 6-BA 配合使用均抑制"万薯 7 号"组培苗生长。添加 0.05 mg/L 的 IAA 或 0.20 mg/L 的 NAA 的 MS 培养基,能显著增加"万薯 7 号"培养苗的叶片数和苗高,增殖系数达 5 倍以上,适用于"万薯 7 号"组培快繁。

146. 食品胶对甘薯淀粉膜性能的响应方法优化实验. 谌小立,吴佳敏,赵国华. 食品科学,2010,31(4):46~51.

以机械性能(抗张强度、断裂拉伸应变)和透湿性为指标,研究食品胶对甘薯淀粉膜性能的优化。结果表明,羟丙基羧甲基纤维素(HPCMC)添加量为3.5～4.0 g/100 g淀粉、甘油添加量小于2.0 g/100 g淀粉及黄原胶添加量小于2.0 g/100 g淀粉时,膜的机械性能较好;HPCMC添加量小于2.0 g/100 g淀粉、甘油添加量大于4.0 g/100 g淀粉和黄原胶添加量小于1.5 g/100 g淀粉时,膜的透湿性较小。由于不同性能的优化值范围不完全相同,在实际应用中可根据对不同性能的要求进行选择。

147. 甘薯叶过氧化物酶的分离纯化及其部分性质研究.付伟丽,唐靓婷,王松,等.食品科学,2010,31(7):223～227.

经硫酸铵分级沉淀、DEAE-Sepharose离子交换层析、Sephacryl S-200凝胶过滤层析,从甘薯叶中得到过氧化物酶(POD)电泳纯制品。该酶比活力为91 923.14 U/ mg,纯化倍数为255.69,回收率为1.59%。该酶分子量约为35 kD,最适pH为5.6,最适温度为60 ℃。该酶在20～50 ℃、pH4～8内稳定。以不同浓度H_2O_2为底物在pH7.2和25 ℃下测得该酶K_m值为0.291 mol/L。低浓度草酸、尿素、Li^+、Na^+、K^+、Mg^{2+}等对该酶有激活作用;SDS、KSCN、抗坏血酸(AsA)、Mn^{2+}等对该酶有抑制作用;甲醇、乙醇、乙二醇、异丙醇对POD均有一定抑制作用,其抑制作用强弱顺序为异丙醇＞乙醇＞甲醇＞乙二醇。实验表明,该酶稳定性较强。

148. 不同肉色甘薯交互嫁接后块根β-胡萝卜素含量的变化.李明,傅玉凡,王大一,等.西南农业学报,2010,23(2):462～468.

通过"渝苏162""2-19-99""渝紫263""2-I19-43""徐薯18"5个不同肉色甘薯品种的交互嫁接,设置25个嫁接组合,分析嫁接后65,95,125 d各嫁接组合的块根β-胡萝卜素含量等20个性状的变化及其相关性。结果表明:①嫁接后,块根β-胡萝卜素含量变化受到砧木、接穗、生长期及其交互作用的共同影响;②嫁接后,块根β-胡萝卜素含量在生长期间的变化因砧木和接穗的基因型差异而不同,不同接穗对同一砧木和同一接穗对不同砧木的β-胡萝卜素含量的影响均是不一致的。嫁接后,块根β-胡萝卜素含量在生长期间的变化分为显著变化(类型Ⅰ)和不显著变化(类型Ⅱ)两种类型。③类型Ⅰ砧木在嫁接后β-胡萝卜素含量在生长期间的变化与其他性状只有很小的显著相关性;类型Ⅱ砧木嫁接后β-胡萝卜素含量在生长期间的变化与光合产物在叶片、茎及叶柄的分配比例、块根蛋白质含量极显著正相关,与最长蔓长、块根鲜重、块根干物质含量、块根干重、光合产物在块根的分配比例、块根淀粉含量显著负相关。

149. 叶菜型甘薯蔓尖黄酮类化合物含量在不同品种、部位和采收期的变化.傅玉凡,曾令江,杨春贤,等.中国中药杂志,2010,35(9):1104～1109.

目的:研究叶菜型甘薯蔓尖黄酮类化合物含量在不同品种、部位和采收期的变化。方法:在全国叶菜型甘薯新品种区域试验重庆点,测定和分析"莆薯53""广菜薯2号"和"福薯7-6"3个品种蔓尖的叶片、叶柄和茎3个部位在6个采收时期的黄酮类化合物含量及其变化。结果:"莆薯53""广菜薯2号"和"福薯7-6"蔓尖黄酮类化合物质量分数在采收期间的变化幅度分别介于9.60～19.98 mg/g,12.93～25.08 mg/g,9.33～25.16 mg/g,品种之间有显著差异;3个品种叶片、茎和叶柄中黄酮类化合物的平均质量分数在采收期间的变化幅度分别为3.66～11.09 mg/g,4.03～7.79 mg/g,2.20～5.26 mg/g;叶片中黄酮类化合物的平均质量分数高于茎,茎高于叶柄;采收前期蔓尖黄酮类化合物含量显著高于采收后期。结论:在叶菜型甘薯的品种选育、栽培和产业化等过程中应充分考虑其蔓尖黄酮类化合物含量在不同的品种、不同的部位和不同的采收时期的显著差异。

150. 紫甘薯新品种"万紫56"脱毒苗的离体快繁研究.文明玲,徐茜,乐正碧,等.杂粮作物,2010,30(3):206～208.

研究了3种激素单独使用对紫甘薯脱毒苗快速繁殖的影响。试验结果表明:IAA、NAA在低质量浓度时促进芽生长和根的分化,其最佳质量浓度为0.1～0.2 mg/L,而6-BA则更有利于腋芽的萌发,但对腋芽的生长和根的分化有一定的抑制作用。

151. 从近10年科技文献统计看我国甘薯科研进展.彭小平,熊劲松.安徽农业科学,2010,38(21):11653～11655.

通过利用维普中文科技期刊数据库和中国期刊全文数据库进行文献检索,采用统计学方法,对2000～2009年我国甘薯科研现状进行了分析。结果表明,我国甘薯研究,信息量大,内容丰富,涉及领域广泛,但研究系统性不强,总体发展不平衡。对投入高、耗时长、见效慢的基础研究、应用基础研究以及产品开发方面重视不够。从甘薯产业化发展角度,提出了以市场为导向、延伸产业链条、改善研究结构的发展对策。

152. 紫色甘薯新品种"万紫56"的最佳栽插及收获期初探.张菡,王良平,乐正碧,等.耕作与栽培,2010,5:56.

通过不同栽插期和收获期试验,研究了"万紫56"在重庆三峡地区的最佳栽插期和收获期。结果表明,"万紫56"最佳栽插期为6月上旬,在温度适宜的条件下,收获期越迟产量越高。

153. 不同肉色甘薯交互嫁接后块根干物质积累研究.李明,傅玉凡,王大一,等.西南农业学报,2010,23(5):1418～1423.

本文通过对"徐薯18""渝苏162""渝薯99""渝紫263""渝苏紫43"3种不同肉色类型的5个不同品种的交互嫁接,设置25个嫁接组合和双重对照,分析嫁接后不同肉色甘薯在生长过程中的块根干物率和产量的变化情况。结果表明:①嫁接后,块根干物率和产量的变化受到砧木、接穗、生长期及其交互作用的共同影响;光合产物在地上部和地下部的分配与块根干物质产量的积累呈极显著相关;②与未嫁接的植株比较,嫁接对大多数嫁接组合的光合产物向下运输有阻碍作用,对少数特定组合在特定的生长时期有显著促进作用;③与相同品种嫁接的植株比较,同一肉色类型的甘薯砧木对其他2种肉色类型接穗的响应能力不一致,同一肉色类型甘薯接穗对其他2种肉色类型砧木的影响能力也是不一致的。

154. 不同叶菜型甘薯品种茎尖绿原酸含量及清除DPPH·能力.傅玉凡,杨春贤,赵亚特,等.中国农业科学,2010,43(23):4814～4822.

研究叶菜型甘薯茎尖绿原酸的含量及其清除DPPH·能力,为叶菜型甘薯的品种筛选、栽培及产业化提供理论依据。在6个不同生长期分别采收"广菜薯2号""莆薯53"和"福薯7-6"的茎尖,测定并分析茎尖叶片、叶柄和茎绿原酸含量及其与DPPH·清除能力之间的相关性。结果表明,6次采收期的不同甘薯品种茎尖绿原酸平均含量大小为:"广菜薯2号"(0.2920％fb)>"莆薯53"(0.2750％fb)>"福薯7-6"(0.1638％fb),其中叶片(0.3539％fb)>茎(0.1444％fb)>叶柄(0.1173％fb),叶片含量是叶柄和茎平均值的2.70倍;"广菜薯2号""莆薯53"和"福薯7-6"茎尖前3个采收时期绿原酸的平均含量分别是后3个时期的2.22、2.68和2.41倍,其中叶片、叶柄和茎前3次采收期绿原酸含量的平均值分别是后3次采收期的2.49,2.53和2.20倍。差异均达到显著水平。根据3个品种6次采收期的平均值计算,叶片对茎尖绿原酸含量的贡献率为73.64％,叶柄为11.96％,茎为14.41％。茎尖6次采收期的DPPH·清除能力平均大小为:"广菜薯2号"(34.99％)>"莆薯53"(31.05％)>"福薯7-6"(18.83％),其中叶片(32.52％)>茎(23.64％)>叶柄(17.91％);前3个采收时期的茎尖、叶片、茎和叶柄的DPPH·平均清除能力分别是后3个时期的 1.91,2.02,1.69 和 1.99 倍。叶菜型甘薯茎尖绿原酸含量在品种、部位和采收期间有显著差异;DPPH·清除能力与绿原酸含量呈显著或极显著正相关。因此,在叶菜型甘薯品种选育、栽培和产业化过程中要充分考虑茎尖绿原酸含量的变化特点。

155. Antimicrobial and physical properties of sweet potato starch films incorporated with potassium sorbate or chitosan. Shen XL, Wu JM, Chen YH, et al. *Food Hydrocolloids*, 2010, 24(4): 285~290.

Antimicrobial biodegradable films have been prepared with sweet potato starch by incorporating potassium sorbate or chitosan. Films incorporated with potassium sorbate≥15% or chitosan≥5% were found to have an anti-*Escherichia coli* effect. *Staphylococcus aureus* could be effectively suppressed by incorporation of chitosan at≥10%. Whereas potassium sorbate lowers the tensile strength and elongation at break, and raises the oxygen permeability, water vapor permeability and water solubility, chitosan has the opposite effect. Fourier Transform Infrared (FT-IR) spectra analysis revealed that starch crystallinity was retarded by potassium sorbate incorporation and that hydrogen bonds were formed between chitosan and starch. This explained the modification of the mechanical and physical properties of the films by the incorporation of these two antimicrobial agents.

156. GC-MS combined with chemometrics for analysis of the components of the essential oils of sweet potato leaves. Wang M, Xiong Y, Zeng MM, et.al. *Chomatographia*, 2010, 71(9~10): 891~897.

Essential oils from the leaves of two cultivars of sweet potato have been investigated by gas chromatography-mass spectrometry with the help of two chemometric resolution methods, heuristic evolving latent projections and selective ion analysis, and use of temperature-programmed retention indices. The overall volume integration technique was used for quantitative analysis. Eighty-four and forty-five components, accounting for 89.39% and 98.08% of the oils, were tentatively identified in the two cultivars. Thirty-four components were identical in both cultivars. Major constituents of Shuiguo were germacrene D (21.83%), germacrene B (15.17%), caryophyllene (12.44%), and *n*-hexadecanoic acid (11.24%), Caryophyllene (28.73%), gamma-muurolene (13.07%), and β-caryophyllene epoxide (9.04%) were the major components of Xiangshu-17. These results indicate the method is suitable for analysis of the two-dimensional data obtained from essential oils.

157. Molecular cloning and characterization of the chalcone isomerase gene from sweetpotato. Zhang ZR, Qiang W, Liu XQ, etal. *African Journal of Biotechnology*, 2011, 10 (65):14443~14449.

Anthocyanins are flavonoids and possess extensive bioactivities and pharmacological properties. Chalcone isomerase (CHI; EC 5.5.1.6) is an essential enzyme of the anthocyanins biosynthetic pathway, which catalyzes the intramolecular cyclization of bicyclic chalcones into tricyclic (S)-flavanones. In order to investigate the role of chalcone isomerase in anthocyanins biosynthesis in sweetpotato, we cloned and characterized the chalcone isomerase gene from purple-fleshed sweetpotato (*Ipomoea batatas* L. Lam) cultivar Yuzi 263, which was designated as *IbCHI* (Genbank accession number: JN083840). The full-length cDNA of *IbCHI* was 890 bp long and contained a 732 bp coding sequence encoding a polypeptide of 243 amino acids. A phylogenetic tree of CHIs was constructed from different organisms including plants and algae, which showed that *IbCHI* had high similarities with other plant CHIs. Tissue expression pattern analysis indicated that *IbCHI* was expressed constitutively in all sweetpotato tissues including roots, stems, young leaves, old leaves and petiole with highest expression in roots, and at the same time the anthocyanin content in the tissues coincided with the gene expression pattern. The cloning and characterization of *IbCHI* will be helpful in the understanding of the role of CHI involved in the anthocyanins biosynthesis at the molecular level and provide a candidate gene for metabolic engineering of the anthocyanins biosynthesis in sweetpotato.

158. 氧化交联甘薯淀粉的性质研究及结构表征.刘超,王春艳,钟耕,等.食品工业科技,2011,32(1):118～123.

采用氧化交联对甘薯淀粉进行改性处理,提高了淀粉的白度,改善了淀粉糊的稳定性和抗老化性,并对改性淀粉的结构进行表征。研究结果表明,淀粉变性后,淀粉糊冻融稳定性提高,凝沉性减弱,抗老化性能较强;变性淀粉黏度变化较小,且具有较好的耐酸性能,但是耐碱性较差;具有很好的抗剪切性;抗酶解性能增强。氧化交联乙酰化己二酸双淀粉酯在 1 729 cm^{-1} 处产生了新的吸收峰,并确定该吸收峰为酯羰基的伸缩振动峰。利用扫描电镜和 X 射线衍射分析,表明甘薯淀粉的改性没有改变其晶体结构,交联反应基本发生在淀粉颗粒的无定形区。

159. 遮阴对紫肉甘薯块根鲜质量、花色苷含量及产量的影响.赵文婷,马谨,雷纬沙,等.西南大学学报(自然科学版),2011,33(2):6～11.

以"渝苏紫43"等 3 个品种为材料,采用 4 种遮阴处理,并于栽后不同时间挖根测定块根鲜质量及花色苷含量,研究遮阴对紫肉甘薯块根鲜质量、花色苷含量及产量的影响。结果表明,不同品种栽后153 d,单层遮阴处理使块根鲜质量降低23.33%～76%,块根花色苷含量提高32.72%～49.07%,块根花色苷产量降低32.74%～66.28%;双层遮阴整体上增强了单层遮阴的效果。因此,紫肉甘薯最适宜净作。单层或双层遮阴时,"渝苏紫43"或"渝紫263"鲜薯或花色苷产量最高。在"麦—玉—苕"耕作制度下,以收获鲜薯为目的,"渝紫263"较适与玉米等作物套作,"渝苏紫43"次之;以获得花色苷为目的,"渝苏紫43"较适,"渝紫263"次之。遮阴处理对块根鲜质量和花色苷含量的影响主要表现在生长前期(栽后1～25 d)。

160. 高淀粉甘薯"0409-17"高产栽培模式研究.杨林森,唐道彬,吕长文,等.西南大学学报(自然科学版),2011,33(2):12～16.

采用三元二次正交旋转组合设计的方法,研究了种植密度和磷、钾肥施用量对高淀粉甘薯品系"0409—17"产量和淀粉的影响。结果表明,在种植密度为47 325～53 820 株/hm^2、施过磷酸钙(含 P_2O_5 12%)115.5～367.5 kg/hm^2、施氯化钾(含 K_2O 60%)27～226.5 kg/hm^2 的栽培模式下,能充分发挥该品系高产和高淀粉的潜力,甘薯鲜薯产量超过 22 536.15 kg/hm^2、淀粉产量超过 5 679.3 kg/hm^2。

161. 甘薯叶多酚氧化酶的分离纯化和部分性质研究.梁建荣,黄洁,苏茉,等.西南大学学报(自然科学版),2011,33(2):76～81.

经硫酸铵分级沉淀、DEAE-Sepharose 离子交换层析、Superdex-200 凝胶过滤层析,从甘薯叶中得到多酚氧化酶(PPO)电泳纯制品。酶比活力为 50 075.43 U/ mg,纯化倍数为597.99,回收率为0.48%,相对分子质量约为 $6.44×10^4$,最适 pH 为 6.5,最适温度为 35 ℃,且在 25～55 ℃内较稳定。有机溶剂甲醇、乙醇、异丙醇对多酚氧化酶均有一定抑制作用,其抑制作用由强到弱顺序为异丙醇、乙醇、甲醇。低浓度的抗坏血酸和亚硫酸钠对多酚氧化酶有强烈的抑制作用,柠檬酸次之,EDTA-2Na 的抑制效果较弱。

162. 甘薯块根碳水化合物合成与积累动态特性研究.吕长文,王季春,唐道彬,等.中国粮油学报,2011,26(2):23～27.

以不同干物质类型的甘薯品种"绵粉 1 号""南薯 88"和"商丘 52-7"为材料,研究了甘薯块根形成与膨大期间碳水化合物积累与淀粉合成相关酶活性的动态变化及其相互关系。结果表明,作为品种的固有特征,干物质含量或淀粉含量的差异主要决定于品种的遗传特性。对于中高干率品种而言,淀粉在生育中后期积累较快。磷酸蔗糖合成酶(SPS)活性与品种间淀粉积累量一致,中等干物质品种(南薯 88)中后期的蔗糖合成酶(SS)活性较高,淀粉积累量也最多,SPS 和 SS对淀粉合成与积累具有促进作用,ADPG 焦磷酸化酶有随气温降低而活性下降的趋势。此外不同品种均表现出甘薯块根干物质含量与可溶性糖含量、淀粉产量与可溶性糖含量呈极显著的负相关关系。

163. 不同因素对甘薯根系发育的影响.余韩开宗,王季春,滕艳,等.作物杂志,2011,(2):85～88.

选用 3 个不同基因型的甘薯品种,采用正交试验设计,研究了百苗重和施肥量对甘薯块根的形成,特别是甘薯块根结薯个数的影响。结果表明,品种、百苗重及施肥量对甘薯根系发育有显著影响,"南薯 88"在百苗重为 4.0 kg 和不施肥条件下其根系重量和块根数量显著优于其他水平,同时"南薯 88"根系数量最高。

164. 紫心甘薯二氢黄酮醇 4-还原酶基因表达及酶活性与花色苷积累的相关性.郭晋雅,李云萍,傅玉凡,等.中国农业科学,2011,44(8):1736～1744.

以块根着色部位和程度不同的 2 个紫心甘薯品种(系)"A5"和"山川紫"以及白心甘薯品种"禺北白"为试材,研究紫心甘薯二氢黄酮醇 4-还原酶(DFR)基因表达及其酶活性与花色苷积累的相关性。对紫心甘薯在不同生长时期各器官(叶、茎、块根)的花色苷含量和 DFR 的活性进行了测定,对两者之间的变化趋势进行了相关性分析。此外,通过实时荧光定量 PCR 检测了"A5""山川紫"和"禺北白"块根中 IbDFR 的表达量以及不同发育时期的"山川紫"块根中 IbDFR 的表达量,并测定了相应的花色苷含量变化。结果表明,在同一生长时期的各品种(系)甘薯中,着色程度深的器官,其花色苷的含量较高,DFR 活性也较高,不同器官的 DFR 活性与相应的花色苷含量呈显著线性正相关;在不同的生长时期,3 个品种(系)甘薯各器官的花色苷含量与 DFR 活性的变化趋势相一致,并且呈显著线性正相关;3 个品种(系)甘薯中,着色程度深的块根,其花色苷的含量较高,IbDFR 的表达量也较高;在"山川紫"块根的 3 个发育阶段,随着根的膨大,花色苷含量逐渐升高,IbDFR 的表达量也逐渐增大。在不同生长时期的甘薯各器官中,DFR 活性与花色苷含量均呈线性正相关,且紫心甘薯块根中 IbDFR 表达量的变化与其花色苷含量的变化趋势相一致,说明 DFR 是紫心甘薯花色苷合成代谢过程中的关键酶;紫心甘薯花色苷是原位合成的。

165. 早熟紫色甘薯新品种"万紫 56"的特征特性及栽培要点.张菡,王良平,乐正碧,等.种子,2011,30(5):106～107,118.

"万紫 56"是重庆三峡农业科学院从亲本日本紫心集团杂交后代中选育出的紫色甘薯新品种。该品种在 2007～2008 年重庆市甘薯区域试验紫薯组中,7 个试点两年平均鲜薯产量 34.61 t/hm²,比对照紫薯种"山川紫"增产 104.43％;总花色甙产量 17.63 kg/hm²,比"山川紫"平均总花色甙产量高 7.98 kg/hm²;2008 年推荐参加国家区域试验特用组,现已通过国家区试。该品种薯型短纺锤,萌芽性优,高抗根腐病,抗蔓割病,中抗茎线虫病,上薯率高,适口性好,早熟性好,花色甙含量高,

120 d 即可上市,是一个商品性好的紫色甘薯新品种。2010 年 3 月通过重庆市农作物品种审定委员会审定,拟 2011 年申请国家审定。

166. 薯茎、叶柄、叶片黄酮含量与抗氧化活性的关系.熊运海.江苏农业科学,2011,39(3):447~449.

分别测定了甘薯茎、叶柄、叶片黄酮类化合物对二苯代苦味酰自由基(DPPH·)的清除率,研究黄酮含量与抗氧化活性关系。结果表明,不同品种甘薯茎、叶柄、叶片黄酮含量均以叶片最高,茎、叶柄次之。甘薯茎、叶柄、叶片提取物均具有较高的抗氧化活性,分别为 97.21%,91.50%,92.38%,以甘薯茎提取物抗氧化活性最高。随着贮藏时间的延长,甘薯茎、叶柄、叶片抗氧化活性逐渐降低。甘薯茎、叶柄、叶片提取物黄酮含量与其抗氧化活性间呈正相关,相关性不显著($r=0.7729$),表明甘薯茎、叶柄、叶片黄酮类化合物抗氧化活性成分存在差异。

167. 紫色甘薯色素分布的多样性.时晓东,刘良勇,李云萍,等.西南大学学报(自然科学版),2011,36(3):166~171.

采用色价法对紫色甘薯和普通白心甘薯共 14 个品种(品系)的色素含量和分布进行了检测和比较。结果表明,在不同的紫色甘薯品种(品系)中,色素的分布存在明显的差异;同一品种不同器官的色素含量也不相同,块根是紫色甘薯色素积累的主要器官;色素在块根内呈不均匀分布,表现为薯皮、初生形成层和木质部薄壁组织的色素含量不同,木质部薄壁组织内存在白色斑点。紫色甘薯色素在品种(品系)间分布的多样性为开展品种鉴定和遗传育种提供了丰富的种质资源,在器官和组织上分布的多样性为探讨色素合成与调控的细胞和分子机制奠定了试材基础。

168. 甘薯叶片和叶柄组织诱导培养及植株再生研究.徐茜,乐正碧,徐燕,等.中国农学通报,2011,27(15):102~105.

为探索甘薯叶片和叶柄组织诱导和植株再生技术,对甘薯优良品种"万薯 7 号"的叶片、叶柄在 7 个诱导培养基中进行了离体培养。试验表明,"万薯 7 号"叶片和叶柄在本试验的 7 个诱导培养基中,极易诱导产生愈伤组织,诱导率达 100%。叶片和叶柄在经培养基 MS+2.0 mg/L KT+0.5 mg/L IAA 诱导出绿色愈伤组织后,在继代培养基 MS+4.0 mg/L 6-BA+0.01 mg/L NAA 培养 15 d 后,均诱导成苗。

169. 重庆紫色甘薯高产优化技术研究初探(英文).黄世龙,钟巍然,张晓春,等.*Agricultural Science & Technology*,2011,12(9):1291~1292.

对 3 个紫色甘薯品种"渝紫 43""渝紫 263"和"万紫 56"进行肥料、密度试验,并初步比较 3 个紫色甘薯品种的产量关系,旨在得出最佳的栽培密度及施肥量,以便为重庆市紫色甘薯高产优质栽培提供理论依据。方法:采用 L9(3⁴)正交试验设计。小区处理为:施肥(A),300 kg/hm²(A₁)、600 kg/hm²(A₂)、900 kg/hm²(A₃);密度(B),45 000 株/hm²(B₁)、60 000 株/hm²(B₂)、75 000 株/hm²(B₃);品种(C),"万紫 56"(C₁)、"渝紫 43"(C₂)、"渝紫 263"(C₃)。结果:密度对紫色甘薯产量的影响大于肥料对紫色甘薯产量的影响,即 B>C;密度对紫色甘薯产量的影响为 $K_3>K_1>K_2$;肥料对紫色甘薯产量的影响为 $K_1>K_2>K_3$;相同条件下三个紫色甘薯的产量表现为 $K_1>K_3>K_2$。结论:在 3 个紫色甘薯品种中,"万紫 56"产量最高,其次是"渝紫 263",最后是"渝紫 43"。该试验最佳的栽培密度为 75 000 株/hm²,最合理的施肥量为 300 kg/hm²。

170. 甘薯薯块生长过程中可溶性糖与淀粉质量分数的变化及其相关性分析.许森,王永梅,赵亚特,等.西南大学学报(自然科学版),2011,33(10):31~36.

该文对"徐薯 18""徐薯 22""渝苏 153""南薯 88""渝苏 303""渝苏 162"和"渝薯 2 号"共 7 个甘薯品种不同生长阶段薯块淀粉和可溶性糖质量分数变化及其相关性进行了分析。结果表明,在薯块生长前期,由于淀粉合成加强,可溶性糖质量分数由最高状态急剧减少,在108 d时降到最低,随后逐步达到稳定状态;而淀粉的质量分数一直呈增加的态势,直至136 d时达到最高,稍后有所下降。由于可溶性糖被用于淀粉合成,薯块生长期间的淀粉质量分数与可溶性糖质量分数呈显著负相关。

171. 密度和施肥对甘薯品种"万薯5号"淀粉含量的影响.王良平,张菡,乐正碧,等.作物杂志,2012,(1):108~110.

以密度、土壤中N总量、P_2O_5总量和K_2O总量为4个处理因素,采用四因素三水平三重复正交设计,探讨不同栽培措施对专用型甘薯"万薯5号"淀粉率的影响。研究结果表明:各因素对其淀粉含量的影响各不相同,密度和土壤中N含量对"万薯5号"淀粉率有极显著影响;P_2O_5含量和K_2O含量对其有显著影响。

172. 嫁接与短日照处理下3种植物生长调节剂对诱导甘薯开花结实的影响.李艳花,廖采琴,魏鑫,等.西南农业学报,2012,25(1):97~102.

本研究采用裂区试验设计,以短日和嫁接双重诱导下的3个甘薯品种为主区,植物生长调节剂处理为副区,研究3种植物生长调节剂单独作用时对甘薯开花结实有促进作用的最佳浓度,分析了各品种作为杂交亲本时的利用价值。结果表明,"渝薯2号"和"浙13"的开花结实能力均显著高于"商丘52-7",可作为优良的亲本材料加以利用;诱导甘薯开花和结实促进作用最显著的植物生长调节剂处理为25 mg/L 6-BA,其次是50 mg/L NAA和400 mg/L GA_3。

173. 甘薯新品种"渝苏162"的主要经济性状表现.许森,傅玉凡,戴起伟,等.江苏农业科学,2012,40(3):86~88.

"渝苏162"系重庆市甘薯研究中心于1997年从江苏省农业科学院粮食作物研究所提供的"苏薯4号"随机集团杂交的种子中选育出来的甘薯新品种。介绍了对该品种的生产力和其他特征经济性状的鉴定结果。在2002~2003年的重庆市区试中,与对照品种"南薯88"比较,"渝苏162"的鲜薯产量在2002年、2003年分别增产3.47%、减产7.96%,薯干产量分别增加12.57%、2.71%;藤叶产量在2年内平均增加2.16%;生物鲜产量在2年内平均增加0.18%,和对照品种基本持平;淀粉产量在2年内平均增加9.12%。此外,"渝苏162"在2年内的平均上薯率为77.72%,平均薯块烘干率为31.62%,平均薯块出粉率为18.49%。2003年检测结果显示,"渝苏162"薯块硒含量0.1110 mg/kg,粗蛋白含量1.02%,可溶性糖含量7.74%。总体看来,"渝苏162"萌芽性好、结薯较早、抗黑斑病、耐贮性较好、熟食适口性好,因而适宜作为食用和食品加工型品种种植。

174. 重庆甘薯土壤养分分级研究.王菲,冉烈,吕慧峰,等.西南农业学报,2012,25(2):580~583.

对重庆市江津区59个甘薯土壤样本进行了测试分析。结果表明,甘薯土壤整体偏酸,仅有不足1/4的土壤适宜甘薯生长;有机质含量偏低,有机质<20 g/kg的土样占83.1%;近2/3的土壤全氮、钾适合甘薯生长,分别占69.5%和77.9%,而全磷<0.6 g/kg的土壤占66.1%;有效N,P,K属缺乏范围的分别为45.7%,37.3%,66.1%;土壤中量元素交换性钙、镁适量和丰富分别是11.9%和66.1%,27.1%和35.6%;微量元素有效铜、锌、铁、锰含量不存在缺乏现象(有效硼除外)。

175. 中微量元素肥料对甘薯产量和品质的影响.唐静,王菲,张晓玲,等.西南农业学报,2012,25(3):962~966.

在重庆市江津区鸳鸯2社和石佛3社两地采用大田试验研究不同中微量元素肥料对甘薯产

量和品质的影响。结果表明，两试验点增施各中微肥料均能显著提高甘薯产量；增施镁、硼均能提高 Vc 含量，其余各种肥料的作用因试验地点不同其效果各异；各中微肥均可使可溶性糖含量提高；各中微肥对甘薯淀粉、粗蛋白、磷、钾含量的影响在两试验点的差异较大；增施锰均使两试验点甘薯藤氮含量提高最大，其余各处理对甘薯藤氮含量的影响各异；增施各中微肥均可使甘薯藤磷含量降低；各处理对甘薯钾含量的影响差异较大。

176. 甘薯不同外植体体细胞胚的发生及植株再生.张玲，许宏宣，秦白富，等.安徽农业科学，2012,40(19):10011~10014.

分别以甘薯品种"徐薯22"的叶片与茎尖作为外植体，研究利用不同外植体通过体细胞胚胎再生途径得到再生植株的方法。将"徐薯22"的叶片和茎尖分别置于 MSB 和 MSD 培养基中诱导胚性愈伤，再将胚性愈伤置于 MS 培养基中培养，观察体细胞胚的发生情况，最后对不同外植体得到的植株再生频率进行比较。结果表明，用叶片作为外植体得到的胚性愈伤平均诱导频率为95.69%，而茎尖的则为 30.56%；不同外植体在体细胞胚发生途径中的形态特征有一定差异；用叶片作为外植体的植株再生频率为 60.61%，用茎尖的则为 22.00%，且采用不同外植体诱导得到的再生植株无形态变化。在该试验中，体细胞胚的发生及植株再生的最适外植体为甘薯品种徐薯22 的叶片。

177. 甘薯淀粉—魔芋葡甘露聚糖膜性能研究.王珺.中国食品添加剂，2012,(4):136~140.

可食用性包装材料被认为是可以直接被食用的特殊包装材料，可食用性淀粉包装薄膜是其研究和应用最为广泛的一种，而其中的甘薯淀粉薄膜更是具有代表性。本文主要探索和研究不同浓度魔芋葡甘露聚糖的加入对甘薯淀粉薄膜的拉伸强度、吸湿度、透气性、透湿性和色差等指标的影响，希望能为进一步加快可食用性淀粉膜的深层技术开发、相关产品能够早日面市和大规模应用提供一定的数据参考。研究的结果表明，当魔芋葡甘露聚糖浓度(g/100 g 淀粉)为 3%~7%时，薄膜的断裂伸长率有上升，将对薄膜的脆性有一定的改善；当淀粉浓度为 4%时，薄膜的抗张强度和断裂伸长率均有较好表现。另外魔芋葡甘露聚糖的添加使透湿性和透气性都有显著的降低，但对薄膜色泽的影响不明显。

178. 不同生态环境对甘薯主要品质性状的影响.后猛，李强，唐忠厚，等.中国生态农业学报，2012,20(9):1180~1184.

为研究甘薯鲜薯总胡萝卜素、淀粉、蛋白质、还原性糖和可溶性糖等主要块根品质特性在不同地区的生态变异，选用"徐薯25"与"徐 22-5"杂交所获得的不同甘薯基因型，在 4 个生态点进行栽插试验，系统分析不同生态环境下甘薯块根主要品质性状的变异规律。结果表明，生态点、年份、基因型、地点×基因型互作、年份×基因型互作对甘薯鲜薯总胡萝卜素、淀粉、蛋白质、还原性糖和可溶性糖的影响均达到显著水平。胡萝卜素表现为基因型×环境互作效应大于基因型效应和环境效应，而其他品质性状均表现为环境效应远大于基因型效应和基因型×环境互作效应；可溶性糖和蛋白质含量的年际效应明显大于基因型主效应或基因型×年份互作效应，而其余 3 个品质性状的基因型×年份互作效应大于基因型主效应或年份主效应。在 4 个生态点中，徐州点的胡萝卜素、还原性糖和可溶性糖含量最高，但淀粉含量最低；烟台点的蛋白质含量最高，胡萝卜素含量最低；南昌点的蛋白质含量最低，万州点的还原性糖和可溶性糖含量最低，上述品质性状随纬度变化的规律不明显。值得关注的是，不同环境下，蛋白质含量为烟台点＞徐州点＞万州点＞南昌点，表现出随纬度升高而增大的趋势。不同年份处理间，2008 年的胡萝卜素、还原性糖及可溶性糖含量高于 2009 年，而 2008 年的淀粉和蛋白质含量低于 2009 年。淀粉、可溶性糖含量变幅范围在 2 年间差别不大，而其他 3 个性状变幅范围在 2 年间差别较大。各甘薯基因型在不同地点、不同年份间品质性状的变异中,以胡萝卜素变异系数为最大,淀粉变异系数为最小。

179. 肥料组合对甘薯产量和品质的影响.王菲,陈怡,冉烈,等.西南大学学报(自然科学版),2012,34(10):25～29.

在重庆市江津区蔡家镇鸳鸯村2社和石佛村3社,采用田间小区试验研究不同肥料组合对甘薯产量和品质的影响。结果表明,与常规施肥相比,在鸳鸯村2社试验点,甘薯产量的增幅为3.8%～28.1%;石佛村3社试验点的增幅为11.7%～24.2%。维生素C质量分数以降低为主,鸳鸯村2社降低1.2%～19.9%;石佛村3社降低0.4%～11.9%。两个试验点甘薯的可溶性糖和淀粉质量分数表现不一致,鸳鸯村2社可溶性糖质量分数降低15.6%～27.6%,淀粉质量分数增加2.3%～12.0%;石佛村3社可溶性糖质量分数增加0.6%～19.4%,淀粉质量分数降低1.1%～7.1%。各肥料组合对甘薯粗蛋白、全磷、全钾质量分数的影响,鸳鸯村2社以增加为主,增幅分别为9.7%～31.3%,11.1%～55.6%和3.2%～8.6%;石佛村3社以降低为主,降幅分别为1.7%～6.5%,3.3%～30.6%和19.2%～39%。

180. 甘薯块根特性的生态变异及其与产量和品质的关系.后猛,李强,王良平,等.西北农业学报,2012,21(10):75～78.

以"徐薯25"与"徐22-5"杂交后代为试材,研究薯块特性在不同生态环境下的变异规律,探讨甘薯块根特性与产量和品质的关系。结果表明,不同生态点甘薯块根特性的变异范围很广,其中薯肉色变异系数最大,薯皮色变异系数最小。所有薯块特性的基因型差异均达显著水平,薯形的环境效应达极显著水平;薯形受环境因子影响较大,薯皮色在不同基因型间差异更为显著,而薯肉色主要受其遗传特性与生态环境的共同影响。从相关系数看,薯肉色与总胡萝卜素、还原性糖和可溶性糖含量呈极显著正相关,与淀粉含量呈极显著负相关;从偏相关系数看,仅有薯肉色与总胡萝卜素含量呈极显著正相关,其他偏相关性不明显。在育种材料的多点评价中,薯皮色设定的标准更严格,薯肉色要适当放宽标准,对薯形不能强求一致,而且薯肉色较深的品系可能富含胡萝卜素。

181. Application of low-cost algal nitrogen source feeding in fuel ethanol production using high gravity sweet potato medium.Shen Y, Guo JS, Chen YP, et al. *Journal of Biotechnology*, 2012, 160(3): 229～235.

Protein-rich bloom algae biomass was employed as nitrogen source in fuel ethanol fermentation using high gravity sweet potato medium containing 210.0 g/L glucose. In batch mode, the fermentation could not accomplish even in 120 h without any feeding of nitrogen source. While, the feeding of acid-hydrolyzed bloom algae powder (AHBAP) notably promoted fermentation process but untreated bloom algae powder (UBAP) was less effective than AHBAP. The fermentation times were reduced to 96, 72, and 72 h if 5.0, 10.0, and 20.0 g/L AHBAP were added into medium, respectively, and the ethanol yields and productivities increased with increasing amount of feeding AHBAP. The continuous fermentations were performed in a three-stage reactor system. Final concentrations of ethanol up to 103.2 and 104.3 g/L with 4.4 and 5.3 g/L residual glucose were obtained using the previously mentioned medium feeding with 20.0 and 30.0 g/L AHBAP, at dilution rate of 0.02 h^{-1}. Notably, only 78.5 g/L ethanol and 41.6 g/L residual glucose were obtained in the comparative test without any nitrogen source feeding. Amino acids analysis showed that approximately 67% of the protein in the algal biomass was hydrolyzed and released into the medium, serving as the available nitrogen nutrition for yeast growth and metabolism. Both batch and continuous fermentations showed similar fermentation parameters when 20.0 and 30.0 g/L AHBAP were fed, indicating that the level of available nitrogen in the medium should be limited, and an algal nitrogen source feeding amount higher than 20.0 g/L did not further improve the fermentation performance.

182. Separation of two constituents from purple sweet potato by combination of silica gel column and high-speed counter-current chromatography. He K, Ye XL, Li XG, et al. *Journal of Chromatography B-analytical Technologies in the Biomedical and Life Sciences*, 2012, 881 (82): 49～54.

It is known that the choice of solvent system for high speed counter-current chromatography separation is of utmost importance. In this study, a simple and rapid thin layer chromatograph coupling with fluorometric (TLC-F) method has been used to determine the partition coefficient of target compounds in HSCCC solvent system. Two components, 6,7-dimethoxycoumarin and 5-hydroxymethyl2-furfural were successfully separated from purple sweet potato extracts by successive sample injection for the first time, using n-hexane-ethyl acetate-methanol-water (1∶2∶1∶1, $V/V/V/V$) as the solvent system. Additionally, statistical analysis showed that there was no significant difference in partition coefficient obtained by the TLC-F method and by HPLC, which demonstrated the usefulness of TLC-F method.

183. Effects of glucose releasing rate on cell growth and performance of simultaneous saccharification and fermentation (SSF) in sweet potato medium for fuel ethanol production using *Saccharomyces cerevisiae*. ShenY, Guo JS, Chen YP, et al. *International Journal of Chemical Reactor Engineering*, 2012, 10:98～105.

Sweet potato medium containing 230.0 g/kg liquefied starch was used for simultaneous saccharification and fermentation (SSF) for fuel ethanol production. Glucose releasing rate was controlled by the initial addition of incremental glucoamylase. The increasing rates of glucose concentration display a positive relationship when glucoamylase is added in early stage (0 to 8 h). Serious cells growth inhibition occurred in the early stage when 1.0 g/kg glucoamylase is added, whereas glucose providing limitation occurred in the batch with 0.2 g/kg glucoamylase added in later stage (64～80 h). The optimum dosage of glucoamylase was 0.8 g/kg, where a final ethanol concentration of 118.2 g/kg was attained within 72 h. The results of our study suggest cell growth inhibition and substrate providing limitation can be avoided simultaneously by adding a proper dosage of glucoamylase. It is indicated further that cells growth inhibition in early stage in the batch with 1.0 g/kg glucoamylase added was due to the high increasing rate of initial glucose concentration, but not the high overall glucose concentration.

184. 不同甘薯品种苗期茎尖醇溶提取物清除 DPPH・的行为特征差异.谢小焕,赵樱,罗薇,等.中国农业科学,2013,46(2):270～281.

通过对 65 个甘薯品种苗期茎尖醇溶提取物清除 1,1-二苯基-2-三硝基苯肼(DPPH・)反应过程中相关指标的研究,探索其清除 DPPH・的行为特征差异。测定 65 个品种苗期茎尖醇溶提取物在 0.1,0.2,0.4,0.8,1.6,2.0 mg/mL 6 个浓度下清除 DPPH・反应的 0～210 min 中 19 个时间点的 DPPH・清除率,计算反应速率及其变化、各品种的 EC_{50} 和各浓度下清除率达到 50% 与 80% 所需时间,并根据这些指标对 65 个品种进行聚类分析。结果表明,甘薯苗期茎尖醇溶提取物的清除 DPPH·行为在 65 个品种间虽然表现为连续性,但聚类分析能将其分为 5 种行为类型,并以类型Ⅱ,Ⅲ为主。类型Ⅰ包含 1 个品种,0～1 min 和 1～3 min 的反应速率、210 min 的清除率均显著小于其他类型,醇溶提取物浓度达 2.0 mg/mL 时清除率仍不能达到 50%。类型Ⅱ包含 44 个品种,平均抗氧化能力显著优于类型Ⅰ,次于其他 3 种类型。醇溶提取物浓度达到 0.8 mg/mL 时有 24 个品种能达到 50% 清除能力,平均需时 83.89 min,但无品种能达到 80%;而 2.0 mg/mL 时有 37 个品种能达到 80% 清除率,平均需时 59.23 min。类型Ⅲ包含 17 个品种,其清除率曲线变化趋势、210 min 的清除率、EC_{50}、反应速率以及清除率达到 50% 和 80% 的品种比例及所需时间均介于类型Ⅱ与类型Ⅳ之间,并偏向类型Ⅳ。类型Ⅳ包括一个品种,类型Ⅴ包括 2 个品种。两者的 EC_{50} 低于前 3 种类型,均在 0.4 mg/mL 时就能达到 50%,在 0.8 mg/mL 就能达到 80%,且所需时间显著低于其他类型。而两者主要区别体现在反应速率的变化方面。因此,在利用 DPPH·清除法评定甘薯苗期茎尖醇溶提取物抗氧化能力过程中需要综合考虑清除率随反应时间、醇溶提取物浓度的变化趋势、阶段反应速率、反应消耗时间、EC_{50} 多项抗氧化反应行为特征指标。

185. 甘薯淀粉产量及相关性状的遗传多样性和关联度分析.张凯,罗小敏,王季春,等.中国生态农业学报,2013,21(3):365～374.

甘薯(*Ipomoea batatas* L. Lam.)是加工淀粉和燃料乙醇的重要原料,是目前我国最具开发前景的非粮食类新型能源作物。选育高淀粉产量的能源型甘薯新品种是甘薯育种的重要目标。为了获得准确筛选高淀粉产量育种材料的性状指标,提高甘薯高淀粉产量育种效率,缩短育种周期,本研究利用不同甘薯品种(系)的自然变异,根据淀粉产量、不同生长发育阶段的 5 个主要农艺性状和 3 个淀粉合成关键酶活性测定结果,利用相似系数和遗传距离矩阵,以类平均法对国内 48 份不同淀粉产量甘薯种质资源进行了遗传多样性分析,通过关联度分析研究了淀粉产量与不同时期农艺性状、淀粉合成关键酶活性的相关性。结果表明,48 份甘薯种质资源材料在不同时期农艺特征差异较大;在不同时期农艺性状的聚类结果中,栽后 100 d 的农艺性状与淀粉产量关联度最大,淀粉产量与该时期的基部分枝数呈极显著负相关($r=-0.428$),与干率呈极显著正相关($r=0.423$),而与最长蔓长、单株结薯数和单株鲜薯重相关性不显著。48 份甘薯种质材料在不同时期的酶活性聚类结果差异明显。不同时期的甘薯淀粉合成关键酶活性聚类结果中,栽后 50 d 酶活性聚类与淀粉产量聚类结果关联度最大,淀粉产量与该时期测得的 ADPG 焦磷酸化酶(ADPG-PPase)活性呈负相关关系($r=-0.163$),与蔗糖合成酶(SS)活性($r=0.101$)、蔗糖磷酸合成酶(SPS)活性($r=0.016$)呈正相关,但相关性均未达到显著水平。加之淀粉合成关键酶活性测定步骤烦琐,不适宜作为甘薯高淀粉产量育种早期选择的生理指标。在高淀粉产量育种材料筛选时可于栽后 100 d 对农艺性状进行综合考察,重点考虑干率较高及分枝数较少的品系。本研究可为甘薯高淀粉产量育种提供一定的理论依据。

186. Effect of carriers on physicochemical properties, antioxidant activities and biological components of spray-dried purple sweet potato flours. Peng Z, Li J, Guan YF, et al. *Lwt-Food Science and Technology*, 2013, 51(1): 348～355.

This work focuses on the impact of carriers on the physicochemical properties, antioxidant capacities and biological components of spray-dried purple sweet potato flours. The optimal carrier addition of maltodextrin (MD), beta-cyclodextrin (beta-CD) and their combination (MD/beta-CD, 5/1) were 30, 10 and 24 g/100 g in terms of flour yield. Compared to the flour without carrier, flours with carriers had higher values in L*, fluidity, water solubility index, glass transition temperature, lower values in chroma, water absorption index and water holding capacity. The influence intensity of carriers on the physicochemical properties of flours followed the sequence of MD > MD/beta-CD>beta-CD. The flours with carriers were more dispersive and had smoother surface than flour without carrier. The addition of carrier had little effects on flours' sorption isotherm and the Halsey model presented the best goodness-of-fit to all flours. The flour with MD had higher retention rate of anthocyanins, flavonoids and total phenolics than flours without and with other carriers. The flour with MD had higher antioxidant activity (DPPH test) than flours with MD/beta CD or beta-CD.

187. Morphological, crystalline, thermal and physicochemical properties of cellulose nanocrystals obtained from sweet potato residue. Lu HJ,Gui Y, Zheng LH, et al. *Food Research International*, 2013,50(1):121~128.

Sweet potato residue (SPR), a by-product of sweet potato starch industry, was used as starting material to prepare cellulose nanocrystals. The method of sulfuric acid hydrolysis accompanied with ultrasonication and homogenization was used to prepare cellulose nanocrystals. The morphological, crystalline, thermal, and physicochemical properties of the cellulose nanocrystals were studied. SEM and TEM images showed spherical or elliptic granules of cellulose nanocrystals with sizes ranged from 20 to 40 nm. XRD analysis indicated that the cellulose nanocrystals retained the cellulose I crystalline structure, with a crystallinity of approximately 72.53%. TGA curves showed that the decomposition temperature of nanocrystals was decreased. These results showed that cellulose nanocrystals were successfully obtained from SPR and might be potentially applied in various fields, such as pharmaceutical and food additives, bionanocomposites, packaging, etc.

188. 甘薯新品种绵紫薯9号的选育与栽培技术.丁凡,余金龙,傅玉凡,等.江苏农业科学, 2013,3:83~84.

绵紫薯9号是绵阳市农业科学研究院于2006年从西南大学甘薯研究中心引进的4-4-259集团的杂交后代中选育出的1个优质食用紫色甘薯新品种。该品种薯块平均干率为29.18%,薯块花青素含量594.2 mg/kg,蛋白质含量1.47%,食味品质优,中抗黑斑病,耐贮藏,2012年通过四川省甘薯品种审定。本文主要介绍了绵紫薯9号的选育经过、特征特性和栽培技术。

189.不同干燥方式对紫薯全粉品质的影响.邓资靖,蒋和体.食品工业科技,2011,32 (12):359~364.

紫甘薯具有很高的营养价值,紫薯全粉的开发研究有利于其加工的扩大化和优质化。以紫薯为原料,通过鼓风干燥、真空冷冻干燥、真空干燥三种干燥方法对紫薯全粉的制备进行研究。探讨三种方式对于紫薯全粉基本化学成分、色差、碘蓝值、持水性和持油性、总花青素含量等品质的影响。通过对比实验得出结论,真空冷冻干燥对于紫薯全粉的基本化学成分、色差、碘蓝值、持水性和持油性、总花青素含量等品质的综合影响最小,真空干燥紧随其后。因此,为了保持紫薯全粉的完整性,同时考虑生产成本,在加工紫薯全粉过程中以真空干燥方式为最佳。

二、部分甘薯学位论文摘要

1. 甘薯(*Ipomoea batatas* Lam.)的遗传转化及转基因植株的性状变化.毕瑞明.导师高峰.西南师范大学植物学硕士论文,2001.

本文以甘薯优良栽培品种为试材,对甘薯离体培养中的快速繁殖、根癌农杆菌介导的离体遗传转化以及转基因植株的性状变化进行了研究，以期提高甘薯遗传转化频率，获得不同品种转基因植株，并试图通过转基因植株的性状变化探讨外源基因的表达情况以及外源遗传物质导入后对内源基因表达的影响。

直观分析和方差分析结果表明，液体培养在甘薯离体培养中并不降低其生长势，对甘薯不同品种无菌苗的生长有不同程度的促进作用，适合于快速繁殖。液体培养 20 d 对甘薯无菌苗的单株叶片数、单叶面积、叶柄长度影响不显著；培养 60 d 对单株叶片数有显著性影响，对单叶面积、叶柄长度、单株腋芽数有影响，但不显著；结果还表明，液体培养对甘薯无菌苗株高的影响与甘薯基因型有关。

依据高峰建立的甘薯离体遗传转化体系，本文采用如下离体遗传转化程序：以甘薯茎切段为外植体，经 3 d 预培养，用 $OD_{600}=0.3$ 的根癌农杆菌菌液浸泡数分钟，光照条件下共培养 3 d，再经过 5 d 延迟筛选，最后，在含 75 mg/L Kan 和 500 mg/L Carb 的筛选培养基上再生成转基因植株，整个过程均以 MS+1.0 mg/L NAA 为基础培养基。在该遗传转化程序的基础上，本文以甘薯多个优良品种的茎切段为受体，以根癌农杆菌 LBA4404/pS10Z 菌株为工程菌，研究了侵染时间、甘薯基因型、乙酰丁香酮、共培养培养基的 pH、脯氨酸等多种因素对甘薯离体遗传转化的影响。

结果表明，侵染时间对感染外植体的存活和分化影响很大。侵染时间过短，不能让足够的农杆菌附着于外植体切口处，不利于以后的转化；时间过长，会导致细菌的过度繁殖而使外植体褐化致死。在本试验条件下，根癌农杆菌侵染甘薯茎切段外植体的时间，以 10~15 min 为宜。

试验结果表明，根癌农杆菌介导的甘薯离体遗传转化与甘薯的遗传背景有关，不同基因型之间 Kan^r 芽获得率差别很大。"南薯 88"获得 Kan^r 芽频率较高，为 2.13%；"南瑞苕"Kan^r 芽获得率低，为 0.87%；而"岩薯 5 号"则没有获得 Kan^r 芽。

试验结果还表明，酚类物质 AS 处理能够诱导转化事件的发生，提高转化频率。其诱导效果与 pH 有关，较低的 pH 环境更有利于转化的发生。用 AS 活化处理的菌液侵染的外植体，经过一个月的筛选培养，获得 Kan^r 芽，获得率为 2.63%；而不加 AS 的菌液侵染的外植体，经过一个月的筛选培养，全部褐化死亡，没有获得 Kan^r 芽。在共培养培养基中加入 AS，外植体经一个月的筛选培养获得 Kan^r 芽，获得率为 6.19%；不加 AS，全部褐化死亡，没有获得 Kan^r 芽。共培养培养基中加入 AS 后，pH 为 4.8 时，Kan^r 芽获得率为 9.26%；pH 为 5.8 时，Kan^r 芽获得率为 3.39%。

离体培养的甘薯转基因植株与对照植株可溶性蛋白质含量测定及分析结果表明，叶片、叶柄、茎、根各器官中其含量有变化。在叶片、叶柄中转基因植株蛋白质含量减少；在根中，转基因植株蛋白质含量增加。离体培养 20 d，转基因植株根中水溶性蛋白质含量是对照植株的 8.10 倍，醇溶性蛋白质含量是对照植株的 4.30 倍；离体培养 45 d，转基因植株根中水溶性蛋白质含量是对照植株的 1.60 倍。两者可溶性蛋白质谱带分析结果表明，在叶片、叶柄、茎中可溶性蛋白质表现不同。而对同工酶的分析结果则表明，两者在 PER、EST 方面是一致的。

栽培苗可溶性蛋白质含量测定及分析结果表明，甘薯转基因植株在叶片、叶柄、茎、根中水溶、盐溶、碱溶蛋白的含量均有不同程度的增减，而醇溶蛋白含量在所检测各器官中均有不同程度的增加，分别是对照植株的 8.38 倍、1.02 倍、4.60 倍、5.19 倍。转基因植株中醇溶蛋白含量的增加，与外源基因的表达有关。简单蛋白含量结果表明，转基因植株与对照植株在叶片、叶柄中其含量基本持平；在茎、根中，转基因植株简单蛋白含量是对照植株的 2.48 倍、1.80 倍。从总体上讲，转基因植株蛋白质含量高于对照植株蛋白质含量。

上述结果表明，外源 10 kD 玉米醇溶蛋白基因的导入，对甘薯转基因植株的非目标性状影响不大,而使其醇溶性蛋白质含量增加,从而使目标性状得以改良。这是世界上在甘薯基因工程中,采用特异性表达启动子及天然高必需氨基酸基因,使转基因植株蛋白质性状得以改良的首篇报道。

2. 四种根茎类食物活性多糖的研究.赵国华.导师陈宗道,李志孝.西南农业大学农产品加工与贮藏工程博士论文,2001.

本文以山药、百合、甘薯和芋头为原料,利用多糖分离纯化技术、现代医学分析技术、法定的保健食品功能评价方法、仪器分析技术和生物大分子化学改性方法对根茎类食物中的活性多糖进行了系统研究,主要获得如下结果:

(1)通过对四种根茎类食物多糖分离纯化的系统研究发现,四种根茎类食物经水浸提、乙醇沉淀、Sevag法脱蛋白、DEAE-52纤维素柱层析和Sephadex G-100柱层析,得到的多糖组分经Sepharose CL-6B柱层析鉴定为纯品,以粗多糖为起始原料计算,四种纯品多糖的得率分别为:甘薯多糖63.85%,百合多糖80.10%,芋头多糖76.40%,山药多糖78.90%。经凝胶层析测定,四种活性多糖的分子量分别为:甘薯多糖53 200 Da,百合多糖30 200 Da,芋头多糖65 300 Da,山药多糖42 200 Da。经分析发现四种根茎类食物活性多糖中都不含蛋白质、游离单糖、淀粉和酚类物质,四种多糖均为中性纯粹多糖。

(2)利用法定的保健食品评价方法,对四种根茎类食物多糖纯品的增强免疫调节功能、抗肿瘤功能、降血脂功能和抗突变功能的研究发现:

①在增强免疫调节功能实验中,50 mg/kg的SPPS-I-Fr-II、150 mg/kg和250 mg/kg的LBPS-I以及50 mg/kg、150 mg/kg和250 mg/kg的RDPS-I对小鼠体内巨噬细胞吞噬功能有明显的增强作用,而TPS-I对巨噬细胞吞噬功能无影响。50 mg/kg、150 mg/kg和250 mg/kg剂量的SPPS-I-Fr-II、LBPS-I和RDPS-I能明显地提高小鼠体内T淋巴细胞的活性,其中150 mg/kg的作用最强。150 mg/kg的TPS-I也对小鼠T淋巴细胞增殖能力有明显的促进作用。150 mg/kg和250 mg/kg的SPPS-I-Fr-II和TPS-I以及50 mg/kg、150 mg/kg和250 mg/kg的LBPS-I和RDPS-I对小鼠体内NK细胞活性有明显的增强作用,四者在剂量为150 mg/kg时对NK细胞的作用最强。150 mg/kg和250 mg/kg的四种实验根茎类食物多糖都能明显地提高小鼠血清溶血素的活性。150 mg/kg和250 mg/kg的SPPS-I-Fr-II、LBPS-I和TPS-I以及50 mg/kg、150 mg/kg和250 mg/kg的RDPS-I能显著地提高小鼠血清中IgG的含量。可见,四种根茎类食物多糖能全面增强机体的细胞免疫和体液免疫功能。就对小鼠体内免疫调节功能的增强作用来说,在相同剂量下,四种多糖的强弱顺序为RDPS-I>LBPS-I>SPPS-I-Fr-II≈TPS-I。而且,中等剂量的作用高于低剂量和高剂量。

②对四种根茎类食物活性多糖抗肿瘤功能的实验研究发现,RDPS-I、LBPS-I、SPPS-I-Fr-II在体内对B16黑色素瘤和Lewis肺癌均有显著的抑制作用,B16黑色素瘤抑制的强弱顺序为:RDPS-I>LBPS-I>SPPS-I-Fr-II,对Lewis肺癌而言,此顺序为LBPS-I>RDPS-I>SPPS-I-Fr-II,SPPS-I-Fr-II的体内抗肿瘤功能较弱,而TPS-I实际无体内抗肿瘤功能。相关分析发现,RDPS-I和LBPS-I对荷瘤小鼠体内T淋巴细胞增殖能力、NK细胞活性、TNF-α活性及IL-2活性的影响与其抗肿瘤功能之间有基本相同的规律,因此,可以认为四种根茎类食物多糖的体内抗肿瘤功能是通过增强机体与抗肿瘤有关的免疫调节功能而实现的。但是四种根茎类食物活性多糖在体外对B16黑色素瘤和Lewis肺癌均无抑制作用。

③在四种根茎类食物降血脂实验中发现,本实验所用的高脂饲料能成功地诱发大鼠高血脂的形成,可建立良好的大鼠高血脂模型。四种根茎类食物中,RDPS-I和LBPS-I对实验性大鼠高

脂血症有较强的降血脂功能或防止高血脂形成的作用,相比之下,TPS-I 和 SPPS-I-Fr-Ⅱ的这方面的作用则较弱。

④四种根茎类食物抗突变研究发现,实验所用的鼠伤寒沙门氏菌 TA100 和 TA98 符合抗突变实验要求菌株的特性;四类食物活性多糖对鼠伤寒沙门氏菌自发突变菌株无抑制作用,也无致突变作用;25 mg/ghate 剂量的 SPPS-I-Fr-Ⅱ、15 mg/ghate 剂量和 25 mg/ghate 剂量的 LBPS-I 及 15 mg/ghate 剂量的 RDPS-I 和 TPS-I 的抗突变活性呈弱阳性;而 25 mg/ghate 剂量的 RDPS-I 和 TPS-I 肯定具有抗突变作用;5 mg/ghate 剂量的根茎类食物多糖不具有抗突变作用。

(3)首次利用多糖化学结构分析的化学方法(甲基化分析、高碘酸氧化、Smith 降解、完全酸水解等)和现代仪器分析方法(气相色谱、红外光谱、气相色谱—质谱连用、^{1}H 和^{13}C 核磁共振、旋光分析等,明确提出了三种具有较强保健作用的根茎类食物多糖的化学结构。

(4)利用多糖化学改性和保健功能评价方法,初步研究了百合和山药多糖抗肿瘤功能的结构—效应关系,结果发现低度甲基化可以提高根茎类食物多糖 RDPS-I 和 LBPS-I 的抗肿瘤功能,中等甲基化对其抗肿瘤功能无明显的影响,高度甲基化会导致抗肿瘤功能极大地降低,甚至失去抗肿瘤功能。低度乙酰化使 RDPS-I 的抗肿瘤功能降低,但对 LBPS-I 的影响不明显,中度乙酰化使二者的抗肿瘤功能都显著地增强,但高度乙酰化却同时导致二者的抗肿瘤功能消失殆尽。硫酸化和酸部分降解使根茎类食物多糖的抗肿瘤功能大幅度减弱。低度羧甲基化有利于根茎类食物多糖抗肿瘤功能的提高,而中等或高度羧甲基化则严重降低多糖的抗肿瘤功能。由此可见,百合和山药多糖的抗肿瘤功能与其结构关系密切。

本论文的创新之处在于:首次利用山药、百合、甘薯和芋头为原料,以开发现代保健食品为目的,按拟订的技术路线成功地从四种根茎类食物中分离纯化获得了其中的活性多糖纯品,并对其理化性质进行了系统研究。首次利用现代医学检验方法和法定的保健食品功能测定方法从细胞水平和细胞因子水平对根茎类食物多糖纯品 SPPS-I-Fr-Ⅱ、LBPS-I、RDPS-I 和 TPS-I 的增强免疫调节、抗肿瘤、降血脂和抗突变保健作用进行了全面研究,为应用这些多糖纯品和开发现代保健品奠定了基础。采用完全酸水解、气相色谱、红外光谱、气相色谱—质谱联用、核磁共振等的化学仪器方法研究了 SPPS-I-Fr-Ⅱ、LBPS-I 和 RDPS-I 多糖纯品的一级结构,首次明确地提出了它们的化学结构中重复单元可能的连接方式,探索了山药、百合和甘薯保健功能的化学本质:采用对多糖改性的方法,以纯品多糖为材料,首次初步研究了抗肿瘤活性多糖纯品 LBPS-I 和 RDPS-I 的结构—抗肿瘤效应关系,为进一步通过人为方式提高 LBPS-I 和 RDPS-I 的抗肿瘤活性取得了有应用价值的结果。根据本文的研究,四种根茎类食物多糖纯品中,RDPS-I 的各项保健作用最好,其次是 LBPS-I 和 SPPS-I-Fr-Ⅱ,而 TPS-I 的作用较差。本文研究方法规范可靠,所得结论完全可以有效地应用于现代保健食品的生产指导中。

3. 甘薯糖蛋白降血脂功能的研究.李亚娜.导师阚建全,陈宗道,王光慈.西南农业大学农产品加工与贮藏工程硕士论文,2001.

本文对甘薯糖蛋白进行了分离和纯化,并系统地研究了甘薯糖蛋白的降血脂功能。研究结果表明:甘薯糖蛋白纯品为白色粉末,得率为 0.25%(以鲜重计)。其水溶液呈黏稠状,不溶于高浓度的乙醇、丙酮等有机溶剂。在浓度为 1.02 g/mL 时,pH≈5.6,特征性黏度为 2.95 mPa·s,比旋光度 $[\alpha]_D^{25℃}=+46°(c=0.29, H_2O)$,紫外吸收峰为 280 nm。甘薯糖蛋白的分子量约为 62 000 Da,其中蛋白质含量约为 10.71%,糖含量约为 80.06%。

腹腔注射甘薯糖蛋白 5~15 mg/(kg·d)时,能显著降低高脂血症大鼠血清胆固醇和甘油三酯的含量,尤其是血清胆固醇的含量,与高脂组相比差异极显著($P<0.01$)。甘薯糖蛋白降低血

清胆固醇的效应,主要表现在升高高密度脂蛋白胆固醇(HDL-C),而对低密度脂蛋白胆固醇(LDL-C)有降低作用。同时,与高脂组比较,甘薯糖蛋白对肝脏胆固醇含量的升高也具有明显的抑制作用($P<0.05$)。

口服甘薯糖蛋白$0\sim200$ mg/(kg·d)时,高脂血症大鼠的血清胆固醇下降率随着摄入剂量的增加而增大,但当剂量超过200 mg/(kg·d)时,甘薯糖蛋白的降血脂功能反而有所降低。

甘薯糖蛋白的降脂机理主要是通过提高卵磷脂胆固醇酰基转移酶(LCAT)活性、增强糖的异生作用和保持其分子结构的完整性来实现的。将甘薯糖蛋白与其多糖部分的降血脂功能相比较表明,虽然其活性部位主要在多糖部分,但其蛋白质部分对降血脂功能有增强和促进的作用。

在高脂肪、高胆固醇、高糖和高蛋白四种不同的饮食条件下,甘薯糖蛋白均能显著降低动脉硬化指数(AI),抑制血清和肝脏中胆固醇含量的升高。在加工因素的影响中,以温度和氧化剂的影响最为明显。在70 ℃以内和pH3.5~7.5,甘薯糖蛋白的降血脂功能变化较小,超过此范围,降脂活性都有所降低,甚至失活。此外,氧化剂(如高碘酸)对甘薯糖蛋白的降血脂功能也影响较大。

4. 甘薯(*Ipomoea batatas* L. Lam.)脱毒和离体遗传转化体系的优化与应用研究.陈永文.导师高峰.西南师范大学植物学硕士论文,2002.

将甘薯块根蛋白基因启动子(Sporamin promoter,Psp)调控下的10 kD玉米醇溶蛋白基因(10 kD Zein gene,10 kD Z)导入甘薯中,研究转基因甘薯植株中10 kD Z基因的器官表达水平及产物积累方式,探讨甘薯块根蛋白基因启动子(Psp)的调控模式。并对转基因甘薯的主要农艺性状进行评价,分析外源基因对甘薯内源基因表达的影响。

(1)甘薯良种脱毒种苗繁育体系的建立

利用茎尖培养技术,研究了不同的茎尖来源、激素种类的配比及甘薯的基因型等对成苗率的影响。试验结果表明,茎尖的分裂和分化能力可影响成苗率。薯块萌芽的茎尖较试管苗和大田苗的茎尖具有更强的分裂和分化能力,易于培养成苗,其成苗率最高,达到53.2%。培养基中激素的配比对成苗率影响显著,NAA、6-BA可提高甘薯茎尖成苗率,特别是NAA的浓度为1 mg/L时,其成苗率达到最大值,为27.41%。甘薯基因型对成苗率有一定的影响,品种"南瑞苕"和"渝苏303"成苗率最高,分别为18.0%和12.0%,而"南薯88"和"岩薯5号"较低,仅为4.4%和2.0%。采用症状学法、指示植物法、酶联免疫法(NCM-ELISA)及RT-PCR法对甘薯拟脱毒苗进行了病毒检测。酶联免疫法检测结果表明,目前危害重庆市甘薯的病毒主要是甘薯羽状驳斑病毒(SPFMV)和甘薯浅隐病毒(SPLV)。脱毒与带毒试管苗的生长状况分析表明,病毒可阻碍甘薯植株的正常生长,尤其对植株高度、茎分节数及叶柄长度影响最大,脱毒植株比带毒植株高度平均高出63.16%。

(2)甘薯离体遗传转化系统优化的研究

以甘薯优良栽培品种为试材,农杆菌菌株为含有质粒pBI121的N9-1(携带*GUS*和*NPT-Ⅱ*基因)。试验卡那霉素(Kan)和头孢唑林钠(Cefazolin Sodium,Cef)对甘薯茎段外植体不定根和不定芽分化的影响。分析菌液浓度、感染时间、预培养、共培养时间、α-萘乙酸(NAA)、硝酸银(AgNO₃)及乙酚丁香酮(Acetosyringone,AS)等对根癌农杆菌介导的遗传转化的影响,优化甘薯离体遗传转化系统。试验结果表明,Kan可影响茎段外植体不定芽的分化,当Kan浓度大于80 mg/L时,外植体不定芽的分化受到明显的抑制,因此,以80 mg/L Kan浓度作为抗性芽分化的选择压。抗生素Cef可影响农杆菌的繁殖和茎段外植体不定芽的分化。当Cef-5浓度为500 mg/L时,可有效地抑制农杆菌的繁殖但不影响外植体不定芽的分化。因此,本研究将甘薯离体遗传转化的 Cef 抑菌浓度确定为 500 mg/L。观察和试验结果表明，菌液浓度太低（$OD_{600}=0.2$），浸染时间在 2～6 min 内，茎段外植体分化出非转化的不定芽，3 次继代筛选后大多数不定芽死亡。当菌液浓度过高时（$OD_{600}=0.8$），即使浸染时间很短（2 min），常会因残留在外植体表面的根癌农杆菌生长过旺，以致掩埋整个外植体，最终导致外植体褐化坏死。菌液浓度为 $OD_{600}=0.4$，浸染时间为 4 min 时，Kan^r 芽的获得率最大，为 26.4%。因此，菌液浓度为 $OD_{600}=0.4$，浸染时间为 4 min 为甘薯较适宜的感染浓度和浸染时间。

预培养和共培养时间对甘薯 Kan^r 芽的获得率也有影响。预培养时间短，筛选后获得的 Kan^r 芽的频率很低。预培养时间太长（5～7 d），在预培养阶段，茎段外植体切口处的细胞可分化出大量的不定芽，这将不利于随后的根癌农杆菌的侵染和 Kan^r 芽的获得。只有预培养时间为 3 d 后感染根癌农杆菌，3 次筛选后其 Kan^r 芽的获得率达到最大值，为 35.6%。因此，最理想的预培养时间为 3 d。

共培养时间对 Kan^r 芽获得率也有影响，共培养时间太短（0 或 1 d），不利于外源基因转移到受体细胞。共培养的时间为 5 d 或 7 d 时，导致茎段外植体周围的根癌农杆菌生长过旺，以至于掩埋整个外植体，造成部分外植体褐化死亡。共培养的时间为 3 d 时，其 Kan^r 芽的获得率达最高值，35.8%。因此，最理想的共培养时间为 3 d。

预培养过程中 $AgNO_3$ 有利于茎段外植体不定芽的分化，绝大多数不定芽在预培养阶段被 $AgNO_3$ 诱导分化出来。经根癌农杆菌感染，共培养后外植体中分化的不定芽数目极少。因此，继代筛选培养后多数未转化的不定芽黄化坏死。共培养阶段加入 $AgNO_3$ 有利于不定芽的分化，进而能提高甘薯的遗传转化频率，特别是 $AgNO_3$ 的浓度为 6 mg/L 时，其作用效果最明显。3 次继代筛选后，其 Kan^r 芽的获得率提高到 27.5%。

AS 的作用效果与多种因素有关，菌液中加入 As，不利于遗传转化。共培养基（pH 5.8）中加入 AS，其 Kan^r 芽获得率没有提高，但在 pH 5.2 的培养基中加入 AS，可促进甘薯遗传转化。特别是当 As 的浓度为 25 mg/L 时，Kan^r 芽的获得率达到最大值 35.7%。而在外植体创伤口两端滴加浓度为 200 μmol/L As 也可提高 Kan^r 芽获得率。

对经多次筛选而获得的 Kan^r 植株进行 GUS 组织化学检测，可观察到植株的茎段某些区域呈蓝色，说明 GUS 基因已整合到受体植株基因组中并得到表达。

本研究建立了品种适应性宽、简便而高效的甘薯离体遗传转化系统，即：茎段外植体预培养 3 d 后，在浓度为 $OD_{600}=0.4$ 的菌液中浸染 4 min，共培养 3 d，在共培养过程中可附加 6 mg/L $AgNO_3$，或在 pH 5.2 的培养基中附加 25 mg/LAS，然后再经过 5 d 的延迟筛选。最后，在含 75 mg/L Kan 和 500 mg/L Cef 的筛选培养基上经 3 次继代筛选后可获得转化植株。

（3）外源 10 kD 玉米醇溶蛋白基因的导入及其在转基因甘薯中的表达与调控的研究。

利用优化的甘薯离体遗传转化系统，将甘薯块根贮藏蛋白基因启动子调控下的 10 kD 玉米醇溶蛋白基因导入甘薯中，获得了经 PCR 检测的"渝苏 303"和"南瑞苕"两个品种共 6 个株系的转基因植株。

"新大紫"转基因植株的研究结果表明，高浓度的蔗糖可促进外源 10 kD 玉米醇溶蛋白基因的表达，特别是蔗糖浓度为 8% 和 12% 时，转基因甘薯可溶性蛋白质含量分别达到 100.98 mg/g 和 103.72 mg/g，增幅为 30.3% 和 17.2%；醇溶蛋白含量分别为 24.08 mg/g 及 21.2 mg/g，增幅为 41.2% 和 102.1%。蛋白质 SDS-PAGE 分析结果表明，10 kDZ 在转基因甘薯叶片和根中表达量最大，说明蔗糖能诱导 Psp 的表达，该启动子为糖诱导型启动子。

田间植株主要的农艺性状对比分析表明，"新大紫"转基因及其对照植株所结薯块的薯皮颜色有差异。转基因甘薯的薯块其薯皮颜色为淡红，局部为白色，出现了颜色嵌合现象，而对照的薯皮颜色为紫红。其他的农艺性状差异不明显。薯皮颜色的变化说明，外源基因的导入影响了甘薯基因组中某些内源基因的表达。

总蛋白含量分析结果表明，转基因薯块中总蛋白质含量比对照提高了 17.31%；醇溶蛋白提高了 44.68%。转基因薯块中总氨基酸含量为 8.587 mg/g，提高了 8.16%，特别是两种含硫氨基酸、蛋氨酸含量提高了 0.94%，半胱氨酸含量提高了 31.25%。此外，缬氨酸、赖氨酸等高必需氨基酸含量也有了不同程度的提高，说明了外源高必需氨基酸基因在转基因甘薯中得到了表达，转基因甘薯植株的营养品质得以改善。

本文利用脱毒技术获得了多种甘薯优良栽培品种的脱毒植株；优化了甘薯离体遗传转化系统；成功地将甘薯块根贮藏蛋白基因启动子调控下的 10 kD 玉米醇溶蛋白基因导入甘薯；明确了甘薯块根贮藏蛋白基因启动子为蔗糖诱导型启动子；转基因甘薯的蛋白质和氨基酸含量得到了提高，甘薯的营养品质得到改良。

5. 甘薯糖蛋白的糖链结构与保健功能研究.阚建全.导师陈宗道.西南农业大学农产品加工与贮藏工程博士论文,2003.

本文以"北京 2 号"甘薯为原料，利用现代分离纯化技术、现代医学分析技术、法定的保健功能评价方法、现代医学分子生物学技术、仪器分析鉴定技术和生物大分子化学改性方法对甘薯糖蛋白的糖链结构与其保健功能进行了系统的研究。

(1)利用现代分离纯化技术从"北京 2 号"甘薯中分离纯化得到甘薯糖蛋白 4 个级分 SPG-1，SPG-2，SPG-3，SPG-4，得率分别为 1.23%，0.03%，0.14%，0.05%（以甘薯干基计）。经 Sepharose CL-6B 柱层析、ConA-Sepharose 亲和层析和 HPLC 法鉴定，均为单一峰。甘薯糖蛋白 4 个级分 SPG-1，SPG-2，SPG-3，SPG-4，用 Sepharose G-100 柱层析测定，其分子量分别为 49.97×10^4 Da，28.36×10^4 Da，10.68×10^4 Da，8.25×10^4 Da；经 HPLC 测定，其分子量分别为：50.83×10^4 Da，29.06×10^4 Da，11.19×10^4 Da，8.60×10^4 Da。甘薯糖蛋白 4 个级分为不含淀粉、还原糖、多酚类，而含蛋白质的中性糖类复合物。甘薯糖蛋白 4 个级分 SPG-1，SPG-2，SPG-3，SPG-4 中总糖含量分别为 97.32%，92.54%，76.65%，99.14%；蛋白质含量分别为 2.15%、6.83%、22.36%、0.43%。甘薯糖蛋白的 4 个级分均是 O-型糖肽键的糖蛋白。

(2)利用 β-消除反应释放和现代分离纯化技术从 SPG-1 中可得到糖链 SPG-1-P 组分，经 Sepharose CL-6B 柱层析和毛细管电泳鉴定，为单一对称峰。用 Sephadex G-100 柱层析测定，分子量为 40.67×10^4 Da；用高效液相色谱（HPLC）法测定，其分子量为 39.24×10^4 Da。

(3)利用化学方法和仪器分析鉴定技术，得到 SPG-1-P 的一级结构可能为：$\rightarrow$(-α-D-^{b}Glcp^1-)n$\rightarrow$。SPG-1-P 的高级结构为：SPG-1-P 主要由 $C_6H_{12}O_6$ 晶体组成，并含有一定量的非晶体成分；晶型为单斜晶型，每个晶胞由 8 个葡萄糖分子组成，其晶胞参数为 $a = 0.664$ nm，$b = 1.2$ nm，$c = 1.97$ nm；SPG-1-P 在常温中性水溶液中有明显的正科顿吸收（Cotton Effect）。

(4)利用现代医学分析技术、法定的保健功能评价方法、现代医学分子生物学技术等评价甘薯糖蛋白的免疫调节作用，结果如下：

①甘薯糖蛋白 SPG-1 在腹腔注射剂量 0～80 mg/(kg·d) 范围内具有增强免疫调节作用，并呈典型的剂量效应关系；这种增强免疫调节作用是通过增强非特异性免疫、细胞免疫、体液免疫、IL-1α 的活性及其 mRNA 的表达、PKC 的活性、DNA 和 RNA 的含量、IFN 的产生和 IFNγ 的 mRNA 表达等多种渠道实现的。

②甘薯糖蛋白的给予方式对其免疫调节活性增强的顺序为：静脉注射给予＞腹腔注射给予＞

口服给予;甘薯糖蛋白纯品4个级分的免疫调节活性强弱顺序:SPG-1>SPG-3>SPG-2>SPG-4。

③当甘薯糖蛋白粗品所用剂量中SPG的含量与纯品任一级分所用剂量相等时,粗品使吞噬指数和吞噬系数上升的幅度大于纯品,说明甘薯糖蛋白粗品中还存在少量具有增强免疫调节作用或具有提高SPG免疫调节作用的其他成分。

④甘薯糖蛋白SPG-1的免疫调节活性主要在其糖链部分,但保持分子结构的完整性对其免疫调节的活性有一定的作用;甘薯糖蛋白硫酸化对甘薯糖蛋白SPG-1的免疫调节有降低作用,而中、低度乙酰化后,可提高甘薯糖蛋白的免疫调节作用,高度乙酰化后则降低其免疫调节作用,即甘薯糖蛋白引入乙酰基和硫酸基团后,其免疫调节活性发生了改变,这些均表明了甘薯糖蛋白的结构与其免疫调节活性有密切的关系。

⑤当甘薯糖蛋白SPG-1经温度超过70 ℃的热处理,pH小于3.5和pH大于7.5的酸碱处理以及微波处理,其免疫调节作用均明显降低;而小于70 ℃的热处理,pH 3.5~7.5的酸碱处理和紫外光照射,对甘薯糖蛋白的免疫调节作用影响较小。

(5)对甘薯糖蛋白降血脂作用的评价结果如下:

①甘薯糖蛋白SPG-1,SPG-2,SPG-3,SPG-4在腹腔注射剂量0~15 mg/(kg.d)范围内能显著降低高脂血症大鼠血清和肝脏胆固醇和甘油三酯的含量,尤其是降低血清和肝脏胆固醇的含量,但相互之间无显著差异($P>0.05$),并呈现明显的剂量效应关系。

②甘薯糖蛋白粗品也具有降低高脂血症大鼠血清甘油三酯和胆固醇的作用,比相同剂量纯品组的降低作用明显要小得多($P<0.05$),因而粗品中除甘薯糖蛋白外的其他成分无降血脂作用或不增加SPG的降血脂作用,在这一点上与其增强免疫调节作用不相同。

③在高脂肪、高胆固醇、高糖和高蛋白四种不同的饮食条件下,甘薯糖蛋白SPG-1均能显著降低动脉硬化指数,抑制血清和肝脏中胆固醇含量的升高。

④甘薯糖蛋白SPG-1具有降血脂作用是SPG-1通过明显提高高脂血症大鼠血清LCAT的活性和肝脏、腓肠肌中LPL的活性,而明显降低其皮下、子宫外周和肠系膜脂肪组织中LPL的活性,从而促进胆固醇和甘油三酯的代谢;明显增加高脂血症大鼠血清载脂蛋白ApoA1的含量而明显降低其ApoB的含量,从而表现出HDL-C的升高而LDL-C的降低;明显降低高脂血症大鼠全血和血浆的黏度以及红细胞膜脂微黏度,维持血液和红细胞膜的流动性等多种途径而实现的。

⑤甘薯糖蛋白SPG-1的降血脂作用活性部位主要在其糖链部分,分子结构的完整性对其降血脂功能也有一定的作用,甘薯糖蛋白SPG-1经乙酰化和硫酸化后,均能显著地降低高脂血症大鼠血清胆固醇和甘油三酯的含量,当改性达到一定程度后,其降低TC和TG作用基本稳定在一定水平上,在这一点上与其对增强免疫调节作用的影响不相同。但也表明甘薯糖蛋白的一级结构与其降血脂作用有密切的关系。

⑥加工处理对甘薯糖蛋白SPG-1的降血脂作用影响与其对免疫调节作用的影响一样。

(6)甘薯糖蛋白(粗品、SPG-1)经口的$LD_{50}>21.5$/kg体重,经腹腔注射的$LD_{50}>10.0$/kg体重,属实际无毒。甘薯糖蛋白SPG-1各剂量组均不能使鼠伤寒沙门菌移码突变株和碱基置换突变株发生回复突变;不会引起小鼠骨髓细胞染色体的断裂效应及纺锤体毒效应;也不会引起小鼠精子的畸形。这些均揭示甘薯糖蛋白是一种安全的保健食品功能因子,但对人体有无毒副作用还需在临床使用过程中进一步观察。

本论文具有以下几方面的创新:

①首次利用甘薯为原料,以开发第三代保健食品为目的,应用现代生物活性物质的分离提取纯化技术成功地从甘薯中获得甘薯糖蛋白纯品,并对其颜色反应、分子量、纯度、糖肽键特征、总

糖和蛋白质含量以及氨基酸组成等理化性质方面进行了系统的研究。

②采用β-消除反应和活性多糖的纯化技术,成功地将糖链从甘薯糖蛋白中释放出来并获得了其糖链纯品,并对其纯度和分子量进行了测定。采用完全酸水解、完全甲基化、Smith降解、气相色谱、红外光谱、气质联谱、核磁共振谱等方法研究了甘薯糖蛋白糖链的一级结构,首次提出了其化学结构中重复单元可能的连接方式,并采用X-射线纤维衍射和圆二色谱等探索其高级结构。

③首次利用现代医学检验方法、法定的保健食品功能检测方法和现代医学分子生物学技术,从器官、细胞和基因水平对甘薯糖蛋白的增强免疫调节和降血脂作用进行了全面深入的研究,为甘薯糖蛋白的开发利用奠定了基础。

④首次通过对甘薯糖蛋白分子结构的改变,来研究甘薯糖蛋白的结构与其免疫调节和降血脂作用的关系(结构—效应关系),为进一步提高甘薯糖蛋白的生物活性提供了依据。

6. 甘薯糖蛋白的分离纯化及其糖链结构鉴定. 蔡自建. 导师阚建全. 西南农业大学农产品加工与贮藏工程硕士论文,2003.

本文以"北京2号"甘薯($Ipomoea \ batatas$ L.Lam)为原料,利用现代分离纯化技术、仪器分析鉴定技术对甘薯糖蛋白的分离纯化、理化性质及其糖链结构进行了系统的研究。

①利用现代分离纯化技术从"北京2号"甘薯中分离纯化得到甘薯糖蛋白4个级分SPG-1,SPG-2,SPG-3,SPG-4,得率分别为:1.23%,0.03%,0.14%,0.05%(以甘薯干基计)。经Sepharose CL-6B柱层析、ConA-Sepharose亲和层析和HPLC法鉴定,均为单一峰。甘薯糖蛋白4个级分SPG-1,SPG-2,SPG-3,SPG-4,用Sephadex G-100柱层析测定,其分子量分别为:49.97×10^4 Da,28.36×10^4 Da,10.68×10^4 Da,8.25×10^4 Da;经HPLC测定,其分子量分别为:50.83×10^4 Da,29.06×10^4 Da,11.19×10^4 Da,8.60×10^4 Da。甘薯糖蛋白4个级分为不含淀粉、还原糖、多酚类,而是含蛋白质的中性糖类复合物。甘薯糖蛋白4个级分SPG-1,SPG-2,SPG-3,SPG-4中总糖含量分别为:97.32%,92.54%,76.65%,99.14%;蛋白质含量分别为:2.15%,6.83%,22.36%,0.43%。甘薯糖蛋白的SPG-1,SPG-2,SPG-3,SPG-4均为含 O-型糖肽键的糖蛋白。

②利用β-消除反应释放和现代分离纯化技术从SPG-1中得到糖链SPG-1-P,经Sepharose CL-6B柱层析和毛细管电泳鉴定,为单一对称峰。用Sephadex G-100柱层析测定,分子量为40.67×10^4 Da;用高效液相色谱(HPLC)法测定,其分子量为39.24×10^4 Da。

③利用化学方法和仪器分析鉴定技术,得到SPG-1-P的一级结构可能为:$\rightarrow (-\alpha\text{-}D\text{-}^5Gclp^1\text{-})_n \rightarrow$。SPG-1-P的高级结构为:SPG-1-P主要由 $C_6H_{12}O_6$ 晶体组成,并含有一定量的非晶体成分。晶型为单斜晶型,每个晶胞由8个葡萄糖分子组成,其晶胞参数为 $a = 0.664$ nm,$b = 1.2$nm,$c = 1.97$ nm;SPG-1-P在常温中性水溶液中有明显的正科顿吸收(Cotton Effect)。

本论文首次利用甘薯为原料,应用现代生物活性物质的分离提取纯化技术成功地从甘薯中获得甘薯糖蛋白纯品,并对其颜色反应、分子量、纯度、糖肽键特征、总糖和蛋白质含量以及氨基酸组成等理化性质进行了系统地研究。采用β-消除反应和活性多糖的纯化技术,成功地将糖链从甘薯糖蛋白中释放出来并获得了其纯品,并对其纯度和分子量进行了测定。采用完全酸水解、完全甲基化、Smith降解、气相色谱、红外光谱、气质联谱、核磁共振谱等方法研究了甘薯糖蛋白糖链的一级结构,首次提出了其化学结构中重复单元可能的连接方式,并采用X-射线纤维衍射和圆二色谱等探索其高级结构。

7. 甘薯抗性淀粉对大鼠矿物质元素吸收的影响研究. 杨参. 导师阚建全,周才琼,陈宗道. 西南农业大学农产品加工及贮藏工程硕士论文,2003.

本研究以甘薯淀粉为原料,研究了用老化法生产抗性淀粉的最佳工艺条件,并系统地研究了甘薯抗性淀粉对 Wistar 大鼠矿物质元素吸收的影响。研究结果表明：

(1)老化法生产抗性淀粉过程中，影响抗性淀粉生成的因素主次为：淀粉糊浓度＞糊化温度＞pH＞老化时间＞老化温度。当30％的甘薯淀粉糊，调节 pH 至6.0,120 ℃下糊化60 min，4 ℃下老化96 h 可得较高抗性淀粉产率，抗性淀粉含量达23.4％。

(2)甘薯抗性淀粉对大鼠的生长性能、脏器发育无不良影响，当饲喂给大鼠含甘薯抗性淀粉6.1％的饲料时，可显著增加排粪量，同时粪便含水率也显著增加。

(3)当饲喂给大鼠含甘薯抗性淀粉6.1％的饲料时，甘薯抗性淀粉可显著增加大鼠对钙、镁的表观吸收率，同时血清镁的水平也显著高于对照组。

(4)当饲喂给大鼠含甘薯抗性淀粉10.8％的饲料时，甘薯抗性淀粉可显著增加大鼠对铁、锌的表观吸收率，同时血清锌的水平也显著高于对照组。

(5)甘薯抗性淀粉促进钙、镁、铁、锌吸收的原因是甘薯抗性淀粉降低了大鼠回肠末端、盲肠、结肠中的 pH，增加了钙、镁、铁、锌在其中的溶解，增加了回肠末端、盲肠中可溶性钙、镁、铁、锌百分比和钙、镁、铁、锌的浓度，从而促进了钙、镁、铁、锌在回肠、盲肠和结肠内的吸收。

(6)甘薯抗性淀粉可增加铅污染饲料中铅的排出，当饲料甘薯抗性淀粉含量为6.1％时，大鼠粪铅排出率为91.5％，甘薯抗性淀粉为10.8％时，大鼠粪铅的排出率为96.4％。

(7)甘薯抗性淀粉促排铅机理有以下两个方面：一是抗性淀粉可促进钙、铁、锌在肠道内的溶解，从而能竞争性抑制铅的吸收，同时，较好的钙、铁、锌营养，也有利于组织中铅的排出；二是抗性淀粉对铅有较好的吸附作用，它吸附饲料中铅和从胆汁中排出的铅到达盲肠，在其中被微生物发酵后，铅又可与其中的微生物蛋白质结合而随粪便排出体外。

8. 甘薯体细胞胚胎再生及遗传转化的初步研究.向发云.导师裴炎.西南农业大学生物化学与分子生物学硕士论文,2004.

本研究建立了"川薯34"等品种较高频率的体细胞胚胎再生体系。在此基础上,利用 GUS-intron 融合基因的瞬时表达,研究了"川薯34"有效的遗传转化条件,为进一步通过基因工程改良其品质奠定了良好的基础。

(1)通过对不同植物激素组合及甘薯不同再生途径的比较试验,建立了3个甘薯基因型较高频率的体细胞胚胎再生体系,其中"川薯34""川薯8129-4""徐薯18"的最高植株再生率分别达到了49.9％,29.7％,14.7％。

(2)从"川薯34"的体胚苗中,筛选出了 L22、L8 两个高频体胚发生材料,可以为遗传转化工作提供良好的受体。

(3)通过 GUS-intron 融合基因的瞬时表达,确定了"川薯34"有效的遗传转化条件。优化后的遗传转化条件为:用 OD 值为0.5的农杆菌 LBA4404/pIG121 菌液侵染"川薯34"的叶片、叶柄60 min,侵染时用超声波辅助处理受体材料1 min,在侵染液和共培养培养基中都附加200 mol/L AS,黑暗下共培养3 d。采用此转化条件 GUS 报告基因瞬时转化频率可达30％左右,并可以进一步稳定表达。

9. 日本紫色甘薯的品系鉴定和茎尖培养脱毒研究.杨贤松.导师高峰.西南师范大学植物学硕士论文,2005.

本研究对紫色甘薯各品系或品种色素的含量进行了比较。还对从日本引种的14个紫色甘薯品系或品种进行了形态标记(26项指标)和同工酶标记鉴定,选用过氧化物酶(POD)、超氧化物歧化酶(SOD)、细胞色素氧化酶(CYT)、淀粉酶(AMY)、酯酶(EST)、苹果酸脱氢酶(MDH)六种同工酶系统进行同工酶分析,并对结果进行聚类。此外,对日本引种的紫色甘薯进行了病毒病检测。同时,为探索获得紫色甘薯无病毒种苗的有效途径,以紫色甘薯的茎尖为外植体,通过正交设计的方法,对影响紫色甘薯脱毒的各种因素进行研究,优化出最佳的培养基配方,建立了紫色甘薯茎尖脱毒繁育体系。

(1)不同品系或品种紫色甘薯的色素含量比较

采用酸性溶剂法直接从紫色甘薯块根中浸提出色素,并对各品系或品种的色素含量进行比较。结果表明,不同基因型紫色甘薯的色素含量差异较大,A_1、A_2、A_5、A_7(OD 值>0.35)及 B_1、B_2、B_3、B_7、B_8(0.35>OD 值>0.25)等品种(系)色素含量较高,是值得进一步选择和培育的群体。

(2)日本引种的紫色甘薯的品系鉴定

根据通用的甘薯鉴定性状及其生长期记载标准,选择其中 26 项指标作为形态鉴定参数进行聚类分析。结果表明,所有供试品系或品种分成 6 类:Ⅰ类为 A_1、A_2、A_7,Ⅱ类包括 B_1、B_3、B_7 和 B_8;Ⅲ类只有 A_5;Ⅳ类包括 A_3、A_4、A_6;Ⅴ类只有 B_9;Ⅵ类只有"山川紫"。

比较和分析紫色甘薯叶片、叶柄、茎段和块根等四种不同器官 SOD、AMY、POD、CYT、MDH、EST 等六种酶同工酶酶谱。结果表明,紫色甘薯不同器官的同工酶谱具有特异性,相比较而言,叶片的同工酶最稳定且最具多样性。紫色甘薯叶片的同工酶分析结果表明,过氧化物酶(POD)、细胞色素氧化酶(CYT)、超氧化物歧化酶(SOD)等三种同工酶酶谱很丰富,分别有 13、11、10 条酶带,而它的淀粉酶(AMY)、酯酶(EST)、苹果酸脱氢酶(MDH)三种同工酶带分别为 4、7、7 条。紫色甘薯叶片的同工酶聚类结果表明,所有供试品系或品种分成 7 类,Ⅰ类包括 A_1、A_2、A_7;Ⅱ类包括 $B_1 \sim B_3$;Ⅲ类包括 B_7 和 B_8;Ⅳ类只有 B_9;Ⅴ类包括 A_3、A_4、A_6;Ⅵ类只有 A_5;Ⅶ类只有"山川紫"。形态标记和同工酶标记的聚类结果基本一致,其结果均说明 A_5、B_9 和"山川紫"都是独立的品系或品种,而 A_1、A_2、A_7;A_3、A_4、A_6;$B_1 \sim B_3$;B_7 和 B_8 等品系间的亲缘关系非常近。

(3)日本引种的紫色甘薯的病毒病检测

采用硝化纤维素膜酶联免疫吸附检测法(NCM-ELSIA)和症状诊断法对从日本引种的紫色甘薯病毒病发生情况进行检测。NCM-ELISA 检测结果表明,从日本引种的紫色甘薯均感染了甘薯羽状斑驳病毒(SPFMV)、甘薯轻度斑驳花叶病毒(SPMMV)、甘薯褪绿斑点病毒(SPCFV)、甘薯潜隐病毒(SPLV)、C-6 病毒,C-8 病毒。其中,SPFMV 和 SPMMV 感染最普遍,SPCFV 和 SPLV 次之,而 C-6 和 C-8 感染较少。在供试的 14 个日本紫色甘薯品系或品种中,A_4、A_5 和"山川紫"等 3 个品系或品种感染上述全部 6 种病毒,其余 11 个甘薯品系只是感染了其中几种病毒;症状观察结果表明,感染病毒的紫色甘薯叶片出现明显的症状,主要表现为褪绿斑驳、畸形、坏死、变色等 4 种类型。

比较两种病毒检测技术的有效性与灵敏性,结果表明,NCM-ELISA 法比症状学法灵敏。该法既可检测出带毒量极少的植株,又能检测出所感染的病毒的种类。

(4)紫色甘薯茎尖培养技术的优化及脱毒种苗繁育体系的建立

利用茎尖培养技术,研究了不同激素种类和浓度的配比及甘薯的基因型等对成苗率的影响。试验结果表明,培养基中激素的配比对成苗率影响显著。NAA,6-BA 可提高甘薯茎尖成苗率。特别是 6-BA 的浓度为 1mg/L 时,其成苗率达到最大值,为 21.2%。甘薯基因型对成苗率有一定的影响,A_7、B_3 和 B_7 的成苗率较高,分别为 46.2%、50.0% 和 50.0%,A_3 和 A_5 的成苗率较低,分别为 6.25% 和 8.3%,而 A_6 和"山川紫"则未能诱导成苗。

采用酶联免疫法(NCM-ELISA)对甘薯拟脱毒苗进行了病毒检测。结果表明,总脱毒率为 94.7%。

10. 甘薯 ISSR 分子标记的建立与 *IPI* 基因的克隆及功能分析.阳义健.导师唐云明,廖志华.

西南大学生物化学与分子生物学硕士论文,2006.

本实验对 13 个品种的甘薯进行了 ISSR 分子标记及分析。

甘薯中含有以 β-胡萝卜素为代表的多种类胡萝卜素,它们在体内能转换成维生素 A 或者视黄醇,其在淬灭自由基、增强人体免疫力、预防心血管疾病和防癌、抗癌方面的作用越来越引起人们的重视。类胡萝卜素前体的生物合成来源于经典的 MVA 途径和新近发现的 MEP 途径。为研究类胡萝卜素前体生物合成途径的分子生物学,本研究采用 RACE 方法从"渝薯303"中克隆了类胡萝卜素生物合成途径上一个重要基因的全长 cDNA-*IbIPI*(Isopentenyl diphosphate isomerase gene from *Ipomoea batatas* L. Lam.,甘薯异戊烯焦磷酸异构酶基因),并对该基因及其编码的酶进行了生物信息学分析;在大肠杆菌中过量表达 *IbIPI* 推动了 MEP 途径代谢流向下游流动,促进类胡萝卜素的生物合成而验证了 *IbIPI* 的功能。对 *IbIPI* 基因的研究为深入阐明类胡萝卜素生物合成的分子生物学和生物化学机理奠定了基础,为利用甘薯进行类胡萝卜素的代谢工程提供了可能的调控靶点。

(1)甘薯 ISSR 分子标记方法的建立

采用 ISSR 分子标记技术,对"九州 55""绵粉 1 号""澳墨红""蕹菜种""广茨 16""亚 4""B50-285""恒进""渝紫 263""台农 10 号""南薯 88""台农 69""山川紫"13 个甘薯品种块根 DNA 进行了研究。从 20 条引物中筛选到 2 条有效引物用于正式扩增,共扩增出 11 个基因位点,其中多态性条带有 7 条,多态性比率为 63.6%,从而建立了甘薯块根 DNA 的 ISSR 方法。

(2)*IbIPI* 全长 cDNA 的克隆

本研究从"渝薯303"叶片中提取总 RNA,反转录成第一链 cDNA。采用基于序列同源性的方法,根据已知异戊烯焦磷酸异构酶基因的保守序列设计简并引物,以合成的 cDNA 为模板,采用温度梯度 PCR,扩增 IPI 基因的核心片段,获得 600 bp 左右的产物,经亚克隆和测序知该片段为 597 bp。根据获得的 *IbIPI* 核心序列,分别设计用于 3'RACE 和 5'RACE 的特异性引物,扩增 IPI 基因的 3' 和 5' 末端片段,得到 461 bp 和 423 bp 的 cDNA 片段。将前后获得的核心片段 3' 和 5' 末端序列拼接起来,得到推导的 *IbIPI* 全长 cDNA 序列,采用 RT-PCR 进行验证并获得物理全长,*IbIPI* 的全长 cDNA 序列为 1 155 bp,包括 5'UTR、3'UTR 和 polyA 尾部序列。

(3)*IbIPI* 的生物信息学分析

对 *IbIPI* 的基本性质研究发现,*IbIPI* 编码的是一个含 296 个氨基酸残基的多肽,该多肽的分子量为 33.8 kDa,等电点为 5.7。*IbIPI* 氨基酸序列比对结果显示甘薯 IPI 属于 IPI 家族,并且与以前报道的其他植物物种中的 IPI 有很高的相似性。

将来自不同植物的 IPI 进行多重比对,发现植物 IPI 的氨基酸序列相似性很高。根据植物 IPI 比对结果,可以看到植物 IPI 的 N 端是一个氨基酸序列没有同源性的区域。TargetP 分析表明 *IbIPI* 具有一个长为 57 个氨基酸的质体转运肽,在这个区域后是高度同源的区域,也就是 IPI 的功能区段。

用来自细菌、真菌、动物、藻类和植物的 IPI 全长氨基酸序列构建了 IPI 的分子系统树,表明 IPI 可以分为来自原核生物和真核生物的类群;而在真核生物中,IPI 的分子系统进化表现出与物种系统进化的相关性,可以分为真菌、藻类、动物和植物类群。

(4)*IbIPI* 的功能验证

用甘薯 IPI 的编码区替换 pTrc-*AtIPI* 中的 *AtIPI*(拟南芥 IPI 基因),获得携带甘薯 IPI 基因编码区的 pTrc-*IbIPI*,与 pAC-BETA(含 β-胡萝卜素生物合成相关的四个基因的一个大肠杆菌表达载体)共转化大肠杆菌 XL1-Blue(XL1-Blue+pAC-BETA+pTrc-*IbIPI*),经抗性筛选,得到阳性克隆,挑选单克隆培养,工程化大肠杆菌能够合成β-胡萝卜素使菌斑变黄,从而证明了 *IbIPI* 是一个有 IPI 功能的基因。

11. 不同农艺措施对高淀粉甘薯的调控效应研究.宋朝建.导师王季春.西南大学作物栽培学与耕作学硕士论文,2007.

本论文以扦插密度、施 K 肥水平、搭架高度处理和薯蔓主蔓剪顶节间数处理为四个处理因素,采用四因素二次回归正交组合设计,研究在不同的处理方式等条件下甘薯田间生长变化的规律,并探讨了不同农艺栽培措施对甘薯产量的影响,得到以下结论:

(1)试验结果表明,不同的农艺栽培措施对植株生长势的影响作用不一致,其中密度处理对植株的生长势和结薯性的影响作用差异较大,具体表现在随着密度的增大,植株的总蔓长增长较快;茎蔓分枝数、单株总薯数、单株大中薯数均增多;单株蔓重、单株总薯重单株大中薯重均增加,尤其对总蔓长、单株总薯数、单株大中薯数、单株总薯重、单株大中薯重的影响最突出,达到极显著水平。

(2)施 K 处理使植株总蔓长、茎蔓总节数增加明显;能提高植株的叶面积系数;使单株总薯重、单株大中薯重增重;对叶面积系数的作用最突出,达到极显著水平。

(3)搭架高度处理使植株茎蔓增长;茎蔓变粗;茎蔓分枝数、茎蔓总节数增多;单株蔓重、单株总薯数、单株总薯重、单株大中薯重增重;在搭架高度较高的处理下,植株叶绿素的含量较高;尤其对总蔓长、蔓粗的作用最突出,达到极显著水平;对叶面积系数、单株大中薯数的作用效果不显著。

(4)主蔓剪顶节间数处理对植株叶面积系数的影响差异有显著影响,对总蔓长、蔓粗、茎蔓分枝数、茎蔓总节数、单株蔓重、单株总薯数、大中薯数、大中薯重、总薯重的影响不大。

(5)栽插密度和施 K 互作使植株茎蔓增长;使单株蔓重、单株大中薯数、大中薯重增重;尤其对总蔓长、单株大中薯数、大中薯重的影响最突出,达到极显著水平。栽插密度和搭架高度互作使植株茎蔓增长;茎蔓变粗;茎蔓分枝数、茎蔓总节数增多;单株总薯重、大中薯重增重;尤其对蔓粗的作用最突出,达到极显著水平。栽插密度和主蔓剪顶节间数互作对总蔓长、蔓粗、单株总薯重、大中薯重的影响较大。

(6)施 K 和搭架高度互作与总蔓长、茎蔓总节数、叶面积系数、单株蔓重、单株总薯重作用较大,施 K 和主蔓剪顶节间数互作对总蔓有显著影响。栽插密度处理对植株茎叶吸收 N 有重要的作用,但对植株茎叶吸收 P、K_2O 影响不大;搭架高度处理对植株茎叶吸收 K_2O 有显著影响。

(7)施 K 处理对亩产量的影响达到了极显著水平;搭架高度处理对亩产量的影响达到了显著水平,其和施 K 处理互作、密度处理和搭架处理互作、施 K 处理和搭架处理互作、施 K 处理和主蔓剪顶节数互作对亩产量均无显著的影响。

(8)本试验针对高产高淀粉品种"YSW"最终得出的优化方案为:栽插密度 42 150 株/hm^2,施 K 20 kg/667 m^2,搭架高度应为 1.5 m,剪去主茎 7 个节间,此时"YSW"理论产量最高,可达到 41 715 kg/hm^2。

12. 秋甘薯不同类型品种干物质积累特性研究.周全卢.导师王季春.西南大学作物栽培学与耕作学硕士论文,2007.

本文以干率和产量为基础,将 12 个甘薯材料按干率(高干、中干和低干)和产量(高产、中产和低产)各分为 3 个等级共计 9 个类型组合,在田间以随机区组排列方式进行种植,研究了甘薯的干物质积累过程和分配机理,得出以下结论:

(1)不同干率类型甘薯茎叶生长与干物质积累的关系:本试验研究发现,干率与 LAI、总茎长、茎节数和茎叶鲜重等都呈极显著的负相关,与分枝数呈显著的负相关,与茎粗呈不显著的负相关。不同干率类型的茎叶在中后期都有一定的徒长,而且地上部徒长越严重,干率越低,其中LAI、总茎长、茎节数和茎叶的鲜重对干率的影响最大。

(2)不同干率类型甘薯块根性状与干物质积累的关系:本试验研究发现,单株薯数、经济系数和产量与干率呈极显著的负相关,与R/T值呈显著的负相关。薯块数、经济系数和产量的增加对块根干率的降低影响最大,R/T值的增加在一定程度上可以降低块根的干率。

(3)不同干率类型甘薯生理指标与干物质积累的关系:本试验研究发现,干率与β-淀粉酶活性呈极显著的正相关,而与叶绿素、茎叶 K_2O/N 和叶片 ATP 酶活性都呈不显著的负相关,与 Q-酶活性呈不显著的正相关。β-淀粉酶活性可极显著提高块根的干率,而叶片叶绿素含量、ATP 酶活性和茎叶的 K_2O/N 均可降低块根的干率。

(4)不同产量类型甘薯地上部生长与干物质积累的关系:本试验研究发现,产量与 LAI、总茎长、分枝数、茎节数、茎粗以及茎叶鲜重都呈极显著的正相关。不同产量类型的茎叶在中后期都有一定的徒长,而且地上部徒长越严重,产量越高。LAI、总茎长、分枝数、茎粗、茎节数和茎叶鲜重的增加均可大大提高产量。

(5)不同产量类型甘薯地下部性状与干物质积累的关系:本试验研究发现,产量与 R/T 值和经济系数呈极显著的正相关,与薯块数呈显著正相关,而与块根的干率呈极显著的负相关。R/T值和经济系数的增加可极显著地提高产量,薯块数的增加扩大了相对库容而提高产量,而干率的升高对产量的降低最为显著。

(6)不同产量类型甘薯生理指标与干物质积累的关系:本试验研究发现,产量与β-淀粉酶活性呈极显著的负相关,与 Q-酶活性呈显著的负相关,而与叶片 ATP 酶活性、叶绿素和茎叶 K_2O/N 的相关性均不显著。块根 Q-酶活性和β-淀粉酶活性的升高均可降低产量,其中β-淀粉酶活性的作用最为显著。

(7)农艺性状和生理指标相关性与品种选择:本试验研究发现,地上部的进一步生长有利于块根产量的提高。干率和β-淀粉酶活性不高的材料更容易获得高产,薯块数的增加有利于促进产量的增加。地上部茎叶的徒长不利于块根干率的提高,即地上部徒长越大则干率越低。β-淀粉酶活性可作为衡定块根干率的一个重要正向指标,R/T值、经济系数以及薯块数等标志块根产量提高的参数均可作为判定干率的重要负向指标。

13. 甘薯及其近缘种质资源的主要经济性状比较研究.赵昕.导师张启堂.西南大学动植物遗传育种硕士论文,2007.

为了鉴定和比较甘薯的种质资源的生产力和主要经济性状表现,在田间试验、室内试验、品质分析、开花习性调查 4 组试验中分别对 34 个甘薯种质资源、13 份国外紫肉甘薯品种资源、11 份国内紫肉甘薯品种资源、2 份甘薯近缘野生品种、4 份原生质体融合中间材料(简称人工合成杂种材料)进行了多种产量、块根烘干率、β-胡萝卜素含量、最长蔓长、基部分枝数、茎直径、开花性、发根性等鉴定和比较,并对其试验数据用生物统计方法进行处理,获得以下结果:

(1)对紫肉甘薯种质和普通甘薯种质资源的主要性状的鉴定和比较表明:紫肉甘薯群体的藤叶产量、单株分枝数、单株结薯数、干物质含量、淀粉含量与普通甘薯差别不大,但鲜薯产量特别低,上薯率低,熟食品质差,藤蔓明显较长,薯块色素含量高。

(2)甘薯近缘野生种 *I.trifida* 和 *I.littoralis* 的平均单株藤叶重为 200.0~330.0 g,单株块根重为 12.1~23.6 g,显著比供试的甘薯品种(系)种质资源低,但与人工合成杂种之间比较差异不显著;块根烘干率为 30.04% 和 36.90%,普遍较甘薯品种(系)种质资源高;块根 β-胡萝卜素含量为 0.081 8 mg/100 g 鲜重和 0.345 7 mg/100 g 鲜重；藤蔓较细而长，茎直径为 2.60 mm 和 2.41 mm，平均最长蔓长为 252.8 cm 和 428.0 cm，单株分枝数 10.3 个和 5.5 个；扦插苗发根较普通甘薯品种（系）种质资源差。

（3）人工合成杂种"北农 5501"和"北农 5521"的平均单株藤蔓重为 280.0 g 和 360.8 g，平均单株块根重为 29.1 g 和 42.1 g，显著比供试甘薯品种（系）种质资源低，但与两个甘薯近缘野生种差异不明显；块根烘干率为 30.06% 和 31.14%，块根 β-胡萝卜素含量为 0.272 5 mg/100 g 鲜重和 0.129 5 mg/100 鲜重，较多数供试甘薯品种（系）高，显著低于 *I.littoralis*；藤蔓较细而短，茎直径为 2.71 mm 和 2.62 mm；平均扦插苗发根数较甘薯品种（系）为少，发根长度"北农 5501"较短、"北农 5521"较长；最长蔓长为 172.3 cm 和 126.3 cm；单株基部分枝数较多，为 9.7 个和 8.5 个。

（4）甘薯近缘野生种和人工合成杂种在重庆的自然生态环境下的开花习性：人工合成杂种和六倍体近缘野生种 *I.trifida* 容易自然开花，日单株开花数分别为 10.7 朵、9.1 朵、7.0 朵和 5.4 朵，植株开花的最佳时期是 8 月中旬至 9 月下旬，而四倍体近缘野生种 *I.littoralis* 不易自然开花，平均日开花数仅为 1.4 朵，植株开花的最佳时期是 9 月下旬至 10 月上旬。研究表明 4 个人工合成杂种和六倍体近缘野生种 *I.trifida* 开花特征更接近于栽培甘薯品种。

14. 甘薯腺苷酸激酶基因的克隆分析及载体构建.曾令江.导师张启堂,廖志华.西南大学遗传学硕士论文,2007.

本研究采用 RACE 技术从自有淀粉专用型甘薯新品种"渝苏 303"（国审薯 2002006）中克隆了 ADK 基因 cDNA 全长（*IbADK*，GenBank© 登录号：EF562533），并对该基因及其所编码的 ADK 蛋白进行了详尽的生物信息学分析和组织表达谱分析。获得结果如下：根据已知腺苷酸激酶基因的保守序列设计引物，扩增获得 592 bp 的核心片段；BLAST 分析表明该片段与其他植物 ADK 同源，初步确定为甘薯的 ADK 基因核心片段；根据该序列设计用于 3'-RACE 和 5'-RACE 的基因特异性引物，扩增获得 548 bp 的 3'末端和 314 bp 的 5'末端；将核心片段、3'末端和 5'末端序列进行拼接，获得甘薯 ADK 基因的 cDNA 电子全长，进而设计引物扩增获得其物理全长。*IbADK* 全长 1 314 bp，其编码区长度为 855 bp，编码长度为 284 个氨基酸残基的 ADK 蛋白（*IbADK*）；生物信息学预测 *IbADK* 分子量为 30.86 kDa，等电点为 6.46；BLAST 分析显示 *IbADK* 与马铃薯 ADK 序列相似性达到 83%；亚细胞定位预测 *IbADK* 的 N 端有一段长度为 22 个氨基酸残基的质体转运肽，表明该蛋白定位于质体，这与淀粉合成定位于质体相一致；将 *IbADK* 与植物 ADKs 构建分子发育树，发现马铃薯 ADK 蛋白与 *IbADK* 聚为一类，表明两者在进化上比较接近，这与 BLAST 结果相符；对 *IbADK* 进行二级结构预测，表明其中包含 26.06% 的 α-螺旋、23.59% 的片层和 50.35% 的随机卷曲；进一步对 *IbADK* 进行三维结构建模，表明该蛋白能够正常折叠形成典型的 ADK 蛋白三维结构，并在其三维结构中发现了 AMP 结合位点和 ATP-AMP（Ap5A）结合位点；利用半定量 RT-PCR 技术对 *IbADK* 进行组织表达谱分析，表明该基因在块根和幼叶中表达量最高，在成熟叶片和茎中表达量次之，在叶柄中则检测不到 *IbADK* 的表达。

已有研究表明，淀粉合成定位于两种质体，即叶片中的叶绿体和块根中的淀粉体。因此在甘薯块根和幼叶中 *IbADK* 的高表达，有利于促进这两种代谢活跃的组织中 ATP、AMP 和 ADP 分子的代谢，进而调节淀粉代谢和核苷酸代谢。对 *IbADK* 的克隆分析和性质研究，有助于在分子遗传学水平上了解 *IbADK* 的功能，并且对于研究甘薯淀粉合成的分子机理有一定帮助。

本研究设计一对带酶切位点的引物，克隆 *IbADK* 的编码区，反向插入植物表达载体 PHB 中，构建 *IbADK* 反义表达载体 pHB-a*IbADK*，同时构建正义表达载体 pHB-*IbADK* 作为对照，将 pHB-*aIbADK* 和 pHB-*IbADK* 分别导入根癌农杆菌 LBA4404 和"解除武装"的 C58C1，获得农杆菌工程菌。构建的反义表达工程菌不但可用于在分子遗传学水平探讨 ADK 在甘薯淀粉生物合成中的作用机理，而且可进一步用于遗传转化甘薯，获得低 ADK 表达的转基因甘薯，为实现甘薯淀粉代谢工程，最终获得转基因修饰的高淀粉甘薯新材料或新品种奠定基础。

15. 利用同工酶技术对 109 个甘薯品种的遗传多样性分析.岑亮.导师唐云明.西南大学遗传学硕士论文,2007.

本研究对由重庆市甘薯研究中心提供的 109 个甘薯品种进行了超氧化物歧化酶（SOD）同工酶、酯酶（EST）同工酶、多酚氧化酶（PPO）同工酶、淀粉酶（AMY）同工酶的分析和探索，并充分运用数字化记录的方法，初步建立了这 109 个甘薯品种的酶谱数据档案，明晰了它们之间的亲缘关系。

在几种同工酶中，SOD 同工酶表现出了中等的多态性和保守性，聚类分析结果显示有部分品种差异不明显，说明仅仅依靠 SOD 同工酶来对甘薯进行亲缘关系鉴定是不充分的；EST 同工酶的酶谱类型极为丰富，表现出良好的多态性和一定的保守性，在聚类分析中需要在较小距离上才能分出几大类；PPO 同工酶具有丰富的酶谱类型和极高的多态性；AMY 同工酶大多数非高淀粉品种中无法形成清晰条带，不适合用来做甘薯同工酶分析。经分析总结，本研究认为对于高样品数量的同工酶分析，并不能简单依靠多态位点百分数来描述多态性状况。

通过对甘薯的三种同工酶酶谱综合聚类分析显示，本研究所测甘薯品种酶谱类型极为丰富，具有良好的多态性。在三种同工酶酶谱中，共识别条带 32 条，其中共有带 3 条，多态位点百分数 $P=90.6\%$；出现率在 80% 以上的高频率条带 10 条，占总数的 31.3%；出现率在 30%～80% 的中频率条带 5 条，占总数的 15.6%；出现率在 30% 以下的低频率条带有 17 条，占总数的 53.1%。这也间接表明中国甘薯地方品种的遗传变异十分丰富，支持了中国是甘薯的次生多样性中心的观点。聚类结果则表明，不少产自我国的甘薯品种遗传基础有一定的相似性；国内农家种既有明显的遗传差异，同时也表现出较强的相关性；从美国引进的品种遗传距离较远，具有很好的多态性和育种价值；从日本引进的品种大多独立聚在一类，亲缘关系较近。

本研究绘出了"渝苏 303"及相关品种的聚类分析图和遗传相似性表，为在"渝苏 303"基础上进行育种工作和相关研究提供参考。此外，本研究还摸清了大量取样进行甘薯同工酶分析的实验方法。并经过探索和创新，建立了一套快捷、准确、直观的酶谱记录办法，在结果统计中高比例地引入数字化记录和分析方法，在提高数据记录准确度的同时，尽可能量化数据。得到的量化数据易于与各种分析软件接轨，方便进行二次分析和建立数据资料库。为将来需要进行较大量样品研究和协同研究的科研工作者提供一些经验和参考。

16. 干物质差异甘薯的农艺调控效应研究.陈宇星.导师王季春.西南大学种子工程方向硕士论文,2008.

本研究以不同淀粉含量的 3 个甘薯品种为研究对象，以氮肥、钾肥配合施用（N：K_2O＝1：2），并结合去分枝处理措施，采用 L9(34) 正交组合试验设计（田间采用完全随机区组排列），测定不同生育时期淀粉合成相关酶类活性、生理指标、农艺性状的变化及其相关关系，来研究氮肥、钾肥和去分枝对不同甘薯品种干物质含量或淀粉含量的影响效应，以期利用不同时期各项指标的变化规律来判定在某一时期某一指标是否能预测未来甘薯淀粉含量的高低，找出较为合适的调控组合。

（1）各因素对产量和薯块数的影响，本试验 3 个甘薯品种干率较高的其经济鲜产量较低，干率的高低与经济鲜产量存在极显著的负相关。影响经济鲜产量主要是甘薯基因型差异，去分枝对经济鲜产量也有影响,达到了显著差异。本试验中,对淀粉产量、薯块数的影响主要是甘薯的基因型差异。氮肥、钾肥对经济鲜产量、淀粉产量的影响都没有达到显著性差异水平。

(2)各因素对薯块干率的影响,甘薯的基因型差异是薯块干率差异的主要原因。本试验钾肥(K_2O)施用量较多时会降低薯块的干率。在生育期内,"渝薯2号"品种迅速积累干物质的时间比"南薯88"和"商丘52-7"要长,时间上的差异可能就是最终收获时干率差别的原因。除时间上的差异之外,较高的地上部鲜重也是干率高的原因。对于高干率甘薯品种提高其干率的最优组合是氮肥施用量150 kg/hm²,钾肥施用量10 kg/hm²,不去分枝。

(3)各因素对地上部及R/T值的影响,甘薯基因型差异是地上部鲜重差异的主要原因。对于干率较高的甘薯品种,其地上部鲜重在整个生育期都保持较高值。氮肥对地上部鲜重的影响达到了极显著水平,氮肥施用量150 kg/hm²有利于地上部鲜重的增加。甘薯基因型差异是造成叶绿素含量差异的主要原因。在生育中、后期,高干率甘薯品种的叶绿素含量始终保持在较高的水平。因此,对于高干率甘薯品种提高其叶绿素含量需要氮肥施用量150 kg/hm²,钾肥施用量75 kg/hm²,不去分枝处理。甘薯的品种差异是引起R/T值差异的主要原因,说明干率高的品种,其R/T值越大。氮肥对R/T值达到了极显著差异,有可能是氮肥量在促进茎叶生长的同时也促进了块根中干物质的积累。

(4)各因素对淀粉合成相关酶活性的影响,本试验结果表明,甘薯基因型差异是引起各淀粉合成相关酶活性差异的主要影响因素。干率较高的品种"渝薯2号"其ADPG焦磷酸化酶活性最高。ADPG焦磷酸化酶活性表现较低值的时候正是薯块干物质迅速积累时期。干率较高的甘薯品种其蔗糖合成酶、磷酸蔗糖合成酶活性较高。对于高干率甘薯品种提高淀粉合成相关酶活性的最优处理组合是氮肥施用量75 kg/hm²,钾肥施用量300 kg/hm²和不进行去分枝处理。

(5)各因素对糖代谢的影响,本试验中干率较高的甘薯品种可溶性糖、还原性糖含量较低,干率较低的品种,糖含量较高。去分枝对于糖含量的变化没有达到显著性差异。本试验研究结果表明,块根中糖含量较低时有利于淀粉积累,高干率最优组合的栽培方式是氮肥75 kg/hm²,钾肥施用量300 kg/hm²,不进行去分枝处理。

(6)淀粉合成相关酶活性、糖含量间的相关性,薯块干率、淀粉产量与ADPG焦磷酸化酶活性和蔗糖合成酶分别达到了显著和极显著负相关。在块根中ADPG焦磷酸化酶活性与蔗糖合成酶活性表现较为一致,两者存在极显著正相关。而蔗糖磷酸合成酶活性与ADPG焦磷酸化酶活性没有达到显著或极显著水平。ADPG焦磷酸化酶、蔗糖合成酶活性与还原性糖含量和可溶性糖含量存在极显著或显著负相关。块根中糖量较多时淀粉合成相关酶活性较低,反之酶活性较高时会把更多的糖转化为干物质或淀粉。

17. 光对紫色甘薯花青素积累及相关酶基因表达的影响.刘良勇.导师高峰.西南大学植物学硕士论文,2008.

本论文以紫色甘薯"山川紫"为试材,以白心甘薯"禹北白"为对照,在建立液体培养体系的基础上,对不同光照条件下两种试材中花青素的积累及相关合成酶基因的表达进行分析。

(1)紫色甘薯液体培养体系的建立。采用紫色甘薯品种"山川紫"为试材,以株高增长量、新增叶片数、最大叶片面积、根数、根长和根鲜重等为指标,对影响紫色甘薯在液体培养条件下生长的因素进行了研究。试验结果及单因子方差分析表明,在Hoagland培养液培养中,取自紫色甘薯植株中部茎段的插条生长状态显著强于取自顶部或基部茎段的插条;在以清水、1/4 Hoagland,1/2 Hoagland,Hoagland,1/4 MS,1/2 MS和MS为培养液进行紫色甘薯液体培养时,以1/2 Hoagland的培养效果最佳。

(2)光调控紫色甘薯花青素的生物合成。全株光照、上部光照处理促进"山川紫"和"禺北白"叶片、叶柄和茎中花青素的积累,下部光照和全黑暗处理抑制其花青素的积累;全株光照、上部光照和下部光照处理促进"山川紫"根中花青素的积累,全黑暗处理抑制其花青素的积累;地上部位是接受光信号的主要部位。

(3)光影响紫色甘薯不同部位糖类的积累。全株光照、上部光照处理促进"山川紫"和"禺北白"叶片、叶柄、茎和根中糖分的积累,下部光照和全黑暗处理抑制其糖分的积累,地上部位是接受光信号、进行光合作用的主要部位。

(4)"山川紫"和"禺北白"中某些相关酶基因的表达受光调控,即光照促进其表达,黑暗抑制其表达;光信号的接受部位也有不同,有些酶基因光信号接受部位是地上部分,有些地上和地下部分都是光信号接受部位。"山川紫"和"禺北白"中有些相关酶基因的表达不受光调控。"山川紫"和"禺北白"叶柄中的 CHS,"山川紫"根和"禺北白"叶片、叶柄和根中的 CHI,"山川紫"根和"禺北白"叶柄和根中的 F3'H 及"禺北白"叶柄中的 DFR 和 ANS 都不受光调控;除此之外,其余酶基因均受光调控,其中,"山川紫"叶片中的 CHS,CHI,F3H,F3'H 和叶柄中的 CHI,F3H,F3'H,DFR,ANS 及"禺北白"叶片中的 CHS,F3'H,DFR 和茎中全部 6 个基因,地下和地上部分都是其接受部位。"山川紫"叶片中 DFR 和 ANS 及茎中全部 6 个酶基因接受光信号的部位是地上部分。

18. 紫甘薯色素提取纯化工艺及性质研究.王智勇.导师蒋和体.西南大学农产品加工及贮藏工程硕士论文,2008.

本文选用国产紫甘薯为原料,进行了以下研究:紫甘薯色素提取工艺的研究,超声辅助冻结—融解法提取紫甘薯色素的研究,大孔树脂分离纯化的研究,紫甘薯色素稳定性的研究。

(1)综合评价了各种溶剂提取紫甘薯色素的优劣差别,表明柠檬酸提取效果最佳。通过单因素实验得出柠檬酸溶液提取紫甘薯色素的最佳提取条件为:石油醚脱脂,1%柠檬酸溶液为溶剂,料液比为 1:40,提取时间 3 h,温度 60 ℃。通过正交实验得出柠檬酸溶液提取紫甘薯色素的最佳工艺参数是:1%柠檬酸溶液,料液比 1:50,提取时间为 4 h,温度为 60 ℃,影响因素大小为温度>时间>溶剂浓度>料液比。在最佳工艺下提取得率为 1.884 mg/g。

(2)通过单因素实验、正交实验得出超声波辅助冻结—融解法提取紫甘薯色素的最佳工艺参数是:石油醚脱脂,用料液比为 1:40,1%柠檬酸充分混合,放入冰箱冻结 120 min,70 ℃环境下,超声辅助融解提取 50 min,在最佳工艺下提取得率为 2.356 mg/g。

(3)比较了 AB-8,S-8,NKA-9 三种大孔树脂对紫甘薯色素的吸附特性,经综合评定 AB-8 树脂的效果最好。AB-8 大孔树脂纯化紫甘薯色素的工艺路线中各因素为:pH 为 3.0 的色素液,上样浓度为 37.8 μg/mL,上样流速为 1.0 mL/min;pH 为 2.0,浓度 80%乙醇进行解吸,流速 1.0 mL/min.以此工艺纯化制备色素,产率为 0.23%。

(4)紫甘薯色素是水溶性色素,在酸性条件呈红紫色、碱性呈蓝绿色;酸性条件下最稳定,碱性条件稳定性较差;对温度敏感,温度越高对紫甘薯色素影响越大;紫外光、日光对色素破坏较大,应避光保存。Fe^{3+},Cu^{2+},Al^{3+} 对紫甘薯色素有较好的增色护色作用,Pb^{2+} 对紫甘薯色素稳定性没有影响,Zn^{2+} 对紫甘薯色素稳定性影响较大。在针对食品添加剂、氧化剂、还原剂的研究中发现:蔗糖、苯甲酸钠对紫甘薯色素稳定性没有影响;$NaNO_2$ 对紫甘薯色素破坏极大;D-异抗坏血酸钠对紫甘薯色素有很好的护色作用;紫甘薯色素对低浓度过氧化氢稳定性较好,高浓度较差;Na_2SO_3 对紫甘薯色素稳定性影响很大,加入 Na_2SO_3,紫甘薯色素吸光度急剧下降。

19. 甘薯 GGPPS 基因的克隆分析及抗草甘膦半夏的获得.唐俊.导师廖志华,陈敏.西南大学遗传学硕士论文,2008.

香叶基香叶基焦磷酸合成酶（GGPPS）催化 15 碳的 FPP 和 5 碳的 IPP 缩合生成 20 碳的 GGPP，GGPP 作为类胡萝卜素合成的直接前体，它的合成在类胡萝卜素的代谢中起着尤为关键的作用。为研究甘薯类胡萝卜素生物合成的分子机理和为甘薯类胡萝卜素代谢工程提供靶点，用 RACE 技术从甘薯（*Ipomoea batatas* L.Lam.）新品种"渝苏 303"中克隆了 *GGPPS* 基因全长 cDNA，并且对该基因进行了生物信息学分析、组织表达谱分析和功能验证。克隆的甘薯 *GGPPS* 基因（GenBank© 登录号：EU570195；*IbGGPPS*）cDNA 全长 1 368 bp，其长度 1 089 bp 的开放阅读框（ORF）编码长度为 363 个氨基酸残基的 GGPPS 蛋白（IbGGPPS）。生物信息学分析显示 *IbGGPPS* 及其编码的蛋白与已知 *GGPPS* 基因和蛋白序列同源。*IbGGPPS* 序列包含 GGPPS 蛋白典型的两个富含天冬氨酸的域，这两个富含天冬氨酸域是对 GGPPS 活性有重要作用的焦磷酸结合位点。亚细胞定位预测 IbGGPPS 定位于质体。将 IbGGPPS 与来源于被子植物和裸子植物的 GGPPSs 构建分子发育树，结果表明，GGPPSs 在进化树上分为被子植物和裸子植物两大类，IbGGPPS 隶属被子植物的一枝。利用半定量 RT-PCR 技术对 *IbGGPPS* 进行组织表达谱分析，结果表明 *IbGGPPS* 在薯块和嫩叶中表达量最高，在成熟叶片和根中表达量次之，在茎中则检测不到 *IbGGPPS* 的表达。用 *IbGGPPS* 的 ORF 序列替换 pTrcAtIPI 质粒上的拟南芥 *IPI* 基因编码区，获得 pTrc*IbGGPPS* 质粒；在大肠杆菌 XL1-Blue 中同时导入 pACCAR25△crtE 质粒和 pTrc*IbGGPPS* 质粒，构建了其玉米黄素合成途径。该菌在颜色互补平板上菌落呈现明亮的橘黄色。结果表明，*IbGGPPS* 编码的蛋白具有典型 GGPPS 的功能。对 *IbGGPPS* 的克隆分析和功能鉴定研究，有助于在分子遗传学水平上了解 *IbGGPPS* 的功能，并对研究甘薯类胡萝卜素前体合成的分子机理有一定帮助。

转化体筛选方法的研究是植物基因工程中的一个重要课题，运用抗草甘膦基因作为筛选标记基因是一种廉价、安全、高效的筛选方法。草甘膦是目前使用最广泛的一种非选择性广谱除草剂，它是 EPSPS 酶的竞争性抑制剂，阻止莽草酸转为分支酸，抑制芳香族氨基酸的合成。将草甘膦不敏感型 EPSPS 酶基因导入植物后，可使植物获得草甘膦抗性。同时莽草酸途径只存在于植物和微生物，抗草甘膦基因对人体是非常安全的。本研究用携带植物表达载体 pASM12 的根癌农杆菌 LBA4404 对半夏进行叶盘法转化；在选择培养基中加入 10 mg/L 的草甘膦进行筛选，获得草甘膦抗性的再生植株；对再生植株进行 PCR 检测，幼叶的转化频率达 23%，叶柄的转化频率达 33%，对 PCR 阳性植株进行草甘膦抗性实验，多数植株在不同程度上表现出对草甘膦的抗性。本实验建立了半夏的遗传转化方法及草甘膦筛选的转化体系。为培育抗除草剂的半夏新品种及草甘膦筛选体系在半夏基因工程中的应用奠定了基础。

20. 甘薯氧化交联淀粉的制备及其性质研究.王春艳.导师钟耕.西南大学农产品加工及贮藏工程硕士论文,2008.

本文对甘薯氧化低交联乙酰化己二酸双淀粉酯的颗粒结构、糊的性质、交联反应动力学及在一些食品中的应用进行了系统研究。通过试验和研究，对甘薯氧化低交联乙酰化己二酸双淀粉酯糊的性质和制备反应机理取得了较全面的认识。这些研究成果无论是对拓宽甘薯淀粉的应用范围，还是对开展它们的化学改性研究都具有一定的指导意义。

（1）针对甘薯淀粉中含有多酚氧化酶（Polyphenoloxidase，PPO），在生产过程中，淀粉色泽变劣，品质下降，制约其进一步深加工的特点，用双氧水作为氧化剂，制备甘薯氧化淀粉，使淀粉白度增加，改善淀粉性质，提高加工适应性。结果表明，调节淀粉乳液 pH 为 10.5，过氧化氢添加量 4.5%（占淀粉质量分数），35 ℃下反应 3.5 h 为氧化淀粉最佳实验条件。

（2）在水分散体系中,对交联反应动力学进行研究,找出影响交联反应的主要因素及这些因素与交联反应的关系,并利用旋转正交实验找到最佳因素组合,从而确定交联反应的最佳工艺条件为交联剂用量4%,反应温度48.4 ℃,反应 pH 为9.84。

（3）对通过最佳工艺制备的甘薯氧化低交联乙酰化己二酸双淀粉酯以及原甘薯淀粉的性质比较得出:淀粉变性后,冻融稳定性提高,凝沉性变弱,老化倾向较小,抗老化性能较强;复合变性淀粉黏度稳定性提高,具有较好的耐酸性能,但是耐碱性较差;具有很好的抗剪切性;抗酶解性能增强。淀粉经 DSC 测定也可以看出,复合变性淀粉的起始糊化温度 T_o,糊化峰值温度 T_p 和糊化终止温度 T_c 比原淀粉高,糊化时的热焓变化 $\triangle H$ 增加。

（4）利用红外光谱分析仪对氧化低交联乙酰化己二酸双淀粉酯进行了红外光谱分析。经检测发现,氧化低交联乙酰化己二酸双淀粉酯在 1 729 cm^{-1} 处产生了新的吸收峰,并确定该吸收峰为酯羰基的伸缩振动峰,从而表征了本研究所制备的氧化低交联乙酰化己二酸双淀粉酯的化学结构。

（5）利用偏光显微镜和 X 射线衍射分析,对氧化低交联乙酰化己二酸双淀粉酯颗粒结构进行观察。其偏光十字清晰易见,因此氧化低交联乙酰化己二酸双淀粉酯颗粒的有序结构没有明显变化。经 X 射线衍射分析,变性淀粉出现衍射峰的位置和强度与原淀粉基本相同,说明甘薯淀粉经变性后没有改变它的晶体类型,交联反应基本发生在淀粉颗粒的无定形区。

（6）通过扫描电镜对氧化低交联乙酰化己二酸双淀粉酯的表面形态变化进行观察。混合酸酐在水分散体系中与淀粉间的交联反应发生在淀粉颗粒表面的某些区域,有某些淀粉颗粒表面可能会发生部分膨胀,从而可能使混合酸酐与淀粉间的反应发生在淀粉颗粒内部的某些区域。

（7）将制备的氧化交联甘薯淀粉添加到馒头中,考察变性淀粉对食品抗老化性的影响,结果表明,馒头中添加氧化交联淀粉,馒头表皮光滑,气孔均匀,弹性和韧性增加,而且在贮存过程中质量变化程度与速度明显减小,质量损失明显得以缓解,加入 0.5% 变性淀粉的馒头柔软度更大,具有更好的抗老化性。

（8）考察甘薯氧化低交联淀粉在冷冻汤圆中的抗开裂效果。随着复合变性淀粉添加量的增加,开裂现象逐渐减弱,加入量为 6% 时基本无裂纹,且冷冻后完好率达到 95%,说明甘薯氧化低交联淀粉对汤圆性质具有较好的改良作用。

21. 利用 ISSR 标记对甘薯种质资源的遗传多样性分析.易燚波.导师唐云明.西南大学遗传学硕士论文,2008.

本研究利用 ISSR 分子标记对 70 份具备优良性状的甘薯品种进行遗传多样性研究,分析这些品种之间的亲缘关系,旨在为杂交育种提供一定的理论依据。

本研究通过两轮正交试验分析,优化了适合于甘薯遗传多样性分析的 ISSR 的反应体系:在 20 μL 的反应体系中,含 40 ng DNA,1.25 mmol/L MgCl$_2$,0.25 mmol/L dNTPmix,1.00 μmol/L 引物,2 U/μL Taq 酶,2 μL 10×PCR buffer,0.4 μL 2.0% 甲酰胺比较适合甘薯 DNA 的特异扩增。本研究优化的 ISSR 反应程序为:94 ℃ 预变性 5 min→94 ℃ 变性 50 s→55～50 ℃ 退火 45 s→72 ℃ 延伸 1 min 30s→10 个循环→94 ℃ 变性 45 s→52 ℃ 退火 45 s→72 ℃ 延伸 1 min 30s→35 个循环→72 ℃ 延伸 7 min。本研究从 16 个 ISSR 引物中筛选出 8 个扩增强、重复性好、带型清晰的引物进行扩增。结果显示,8 个引物共扩增出 65 个条带,平均每个引物扩增出 8.125 个条带,其中多态性带 61 个,多态位点百分数达 93.8%,具有良好的多态性。将任一扩增带看作一个性状,按带的有无列出二元数据矩阵,利用 NTSYS-pc 软件计算出材料间的 Jaccard 遗传相似性系数。70 个甘薯品种基因型的遗传相似性分析表明,其相似性系数分布在 0.54～0.95,这表明这些品种基因型之间的遗传多态性较为丰富。通过非加权算术平均聚类(UPGMA)的方法,绘制出这些甘薯品种基因型之间的遗传关系树状图。70个甘薯品种大致分为两大类群,第一大类有48个甘薯品种,其中以国内品种为主,说明不少产自我国的甘薯品种遗传基础具有一定的相似性。同时中国甘薯地方品种的遗传变异十分丰富,这也支持了中国是甘薯的次生多样性中心的观点。

聚类结果表明,国内农家种既有明显的遗传差异,同时也表现出较强的相关性;从美国引进的品种遗传距离较远,具有很好的多态性和育种价值;从日本引进的品种大多独立聚在一类,亲缘关系较近。通过ISSR-PCR扩增,部分品种产生了特异带,部分品种不具有某些特异带。据此,可以对其进行品种鉴定。有的品种用一个引物进行ISSR扩增难以区别,必须采用几个引物。研究表明ISSR标记技术都能较好地反映甘薯品种之间的遗传差异,揭示甘薯品种的遗传多样性。同时,文中还就ISSR技术方法问题进行了讨论,并对遗传育种工作提出一些建议。

22. 稀有植物紫肉甘薯[*Ipomoea batatas* (L.) Lam.]主要性状与影响因子研究.傅玉凡.导师何平.西南大学生态学博士论文,2008.

本文在引进国内外种质资源的基础上,对紫肉甘薯资源的产量、薯块花色苷含量、熟食品质、薯块干物质含量、最长蔓长、分枝数等主要性状进行了鉴定,研究了薯块花色苷含量在品种和生长期间的变化规律及其与主要性状的相关性,探讨了影响薯块熟食品质的内在因素,摸索了遮阴、施肥、杂交和选择等内外因素对紫肉甘薯主要性状的影响。

(1)对24份紫肉甘薯和25份普通甘薯及"南薯88"的产量与农艺性状的鉴定和比较结果表明,紫肉甘薯群体的藤叶产量、单株分枝数、单株结薯数、干物质含量和淀粉含量与普通甘薯差别不大,但它们具有鲜薯产量特别低、上薯率低、熟食品质差、藤蔓明显较长、薯块色素含量高的独特生物学特征。这些特征使得育种者、生产者不容易重视它们,长此以往,就使其成为一种稀有植物资源。这也是目前紫肉甘薯加工企业原料基地建设困难和鲜食推销较慢的原因。甘薯容易由于自然变异、品种混杂、病毒感染和种薯选择产生的遗传漂变而发生种质退化,因此,如不加以重视,紫肉甘薯这种稀有植物资源有濒危和灭绝的可能。

(2)通过栽插后20 d,40 d,60 d,80 d,100 d,120 d及140 d调查13个紫肉甘薯品种的花色苷含量,最长蔓长,分枝数,结薯数,茎、叶、块根干物质含量,块根鲜重,块根干重,茎鲜重,茎干重,叶鲜重,叶干重,茎叶鲜重,茎叶干重和分析整株鲜重,整株干重,茎、叶、块根干重占整株干重的百分比等20个经济性状,以及花色苷含量变化与其余19个经济性状的变化和10个产量性状日增长量的相关性研究表明:紫肉甘薯块根花色苷含量在生长过程中存在缓慢增加型、波动变化型和曲折上升型3种变化类型,对最长蔓长、分枝数、块根鲜重、块根干重、光合产物的分配等经济性状的发育有不同的生物学响应;品种间的花色苷含量在20 d以后逐渐产生显著差异,在40~100 d完成类型分化,与品种的分枝数、块根鲜重、块根干重、光合产物在块根中的分配比例呈显著负相关,与块根干物质含量、最长蔓长、茎鲜重、茎干重、整株干重及光合产物在叶中的分配比例呈显著正相关;花色苷日增长量与块根干重日增长量呈显著负相关,花色苷积累与块根膨大、干物质积累间存在竞争关系,这种竞争关系在不同品种中得到不同解决。花色苷含量的这些变化及其与主要经济性状有不同的相关关系,能很好地解释紫肉甘薯由于花色苷消耗部分光合产物,导致其产量极低的生理机制。

(3)对3个紫肉甘薯品种进行4种遮阴处理的研究结果表明,遮阴造成光照强度减弱,光合产物减少,紫肉甘薯藤蔓变长,茎变细,结薯数减少,薯块膨大与花色苷合成间矛盾加剧,鲜薯产量减少,花色苷含量虽然有一定提高,但花色苷产量减少。在紫肉甘薯资源保存工作中及四川、重庆等麦—玉—苕多熟制耕作地区的紫肉甘薯生产中,要通过净作、减少种植密度等方法为紫肉甘薯生长创造良好的光照条件。

(4)通过研究不同肥料种类、不同形态肥料及不同施肥量对紫肉甘薯产量和部分重要农艺性状的影响表明,选择适当形态、种类的肥料及其相适宜的施肥量来改善土壤营养条件,通过影响紫肉甘薯的最长蔓长、茎粗、结薯数、薯块干物质含量来调整光合产物在薯块膨大和色素积累之间的矛盾,可以在不显著降低花色苷含量的前提下,提高紫肉甘薯鲜薯产量和花色苷产量。

(5)通过DPS逐步回归分析来研究鲜薯产量、薯块的干物质、花色苷、可溶性糖的含量等因素对13个紫肉甘薯品种薯块熟食品质的影响。结果表明,薯块干物质含量与熟食品质中的水分、质地2项构成指标间呈显著正相关,花色苷含量与熟食品质中的水分、质地2项构成指标间呈显著负相关,而鲜薯产量和可溶性糖含量与食用品质间无显著相关性。质地、水分构成指标又直接和间接地与熟食品质中的风味、纤维、一般评价3项构成指标间呈显著正相关。因此,主要通过对质地和水分构成指标的直接和间接作用,薯块的干物质和花色苷含量是影响紫肉甘薯熟食品质的2个主要因素。因此,花色苷的存在是紫肉甘薯的熟食品质低的重要原因。

(6)通过对紫肉甘薯资源进行杂交和选择可以在它们的后代中筛选很多紫肉甘薯新材料,这些新紫肉甘薯群体的鲜薯产量仍然较低,而质量性状如最长蔓长和熟食品质能得到显著改善,色素含量变化范围较大,可选择余地较高。通过杂交和选择可以筛选到鲜薯产量高、色素含量高、熟食品质好、藤蔓较短的紫肉甘薯新品种。

23.甘薯块根可溶性糖含量在生长期间的变化及 *IbSusy* 基因和 *IbUGP* 基因的克隆.梁媛媛.导师张启堂.西南大学遗传学硕士论文,2009.

本文在研究9个甘薯专用型品种在5个生长时期中块根可溶性糖含量的变化的基础上,以含有甘薯近缘植物(*Ipomoea trifida*)1/8血缘的甘薯新品种"渝苏303"为材料,对糖代谢途径关键酶基因蔗糖合成酶(*IbSusy*)基因和尿苷二磷酸葡萄糖焦磷酸化酶(*IbUGP*)基因进行克隆及生物信息学分析。

(1)甘薯生长期间块根可溶性糖含量的变化

通过对9个甘薯品种、5个生长期的双因素试验,甘薯品种块根可溶性糖含量的品种效应、生长期效应和品种×生长期互作效应均达到极显著。品种间块根可溶性糖含量以"渝薯34"最高,为128.92(mg/g,DM),除与"南薯88"的差异不显著外,与其他7个供试品种的差异均达极显著;"南薯88"次之,为119.05(mg/g,DM),显著高于"渝苏162""渝苏303"和"徐薯22",极显著高于"渝苏153""西农薯2号""渝薯123"和"徐薯18"。生长期之间比较,其平均块根可溶性糖含量以栽插后50 d最高,为162.29(mg/g,DM),极显著高于85 d,108 d,136 d和165 d;栽插后85 d次之,除与栽插后165 d差异不显著外,与栽插后108 d,136 d的差异均达到显著水平。品种×生长期互作效应极显著,说明甘薯品种块根可溶性糖含量在生长期之间的变化因品种不同而极显著不同。

(2)*IbSusy* 和 *IbUGP* 的克隆与生物信息学分析

①根据已报道的植物 *Susy* 保守序列设计引物,以提取的甘薯植株总 RNA 反转录获得的 cDNA 为模板,扩增获得长度为 707 bp 的核心片段,BLASTn 分析表明该片段具有 *Susy* 序列特征;根据 *IbSusy* 核心片段设计 RACE 巢式引物,扩增获得 *IbSusy* 长度为 1 055 bp 的 5' 末端和 1 185 bp 的 3' 末端;根据拼接的电子全长设计引物,扩增获得 *IbSusy* 物理全长,为 2 698 bp。

②对 *IbSusy* 的生物信息学分析表明:该基因编码长度为 727 个氨基酸残基的 Susy 蛋白(Ib-Susy),分子量为 83.26 kDa,等电点为 5.63;甘薯 *IbSusy* 序列与马铃薯 *Susy* 的相似性最高达 91%,与西红柿的相似性也高达 90%;亚细胞定位预测等表明该蛋白定位于线粒体,为非跨膜的亲水性蛋白。IbSusy 二级结构预测表明其含有 42.09% 的 α-螺旋、39.20% 的随机卷曲和 18.71%

的延伸主链;功能结构域分析显示该酶存在两个典型的功能结构域,即 7-554 氨基酸组成的 N-端区段(Sucrose-Synth)和 528~727 氨基酸残基的 C-端区段(Glycose-transf-1),分别行使蔗糖合成和糖基转移的功能。

③根据已报道的植物 UGP 保守序列设计引物,以提取的总 RNA 反转录获得的 cDNA 为模板,扩增得到 502 bp 的核心片段,BLASTn 分析表明该片段具有典型的 UGP 蛋白序列特征;根据此核心片段设计 RACE 巢式引物,扩增获得长度为 543 bp 的 5'末端和长度为 976 bp 的 3'末端;根据拼接的 IbUGP 电子全长设计引物,扩增获得物理全长,长度为 1 736 bp。

④通过对 IbUGP 的生物信息学分析推导该基因编码 470 个氨基酸残基组成的 UGP 蛋白(IbUGP),分子量为 51.40 kDa,pI 为 5.65;IbUGP 序列与马铃薯 UGP 的相似性高达 91%,与甘蔗的 UGP 相似性达 87%;通过亚细胞定位预测排除了定位于线粒体、质体、跨膜的可能性,预测可能定位于胞液。二级结构预测 IbUGP 包含 47.45% 的随机卷曲、33.40% 的 α-螺旋和 19.15% 的延伸主链;三维结构建模表明该蛋白具有典型 UGP 蛋白的四个结构域,分别为中心结构域、C 端结构域、N 端结构域和糖结构域;活性位点氨基酸残基包括:Lys263,Lys329,Lys367,Lys409,Lys410。

⑤通过以甘薯栽插后 90 d,120 d,150 d 和收获于 150 d 并于 4 ℃贮藏 2 周的块根为材料,采用半定量 RT-PCR(One Step RT-PCR)的方法对 IbUGP 基因的表达进行时间和组织表达分析。结果显示,该基因在栽插后 120 d 表达量最高,栽插后 150 d 时表达量次之,而在栽插后 90 d 和 4 ℃贮藏 2 周的块根中几乎检测不到;在栽插后 150 d 同一植株不同组织中 IbUGP 均有表达,但在块根中表达量最高,嫩叶和老叶中表达量次之,叶柄和茎中表达量最少。

本研究调查了 9 个甘薯品种在 5 个生长期的可溶性糖含量变化,为甘薯育种和产业化开发提供了一定的科学依据。同时,首次成功地对甘薯淀粉—糖代谢关键酶 IbSusy 基因和 IbUGP 基因进行了全长 cDNA 克隆,为甘薯该路径代谢工程研究提供了 2 个重要的新靶点。并获得了生物信息学和组织表达谱分析结果,为今后进一步开展甘薯糖代谢调控研究奠定基础。

24. 甘薯基因型及其相关因子对三峡库区旱耕地土肥流失的效应研究.冷晋川.导师张启堂.西南大学遗传学硕士论文,2009.

本论文以甘薯作为主要材料,研究了不同基因型甘薯、不同土质、不同甘薯种植方式、不同坡度对三峡库区旱耕地土壤流失、土壤氨态氮、有效磷、速效钾和有机质流失的影响。同时分析降雨量与土壤流失之间的相关性。

(1)甘薯不同基因型对三峡库区旱耕地土壤流失物干重和对土壤流失物肥力量的效应均不显著,甘薯不同基因型之间藤叶鲜重差异不显著。在供试的甘薯基因型中,小区藤叶鲜重与小区土壤流失物干重之间存在负相关性,差异不显著。

(2)坡度对土壤流失物干重的影响:坡度越大,土壤流失物干重就越大。但坡度对土壤流失物肥力量的效应不显著。

(3)土质因素因为其颗粒组成不同,对土壤流失物干重和对流失物的有效磷干重、速效钾干重和有机质干重有显著差异,页岩母质形成的大泥土和黄泥土土壤在甘薯生长期间土肥流失量最少。

(4)在设置的 5 种种植方式中,净作玉米,其土肥流失量最多;以玉米套横向垄栽甘薯的种植方式减少土肥流失的效果最明显,流失氨态氮量、有效磷量、有机质量最少。

综上结果,在三峡库区特别是坡度较大(比如 25°)、土质较疏松(比如大眼泥土、豆瓣泥土)的旱耕地上,采用玉米套横向垄栽甘薯,可有效减少其土肥的流失。

25. 甘薯种质遗传稳定性及超低温保存研究.刘丽芳.导师王季春,陈晓玲.西南大学作物栽培与耕作学硕士论文,2009.

本文通过农艺性状形态学标记,同工酶与生化标记及 ISSR 分子标记 3 个水平,检测了国家种质徐州甘薯试管苗库保存的 32 份及其对应种质圃材料的遗传稳定性。同时,为了更安全有效地保存甘薯种质,还对甘薯茎尖超低温保存技术进行了研究。主要试验内容及结论如下:

(1)种质圃及试管苗库保存甘薯种质的有效性。通过连续 2 年的农艺性状调查,评价两种方式保存甘薯种质的有效性。所调查的农艺性状主要包括甘薯顶叶色、顶叶形、成叶色及株型等地上部分以及薯形、薯皮色及薯肉色等地下部分共 13 个指标。调查结果表明,多数品种与材料入库数据存在一定差异,主要体现为顶叶、叶脉、脉基、薯皮、薯肉等颜色上的差异,尤其是颜色深浅上的差异。总体而言,多数品种与入库时材料的遗传相似度均较高。而产生较多差异的试管苗库保存材料,经过第二年的恢复生长,多数差异会消失。可以看出,试管苗保存所引起的变异,大多数是暂时性的,可通过大田种植逐渐恢复。因此,种质圃和试管苗库均可有效地保存甘薯种质。但少数甘薯品种,两种保存方式下都会因长期保存发生较大变异。

(2)种质圃及试管苗库保存甘薯种质的效果比较。从形态上比较,试管苗保存材料经过两年的恢复生长,与种质圃保存材料几乎不存在农艺性状上的差异;而生化标记检测到的差异,主要体现在酯酶谱带的颜色深浅上,带型上只有少数品种的酯酶同工酶存在微小差异;ISSR 分析表明,绝大多数品种两种保存方式下谱带一致。同时,不同检测方式检测到存在差异的品种,与离体保存时间没有显著关系。因此,综合形态、生化及分子标记 3 个水平的检测结果,可认为在本实验研究时间范围内,两种方式保存甘薯种质的效果相同,且两者间的差异与保存时间相关性不显著。

(3)甘薯种质超低温保存研究。本实验中甘薯茎尖的超低温保存技术采用了小滴玻璃化法及包埋玻璃化法。通过对超低温保存各步骤的单因素分析,具体包括茎尖培养方式、材料基因型、预培养方式、玻璃化液种类、玻璃化液处理时间等,优化出甘薯茎尖超低温保存技术的最佳方案,然后采用该方案对甘薯 7 个品种进行超低温保存。研究表明,PVS2 做冷冻保护剂优于PVS3,小滴玻璃化法要优于包埋玻璃化法;采用优化后的方案,甘薯茎尖超低温保存后存活率最高达 64%,再生率最高 46%。

26. 国内主要甘薯种质资源的遗传多样性研究.罗小敏.导师王季春.西南大学作物栽培学与耕作学硕士论文,2009.

本文利用 SRAP 标记对国内 48 份主要甘薯种质资源进行了遗传多样性分析,并在此基础上研究了淀粉产量与不同时期形态性状及淀粉合成关键酶活性之间的相关性,还对种质资源分别依据产量、淀粉含量分类和依据淀粉产量分类进行了探讨。

(1)48 份甘薯种质资源根据产量和淀粉含量聚类分析的结果与直观分类吻合性较差,分类结果不理想;淀粉产量聚类分析的结果与直观分类较为一致,分类结果较好。

(2)不同时期的形态性状聚类结果中,栽后 100 d 形态性状聚类与淀粉产量聚类结果关联度最大。淀粉产量与栽后 100 d 的基部分枝数呈极显著负相关,与干率呈极显著正相关,与最长蔓长、单株结薯数和单株鲜薯重相关性不显著。栽后 100 d 的基部分枝数和干率同淀粉产量相关性较好,可作为甘薯高淀粉产量育种早期选择的重要形态指标。

(3)不同时期的淀粉合成关键酶活性聚类结果中,栽后 50 d 酶活聚类与淀粉产量聚类结果关联度最大。淀粉产量与栽后 50 d ADPG 焦磷酸化酶活性呈负相关关系,与蔗糖合成酶、蔗糖磷酸合成酶活性呈正相关,但相关性均未达到显著水平。AGPase、SS 和 SPS 活性同淀粉产量相关性不明显,因此不适宜作为甘薯高淀粉产量育种早期选择的生理指标。

(4)通过实验建立了适合甘薯基因组的 SRAP 反应体系及扩增程序。10 μL 反应体系中:10×PCR Buffer 1.25 μL,25 mmol/L MgCl$_2$ 0.4 μL,10 mmol/L dNTPs 0.2 μL,50 ng/μL 正向引物和反向引物各 0.5 μL,50 ng/μL DNA 模板 1.0 μL,5 U/μL TaqDNA 聚合酶 0.1 μL,6.05 μL ddH$_2$O。PCR 扩增程序为:94 ℃预变性 5 min;94 ℃变性 1 min,35 ℃退火 1 min,72 ℃延伸 2 min,5 个循环;94 ℃变性 1 min,50 ℃退火 1 min,72 ℃延伸 2 min,35 个循环;72 ℃延伸 5 min。

(5)选用 37 对 SRAP 引物,对 48 份种质材料的基因组 DNA 进行特异扩增,其中 29 对引物具有多态性,多态性引物比率为 78.4%,共获得 126 条多态性谱带,平均每对引物产生 4.3 条多态性谱带,表现出较高的多态比率。

(6)48 份种质材料的 SRAP 遗传距离为 0.037~0.601,当遗传距离 L$_1$=0.46 时,48 份材料被聚为 6 个类群,包括 1 个复合大类群和 5 个独立类群,其中第 1 复合大类群又包括 7 个亚类群。与"胜利百号""南瑞苕"和"徐薯 18"等骨干亲本具有亲缘关系的大多数品种(系)被聚为同一类群,与系谱吻合性较好。甘薯种质资源间的遗传差异与地理来源无必然联系。

(7)较之形态性状和淀粉合成关键酶活性聚类结果,SRAP 分子标记聚类与淀粉产量聚类结果具有更高的关联度。

27. 紫肉甘薯[*Ipomoea batatas* (L.)Lam.]花色素苷生物合成的分子调控研究.刘小强.导师李名扬,廖志华.西南大学作物遗传育种博士论文,2010.

花色素苷(Anthocyanin)广泛存在于开花植物中,是一类重要的水溶性的类黄酮化合物,是花色素(Anthocyanidin)与各种单糖通过糖苷键结合形成的糖基化衍生物的总称。紫肉甘薯是指薯肉颜色为紫色的甘薯,由于富含花色素苷而在近年被认定为特用品种,有较高的食用和药用价值,紫肉甘薯含有的天然花色素苷具有广泛的生理活性,如抗氧化、降血糖、抑制遗传因子突变等作用。虽然紫肉甘薯保健功能已经开始为大众知晓,但对紫肉甘薯花色素苷生物合成的分子调控机理却研究甚少,培育高花色素苷含量的紫肉甘薯品种难以实现。本论文旨在通过对紫肉甘薯花色素苷生物合成途径中重要基因的克隆和功能研究阐明紫肉甘薯花色素苷生物合成的分子调控机理,为培育高花色素苷含量紫肉甘薯打下理论基础,也为以紫肉甘薯为植物代谢生物反应器生产花色素苷提供理论依据。主要结果如下:

(1)甘薯二氢黄酮醇-4-还原酶基因(*IbDFR*)的克隆及其功能研究

采用同源克隆的策略和 RACE 方法,从紫肉甘薯"渝紫 263"中克隆了二氢黄酮醇-4-还原酶基因 *IbDFR* 的全长 cDNA 序列(GenBank 登录号为 HQ441167)。序列分析表明,*IbDFR* 基因 cDNA 全长为 1 392 bp,含有一个 1 182 bp 的 ORF,编码一个含 394 个氨基酸的蛋白。NCBI 的 BLASTn 和 BLASTp 表明,*IbDFR* 基因的核酸与已知的 *DFR* 基因核酸序列有高度的同源性,尤其与牵牛花 *DFR* 基因最相似,达 96%;*IbDFR* 蛋白氨基酸序列与许多已知的植物 DFR 蛋白具有很高的相似性,其中与同为旋花科的牵牛花 InDFR 同源性最高,相似性达 94%。聚类分析表明,甘薯 *IbDFR* 与同属旋花科的牵牛花 *InDFR* 同聚为一小枝。对 *IbDFR* 保守结构域搜索表明,*IbDFR* 基因编码蛋白含有高度保守的与 NADPH 结合和底物特异结合的保守基序,与已知结构和功能的 DFR 蛋白的活性位点和高级结构基本相同,因而推断 *IbDFR* 蛋白具有生物学功能。

构建了 *IbDFR* 基因的植物表达载体,并对烟草 W38 进行了转化,获得了转基因烟草植株,对转基因烟草花期 *IbDFR* 基因的表达情况进行了分析。将所获得的再生植株炼苗后移栽到试验地种植，都能正常生长发育，在生长期观察，与野生型烟草比较，转基因烟草植株在生长势、株型等性状方面没有明显区别。在开花期明显地观察到，转基因植株中有花色明显加深的单株（9号）出现，花器官中花色素苷含量显著提高，与野生型比较增量为50%左右，证实$IbDFR$基因在强启动子作用下能够对烟草的花色素苷含量起到上调作用。在随后的荧光定量PCR检测中，9号单株$IbDFR$基因的高表达进一步证实转基因烟草中花色素苷含量的提高与转入的$IbDFR$在对花色素苷合成途径起上调作用的一致性。所获得的转基因烟草1号和7号植株，虽经PCR检测为阳性，却未能表现$IbDFR$基因的功能，这很可能是由于转入的$IbDFR$基因沉默所致，从荧光定量PCR检测结果也可以看出1号相对表达量很微弱，7号相对表达量也很低。

构建了$IbDFR$基因原核表达载体，并在大肠杆菌BL21(DE3)中表达了$IbDFR$蛋白，通过Ni柱离子交换层析的方法纯化了目标蛋白。用圆二色谱对重组蛋白分析二级结构的组成分别为：α螺旋13.9%，β折叠41.2%，转角10.1%，无规则卷曲34.7%，即重组蛋白中主要以β折叠和无规则卷曲为主。但是通过氨基酸序列在Expasy网站利用SOPMA预测IbDFR蛋白的二级结构发现其包含153个α螺旋，49个β折叠，25个转角和167个无规则卷曲，即分别占38.83%，12.44%，6.35%和42.39%，即以α螺旋和无规则卷曲为主。以（±）Taxifolin为底物进行了酶活实验，重组蛋白酶活测定结果表明，原核表达的$IbDFR$重组蛋白在辅因子NADPH的作用下能够催化底物（±）Taxifolin转变为下游物质，说明重组蛋白具有酶的活性。圆二色谱测定结果和预测结果的不一致，说明原核表达的重组蛋白和植物体内的蛋白在折叠上可能存在不一致，同时也说明原核表达的蛋白在折叠时能形成与NADPH以及底物结合的保守结构域。酶活测定结果也充分说明该酶在花色素苷生物合成途径中的关键作用。

（2）紫肉甘薯黄烷酮-3-羟化酶($IbF3H$)和花色素合成酶($IbANS$)基因克隆与特征分析

采用同源克隆的策略和RACE方法，从紫肉甘薯"渝紫263"中克隆了紫肉甘薯黄烷酮-3-羟化酶($IbF3H$)和花色素合成酶($IbANS$)基因的全长cDNA序列（GenBank登录号分别为HQ441168和GU598212）。紫肉甘薯$IbF3H$基因cDNA物理全长为1 280 bp，包括5'端UTR、3'端UTR和polyA尾巴以及包括一个编码368个氨基酸残基的编码区，$IbF3H$蛋白具有结合亚铁离子的保守氨基酸H219，D221和H277，结合酮戊二酸的RXS基序R287-S289，结构域位于蛋白的核心，即Fe^{2+}被包埋在酶的中心。紫肉甘薯$IbANS$基因cDNA物理全长为1 375 bp，包括5'端UTR、3'端UTR和polyA尾巴以及包括一个编码362个氨基酸残基的编码区，NCBI保守域搜索结果表明，IbANS蛋白也具有结合亚铁离子的保守氨基酸H242，D244，H298和结合酮戊二酸的RXS基序R308-S310，和IbF3H一样同属于类黄酮合成途径的2-ODD酶家族。将$IbF3H$和$IbANS$的序列与cDNA中其他$F3H$和ANS分别比对发现，这两个基因与其他物种中该基因有很高的GenBank序列相似性，蛋白的同源比对与系统进化分析结果表明，与近缘物种氨基酸相似性较高，并能与同属旋花科的植物$F3H$或ANS聚为一小枝。生物信息学分析结果说明，从紫肉甘薯所克隆得到的$IbF3H$和$IbANS$ cDNA为植物普遍存在的$F3H$和ANS基因，并具有生物学活性。

（3）紫肉甘薯花色素苷的生物合成与黄烷酮-3-羟化酶基因($IbF3H$)、二氢黄酮醇-4-还原酶基因($IbDFR$)和花色素合成酶($IbANS$)基因的组织表达特征分析。

采用嫁接的方法分析了甘薯花色素合成的特点，并通过已克隆到的紫肉甘薯花色素苷合成途径中的三个关键基因$IbF3H$，$IbDFR$，$IbANS$，利用荧光定量分析方法对"渝紫263"各部位组织（须根、0.5 cm块根、3.0 cm块根、外周皮、茎节、茎中部、叶柄、叶片、幼茎尖）结构基因的表达状况进行了分析：ps53和ps53＋263包括块根（TR）和须根（FR）在内的各个组织花色素苷相对含量都很低;"渝紫263"和263+ps53的块根(TR)及须根(FR)的花色素苷相对含量明显高于其他类型组织;263+ps53嫁接苗的块根(TR)及须根(FR)中花色素苷相对含量高于"渝紫263"相应组织,嫁接后花色素苷得到累积。可以推测,紫肉甘薯"渝紫263"花色素苷的生物合成主要在块根中完成,之后再运输到须根及茎、叶等其他组织器官。对"渝紫263"各部位组织中 $IbF3H$,$IbDFR$,$IbANS$ 基因的荧光定量分析和这些组织中花色素苷的相对含量测定结果说明,$IbF3H$,$IbDFR$,$IbANS$ 在 0.5 cm 块根、3.0 cm 块根、外周皮中表达量明显高于在茎节、茎中部、叶柄、叶片、幼茎尖等组织中的表达量;在 0.5 cm 块根、3.0 cm 块根、外周皮中花色素苷含量较高是由于结构基因高效表达的结果。紫肉甘薯花色素苷含量与花色素苷合成途径中结构基因的表达密切相关。基因在甘薯块根的组织特异表达,是紫肉甘薯块根花色素苷含量高的主要原因,这也解释了嫁接实验中紫肉甘薯的形成只和地下部品种有关而和地上部分薯苗品种无关。

28. 紫甘薯 HPLC 指纹图谱建立及抗氧化活性研究.谌金吾.导师陈敏.西南大学微生物与生化药学硕士论文,2010.

本文以重庆市甘薯研究中心选育的 38 个紫甘薯品种为研究对象,利用 HPLC 方法建立指纹图谱。对该中心提供的 33 个紫甘薯的甲醇提取物进行体外抗氧化活性试验,筛选出了活性相对较高的品种。对"渝紫263"的主要花青素组分进行提取、分离和纯化,并对分离得到纯度较高的组分进行结构推测和体外抗氧化活性实验,筛选出活性较强的组分,纯度较高的组分结构在进一步鉴定中。

(1)采用 HPLC 法建立了紫甘薯色素指纹图谱

以重庆市甘薯研究中心选育的 38 个品种经甲醇提取、过滤、AB-8 大孔树脂纯化和乙酸乙酯萃取等纯化工艺得到的花青素总提物为研究对象,以 3% 的甲酸化甲醇和重蒸水为流动相梯度洗脱建立指纹图谱。结果表明,不同品种的紫甘薯均含有 14 个共有峰。这 14 个共有峰是紫甘薯的共有特征峰,峰面积占峰总面积 90% 以上,这 14 个峰可以代表花青素的主要特征,具有紫甘薯特征花青素化学条码的作用,可为紫甘薯新品种鉴定提供参考和依据。这也说明不同品种紫甘薯的特征花青素的峰种类基本上一致,差异集中在峰面积上,表明通过不同杂交方法得到的紫甘薯花青素变异性不显著,这与控制花青素合成基因不易发生突变的观点相一致。

(2)对 33 个紫甘薯品种进行了体外抗氧化活性测试

对重庆甘薯研究中心提供的 33 种紫甘薯鲜品洗净、粉碎,以 1% 甲酸化甲醇为提取剂和 1:20 料液比隔夜提取,提取液经过滤、离心后得 33 个供试品。以 Vc 为对照,测定了 33 个供试品的总抗氧化能力,清除 DPPH 自由基、抗脂质过氧化亚油酸体系以及清除羟基自由基的能力。同时以消光系数法测定 33 个供试品的色价以得到 33 种紫甘薯总花青素的相对含量,并对色价和抗氧化活性四个体系数据进行相关分析和线性回归。实验可知:综合 4 种体外抗氧化活性测试体系,筛选到"渝紫43""6-24-50""渝紫263""8-13-28""6-15-6""6-6-16"6 个品种具有显著的抗氧化活性;花青素含量与总抗氧化能力、羟基自由基清除、DPPH 清除为中度正相关,显著水平为极显著,24 h 以内与亚油酸抗脂质过氧化为弱相关。线性回归显示,回归方程常数项过大,回归统计意义不大;同时据色价推测 33 个供试品所用浓度的总花青素含量在 0.033~0.126 mg/mL 范围内,而花青素含量在 0.006 mg/mL 与 0.1 mg/mL 的 Vc 具有相近的抗氧化能力和相似的清除 DPPH 自由基和羟基自由基的能力、脂质过氧化亚油酸体系,因此可知 33 个紫甘薯品种均有明显抗氧化活性。

(3)对"渝紫263"进行了抗氧化活性组分研究。

在体外抗氧化活性指导下,"渝紫263"样品经洗净、粉碎后用含 0.1% 盐酸的 95% 工业酒精提取,提取物经 AB-8 大孔树脂柱,用酸化水反复冲洗至流出液无色,然后分别以 30％乙醇、50％乙醇和 100％乙醇进行洗脱得到 3 个部分。以 HPLC 和色价法对 3 个部分进行分析检测。将 30％乙醇洗脱部分上反相硅胶柱,以 1％的酸化甲醇—水行梯度洗脱,得到 Fr1～Fr11 共 11 个组分。对该 11 个组分分别进行相对纯度测定、所含化合物结构推理和体外抗氧化活性试验。结果表明,Fr2,Fr3 为花青素苷元,Fr1,Fr4 和 Fr5 为花青素单糖苷,Fr6 和 Fr10 含有咖啡酰基,Fr11 含有香豆酰基,Fr9 是含有咖啡酰基的花青素单糖苷,Fr7 为花青素双糖苷,Fr8 是含咖啡酰基的花青素双糖苷。总抗氧化力较好的是 Fr9,Fr11,Fr10,Fr6 和 Fr2,其中 Fr9,Fr11 高于 Vc 对照,清除 DPPH 活性较高的组分为 Fr8,Fr7,Fr9,Fr11 和 Fr10,清除羟基自由基活性较好的组分为 Fr2,Fr9,Fr3,Fr4,Fr10,Fr7,11 个部分均有较好的抗亚油酸过氧化体系作用。综合分析,以 Fr9,Fr10,Fr7 和 Fr2 抗氧化活性最高。其所含具体花青素的分离和结构鉴定有待进一步研究。

29.“旱三熟”种植区保护性耕作的效应及模式研究.邹聪明.导师王龙昌.西南大学作物栽培学与耕作学硕士论文,2010.

本研究于 2007 年 11 月～2009 年 11 月在重庆市北碚区西南大学教学实验农场开展,试验以西南地区的“小麦/玉米/甘薯”和“马铃薯/玉米/甘薯”农作制度下旱作农田为研究对象,探明保护性耕作条件下农田养分、生态、水分的变化规律以及作物对保护性耕作措施响应特征。以当地气象和试验数据为基础,借助 SPSS 和 DPS 统计软件,对不同保护性耕作模式进行比较分析,为西南旱作区保护性耕作技术推广应用提供科学依据。主要研究结果如下:

(1)在土壤养分方面,五种保护性耕作模式均改善了土壤养分的供应状况。RSD(垄作＋秸秆覆盖＋腐熟剂)、TSD(平作＋秸秆覆盖＋腐熟剂)、RS(垄作＋秸秆覆盖)、TS(平作＋秸秆覆盖)处理较对照 T 有机质提高率分别为:28.27％,21.30％,16.54％,19.16％,容重分别下降了 3.33％,3.00％,4.00％,2.67％,显著增加了全钾、全氮、碱解氮在土壤中的含量。而 R(垄作)处理除了提高有机质含量,其他指标与传统对照无显著差异。针对土壤养分含量的动态变化情况,由于每一种耕作模式都包括不同的保护性耕作措施,农田耕层土壤养分含量的动态变化复杂,与单一的秸秆覆盖处理不尽相同。

(2)在农田生态环境方面,有秸秆覆盖的处理 RSD,TSD,RS,TS 无论从蚯蚓数量还是从生物量上均比无秸秆覆盖 CK 与 R 高,但是总体上看,RS 与 TS 的效果要比 RSD 与 TSD 好。同时,RSD,TSD,RS,TS 模式显著降低了 7 月 5 cm 与 10 cm 土层在 14:00 的温度,缓解了高温对玉米生长后期造成的伤害,而垄作措施对此影响不大。在杂草控制方面,秸秆覆盖处理对于无秸秆覆盖处理无论从杂草高度、密度还是生物量上都具有极显著效果,而起垄与平作两种措施没有出现显著差异,控制效果从高到低的顺序为:RS＞TS＞TSD＞RSD＞T(CK)＞R。

(3)在农田土壤水分方面,连续两年大田试验表明各个处理均提高了 0～80 cm 土层土壤贮水量,其顺序从高到低依次为 RSD＞RS＞TSD＞TS＞R＞T(CK);在土壤水分的垂直动态变化方面,0～40 cm 土壤含水变化剧烈,为 21.45％～30.78％,40～60 cm 土层变幅相对较小,60～80 cm 土层相对比较稳定。这说明了保护性耕作有利于提高土壤贮水量,增加土壤水库库存量,同时对 0～40 cm 土层土壤水分影响要明显大于 40～80 cm 土层。

(4)在作物生长发育和生理特性方面,与传统耕作相比,保护性耕作处理显著提高了小麦成熟期时旗叶和倒数第二叶的叶面积,净光合速率也提高了 2.90％～5.74％。整个灌浆—成熟过程(4.17～5.12)中,分配指数增加了 238.46％～242.31％。在连续 2 年玉米苗期根系发育状况考察中,与传统耕作相比,保护性耕作处理增加了玉米苗期的根长、根表面积,显著增加了直径 1.0～2.5 mm 范围内的根长;苗期玉米根系活力提高 19.12％～27.46％,根冠比提高 36.72％～

37.50%，根系生物量提高 62.53%～77.37%。这说明了保护性耕作措施不但有利于作物根系发育，也促进了作物地上部分的生长发育，从而提高叶的净光合速率与植株的分配指数。

（5）在粮食产量和水分利用效率方面，各模式的两年系统平均粮食产量排列顺序为：RSD＞RS＞TSD＞TS＞R＞T(CK)。垄作处理包括 RSD，RS，R 能显著增加薯类作物的产量，处理 R，TS，RS，TSD，RSD 的耗水量比 T(CK)均有减少的趋势。各个处理水分利用效率与降水生产效由高到低的顺序为：RSD＞RS＞TSD＞TS＞R＞T(CK)。

（6）在经济效益比较分析方面，与对照传统耕作(T)相比，其他各处理的产出、纯收入均显著提高，其中产出提高了 4.41%～17.40%，纯收入提高了 5.36%～15.37%，产投比提高了 3.84%～19.21%，排列顺序由高到低为 RS＞RSD＞R＞T(CK)＞TSD＞TS。

通过本试验研究发现，针对旱三熟种植区，以上五种保护耕作模式对土壤养分和土壤水分具有良好的调节作用，能够调节土温、控制杂草和促进蚯蚓生长，使农田生态环境处于良好的自我动态调节状态，显著增加了作物产量与效益，提高了水分利用率，其中以 RSD，RS 的综合效果最好，值得在西南旱三熟种植区大力推广。

30. 甘薯叶过氧化物酶的分离纯化、部分性质及固定化研究.付伟丽.导师唐云明.西南大学生物化学与分子生物学硕士论文,2010.

以新鲜甘薯叶为原料，经过组织捣碎、缓冲液浸提、硫酸铵分级沉淀、超滤和 DEAE-Sepharose 离子交换层析以及 Sephacryl S-200HR 凝胶过滤层析等步骤，得到了电泳纯的甘薯叶 POD。该酶比活力为 91923.14 U/mg，纯化倍数为 255.69，回收率为 1.59%。经过 SDS-PAGE 以及 Sephacryl S-200HR 凝胶过滤层析，测得该 POD 的分子质量约为 35 kD。

用过氧化氢及愈创木酚作底物测定酶活，发现该酶的最适 pH 为 5.6，最适温度为 60 ℃。该酶在 20～50 ℃、pH 在 4～8 内稳定。以不同浓度 H_2O_2 为底物在 pH 7.2 和 25 ℃下测得该酶 K_m 值为 0.291 mol/L。低浓度草酸、尿素、Li^+、Na^+、K^+、Mg^{2+} 等对该酶有激活作用；SDS、KSCN、抗坏血酸(AsA)、Mn^{2+} 等对该酶有抑制作用；有机溶剂甲醇、乙醇、乙二醇、异丙醇对 POD 均有一定抑制作用，其抑制作用强弱顺序为异丙醇＞乙醇＞甲醇＞乙二醇。

用化学修饰剂对该酶的功能基团进行修饰，发现巯基以及二硫键可能是其活性中心的必需基团，而精氨酸残基、甲硫氨酸硫醚基、组氨酸残基、赖氨酸残基、丝氨酸残基、酪氨酸酚羟基可能不是该酶活性中心的必需基团。

以聚乙烯醇—海藻酸钠为载体、饱和硼酸作交联剂、$CaCl_2$ 作固定剂对酶进行固定化，经过单因素实验探究了海藻酸钠浓度、加酶量、$CaCl_2$ 浓度和固定化时间对固定化的影响，再通过正交优化实验探究了这几个因素对固定化影响的大小以及各因素的最佳水平组合。四个因素的最佳水平分别为 0.2%PVA-3%CA，载体与酶液比例为 3：1、饱和硼酸-4%$CaCl_2$、固定化时间 15 min。用上述四因素的最佳水平组合固定化酶后，对固定化酶的部分理化性质以及重复使用稳定性、保存稳定性进行了测定。发现固定化后酶的最适温度升高，保存稳定性也升高，但重复使用性不好。

31. 紫心甘薯[(*Ipomoea batatas* (L.) Lam.]花色苷的积累与合成酶活性的关系研究.李云萍.导师高峰.西南大学植物学硕士论文,2010.

本文以紫心甘薯为实验材料，通过检测紫心甘薯不同品系以及不同生长时期叶片、茎和块根的花色苷含量、花色苷合成相关酶 PAL 和 DFR 的活性变化，分析紫心甘薯花色苷含量与 PAL 和 DFR 活性之间在空间和时间上的相关性，以期确定控制紫心甘薯花色苷合成的关键酶，并探讨紫心甘薯花色苷合成的发生部位。为紫心甘薯的开发利用以及分子育种奠定理论基础。

(1)处在同一生长时期的不同甘薯品系之间以及同一甘薯品系不同器官之间甘薯花色苷含量表现出明显的差异性,即紫心甘薯花色苷的积累存在空间特异性。

(2)在不同生长时期,甘薯花色苷含量表现出明显的差异性,即紫心甘薯花色苷的积累存在时间特异性。

(3)处在同一生长时期的不同甘薯品系之间以及同一甘薯品系不同器官之间的 PAL 和 DFR 活性存在显著差异,即紫心甘薯 PAL 和 DFR 活性存在空间特异性。

(4)在不同生长时期,甘薯各部位器官 PAL 和 DFR 活性具有明显的差异性,即紫心甘薯 PAL 和 DFR 活性存在时间特异性。

(5)不论在空间上还是时间上,紫心甘薯花色苷的积累都与 PAL 和 DFR 的活性呈线性正相关。说明在紫心甘薯花色苷的生物合成过程当中,不存在产物的运输过程,紫心甘薯的花色苷是原位合成的。

(6)PAL 和 DFR 都是紫心甘薯花色苷生物合成的关键酶。

(7)紫心甘薯中 DFR 对花色苷生物合成和积累的影响大于 PAL。

32.贵州甘薯种质资源鉴定与 ISSR 遗传多样性分析.宋吉轩.导师王季春.西南大学作物栽培学与耕作学硕士论文,2010.

本研究对收集到的 25 份地方品种资源和引进的 20 个甘薯品种进行形态、产量品质等农艺性状与 ISSR 遗传多样性分析鉴定,明晰国内育成品种与贵州甘薯地方品种之间的亲缘关系,以期为贵州甘薯杂交育种提供一定的理论依据。主要研究结果如下:

(1)45 份贵州甘薯种质资源农艺特性多样性明显。出苗时间多在 30～40 d,齐苗期多在 50～65 d;植株形态有匍匐、半直立两种类型;叶型有尖心形、心形、浅单缺刻形和浅复缺刻形;叶色有绿色、浓绿色和绿带紫;茎秆颜色有绿色和绿带紫;茎秆粗细在 0.44～0.75 cm,最长蔓长为 35～142 cm,基部分枝为 3～16 个/株;薯肉色有白色、黄色、淡黄及紫色;薯皮色有红色、白色、黄色及淡红等;薯形有标准纺锤形、球形、长纺锤形、上纺锤形及下纺锤形;结薯个数为 2.2～4.6 个/株;单株薯重 0.29～1.04 kg;鲜薯产量在 17 265～61 890 kg/hm²;烘干率在 13.5%～31.4%,高干率资源少。

(2)贵州甘薯种质资源基因组 DNA 其 OD$_{260}$/OD$_{280}$ 在 1.8～2.1;琼脂糖凝胶电泳结果表明,所提 DNA 条带单一、整齐,DNA 完整性较好,能达到 ISSR 分子标记的要求。针对影响 ISSR-PCR 反应体系的 5 个影响因子:模板、甲酰胺、dNTP、引物、TaqDNA 聚合酶进行了甘薯 ISSR-PCR 体系优化的正交试验设计研究。结果表明,处理 10 为比较好的组合,即在 20 μL 的反应体系中,含稀释浓度为 10 倍的 DNA 模板,0.30 mmol/L dNTP,1.00 μmol/L 引物,1.00 U/μL Taq 酶,0.5% 去离子甲酰胺比较适合甘薯 DNA 的特异性扩增。

(3)利用 7 个引物共扩增出 52 个条带,平均每个引物扩增出 7.7 个条带,其中多态性带 49 个,多态位点百分数达 94.2%。

(4)采用形态聚类可知各品种间的平均欧式距离是 5.0,"贵州紫红皮黄心"和"桐梓红皮心"的欧式距离最近,为 0.99;"铜仁黄皮桔红心"和"天柱红皮"的欧式距离最近,为 8.5。可将 45 份贵州甘薯种质资源分为 3 类,第一类包括"贵州紫红皮黄心""桐梓红皮心"等 32 个品种;第二类包括"福薯 8 号""天柱黄心""胜利百号"等 12 个品种;第三类由"天柱红皮"单独组成。

(5)ISSR 分子标记聚类表明,45 份贵州甘薯种质资源的变异系数在 0.07～0.81,平均为 0.4,表明 45 份贵州甘薯种质资源的亲缘关系较近,"思南黄皮橘红心"和"石阡紫皮黄心"的最大,为 0.81;"瓮安白皮白心"和"铜仁黄皮橘红心"的最小,为 0.07。ISSR 标记产生的聚类图将 45 份甘薯品种分为 5 大类,第一类为"莆薯 53""徐薯 22""徐薯 25"等 35 个品种,其中包括 14 个贵州甘薯地方品种和 21 个引进品种;第二类为"独山紫心苕""黄平紫皮黄心""独山红皮黄心"等 6 个品种,全为贵州甘薯地方品种;第三类为"天柱黄心"和"贵州白皮苕"两个品种;"凯里紫红皮红心"和"石阡紫皮黄心"分别为第四类和第五类,都只有一个品种。

33. 抗旱节水剂对"薯/玉/苕"套种作物的生理调控研究.李保证.导师王季春.西南大学作物栽培学与耕作学硕士论文,2010.

本研究选用旱露植宝 3 号、旱立停(ASA)、旱地龙(FA)三种抗旱节水剂对"薯/玉/苕"套种模式作物进行处理,通过对三种抗旱节水剂对作物的生长发育时期、抗旱节水剂处理后的土壤含水量、光合生理指标(净光合速率、蒸腾速率、叶绿素含量、叶面积指数)、抗旱系数(DRI)、渗透调节物质(脯氨酸、丙二醛)、膜保护系统(过氧化物酶、超氧化物歧化酶、过氧化氢酶)、经济效益等指标进行分析,以求能探明抗旱节水剂对作物的生理调控及其产量经济效益的影响。

(1)本试验中的清水处理无论是生长发育指标还是生理生化指标都与对照没有显著性差异,因而可以排除清水处理对本研究的影响。

(2)旱露植宝 3 号、ASA、FA 都能有效地缩短"薯/玉/苕"模式作物的生长发育前期阶段(主要是苗期),延缓作物的生长发育后期阶段,并以旱露植宝 3 号的效果最好,ASA 次之,FA 最差。缩短生育前期方面,马铃薯分别为 11 d,7 d,1 d,玉米为 32 d,29 d,21 d,甘薯为 26 d,20 d,16 d。延缓生育后期时间方面,马铃薯分别为 19 d,12 d,4 d,玉米为 6 d,4 d,1 d,甘薯为 12 d,8 d,6 d。最终三种抗旱节水剂延缓了马铃薯的生长发育总时间(旱露植宝 3 号延长 8 d,ASA 延长 5 d,FA 延长 3 d),缩短了玉米和甘薯的生长发育总时间(玉米分别为 26 d,25 d,20 d,甘薯分别为 14 d,12 d,10 d)。

(3)随着干旱胁迫的加强,试验的三种抗旱节水剂处理都能有效维持一定的土壤含水量,为作物的生长发育提供保障。但是三种抗旱节水剂的效果有差异,总体上来说,旱露植宝 3 号效果最好(比 CK 高 5.86%～9.95%),ASA 次之(比 CK 高 2.37%～4.05%),FA 效果最差(比 CK 高 0.41%～1.29%)。

(4)旱露植宝 3 号、ASA、FA 对"薯/玉/苕"模式作物的光合生理有不同程度的影响。三种抗旱节水剂均能显著提高作物的净光合速率(Pn),抑制无效蒸腾,减缓叶绿素相对含量(SPAD)和叶面积指数(LAI)的下降趋势。以 ASA 提高作物的净光合速率及抑制无效蒸腾效果最好,减缓叶绿素相对含量程度最高(11.68%);旱露植宝 3 号对提高叶面积指数(LAI)方面效果较好;FA 在各方面都比旱露植宝 3 号和 ASA 效果差。

(5)旱露植宝 3 号、ASA、FA 对作物的渗透调节物质和膜保护系统酶都具有显著的影响,都能显著地减少作物在干旱胁迫下的 Pro,MDA 含量,提高 POD、SOD 和 CAT 的活性,其中以 ASA 效果最显著,旱露植宝 3 号次之,旱地龙最差。

(6)抗旱节水剂能不同程度地提高作物的抗旱指数(DRI),从而最终提升作物应对干旱胁迫的能力。其中旱露植宝 3 号对玉米、甘薯和马铃薯 DRI 的影响均达到极显著和显著水平;ASA 和 FA 对甘薯和玉米 DRI 影响达到极显著和显著水平。

(7)旱露植宝 3 号、ASA、FA 均能不同程度地提高"薯/玉/苕"模式中各作物的产量。在增产、增收方面,旱露植宝 3 号对"薯/玉/苕"模式经济效益的影响最大(增产 66.7%,增收 3 809.2 元/hm²),其次是 ASA(增产 47.6%,增收 3 350.8 元/hm²),效果最差的是 FA(增产 22.7%,增收 1 259.4 元/hm²)。总增收方面,清水处理基本没有效果(28.4 元/hm²),而旱露植宝 3 号处理的总增收最高,达到了 8 657.2 元/hm²,ASA 处理次之(7 952.6 元/hm²),FA 处理最差也达到了 4 750 元/hm²。同时三种抗旱节水剂都能提高甘薯的经济系数,且效果强弱依次为ASA(35.67%)＞旱露植宝 3 号(30.60%)＞FA(29.83%)。

(8)旱露植宝 3 号、ASA、FA 都对"薯/玉/苕"模式中各作物的农艺性状和生理生化指标有不同程度的影响,其中 ASA 对"薯/玉/苕"模式的总体抗旱效果最好,旱露植宝 3 号次之,FA 虽然相对 CK 也有效果,但是效果较差。如果针对"薯/玉/苕"模式中的不同作物来选择抗旱节水剂,对马铃薯和甘薯进行抗旱处理应选择 ASA,玉米选择旱露植宝 3 号效果较好。

34. 美国甘薯新品系生产力和主要经济性状的鉴定及其遗传亲缘关系的 ISSR 分析.吴觐宇.导师张启堂,傅玉凡.西南大学遗传学硕士论文,2010.

本文在西南大学重庆市甘薯工程技术研究中心从美国北卡罗来纳州立大学提供的甘薯杂交种子中初步筛选的 25 个品系基础上,选取了其中 14 个新品系于 2008～2009 年进行了品种比较试验,对块根鲜薯产量、薯干产量、淀粉产量、藤叶产量等生产力指标和薯块的干物质、淀粉、可溶性糖、胡萝卜素、花色苷含量和薯块熟食品质等主要经济性状进行了鉴定。同时对上述的 25 份育种材料和西南大学重庆市甘薯工程技术研究中心常用的 47 份甘薯育种亲本的 ISSR 分子标记进行了遗传亲缘关系分析。通过生产力及主要经济性状鉴定和 ISSR 分子标记遗传亲缘关系分析,以期筛选适宜生产推广的新品系和能用于甘薯育种的新材料。

(1)美国甘薯新品系的生产力与主要经济性状的鉴定

2008～2009 年对 14 份甘薯新品系的生产力和主要经济性状的鉴定结果表明,鲜薯产量介于11.3～26.5 t/hm²,平均为 19.1 t/hm²,比对照品种"南薯 88"平均减产 43.83%;薯干产量介于2.1～10.6 t/hm²,平均为 5.4 t/hm²,比对照品种"南薯 88"平均减产 55.44%;淀粉产量介于1.7～7.2 t/hm²,平均为 3.7 t/hm²,比对照品种"南薯 88"平均减产 48.13%;藤叶产量介于 20.0～59.7 t/hm²,平均为 40.0 t/hm²,比对照品种"南薯 88"平均增产 5.71%。薯块干率介于 19.52%～35.76%,比对照"南薯 88"低 1.57%;淀粉含量介于 8.93%～23.55%,平均比对照"南薯 88"低2.36%;可溶性糖含量介于 3.79～7.47 mg/100 g 鲜薯;黄肉和红肉品系薯块胡萝卜素含量介于1.90～42.24 mg/100 g 鲜薯;紫肉甘薯品系花色苷含量介于 31.21～36.88 mg/100 g 鲜薯;薯块熟食评分介于 2.3～4.0,平均为 3.3,比对照低 1.04。因此,这些甘薯新品系整体上生产力水平较低,品质表现一般。虽然如此,仍有新品系"6-3-7""6-8-9""6-3-8"的鲜薯产量介于 24.0～26.5 t/hm²,与对照"南薯 88"相比较,减产不显著,薯干产量介于 7.4～10.7 t/hm²,与对照"南薯 88"相比较,减产不显著或表现增产;淀粉产量介于 5.2～5.9 t/hm²,与对照"南薯 88"相比较,减产不显著或表现增产,它们的薯块干率和淀粉含量均高于"南薯 88"。新品系"6-3-7""6-8-9""6-3-8"可再进行区域性试验,以期筛选适宜推广地区,也可作为甘薯育种亲本加以利用。新品系"6-1-9""6-6-1""6-8-5""6-3-5"薯块的胡萝卜素含量较高,在 32.82～42.24 mg/100 g 鲜薯之间,新品系"6-4-7""6-6-16""6-6-12"薯块的花色苷含量较高,分别为 36.88 mg/100 g 鲜薯、32.20 mg/100 g 鲜薯、31.21 mg/100 g 鲜薯,新品系"6-2-9"薯块的可溶性糖含量较高,达 7.39 mg/100 g 鲜薯,这些新品系产量虽然较低,但可做特色专用品种进行开发利用,或进行特殊栽培措施研究和甘薯育种利用。

(2)ISSR 分子标记遗传亲缘关系分析

本研究从 50 个 ISSR 引物中筛选出 10 个扩增强、重复性好、带型清晰的引物进行扩增。10 个引物共扩增出 71 个条带,其中多态性带 65 个,多态位点百分数达 91.6%,具有良好的多态性。72 份甘薯供试材料两两之间的相似系数分布在 0.52～0.94,表明这些材料之间有一定的相似遗传背景。进一步分析表明,在阈值为 0.725 处,来自美国的"6-1-9"被单独聚为一类,"6-6-16"

"6-8-7""6-6-18""6-6-12""6-2-6"被聚为第一类。在阈值为 0.76 处可将除上述 6 份材料之外的余下 19 份美国材料聚为一亚类。其中,"6-3-9"与"6-5-10"的亲缘关系最近,还未能被分开,"6-6-18"与 19 份美国材料亲缘关系较远,"白星"被单独聚为一类。47 份国内甘薯品系也被聚为二、三、四亚类,并且以国内现有育种品种为主,说明不少产自我国的甘薯品种遗传基础具有一定的相似性,遗传基础背景较窄。美国新品系与国内现有育种亲本被明显地区别开来,而且美国品种的多样性大于选取的 47 个国内已育品种,说明两国甘薯种质遗传距离较远,亲缘关系远,具有很好的多态性和育种利用价值。

因此,新品系"6-3-7""6-8-9""6-3-8"可以作为淀粉型品种进行培育;新品系"6-1-9""6-6-1""6-8-5""6-3-5"可作为富含胡萝卜素特色食用型品种推广。在今后的甘薯育种工作中,可重点采用美国的新品系如"6-6-16""6-8-7""6-6-18""6-6-12""6-2-6""6-1-9"配制组合,以拓宽甘薯育成品种的遗传背景。

35. 紫肉甘薯花色素苷合成途径 C4H 和 *CHS* 基因的克隆与分析. 张华玲. 导师张启堂. 西南大学遗传学硕士论文, 2010.

本文采用 RACE 技术从紫肉甘薯中克隆了花色素苷生物合成途径上游肉桂酸-4-羟化酶(C4H)和查尔酮合成酶基因(CHS)的全长 cDNA。

肉桂酸-4-羟化酶是花色素苷前体生物合成途径中第二步关键酶。催化反式肉桂酸的反应形成 4-N 基肉桂酸,属于细胞色素单加氧酶 P450 超家族中的 CYP73A 亚家族。利用 RACE 技术首次从紫肉甘薯中获得了编码该酶的基因,命名为 *IbC4H*,提交到 GenBank 获得登录号 GQ373157。根据生物信息学分析,*IbC4H* cDNA 全长为 1 668 bp,包括 65 bp 5'端 UTR、1 518 bp 编码区、85 bp 的 3'端 UTR 和 14 bp 的 polyA 尾巴。根据全长 cDNA 推导出 *IbC4H* 序列共 505 个氨基酸残基,计算得到分子量为 58.16 kDa,预测等电点(pI)为 9.23。同源性比对与生物信息学分析表明,*IbC4H* 与其他物种的 C4H 具有较高的同源性,与苹果、黑莓、大阿米芹、油菜同源性较高,均在 70% 以上,并且具有 C4H 蛋白家族的保守域。系统发生树分析表明,*IbC4H* 蛋白在进化上和马铃薯亲缘关系最为接近。二级结构预测,*IbC4H* 多肽链中,含有 44.55% 的 α-螺旋,13.47% 的延伸链和 41.98% 的无规则卷曲。纵观蛋白的整体结构,α-螺旋和无规则卷曲是 *IbCHS* 蛋白最大量的结构元件,而延伸链则散布于整个蛋白中。三维结构预测表明,*IbC4H* 具备细胞色素 P450 氧和铁离子结合位点等典型的 C4H 结构。

查尔酮合成酶是类黄酮生物合成途径第一步关键酶。利用 RACE 技术从紫肉甘薯中获得了 *IbCHS*,cDNA 物理全长为 1 315 bp,包括 1 167 bp 编码区,编码 388 个氨基酸残基。计算得到分子量为 42.23 kDa,预测等电点(pI)为 5.81。同源比对与生物信息学分析表明,*IbCHS* 与其他物种的 *CHS* 具有较高的同源性,并且具有 CHS 蛋白家族的保守区域。系统发生树分析表明,IbCHS 蛋白在进化上和野生甘薯、葡萄、牵牛等亲缘关系很接近。二级结构预测,IbCHS 多肽链中,含有 36.86% 的 α-螺旋,17.27% 的延伸链和 45.88% 的无规则卷曲。纵观蛋白的整体结构,α-螺旋和无规则卷曲是 IbCHS 蛋白最大量的结构元件,而延伸链则散布于整个蛋白中。三维结构预测表明,IbCHS 具备查尔酮酶催化中心典型结构。采取生长旺盛成熟期紫肉甘薯植株,分别对嫩叶、老叶、叶柄、茎、块根 5 个组织进行表达分析,结果表明,*IbCHS* 在嫩叶、老叶、叶柄、茎、块根均有表达,但表达水平存在差异;茎和叶柄表达量较根与叶要高。

对肉桂酸-4-羟化酶、查尔酮合成酶基因的克隆与分析,为进一步了解花色素苷生物合成途径奠定了基础,也为花色素苷生物合成分子机理和代谢调控提供了靶位点和理论参考,有助于各种色素新品种的开发利用。

36. 甘薯 ADP-葡萄糖焦磷酸化酶基因的克隆与遗传转化.张聪.导师李名扬,阎文昭.西南大学细胞生物学硕士论文,2010.

本研究以总 RNA 逆转录的 cDNA 为模板,用特异引物 PCR 扩增出了甘薯 AGPase 基因两小亚基的序列,分析表明 α1 亚基与 α2 亚基氨基酸同源性达 90% 以上。AGPα1 蛋白和 AGPα2 蛋白预测相对分子量分别为 57.109 kD 和 57.113 kD,等电点为 7.23 和 7.89。利用表达载体 PCAMBIA1301,在其多克隆位点插入了含 35 S 启动子和 NOS 的表达框,分别用 $Hind$Ⅲ 和 XbaI 双酶切 PCAMBIA1301-35S,$Hind$Ⅲ/EcoRI 双酶切 pCambia1301-35S-Nos,检测 35S 和 NOS 的插入情况,再将 2 个目的基因分别插入其中,构建了 PCAMBIA1301-35S-AGPase α1-NOS 和 PCAMBIA1301-35S-AGPase α2-NOS 两个表达载体,分别用 XbaI 和 KpnI 双酶切 1301-A1 载体,XbaI 和 SacI 双酶切 1301-A2 载体进行检测。

侵染的 5 个甘薯品种经过预培养、侵染、共培养后,在筛选培养基上 1 个多月左右,在一些茎段的切口处肉眼可以看到长出了芽;生长比较缓慢,到 2 个多月的时候能长到 5 cm 左右,将其切下转入生根培养基。有些侧芽在生根培养基上逐渐被抗生素筛死。被侵染的叶柄、叶片少数有少量的愈伤出现,但不分化成植株。叶柄、叶片和大部分未分化出侧芽的茎段在 4 个月左右时全部死亡。此次转化的茎段大概有 300 个左右,最后成活的侧芽有 25 个,检测了其中的 14 个抗性芽,获得了 5 株阳性植株,相对其他转化方法,这种方法转化的效率较高,但可能存在一定的嵌合体,有待进一步的证实。以茎段为转化受体,在 MS+KT 2.0 mg/L+NAA 0.5 mg/L+Hyg 50 mg/L+Cef 200 mg/L 的筛选培养基上获得了转基因植株的再生。

37. 不同类型甘薯生理特性与淀粉代谢及产量调控研究.吕长文.导师王三根,王季春.西南大学作物学博士论文,2011.

本文根据前期的实验,在 48 份育种资源材料中选择出 6 个不同类型甘薯品种,立足于重庆区域生态条件,重点就不同品种及类型甘薯块根形成与膨大期间的光合特性、内源激素、氮钾分配、淀粉代谢等生理性状以及高效栽培的理化调控模式等做了深入研究,系统比较了块根各生长发育阶段不同品种间以及不同类型间的差异与动态变化,并结合进一步的相关分析,明确了甘薯各性状指标间的相关性,为不同类型甘薯品种定向高效选育和高产栽培提供了理论基础和依据,具有一定的指导与应用价值。

(1)不同类型甘薯光合特性比较

比较 6 个甘薯品种的光合色素表明,"绵粉 1 号"叶绿素相对含量较高,而其他品种的叶绿素含量无显著差异,叶绿素与甘薯淀粉或干物质相关不显著。光合—光强回归曲线表明,各品种净光合速率随光合有效辐射的增强呈抛物线变化,高淀粉类型品种光补偿点的理论值相对低于低淀粉类型品种,净光合速率的最大值与光饱和点的理论最大值均以"渝薯 2 号"最高,"豫薯 10 号"最低。在甘薯块根膨大盛期,不同品种的净光合速率、蒸腾速率、气孔导度、水分利用率等日变化趋势各不相同,但胞间 CO_2 浓度与气孔限制值的变化趋势基本一致。甘薯一天内光合速率的下降受到气孔限制和非气孔限制因素的双重影响。从不同类型品种间的光合变化来看,环境温度对低淀粉类型的光合速率和蒸腾速率的影响较大,高淀粉类型品种的光合特性受不同气温的影响较小,表现更为稳定。对所有品种的相关分析表明,蒸腾速率与生物产量之间为显著负相关,气孔导度与净光合速率呈显著正相关、与蒸腾速率呈极显著正相关;就高淀粉类型品种而言,净光合速率与蒸腾速率及胞间 CO_2 浓度均表现为显著正相关;就低淀粉类型品种来说,净光合速率与鲜薯产量呈显著正相关,蒸腾速率与淀粉产量呈显著负相关关系。

(2)不同类型甘薯块根膨大期氮、钾分配差异。从不同品种藤蔓与块根干物质的氮、钾含量变化看,甘薯藤蔓的含氮量自块根形成后逐渐下降,其干物质含氮量仅为 2％ 左右,而块根含氮量在整个块根膨大期间变化较小,且前、后期含量基本一致。藤蔓和块根含钾量在块根膨大期间也相对稳定。从氮、钾在藤蔓与块根干物质中的分配比例看,藤蔓含氮量极显著高于块根含氮量;藤蔓与块根中的含钾量则刚好相反。对不同类型甘薯的研究表明,高淀粉类型品种块根干物质含氮量在 0.68％～0.86％,藤蔓含氮量在 1.98％～3.32％,低淀粉类型品种块根与藤蔓含氮量分别在 0.69％～0.86％ 和 2.00％～3.17％,但无论是藤蔓还是块根,氮素含量在不同类型品种间无显著差异;高淀粉类型品种的块根含钾量为 5.83％～6.66％,藤蔓含钾量为 3.19％～3.70％,而低淀粉品种的块根与藤蔓含钾量分别为 6.12％～6.36％ 与 3.48％～3.90％。此外高淀粉类型品种块根含钾量,变化大于低淀粉类型,藤蔓含钾量则以低淀粉类型品种相对较高。相关分析结果表明,对所有品种来说,块根的含钾量与其含氮量之间呈显著正相关,藤蔓的含钾量与根冠含钾量之比也达到了显著负相关;就高淀粉类型品种而言,藤蔓含氮量与干率之间、根冠含钾量之比与商品薯率之间均为极显著正相关,块根含钾量与生物产量呈显著负相关;低淀粉含量类型品种的藤蔓含氮量与生物产量呈显著正相关关系,藤蔓含钾量与生物产量、与淀粉产量分别呈极显著正相关和显著负相关关系。

（3）不同类型甘薯淀粉代谢差异

ADPG-焦磷酸化酶在淀粉合成与积累过程中至关重要,其活性在甘薯块根膨大期间随外界环境温度的下降呈下降趋势,且在不同类型品种间活性大小显著差异,但该酶对甘薯淀粉含量并不起决定作用。在此期间,蔗糖合成酶(SS)和磷酸蔗糖合成酶(SPS)活性均以高淀粉类型品种的相对较高。就糖类物质变化来看,所有品种块根膨大的初期和后期还原糖含量较高而中期相对较低;可溶性糖含量在整个块根膨大期间波动较小;同时低淀粉含量类型品种的还原糖与可溶性糖含量均较高,而高淀粉含量类型品种的淀粉积累量较高。此外,不同品种的淀粉粒大小的比例存在差异,但粒形多为圆球形,且几乎全是单粒淀粉。相关分析表明,块根的还原糖含量与鲜薯产量、与干物质含量分别为极显著的正相关和负相关关系,与生物产量呈显著的正相关;可溶性糖含量与鲜薯产量之间为极显著正相关,与干物质含量以及淀粉产量均表现为显著负相关。高淀粉类型品种的 SPS 与商品薯率呈显著正相关,可溶性糖含量与淀粉产量及 SS/SPS 均为显著正相关;低淀粉类型品种的 SPS 活性与淀粉产量之间、可溶性糖含量与鲜薯产量之间均为显著正相关,SS/SPS 与生物产量也为显著正相关,但与淀粉产量呈极显著负相关。

（4）不同类型甘薯内源激素动态比较研究

结果表明,在块根形成初期,各品种叶片中玉米素(ZR)、生长素(IAA)和脱落酸(ABA)的含量均呈上升趋势,到后期又呈现出不同程度的下降,在移栽后 110 d 时的 ABA 含量以“绵粉 1 号”“渝薯 2 号”与“S1-5”较高;而 ZR、IAA、赤霉素(GA_3)以及三者之和与 ABA 含量的比值在块根膨大中期较低,但在膨大后期“南薯 88”“北京 2 号”以及“豫薯 10 号”的相应比值又显著上升。不同类型品种的激素含量变化表明,移栽后 80 d 之前,以高淀粉含量类型品种的 ZR 与 IAA 含量较高,之后则以低淀粉类型品种的较高;GA_3 含量在两类品种间差异较小,但在块根膨大末期低淀粉类型品种的 GA_3 含量相对较高。此外,各种激素比值在两类品种块根膨大期间的变化趋势基本一致,且在 95 d 左右的生育阶段内,以高淀粉类型高于低淀粉类型,随着膨大期的进一步延长,比值大小在两类品种间变化趋势相反。对所有品种进行相关分析表明,仅有甘薯商品薯率与 ZR 为极显著的负相关,而其他激素与产量性状的相关不显著;就不同类型品种而言,高淀粉类型甘薯 ABA 与鲜薯产量呈极显著负相关,而 IAA/ABA 与商品薯率呈显著负相关;低淀粉类型品种的 GA_3 与淀粉产量呈显著正相关。可见,ZR 含量升高不利于大薯的形成,ABA 对于高淀粉类品种的鲜薯产量不利,GA₃则有利于低淀粉类甘薯淀粉产量的提高。

（5）不同类型甘薯高产栽培理化调控模式

采用正交回归试验设计,分别对"渝薯2号""南薯88"和"豫薯10号"三个不同类型品种进行氮肥、钾肥和去分枝三因素的栽培模式调控。研究表明,"渝薯2号"关于经济产量和淀粉产量的回归方程达到显著水平,但该品种的生物产量及商品薯率的理论方程的总回归均不显著,而对于中低淀粉类型品种"南薯88"和"豫薯10号",所有产量指标的回归方程均不显著。可见在设定产量性状的调控模式下,不同类型品种对三因素的敏感度是有差别的。

通过各调节因子的调控效应研究发现,去分枝因素对各品种都有不利影响,降低产量。低氮施用量有利于提高高淀粉类型品种"渝薯2号"的经济产量和淀粉产量;对于兼用型品种"南薯88",施氮有助于提高生物产量,同时施高氮、高钾肥且不去分枝可获得的经济产量也较高,钾肥还可提高其商品薯率,此外去分枝对其淀粉产量形成不利影响;而饲用型品种"豫薯10号"对钾素的需求尤为明显,钾肥对各产量性状都有显著的影响,同时钾肥与去分枝还存在明显的互作效应。可见在甘薯生产中"打藤"或"刈蔓"的做法是不可取的,而应根据不同品种,采用因品种制宜、因生产目的制宜的理化调控措施,才能实现科学种薯,高产高效。

38. 甘薯种质资源性状的研究及其信息管理平台的建立.赵文婷.导师张启堂,傅玉凡.西南大学遗传学硕士论文,2011.

本研究在2010年调查和测定西南大学重庆市甘薯工程技术研究中心保存的88份甘薯种质资源的形态特征、产量及主要经济性状的基础上,用DPS数据处理软件对部分性状进行单因素方差或变异系数分析,并分别进行了ISSR分子标记和30种性状的形态标记研究;将调查和测定取得的形态特征、产量及主要经济性状数据录入用PHP＋MySQL＋Apache技术建立的甘薯种质资源信息管理平台数据库。通过以上研究内容揭示了甘薯种质资源的性状表现丰富程度和遗传多样性,为甘薯种质资源的搜集、鉴定、管理提供科学依据,更为甘薯育种亲本的选择、杂交组合的配制提供指导和依据,对于促进育种效率和成效的提高具有重要意义。

（1）甘薯种质资源形态特征、产量及其他主要经济性状的研究

调查和测定了88份资源的形态特征、产量及其他主要经济性状,对基部分枝数、最长蔓长、茎粗和叶片面积四个性状进行LSD单因素方差分析,并计算产量和部分经济性状的变异系数。基于田间性状的调查数据,将8项数量性状转换为形态多态性状并编码,22项质量性状按各自拥有的多态编码,应用DPS7.05统计软件对形态学数据进行欧式距离聚类并估算遗传距离。结果表明,基部分枝数、最长蔓长、茎粗和叶片面积的性状差异较明显,鲜薯产量、藤叶产量、薯干产量及单薯出苗数性状的变异系数均在40％以上,生物鲜产量、生物干产量、上薯率及薯块干物率变异系数均在30％以下。形态学聚类分析结果表明各份甘薯种质资源的平均欧式距离是6.42;"徐薯22"和"R11-45"之间的欧式距离最近,为3.61;"陵水2号"和"3-0-A1"之间的欧式距离最远,为11.00;在欧式距离约为7.2处时,可以分为5个组群。国内品种的亲缘关系与资源的来源地并无明显对应关系。

（2）甘薯种质资源遗传亲缘关系的ISSR聚类分析

采用10个ISSR引物对88份资源进行分子标记研究,共得到了清晰、稳定性好的2 652条谱带,其中多态性谱带2 190条,多态性比率为82.58％。基于ISSR标记产生的聚类图在阈值为0.72处将88份甘薯种质资源分为11组,各资源间的相似性系数分布在0.438～0.906。这表明这些甘薯种质资源间既有相似的遗传背景,也存在一定的差异。从整体来看,国内品种的亲缘关系与其来源地并无明显对应关系。重庆育成品系"91-78-67"和"99-103-33",江苏育成品种"R11-45"

和湖北育成品种"鄂薯407"之间的相似性系数最大,均为0.906,重庆育成品系"9319-1"和湖南育成品种"湘薯541"之间的相似性系数最小,为0.438。通过遗传相似性分析,可以为亲本选择与搭配提供指导,如考虑相似性系数较小的资源进行亲本组配,"92-93×广菜薯3号","9319-1×湘薯541","渝薯40×南薯007"等杂交组配较为理想。

(3)甘薯种质资源信息管理平台的设计与应用研究

用 PHP+MySQL+Apache 技术建成甘薯种质资源信息管理平台,并录入本文所研究的88份资源的形态特征、产量性状、主要经济性状、综合评价以及图像等相关信息。该平台实现了计算机对种质资源信息的统一管理,能够及时发布甘薯种质资源的基本信息,并提供几种不同的信息查询与筛选类别,使育种专家及其他用户能浏览数据库中甘薯种质资源的相关信息和搜索到符合条件的信息。且该平台具有完善的后台管理模块,使平台管理员能够及时准确地对数据库内容进行增添、删减及修改等。

综上所述,通过对西南大学重庆市甘薯研究中心的88份甘薯种质资源的形态特征、5种产量性状和11种经济性状的调查和测定,形态标记和 ISSR 分子标记遗传多样性分析以及这些资源的计算机信息管理平台建设等研究表明,这些资源具有一定的多态性,可以从中筛选出具有出苗数高、高产量潜力等优良性状的资源,但仍需搜集、补充新的资源用以增加群体中生物鲜产量、生物干产量、上薯率及薯块干物率的性状表现丰富程度,形态标记与 ISSR 标记二者结合评价甘薯种质资源的遗传多样性具有可行性,通过使用计算机技术对甘薯种质资源的主要性状等信息进行查询和筛选等综合性管理与开发,能够有效推动甘薯种质资源的基础性研究和甘薯育种应用性研究。

39. 西南地区资源节约型农作制模式研究.赵永敢.导师王龙昌,逄焕成.西南大学生态学硕士论文,2011.

针对我国西南地区人地矛盾加剧、工程型缺水突出、季节性干旱严重、重化肥轻有机肥的现状,从光、温、水、耕地、肥料等农业资源特点出发,通过统计资料数据与文献资料数据,在分析耕地资源、水资源和肥料资源三个方面的利用现状基础上,研究了该区资源节约型农作制发展的潜力和制约因素,探讨了资源节约型农作制发展途径,并提出了适合该区发展的主导模式。

(1)西南地区发展资源节约型农作制符合农作制度演变规律和可持续发展的需求

目前,该区人均耕地面积仅为 0.050 hm²,人地矛盾不断加剧;水资源总量丰富,但分布不均,开发利用率低,尤其水利工程不足,季节性干旱多发;肥料施用"重化肥轻有机肥",肥料利用率较低,不但造成资源的浪费,还给生态环境带来很大危害。总之,该区作物产量提高的同时农业资源成本也不断增加,农业结构高耗低效,经营模式粗放无序,种植模式良莠不齐,区域发展极不均衡,农户种粮积极性也大幅下降,而节约型农作制以其低耗、高效、精细管理等特征,可以从制度上解决这些生产实际问题。

(2)西南地区耕地、水和肥料资源节约潜力较大

从资源节约角度入手,通过提高耕地复种指数和单位耕地产值,改造中低产田,以及盘活耕地资源等方面来挖掘耕地资源节约潜力;通过充分利用现有水资源,提高田间灌溉效率和水分生产效率,以及完善灌渠输配系统等方面来挖掘水资源节约潜力;通过提高肥料利用效率,减少单位耕地耗肥量,增施有机肥,充分利用有机肥资源等方面来挖掘肥料资源节约潜力。同时,该区发展资源节约型农作制应以节地为主,节肥为辅,辅以节水。

(3)西南地区节地农作制四种发展途径

①提高耕地复种指数;②提升粮食单产;③中低产田改良,提升土地质量;④其他措施,主要

包括土地修复工程，在沙地、干热河谷进行农业种植，复垦废弃矿山，以及发展立体农业技术等以实现节地的目的。目前，适合该区发展的节地模式主要有冬闲田利用模式、旱地分带轮作多熟制模式、旱地三熟三作或三熟四作种植模式和稻田新三熟模式等。

（4）西南地区节肥农作制主要可采用以下四种发展途径

①减少化肥施用量。在某些化肥施用严重过量的区域，可在满足作物需求的基础上，减少每公顷农作物播种面积化肥施用量；②提高化肥利用率；③扩大有机肥源，加大有机肥施用力度，实行有机无机配施；④其他措施，包括通过利用生物梯化措施，大力发展冬季绿肥生产，用地养地结合，合理轮作、间套作，培肥地力等方式来提高土地质量，达到节肥高效的目的。该区适用的节肥模式主要有草田轮作模式、秸秆还田模式、"小麦/玉米/大豆"模式和旱地四熟种植模式等。

（5）西南地区节水农作制有以下三种发展途径：开源节流，充分利用水资源；提高水分生产效率；其他措施，主要可通过田间节水灌溉技术和渠道防渗技术来节约水资源。目前，该区适用节水模式主要有集水农业模式、保护性耕作模式、玉米集雨节水覆膜栽培模式、旱坡耕地集雨节灌抗旱模式和水稻覆膜节水综合高产模式等。

（6）西南地区农业生产条件复杂多样，区域间发展不平衡，因此，其农业发展应根据各地区的特点因地制宜。各类型区不同资源节约型农作制发展模式主要有：平原地区，应以多种资源节约模式为主，调整农业结构，改善农业生产环境，变"以资源换生产"为"以资金换生产"，发展"水稻—马铃薯/油菜"模式、"小麦/玉米/大豆/马铃薯"模式、冬闲田利用模式、稻田新三熟模式、马铃薯套种玉米二套二（三套三、四套四）模式和保护性耕作模式等；丘陵区应以多种资源综合管理措施为主，增加农业投入，改善农业生产环境，变"以资源换生产"为"以技术换生产"，发展"小麦—玉米—马铃薯"模式、"小麦/玉米/大豆（甘薯）"模式、旱地三熟三作或三熟四作模式和旱地分带轮作多熟制模式等；山区应以生态保护为主，发挥山区特点，兼顾多种经营，变"以资源换生产"为"以和谐换发展"，可发展立体生态种植模式、旱坡耕地集雨节灌抗旱模式等。

40. 薯蔓特性与施肥对甘薯块根形成的影响.余韩开宗.导师王季春.西南大学作物栽培学与耕作学硕士论文,2011.

本文以不同淀粉含量的3个甘薯高产品种为研究对象，以不同施肥水平，并分别结合百苗重处理和苗段处理，采用L9(3⁴)正交组合试验，设计两个平行试验：试验一以品种、百苗重和施肥水平为试验因素；试验二以品种、苗段和施肥水平为试验因素。试验测定甘薯剩余前期的生理指标、生长势及根系指标的变化和差异，来研究不同品种特性下，施肥水平、百苗重处理及苗段处理对甘薯前期根系发育与块根形成的影响，以期通过不同农艺措施调控促进甘薯块根的形成和发育，获得最高的单株结薯数，并找出较为合适的调控组合。

（1）各因素对甘薯地上部生长的影响

试验中"南薯88"表现出茎粗和叶面积系数最大；最长茎长均处于较高水平；而其茎叶鲜重则在试验二中显著高于其他两个品种，在试验一中处于较高水平。不同施肥处理均表现出高施肥水平的茎叶鲜重、叶面积系数和最长茎长显著大于低施肥水平，并随着施肥量的增加而增加，而茎粗则差异不大。百苗重最大的薯苗茎粗显著优于百苗重低的薯苗，而叶面积系数在栽后39 d低于其他两个处理；百苗重中等的薯苗的最长茎长和茎叶鲜重在栽后39 d最高。试验中，尖段苗的茎粗最大；二段苗的最长茎长和叶面积系数最大，尖段苗其次；尖段苗与二段苗的茎叶鲜重差异不显著，而三段苗的茎叶鲜重显著低于其他两个苗段处理。

（2）各因素对甘薯生理指标的影响

试验表明，"南薯88"叶片中总糖含量高于其他两个品种，而氮含量最低，C/N均高于其他两个品种;N/K 比值在两个试验中显著低于其他两个品种,并且"南薯 88"的根系活力下降早,到栽后 39 d 时在三个品种中最低。施肥量的差异使得甘薯叶片中的 N,P,K 含量随着施肥量的增加而显著增加,但低施肥水平的 N/K 比值则显著小于高施肥水平,总糖含量则显著高于高施肥水平,其 C/N 比值显著高于高施肥水平,而不施肥处理根系活力下降早,但到栽后 39 d 三个处理间差异不显著。壮苗栽培的甘薯叶片中 N 含量显著低于弱苗,而 P 含量则高于弱苗,K 含量较高,N/K 比值显著小于弱苗,总糖含量在各苗重处理间差异不显著,但其 C/N 比值极显著高于弱苗,根系活力差异不显著。苗段处理的 N,P,K 含量差异不大,但尖段苗的 N/K 比值低于其他苗段处理,尖段苗的根系活力下降早,但到栽后 39 d 三个处理间差异不大,而总糖含量为二段苗最高,尖段苗与三段苗差异不大,C/N 比值三个苗段处理间差异也不显著。

(3)各因素对甘薯根系形成和发育的影响试验

实验中"南薯 88"均表现出根系重量、根系体积、根系数量和块根数量显著高于其他两个品种。不同施肥水平处理中,不施肥处理的根系发育、块根形成和膨大能力在两个试验中均最好,其根系重量、根系体积和块根数量显著高于其他施肥水平。试验中,壮苗栽培的根系重量、根系体积和块根数量显著高于弱苗不同苗段处理,尖段苗根系形成和发育及块根形成和膨大能力显著高于其他苗段处理,表现出其根系体积、根系重量、根系数量和块根数量最大。

41. 甘薯叶多酚氧化酶的分离纯化及部分性质与功能基团研究.梁建荣.导师唐云明.西南大学遗传学硕士论文,2011.

本文以甘薯叶为材料,对多酚氧化酶的分离纯化、酶学性质、抑制剂及功能基团的化学修饰等方面进行了研究,以开发甘薯叶的利用价值,提高其经济效益。

本文通过对新鲜甘薯叶进行组织匀浆、磷酸盐缓冲液抽提得到粗酶,再经硫酸铵分级沉淀、DEAE-Sepharose 离子交换层析和 Superde X-200 凝胶过滤层析等纯化步骤,最终从甘薯叶中得到了多酚氧化酶的电泳纯制品。纯化得到的酶比活力为 50 075.43 U/mg,纯化倍数为 597.99,回收率为 0.48%。

理化性质研究表明,甘薯叶多酚氧化酶的全酶的相对分子质量为 128.6 kD,亚基相对分子质量约为 64.4 kD,可见该酶由两个相同的亚基组成。该酶的最适温度为 35 ℃,在 25～55 ℃内酶有较好的稳定性。最适 pH 为 6.5,在 pH 6～7 内酶较稳定。在最适条件下,以不同浓度的邻苯二酚溶液为底物测得该酶的 K_m 值为 0.0445 mol/L。

金属离子 Ca^{2+},Hg^{2+} 对甘薯叶多酚氧化酶有明显的抑制作用;Pb^{2+},Co^{2+},Fe^{2+} 对甘薯叶多酚氧化酶有明显的激活作用;K^+,Mn^{2+},Li^+,Zn^{2+},Mg^{2+},Ba^{2+} 对该酶活性基本无影响。

研究有机溶剂对甘薯叶多酚氧化酶的抑制作用,甲醇、乙醇和异丙醇对甘薯叶多酚氧化酶活性抑制强度不同,异丙醇抑制最强,乙醇次之,甲醇抑制作用相对最弱。低浓度的抗坏血酸和亚硫酸钠对该酶有强烈的抑制作用,柠檬酸次之,EDTA-2Na 的抑制效果相对较弱,尿素对该酶基本无影响。

用化学修饰剂对该酶的功能基团进行修饰,发现二巯基苏糖醇(DTT)和乙酰丙酮(BD)能显著地抑制该酶活性,氯胺-T、NAI 对酶有一定的激活作用,BrAc、顺丁烯二酸酐、SUAN、PCMB、PMSF 对酶活性影响不大。因此认为甘薯叶多酚氧化酶的必需基团可能包括精氨酸残基和二硫键。

42. 紫肉甘薯花色素苷生物合成相关转录因子克隆与功能分析.许宏宣.导师廖志华,陈敏.西南大学硕士论文,2012。

为研究紫肉甘薯中花色素苷生物合成途径中的调控机理,为花色素苷次生代谢工程提供新靶点,本研究采用 RACE 技术首次从"渝紫 263"中克隆出来自 MYB、bHLH 和 WD40 家族与花色素苷合成相关的 5 个基因,并进行生物信息学分析。此外,还采用 HPLC 和比色法对"渝紫263"各组织中花色素苷含量进行分析。MYB 类转录因子家族相关基因的调节活性是自然界中植物着色模式多变的主要原因,R2R3MYB 家族与类黄酮和花色素苷生物合成途径调控紧密相关。

本研究采用 RACE 技术,克隆"渝紫 263"中 R2R3MYB 家族的一个基因的全长 cDNA,并命名为 *IbMYB1*(GenBank 登录号为:JQ337861)。生物信息学分析表明,*IbMYB1* 基因的 cDNA 全长 1 198 bp(不含 ployA),包含长度为 750 bp 的编码框,长为 184 bp 的 5'端非翻译区和长为 164 bp 的 3'端非翻译区。预测结果表明 *IbMYB1* 基因编码包含 249 个氨基酸残基的蛋白质,该蛋白质分子量大小为 28.6 kDa,等电点(pI)为 8.57,为碱性蛋白,包含 36.55% 的 α-螺旋、8.03% 的延伸链、4.42% 的 β-转角和 51.0% 不规则卷曲。氨基酸序列的多重比对表明,*IbMYB1* 与植物中已鉴定的 R2R3MYB 转录因子序列保守区主要存在于 N 端 R2R3 DNA 结合结构域,其 C-端相在各物种间相似性很低。三级结构预测也显示 IbMYB1 三级结构只在 R2R3 区域建模成功,与鸡 MYB 蛋白的 R2R3 结构域(1A5J)类似,R2 和 R3 结构域分别由 2 个和 3 个 α-螺旋组成。将 Ib-MYB1 与其他植物中 MYB 类转录因子进行进化树构建分析表明,IbMYB1 与大多数已鉴定调控花色素苷生物合成的 MYB 转录因子聚为一枝。

采用荧光定量 PCR 对 IbMYB1 进行"渝紫 263"组织表达谱分析。结果表明在块根中表达量最高,其次是直径 0.5 cm 块根、外周皮、茎节、茎间、叶柄、须根、叶和幼茎尖。bHLH 类转录因子能够识别花色素合成途径中关键酶基因启动子区域的 E-BOX(CANNTG)。其与 DNA 结合时,通常需要两个不同 bHLH 转录因子形成二聚体才能完成。

本研究通过 RACE 技术,从"渝紫 263"中成功克隆 bHLH 家族中的两个基因,分别命名为 *IbbHLH*1 和 *IbbHLH*2,登录号为分别:JQ337862 和 JQ337863。生物信息学分析表明,*IbbHLH*1 基因 cDNA 全长为 2 467 bp,包含长度为 1 890 bp 的编码框,长度为 427 bp 的 5'-UTR 和长度为 150 bp 的 3'-UTR。其编码包含 629 个氨基酸的蛋白质,预测该蛋白分子量大小为 69.5 kDa,等电点为 5.10,为酸性蛋白,包含 α-螺旋 34.82%、延伸链 9.38%、β-转角 2.86% 和不规则卷曲 52.94%。*IbbHLH*2 基因 cDNA 序列全长 2 280 bp,包含了长度为 2 025 bp 的编码框,长度为 108 bp 的 5'-UTR,长度为 147 bp 的 3'-UTR。*IbbHLH*2 基因编码包含 674 个氨基酸残基的蛋白质,预测结果显示该蛋白分子量大小为 75.1 kDa,等电点为 5.07,为酸性蛋白,包含 α-螺旋 45.40%、延伸链 10.83%、β-转角 4.60% 和不规则卷曲 39.17%。氨基酸序列多重比对表明,虽 *IbbHLH*1 和 *IbbHLH*2 分别聚为不同枝,但它们在靠近 N 端的一部分和 HLH 结构域部分相似性较高。三级结构预测两个蛋白只有在 HLH 结构域部位建模成功,预测结构中 IbbHLH1 和 IbbHLH2 均由两个 α-螺旋和中间连接的不规则卷曲组成,与 DNA 结合的活性部位位于蛋白的 N 端。

采用荧光定量 PCR 对 *IbbHLH*1 和 *IbbHLH*2 进行"渝紫 263"组织表达谱分析结果表明,*IbbHLH*1 在须根中表达量最高,其次是叶柄、幼茎尖和茎间、块根、直径 0.5 cm 块根、茎节、叶和外周皮;而 *IbbHLH*2 在直径 0.5 cm 块根中表达量很高,在块根和外周皮中表达量也相对较高,而在其他的组织中表达量都很低。WD40 类转录因子在多种植物中被鉴定为激活花色素苷转录复合体必不可少的转录因子。

本研究通过 RACE 技术,从"渝紫 263"中成功克隆了 WD40 家族中的两个 WD40 基因,分别命名为 *IbWDR*1 和 *IbWDR*2,基因登录号分别为:JQ340206 和 JQ337864。生物信息学分析表明，*IbWDR*1 的 cDNA 序列全长 1 239 bp，包含了长度为 1 032 bp 的编码框，长度为 64 bp 的 5'-UTR 和长度为 143 bp 的 3'-UTR。*IbWDR*1 编码包含 343 个氨基酸残基的蛋白质，该蛋白分子量为 38.09 kDa，等电点为 4.97，为酸性蛋白，包含 α-螺旋 10.20％、延伸链 34.99％、β-转角 3.50％和不规则卷曲 51.31％。*IbWDR*2 的 cDNA 序列全长 1 289 bp，包含了长度为 1 041 bp 的编码框，长为 136 bp 的 5'-UTR 和长为 121 bp 的 3'-UTR，编码包含 346 个氨基酸残基的蛋白质，蛋白分子量为 39.09 kDa，等电点(pI)为 4.71，为酸性蛋白，包含 α-螺旋 10.40％、延伸链 32.37％、β-转角 4.91％和不规则卷曲 52.31％。多重比对表明，*IbWDR*1 和 *IbWDR*2 在各物种相对比较保守，特别是蛋白质中间偏后的一部分。三级结构预测结果显示，*IbWDR*1 和 *IbWDR*2 均具由 7 个区域围成一个环状的结构，并且每个区域都由 4 个 β-延伸链组成。"渝紫 263"组织表达谱分析结果表明，*IbWDR*1 和 *IbWDR*2 在各组织中表达量均相对较高，*IbWDR*1 在叶柄、幼茎尖、直径 0.5 cm 块根和外周皮中表达量比茎间、须根、茎节和叶相对高一些；*IbWDR*2 的表达量在直径 0.5 cm 块根、块根和幼茎尖比其他组织要高些，其他组织依次是茎节、须根、叶柄、外周皮、叶和茎间。

本实验采用 10 mL 1％甲酸化甲醇作为提取液，提取"渝紫 263"各组织的花色素苷，分别用 HPLC 和紫外分光光度计对花色素苷进行含量检测，构建"渝紫 263"的组织含量谱。通过含量分析表明，外周皮中的花色素苷含量最高，其次是块根和基部茎，在叶和叶柄中花色素苷的含量都较低。

对 *IbMYB*1、*IbbHLH*1、*IbbHLH*2、*IbWDR*1 和 *IbWDR*2 基因的克隆和功能分析有助于在分子水平上更好地了解这三类转录因子在花色素苷的生物合成中的作用，并为今后调控花色素苷的生物合成提供了新的靶点。结合花色素苷的含量谱分析得出 *IbMYB*1 和 *IbbHLH*2 的表达与花色素苷的合成相关性高，这为以后的代谢工程提供指导。

43. 甘薯淀粉理化性质的基因型和种植区域效应研究.许森.导师张启堂，傅玉凡.西南大学遗传学硕士论文，2012.

本研究对 6 个地点的 8 个甘薯品种的淀粉直链淀粉含量、淀粉糊化性质 DSC 参数等和 7 个甘薯品种在生长过程中薯块淀粉和可溶性糖含量的变化及其相关性进行研究。通过本研究揭示了甘薯淀粉理化性质之间以及与品种、种植区域的关系；甘薯生长过程中淀粉含量和可溶性糖含量的相关性。

(1)本文供试的 8 个甘薯品种，在 6 个地点的粗淀粉含量的平均值，"0611-6"最高，其余依次是"6-9-17""0505-5""0610-54""5-12-17""徐薯 22""南薯 88""4-6-24"；与对照"徐薯 22"相比，"0611-6""6-9-17""0505-5""0610-54"的粗淀粉含量较高。6 个地点的 8 个甘薯品种粗淀粉含量平均值从高到低的顺序为：万州、酉阳、梁平、永川、合川、北碚，地点效应达到极显著差异。不同栽培地点的气候和土壤条件对甘薯粗淀粉含量具有较大影响；甘薯薯块的大小与粗淀粉含量之间无显著差异，薯块的大小对粗淀粉的含量没有明显影响。

(2)本文供试的 8 个甘薯品种，品种效应达到极显著差异，各品种直链淀粉含量平均按从高到低的顺序依次为："徐薯 22"，"南薯 88"，"6-9-17"，"0610-54"，"5-12-17"，"0505-5"，"0611-6"，"4-6-24"，分别为 22.93％，22.21％，20.15％，19.76％，19.01％，17.93％，17.38％、15.14％。地点效应也达到极显著差异，各地点平均直链淀粉含量按从高到低的顺序依次为：合川、永川、酉阳、北碚、万州、梁平，直链淀粉含量平均值分别为 21.79％，19.63％，19.49％，18.93％，18.40％，17.42％。无论品种效应还是地点效应，直链淀粉含量均呈显著差异，品种、栽培地点的气候和土壤条件对直链淀粉的含量均有明显的影响。

(3)本文供试的 8 个甘薯品种淀粉糊化时的糊化温度，无论大、中、小薯的 T_p、T_o、T_c、$\triangle H$，

"0505-5"都是最高的,可以认为在 8 个品种中,"0505-5"糊化需要更高的温度,更难以糊化。"0611-6"和"南薯88"的 T_p 最低,"5-12-17"和"南薯88"的 T_o 最低,"4-6-24"的 T_c 最低。"南薯88"和"0505-5"的 $\triangle H$ 最高,"4-6-24"的 $\triangle H$ 最低。甘薯薯块的大小对淀粉的糊化没有显著的影响;直链淀粉含量与 DSC 曲线参数呈正相关或者负相关,但是差异不显著。这与以前研究有所区别,这种结论的不一致也许是品种、种植环境等造成的,影响糊化温度的因素较多,除直链淀粉之外,淀粉组分的分子量,淀粉颗粒的大小和淀粉粒中的分子所形成的微晶结构、结晶化程度以及胚乳的相对孔度都和糊化温度有关,品种类型的差异可能是造成研究结论不一致的主要原因之一,从另一角度也说明引起甘薯淀粉糊化特性差异的根本原因可能在于内部分子结构的不同;甘薯薯块生长过程中淀粉含量,通过对 7 个甘薯品种的 5 个生长时期的试验,甘薯薯块的可溶性糖含量和品种、生长期和品种互作效应均达到极显著差异水平。"南薯88"薯块可溶性糖含量最高,为 119.046 mg/g,与其他 6 个品种薯块可溶性糖含量平均值差异达到极显著水平;"渝苏 162"极显著高于"渝薯 2 号","徐薯 18"显著高于"渝苏 153";"渝苏 303"与"徐薯 22""渝苏 153"无显著差异,均显著高于"渝薯 2 号"和"徐薯 18"。"徐薯 18"薯块可溶性糖含量平均值最低,为 76.499 mg/g。甘薯品种薯块的淀粉含量生长期和品种×生长期互作效应均达到极显著差异水平。136 d 时淀粉含量最高,达 71.091%;136 d 和 167 d 之间无显著差异,均极显著高于 108 d,85 d,50 d;108 d 和 85 d 之间无显著差异,均极显著高于 50 d;50 d 最低,为生长期早期,淀粉含量为43.372%。7 个甘薯品种薯块生长过程中可溶性糖含量与淀粉含量的相关系数介于 $-0.951\sim-0.745$,均达到极显著水平。甘薯品种之间可溶性糖含量与淀粉含量的相关性在 136 d 以前不显著($P>0.05$)。在薯块生长到 167 d,薯块生长定型时,可溶性糖含量与淀粉含量极显著负相关($P<0.01$)。

综上所述,通过对西南大学重庆市甘薯工程技术研究中心提供的甘薯品种的粗淀粉含量、直链淀粉含量、淀粉糊化性质的 DSC 参数以及甘薯薯块在生长过程中淀粉和可溶性糖含量进行测定和分析等,为进一步研究甘薯淀粉理化性质及其影响因素、甘薯品种选育以及加工等奠定基础和提供理论依据。

44. 紫肉甘薯的降糖及抗氧化活性研究.贺凯.导师叶小利.西南大学生物化学与分子生物学硕士论文,2012.

本研究用 α-葡萄糖苷酶和细胞降糖模型为手段,对紫薯的降糖活性做全面评价,利用高速逆流色谱对紫薯中的活性成分进行制备性分离。期望能够获得紫薯中具有降糖和抗氧化活性的单体成分,为下一步药理研究打下基础。

(1)以 α-葡萄糖苷酶为靶标,比较了四个紫肉甘薯品种的块根、茎、叶提取物对 α-葡萄糖苷酶的抑制作用。结果表明紫薯的块根、茎和叶提取物对 α-葡萄糖苷酶都有一定的抑制作用,不同品种及部位提取液对 α-葡萄糖苷酶的抑制率存在较大差异,其中紫薯"6-15-6"的块根和茎提取物对 α-葡萄糖苷酶的抑制率大于阳性对照阿卡波糖。结合细胞实验对紫薯"6-15-6"的 95% 乙醇提取物进行分段降糖活性筛选,发现紫薯块根的乙酸乙酯和正丁醇部分萃取物都有较强的促细胞葡萄糖吸收作用。

(2)用 D101 大孔树脂对紫薯提取物的正丁醇部位进行了除杂和初分后,用高速逆流色谱以氯仿—甲醇—水(10∶8∶3,V/V/V)为溶剂体系,对紫薯中的花色素进行了制备型分离。从80%和100%乙醇洗脱的正丁醇组分样品中分离得到了具有较高纯度的花色素,并初步判断其为芍药色素。

(3)用高速逆流色谱法对紫薯块根提取物中的乙酸乙酯部分进行了分离,采用薄层色谱—荧光分析法筛选了高速逆流色谱的溶剂体系。用正己烷∶乙酸乙酯∶甲醇∶水(1∶2∶1∶1,V/

V/V/V)作为溶剂体系,以连续进样的方法,首次从紫薯的块根中分离得到了较多量的6,7-二甲氧基香豆素和5-羟甲基糠醛。

(4)以生物体中主要产生活性氧的细胞器——线粒体作为活性氧的引发物质,进而建立了一个基于线粒体的、通过测定DCFH产生的量来评价各个样品抗氧化活性的方法。结果显示,该方法有较大的精确度和重复性,线粒体和细胞抗氧化模型都能对物质的抗氧化和促进氧化性进行评价。通过与细胞抗氧化活性评价模型、ABTS抗氧化方法的比较,发现用线粒体模型测定的抗氧化性与细胞模型结果有较大的相关性,而与ABTS结果相关性不大。

45.紫色丘陵区坡耕地土壤侵蚀特征及植被覆盖与管理因子研究.唐寅.导师史东梅.西南大学水土保持与荒漠化防治硕士论文,2012.

植被覆盖与管理因子C值是评价植被因素抵抗土壤侵蚀能力及准确估算土壤侵蚀模数的重要参数。本文利用人工模拟降雨试验及天然降雨径流小区径流泥沙观测资料和文献数据,对紫色丘陵区坡耕地土壤侵蚀特征及不同土地利用方式植被覆盖与管理因子C值进行研究。主要结论如下:

(1)不同降雨历时、降雨强度、坡长、坡度下,紫色丘陵区坡耕地的产流量、产沙量、输沙率、坡面剥蚀率不同。在持续降雨过程中,坡面径流过程和侵蚀量存在明显差异。不同初始含水量条件下,地表径流大小及过程均有所不同;降雨历时、坡长、坡度等条件相同的情况下,当初始土壤含水量较低时,地表产流量较小;当初始土壤含水量较高时,地表产流量较大。二者表现为一定的线性关系。

(2)在降雨历时、降雨强度等条件一致的情况下,随着降雨的进行,不同坡长坡耕地产沙量不同。在坡度为15°时,4 m坡长小区侵蚀量远大于2 m坡长小区的侵蚀量,前者约为后者的1.3倍。研究表明,紫色土坡面产流量不是随着坡长的增加呈线性增长的。坡长增加导致的侵蚀量的增加存在较大的波动性,但坡长增加一般的趋势是明显增加了坡面小区的土壤流失量。

(3)不同雨强条件下,紫色丘陵区坡耕地土壤侵蚀对坡度的响应特征不同。在中雨强条件下,当坡度<20°时,坡度增加,产流率和径流系数均增大;坡度等于20°时,产流率和径流系数达到最大,分别为0.97L/(m² · min)、0.70L/(m² · min);当坡度>20°时,坡度增加,产流率和径流系数反而减小。在大雨强条件下,坡度增加,产流率和径流系数总体上呈减小趋势。当坡度<15°时,径流系数随雨强的增大而增大;当坡度>15°时,径流系数随雨强的增大反而减小。研究表明:紫色丘陵区坡耕地产流临界值为22.83,产沙临界值为24.7。

(4)紫色丘陵区坡耕地产流产沙量、含沙率与雨强之间则存在明显的正相关,径流系数与雨强之间则存在明显的负相关;平均雨强是反映紫色土坡耕地产流产沙量、含沙率最好的降雨特征参数。研究表明,在显著水平$P=0.01$时,平均雨强与产沙量、含沙率和径流系数之间的相关系数R分别为0.993 0,−0.999 0和0.991 3;I30能更好地反映紫色土坡耕地水土流失特征,与径流量、泥沙量、径流系数和径流泥沙含量的相关系数分别为0.987 9*,0.999 2**,−0.992 3**和0.977 8*。

(5)在相同降雨侵蚀力条件下,紫色丘陵区不同耕作模式坡耕地的水土保持效应差异很大,表现为:横坡植物篱耕地>横坡耕地>顺坡耕地>清耕休闲地。横坡植物篱耕地年均径流量(1 266.7 L)仅次于清耕休闲地,分别是顺坡耕地、横坡耕地的1.21倍、2.14倍,而年均侵蚀量(691.8 g)却最小,仅为顺坡耕地、横坡耕地的048倍、0.71倍,起到了"保土排水"的作用。坡耕地表层植被盖度最差且降雨侵蚀力较大的时段为土壤侵蚀危险期,在该时段内采取相应的保护措施可有效控制水土流失。

（6）基于实测侵蚀量的 C 值估算方法最为适宜紫色丘陵区坡耕地不同土地利用方式的 C 值计算，通过对紫色丘陵区主要农作物种植类型（小麦、甘薯、小麦/甘薯）C 值的试验研究，紫色丘陵区小麦年 C 值为 0.434 5，甘薯年 C 值为 0.386 4，小麦/甘薯年 C 值为 0.403 7；C 值不同表明不同农作物对坡耕地土壤的防护作用不同；C 值的年内变化特征表明农作物对坡耕地土壤的防护作用随着农作物的生长发育而逐渐改变，合理选择农作物种类对水土保持有明显的作用。

（7）紫色丘陵区坡耕地水土流失防治应从提高坡耕地植被覆盖度出发，优化种植模式，兼顾水土保持措施布置，实现坡耕地可持续利用。合理建造坡坎生态系统对改善立地条件、减少水土流失、维持农业生态平衡有着显著效益，是水土保持的战略基础；而优化利用坡坎生态系统则实现了土地生产力和经济效益的提高，为农业的持续发展开辟了新的途径，具有广阔前景，对改善和保护紫色丘陵区坡耕地水土流失、土地退化等起着相当重要的作用。

46. 微孔淀粉材料优化制备技术及其应用研究.周琼,导师陈宗道.西南大学食品科学博士论文,2011.

微孔淀粉是一种有大量微孔的、来源天然、经济易得的物质。由于其具有较大的比表面积、比孔容而具有良好的吸附性能，可广泛应用于食品、医药、化妆品、农业等领域。它的制备方法主要有低于糊化温度酶解法、高温泡沫法、溶剂交换技术法等。

本论文以玉米、木薯、甘薯、豌豆、小麦、马铃薯淀粉为材料，研究了微孔淀粉和交联微孔淀粉的工艺路线和参数，研究了微孔淀粉和交联微孔淀粉的显微结构和亲水亲脂吸附特性，研究了糊化冷冻溶剂交换新技术制备小麦微孔淀粉的工艺路线和参数，研究了以微孔淀粉为原料制备精细化工产品超微氧化锌的工艺路线和参数。

（1）以玉米淀粉制备微孔淀粉的工艺为低于淀粉糊化温度酶解法。

最佳工艺参数为：淀粉乳浓度为 14.24%，酶用量 4%，酶配比（α-淀粉酶∶糖化酶）为 1∶4，缓冲溶液 pH 为 4.4，反应时间 13.15 h，反应温度 51.92 ℃。对比了微孔淀粉与原淀粉的理化性质，结果表明，淀粉微孔化后，比表面积、比孔容增大，吸附性能大幅度提高。获得的玉米微孔淀粉颗粒表面布满小孔，形成中空的显微结构特点。与原淀粉相比，吸水率达到 143.01%，增长了 134.15%。

（2）微孔淀粉吸附的热力学、动力学研究表明，微孔淀粉对次甲基蓝的吸附符合准二级动力学方程。微孔淀粉对次甲基蓝的吸附符合 Freundlich 吸附等温方程。体系温度升高，微孔淀粉对次甲基蓝的吸附量逐渐减少说明此过程可能是一个放热过程。吸附热力学参数为：$\triangle G^0 < 0$，$\triangle H^0 < 0$，$\triangle S^0 < 0$，吸附是自发的过程。

（3）对比了 6 种淀粉微孔化的吸附性能，从大到小是：玉米淀粉＞木薯淀粉＞甘薯淀粉＞豌豆淀粉。马铃薯、小麦淀粉酶解基本上不能形成孔洞。小麦淀粉为难酶解和难微孔化淀粉。对小麦淀粉进行了物理预处理后酶解的探索，方法有超高压、紫外照射、超声波处理、退火、冷冻溶剂交换技术处理等，结果表明，这些处理对淀粉颗粒都有不同程度的作用，但是酶解后，仍然不能形成微孔。应用糊化冷冻溶剂交换工艺可制备微孔化小麦淀粉。其工艺技术为糊化冷冻溶剂交换技术。其较佳工艺为：5 g 淀粉添加 40～50 mL 水，水浴锅 90 ℃糊化 25～30 min，降至室温后，放冰箱 5 ℃冷藏 48 h，最易切块成型。再放入 −10 ℃冷冻 48 h，以乙醇与水的一定比例混合液浸没 3 次，干燥后得到小麦淀粉多孔材料。获得的微孔淀粉多孔材料模板具有孔径均匀的特点。与原淀粉相比，吸水率达到 245.66%，增长了 300.20%。

（4）为提高微孔淀粉吸附性能，改变其亲水亲脂吸附特性，增强其抗剪切能力和热稳定性，可采用交联淀粉微孔化工艺。其工艺为先交联后微孔化技术。最佳工艺参数为淀粉乳浓度 15%，交联剂用量 0.04 mL/100 g，酶用量 5%，酶配比（α-淀粉酶∶糖化酶）为 1∶4，缓冲溶液 pH 4.4，反应时间 12 h，反应温度 50 ℃。获得的交联微孔淀粉与微孔淀粉相比，孔径由 1.7 μm 增大到 2.4 μm，具有比孔容增大的显微结构特点。与微孔淀粉相比吸水率由 143.01% 增加到 150.97%，吸油能力由 1.4 mL/g 增加到 1.5 mL/g，吸附性能得到改善，亲水亲脂吸附特性得到增强。抗剪切能力、冷热稳定性增强，结构得到强化。

（5）微孔淀粉和交联微孔淀粉具有强吸附性能，可应用于精细化工产品的制备。本研究以微孔化小麦淀粉为模板，制备了超微氧化锌。其工艺为液相法煅烧技术。成功制取了超微氧化锌粉。

47. 紫薯全粉加工工艺研究.邓资靖，导师蒋和体.西南大学农产品加工及贮藏工程硕士论文，2012.

紫薯是甘薯中的一个类型，具有丰富的营养价值，用途广泛，但是紫薯含水量较高，长时间贮藏保鲜困难较大，病害损失严重。紫薯的加工产品很多，常见的有薯脯、薯片及薯条等，但紫薯全粉的工艺研究较少。本论文对紫薯全粉工艺进行优化，并对紫薯全粉理化性质进行了研究。开展该研究有利于紫薯资源深度开发，为紫薯全粉加工提供技术支持。

（1）通过单因素试验确定适宜的加工工艺为：蒸煮时间 10 min、蒸煮温度 100 ℃；真空度 0.08 MPa，真空干燥温度 70 ℃，真空干燥时间 8 h。采用响应面法对产品加工工艺进行了优化，结果表明，影响紫薯全粉水分含量的因素的大小顺序为：$X_2 > X_3 > X_1$，即干燥温度＞干燥时间＞蒸煮时间；优化的工艺参数是：蒸煮时间 10 min，真空干燥温度 80 ℃，干燥时间为 8 h，所得产品水分含量为 4.20%，碘蓝值为 6.97。

（2）对紫薯加工前后理化性质做了研究，研究内容包括：紫薯全粉真空干燥曲线的绘制；干燥前后理化性质的变化，包括水分含量、碘蓝值、色泽、总花青素、营养成分和芳香成分的变化。

试验结果表明，从感官上对加工后紫薯全粉成品分析，具紫薯特有香气，色泽呈深紫色，较接近紫薯原料颜色；从紫薯全粉基本营养特性分析，紫薯全粉制作前后的基本成分都会造成一定程度的变化，具体而言，产品灰分、还原糖含量等都显著升高，表明经过加工后，对其营养结构有一定程度的破坏，且细胞也有一定程度破损，从而释放出部分营养成分；从产品碘蓝值测定看，碘蓝值较加工前有所提高，表明紫薯细胞被一定程度破坏，从而释放出游离淀粉。从持水性、持油性、总花青素含量测定分析，真空干燥能尽可能地保持紫薯营养、结构的完整性，从而表现出较好的品质，更对其以后作为食品原料或辅料的加工具有较好的加工性能。加工会使紫薯原料的芳香成分发生改变，紫薯经蒸制后其芳香成分种类范围扩大，而经过一定温度的干燥后，芳香成分又有所损失，醇类物质经氧化等反应减少，酯类物质增多，生成新的芳香成分。

（3）对不同干燥方式对紫薯全粉品质的影响做对比研究，包括水分含量、碘蓝值、色泽、总花青素、营养成分和芳香成分的变化。

试验结果表明，从紫薯全粉基本营养特性分析，无论哪种干燥方法对于紫薯全粉的基本成分都会造成一定程度的损失，鼓风干燥破坏最严重，真空冷冻干燥损失较鼓风干燥和真空干燥少，真空干燥对全粉的各种基本化学成分损失量均处于另两种干燥方法之间。真空干燥和真空冷冻干燥比鼓风干燥都能较好地保留紫薯本身色泽。从产品碘蓝值、持水性、持油性、总花青素含量测定分析，真空干燥和真空冷冻干燥明显优于鼓风干燥，不同干燥方式生产的紫薯全粉芳香成分明显不同，干燥方式对紫薯全粉的芳香成分有很大影响，其中真空冷冻干燥保留的芳香物质最多。整体而言，真空冷冻干燥虽对于紫薯全粉品质的影响最小，但其费时较多，消耗能源太大，就目前生产条件而言，还是选择真空干燥较好，各项指标也较好，也能够较好地保存紫薯的营养价值。后期还需多研究其他干燥方式，弥补成本较高这一不足。

三、学术会议交流的部分甘薯论文及部分摘要

1.张明生,谈锋,张启堂.快速鉴定甘薯品种抗旱性的生理指标及方法的筛选.重庆市遗传学会第一届学术年会暨孟德尔规律再发现100周年学术讨论会论文集,2000,122～127.

用不同浓度的聚乙二醇(PEG)对甘薯进行根际水分胁迫处理,研究了叶片相对含水量(RWC)、丙二醛(MDA)含量、超氧化物歧化酶(SOD)活性及游离脯氨酸(Pro)含量的变化与品种抗旱性的关系。结果表明,25％PEG处理下,叶片RWC与品种抗旱性呈显著正相关($r＝0.783$, $P＜0.01$),MDA含量与品种抗旱性呈极显著负相关($r＝0.884$, $P＜0.01$),SOD活性与品种抗旱性呈极显著正相关($r＝0.777$, $P＜0.01$),Pro含量与品种抗旱性的关系不大。品种抗旱性愈强,叶片RWC下降幅度及MDA含量上升幅度愈小,SOD活性增加幅度愈大。通过测定25％PEG处理下甘薯幼苗叶片的生理指标可实现甘薯品种抗旱性的室内快速鉴定。

2.梁国鲁,向素琼,汪卫星,等.甘薯近缘野生种 Ipomoea trifida ($2\times$、$6\times$)的核型分析.Advancesin Chromosome Sciences,2001-9-1国际会议,404～407.

本文首次对甘薯近缘野生种 Ipomoea trifida 二倍体和六倍体的核型进行了分析。I. trifida"698001" $2n＝2x＝30＝18$ m(2SAT) ＋ 12sm(2SAT);I. trifida "698011" $2n＝2x＝30＝17$ m(2SAT) ＋ 13sm(2SAT);I. trifida "P-875-6" $2n＝6x＝90＝54$ m(2SAT)＋36sm。均属2B核型。探讨了该多倍体复合体的染色体。

3.张启堂,马代夫,刘庆昌.重庆市甘薯生产和利用的现状及其对策.中国甘薯育种与产业化.北京:中国农业大学出版社,2005:133～135(2005成都:中国甘薯育种与产业化交流论文).

4.傅玉凡,叶小利,陈敏.见马代夫,刘庆昌.紫肉甘薯研究与利用进展及对策.中国甘薯育种与产业化.北京:中国农业大学出版社,2005:234～240(2005成都:中国甘薯育种与产业化交流论文).

5.曾令江,张启堂,傅玉凡,等.甘薯腺苷酸激酶基因的克隆分析及载体构建.中国遗传学会第八次代表大会暨学术讨论会论文摘要汇编(2004～2008),2008-10-1:127。

腺苷酸激酶(EC.2.7.4.3,Adenylatekinase,ADK)催化ATP和AMP合成两分子ADP的可逆反应,是调控这三种前体分子在淀粉代谢库和核酸代谢库中分配的关键酶。为研究ADK基因在甘薯淀粉合成中的作用以及为甘薯淀粉代谢工程提供候选基因,本研究首次从甘薯中克隆到了腺苷酸激酶基因cDNA全长(IbADK,GenBank©登录号:EF562533)。

6.梁媛媛,傅玉凡,孙富年,等.甘薯块根可溶性糖含量在生长期间的变化研究.中国遗传学会第八次代表大会暨学术讨论会论文摘要汇编(2004～2008),2008-10-1:128.

甘薯(Ipomoea batatas L. Lam.)是发展中国家第五大粮食作物,同时也是重要的饲料、工业原料和新兴的能源作物。甘薯薯块的风味和口感很大程度上取决于其糖含量,鲜食、烘烤和果脯加工用品种要求高糖含量。然而相对较高的糖含量对薯片成色和淀粉产量、生产加工均有影响。可溶性糖也是植物应对干旱胁迫的信号分子,与甘薯的抗旱性、抗冻性等抗逆性有关。因此,可溶性糖是甘薯薯块的重要品质性状之一。

7.冷晋川,梁媛媛,傅玉凡,等.长江三峡库区旱耕地不同基因型甘薯在不同坡度种植对土壤流失的影响.中国遗传学会第八次代表大会暨学术讨论会论文摘要汇编(2004～2008),2008-10-1:129.

在自然情况下,对长江三峡库区旱耕地不同坡度、不同基因型甘薯种植方式的土壤流失影响研究表明:A因素(不同基因型甘薯种植方式)、B因素(旱耕地坡度)、A×B互作对土壤流失物干

重均表现出显著差异。

8.傅玉凡,张启堂,杨春贤,等.紫肉甘薯新品种"渝紫263"的主要性状及其利用前景.中国遗传学会第八次代表大会暨学术讨论会论文摘要汇编(2004～2008),2008-10-1:131.

"渝紫263"是由西南大学重庆市甘薯研究中心、江苏省农业科学院粮食作物研究所从"徐薯18集团杂交"组合中经过多年筛选选育的优质紫肉甘薯新品种。2002～2003年参加全国长江流域薯区甘薯新品种区域试验,2005年通过全国甘薯品种鉴定委员会鉴定。该品种薯形美观、长纺锤形,薯皮紫红色、薯肉紫色,萌芽性好;单株结薯多,一般5～6个,结薯均匀,100～250 g中薯多,薯块熟食品质香、甜、糯。

9.Fu YF,Liang YY,Sun FN,et al. Variation of Soluble Sugar Content in Storage Roots of Sweet Potato during Their Growing Periods. Sustainable Sweetpotato Production Technology For Food,Energy, Health and Environment. Beijing:China Agricultural University Press.2008:28～33(2008北京:第三届中日韩甘薯国际学术会议交流论文).

10.Leng JC,Liang YY,Fu YF,et al. Effects of Planting Sweet Potato on Dry Farmland with Different Gradient Slopes on Soil Erosion in Three Gorges Reservaoir Region of Yangtze River. Sustainable Sweetpotato Production Technology For Food,Energy, Health and Environment. Beijing:China Agricultural University Press.2008:28～33(2008北京:第三届中日韩甘薯国际学术会议交流论文).

11.Zhao YT,Zhao WT,Hu JS,et al. Study on a Gronomic Traits and Distribution of Chlorogenic Acid in Different Vine Segments of Leaf-vegetable Sweet Potato. In:Ma Daifu, Liu Qingchang, Chen Ping(eds). Sweetpotato in Food and Energy Security. Beijing:China Agricultural University Press, 2010:420～432(2010徐州:第四届中日韩甘薯国际学术会议交流论文).

12.He K,Ye XL,Fu YF,et al. Study on The Inhibition of the Extract from Purple Sweet Potato Against α-Glucosidase Activity. In:Ma Daifu, Liu Qingchang, Chen Ping(eds). Sweetpotato in Food and Energy Security. Beijing:China Agricultural University Press, 2010:662～667(2010徐州:第三届中日韩甘薯国际学术会议交流论文).

13.Wang JC,Lu CW, Tang DB, et al. Dynamic Relationship of Enzymes Related to Starch Synthesis and Accumulation during Storage Root Development in Sweet Potato. In:Ma Daifu, Liu Qingchang, Chen Ping(eds). Sweetpotato in Food and Energy Security. Beijing:China Agricultural University Press, 2010:374～375(2010徐州:第四届中日韩甘薯国际学术会议交流论文).

14.Wang WQ, Huang SL, Zhong WR, et al.Study on Optimal Technique for High Yield of Purple Flesh Sweetpotato in Chongqing. In:Ma Daifu, Liu Qingchang, Chen Ping(eds). Sweetpotato in Food and Energy Security. Beijing:China Agricultural University Press, 2010:416～419(2010徐州:第四届中日韩甘薯国际学术会议交流论文).

15.傅玉凡,张启堂,谢一芝,等.高产淀粉型甘薯新品种"渝苏8号"的选育.《能源专用甘薯与燃料乙醇转化》论文集(阎文昭,赵海主编).成都:四川出版集团,四川科技出版社,2010,47～49.

16.吴觐宇,傅玉凡,张华玲,等.美国甘薯育种材料遗传多样性的ISSR分析比较.《能源专用甘薯与燃料乙醇转化》论文集(阎文昭,赵海主编).成都:四川出版集团,四川科技出版社,2010,77～83.

17.赵文婷,赵亚特,杨春贤,等.甘薯鲜薯和薯干产量与其他经济性状的相关性研究.《能源专用甘薯与燃料乙醇转化》论文集(阎文昭,赵海主编).成都:四川出版集团,四川科技出版社,2010,185～191.

18.傅玉凡,梁媛媛,孙富年,等.甘薯块根生长过程中淀粉含量的变化.《能源专用甘薯与燃料乙醇转化》论文集(阎文昭,赵海主编).成都:四川出版集团,四川科技出版社,2010,192～198.

19.梁媛媛,傅玉凡,孙富年,等.甘薯块根可溶性糖含量在生长期间的变化研究.《能源专用甘薯与燃料乙醇转化》论文集(阎文昭,赵海主编).成都:四川出版集团,四川科技出版社,2010,199～205.

20.赵亚特,李钰,赵文婷,等.甘薯生长期间薯块干物质含量的变化及其与部分农艺性状的相关性.《能源专用甘薯与燃料乙醇转化》论文集(阎文昭,赵海主编).成都:四川出版集团,四川科技出版社,2010,206～214.

21.张玲,杨亚娟,许森,等.不同大小及不同部位的甘薯薯块烘干率差异.《能源专用甘薯与燃料乙醇转化》论文集(阎文昭,赵海主编).四川出版集团,四川科技出版社,2010,215～221.

22.傅玉凡,邹祥,安金玲.不同种类水源贮藏甘薯淀粉效果初步研究.《能源专用甘薯与燃料乙醇转化》论文集(阎文昭,赵海主编).成都:四川出版集团,四川科技出版社,2010,244～250.

23.傅玉凡.1991～2010年世界甘薯生产的变化.长江流域甘薯产业发展技术研讨会论文集(杨新笋,王连军主编).武汉:湖北科技出版社,2013,2～7.

24.傅玉凡.重庆市甘薯新品种选育进展及其产业需求展望.长江流域甘薯产业发展技术研讨会论文集(杨新笋,王连军主编).武汉:湖北科技出版社,2013,2～7.

25.罗启燕.重庆彭水甘薯产业发展现状与展望.长江流域甘薯产业发展技术研讨会论文集(杨新笋,王连军主编).武汉:湖北科技出版社,2013,131～133.

26.谢一芝,郭小丁,贾赵东,等.紫心甘薯品种选育.长江流域甘薯产业发展技术研讨会论文集(杨新笋,王连军主编).武汉:湖北科技出版社,2013,134～140.

27.张菡,魏鑫.不同肥料水平对甘薯产量和氮磷钾对干物质积累及块根品质的影响.长江流域甘薯产业发展技术研讨会论文集(杨新笋,王连军主编).武汉:湖北科技出版社,2013,203～210.

28.张菡,魏鑫,廖采琴,等.三峡库区丘陵浅区地膜覆盖效果试验.长江流域甘薯产业发展技术研讨会论文集(杨新笋,王连军主编).武汉:湖北科技出版社,2013,299～302.

29.魏鑫,张菡,廖采琴,等.土壤水分调控对嫁接诱导甘薯开花的影响.长江流域甘薯产业发展技术研讨会论文集(杨新笋,王连军主编).武汉:湖北科技出版社,2013,303～310.

30.邱杰,谢小焕,傅玉凡,等.甘薯茎尖多酚含量及其与DPPH清除能力的相关性.长江流域甘薯产业发展技术研讨会论文集(杨新笋,王连军主编).武汉:湖北科技出版社,2013,390～396.

31.左政颖,胡春霞,傅玉凡,等.甘薯薯块多酚含量与其DPPH清除能力的相关性.长江流域甘薯产业发展技术研讨会论文集(杨新笋,王连军主编).武汉:湖北科技出版社,2013,397～404.

32.郑梅贤,赵樱,傅玉凡,等.甘薯薯块与茎尖醇溶提取物清除DPPH能力的比较研究.长江流域甘薯产业发展技术研讨会论文集(杨新笋,王连军主编).武汉:湖北科技出版社,2013,405～412.

四、发表的部分译文目录

1.张启堂译.甘薯抗地下害虫的遗传力估计.西师科技动态,1982,(1).

2.张启堂译.甘薯译文文摘十三篇.西师科技动态,1982,(1).

3.张启堂译.甘薯花药愈伤组织形成萌芽体及幼小植株的再生.重庆农业科学实验,1983,(1).

4.张启堂译.甘二醇硬酯包蜡方法的改进(摘要).西师科学技术动态,1984,(3).

5.张启堂译.甘薯不定芽的发育.西师科技动态,1984,(3).

6.张启堂译.甘薯对病毒复合体的抗性(摘要).西师科技动态,1984,(2).

7.张启堂译.收获前温度和淹水对甘薯块根贮藏的影响(摘要).西师科技动态,1986,(1).

8.张启堂译.氮源、氮钾施用量对甘薯产量和矿质含量的影响.西师科技动态,1986,(1).

9.张启堂译.甘薯单行区产量试验的竞争效应.国外农学—杂粮作物,1987,(5).

10.张启堂译.甘薯粉内蛋白质的营养价值.西师科技动态,1987,(1).

11.张启堂译.愈合处理和贮藏期间甘薯块根内碳水化合物的变化.国外农学—杂粮作物,1988,(5).

12.张启堂译.甘薯的源库关系.国外农学—杂粮作物,1989,(4).

13.张启堂译.用甘薯基部蔓栽插产量低的生理基础.重庆农业科技,1990,(1).

14.Thompson PG 等,张启堂译.甘薯抗象鼻虫遗传方差成分和遗传力估计.国外农学—杂粮作物,1997,增刊:16～19.

15.Peggy Ozias-Akins,张启堂译.甘薯属细胞核 DNA 的含量及其倍性水平.国外农学—杂粮作物,1997,增刊:19～23.

16.Zhang DP 等,张启堂译.甘薯淀粉消化率遗传方差的估计.国外农学—杂粮作物,1997,增刊:23～25.

17.Hall MR,张启堂译.用 GA_3 和 $BA+GA_{4+7}$ 浸种增加甘薯早期产苗量的研究.国外农学—杂粮作物,1997,增刊:31～32.

18.Perera SC 等,付玉凡译.甘薯原生质体植株再生及融合混和物流式细胞拣选条件评价.国外农学—杂粮作物,1997,增刊:32～36.

19.Teresa AM 等,付玉凡译.淀粉水解力不同的甘薯品种系贮藏 α-和 β-淀粉酶的变化.国外农学—杂粮作物,1997,增刊:37～40.

20.Yasuhiro Takahata 等.张启堂译.甘薯贮藏期碳水化合物含量和酶活性变化.国外农学—杂粮作物,1997,增刊:51～54.

21.Chee RP 等,付玉凡译.改变培养基无机营养促进甘薯胚性愈伤组织和体细胞胚的生长.国外农学—杂粮作物,1997,增刊:55～57.

22.Hagenimana V,张启堂译.甘薯块根发芽过程中的淀粉水解酶活性.国外农学—杂粮作物,1997,增刊:62～66.

23.Mortley DG,张启堂,彭昌斌译.相对湿度对甘薯产量、可食生物量和线性生长率的影响.国外农学—杂粮作物,1997,增刊:67～68.

24.Wanaga MI 等,付玉凡译.I.trifida 在甘薯改良中的应用I.培育人工六倍体 I.trifida.国外农学—杂粮作物,1997,增刊:69～70.

25.Freyre R 等,付玉凡译.I.trfida 在甘薯改良中的应用Ⅱ.合成六倍体和具 2n 花粉三倍体 I.trifida 的育性及可杂交性.国外农学—杂粮作物,1997,增刊:71～73.

26.Kobayashi RS 等,付玉凡译.甘薯近缘野生种种间杂交不亲和性克服与利用.国外农学—杂粮作物,1997,增刊:73～74.

27.Jarret RL 等,张启堂,彭昌斌译.甘薯的系统发育关系.国外农学—杂粮作物,1997,增刊:74～77.

28.Darby,Rolston LH 等,余定学,周世清译.甘薯品种.国外农学—杂粮作物,1997,增刊:78～79.

29.Rolston LH 等,彭昌斌译.甘薯种质.国外农学—杂粮作物,1997,增刊:80.

30.Matsuo Tomoaki 等,张启堂译.甘薯发育过程中主要游离细胞分裂素和游离脱落酸的变化水平(摘要).国外农学—杂粮作物,1997,增刊:封三.

31.Nakatani Makopo 等,张启堂译.甘薯块根形成和膨大过程中玉米核苷、脱落酸、吲哚乙酸内源水平的变化(摘要).国外农学—杂粮作物,1997,增刊:封三.

第十二章 内蒙古自治区甘薯

12.1 内蒙古简况

12.1.1 地理位置

内蒙古自治区简称内蒙古,位于中国北部边疆,北纬 $37°24'\sim53°23'$,东经 $97°12'\sim126°04'$,由东北向西南斜伸,呈狭长形,东西直线距离 2 400 km,南北跨度 1 700 km,是中国第三大省区,仅次于新疆和西藏,东、南、西依次与黑龙江、吉林、辽宁、河北、山西、陕西、宁夏、甘肃 8 省区毗邻,跨越三北(东北、华北、西北),靠近京津,北部与蒙古国和俄罗斯接壤,自治区面积 1.183×10^6 km^2,占全国总面积的 12.3%,平均海拔 1 000 m 左右。

12.1.2 人口与土地资源

内蒙古自治区总人口约 2 436 万,居住着 49 个兄弟民族,是一个以蒙古族和汉族为主的多民族聚居地区。内蒙古自治区是我国第一个实行民族区域自治的省级民族自治区,全区包括 3 个盟(兴安盟、锡林郭勒盟、阿拉善盟),9 个地级市(呼和浩特、包头、乌海、赤峰、通辽、鄂尔多斯、呼伦贝尔、乌兰察布、巴彦淖尔),11 个县级市,17 个县、49 个旗和 3 个自治旗;首府设于呼和浩特市,又被誉为"青城"。全区耕地面积 7.46×10^6 hm^2(1.12 亿亩),人均 0.32 hm^2,是全国人均耕地面积的 4 倍。内蒙古也是中国的第二大高原,其中高原约占总面积的 53.4%,山地占 20.9%,丘陵占 16.4%,平原与滩川地占 8.5%,河流、湖泊、水库等水面面积占 0.8%。目前内蒙古已形成牧区、半农半牧区、农区三种不同生产经营区域,分别占全区总面积的 60.5%,16.4%,13.6%。因其茂密的森林、丰美的草场、肥沃的农田、广阔的水面、众多的野生动植物和无穷的地下宝藏,内蒙古素有"东林西铁、南粮北牧、遍地矿藏"的美誉和"聚宝盆"之称。

12.1.3 光照与热能资源

以直射为主,一年中 4~9 月作物生长期间辐射量占全年总辐射量的 65% 左右,日照充足,年日照时数为 2 500~3 100 h,自东北向西南逐渐增多,日照百分率为 61%~81%,而农作区均在 70% 以上。

内蒙古全年平均温差在 $-1\sim10$ ℃,年平均降水量为 50~450 mm。其中多数农业区日平均气温≥10 ℃的农耕期持续日数为 200~230 d,积温为 2 500~3 600 ℃;≥5 ℃的作物生长期持续日数为 160~190 d,积温为 2 300~3 500 ℃;≥10 ℃的生长活跃期持续日数为 120~160 d,积温为 2 100~3 200 ℃,相当多的地区夏收后尚有较多的剩余积温,可以开展间、套、复种,平均昼夜温差较大,非常有利于作物营养物质的积累。

12.2 内蒙古甘薯生产情况

12.2.1 甘薯种植历史

内蒙古自治区地处高寒地区,大部分地区气候条件不适合种植甘薯。因此在历史上种植甘薯一直是个空白。20 世纪 60~70 年代区内有部分气候、土壤等条件较好的地方试种过,但是没有系统试验过,加上当时没有地膜和运用先进甘薯栽培技术,未筛选出适合当地种植的甘薯品种,因此也没有大面积在自治区推广和种植。20 世纪 90 年代初,呼和浩特市农业技术推广中心副主任张志荣同志开始在呼和浩特市进行甘薯品种的筛选试验工作,但种植推广面积比较小,仅有不到 7 hm²。在靠近南部地区,气候、土壤等条件较好的地方,甘薯种植也是农民一家一户自发零星种植,满足自家食用,仅有少数种植大户开展甘薯生产和初加工。因此自治区农业统计数据中也一直没有明确的甘薯种植面积、产量等统计资料。

12.2.2 甘薯种植分布情况

由于气候、土壤等多种原因的影响,目前在内蒙古自治区甘薯的种植分布呈小面积、零星分散的状态。据调查,目前主要在紧邻辽宁省彰武县、朝阳市的通辽市、赤峰市和呼和浩特市、巴彦淖尔市、包头市等地区有少量零星种植分布。据 2013 年赤峰市农情统计数据报道:其农作物主要为玉米(9.23×10⁶ hm²)、小麦(6.6×10⁶ hm²)、谷子(2.02×10⁶ hm²)、豆类(1.247×10⁶ hm²)、马铃薯(1.105×10⁶ hm²)、高粱(8.9×10⁵ hm²)、荞麦(6.62×10⁵ hm²)、黍子(1.64×10⁵ hm²)(数据资料由赤峰市农牧科学研究院李书田副院长提供)。甘薯在区内统计部门没有明确的统计数据,但在赤峰市靠近辽宁朝阳市的地区,当地农民都自发零星种植少量甘薯,主要用途是自己食用。当地农贸市场均有甘薯销售,主要来自河北等地,普通甘薯零售价为 3.0~4.0 元/kg。

通辽市主要在靠近辽宁彰武地区的奈曼旗、科尔沁左翼后旗有部分甘薯种植,一般为农户自发种植自己食用,也有少数地区有大的种植户和专业合作社进行有组织的生产加工。如奈曼旗青龙山镇,当地农民就有种植甘薯加工生产粉条的历史,但大多自产自用,或做些小买卖,换取零花钱。随着市场经济的发展,村民们认识到将甘薯加工成淀粉,再制成粉条,可以层层增值,是条致富的好路子。该镇互利村率先依托资源优势,对甘薯进行深加工,闯出了一条致富路,成为了远近闻名的甘薯粉条专业村,还带动甘薯种植户 2 000 余户,种植面积达 1 200 hm²,并注册了"青龙山粉条"商标。2010 年,该镇甘薯粉条产业实现产值 3 000 余万元。目前该镇以粉条加工为主的农户已达 400 多户,年加工粉条 1.2×10⁶ kg,这里已成为通辽地区最大的粉条生产基地(资料来源:《通辽日报》)。另外,在库伦旗、科尔沁左翼中旗也有少量甘薯种植,一般种植面积很小,多为农民一家一户自种自用。

12.3 内蒙古甘薯科研概况

根据对内蒙古自治区甘薯产业考察,到目前为止在全区一直没有专门的甘薯科研机构,只是在其辖区的少数盟、市、县、旗的农牧业局、农牧业科学研究院、作物所、农业技术推广部门等有极少数从事甘薯引种、试验、推广的科技人员和推广服务人员。另外,在内蒙古大学、内蒙古农业大学、内蒙古科技大学、包头师范学院等高等院校有极少数从事甘薯病毒、甘薯育苗栽培和加工的研究人员。在甘薯科研工作方面比较欠缺,甘薯生产相关的配套技术应用也很少。据调查了解,呼和浩特市农业技术推广中心张志荣副主任从 1990 年开始至今,先后从江苏、北京、山东等地引进甘薯品种 216 个,在呼和浩特市 4 个旗县区从事耐寒、耐旱甘薯品种的筛选工作,历经 20 多年的试验示范,筛选出适合于高纬度、高海拔、冷凉地区种植的"徐 43-14""徐薯 18"等甘薯新品种。

12.3.1 甘薯生产试验情况

1. 试验地点:呼和浩特市农业技术推广中心试验地,土左旗、托县、赛罕区、清水河县。

2. 供试品种:徐 43-14,徐薯 18,泰薯 2 号,萨摩光,栗子香。

3. 试验方法:试验采取随机区组排列,三次重复,五行区,每小区种 80 株,垄距 80 cm,株距 25 cm,5 月 19 日栽插,9 月 20 日收获。

4. 试验结果:薯块产量分别为徐 43-14:45.9 t/hm^2,徐薯 18:36.6 t/hm^2,泰薯 2 号:27.0 t/hm^2,栗子香:22.95 t/hm^2,萨摩光:17.7 t/hm^2。详见表 12-1。

表 12-1　甘薯生产试验结果(1994 年,呼和浩特市)

品种	分枝数(个)	最长蔓长(cm)	地上部重(g)	结薯数(个)	鲜薯重(t/hm^2)	商品薯率(%)
徐 43-14	11.7	174	533	6.7	45.9	90.9
徐薯 18	11.7	186	767	4.9	36.6	90.7
泰薯 2 号	7.1	167	783	4.4	27.0	87.2
栗子香	5.7	150	587	4.6	22.95	81.3
萨摩光	7.3	147	533	3.0	17.7	85.1

注:表中数据计算依据是地上部为 15 株平均数,地下部为 75 株平均数。

呼和浩特市管辖的清水河县是国家级贫困县,土地贫瘠,十年九旱,但特别适合甘薯生长,薯形好,口感好,商品率高。在张志荣副主任的帮助和支持下,2003 年在当地最大甘薯种植推广面积达到 20 hm^2,深受广大农民的青睐。

12.3.2 内蒙古最佳甘薯栽培贮藏技术

通过张志荣等的试验摸索,制订出呼和浩特最佳甘薯栽培贮藏技术方案,详见图 12-1。

图 12-1 呼和浩特地区覆膜旱作甘薯亩产 4 000 kg 育苗栽培贮存技术操作图(部分用语为当地说法)

气温、降雨、积温（呼和浩特）

月份	3月 上	3月 中	3月 下	4月 上	4月 中	4月 下	5月 上	5月 中	5月 下	6月 上	6月 中	6月 下	7月 上	7月 中	7月 下	8月 上	8月 中	8月 下	9月 上	9月 中	9月 下	10月 上	10月 中	10月 下	11月 上	11月 中	11月 下	12月 上	12月 中	12月 下	1月 上	1月 中	1月 下	2月 上	2月 中	2月 下
节气	惊蛰	春分	清明	清明	谷雨	立夏	立夏	小满	芒种	芒种	夏至	小暑	小暑	大暑	立秋	立秋	处暑	白露	白露	秋分	寒露	寒露	霜降	立冬	立冬	小雪	大雪	大雪	冬至	小寒	小寒	大寒	立春	立春	雨水	
气温(℃)	-2.2	-0.8		5.3	8.7	11.3	13.3	14.9	18.4	18.8	22.0	21.3	22.0	21.9	22.5	22.3	20.2	18.5	16.4	13.8	11.8	9.3	7.1	5.3	4.0	-1.3	-2.4	-2.6	-8.9	-10.9	-12.6	-11.5	-11.8	-13.3	-11.7	-8.2
降雨(mm)	6.4	3.0	2.6	4.5	7.1	5.7	5.7	9.7	15.3	11.5	15.3	17.9	17.5	30.2	33.9	41.3	30.0	24.8	22.2	13.8	11.8	9.3	7.1	5.3	4.0	1.0									1.7	2.2
≥10℃积温			57		542<485>			1148<607>			1836<687>			2465<629>			2885<420>				(420.8)															

形态特征

生育进程

生育期及天数(d)

- 育苗期：15~20
- 育苗期：排种薯—栽秧 41
- 生长时期：栽秧—封垄 58
- 生长中期：封垄—回垄 36
- 生长后期：回垄—收获 30
- 入窖期：收获—入窖 41
- 越冬期：高温高湿过后—翌年 2 月初 92
- 回暖期：立春后—出窖 68

水肥规律

需水%：
- 15~20
- 40%~50% / 30%~35% / 20%~25%
- 45~50 / 30%~40% 40%~50% 45%~50%
- 20~30 / 5%~10% 15%~20% 20%~25%

需肥 N、P₂O₅、K₂O

主攻方向

- 苗全、苗齐、苗壮、苗木、苗齐
- 苗全、保全苗、茎叶早发、早分枝
- 适时早栽、保全苗、促早发、早结薯
- 茎叶生长、促叶大株膨大
- 控茎叶徒长、减小叶片、块根膨大
- 防茎叶早衰、适时早收
- 通风排湿、窖温降到 15 ℃
- 窖温保持 13 ℃、不低于 10 ℃、以保温防寒为中心
- 窖温保持 13 ℃，以保温防寒为中心

育苗栽培贮存技术操作规程

一、育苗

1. 育苗方法：温室、电热温床、酿热温床、地膜覆盖拱棚、回龙炕等。
2. 温室、电热温床、酿热温床用沃土 5 m×1.3 m 苗床，铺细沙土厚 70 kg，床土 5 kg，床内水分……
3. 精选种薯，适时育苗。
4. 床土清毒：1 m³ 床土加入 50% 多菌灵 10 kg，撒施、掺细土，种薯用 50% 多菌灵 500 倍液完整喷施。尿素 50 g/m²。
5. 排薯技术：选无病薯，选土杂薯 18 等级种薯 43~14，排种 30 kg/m²，“三九”催芽过地，顶级收做顶芽催。薯 50 kg/m²，大小薯分开排，结薯药苗。
6. 床温管理：前期 32 ℃催芽，以催芽为主，中期 25~28 ℃平床温，以维芽为主。后期 20 ℃炼苗、以炼苗为主，保成苗壮。
7. 及时追肥、用肥完后……
8. 高产田以控苗为主，长、又促进块根膨大。
9. 栽前苗数决定于早栽……

二、栽培

1. 选地：选疏松透气好的砂壤土，厚 30 cm，“三九”埋地过地，厚 25 cm，地膜覆盖保墒。
2. 起垄施肥：先耕过地，把腐熟农家肥 1 000 kg、磷酸二铵……
3. 栽苗方法：点水栽平栽法，起垄、地膜覆膜……
4. 栽前苗管理……
5. 压苗补苗……
6. 中耕除草、覆膜……
7. 中排除草、覆膜……

三、收获

1. 呼和浩特市地区收获 9 月 20 日左右开始收获……
2. 一般山坡地防冻，低于 9 ℃ 易受冷害……
3. 薯拉病虫……

四、贮存

1. 建窖：选干燥向阳处，砌洞满……
2. 室内消毒……
3. 种薯贮存温度保持 10 ℃，不低于 10 ℃……
4. 加温方法：电热线、电器等……

温室酿热温床育苗图

1. 等苗
2. 沟膜
3. 地面下薯 25 cm
4. 床土厚 10 cm
5. 种薯沙、牛马粪厚 4 cm
6. 床土厚 4 cm
7. 种薯或床通气孔
8. 酿热物或电热线

睡规格：5 m×13 m
产量：亩产 3 555 小苗
种株重 1.1 kg

呼和浩特地区覆膜旱作甘薯自然概况

纬度	北纬 40°44′~40°53′
海拔(m)	最高：2 246　平均 1 050
气温(℃)	年平均：6.1　平均最低：0.2
	最高：32.8　最低：-23.5
≥10℃ 积温(℃)(月/日)	2 800~3 000
霜期	早霜：9 月中旬　晚霜：5 月中旬
降雨量(mm)	年平均：400 左右　7~8 月最多

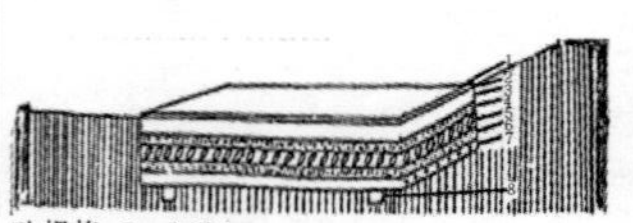

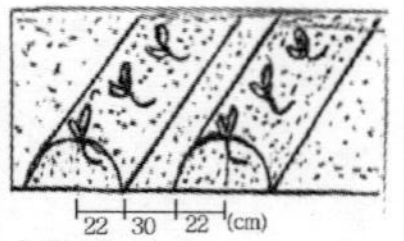

种植甘薯经验

- 甘薯比任何农作物都耐旱，可挑战干旱极限。
- 甘薯比商品薯更易发展农业生产良好的饲料储存。
- 种甘薯要防止起垄与覆膜地表起土质易失水。
- 甘薯品质好坏与品种土质有关。
- 种甘薯有前疗不成熟苗，生长期长 40 d。
- 甘薯品质高产作物增产 30%~40%。
- 甘薯是育薯作物，积温越高，品质就越好。
- 种甘薯是最好作物要不要动窖，动易显。
- 贮存的薯放在春季要有……
- 贮存甘薯窖温要低于 10 ℃，最适宜温 13 ℃，相对湿度表 85%~90%。
- 连种植薯产 12%~25%。

12.3.3 内蒙古甘薯科研合作情况

虽然内蒙古没有专门的甘薯科研机构,但在一些高校仍有少数研究人员在从事甘薯的研究工作,如内蒙古大学的孟清、张鹤龄等一直着力于甘薯病毒的相关研究工作,包头师范学院李保卫等进行内蒙古甘薯育苗技术应用的研究,特别是近年来区内与中国农业科学院甘薯研究所、农业部甘薯生物学与遗传育种重点实验室、江苏徐州甘薯研究中心等单位合作开展了甘薯引种鉴定等相关试验工作,取得了一定进展。2011 年,由中国农业科学院甘薯研究所、农业部甘薯生物学与遗传育种重点实验室及江苏徐州甘薯研究中心的后猛、张允刚、李强、马代夫等研究人员在内蒙古达拉特旗进行了甘薯在内蒙古达拉特旗干旱半干旱地区的生长适应性研究。研究人员选用优质食用、淀粉、特用等 40 多个甘薯新品种(系),从中筛选出 16 个适合当地种植的甘薯新材料,为今后在内蒙古地区育苗和进一步筛选,以及大面积示范推广奠定了基础。2012 年又选用优质食用、特用等 11 个甘薯新品系在内蒙古达拉特旗库布齐沙漠周边的撂荒地和江苏省徐州市农业科学院试验田进行两地同时鉴定,筛选出综合性状较好的徐 5919、食 5 和徐 10213 个优质、高产新品种,可进一步在内蒙古等干旱、半干旱地区大面积推广。

12.4 内蒙古甘薯的消费情况

由于土壤、气候等自然因素和其他一些人为因素的影响,整个内蒙古自治区的甘薯种植面积零星而稀少,但从 2013 年 9 月对内蒙古甘薯产业的考察情况来看,当地还是有相当一部分市民有甘薯消费的习惯和需求。在区内多数农产品批发市场、普通菜市场、大小超市、街头烤红薯网点等均有甘薯鲜薯或熟制品销售。一般鲜薯批发价格 2~3 元/kg,紫薯价格 4~6 元/kg;一般零售鲜薯 3.0~5.6 元/kg,紫薯在 8~25 元/kg;一般烤红薯 10 元/kg,烤紫薯 15~20 元/kg。在包头市的超市、蔬菜市场,一般鲜薯 3 元/kg,一般烤红薯 10 元/kg;在赤峰市超市、蔬菜市场,一般鲜薯 3~4 元/kg;在鄂尔多斯市的超市,一般精包装鲜薯 5.6 元/kg,精包装紫薯 25.6 元/kg,一般散装鲜薯销售 3.0 元/kg,散装紫薯 8.36 元/kg。在鄂尔多斯市北京华联精品超市中红薯粉丝(武象牌)38 元/kg。通过对呼和浩特市最大的农产品批发市场"美通农产品批发市场"调查显示,该批发市场每天都有从山东、河北调运过来的普通黄肉甘薯(龙薯 5 号)和紫甘薯的鲜薯 5~6 车,每车 15 t,共有 75~90 t 甘薯鲜销。这只是呼市的一个批发市场销量,可见其市场需求量还是比较大的。虽然内蒙古自治区甘薯种植面积很少,但随着人们对甘薯营养保健价值的充分认识,其消费对象和消费数量将会进一步增大,因此,内蒙古的甘薯市场有着很好的前景。

12.5 内蒙古甘薯发展存在的主要问题

根据对内蒙古自治区甘薯产业考察的情况分析,影响内蒙古甘薯产业发展的主要因素有以下几方面:

第一,内蒙古自治区地处高寒地区,土壤黏度高以及气候、温度、光照等自然因素对甘薯生产的制约比较大;

第二,甘薯与其他农作物(如玉米、小麦、马铃薯等)存在争地的情况,农民会选择更适合当地、栽培更成熟、经济价值更高的农作物种植,要改变传统的种植习惯比较难;

第三,内蒙古自治区没有专门的甘薯研究机构,甘薯的生产配套技术应用较差、真正适合当

地种植的甘薯品种太少;

第四,区内农牧部门对甘薯生产发展的重视不够、支持太少等;

第五,内蒙古自治区当地甘薯消费市场还不成熟,影响甘薯相关产品的销售进而影响甘薯的生产。

12.6 内蒙古甘薯发展前景

一、发展重点

针对内蒙古自治区旱作面积占总耕地面积 85% 左右,利用甘薯耐旱(比当地任何旱作作物耐旱性都强)、产量高(一般旱地 37 500～75 000 kg/hm²)、地上茎蔓饲用价值高的特点,在自治区资源高的阿拉善盟、鄂尔多斯市、巴彦淖尔市、赤峰市、通辽市、呼和浩特市(也简称呼市)、包头市等贫困旱作区示范推广,发展早熟型、蔓尖型甘薯,也可以甘薯和茎蔓为饲料来源,发展当地奶牛业和其他养殖业,既可利用牛羊粪便等改善土壤,形成良性循环,又可增加农民收入,前景广阔。

二、在甘薯的生产开发利用中主要解决好如下几个问题

(一)品种问题

可选用优质食用型和食用茎尖(蔓尖)型甘薯作为主要发展对象,同时要选用抗旱、生育期短的早熟品种更适应当地的气候条件;

(二)抗病性问题

要选用良好抗病性的品种有利于增加产量,可以采用脱毒薯苗进行种植,每亩可增产 30% 以上;

(三)贮藏问题

内蒙古自治区地处高寒地区,冬季温度很低,对于鲜销食用甘薯及种薯保存不利,一定要科学合理地解决好贮藏保温的问题。

12.7 内蒙古部分甘薯科研成果目录和节录

一、部分获奖甘薯成果

1.1997 年 6 月张志荣同志主持完成的《高纬度、高海拔、高寒地区甘薯引种及栽培技术试验研究》项目获呼和浩特市科技进步三等奖。

2.2002 年 12 月张志荣同志和中国农业科学院甘薯研究所共同完成的《耐寒甘薯资源的筛选与利用》项目获徐州市科学技术进步二等奖。

二、部分发表论文摘要(题目)

1.甘薯羽状斑驳病毒的分离与提纯.孟清,张鹤龄,张喜印,等.植物病理学报,1994,24(3):227～232.

本文应用标准的甘薯羽状斑驳病毒(SPFMV)抗血清,通过两次蚜传,从徐薯—18、新大紫上得到一种病毒分离物。接种指示植物后这种分离物仅感染 *Ipomoea setosa*、*Ipomoea nil*,不侵染

Gomphrena globosa L.、*Beta vulgaris* L.、*Nicotiana tabacum* L.、*Nicotiana glutionsa* L.、*Brassica pekinensis*、*Datura stramonium* L.、*Cucumis sativis* L.、*Brassica juncea*、*Raphanus sativus*、*Physalis floridana*。此病毒分离物可用蚜传、摩擦接种、嫁接三种方式传播,稀释限点为 10^{-5},体外存活期不到 24 h,热灭活温度为 60~65 ℃。蚜传这种分离物到 *I.setosa* 上,再嫁接到 *I. nil* 或 *I.setosa* 上扩大增殖,用 0.2 mol/L pH 7.2 PB^K 进行粗提取,结合垫层超离心,最后经蔗糖密度梯度离心得到了高纯度的病毒提纯物,OD_{260}/OD_{280} 的比值为 1.25,粒体长度主要集中在 830~850 nm。实验证明这种病毒分离物为甘薯羽状斑驳病毒。病毒收量为 64.3 mg/kg 感病组织。提纯病毒在电镜下任何视野都可见到多量的、密集成堆的病毒粒体。

2.高效价甘薯羽状斑驳病毒抗血清的制备.孟清,张鹤龄,宋伯符,等.中国病毒学,1994,9(2),151~156.

用嫁接方法将甘薯羽状斑驳病毒(SPFMV)接种到 *I. setosa* 上扩繁,以 0.2 mol/L pH 7.2PB^K 缓冲液、垫层差速离心、蔗糖密度梯度离心提取纯化 SPFMV。纯化的 SPFMV OD_{260}/OD_{280} 的比值为 1.25。将纯化的 SPFMV 免疫家兔制备抗血清,在环状沉淀和微量沉淀试验中,用提纯病毒测定抗血清的效价均为 1:4096;以 SPFMV-IgG 为第一抗体,应用 Dot-ELISA 对甘薯和 *I. setosa* 叶片中的 SPFMV 分别作了测定。

3.甘薯病毒研究进展.孟清,张鹤龄.中国病毒学,1995,10(2):97~103.

4.应用免疫吸附电镜检测甘薯羽状斑驳病毒.孟清,解峰,张鹤龄.内蒙古大学学报(自然科学版),1996,27(2):245~249.

应用血清学特异性的免疫吸附电镜法对接种 SPFMV 的 *I.setosa*、*I.nil* 和网室种植的感染 SPFMV 的徐薯-18、新大紫甘薯叶片分别进行了测定。结果表明,被检测的四种植物汁液的稀释度分别可达到 1/1280、1/640、1/640 和 1/160;而用无血清包被的电镜铜网检测 *I.setosa*、*I.nil* 和徐薯-18,其汁液稀释度仅达到 1/20。比较接种 SPFMV 的 *I.setosa* 和 *I.nil* 植物体内病毒含量,前者高于后者。网室种植的自然感染 SPFMV 的两种甘薯品种,体内病毒含量也不一样。

5.分子标记在甘薯育种中的应用.贺学勤,刘庆昌.内蒙古农业大学学报(自然科学版),2004,25(4):125~127.

概述了分子标记在甘薯育种中的应用现状,主要包括其在甘薯起源、进化、分类、遗传多样性分析、品种鉴定以及主块根膨大机理研究中的应用,并对如何进行甘薯分子标记辅助育种进行了初步探讨。

6.甘薯羽状斑驳病毒中国分离株外壳蛋白基因的克隆和序列分析.孟清,温利华,王凤武,等.内蒙古大学学报(自然科学版),2005,36(1):68~74.

根据已报道的甘薯羽状斑驳病毒(Sweet potato feathery mottle virus,SPFMV)外壳蛋白基因序列,设计合成了一对特异性引物,以我们从国内甘薯品种徐薯-18 上分离到的 SPFMV 的 RNA 为模板,经过反转录合成 cDNA 第一条链,经 PCR 扩增、限制性酶切后克隆于 pUC19 的 *Hind*Ⅲ 和 *Sac*I 位点,转化大肠杆菌 JM109,经限制性酶切分析、PCR 鉴定以及序列分析证实获得了 SPFMV 中国分离株外壳蛋白基因的全长克隆。

7.高寒地区甘薯酿热温床育苗技术.李保卫.内蒙古农业科技,2007,(4):118,123.

8.甘薯的营养保健作用及开发利用.夏春丽,于永利,张小燕.食品工程,2008,(3):28~31.

概述了甘薯的主要营养成分、保健作用及其产品开发利用。

9.活性炭对甘薯果脯废糖液的脱色效果研究.莎娜,王国泽.安徽农业科学,2009,37(36):18145~18146.

研究活性炭对甘薯果脯制作过程中产生的废糖液进行脱色处理的效果。方法:在通过单因素试验研究不同活性炭用量、不同脱色温度、不同脱色时间对脱色效果的影响基础上,通过正交试验确定废糖液的最佳脱色工艺参数。结果:废糖液的最佳脱色工艺参数:活性炭用量2.5%,最佳脱色处理温度为80℃,最佳脱色处理时间为40 min。结论:该研究为甘薯果脯加工的综合利用提供了一种新途径。

10.甘薯回笼火炕育苗技术应用的研究.李保卫.内蒙古农业大学学报(自然科学版),2010,31(4):69~72.

本文对甘薯品种回笼火炕育苗技术进行了研究,结果表明,回笼火炕育苗一窝红出苗190棵,移栽成活率95%,最高;农家种其次,出苗186棵,移栽成活率达93%;第3是对照徐薯18,移栽成活率92%;第4是鲁薯2号,移栽成活率87%;第5是遗薯3号,移栽成活率78%。一级苗试验甘薯平均鲜重折合亩产:回笼火炕育苗产量表现是4个品种分别比徐薯18(CK)增产47.7%、9.3%、20.8%、79.5%;二级苗试验甘薯平均鲜重折合亩产:回笼火炕育苗产量表现是一窝红、农家种分别比徐薯18(CK)增产7.8%和13.1%,鲁薯2号、遗薯3号分别比徐薯18(CK)减产5.1%和5.2%。在北方包头地区回笼火炕育苗有利于甘薯生长和出苗、薯块形成和膨大,增产显著,为最佳的育苗方法。在包头地区引进和推广甘薯栽培对于包头地区的种植结构调整,提高农民的经济收入具有重要意义。

11.内蒙古达拉特旗地区甘薯适应性研究初探.后猛,张允刚,李强,等.华北农学报,2012,27(增刊):205~208.

为研究甘薯在内蒙古达拉特旗干旱、半干旱地区的生长适应性,选用优质食用、淀粉、特用等40多个甘薯新品种(系),从中筛选出适合当地种植的甘薯新材料。结果表明,在达拉特旗地区,试验①中所选甘薯材料间的单株结薯数和薯块干率差异达到1%的显著水平;淀粉产量差异达到5%的显著水平;淀粉、还原糖及可溶性糖含量在品种(系)间存在极显著差异,蛋白质含量差异不显著。还发现薯块干率与还原性糖和可溶性糖显著负相关,而与淀粉含量正相关程度也较高,但未达到显著水平。从试验①和试验②中,共筛选出徐薯28、徐076008、徐065922、徐060314和徐071419等16个中高代材料在达旗当地过冬保存,以期于下年在内蒙古地区育苗和进一步筛选,以及大面积示范、推广。

12.甘薯内蒙古半干旱地区异地鉴定研究.后猛,张允刚,李强,等.江西农业学报,2013,25(10):17~19.

选用优质食用、特用等11个甘薯新品系,通过在内蒙古达拉特旗进行异地鉴定,以研究甘薯在干旱、半干旱地区的适应性,结果表明:鲜薯和薯干产量在品种间的差异分别达到显著和极显著水平,在品种与地点互作间的差异未达显著水平;薯块干率、可溶性糖含量在品种间的差异分别达到极显著和显著水平,淀粉含量、还原糖含量和粗蛋白含量在品种间的差异未达到显著水平,这5个品质性状在品种与地点互作间的差异均达极显著水平。其中,综合性状较好的3个优质、高产新品种为徐5919、食5和徐1021等,可在内蒙古等干旱、半干旱地区大面积推广。

注:因部分文章没有摘要,故无摘要内容。

参考文献

[1]卢森权.广西甘薯区试综合简报[J].广西农业科学,1987,(4):9～10.

[2]卢森权.第二周期广西甘薯区试综合简报[J].广西农业科学,1991,(2):封底.

[3]闻永宁,李英材,卢森权等."桂薯一号"的试验与推广[J].广西农业科学,1989,(2):15～17.

[4]卢森权.对提高我区红薯产量的几点技术意见[J].广西农业科学,1993,(3):111～112.

[5]卢森权.桂薯二号的选育及其特征特性[J].广西农业科学,1994,(6):259～260.

[6]何冰,许鸿源,陈京.干旱胁迫对甘薯叶片质膜透性及抗氧化酶类的影响[J].广西农业大学学报,1997,16(4):287～290.

[7]黄明,郑学勤,邵寒霜.甘薯叶片超氧化物歧化酶基因克隆及测序[J].广西植物,1998,18(2):165～168.

[8]冯兰舒,卢森权.高稳系数法评价广西甘薯新品种高产稳产性[J].广西农业科学,2001,(1):7～8.

[9]卢森权,冯兰舒.广西甘薯区试品种综合评价[J].广西农业科学,2002(4):176～177.

[10]夏树让.五彩甘薯高产栽培措施[J].技术与市场,2002,(10):31.

[11]卢森权,冯兰舒.甘薯新品种桂薯96-8特性与栽培[J].广西农业科学,2004,35(2):112～113.

[12]卢森权,李彦青,黄咏梅,等.优质高产甘薯新品种桂薯96-8的选育[J].作物杂志,2006,(6):59.

[13]卢森权.优质高产甘薯新品种"桂薯96-8"[J].农村百事通,2007,(4):32.

[14]卢森权,李彦青,黄咏梅,等.广西甘薯生产现状及发展对策[J].广西农业科学,2007,38(3):339～342.

[15]李彦青,卢森权,黄咏梅.2006年叶菜型甘薯新品种国家区试广西试点的分析[J].安徽农业科学,2007,35(25):7819～7820.

[16]卢森权,谭仕彦,李彦青,等.优质高淀粉甘薯新品种桂粉一号的选育[J].作物杂志,2007(4):73.

[17]卢森权,谭仕彦,李彦青,等.国家甘薯品种试验初报[J].安徽农业科学,2007,35(29):9179～9180.

[18]刘义明,刘志韬,凌钊,等.冬种甘薯免耕栽培试验初报[J].作物杂志,2007,(1):53～55.

[19]刘义明,韦文芳,刘志韬,等.冬种甘薯免耕栽培试验再报[J].作物杂志,2007,(6):77～79.

[20]楚文靖,滕建文,夏宁,等.紫甘薯酒抗氧化活性的研究[J].酿酒科技,2007,(12):43～46.

[21]李彦青,卢森权,黄咏梅,等.浅议富硒甘薯的开发与利用[J].杂粮作物,2008,28(5):332～333.

[22]李彦青,卢森权,黄咏梅等.紫色甘薯花青素的应用前景[J].安徽农业科学,2008,36(29):12641~12642,12646.

[23]陈国萍,苏小丽.合浦县甘薯新品种品比试验[J].种子世界,2008,(6):27~29.

[24]吴翠荣,卢森权,李彦青,等.广西食饲兼用型甘薯新品种生产试验初报[J].广西农业科学,2009,40(4):355~358.

[25]黄咏梅,卢森权,李彦青,等.广西紫色甘薯品种比较试验[J].广西农业科学,2009,40(7):827~831.

[26]李慧峰,卢森权,李彦青,等.灰色关联度分析在食饲兼用型甘薯新品种评价中的应用[J].广西农业科学,2009,40(10):1300~1304.

[27]何新民,蒋菁,唐洲萍,等.甘薯茎尖培养与脱毒技术研究[J].广西农业科学,2009,40(8):964~968.

[28]黎小满,吴波.甘薯——广紫薯一号栽培技术[J].广西热带农业,2009(2):35.

[29]刘义明.稻草夹心和稻草起垄免耕栽培甘薯试验[J].作物杂志,2009,(3):84~86.

[30]孙健,彭宏祥,董新红,等.甘薯中β-胡萝卜素 HPLC 测定方法分析[J].食品科技,2009,34,(1):236~239.

[31]李慧峰,卢森权,李彦青,等.广西甘薯核心种质构建初探[J].广西农业科学,2010,41(7):732~735.

[32]吴翠荣,卢森权,李彦青,等.广西甘薯种质资源收集、保存与利用概述[J].广西农业科学,2010,41(8):845~847.

[33]吴翠荣,卢森权,李彦青,等.2008~2009 年度国家甘薯品种(南方区)区试报告[J].广西农业科学,2010,41(12):1288~1290.

[34]刘义明,吴善威,凌钊.广西沿海高磷低钾沙壤土种植甘薯氮磷钾施肥效果分析[J].作物杂志,2010,(4):49~51.

[35]吴丽.广西选育成功甘薯新品种"桂粉 2 号"[J].农村百事通,2010,(3):12.

[36]吴丽.广西选育成功甘薯新品种"桂薯 3 号"[J].农村百事通,2010,(7):11.

[37]张琳叶,魏光涛,童张法,等.我国甘薯生产燃料乙醇的工艺现状及脱水技术改进[J].现代化工,2010,30(2):15~18.

[38]黄咏梅,陈天渊,李彦青,等.玉米与甘薯间套作种植模式效益研究[J].广西农学报,2011,(6):16~19.

[39]黄咏梅,卢森权,陈天渊,等.2009~2010 年度广西甘薯新品种区域试验总结[J].南方农业学报,2011,42(9):1057~1061.

[40]黄其椿,何大福,刘吉敏等.钦州市甘薯产业现状及发展对策[J].农业科技通讯,2011,(10):11~13.

[41]黄时海,黄飞,曹喜秀,等.发酵法制备甘薯微孔淀粉工艺条件研究[J].粮食与油脂,2011,(1)11~14.

[42]李慧峰,黄咏梅,吴翠荣,等.广西地方甘薯种质资源的形态标记聚类分析[J].南方农业学报,2012,43(1):5~10.

[43]秦丽萍.2009~2010 年广西甘薯品种桂林点区域试验[J].南方农业学报,2012,43(1):34~37.

[44]李彦青,陈天渊,黄咏梅,等.广西能源型甘薯新品种生产试验研究[J].现代农业科技,2012,(16):62～64.

[45]陈天渊,黄咏梅,李慧峰,等.粮、能兼用型甘薯新品种桂粉2号的选育及其高产栽培技术[J].种子,2012,31(3):112～113.

[46]陈天渊,李慧峰,黄咏梅,等.密度及氮磷钾对高产粮用和能源型甘薯新品种桂粉2号产量的影响[J].西南农业学报,2012,25(6):2143～2146.

[47]黄咏梅,李彦青,吴翠荣,等.甘薯不同时期干物质积累及光合特性研究[J].南方农业学报,2012,43(9):1287～1290.

[48]唐秀桦,熊军,韦民政,等.广西高淀粉甘薯引种试验初报[J].中国农学通报,2012,28(18):144～147.

[49]李慧峰,陈天渊,黄咏梅,等.基于形态性状的甘薯核心种质取样策略研究[J].植物遗传资源学报,2013,14(1):91～96.

[50]Zhang Mingsheng, Tan Feng, Zhang Qitang, et al. Physiological Indices and Selection of Methods on Rapid Identification for Sweet Potato Drought Resistance. *Agricultural Sciences in China*, 2005, 4(11): 826～832.

[51]Zhang Mingsheng, Xie Bo, Tan Feng, et al. Relationship between Soluble Protein, Chlorophyll and ATP in Drought Resistant Sweet Potato Under Water Stress. *Agricultural Sciences in China*, 2002, 1(12): 1329～1333.

[52]Zhang Mingsheng, Xie Bo, Tan Feng. Relationship Between Changes of Endogenous Hormone in Sweet Potato Under Water Stress and Variety Drought-Resistance. *Agricultural Sciences in China*, 2002, 1(6): 626～630.

[53]李云,宋吉轩,石乔龙.覆膜对甘薯生长发育和产量的影响[J].南方农业学报,2012,43(8):1124～1128.

[54]李云,宋吉轩,李丽,等.不同除草剂对甘薯田间杂草的防效研究[J].园艺与种苗,2012,(9):41～43,49.

[55]杨顺礼,李云,石乔龙,等.泥质土壤氮钾不同施用时期及比例对红薯产量的影响[J].贵州农业科学,2012,40(7):80～82.

[56]李云,耿广东,涂刚.贵州甘薯地方品种的性状鉴定与利用评价[J].贵州农业科学,2011,39(4):1～3.

[57]李云,宋吉轩,邓宽平,等.贵州甘薯主要农艺性状的遗传效应研究[J].贵州农业科学,2010,38(10):12～13.

[58]李云,黄团,宋吉轩.贵州鲜食甘薯栽培关键技术[J].北方园艺,2010,(19):28～30.

[59]李云,卢杨,宋吉轩,等.贵州甘薯种质资源的抗病性评价[J].天津农业科学,2013,19(11):73～75.

[60]李云,周良兴,宋吉轩,等.贵州甘薯地方品种的生长分析[J].江西农业学报,2014,26(2):16～18.

[61]张明生,谈锋,张启堂.快速鉴定甘薯品种抗旱性的生理指标及方法的筛选[J].中国农业科学,2001,34(3):260～265.

[62]张明生,谢波,谈锋.水分胁迫下甘薯内源激素的变化与品种抗旱性的关系[J].中国农业科学,2002,35(5):498～501.

[63]张明生,谢波,谈锋,等.甘薯可溶性蛋白、叶绿素及 ATP 含量变化与品种抗旱性关系的研究[J].中国农业科学,2003,36(1):13~16.

[64]张明生,谈锋,谢波,等.甘薯膜脂过氧化作用和膜保护系统的变化与品种抗旱性的关系[J].中国农业科学,2003,36(11):1395~1398.

[65]张明生,彭忠华,谢波,等.甘薯离体叶片失水速率及渗透调节物质与品种抗旱性的关系[J].中国农业科学,2004,37(1):152~156.

[66]张明生,刘志,戚金亮,等.甘薯品种抗旱适应性综合评价的方法研究[J].热带亚热带植物学报,2005,13(6):469~474.

[67]张明生,杜建厂,谢波,等.水分胁迫下甘薯叶片渗透调节物质含量与品种抗旱性的关系[J].南京农业大学学报,2004,27(4):123~125.

[68]张明生,谈锋,张启堂.快速鉴定甘薯品种抗旱性的生理指标及 PEG 浓度的筛选[J].西南师范大学学报(自然科学版),1999,24(1):74~80.

[69]张明生,戚金亮,杜建厂,等.甘薯质膜相对透性和水分状况与品种抗旱性的关系[J].华南农业大学学报,2006,27(1):69~75.

[70]张明生,谢波,戚金亮,等.甘薯植株形态、生长势和产量与品种抗旱性的关系[J].热带作物学报,2006,27(1):39~43.

[71]张明生,谈锋.水分胁迫下甘薯叶绿素 a/b 比值的变化及其与抗旱性的关系[J].种子,2001,(4):23~25.

[72]张明生,谢波,杨骏华,等.应用正交试验法优化药用甘薯"西蒙 1 号"高产栽培技术措施[J].种子,2004,23(11):51~53.

[73]张明生,张丽霞,戚金亮,等.甘薯品种抗旱适应性的主成分分析[J].贵州农业科学,2006,34(1):11~14.

[74]张明生,谈锋,张启堂.水分胁迫下甘薯的生理变化与抗旱性的关系[J].国外农学—杂粮作物,1999,19(2):35~39.

[75]宋吉轩,雷尊国,丁海兵,等.贵州甘薯地方种质资源 ISSR 遗传多样性分析[J].种子,2011,30(3):76~80.

[76]宋吉轩,丁海兵,彭慧元,等.引进甘薯新品种的鉴定筛选[J].种子,2011,30(5):110~112.

[77]宋吉轩,王季春,雷尊国,等.甘薯 DNA 提取及 ISSR 反应体系的建立[J].种子,2010,29(4):40~43.

[78]宋吉轩,丁海兵,李云.贵州甘薯地方品种的主要性状分析[J].中国种业,2011,(2):38~40.

[79]宋吉轩,李云,雷尊国,等.贵州省甘薯地方种质资源形态标记聚类分析[J].湖北农业科学,2011,50(13):2615~2617,2622.

[80]李志芳,周明强,欧珍贵,等.贵州甘薯产业发展前景、存在问题与对策[J].热带农业科技,2010,33(3):33~34,39.

[81]李志芳,周明强,欧珍贵.贵州南亚热区甘薯发展前景与栽培技术[J].农技服务,2010,27(9):1122~1123.

[82]李志芳,周明强,欧珍贵,等.影响贵州南亚热区甘薯产业发展因子与对策[J].安徽农业科学,2010,38(29):16600~16601.

[83]彭慧元,邓宽平,宋吉轩,等.贵州甘薯产业发展现状与展望[J].河北农业科学,2011,15(1):104~106.

[84]黄萍,马朝宏,颜谦.地方甘薯资源的形态聚类分析[J].种子,2012,31(2):67~70.

[85]黄萍,马朝宏,颜谦,等.引进甘薯资源形态标记的聚类分析[J].西南农业学报,2010,23(6):1809~1812.

[86]周开芳,左明玉,郑明强,等.贵州甘薯种薯安全贮藏技术[J].农技服务,2011,28(3):273,277.

[87]杨鸿祖,叶绍源,陈廷芳.系统选择在薯类作物选种上的效果[J].作物学报,1962,1(3):321~322.

[88]王大一,刘宇太,叶凤淑,等.甘薯8129-4蒴果子房三室的异常现象[J].西南农业学报,1991,4(3):113~114.

[89]阎文昭,王大一,汤卫,等.四川省甘薯病毒的研究[J].西南农业学报,1993,6(1):75~81.

[90]叶凤淑,王大一.甘薯花器的子房三室现象初探[J].中国甘薯,1994(4).

[91]叶凤淑,王大一.几个甘薯亲本的配合力分析及利用评价[J].西南农业学报,1996,9:106~111.

[92]王大一.四川省红苕品种资源研究进展及前景[J].西南农业学报,1996,9:169~172.

[93]阎文昭,王大一,李晋涛,等.22个甘薯品种(系)遗传背景的RAPD图谱分析[J].农业生物技术学报,1997,5(1):40~46.

[94]阎文昭,王大一.甘薯种质资源黑斑病抗性鉴定与筛选[J].西南农业学报,1996,9:102~105.

[95]林莉萍,李永寿,胡建军,等.甘薯加工技术[J].四川农业科技,1996,(4):43~44.

[96]刘明菊.甘薯茎尖分生组织离体培养及脱毒效果的初步研究[J].四川农业学报,1988,3(2):34~37.

[97]谭文芳,王大一,刘立.农用稀土对甘薯开花结实的影响[J].国外农学—杂粮作物,1998,18(3):1~4.

[98]王大一,阎文昭.四川省农业科学院甘薯研究进展[J].西南农业学报,1998,11:97~100.

[99]黄钢,谢江,林莉萍,等.四川甘薯的加工与利用[J].西南农业学报,1998,11:101~106.

[100]张勇为,纳海燕,王大一,等.甘薯愈伤组织中的淀粉酶[J].植物生理与分子生物学报,2002,28(5):375~378.

[101]谭文芳,王大一,刘立.甘薯高效杂交制种技术[J].杂粮作物,2002,22(5):305~306.

[102]阎文昭,吴洁,王大一,等.将水稻半胱氨酸蛋白酶抑制剂(*Oryza cystatin* I.)基因导入甘薯品种[J].分子植物育种,2004,2(2):203~207.

[103]谭文芳,王大一,刘立.甘薯高淀粉新品种川薯34优化栽培研究[M].中国甘薯育种与产业化,2005:114~117.

[104]吴洁,谭文芳,何俊蓉,等.甘薯SRAP连锁图构建淀粉含量QTL检测[J].分子植物育种,2005,3(6):841~845.

[105]吴洁,谭文芳,王大一,等.不同抗生素对甘薯遗传转化的影响[J].西南农业学报,2005,18(1):77~79.

[106]谭文芳,王大一,刘立.高产优质甘薯"川薯73"的选育及栽培技术要点[J].杂粮作物,2007,27(2):76~77.

[107]谭文芳,王大一,刘立.高产兼用型甘薯新品种"川薯164"的选育[J].作物研究,2007,(3):396.

[108]吴洁,谭文芳,阎文昭,等.甘薯种质资源亲缘关系SRAP标记分析[J].四川大学学报(自然科学版),2007,44(4):878~882.

[109]蒲志刚,王大一,谭文芳,等.南瑞苕AFLP指纹图谱的构建与聚类分析[J].西南农业学报,2007,20(5):1085~1087.

[110]蒲志刚,曲继鹏,王大一,等.四川省甘薯病毒病调查及病原血清学鉴定[J].西华师范大学学报(自然科学版),2007,28(4):270~273.

[111]谢江,何卫,胡建军,等.甘薯、马铃薯的综合加工技术[J].四川农业科技,2007,(5):52~54.

[112]蒲志刚,唐静,王大一,等.甘薯抗黑斑病材料AFLP标记分子鉴定初步研究[J].西南农业学报,2008,21(1):93~95.

[113]黄钢,刘永红,何文铸,等.甘薯在抗震救灾中的重要作用及技术对策[J].四川农业科技,2008,(6):12~13.

[114]吴洁,周宇,张雪梅,等.幽门螺杆菌热休克蛋白基因HspB-C对甘薯遗传转化的研究[J].西南农业学报,2009,22(6):1514~1517.

[115]谭文芳,王大一.优质食用甘薯新品种川薯20的选育研究[J].杂粮作物,2009,29(3):178~179.

[116]李明,傅玉凡,王大一,等.不同肉色甘薯交互嫁接后块根β-胡萝卜素含量的变化[J].西南农业学报,2010,23(2):462~468.

[117]李明,傅玉凡,王大一,等.不同肉色甘薯交互嫁接后块根干物质积累研究[J].西南农业学报,2010,23(5):1418~1423.

[118]张聪,郑雪莲,蒲志刚,等.甘薯ADP-葡萄糖焦磷酸化酶两个α亚基基因的克隆分析和植物表达载体的构建[J].西南农业学报,2010,23(3):619~624.

[119]谭文芳,李明,李育明,等.甘薯特异材料BB30-224的特性鉴定与利用[J].西南农业学报,2010,23(6):1813~1817.

[120]谭文芳,李明,王大一.甘薯优良亲本8410-788的开花结实性研究[J].杂粮作物,2010,30(6):393~395.

[121]蒲志刚,王大一,谭文芳,等.利用甘薯AFLP构建甘薯连锁图及淀粉含量QTL定位[J].西南农业学报,2010,23(4):1047~1050.

[122]王宏,都栩.有机紫色甘薯的高产种植[J].四川农业科技,2010,(4):23.

[123]王宏,杨勤.应对气候变化发挥甘薯减灾增产作用[J].四川农业科技,2010,(7):21~22.

[124]秦鱼生,涂仕华,冯文强,等.平衡施肥对高淀粉甘薯产量和品质的影响[J].干旱地区农业研究,2011,29(5):169~173.

[125]张聪,郑雪莲,蒲志刚,等.甘薯块根特异表达Sporamin启动子的克隆及载体构建[C]."细胞活动生命活力"——中国细胞生物学学会全体会员代表大会暨第十二次学术大会论文摘要集,2011.

[126]张聪,郑雪莲,蒲志刚,等.甘薯块根储藏蛋白(Sporamin)启动子克隆及功能验证[J].分子植物育种,2012,10(6):707~713.

[127]Qu HJ，Shen XS，Huang G. et al.Investigation on the Appropriate Dose of ^{60}Coγ Irradiation for Tubers of Purple Sweet Potato[J]. *Agricultural Science & Technology*，2012，(10)：2048～2050.

[128]屈会娟,沈学善,黄钢,等.基于正交试验的高淀粉甘薯新品种川薯217优化栽培技术研究[J].西南农业学报,2012,25(6):1995～1999.

[129]毛建霏,周虹,雷绍荣,等.高效液相色谱法测定紫甘薯花青素含量[J].西南农业学报,2012,25(1):123～127.

[130]Li M,Tan WF,Wang DY,et al.A New Method of Roots Function Divided Based on Grafting for Air-sweetpotato Cultivation[C].5th Korea-China-Japan Sweetpotato Workshop,2012:123～124.

[131]谢江,王希卓,朱永清,等.对促进西南地区甘薯贮藏加工产业发展的思考[J].农业工程技术,2012,(10):36～40.

[132]李明,彭梅芳,谭文芳,等.低剂量^{60}Co-γ急性照射紫色甘薯苗的生长效应[J].西南农业学报,2013,26(1):281～285.

[133]吴洁,郑雪莲,屈会娟,等.高淀粉专用型甘薯品种悬浮体系的建立及植株再生[J].西南农业学报,2013,26(1):52～56.

[134]王晓黎,刘波微,李洪浩,等.紫色甘薯主要病虫害安全防控技术[J].四川农业科技,2013,(12):38.

[135]王晓黎,刘波微,李洪浩,等.甘薯生长期主要病虫害防治及其相应抗病品种[J].四川农业科技,2013,(12):42.

[136]黄玉红,靳艳玲,方扬,等.细胞壁多糖降解酶及其在非粮生物质原料转化中的应用研究进展[J].应用与环境生物学报,2013,19(5):881～890.

[137]Huang YH，Ji YL，Fang Y，et al. Parallel Compatible Utilization of Non-starch Polysaccharides and Starch and Viscosity Reduction for Bioethanol Fermentation From Fresh *Canna edulis* Ker (*C. edulis* Ker) tubers[J]. *Biomass and Bioenergy*，2013，52：8～14.

[138]Huang YH，Ji YL，Fang Y，et al. Simultaneous Saccharification and Fermentation (SSF) of Non-starch Polysaccharides and Starch from Fresh Tuber of *Canna edulis* Ker at a High Solid Content for Ethanol Production[J]. *Biomass and Bioenergy*，2013，52：8～14.

[139]Ji YL，Fang Y，Zhang GH，et al. Comparison of Ethanol Production Per Formance in Ten Varieties of Sweet Potato at Different Growth Stages[J]. *Acta Oecologica*，2012，44：33～37.

[140]Zhang Q，Zhao H，Zhang GH，et al. Transcriptome Analysis of *Saccharomyces cerevisiae* at the Late Stage of Very High Gravity (VHG) Fermentation [J]. *African Journal of Biotechnology*，2012，11(40):9641～9648.

[141]李宇浩,靳艳玲,黄玉红,等.降粘酶在新鲜木薯发酵生产高浓度乙醇中的应用[J].应用与环境生物学报,2013,19(3):501～505.

[142]黄玉红,靳艳玲,李宇浩,等.鲜甘薯发酵生产燃料乙醇中的降粘工艺[J].应用与环境生物学报,2012,18(4):661～666.

[143]Wang XH,et al. The Chloride Ion Responsible for Filament Formament and Inhibitory Effect on Cell Division in *Zymomonas mobilis* 232B[J]. *African Journal of Microbiology Research*，2011，5(29):5260～5265.

［144］Zhang L，Zhao H，Gan MZ，et al. Application of Simultaneous Saccharification and Fermentation（SSF）from Viscosity Reducing of Raw Sweet Potato for Bioethanol Production at Laboratory，Pilot and Industrial Scales［J］.*Bioresource Technology*，2011，102（6）：4573～4579.

［145］Zhang L，Chen Q，Jin YL，et al. Energy-saving Direct Ethanol Production from Viscosity Reduction Mash of Sweet Potato at Very High Gravity［J］. *Fuel Processing Technology*，2010，1845～1850.

［146］张良，靳艳玲，陈谦，等.耐高温酵母高浓度发酵生产燃料乙醇工艺优化［J］.应用与环境生物学报，2011，17（3）：311～316.

［147］Jin YL，Zhang L，Fang Y，et al. Application of Enzyme Systems for Viscosity Reduction in Bioethanol Production from Fresh Sweet Potato［C］.*Proceedings of China Xuzhou International Sweet Potato Symposium*（ISBN978-7-5655-0125-8），2010，Xuzhou，599～606.

［148］Shen NK，Jin YL，Fang Y，et al. Rapid and Energy-saving Ethanol Production from Sweet Potato［C］. *Proceedings of China Xuzhou International Sweet Potato Symposium*（ISBN978-7-5655-0125-8），2010，Xuzhou，632～640.

［149］Fang Y，Chen LC，Tan J，et al.Fruit Wine Froduction from Fresh Sweetpotato［C］. *Proceedings of China Xuzhou International Sweet Potato Symposium*（ISBN978-7-5655-0125-8），2010，Xuzhou，641～647，648～652.

［150］Jin Y.L. High Performance Technologies for Ethanol Production from Sweet Potato［C］. *International Conference on Biomass Energy Technologies*（ICBT2010），August 21～23，2010，Beijing，257.

［151］李科，甘明哲，付洁，等.利用木糖产乙醇的真菌筛选及发酵条件优化［J］.太阳能学报，2010，31（9）：1117～1123.

［152］靳艳玲，方扬，赵海.高效甘薯燃料乙醇生产技术体系［C］.第十二届中国科协年会——非粮生物质能源与高技术产业化研讨会论文集，福州，2010：39～41.

［153］杨毅，蔡小波，靳艳玲，等.青霉固态发酵生产生淀粉糖化酶的条件优化［J］.中国酿造，2010，（7）：28～32.

［154］蔡小波，杨毅，孙彦平，等.微生物燃料电池利用甘薯燃料乙醇废水产电的研究［J］.环境科学，2010，31（10）：2512～2517.

［155］孙彦平，靳艳玲，邰晓峰，等.纤维素酸解副产物对 *Clostridium acetobutylicum* CICC8012 发酵的影响［J］.应用与环境生物学报，2010，16（6）：845～850.

［156］王新惠，赵海.燃料乙醇乘低碳之风重获"新生"［J］.大自然，2010，（3）：24～25.

［157］靳艳玲，甘明哲，周玲玲，等.4 个甘薯品种不同生育期的乙醇发酵比较［J］.应用与环境生物学报，2009，15（2）：267～270.

［158］甘明哲，靳艳玲，周玲玲，等.适合鲜甘薯原料乙醇发酵的低粘度快速糖化预处理［J］.应用与环境生物学报，2009，15（2）：262～266.

［159］靳艳玲，甘明哲，方扬，等.鲜甘薯发酵生产高浓度乙醇的技术［J］.应用与环境生物学报，2009，15（3）：410～413.

［160］申乃坤，赵海，甘明哲，等.鲜甘薯原料的运动发酵单胞菌快速乙醇发酵条件［J］.应用与环境生物学报，2009，15（3）：405～409.

[161]周玲玲,赵海,甘明哲,等.运动发酵单胞菌232B木薯快速乙醇发酵[J].太阳能学报, 2009,30(9):1228～1232.

[162]Jin YL, Fang Y, Zhao H.Relative Characteristics on Ethanol Production from Sweet Potato[C].*Biomass and Organic Waste as Sustainable Resources International Conference*,2009.

[163]靳艳玲,方扬,赵海,等.以保存甘薯和腐烂甘薯为原料发酵产燃料乙醇的研究[C].2009 全国生物质能源大会会议论文集:160～166.

[164]靳艳玲,郜晓峰,方扬,等.鲜芭蕉芋全原料快速酒精发酵工艺初探[C].全国博士生学术 会议,生物能源——地球母亲的绿色能源论文集:127～133.

[165]陈兰钗,靳艳玲,方扬,等.产燃料乙醇的甘薯的保藏剂研究[C].全国博士生学术会议, 生物能源——地球母亲的绿色能源论文集:106～113.

[166]张良,陈谦,薛慧玲,等.耐高温燃料乙醇酵母高浓度发酵工艺的研究[C].全国博士生学 术会议,生物能源——地球母亲的绿色能源论文集:142～149.

[167]方扬,甘明哲,靳艳玲,等.鲜甘薯浓醪快速乙醇发酵的放大研究[C].全国博士生学术会 议,生物能源——地球母亲的绿色能源论文集:134～141.

[168]刘艳,戚天胜,申乃坤,等.Improvement of Ethanol Concentration and Yield by Initial Aeration and Agitation Culture in Very High Gravity Fermentation [J].应用与环境生物学报, 2009,15(4):563～567.

[169]李科,孙彦平,蔡小波,等.黄曲霉产木聚糖酶条件的优化及酶解产物初步分析[J].生物 技术通报,2009,S1:348～351.

[170]李科,靳艳玲,甘明哲,等.木质纤维素生产燃料乙醇的关键技术研究现状[J].应用与环 境生物学报,2008,14(6):877～884.

[171]刘艳,戚天胜.一株运动发酵单胞菌Zy-1快速生产乙醇[J].应用与环境生物学报, 2007,13(1):69～72.

[172]Jin YL, Zhao H, Gan MZ. Relative Characteristics of Ethanol Production of Sweet Potato. Proceedings of 3rd China-Japan-Korea Workshop on Sweet Potato [C]. *Beijing*:*China Agricultural University Press*,2008,427～432.

[173]赵海,甘明哲.薯类原料生产燃料乙醇[C].特色生物资源科技产业发展大会暨四川省生 物技术协会年会,2007,90～92.

[174]刘艳,赵海,戚天胜.运动发酵单胞菌发酵生产乙醇研究进展[J].酿酒科技,2006,(3): 226～229.

[175]曾文才,何明瑞,魏德全,等.托布津防治红薯窖藏黑斑病[J].今日科技,1983,(7):18.

[176]曾文才,何明瑞,魏德全,等.托布津防治红薯窖藏黑斑病[J].浙江科技简报,1983, (11):18.

[177]谭民化.红苕新品系"7753-5"在南充地区的试种表现[J].四川农业科技,1984,(3):32.

[178]谭民化,何明瑞,魏德全.红苕简易大窖药剂处理贮藏技术[J].四川农业科技,1984, (5):35.

[179]何素兰,邓世枢,李育民,等.甘薯主要经济性状对薯干产量的通径分析与高产育种途径 的研究[J].国外农学—杂粮作物,1996,(4):24～25.

[180]杨洪康,何素兰.浅谈海南甘薯有性杂交育种[J].国外农学—杂粮作物,1996, (5):49～50.

[181]何明瑞,徐凤来,何建,等.红苕窖贮规范化防腐保鲜效益高[J].四川农业科技,1997,(1):46.

[182]李育明.浅谈四川省甘薯突破性品种选育的思路及近期研究重点[J].国外农学—杂粮作物,1997,(6):16～18.

[183]何素兰,邓世枢.甘薯主要数量性状遗传参数研究[J].国外农学—杂粮作物,1995,(6):14～17.

[184]何明瑞,徐凤来,何建,等.红苕窖贮的规范技术[J].农家科技,1997,(1):27.

[185]何素兰.早熟甘薯鲜薯产量与其相关因素的灰色关联度分析[J].国外农学—杂粮作物,1998,(4):36～38.

[186]李育明.高产甘薯新品种"南薯99"的选育[C].国际甘薯学术讨论会文集,1999.

[187]雍华,何素兰,李育明,等.对引进CIP甘薯实生种子后代鉴定筛选与评价[J].杂粮作物,2006,26(6):396～398.

[188]苏春华,李育明,黄迎冬,等.甘薯主要亲本材料的主成分分析及聚类分析[J].杂粮作物,2007,27(6):405～409.

[189]何素兰.我省甘薯产业现状及不同用途甘薯种植与推广[J].四川农业科技,2009,(10):20～21.

[190]苏春华,李育明,何素兰,等.高淀粉甘薯轮回选择群体主要农艺性状遗传改良效果研究[J].杂粮作物,2007,27(4):282～285.

[191]周全卢,王季春,宋朝建,等.不同甘薯脱毒苗对蔗糖浓度的特异性反应分析[J].耕作与栽培,2007,(2):3～5.

[192]周全卢,等.高干率甘薯干物质积累特征研究[J].西南师范大学学报(自然科学版),2007,29(增刊):131～135.

[193]Zhou QL, Zhang YJ, Li YM ,et al. The Photosynthesis Study of Hydroponic Sweet Potato[C]. 5th *Korea-China-Japan Sweet Potato Workshop*, 2012,(9)：17～19.

[194]何素兰,李育明,杨洪康.高淀粉甘薯新品种"西成薯007"优化栽培技术研究[J].西南农业学报,2011,24(2):481～485.

[195]张玉娟,周全卢,李育明,等.水培甘薯的光合研究[J].中国农学通报,2011,27(3):112～115.

[196]王梅,丁祥,何素兰,等.甘薯不同品种叶片中抗氧化相关活性成分的动态变化研究[J].西华师范大学学报,2012,(4):330～337.

[197]周全卢,张玉娟,黄迎冬,等.秋甘薯干物质积累与产量形成[J].安徽农业科学,2012,40(36):17498～17502.

[198]周全卢,杨洪康,李育明,等.不同钾肥处理对秋甘薯性状产量的影响[J].福建农业学报,2013,28(1):33～36.

[199]何素兰,李育明,刘莉莎,等.甘薯新品种南紫薯008的选育与应用[C].长江流域甘薯产业发展技术研讨会论文集,153～159.

[200]周全卢,黄迎冬,李育明,等.多效唑施用量与秋甘薯产量形成[C].长江流域甘薯产业发展技术研讨会论文集,290～298.

[201]刘莉莎,杨洪康,李育明,等.饿苗处理对甘薯营养生长和块根产量的影响[C].长江流域甘薯产业发展技术研讨会论文集,244～253.

[202]张玉娟,周全卢,黄迎冬,等.SPVD对甘薯生长、生理性状及产量的影响[C].甘薯病虫害防空技术研讨会论文集,71～74.

[203]周全卢,张玉娟,黄迎冬,等.甘薯病毒病复合体(SPVD)对甘薯产量形成的影响[J].江苏农业学报,2014,30(1):42～46.

[204]余金龙,彭明碧,毕成新.甘薯几个主要性状的通径分析与育种选择[J].绵阳农专学报,1994,11(4):19～22.

[205]余金龙,彭明碧,毕成新.早熟优质甘薯新品种——绵薯早秋[J].中国种业,1995,(3):56.

[206]余金龙,彭明碧.提高甘薯无性1代产量的方法[J].作物杂志,1995,(6):24～25.

[207]余金龙,彭明碧,毕成新.几个甘薯亲本及组合的育种价值评价[J].绵阳农专学报,1995,12(3):22～26.

[208]余金龙,彭明碧,毕成新.甘薯新品种简介[J].四川农业科技,1995,(3):19.

[209]余金龙,彭明碧.通过嫁接对甘薯库源关系及成熟期问题的探讨[J].国外农学—杂粮作物,1996,(1):40～43.

[210]余金龙,彭明碧.甘薯新品种——绵薯4号[J].四川农业科技,1996,(5):18.

[211]余金龙,彭明碧.高产甘薯新品种绵薯四号[J].作物品种资源,1997,(4):44.

[212]余金龙,彭明碧,陈年伟.优良甘薯亲本材料:绵粉一号的研究与应用[J].国外农学—杂粮作物,1997,(1):15～18.

[213]余金龙,彭明碧,陈年伟.甘薯秧苗存放对薯块与藤叶产量的影响[J].国外农学—杂粮作物,1997,(3):41～42.

[214]袁慧鸣,余金龙,何平,等.绵粉一号及几个常用甘薯亲本的配合力分析[J].绵阳经济技术高等专科学校学报,1997,14(1):35～38.

[215]陈年伟,余金龙,彭明碧.甘薯新品种绵薯四号的生产力及其它特性研究[J].国外农学—杂粮作物,1998,(4):32～35.

[216]陈年伟,余金龙,彭明碧.高淀粉甘薯新品种——绵薯五号[J].四川农业科技,1998,(4):47.

[217]余金龙.甘薯块根产量及相关性状的典型相关分析[J].西南农业学报,2001,14(2):107～110.

[218]雷加容,余金龙,余敖.甘薯的组织培养[J].甘肃农业大学学报,2006,41(1):113～115.

[219]陈年伟,张体刚,余金龙,等.甘薯源与库性状的关系及其在品种选育上的应用[J].杂粮作物,2007,27(2):78～81.

[220]余金龙,毕怀凤,丁凡.高淀粉甘薯品种绵薯6号[J].四川农业科技,2008,(12):21.

[221]余金龙,丁凡.我国红薯育种与产业化的现状与发展方向[J].食品与发酵科技,2012,46(2):1～5.

[222]Ding F, Lu CW, Tang DB, et al. Effecting Factors for High Yield Cultivation of Sweet Potato Yusu303[C]. 第四届中日韩论文集, 2010:436～438.

[223]王小波,何志坚,丁凡,等.红薯中重金属Cd Pb等污染物的含量测定[J].微量元素与健康研究,2010,27(4):28～29.

[224]丁凡,余金龙,刘丽芳,等.甘薯"蘸根免浇"栽培技术研究初报[J].云南农业科技,2012,(6):12～14.

[225]丁凡,余金龙,刘丽芳,等.不同钾肥用量对万薯5号产量的影响[J].农业科技通讯,2012,(12):55~57.

[226]丁凡,余金龙,刘丽芳,等.川西北地区引进甘薯品种筛选研究[J].安徽农业科学,2012,40(27):13315~13316.

[227]何志坚,李大春,余金龙,等.甘薯重金属及农药残留的测定与食用安全分析[J].江苏农业科学,2012,40(6):275~277.

[228]丁凡,余金龙,余韩开宗,等.川西北地区甘薯高产施肥技术研究[J].耕作与栽培,2012(6):8~9.

[229]Ding F, Yu JL, Liu LF, et al. Preliminary Study on A New Method of Light-simplified Cultivation Technique of Sweetpotato[C].第五届中日韩论文集,2012:127~128.

[230]丁凡,余金龙,余韩开宗,等.甘薯平衡施肥技术研究[J].安徽农业科学,2013,41(14)6227~6228,6508.

[231]丁凡,余金龙,傅玉凡,等.甘薯新品种绵紫薯9号的选育与栽培技术[J].江苏农业科学,2013,41(3):83~84.

[232]丁凡,余金龙,刘丽芳,等.川西北地区甘薯地膜覆盖增产技术初探[C].长江流域甘薯产业发展技术研讨会论文集,223~230.[233]邬景禹,郭小丁,王意宏.云南甘薯品种资源考察报告[J].中国甘薯,1988(2):1~4.

[234]孙近友,许传琴,邬景禹.新征云贵甘薯品种资源的鉴定整理[J].作物品种资源,1994(4):5~8.

[235]谢世清,冯毅武,奚联光,等.云南高原甘薯地方品种征集鉴定研究[J].云南农业大学学报,1997(2):119~123.

[236]谢世清,冯毅武.云南甘薯生产存在的问题及提高产量途径[J].中国甘薯,1998,1~3.

[237]谢世清.丰富多彩的云南甘薯地方品种资源[J].中国农业大观,云南现代经贸,1999(28).

[238]罗维贤.建水甘薯[J].云南农业,1995(1):7.

[239]陆华明.多种甘薯好处多[J].云南农业,1995(3):10.

[240]谢世清,冯毅武,王德海,等.滇中甘薯地方品种块根增长情况分析[J].云南农业科技,1996(6):11~12.

[241]谢世清.滇中甘薯玉米立体高产栽培技术研究[J].云南农业科技,1997(6):2~3.

[242]谢世清,冯毅武,王德海,等.甘薯良种徐91-54-1在云南高原的产量表现[J].种子,2000,(3):29~30.

[243]谢世清,冯毅武.云南甘薯耐旱地方品种资源特性分析[J].中国农学通报,2000,16(2):33~34.

[244]谢世清,冯毅武.云南黄心甘薯地方品种特性分析[J].种子,2000,(6):15~17.

[245]谢世清,冯毅武.云南高原不同甘薯地方品种种薯萌芽特性研究[J].种子,2000,(5):49~50.

[246]谢世清,冯毅武.金沙江流域甘薯地方良种种薯萌芽习性分析[J].种子,2000,(1):13~14.

[247]谢世清,张发春,冯毅武.茎尖菜用甘薯栽培技术[J].长江蔬菜,2000,(5):10~11.

[248]谢世清,冯毅武.甘薯地方良种路南红皮高产生理特性分析[J].种子,2001,(3):45~46.

[249]孙茂林.种植脱毒红薯可增收[J].农村实用技术,2001,(2):60.

[250]寸湘琴,杨燕,谢世清,等.不同甘薯品种的生产力分析[J].中国农学通报,2004,20(3):94~96.

[251]袁绍杰,张连根,梁艳丽,等.云南高原不同甘薯品种的比较分析[J].西南农业学报,2004,17(4):477~481.

[252]寸湘琴,吴华英,赵庆云,等.云南高原甘薯地方品种光合特性分析[J].中国农学通报,2005,21(7):220~222.

[253]徐宁生.云南甘薯生产现状与对策研究[J].农业现代化研究,2007,28(s):66~68.

[254]张武.对元谋县的甘薯生产情况调查及建议[J].楚雄科技,2007,3.

[255]赵庆云,谢庆华,段进军,等.云南高原能源甘薯品种比较分析[J].云南农业科技,2008,2:24~27.

[256]李明福,徐宁生.宋云华,等.甘薯良种苏薯8号的引试结果分析[J].种子,2009.5:125~129.

[257]李明福,徐宁生,宋云华,等.不同脱毒甘薯品种间产量与品质的对比分析[J].中国农学通报,2009,25(3):97~100.

[258]龙会英,徐宁生,张德,等.元谋干热河谷多功能饲用作物甘薯引种试种与评价[J].西南农业学报,2009,22(3):603~607.

[259]李明福,徐宁生,宋云华,等.玉溪市红薯新品种引种试验初报[J].西南农业学报,2009,22(6):1557~1561.

[260]李明福,徐宁生.甘薯新引品种耐贮藏性试验分析[J].湖北农业科学,2010,19(1):171~179.

[261]徐宁生.5个引进的红薯优良品种介绍[J].云南农业科技,2010,(1):48~49.

[262]李明福,徐宁生,宋云华,等.甘薯良种"苏薯8号"等在云南玉溪的产量表现[J].云南农业科技,2010,(1):54~56.

[263]罗仕安.西畴县发展脱毒红薯的前景分析与种植技术[J].现代农村科技,2009,(9):12~13.

[264]殷减清,尹明芬,章吉平.云南甘薯地方品种鉴定初报[J].科技创新导报,2008,(15):249~251.

[265]段忠,段彦君,陈曙峰.宾川县红薯育苗技术[J].云南农业,2008,(7):15.

[266]冯彪.破解人畜争粮难题——西畴县发展脱毒红薯产业纪实[J].致富天地,2005,(6).

[267]李明福,徐宁生,陈恩波,等.不同栽插方法对甘薯生长和产量的影响[J].广东农业科学,2011(6):32~33.

[268]李明福,徐宁生,陈恩波,等.海拔差异对紫色甘薯品种的影响[J].中国农学通报,2011(15):206~211.

[269]李明福.甘薯藤蔓漂浮育苗快繁技术研究初报[J].南方农业学报,2011(4):395~398.

[270]李明福,徐宁生,朱登明,等.云南玉溪紫色甘薯测土配方施肥效益研究初报[J].西南大学学报(自然科学版),2012,(7):95~102.

[271]李明福,徐宁生,段云华,等.玉溪市经果林地紫色甘薯引种试验初报[J].湖北农业科学,2013,(2):275~277.

[272]李明福,徐宁生,陈兴友,等.云南甘薯地方主栽品种收集与脱毒复壮研究[J].中国农学通报,2013,(6):75～80.

[273]李明福,李洪民,徐宁生,等.云南玉溪烤烟套种紫色甘薯最佳栽插试验[J].南方农业学报,2013,(9):1455～1458.

[274]刘明慧,王钊,王西红,等.甘薯在西部农业经济中的重要作用[J].中国农业科技导报,2005,7(6):49～52.

[275]刘明慧,朱俊光,王钊,王西红等.陕西省甘薯生产及产业化发展对策[J].杂粮作物,2005,25(5):338～340.

[276]刘明慧,王钊,等.食用型甘薯品种秦薯6号选育及高效栽培技术[J].杂粮作物,2006,26(5):336～337.

[277]王钊,王西红,赵华,等.地膜西瓜、甘薯套种高产高效栽培技术[J].陕西农业科学,2006,(5):179～180.

[278]王钊,刘明慧,樊晓中,等.甘薯收获与安全贮藏[J].中国农村小康科技,2008,(2):21～22.

[279]王钊,刘明慧,豆利娟,等.甘薯高温催芽育苗技术[J].北京农业,2008,(10):43～44.

[280]樊晓中,刘明慧,王钊,等.北方甘薯区试资料的非参数度量[J].陕西农业科学,2008,(3):11～13.

[281]刘明慧,王钊,樊晓中,等.陕西省甘薯无公害生产技术规程[J].农业科技通讯,2009,(11):152～155.

[282]王钊,刘明慧,豆利娟,等.秦薯5号的特征特性及高产高效栽培技术[J].农业科技通讯,2009,(12):142～144.

[283]王钊,刘明慧,樊晓中,等.宝鸡甘薯产业可持续发展的建议[J].中国农村小康科技,2009,(11):25～28.

[284]樊晓中,豆利娟,刘明慧,等.太阳贮温酿热温床双膜覆盖甘薯育苗技术[J].陕西农业科学,2009,(6):256～257.

[285]王钊,刘明慧,豆利娟,等.甘薯甜瓜套种栽培技术[J].陕西农业科学,2010,(1):261～262.

[286]刘明慧,高文川,王钊,等.西北地区发展甘薯生产乙醇燃料的技术分析[J].甘薯与粮食安全:中国徐州第四届国际甘薯学术讨论暨第四届中日韩甘薯学术讨论文集,马代夫主编.北京:中国农业大学出版,2010.11.

[287]豆利娟,刘明慧,王钊,等.秦薯7号的特征特性及高产高效栽培技术[J].中国种业,2011,(11):60～61.

[288]樊晓中,高文川,刘明慧,等.北方薯区甘薯三大病害和杂草的综合防治[J].农业科技通讯,2012,(1):92～95.

[289]王钊,刘明慧,樊晓中,等.陕西甘薯品种研究进展及产业发展趋势[J].农业科技通讯,2012,(1):12～15.

[290]王钊,刘明慧,高文川,等.陕西关中地区甘薯施肥存在的问题及建议[J].农业科技通讯,2013,(8):209～210.

[291]兰平,李文凤,朱水芳,等.热处理结合茎尖培养去除甘薯丛枝病植原体[J].西北农林科技大学学报(自然科学版),2001,29(3):1～4.

[292]谭拴良,宋金芳.用烤辣椒炉"爆花"冷床培育甘薯苗技术[J].陕西农业科学,2002,(2):48.

[293]陈越,朱俊光.甘薯新品种秦薯4号的选育[J].作物杂志,2002,(3):42.

[294]陈越.陕西甘薯育种的现状及未来发展[J].陕西农业科学,2002,(12):21~23.

[295]陈越,付增光,许育彬.锰锌·乙铝防治甘薯黑斑病的研究[J].中国农学通报,2003,19(6):213~215.

[296]许育彬,陈越,付增光.甘薯的抗旱生理及栽培技术研究进展[J].干旱地区农业研究,2004,22(1):128~131.

[297]付增光,陈越,郭东伟,等.甘薯脱毒苗的离体快繁研究[J].西北农林科技大学学报(自然科学版),2004,32(1):37~39.

[298]陈越,袁书琴,王晓蓉,等.秦薯4号春薯干物质积累与分配规律研究[J].西北农业学报,2004,13(4):108~111,119.

[299]许育彬,程雯蔚,陈越,等.不同施肥条件下干旱对甘薯生长发育和光合作用的影响[J].西北农业学报.2007,16(2):59~64.

[300]张勇跃,刘志坚,甘薯茎线虫病的发病规律及综合防治[J].中国农村小康科技,2007,(9):65~66.

[301]张勇跃,刘志坚.甘薯黑斑病的发生及综合防治[J].安徽农业科学,2007,35(19):5997~5998.

[302]王凤宝,付金锋,董立峰,等.秋水仙素和二甲基亚砜诱变选育短蔓型甘薯新品种短蔓3号[J].核农学报,2008,22(2):169~174.

[303]王玉华,郝建国,贾敬芬.甘薯质体中的乙酰辅酶A羧化酶亚基基因accD的克隆与序列分析[J].植物生理学通讯,2009,45(11):1065~1069.

[304]张村雪,朱渭兵,李志西,等.紫甘薯醋及其不同发酵阶段产物的抗氧化活性[J].食品科学,2013,(11):88~93.

[305]康乐,李红兵,陈显让,等.渗透胁迫诱导转Cu/Zn SOD和APX基因甘薯根系差异蛋白质组学研究[J].西北农林科技大学学报(自然科学版),2013,41(10):88~96.

[306]陈显让,李红兵,康乐,等.甘薯块根膨大后期β-淀粉酶和淀粉含量相关性分析[J].食品工业科技,2013,34(19):93~96.

[307]罗仓学,钱鑫,南学梅.甘薯糖蛋白提取工艺研究[J].食品工业科技,2007,28(11):159~161.

[308]李政浩,罗仓学.甘薯生产现状及其资源综合应用[J].陕西农业科学,2009,(1):75~77,80.

[309]罗仓学,李政浩,张晓荣.响应曲面法优化甘薯饮料配方的研究[J].陕西科技大学学报(自然科学版),2009,27(4):55~58.

[310]罗仓学,李政浩.甘薯浓缩汁的研制[J].食品科技,2009,34(9):98~100.

[311]罗仓学,钱鑫.甘薯糖蛋白脱色工艺研究[J].食品工业科技,2009,(9):214~216.

[312]李政浩,罗仓学.甘薯浓缩汁中淀粉的酶转化工艺研究[J].粮食与油脂,2009,(11):22~24.

[313]杨军胜,刘晓桓.红薯中含糖量测定方法的研究[J].陕西科技大学学报,2010,28(1):75~78.

[314]李政浩,罗仓学.甘薯浓缩汁加工过程中液化和糖化的工艺研究[J].食品工业科技,2010,31(2):212～214.

[315]罗仓学,李政浩.甘薯浓缩汁生产过程中澄清工艺的研究[J].食品科技,2010,35(4):84～87.

[316]张晓荣,李政浩,罗仓学.甘薯浓缩汁流变特性的研究[J].食品科技,2010,35(10):123～126.

[317]罗仓学,肖琼,韩颖.甘薯浓缩汁加工过程中营养成分变化的研究[J].食品科技,2013,28(2):52～54.

[318]罗仓学,韩颖,肖琼.响应面法优化甘薯渣水不溶性膳食纤维提取工艺研究[J].食品科技,2013,38(3):92～96.

[319]罗仓学,孙芳.响应面法优化酶解工艺在甘薯压差膨化工艺中的应用[J].食品工业科技,2014,35(7):189～193.

[320]李利华.甘薯多糖超声辅助提取及其抗氧化活性的研究[J].食品工业科技,2012,33(18):257～258.

[321]余凡,杨恒拓,葛亚龙,等.紫薯色素的微波提取及其稳定性和抗氧化活性的研究[J].食品工业科技,2013,(4):322～326.

[322]高玥,李新生,马娇燕,等.紫薯开发利用研究进展[J].陕西农业科学,2013,(1):100～103.

[323]高玥,李新生,韩豪,等.UPLC－MS/MS定性测定紫薯花青苷方法研究[J].食品工业科技,2013,34(3):317～320.

[324]余凡,葛亚龙,杨恒拓,等.紫薯的营养保健功能及其应用前景[J].杭州化工,2013,(3):15～18.

[325]马娇燕.七种甘薯茎和叶营养品质分析[J].陕西农业科学,2013,(2):73～76.

[326]李利华.微波消解－FAAS法测定普通甘薯和紫甘薯中的金属元素[J].氨基酸和生物资源,2013,35(1):28～30.

[327]党娅,李新生,耿敬章,等.汉中市薯类产业发展现状、问题及对策[J].安徽农业科学,2013,41(9):4125～4126.

[328]刘全虎,李建设,王述娃,等.甘薯脱毒种薯栽培技术[J].陕西农业科学,2002,(6):41～42.

[329]李建设,徐博林.紫甘薯无公害高产栽培技术[J].现代农业科技,2010(3):86.

[330]关崇梅,秦静远,徐志英,等.甘薯茎尖分生组织培养与快速繁殖技术研究[J].中国农学通报,2004,20(4):33～35.

[331]何高社.甘薯两段育苗技术[J].种子科技,2004,(5):297.

[332]关崇梅,徐志英,周济铭,等.脱毒甘薯快速繁育供种程序探讨[J].陕西农业科学,2004,(5):61～63.

[333]李小平,魏朝明,邓红.甘薯渣膳食纤维制备工艺的研究[J].食品与发酵工业,2007,33(9):100～103.

[334]李文峰,肖旭霖,王玮.紫薯气体射流冲击干燥效率及干燥模型的建立[J].中国农业科学,2013,46(2):356～366.

[335]潘晓红,侯运和,刘赐鹏,等.甘薯脱毒规范化栽培技术[J].现代农业科技,2009,(22):54.

[336]郭邦利,陈国爱,杨凉花,等.梅营七号甘薯的脱毒培养及高产栽培技术[J].陕西农业科学,2009,(6):240,253.

[337]王罡,陈敬民,王宗方,等.梅营一号脱毒甘薯肥料正交试验[J].现代农业科技,2010,(17):64～65.

[338]王罡.安康市推广种植脱毒甘薯面临的机遇与对策[J].陕西农业科学,2007,(5):85～87.

[339]王玉华,黄丛林,贾敬芬.利用甘薯质体同源片段构建多顺反子表达载体[J].基因组学与应用生物学,2009,28(4):659～667.

[340]王玉华,张秀海,吴忠义等.甘薯叶绿体表达载体构建及其融合基因在叶绿体中的瞬间表达[J].西北植物学报,2009,29(9):1747～1755.

[341]付文娥,刘明慧.国家甘薯品种区域试验北方岐山点结果分析[J].山西农业科学,2013,41(9):893～896,903.

[342]付文娥,刘明慧,王钊,等.覆膜栽培对甘薯生长动态及产量的影响[J].西北农业学报,2013,22(7):107～113.

[343]付文娥,刘明慧,王钊,等.黄土高原地区春季甘薯地膜栽培技术体系[J].陕西农业科学,2013,(4):170～172.

[344]史莉娜,杨霄,赵强,等.有机红薯高产栽培技术[J].现代农村科技,2013,(20):34,38.

[345]杨新宏,梁增虎.甘薯新品种比较试验及评价[J].种子世界,2013,1(18):33～34.

[346]周宇宁,王慧.红薯特性及其高产栽培技术[J].现代农村科技,2013,(3):10～11.

[347]王艳红、段成鼎.青海东部地区甘薯新品种引种试验[J].安徽农业科学,2010,38(32):18100～18101[348]曹媛媛,木泰华.筛法提取甘薯膳食纤维的工艺研究[J].食品工业科技,2007,28(7):131～133.

[349]曹媛媛,木泰华.甘薯膳食纤维的开发[J].食品研究与开发,2006,27(9):152～154.

[350]程鹏,木泰华,王娟.牛乳清蛋白与甘薯淀粉加热混合凝胶物化及微观结构特性的研究[J].食品工业科技,2007,(7):94～96,100.

[351]赵雅峰,王晓东,张琼,等.新疆甘薯茎线虫生物学特性的初步研究[J].石河子大学学报(自然科学版),2007,25(1):43～45.

[352]何伟忠,木泰华.我国甘薯加工业的发展现状概述[J].食品研究与开发,2006,27(11):176～180.

[353]何伟忠,木泰华,孙艳丽.甘薯颗粒全粉游离淀粉含量影响因素的初步研究[J].食品科技,2007,(7):57～60.

[354]金平.新疆甘薯产贮销一体化栽培技术[J].农村科技,2011,(1):48～49.

[355]李郁,木泰华,孙艳丽,等.不同溶剂和超滤浓缩倍率对甘薯蛋白提取及纯度的影响[J].食品研究与开发,2007,28(6):1～4.

[356]王贤,张苗,木泰华.甘薯渣同步糖化发酵生产酒精的工艺优化[J].农业工程学报,2012,28(14):256～261.

[357]何伟忠,木泰华,于明.甘薯颗粒全粉评价指标的初步研究[J].中国粮油学报,2010,25(11):43～47.

[358]何伟忠,木泰华,于明.甘薯颗粒全粉专用品种筛选指标的初步研究[J].中国粮油学报,2010,25(10):37~40,51.

[359]冯世江,徐小琳,刘忆冬,等.金笋、甘薯保健酸凝乳发酵技术的研究[J].冷饮与速冻食品工业,2005,11(2):11~13,17.

[360]王贤,木泰华.从甘薯渣发酵醪液中制备的膳食纤维的物化特性研究[J].食品工业科技,2012,33(2):115~118.

[361]杨惠,张龙刚,王海波.甘薯腐烂病病原鉴定[J].新疆农业科学,2007,44(6):885~888.

[362]刘影轩.五年来乌鲁木齐市甘薯试种和贮藏经验总结[J].新疆农业科学简报,1958,(S3):18~20.

[363]余河水,臧冰,吴江.甘薯绮夜娥的一种性引诱剂[J].昆虫知识,1984,(5):208.

[364]宋阳,罗红霞,句容辉,等.前处理对甘薯变温压差膨化效果影响[J].食品工业,2012,33(5):17~20.

[365]王秀鹏,石磊利,苗璐,等.脱毒甘薯种薯栽培技术[J].现代农业科技,2008,(22):193.

[366]何伟忠,木泰华,于明.浅谈甘薯颗粒全粉的特性[J].农产品加工,2011,(1):14~15.

[367]付婷婷,木泰华,陈井旺,等.甘薯热变性蛋白限制性酶解产物的乳化特性研究[J].核农学报,2012,26(7):1018~1024.

[368]咸恩浩,杨晓华.甘薯外部形态和生理机能的变化规律及管理措施的探讨[J].新疆职工大学学报,1996,(1):60~64.

[369]冯宪亭.超高产优质甘薯新品种[J].专业户,2004,(6):52.

[370]宋勇,马云.甘薯高产栽培技术[J].新疆农垦科技,2004,(2):21~22.

[371]雷用东,陈姗姗,赵晓燕,等.紫甘薯花色苷制备及其抗猪传染性胃肠炎病毒(TGEV)活性的研究[J].食品工业科技,2012,33(21):349~352.

[372]权红,王超,张金萍,等.甘薯叶片叶面积简便测定方法的研究[J].黑龙江农业科学,2011,(10):75~76.

[373]权红,王超,张金萍,等.投影寻踪模型在西藏引种甘薯生产性能评价上的应用[J].北方园艺,2011,(8):35~36.

[374]李坤培,张启堂.甘薯淀粉粒电镜照片.生物学通报,1985,2:2.

[375]杨佐义.中西结合治愈水牛甘薯黑斑病中毒一例.四川畜牧兽医,1986,(1):40.

[376]龚联遂,李坤培,胡文华,等.甘薯(*Ipomoea batatas* L.Lam)的小孢子发生和雄配子体发育.中国甘薯,1987,(1):174.

[377]李坤培,张启堂.甘薯胚胎及果实发育的研究.中国甘薯,1987,(1):141~142.

[378]李坤培,陈放,廖燕.甘薯的受精及组织化学研究初报.中国甘薯,1987,(1):173.

[379]李坤培,张启堂.甘薯大孢子发生及雌配子体发育研究.中国甘薯,1987,(1):173.

[380]邹莉萝,康万久,赵宗富等.奶牛甘薯黑斑病中毒的诊断与防治.中国奶牛,1988,4:69~72.

[381]黎植昌,雷万方,李天安等."增效双效灵"促长甘薯研究初报.长江蔬菜,1989,2:20~21.

[382]黎植昌,刘炽清,雷万方等.增效双效灵(HDE)促长甘薯再报.长江蔬菜,1990,1:17~18.

[383]谈锋,李坤培.甘薯体细胞胚的发生和植株再生.植物生理学通讯,1993,19(4):373～375.

[384]张启堂.甘薯早熟高产兼用型新品种"渝薯34".中国甘薯,1994(7):240～241.

[385]张启堂,付玉凡,袁吕江,等.甘薯和 *Ipomoea trifida* 根内玉米素含量的高效液相色谱分析.中国甘薯,1996,(8):141～144.

[386]高峰.甘薯基因工程的研究现状及展望.中国甘薯,1996(8):132～137.

[387]斜纹夜蛾的防治方法.易良湘.植物医生,1998,(4):11.

[388]张明生,谈锋,张启堂.快速鉴定甘薯品种抗旱性的生理指标及 PEG 浓度的筛选.西南师范大学学报(自然科学版),1999,24(1):74～80.

[389]张明生.漫话甘薯.生物学教学,1999,(3):16～18.

[390]付玉凡,张启堂,杨春贤.甘薯新品种渝苏297.作物杂志,1999,5:38.

[391]熊良兴,吴生文,刘勇,等.玉米秸秆覆盖甘薯栽培技术的研究与应用.农业科技通讯,2000,5:26.

[392]杨春贤,张启堂,付玉凡.甘薯早熟食用新品种"渝苏76"的育成及其主要经济性状表现.重庆市遗传学会第一届学术年会暨孟德尔规律再发现100周年学术讨论会论文集,2000,116～121.

[393]刘雄,阚建全,马嫄.甘薯微孔淀粉制备技术及吸附性能研究.粮食与油脂,2003,(3):7～9.

[394]常文环,刘国华,童晓莉,等.不同比例生甘薯饲喂生长育肥猪的效果评价.饲料研究,2003,(11):1～4.

[395]张启堂,付玉凡,杨春贤,等.紫肉甘薯新品种——渝紫263.农业科技通讯,2004,(9):34.

[396]杨贤松,张俊广,高峰,等.日本紫色甘薯常见病毒病的检测.河南农业科学,2005,(2):34～37.

[397]张明生,张丽霞,戚金亮,等.甘薯品种抗旱适应性的主成分分析.贵州农业科学,2006,34(1):11～14.

[398]明兴加,李坤培,张明等.紫色甘薯的开发前景.重庆中草药研究,2006,(1):55～60.

[399]彭荣."西蒙1号"甘薯叶挂面的研制.食品科技,2006,(9):210～211.

[400]陈琼.垫江县甘薯产业化发展现状及对策.中国农村小康科技,2007,(6):14～15.

[401]董加宝,张长贵,王祯旭.甘薯在食品工业中的开发利用现状、存在问题及对策.中国食物与营养,2006,(3):31～33.

[402]王鹏,李斯勇.重庆市甘薯生产与产业化现状及其对策.南方农业,2007,1(2):60～61.

[403]宋朝建,王季春.甘薯高产潜力研究进展.耕作与栽培,2007,(2):45～47.

[404]蒲自国.甘薯高产栽培技术研究.作物杂志,2007,11:90～92.

[405]童刚.红苕的科学贮藏技术.南方农业,2007,1(6):46～47.

[406]张宁.重庆市甘薯产业现状及发展对策研究.西南农业学报,2007,20(6):1404～1406.

[407]易镤波,唐云明.利用 LSSR 标记对甘薯种质资源的遗传多样性分析.中国遗传学会第八次代表大会暨学术讨论会论文摘要汇编,2004-2008:53～54.

[408]黄远新.脱毒甘薯高产栽培与调控分析.耕作与栽培,2008,(2):56～58.

[409]欧阳林,周韶辉,张跃,等.重庆市甘薯资源调查及其发展燃料乙醇产业潜力分析.中国农学通报,2008,24(1):410~414.

[410]吕长文,唐道彬,王季春,等.甘薯模式化高产栽培技术研究.作物杂志,2008,(10):60~62.

[411]王良平.食饲兼用型甘薯新品种"万薯7号".农村百事通,2009,(21):30.

[412]李保证,王季春,王德虎,等.不同抗旱节水剂对甘薯产量及经济效益的影响.贵州农业科学,2010,38(4):66~68.

[413]黄振霖,周云祥,杨忠国,等.高淀粉甘薯高产栽培技术试验.南方农业,2010,(5):61~64.

[414]王玫,张泰铭,熊运海.超声波法提取紫甘薯叶总黄酮的工艺研究.广州化学,2010,35(2):13~17.

[415]杨显斌.叶菜型甘薯茎尖的主要营养及其生理保健功能.科技资讯,2010,(33):137~138.

[416]王卫强,高荣,钟巍然,等.西南丘陵山地甘薯产业升级换代的若干问题及对策.西南农业学报,2010,23(3):965~967.

[417]周春梅,黄茜,李方容.黔江区优质高淀粉甘薯高产栽培技术.南方农业,2010,(7):8~10.

[418]王卫强,钟巍然,黄世龙,等.重庆甘薯产业发展初探.南方农业,2010,(11):33~35.

[419]刘朝萍.甘薯叶甲发生特点及防治对策.现代农业科技,2011,(5):173~177.

[420]杨英华.甘薯专用型品种及其产业化利用.南方农业,2011,5(7):74~75.

[421]冯小玲.小麦秸秆还土甘薯垄作免耕高产栽培技术初探.吉林农业,2011,(5):212~214.

[422]游小燕,肖融,黄健,等.青贮甘薯藤发酵进程及品质研究.饲料工业,2011,32(11):56~58.

[423]赵雨佳,黄振霖,欧建龙,等.高淀粉甘薯单双膜覆盖育苗对比试验研究.南方农业,2011,(5):58,93.

[424]杨雅利,阚建全,沈海亮,等.紫甘薯酒发酵工艺条件的优化.食品科学,2012,33(3):157~161.

[425]杨雅利,沈海亮,阚建全.紫色甘薯酒香气成分分析和发酵规律.食品科学,2012,33(12):242~246.

[426]张菡,王良平,黎华.密度和肥料对"万紫薯56"花青素含量的影响研究.陕西农业科学,2012,(4):23~25,28.

[427]刘汝乾.重庆市甘薯资源综合开发利用现状及其发展前景.安徽农学通报(下半月刊),2012,18(16):6~7,16.

[428]游小燕,肖融,刘雪芹,等.青贮甘薯藤有氧稳定性研究.饲料博览,2012,(12):39~41.

[429]杨雅利,沈海亮,阚建全.紫色甘薯酒陈酿期间香气成分的变化.食品科学,2013,34(4):190~194.

[430]张玲,傅玉凡,谢一芝,等.紫肉甘薯新品种"渝苏紫43"的产量表现及主要经济性状.园艺与种苗,2011,(3):93~96.

[431]李润泽,夏杨毅,杨瑞学.甘薯改性淀粉研究进展.农业机械,2011,(7):130~133.

[432]赵雨佳,黄振霖,欧建龙,等.高淀粉甘薯茎尖脱毒与组培技术研究.南方农业,2012,6(4):82～84.

[433]罗小敏,王季春.甘薯地膜覆盖高产栽培理论与技术.湖北农业科学,2009,48(2):294～296.

[434]地质出版社地图编辑室.中国地图册[M].北京:地质出版社,2012.

[435]孟清,张鹤龄,张喜印,等.甘薯羽状斑驳病毒的分离与提纯[J].植物病理学报,1994,24(3):227～232.

[436]孟清,张鹤龄,宋伯符,等.高效价甘薯羽状斑驳病毒抗血清的制备[J].中国病毒学,1994,9(2),151～156.

[437]孟清,张鹤龄.甘薯病毒研究进展[J].中国病毒学,1995,10(2):97～103.

[438]孟清,解峰,张鹤龄.应用免疫吸附电镜检测甘薯羽状斑驳病毒[J].内蒙古大学学报(自然科学版),1996,27(2):245～249.

[439]贺学勤,刘庆昌.分子标记在甘薯育种中的应用[J].内蒙古农业大学学报,2004,25(4):125～127.

[440]孟清,温利华,王凤武,等.甘薯羽状斑驳病毒中国分离株外壳蛋白基因的克隆和序列分析[J].内蒙古大学学报(自然科学版),2005,36(1):68～74.

[441]李保卫.高寒地区甘薯酿热温床育苗技术[J].内蒙古农业科技,2007,(4):118.

[442]夏春丽,于永利,张小燕.甘薯的营养保健作用及开发利用[J].食品工程,2008,(3):28～31.

[443]莎娜,王国泽.活性炭对甘薯果脯废糖液的脱色效果研究[J].安徽农业科学,2009,37(36):18145～18146.

[444]李保卫.甘薯回笼火炕育苗技术应用的研究[J].内蒙古农业大学学报,2010,31(4):69～72.

[445]后猛,张允刚,李强,等.内蒙古达拉特旗地区甘薯适应性研究初探[J].华北农学报,2012,27(增刊):205～208.

[446]后猛,张允刚,李强,等.甘薯内蒙古半干旱地区异地鉴定研究[J].江西农业学报,2013,25(10):17～19.